全国中等职业学校机械类专业通用教材

全国技工院校机械类专业通用教材（中级技能层级）

冷作工工艺与技能训练

（第三版）

人力资源社会保障部教材办公室组织编写

中国劳动社会保障出版社

简介

本书主要内容包括冷作识图、放样、下料、矫正、零件的预加工、弯形与压延、装配、连接、复合作业等。

本书由郑文杰担任主编，李冰、徐波担任副主编，常明、代野、王大明、孙延普、卢大勇、隋成富、杨光刚、刘浩波参加编写，房付华担任主审，李明强、吴静参加审稿。

图书在版编目（CIP）数据

冷作工工艺与技能训练 / 人力资源社会保障部教材办公室组织编写．-- 3 版．-- 北京：中国劳动社会保障出版社，2021

全国中等职业学校机械类专业通用教材 全国技工院校机械类专业通用教材．中级技能层级

ISBN 978-7-5167-4773-5

Ⅰ．①冷… Ⅱ．①人… Ⅲ．①冷加工 - 工艺学 - 中等专业学校 - 教材 Ⅳ．①TG386

中国版本图书馆 CIP 数据核字（2020）第 241358 号

中国劳动社会保障出版社出版发行

（北京市惠新东街 1 号 邮政编码：100029）

*

北京市艺辉印刷有限公司印刷装订 新华书店经销

787 毫米 ×1092 毫米 16 开本 27.25 印张 643 千字

2021 年 5 月第 3 版 2021 年 5 月第 1 次印刷

定价：52.00 元

读者服务部电话：（010）64929211/84209101/64921644

营销中心电话：（010）64962347

出版社网址：http://www.class.com.cn

http://jg.class.com.cn

前言

为了更好地适应全国技工院校机械类专业的教学要求，全面提升教学质量，人力资源社会保障部教材办公室组织有关学校的一线教师和行业、企业专家，在充分调研企业生产和学校教学情况、广泛听取教师对教材使用反馈意见的基础上，对全国技工院校机械类专业通用教材中所包含的车工、钳工、铣工、焊工、冷作工等工艺（理论）与技能训练（实践）一体化教材进行了修订。

本次教材修订工作的重点主要体现在以下几个方面：

第一，合理更新教材内容。

根据机械类专业毕业生所从事岗位的实际需要和教学实际情况的变化，合理确定学生应具备的能力与知识结构，对部分教材内容及其深度、难度做了适当调整；根据相关专业领域的最新发展，在教材中充实新知识、新技术、新设备、新材料等方面的内容，体现教材的先进性；采用最新国家技术标准，使教材更加科学和规范。

第二，紧密衔接国家职业技能标准要求。

教材编写以国家职业技能标准《车工（2018年版）》《钳工（2020年版）》《铣工（2018年版）》《焊工（2018年版）》等为依据，涵盖国家职业技能标准（中级）的知识和技能要求，并在与教材配套的习题册、技能训练图册中增加了针对相关职业技能鉴定考试的练习题。

第三，精心设计教材形式。

在教材内容的呈现形式上，尽可能使用图片、实物照片和表格等形式将知识点生动地展示出来，力求让学生更直观地理解和掌握所学内容。针对不同的知识点，设计了许多贴近实际的互动栏目，在激发学生学习兴趣和自主学习积极性的同时，使教材“易教易学，易懂易用”。在教材插图的制作中采用了立体造型技术，同时部分教材在印刷工艺上采用了四色印刷，增强了教材的表现力。

第四，提供全方位教学服务。

本套教材配有习题册、技能训练图册和方便教师上课使用的电子课件，电子课件和习题册答案可通过中国技工教育网（http://jg.class.com.cn）下载。另外，在部分教材中使用了二维码技术，针对教材中的教学重点和难点制作了动画、视频、微课等多媒体资源，学生使用移动终端扫描二维码即可在线观看相应内容。

本次教材的修订工作得到了辽宁、江苏、浙江、山东、河南等省人力资源和社会保障厅及有关学校的大力支持，在此我们表示诚挚的谢意。

人力资源社会保障部教材办公室

2020 年 8 月

目录

第一单元

冷 作 识 图

图样是工程技术界的语言，是生产和检验产品的依据。冷作工在进行加工前，首先必须看懂图样和相关技术要求，才能进行构件的放样、下料、成形、装配和连接，特别是放样工序与机械识图知识密切相关。本单元将介绍与冷作识图有关的知识，以满足冷作工放样等工序的工作要求。

课题一 冷作识图基础知识

子课题 1 冷作图样的表达方法

由于冷作产品加工对象和加工工艺的特殊性，其图样与其他加工方式的图样有所区别。如图 1–1、图 1–2 所示分别为压力容器总装图和底座部件图。从图 1–1a 可以看出，此压力容器由接管 1、接管 4、接管 5、接管 6、封头 2、筒体 7 和底座 3 装配而成。通过识读此图可以想象出这个压力容器的整体形状和结构，如图 1–1b 所示。但是图 1–1a 中并没有给出此压力容器的整体尺寸以及各部件的具体尺寸，要制作此容器还需要识读各部件的部件图，图 1–2 表达了该压力容器底座的组成、尺寸以及各零件的具体尺寸。先按部件图制作出各部件，再按总装图将其装配、连接成一个整体，这是冷作图样所表达的主要内容。

一、冷作图样的特点

1. 一般冷作图样由总装图、部件图和零件图等组成，图样较多、较复杂。如前所述的压力容器图样是由总装图（见图 1–1）、部件图（见图 1–2）以及相应的零件图组成的。

2. 冷作构件的板厚与构件尺寸相差较大，造成图样上轮廓接合处的线条密集，其细节部分往往很难表达，所以图样中局部放大图、断面图、向视图、省略画法等较多。如图 1–1 所示，在装配图上采用了局部剖视图表达断面的内容。

3. 一般冷作图样上只标注主要的技术尺寸，有些零件的尺寸没有标出，只有通过放样或计算才能确定。如图 1–2 所示，肋板 1 和肋板 3 的高度就需要通过放样或计算求得。

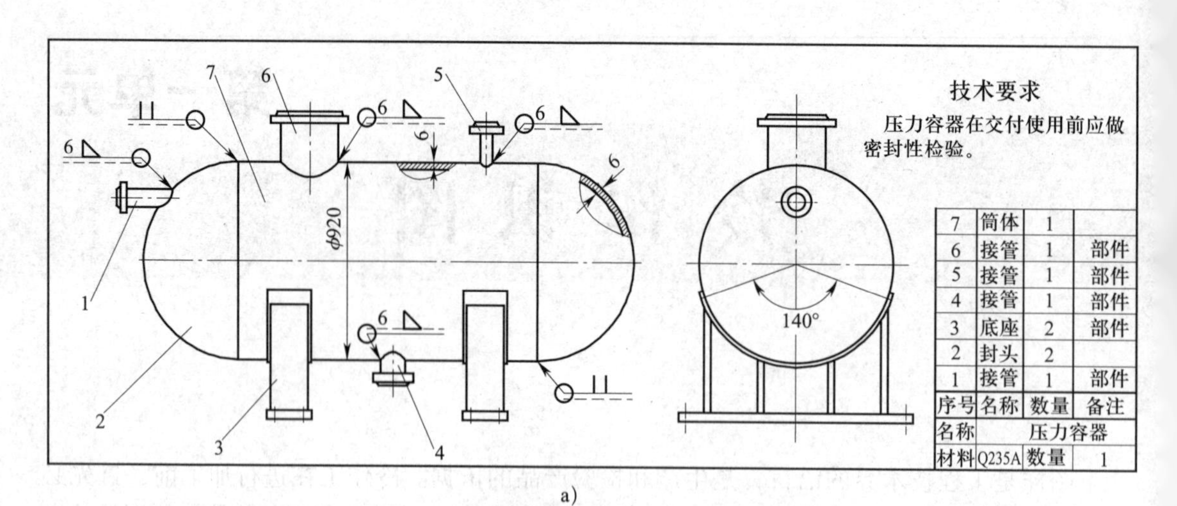

a）

b）

图 1-1　压力容器总装图

a）装配图　b）实物图

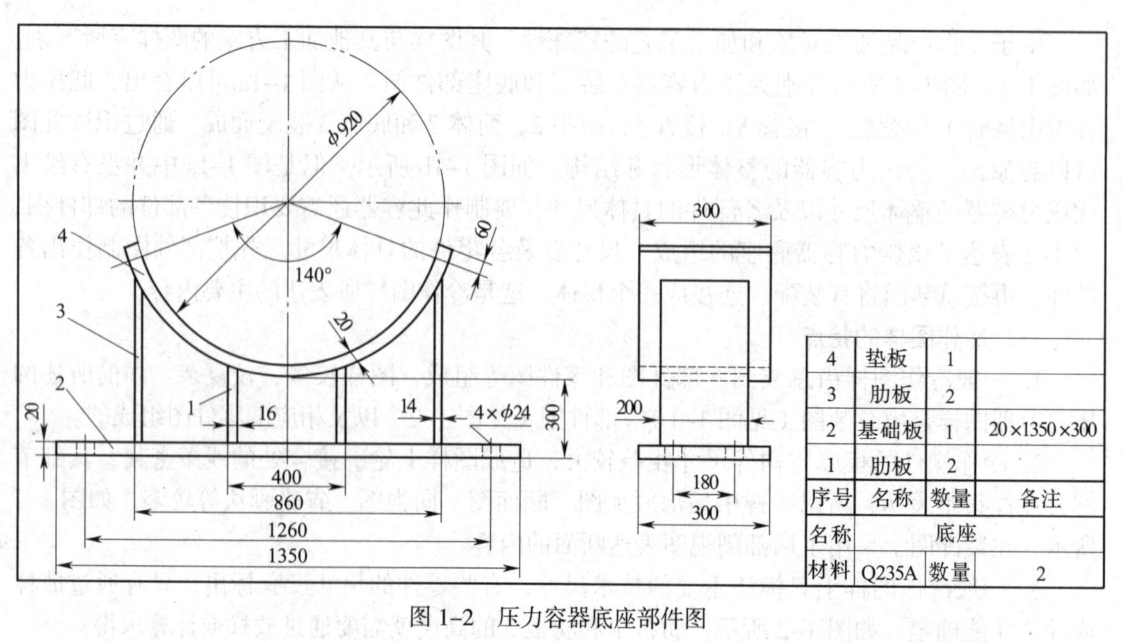

图 1-2　压力容器底座部件图

4. 在加工较大的结构件时，由于受到毛坯尺寸的限制，需要进行拼接，而图样上通常未予标出（如图 1–1a 筒体的制作），这就需要按技术要求、受力情况安排拼接焊缝的位置和拼接方式。

5. 有些构件图样上接合处的接缝形式、连接方式没有标明（图 1–2 中各肋板和基础板、垫板的连接），这也需要根据技术要求、加工工艺进行结构处理后确定。

6. 冷作图样中相贯线、截交线较多，尤其是在锅炉、压力容器、管路图中更为常见，如图 1–1 所示，在装配图上各接管与封头或筒体的接合处均为相贯线。

二、冷作图样的表达方法

识读冷作图样时，首先应熟悉它的表示特点和基本规定，即表达方法。

1. 整体形式

对于图 1–3 所示较简单的焊件图，可用一张较全面的图样表达焊接构件的形状和详细尺寸，其焊缝可用焊缝符号标出，也可在技术要求中用文字统一说明。

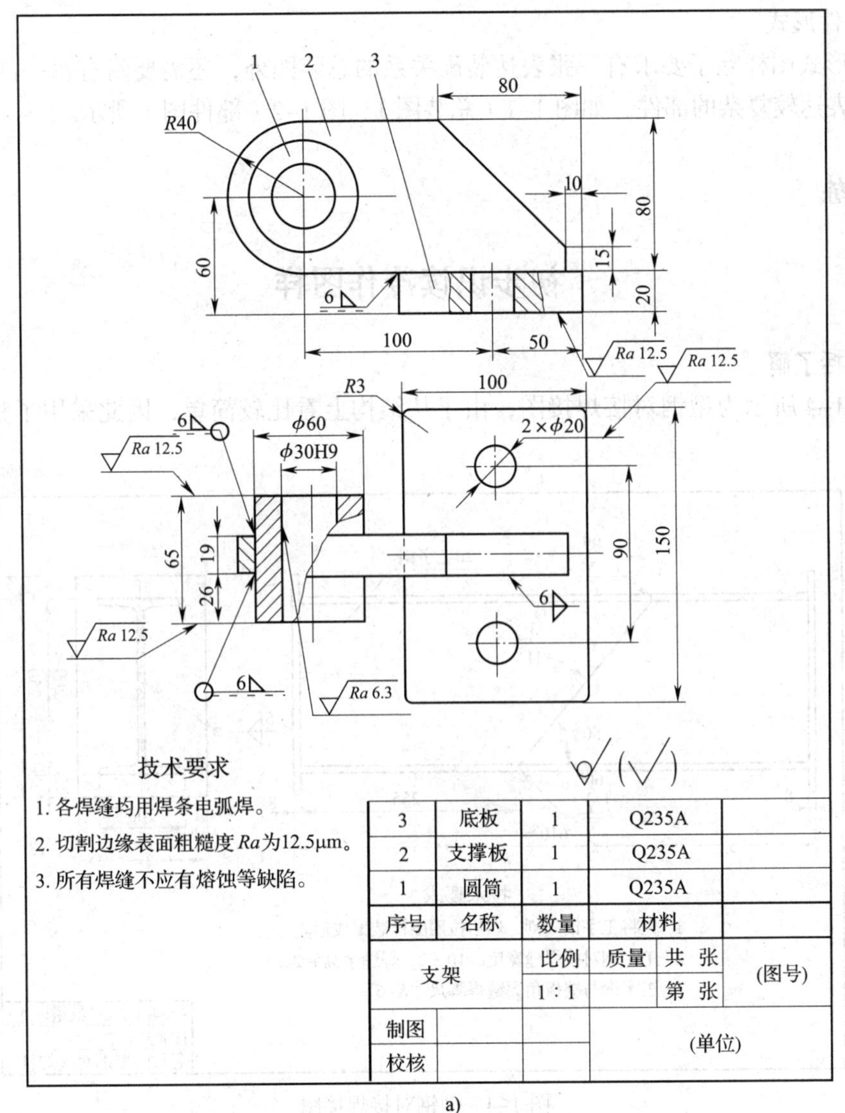

3	底板	1	Q235A	
2	支撑板	1	Q235A	
1	圆筒	1	Q235A	
序号	名称	数量	材料	
支架	比例	质量	共 张	(图号)
	1 : 1		第 张	
制图			(单位)	
校核				

a)

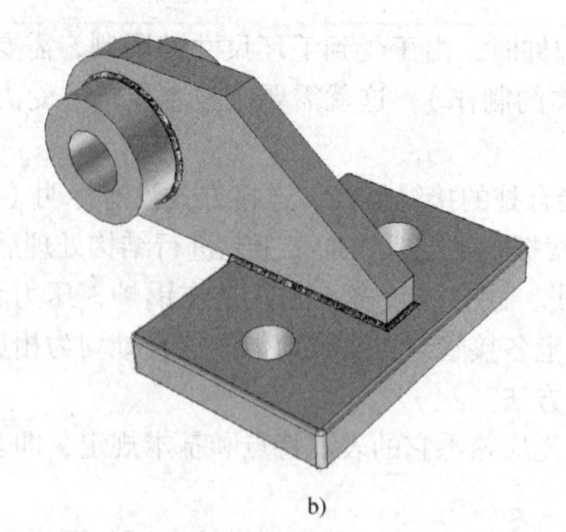
b)

图 1–3　整体形式焊件图

a）装配图　b）三维图

2. 分件形式

分件形式图样除了要求有一张表达装配关系的总装图外，还需要附有每一部件的详图。它适用于表达较复杂的部件，如图 1–1（总装图）、图 1–2（部件图）所示。

技能训练

初步识读冷作图样

1. 概括了解

如图 1–4 所示为型钢对接焊接图，由于从结构上看比较简单，因此采用了整体形式的表达方法。

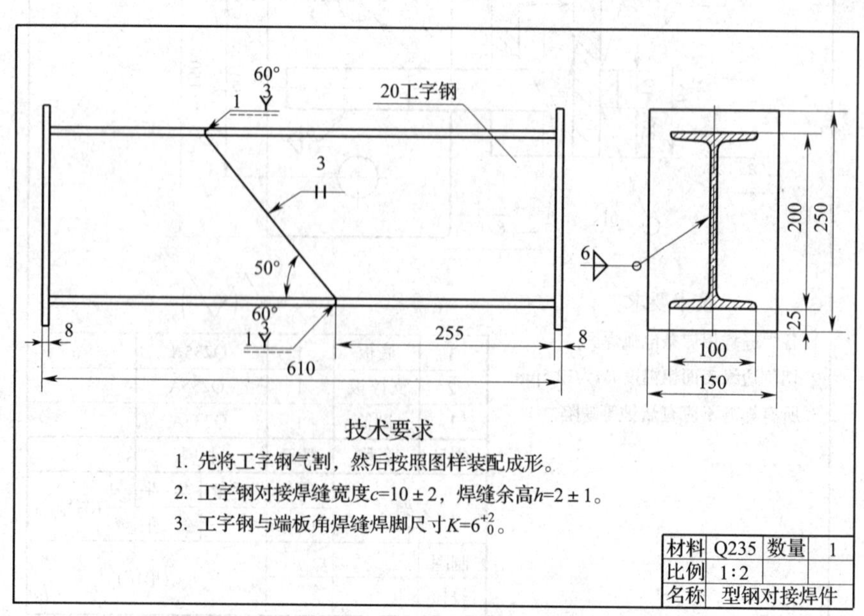

图 1–4　型钢对接焊接图

通过读标题栏得知，该零件为型钢对接焊件，材料是 Q235 钢，绘图比例为 1∶2，生产件数为 1 件。

2. 看懂零件结构和形状

（1）分析视图

纵览全图，采用了主、左两视图将结构表达清楚，左视图采用了全剖视图。

（2）分析结构和形状

型钢对接焊件的外形可以看成是由两块工字钢斜口对接后两端再与钢板以焊接方式组合在一起，其结构和形状并不复杂。

3. 尺寸分析

分析型钢对接焊接图上的尺寸，确定定形尺寸、定位尺寸及总体尺寸。

通过对型钢对接焊接图进行尺寸分析可以看出，定形尺寸包括：工字钢规格为 20，一端尺寸为 255 mm、斜口角度为 50°；端板规格为长 250 mm、宽 150 mm、板厚 8 mm。定位尺寸分别是用来确定工字钢位置的 100 mm、125 mm 和 200 mm 三个尺寸。总体尺寸：总长为 610 mm，总宽为 150 mm，总高为 250 mm。

4. 了解技术要求

通过分析技术要求可知，型钢对接焊件在尺寸、几何公差以及表面粗糙度方面没有提出公差要求，这也正是冷作图样的最明显特点。用语言叙述的技术要求有三条：第 1 条是对加工制造提出建议，第 2、第 3 条是对焊缝尺寸（焊缝宽度、余高、焊脚尺寸）提出要求。

子课题 2　焊缝符号与焊接方法代号

当焊缝分布比较简单时，可不必画出焊缝，对于焊接要求一般都采用焊缝符号和焊接方法代号来表示，所以说焊缝符号和焊接方法代号也是一种工程界语言。在我国焊缝符号和焊接方法代号分别由国家标准《焊缝符号表示法》（GB/T 324—2008）和《焊接及相关工艺方法代号》（GB/T 5185—2005）统一规定。

一、焊缝符号

焊缝符号可以表示出焊缝的位置、焊缝横截面形状（坡口形状）及坡口尺寸、焊缝表面形状特征、焊缝尺寸或其他要求。

完整的焊缝符号包括基本符号、指引线、补充符号、尺寸符号及数据等。为了简化，在图样上标注焊缝时通常只采用基本符号和指引线，其他内容一般在有关文件（如焊接工艺规程等）中明确。

1. 符号

（1）基本符号

基本符号表示焊缝横截面的基本形式或特征，见表 1–1。

表 1–1　　基本符号（摘自 GB/T 324—2008）

序号	名称	示意图	符号
1	卷边焊缝（卷边完全熔化）		

续表

序号	名称	示意图	符号
2	I 形焊缝		
3	V 形焊缝		
4	单边 V 形焊缝		
5	带钝边 V 形焊缝		
6	带钝边单边 V 形焊缝		
7	带钝边 U 形焊缝		
8	带钝边 J 形焊缝		
9	封底焊缝		
10	角焊缝		

续表

序号	名称	示意图	符号
11	塞焊缝或槽焊缝		
12	点焊缝		
13	缝焊缝		
14	陡边V形焊缝		
15	陡边单V形焊缝		
16	端焊缝		
17	堆焊缝		

续表

序号	名称	示意图	符号
18	平面连接（钎焊）	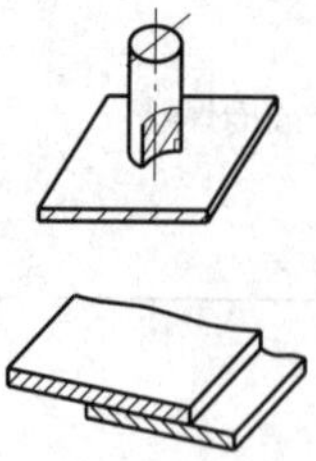	
19	斜面连接（钎焊）	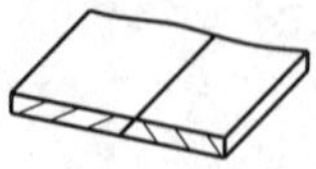	
20	折叠连接（钎焊）	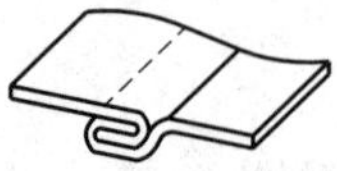	

（2）基本符号的组合

标注双面焊焊缝或接头时，基本符号可以组合使用，见表 1–2。

表 1–2　基本符号的组合（摘自 GB/T 324—2008）

序号	名称	示意图	符号
1	双面 V 形焊缝 （X 焊缝）		
2	双面单 V 形焊缝 （K 焊缝）		
3	带钝边的双面 V 形焊缝		
4	带钝边的双面单 V 形焊缝	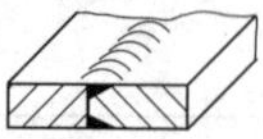	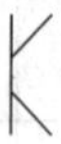
5	双面 U 形焊缝		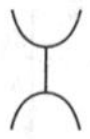

（3）补充符号

补充符号用来补充说明有关焊缝或接头的某些特征，如表面形状、衬垫、焊缝分布、施焊地点等，见表 1–3。

表 1–3　补充符号（摘自 GB/T 324—2008）

序号	名称	符号	说明
1	平面	—	焊缝表面通常经过加工后平整
2	凹面	 ◡	焊缝表面凹陷
3	凸面	 ⌒	焊缝表面凸起
4	圆弧过渡		焊趾处过渡圆滑
5	永久衬垫	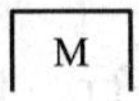 M	衬垫永久保留
6	临时衬垫	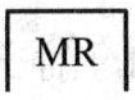 MR	衬垫在焊接完成后拆除
7	三面焊缝	⊏	三面带有焊缝
8	周围焊缝	○	沿着工件周边施焊的焊缝 标注位置为基准线与箭头线的交点处
9	现场焊接		在现场焊接的焊缝
10	尾部	 <	可以表示所需的信息

2. 基本符号和指引线的位置规定

（1）指引线

指引线由箭头线和基准线（实线和虚线）组成，如图 1–5 所示。

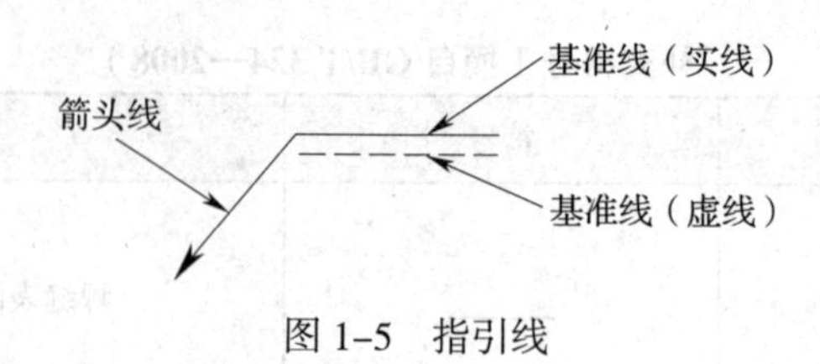

图 1–5　指引线

1）箭头线。箭头直接指向的接头侧为“接头的箭头侧”，与之相对的则为“接头的非箭头侧”，如图 1–6 所示。

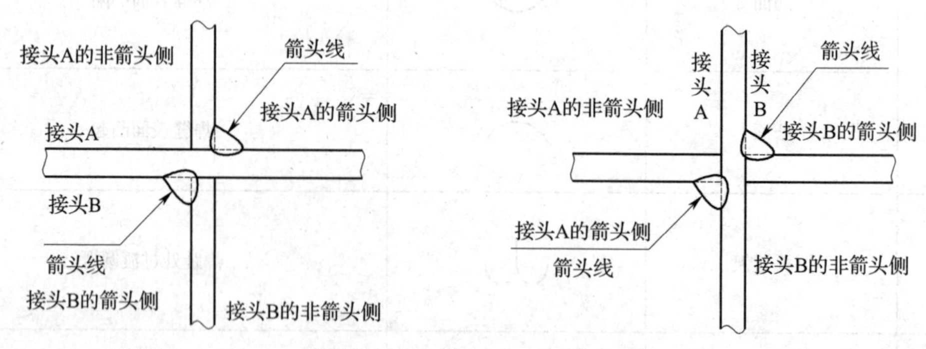

图 1–6　接头的“箭头侧”和“非箭头侧”示例

2）基准线。基准线一般应与图样的底边平行，必要时也可与底边垂直。实线和虚线的位置可根据需要互换。

（2）基本符号与基准线的相对位置

1）基本符号在实线侧时，表示焊缝在接头的箭头侧，如图 1–7a 所示。

2）基本符号在虚线侧时，表示焊缝在接头的非箭头侧，如图 1–7b 所示。

3）对称焊缝允许省略虚线，如图 1–7c 所示。

4）在明确焊缝分布位置的情况下，有些双面焊缝也可省略虚线，如图 1–7d 所示。

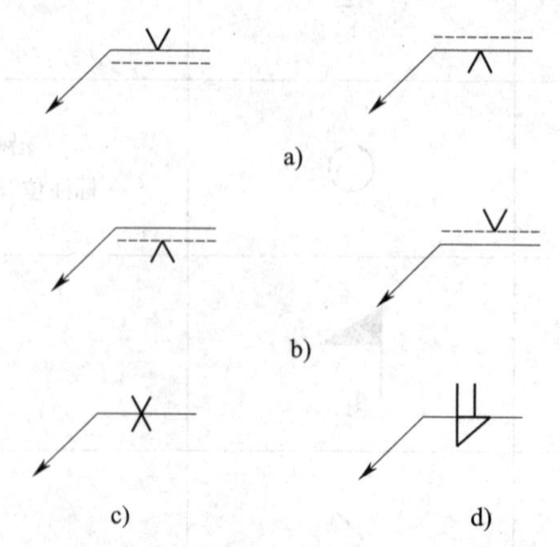

图 1–7　基本符号与基准线的相对位置

a）焊缝在接头的箭头侧　b）焊缝在接头的非箭头侧　c）对称焊缝　d）双面焊缝

3. 尺寸及标注

（1）一般要求

必要时，可以在焊缝符号中标注焊缝尺寸，常用焊缝尺寸符号见表 1–4。

表 1–4　　　　常用焊缝尺寸符号（摘自 GB/T 324—2008）

符号	名称	示意图	符号	名称	示意图
δ	工件厚度	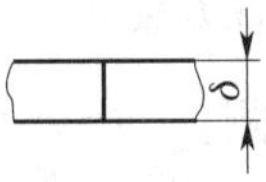 δ	R	根部半径	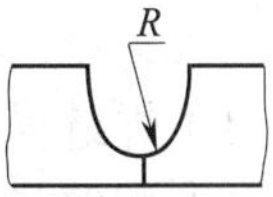 R
α	坡口角度	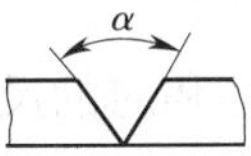 α	N	相同焊缝数量	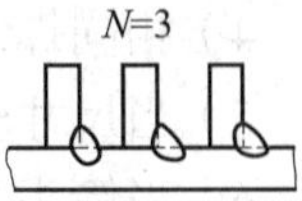 N=3
β	坡口面角度	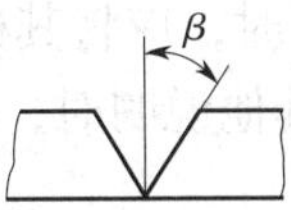 β	S	焊缝有效厚度	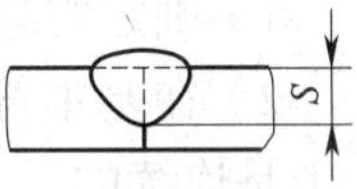 S
b	根部间隙	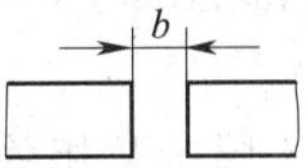 b	c	焊缝宽度	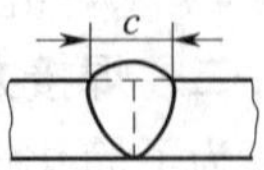 c
p	钝边	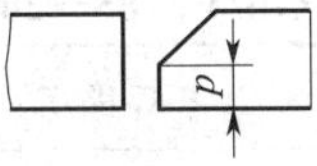 p	K	焊脚尺寸	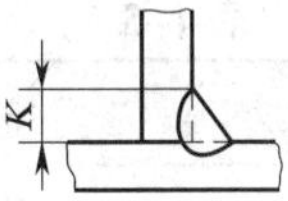 K
d	点焊：熔核直径 塞焊：孔径	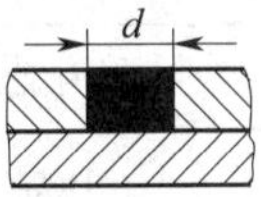 d	e	焊缝间距	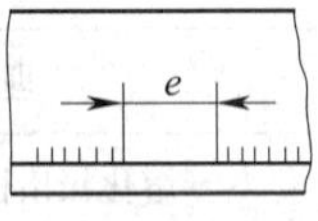 e
n	焊缝段数	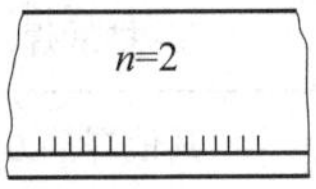 n=2	H	坡口深度	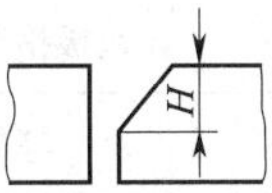 H
l	焊缝长度	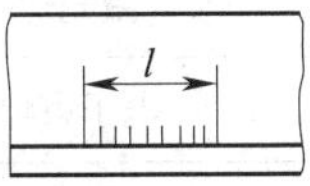 l	h	余高	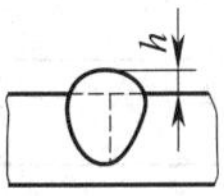 h

（2）标注原则

尺寸标注方法如图 1–8 所示。

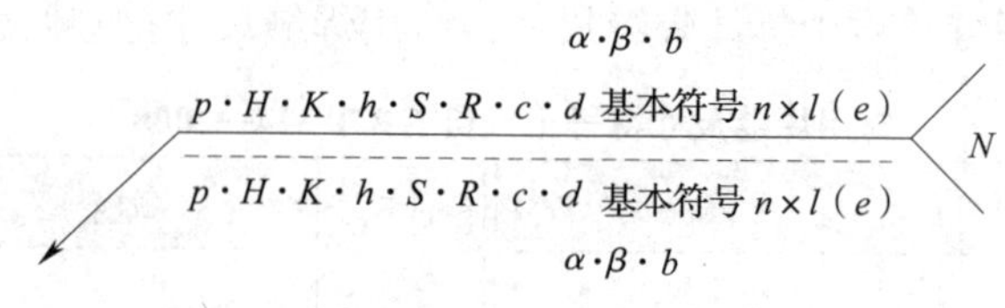

图 1–8　尺寸标注方法

1）焊缝横截面上的尺寸标注在基本符号的左侧。

2）焊缝长度方向上的尺寸标注在基本符号的右侧。

3）坡口角度、坡口面角度、根部间隙标注在基本符号的上侧或下侧。

4）相同焊缝数量标注在尾部。

5）当尺寸较多不易分辨时，可在数据前面标注相应的尺寸符号。

6）当箭头线方向改变时，上述规则不变。

（3）关于尺寸的其他规定

1）确定焊缝位置的尺寸不在焊缝符号中标注时，应将其标注在图样上。

2）在基本符号的右侧无任何尺寸标注又无其他说明时，意味着焊缝在工件整个长度方向上是连续的。

3）在基本符号的左侧无任何尺寸标注又无其他说明时，意味着对接焊缝应完全焊透。

4）塞焊缝、槽焊缝带有斜边时，应标注其底部的尺寸。

二、焊接方法代号

为了简化焊接方法的标注和说明，国家标准《焊接及相关工艺方法代号》（GB/T 5185—2005）规定了用阿拉伯数字表示金属焊接及钎焊方法的代号。常用焊接方法代号见表 1–5。

表 1–5　　常用焊接方法代号（摘自 GB/T 5185—2005）

焊接方法	代号	焊接方法	代号
电弧焊	1	气焊	3
焊条电弧焊	111	氧乙炔焊	311
埋弧焊	12	氧丙烷焊	312
熔化极惰性气体保护焊	131	压焊	4
熔化极非惰性气体保护焊	135	摩擦焊	42
钨极惰性气体保护焊	141	扩散焊	45
等离子弧焊	15	其他焊接方法	7
电阻焊	2	电渣焊	72
点焊	21	激光焊	751
缝焊	22	电子束焊	76
闪光焊	24	钎焊	9

技能训练

识读焊缝符号

图 1–4 中有四处标有焊缝符号，包含三种不同的焊缝符号，其含义分别如下。

（1）60° 3 1：工字钢上、下翼板的对接焊缝，焊缝在接头的箭头侧。焊缝采用带钝边的 V 形坡口，坡口根部间隙为 3 mm，钝边尺寸为 1 mm，坡口角度为 60°。

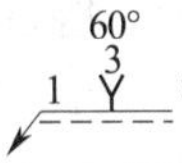

（2）3：工字钢腹板的连续、对称 I 形焊缝，对接间隙为 3 mm。

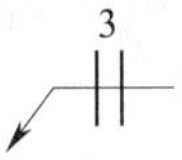

（3）6：工字钢与钢板连接的连续、对称角焊缝。对称角焊缝为周围焊缝，焊脚尺寸为 6 mm。

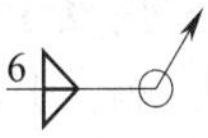

课题二　典型冷作产品结构图

冷作识图是相对较复杂的过程。冷作产品的图样一般由总装图和若干零部件图组成，所以识图应先从总装图入手，了解组成总装图的各零部件的概况，明确各零部件的组合形式及相互关系。要了解清楚总装图的技术要求及标题栏、明细栏的内容，为以后产品的制造和组装奠定良好的基础。对零部件图的分析主要是形状、尺寸、材料应清楚、准确，然后才能有的放矢地制定工艺并安排生产。

冷作识图的基本方法如下。

1. 图样分析

对照总装图和零部件图，分析了解产品的组成、技术要求、各部件的构成及相互关系。

2. 形体分析

了解构成产品的各零部件形状、位置和连接方式。

3. 尺寸分析

了解各零部件各部位的尺寸（包括基准、尺寸链等是否正确），对照形体分析确保正确、一致。

4. 综合分析

将零部件连接起来，分析形成总装图的产品是否符合要求。

确认图样分析正确后，可以制定工艺并安排生产。

子课题1　桁架结构识图训练

桁架结构识图基本知识

桁架结构是由各种形状的型钢组合而成的结构。由于钢结构承载能力大，因此常用于高层和超高层建筑、大跨度单体建筑（如体育场馆、会展中心等）、工业厂房、大跨度桥梁等。

桁架结构图一般来说比较复杂，它主要包括构件的总体布置图和钢结构节点详图。总体布置图表示整个钢结构构件的布置情况，一般用单线条绘制并标注出几何中心线尺寸；钢结构节点详图包括构件的断面尺寸、类型及节点的连接方式等。

桁架结构图的表达方式与常规机械制图的表达方式不太一样。因为一些复杂桁架结构件（如工业厂房、桥梁等）的外形尺寸都非常大，又都属于空间立体结构，若采用常规的视图表达方法会有一定困难，所以复杂桁架结构件常采用平面图、立面图和节点详图等方式进行表达。

综上所述，由于复杂桁架结构件的表达方式与常规机械制图的表达方式不同，因此识图时看到的多数是一些分散的平面图形，没有整体意识。这就要求识图者在读完各平面图形后，要把它们互相联系起来，从而形成整体意识，这是识读复杂桁架结构图样的关键所在。

技能训练

识读桁架结构图

1. 图样总体分析

如图1–9所示为某桁架构件图。通过图样可以看出，该桁架是一个用来支撑管道的部件，主要由工字钢、角钢和钢板等零件组成。它是以底脚板为安装基础、以叠加形式组成的支撑式部件，各零件之间的连接采用焊接。

图样采用了主视图和四个局部剖视图将桁架构件表达清楚，底脚板是组装各部件的基础。

2. 组成零件分析

组成该桁架构件的零件分别采用了工字钢、角钢和钢板三种材料，材质为Q235钢，其中用来支撑管道的弧形板需要在下料后滚弯成形。

3. 组成零件具体形状和尺寸分析

部件中所有的工字钢和角钢零件形状均为符合国家标准的标准型钢；在所有的钢板零件中，除了其中12块连接板为不规则的五边形外，其余钢板零件均为矩形。

就各零件尺寸而言，工字钢（3根）的规格及长度已在图样中标注清楚；所有角钢零件（14根）的规格已经给出，但长度尺寸需要通过放样确定；所有钢板零件中，除了连接板的尺寸需要通过放样确定以及弧形板展开长度尺寸需要通过工艺计算确定外，其余钢板零件的尺寸都已经在图样中标注清楚。

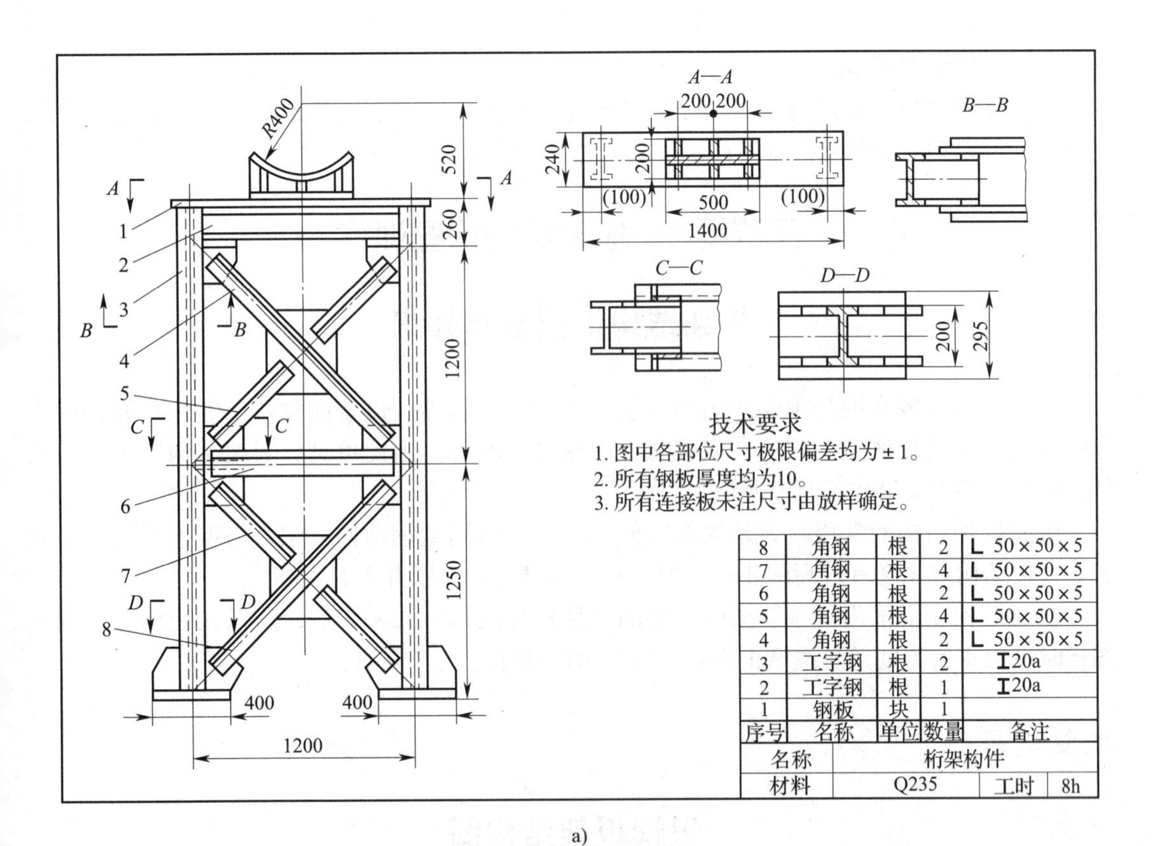

序号	名称	单位	数量	备注
8	角钢	根	2	L 50×50×5
7	角钢	根	4	L 50×50×5
6	角钢	根	2	L 50×50×5
5	角钢	根	4	L 50×50×5
4	角钢	根	2	L 50×50×5
3	工字钢	根	2	I20a
2	工字钢	根	1	I20a
1	钢板	块	1	

名称	桁架构件		
材料	Q235	工时	8h

a）

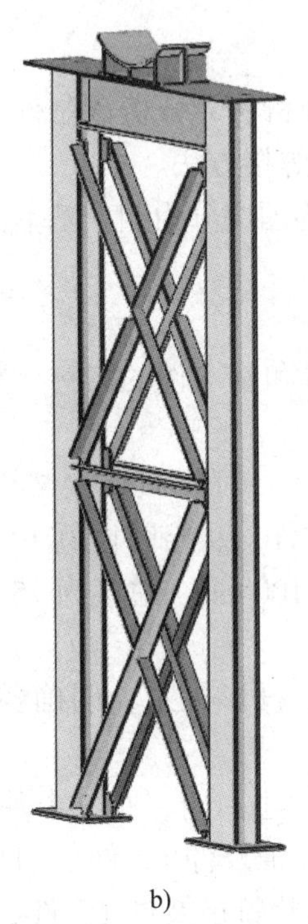

b）

图 1–9　桁架构件图

a）装配图　b）实物图

4. 综合分析并确认

对上述各分析过程进行确认，综合分析各零件形状、尺寸、连接方式和位置关系清楚、正确后，可以制定工艺并安排生产。

子课题 2　板架结构识图训练

板架结构识图基本知识

板架结构一般来说是承受压力的，它主要对某些机器、设备或设备中的某些元件起支撑作用，如电动机底座、减速器底座、机床床身底座等。由此可见，板架结构属于承载构件，所以要求板架结构应具有足够的强度。

组成板架结构的常用材料是钢板，但有时也可采用型钢结构或钢板与型钢组合结构制成。板架结构对强度有较高的要求，但对其制造精度的要求并不是很高。

板架结构完全采用机械制图中规定的各种机件表达方式来表达，所以在识读这类构件图样时最根本的原则是要遵循正投影原理和识图规律去认真审阅。

技能训练

识读板架结构图

1. 读图方法

识读板架结构图应采用形体分析法，分析该制件由哪些基本件组成、各个基本件的结构和形状、它们之间的相对位置及焊接方法。

如图 1–10 所示的轴承挂架结构图应分为四个基本件来识读。

2. 读图的步骤

（1）概括了解

读标题栏和明细栏，了解制件和基本件的名称、数量、材料和绘图比例，初步了解其用途、大小和复杂程度。

从图 1–10 的标题栏和明细栏中，可知该焊接结构图所表示的是机件的轴承挂架，用于支撑其他件。制件共有四种基本件，从绘图比例 1 : 1 推断实物与图形大小相同，并从所标注的尺寸可以确定该制件总长为 100 mm、总宽为 75 mm、总高为 120（65+35+40/2）mm。

（2）分析视图

了解图中视图的数目、名称、投影关系，明确各视图表示目的，为投影分析奠定基础。

如图 1–10 所示，轴承挂架采用主、俯、左三个基本视图，主、左视图采用局部剖视。主视图主要表示件 1、件 4 的形状特征及件 1、件 2、件 3、件 4 的左右和上下相对位置与焊接形式，左视图主要表示件 3 的形状特征及件 1、件 2、件 3、件 4 的前后、上下相对位置与焊接形式，俯视图主要表示件 2 的形状及两个圆孔的位置。

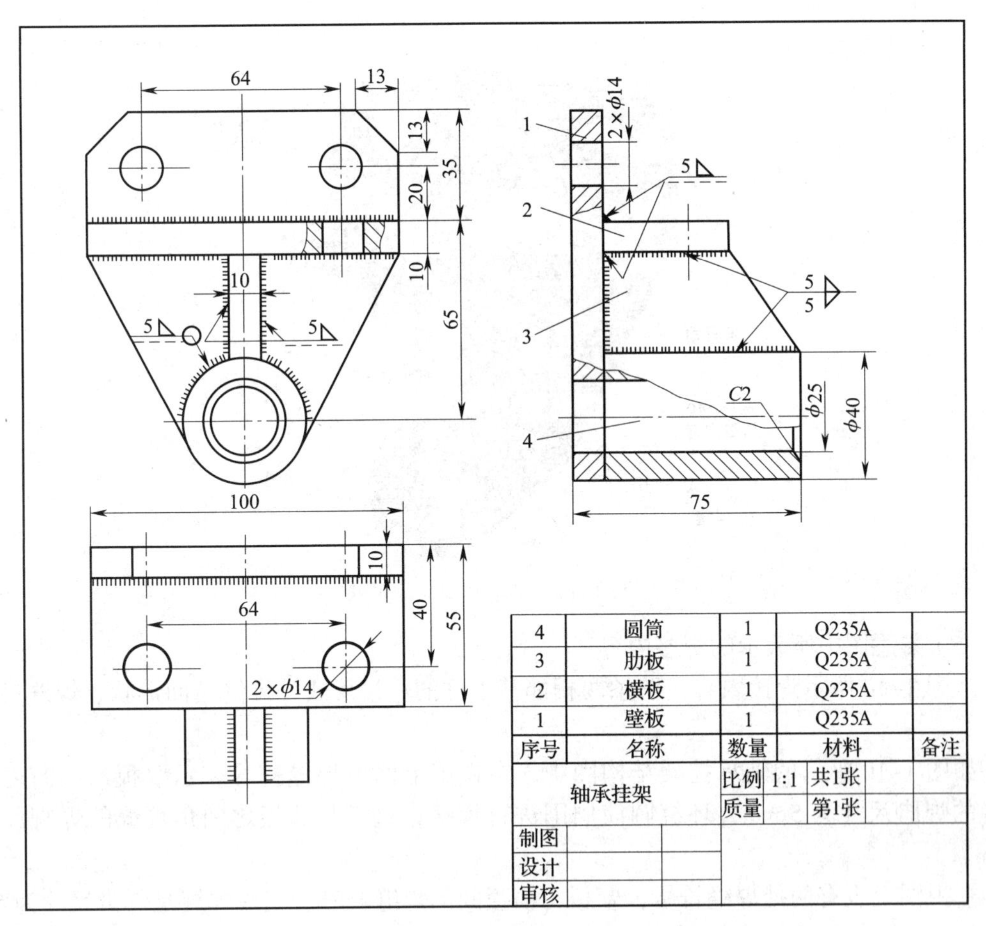

图 1–10　轴承挂架结构图

（3）想象各基本件的形状

要想象各基本件的形状，应掌握从焊接结构图中分离出每一基本件的投影范围的方法。分离方法主要是按视图之间的投影度量关系，即“主、俯视图长对正”“主、左视图高平齐”和“俯、左视图宽相等”的三等关系，借助三角尺、分规等工具在三视图中找每部分的对应关系，同时根据图中编列出的序号和两相邻基本件接触面只画一条线，以及采用剖视画法时可通过剖面线的方向和疏密等知识区分各基本件的投影。

当把每一个基本件在视图中的投影范围独自分离出来后，以特征视图为基础，想象其立体形状。如件 1 壁板及件 4 圆筒以主视图、件 3 肋板以左视图、件 2 横板以俯视图中所表示的形状特征为基础，配合其他视图所对应的形状，便能较快地想象出各基本件的立体形状。

（4）综合想象总体形状

当想象出各部分的形状后，还应根据三视图所表示的方位和连接关系，综合想象出如图 1–11 所示的轴承挂架立体形状。但应指出这一步骤往往不是孤立地进行的，而应在想象每个基本件的形状时经常进行。

读图时，从左视图确定件 1 与件 2 、件 3 、件 4 前后相对位置及件 3 与件 2、件 4 上下相对位置；从主视图确定以对称面为准，件 1、件 2、件 3、件 4 左右与对称面的位置关系。

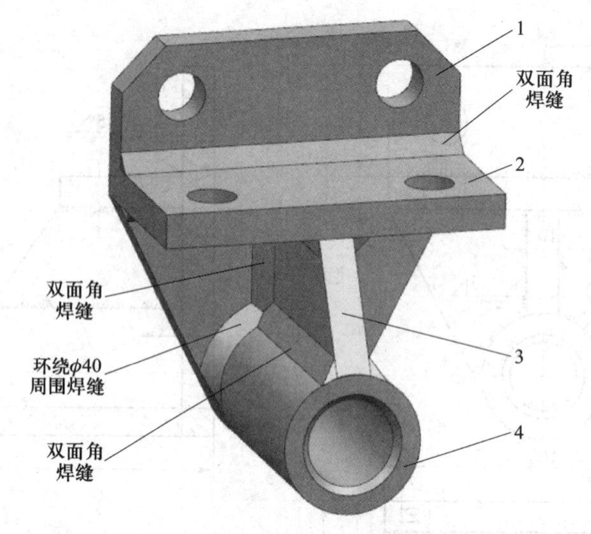

图 1–11　轴承挂架立体形状

（5）熟悉图中所表示的焊接内容

从图 1–10 所示焊接内容，熟悉两相邻基本件的焊接形式、焊缝断面形状、焊缝尺寸及要求等。

如图 1–10 所示的轴承挂架结构图中，主视图上两处焊缝符号表示壁板与圆筒之间角焊缝的焊脚尺寸为 5 mm，环绕圆筒周围进行焊接；壁板与肋板之间角焊缝的焊脚尺寸为 5 mm。

左视图上也有两处焊缝符号，壁板与横板间的焊缝符号表明该焊缝是焊脚尺寸为 5 mm 的角焊缝；另一焊缝符号表明横板与肋板间、肋板与圆筒间为双面连续角焊缝，焊脚尺寸为 5 mm。

子课题 3　容器结构识图训练

容器结构图样的识图基本知识

容器结构是以板材为主体制造的结构，如油罐、塔、压力容器等，而且以钢结构为多，有色金属结构较少。就连接方式而言，以焊接连接方式为多，而铆接、胀接和螺栓连接的结构逐渐减少。

这类图样一般是用正投影的三面视图来表达的。一般情况下容器图样的高度方向为正面投影，称为主视图；平面方向为俯视投影，称为俯视图，常作为平面方位图；侧面投影是根据容器的具体表达情况而定的。

这类图样一般可分为总装图、部件图和标准件图。

识读这类图样的方法，首先要看标题栏和明细栏，从标题栏和明细栏里可以了解设备名称，图纸总张数，设备各结构件的材质、规格和质量及设备总质量，同时，还可以看清楚各构件所在图号和标准件图号，一般常用的法兰、封头、人孔等部件均有标准件图；然后再看总装图，对容器的整体结构有一个大概了解，在大脑中形成容器的空间整体形象；最后再分步骤查看部件图和标准件图，详细了解各构件之间的连接情况和部件的结构、形状，同时还要看图样的技术要求。这类图样均有详细的技术要求，以说明制造的质量标准、焊接要求以及试压、防腐和工艺配管的管口方位等在图样上不易表达的问题。

技能训练

识读容器结构图

1. 概括了解

如图 1–12 所示为拱顶储罐结构图。从标题栏中及对图样进行通读后，可以得到以下基本信息：该储罐为立式拱顶储罐，主体结构由罐底、罐体和罐顶三大部分组成，附属结构如盘梯、平台等没有给出。该储罐主体部分所用材料为 Q345 钢，管座材料为 Q235 钢。

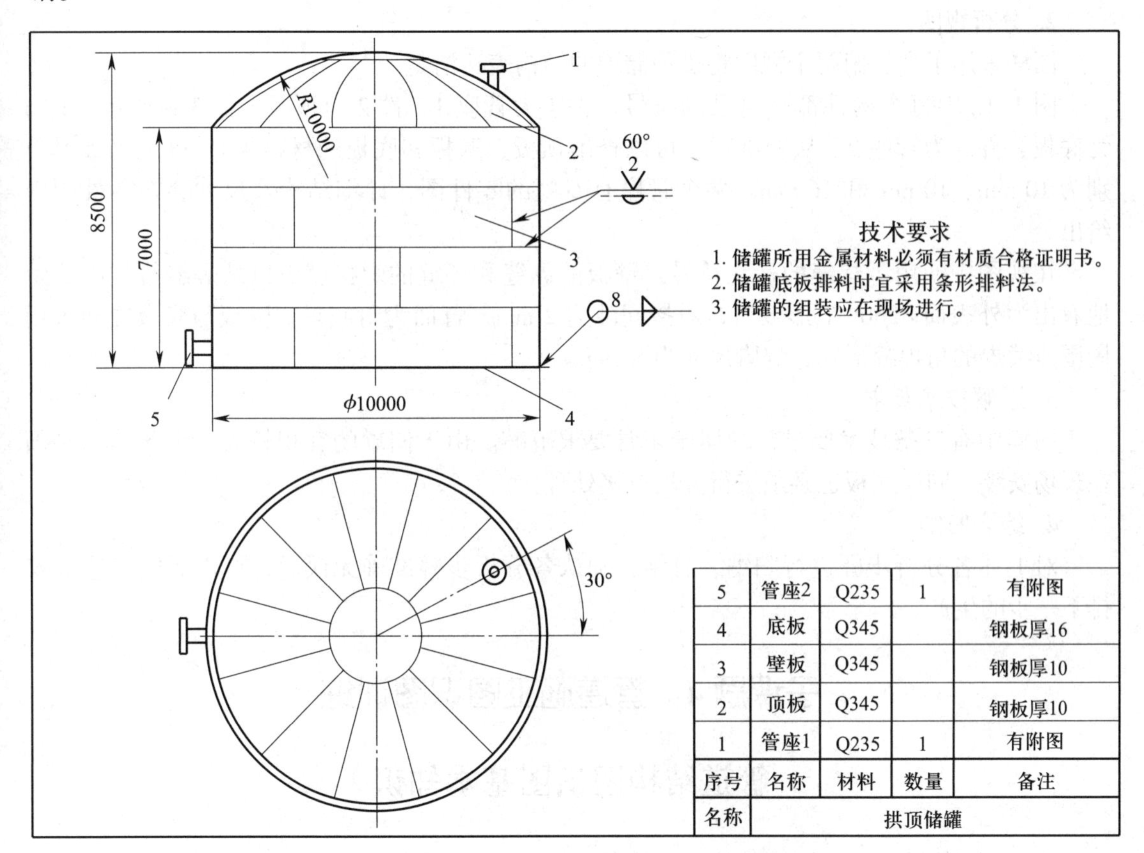

5	管座2	Q235	1	有附图
4	底板	Q345		钢板厚16
3	壁板	Q345		钢板厚10
2	顶板	Q345		钢板厚10
1	管座1	Q235	1	有附图
序号	名称	材料	数量	备注
名称	拱顶储罐			

a）

b)

图 1–12　拱顶储罐的施工示意图

a）装配图　b）实物图

2. 分析视图

图样采用了主、俯两个视图将拱顶储罐的结构表达清楚。

图 1–12 中每个构件都有自己的编号，件 1 为管座 1、件 2 为顶板、件 3 为壁板、件 4 为底板、件 5 为管座 2。从明细栏中可以查出顶板、壁板和底板的材料为 Q345 钢，板厚分别为 10 mm、10 mm 和 16 mm。两个管座有专门的零件图，详细结构及尺寸会在零件图中给出。

在视图中使用了焊缝的标注符号。壁板的纵缝和环缝的焊接就可以从焊缝符号中清楚地看出为外表面开 60° V 形坡口，对接间隙为 2 mm，背面为封底焊。壁板与底板之间采用周围连续焊的角焊缝形式，焊脚尺寸为 8 mm。

3. 了解技术要求

图样中有三条技术要求，均属于正常要求范畴。由于储罐的容积较大，因此储罐必须在现场安装，同样底板也必须进行分块拼接处理。

4. 综合归纳

对上述各分析步骤进行归纳、总结，确认各分析步骤准确无误后，可以制定工艺并安排下一步的生产。

子课题 4　管道施工图识图训练

管道结构图识图基本知识

管道是所有管线的统称。管线是由管段、管件、阀门等基本单元组成的。

管道的结构图样也是冷作工经常接触到的。管道的结构图样中常见的是管道布置图和管道施工图。管道布置图应有平面布置图（简称平面图）和立面布置图（简称立面图），同时应注明各类管道的介质名称、流向、管材名称和规格尺寸及管件等。在平面布置图中可看到同一平面内管道的数量、走向等。立面布置图中应看到管道标高、数量等。

管道施工图有单线图和双线图的画法，同时有三视图和轴测视图等多种图示法。对于阀门、管件、管道的连接形式，管道的图示符号及标注方法等都有明确的规定。

1. 标高的标注方法

除注明外，管道一般标注管中心的标高，单位为米，标到小数点后两位，如零点标注为 ±0.00。管道标高一般标注在管道的起始点或转弯处，标注示例如图 1–13 所示。在图样中表示时一般采用图 1–13c 所示的表示方法，若图面位置不够时可采用图 1–13d 所示的表示方法。

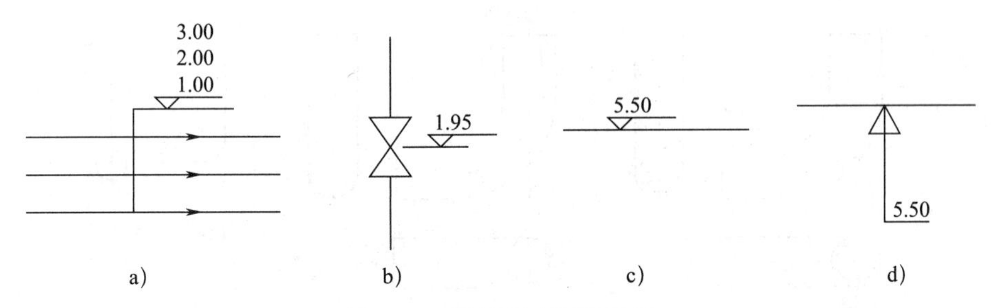

图 1–13　管道标高标注示例

2. 管径的标注方法

对无缝钢管或有色金属管道，应标注为“外径 × 壁厚”，对水、煤气等其他输送管道应标注公称直径“DN”。标注示例如图 1–14 所示，图中对三种不同的管道分别标出了它们的类别代号和钢管的规格型号。

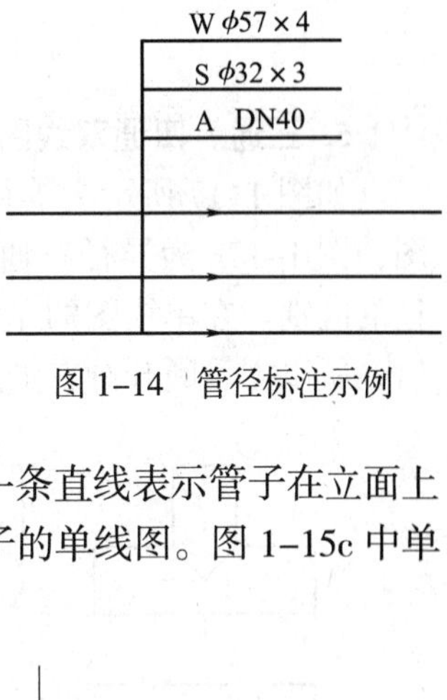

W φ57×4
S φ32×3
A DN40

图 1–14　管径标注示例

3. 管段图的表示方法

管道施工图中对管段可采用三视图、双线图和单线图的表示方法，如图 1–15 所示。图 1–15a、b、c 分别是用三视图、双线图和单线图三种形式表示的管段的立面图和平面图。如果只用一条直线表示管子在立面上的投影，而在平面图上用一个小圆点外面加画一个小圆，即为管子的单线图。图 1–15c 中单线图的三种表达方法所表示的意义是相同的。

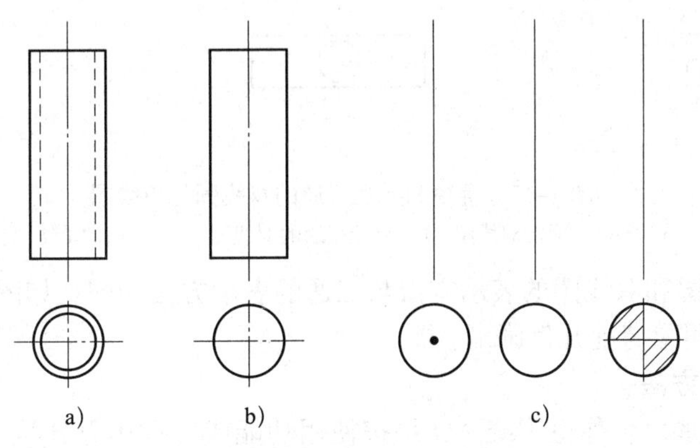

图 1–15　管段的三种表示方法

a）三视图　b）双线图　c）单线图

4. 弯头图的表示方法

如图 1–16 所示为弯头（90° 煨弯）的三种表达形式，其中图 1–16a 是弯头的三视图，图 1–16b 是弯头的双线图，图 1–16c 是弯头的单线图。从这个图例中可以看出，管道图中双线图和单线图的画法仍然以三视图投影画法为基础，只是对三视图的画法进行了简化。在三视图中只要将管子的内径和虚线部分去掉就是管子的双线图。单线图的画法与管段的画法相似，在平面图中先看到立管的断口，后看到横管，画图时对于立管断口投影画成一个有圆心点的小圆，横管画到小圆的边上；在侧面图上先看到立管，横管的断口在背面看不到，这时横管应画成小圆，立管画到小圆的圆心处。

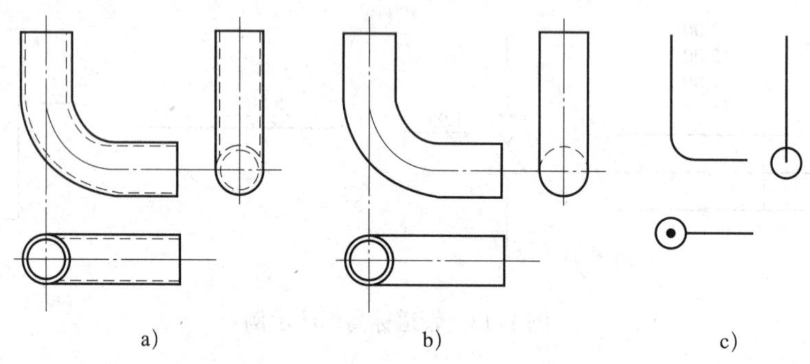

图 1–16　弯头（90° 煨弯）的三种表达形式

a）三视图　b）双线图　c）单线图

5. 三通、四通双线图和单线图的表示方法

如图 1–17 所示为等径和异径三通的双线图与单线图，其中图 1–17a 为等径三通的双线图，图 1–17b 为异径三通的双线图，图 1–17c 为三通的单线图，在单线图中没有等径和异径的区别。在单线图的左侧图中横管在后，所以立管的单线条横穿小圆；而右侧图中立管在后，所以立管断开画在加点小圆的后面。

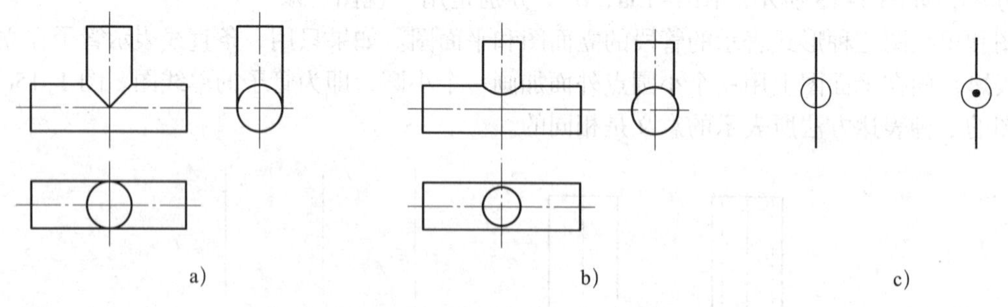

图 1–17　等径和异径三通的双线图与单线图

a）等径三通的双线图　b）异径三通的双线图　c）三通的单线图

等径四通单线图和双线图的表示方法与三通的表示方法相同，如图 1–18 所示。对于异径四通的表示方法可参考前几例画出。

6. 阀门的表示方法

阀门的种类繁多，名称也不统一，可按使用功能或公称压力分类，也可按阀体材料分类。我国阀门产品型号表示方法是由七个单元组成的，第一单元用汉语拼音的第一个字母表示阀门类型，如闸阀用 Z 表示、球阀用 Q 表示、截止阀用 J 表示、安全阀用 A 表示。阀门是管道中通过改变其内部通路面积来控制管路中介质流动的通用机械产品，是管道线路中必不可少的管件，所以在管道施工中必须对阀门有所了解。

在识读管道施工图中，阀门符号是经常接触到的图形，常见的阀门符号如图 1–19 所示。

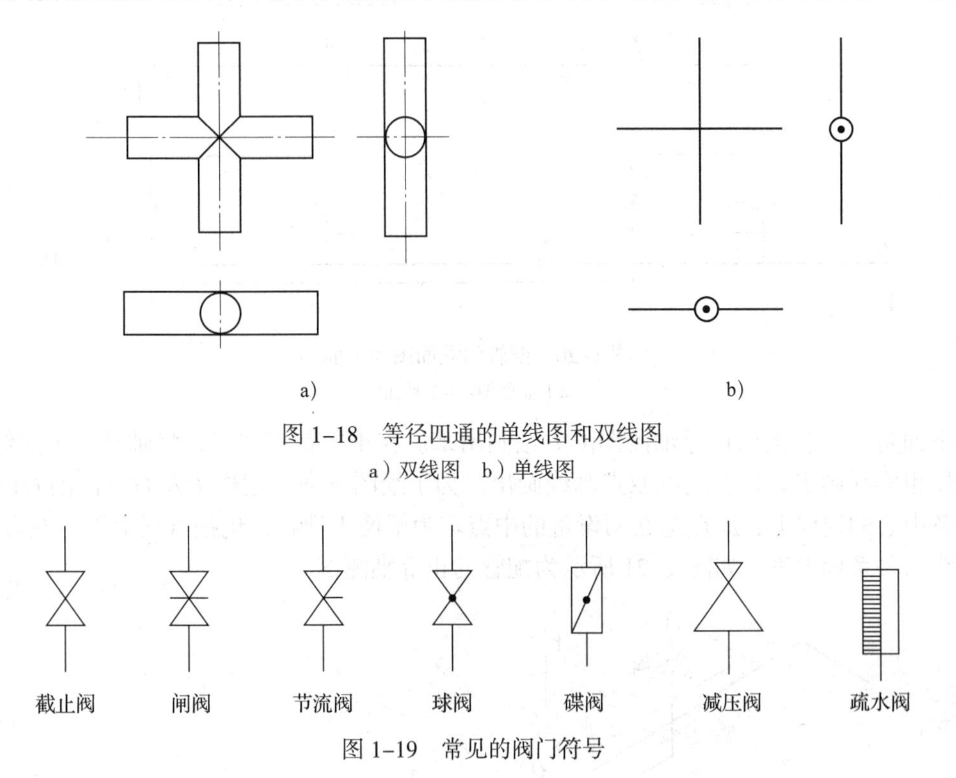

图 1–18　等径四通的单线图和双线图

a）双线图　b）单线图

图 1–19　常见的阀门符号

7. 轴测图的表示方法

管道施工图中常用轴测图的表示方法来绘制施工图样。管道的轴测图一般多用单线图表示，能同时反映长、宽、高三个方向的尺寸，立体感强，容易看懂，所以它是管道施工图的重要图样。管道施工图中常用的有正等轴测图和斜等轴测图。

技能训练

识读管道施工图

如图 1–20 所示为配管的立面图和平面图，它是用两视图表示的单线图，因表示配管，所以图中设备用细双点画线画出，管线用粗实线表示。为了便于理解，在立面图和平面图中标出了管线上下、前后和左右的关系。

从图 1–20 中可以看出阀门是用法兰连接的以及阀门在水平管和立管中连接时阀柄的方向。这在管道施工时是十分重要的，如果阀柄方向不对，就可能使阀柄不在指定的操作位置而出现安装错误。另外，从图 1–20 中还可以看出介质的流向已在进口处和出口处标出，这也是读图时要注意的地方，因为有些阀门是有进口和出口方向的。其他图形的表示方法可用前面讲过的基本知识去理解。

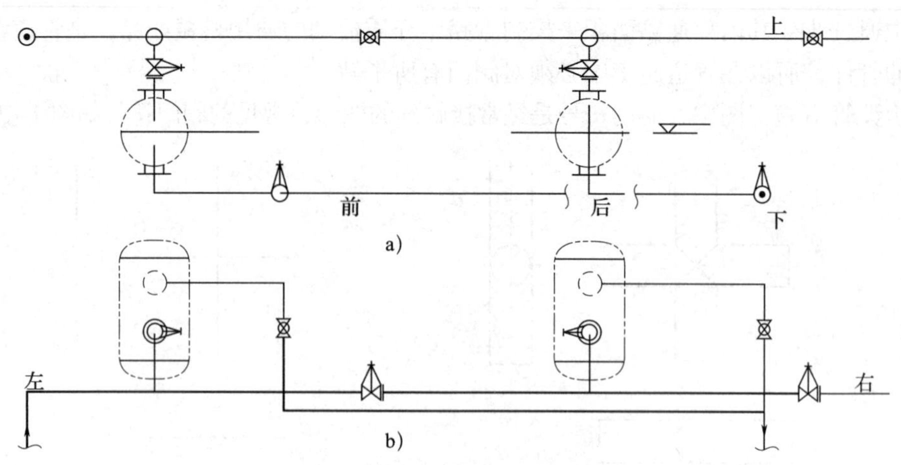

图 1-20　配管的立面图和平面图

a）立面图　b）平面图

下面将这个图例用正等轴测图的方法画出来。在正等轴测图里，将轴线用细实线画出，管线用粗实线画出，设备用细双点画线画出。为了绘图方便，把作为左右方向的 OY 轴选在两设备中心的连线上，原点选在两设备的中点。为了便于理解，仍把管线上下、左右、前后与轴线的关系标出来。如图 1-21 所示为配管的正等轴测图。

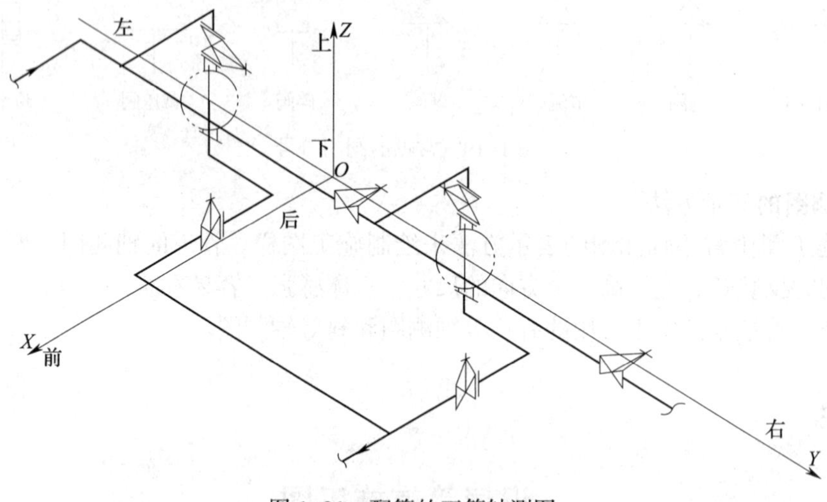

图 1-21　配管的正等轴测图

第二单元

放 样

课题一 结构放样基础训练

子课题 1 结 构 放 样

放样是制造金属结构的第一道工序，它对保证产品质量、缩短生产周期、节约原材料等都有着重要的作用。

放样是指在产品图样基础上，根据产品的结构特点、制造工艺要求等条件，按一定比例（通常取 1:1）准确绘制出结构的全部或部分投影图，并进行结构的工艺性处理和必要的计算及展开，最后获得产品制造过程所需要的数据、样杆、样板和草图等。

金属结构的放样一般要经过线型放样、结构放样、展开放样三个过程。但并不是所有的金属结构放样都包含上述三个过程，有些构件（如桁架类）完全由平板或杆件组成而无须展开，放样时自然就省去展开放样过程。

一、放样的任务

通过放样，一般要完成以下任务。

1. 详细复核产品图样所表现的构件各部分投影关系、尺寸及外部轮廓形状（曲线或曲面）是否正确并符合设计要求。

产品图样一般都是采用缩小比例的方法来绘制的，各部分投影关系的一致性及尺寸准确程度受到一定限制，外部轮廓形状（尤其是一般曲面）能否完全符合设计要求较难确定。而放样图因采用 1:1 的实际尺寸绘制，故设计中不易发现的问题将充分显露，并将在放样中得到解决。这类问题在大型产品放样和新产品试制中比较突出。

2. 在不违背原设计基本要求的前提下，依据工艺要求进行结构处理。这是产品放样必须解决的问题。

结构处理主要是考虑原设计结构从工艺性角度看是否合理、优越，并处理因受所用材料、设备能力和加工条件等因素影响而出现的结构问题。结构处理涉及面较广，有时还很复杂，需要放样者具有较丰富的专业知识和生产实践经验，并对相关专业（如焊接、起重等）知识有所了解。下面通过两个例子对放样过程中的结构处理问题予以说明。

（1）如图 2–1a 所示为一离心式通风机机壳中进风口的设计结构。它由锥形筒翻边而成。从工艺性角度来看，按此方案制作加工难度大，尤其是质量不易保证。某企业在制造该产品时，决定在不降低原设计强度要求的前提下，改为图 2–1b 所示的三件组合形式（以图中细双点画线为界）。其中，A 件为一个法兰圈，可由钢板切割而成；B 件为一个圆锥筒，可由滚板机滚制而成；C 件为一个弧形外弯板筒，可以分为两块压制而成。改进后的产品加工难度降低，质量容易得到保证，生产效率也将有所提高。

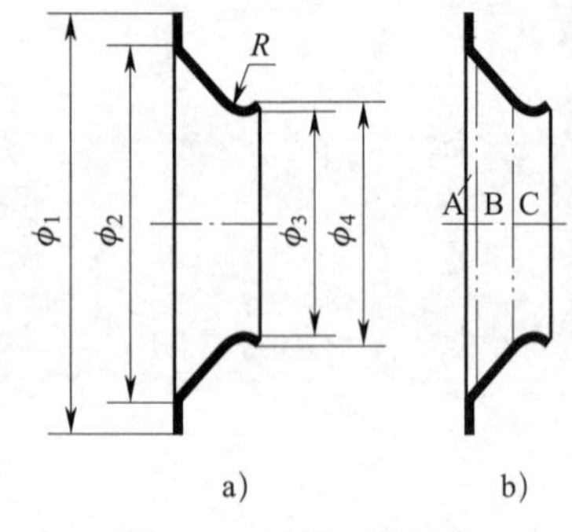

图 2–1　进风口的结构

a）设计结构　b）三件组合结构

（2）如图 2–2 所示为大圆筒，原设计中只给出了各部位尺寸要求，但由于此大圆筒直径较大，其展开料较长，需要由几块钢板拼制而成。因此，放样时就应考虑拼接焊缝的位置和接头坡口的形式。从保证大圆筒的强度、避免应力集中、防止或减小焊接变形的角度来考虑，采用图 2–3 所示的拼接方式应该是一个较好的方案。

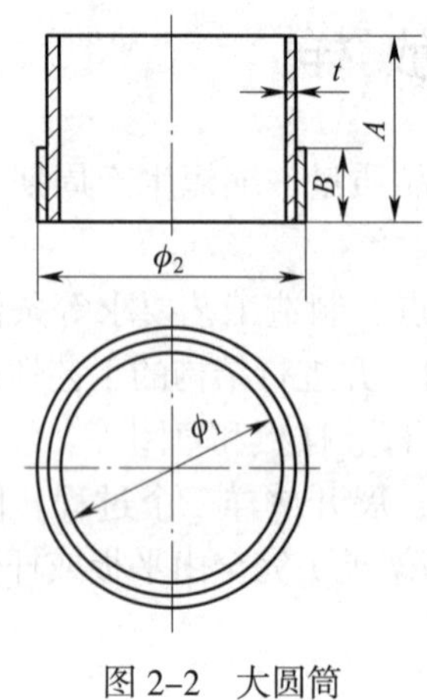

图 2–2　大圆筒

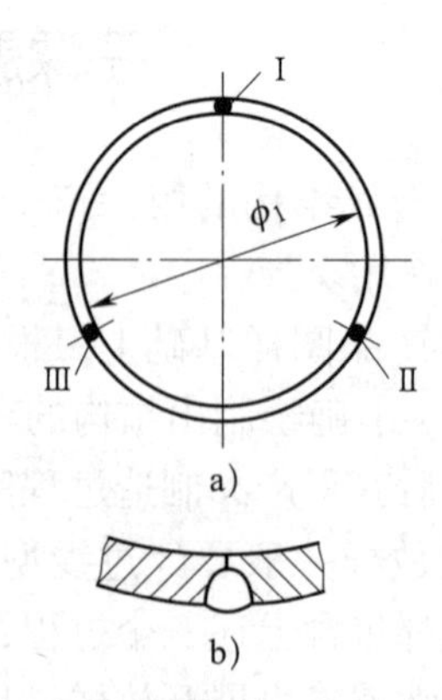

图 2–3　拼接位置及坡口形式

a）拼接位置　b）坡口形式

以上两例说明，结构处理中要考虑的问题是多种多样的，放样者要根据产品的具体情况和企业的加工条件加以妥善解决。

3. 利用放样图，可以确定复杂构件在缩小比例的图样中无法表达而在实际制造中又必须明确的尺寸。

例如，锅炉、轮船及飞机的制造中，由于其形状和结构比较复杂，尺寸又大，设计图样一般是按 1∶5、1∶10 或更小的比例绘制的，因此在图样上除了主要尺寸外，有些尺寸不能表达出来，而在实际制造中必须确定每一个构件的尺寸，这就需要通过放样才能解决。

4. 利用放样图，结合必要的计算，求出构件用料的真实形状和尺寸，有时还要画出与之连接的构件的位置线（即算料与展开）。

5. 依据构件的工艺需要，利用放样图设计、加工或装配所需的胎具和模具。

6. 为后续工序提供施工依据，即绘制供号料划线用的草图，制作各类样板、样杆和样箱，准备数据资料等。

7. 某些构件还可以直接利用放样图进行装配时的定位，即所谓“地样装配”，桁架类构件和某些组合框架的装配经常采用这种方法。这时，放样图就划在钢质装配平台上。

二、放样程序与放样过程分析举例

放样的方法有多种，但在长期的生产实践中，形成了以实尺放样为主的放样方法。随着科学技术的发展，又出现了比例放样、计算机放样等新工艺，并逐步推广应用。但目前多数企业广泛应用的仍然是实尺放样。即使采用其他新方法放样，一般也要首先熟悉实尺放样过程。

1. 实尺放样程序

实尺放样就是采用 1∶1 的比例放样，根据图样的形状和尺寸，用基本的作图方法，以产品的实际大小划到放样台上的工作。因为实尺放样是手工操作，所以要求工作细致、认真，有高度的责任心。

不同行业（如机械、船舶、车辆、化工、冶金、飞机制造等）的实尺放样程序各具特色，但其基本程序大体相同。这里以常见的普通金属结构为例来介绍实尺放样程序。

（1）线型放样

线型放样就是根据结构制造需要，绘制构件整体或局部轮廓（或若干组剖面）的投影基本线型。

进行线型放样时要注意以下几点。

1）根据所要绘制图样的大小和数量，安排好各图样在放样台上的位置。为了节省放样台面积和减轻放样劳动量，对于大型结构的放样，允许采用部分视图重叠或单向缩小比例的方法。

2）选定放样划线基准。放样划线基准是指放样划线时用以确定其他点、线、面空间位置的依据。以线作为基准的称为基准线，以面作为基准的称为基准面。在零件图上用来确定其他点、线、面位置的基准称为设计基准。放样划线基准的选择通常与设计基准是一致的。

在平面上确定几何要素的位置需要两个独立的坐标，所以放样划线时每个图要选取两个基准。放样划线基准一般可按以下三种方式选择。

①以两条互相垂直的线（或两个互相垂直的面）作为基准，如图 2-4a 所示。

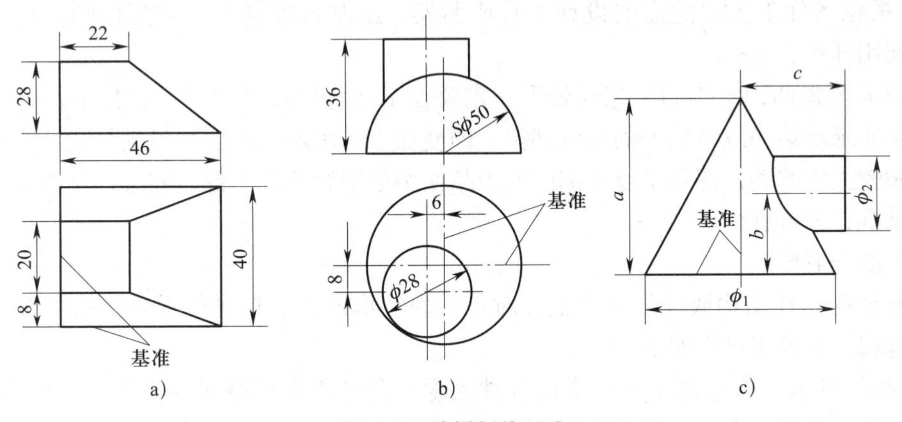

图 2-4　放样划线基准

②以两条互相垂直的中心线为基准，如图 2–4b 所示。

③以一个面和一条中心线为基准，如图 2–4c 所示。

应当指出，较短的基准线可以直接用钢直尺或弹粉线划出，而对于外形尺寸长达几十米甚至超过百米的大型金属结构，则需用拉钢丝配合直角尺或悬挂线锤的方法划出基准线。目前，某些企业已采用激光经纬仪作出大型结构的放样基准线，可以获得较高的精确度。作好基准线后，还要经过必要的检验并标注规定的符号。

3）线型放样时，先划基准线后才能划其他线。对于图形对称的零件，一般先划中心线和垂直线，以此作为基准，然后再划圆或圆弧，最后划出各直线段。对于非对称图形的零件，先要根据图样上所标注的尺寸找出零件的两个基准，当基准线划出后，再逐步划出其他圆弧和直线段，最后完成整个放样工作。

4）线型放样以划出设计要求必须保证的轮廓线型为主，而那些因工艺需要可能变动的线型可暂时不划。

5）进行线型放样必须严格遵循正投影规律。放样时，究竟是划出构件的整体还是局部，可依工艺需要而定。但无论是整体还是局部，所划出的线型包含的几何投影都必须符合正投影关系，即必须保证投影的一致性。

6）对于具有复杂曲线的金属结构，通常采用平行于投影面的剖面剖切，划出一组或几组线型来表示结构的完整形状和尺寸。

（2）结构放样

结构放样就是在线型放样的基础上，依制造工艺要求进行工艺性处理的过程。它一般包含以下内容。

1）确定各部分接合位置及连接形式。在实际生产中，由于受到材料规格及加工条件等限制，往往需要将原设计中的产品整体分为几部分加工、组合，这时，就需要放样者根据构件的实际情况，正确、合理地确定接合部位及连接形式。此外，对原设计中的产品各连接部位的结构形式也要进行工艺分析，对其不合理的部分要加以修改。

2）根据加工工艺及企业实际生产能力，对结构中的某些部位或构件进行必要的改动，如图 2–1 所示。

3）计算或量取零部件料长及平面零件的实际形状，绘制号料草图，制作号料样板、样杆、样箱，或按一定格式填写数据，供数控切割使用。

4）根据各加工工序的需要设计胎具或胎架，绘制各类加工、装配草图，制作各类加工、装配用样板。

这里需要强调，结构的工艺性处理一定要在不违背原设计要求的前提下进行。对设计上有特殊要求的结构或结构上的某些部位，即使加工有困难，也要尽量满足设计要求。凡是对结构做较大的改动，都须经设计部门或产品使用单位有关技术部门同意，并由本单位技术负责人批准，方可进行。

（3）展开放样

展开放样是在结构放样的基础上，对不反映实形或需要展开的部件进行展开，以求取实形的过程。其具体过程如下。

1）板厚处理。根据加工过程中的各种因素，合理考虑板厚对构件形状、尺寸的影响，划出欲展开构件的单线图（即理论线），以便据此展开。

2）展开作图。利用划出的构件单线图，运用正投影理论和钣金展开的基本方法，作出构件的展开图。

3）根据已作出的展开图制作号料样板或绘制号料草图。

2. 放样过程分析举例

在明确放样的任务和程序后，下面举一实例进行综合分析，以便对放样过程有一个具体而深入的了解。

如图 2–5 所示为一个冶金炉炉壳主体部件，该部件的放样过程如下。

（1）识读、分析构件图样

在识读、分析构件图样的过程中，主要解决以下问题：

1）弄清楚构件的用途及一般技术要求。该构件为冶金炉炉壳主体，尺寸精度要求不高，主要应保证其有足够的强度。因为炉壳内还要砌筑耐火砖，所以连接部位允许按工艺要求做必要的变动。

2）了解构件的外部尺寸、质量、材质、加工数量等，并与本企业加工能力相比较，确定产品制造工艺。通过分析可知该产品外形尺寸较大，质量较大，需要较大的工作场地和起重能力。加工过程中，尤其是装配、焊接时，不宜多次翻转。因该产品加工数量少，故装配、焊接都不宜制作专门的胎具。

3）弄清楚各部位投影关系和尺寸要求，确定可变动与不可变动的部位及尺寸。

还应指出，对于某些大型、复杂的金属结构，在放样前常常需要熟悉大量图样，全面了解所要制作的产品。

（2）线型放样（见图 2–6）

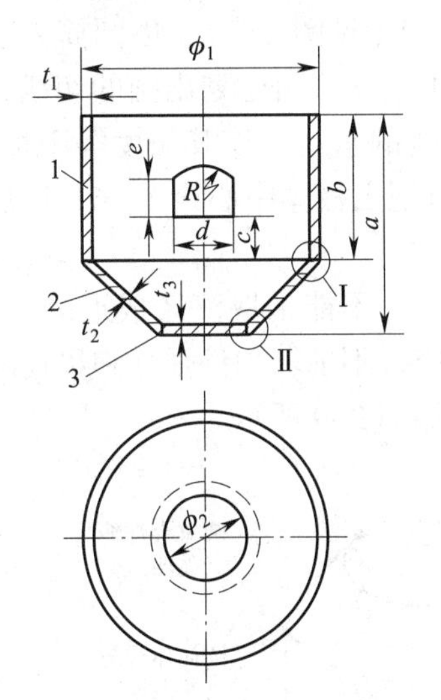

图 2–5　冶金炉炉壳主体部件

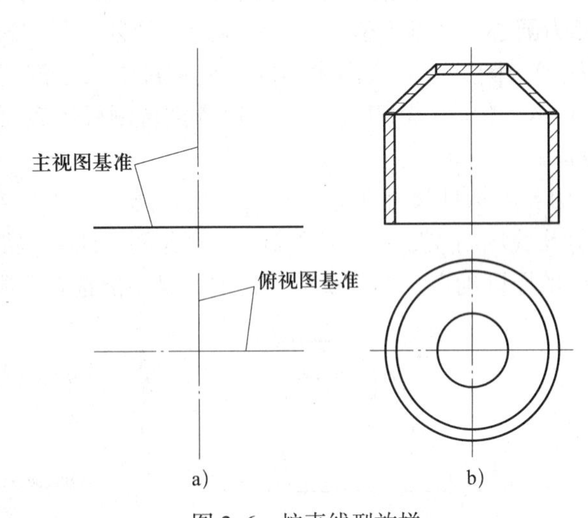

图 2–6　炉壳线型放样

a）划基准线　b）划放样图

1）确定放样划线基准。从炉壳主体部件图样可以看出，主视图应以中心线和炉上口轮廓线为放样划线基准，而俯视图应以两中心线为放样划线基准。主、俯视图的放样划线基准确定后，应准确地划出各个视图中的基准线。

2）划出构件基本线型。这里件 1 的尺寸必须符合设计要求，可先划出。件 3 的位置也已由设计给定，不得改动，也应先划出。而件 2 的尺寸要待处理好连接部位后才能确定，不宜先划出。至于件 1 上的孔，则先划后划均可。

为便于展开放样，这里将构件按其使用位置倒置划出。

（3）结构放样

1）连接部位Ⅰ、Ⅱ的处理。首先看Ⅰ部位，它可以有三种连接形式，如图 2–7 所示。究竟选取哪种连接形式，工艺上主要从装配和焊接两个方面考虑。

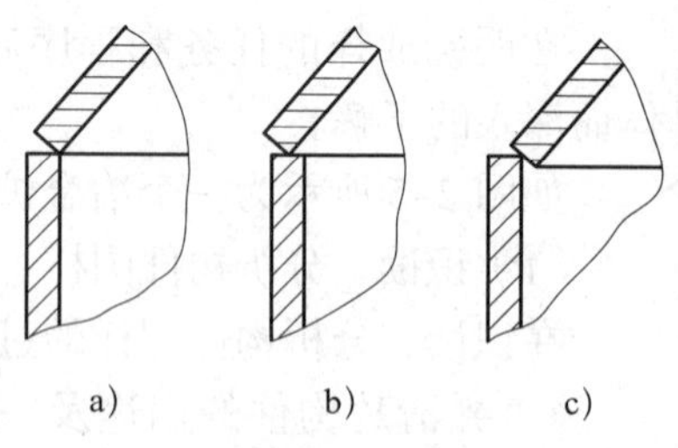

图 2–7　Ⅰ部位连接形式比较

a）外环焊接　b）、c）内、外环焊接

从构件装配方面来看，因圆筒体（件 1）大而重，形状也易于放稳，故装配时可将圆筒体置于装配平台上，再将圆锥台（包括件 2、件 3）落于其上。这样，三种连接形式除定位外，一般装配环节基本相同。从定位方面考虑，显然图 2–7b 的连接形式最不利，而图 2–7c 的连接形式则较好。

从焊接工艺性方面来看，显然图 2–7b 的连接形式不佳，因为内、外两环缝的焊接均处于不利位置，装配后须依装配时位置焊接外环缝，处于横焊和仰焊之间；而翻身后再焊内环缝时，不但需要进行仰焊，且受构件尺寸限制，操作极为不便。再比较图 2–7a 和图 2–7c 两种连接形式，图 2–7a 的外环缝和内环缝处于横焊位置，不十分有利于焊接，而图 2–7c 的连接形式则更为有利。

综合以上两方面因素，Ⅰ部位采取图 2–7c 所示的连接形式为好。

至于Ⅱ部位，因件 3 体积小，质量轻，易于装配、焊接，可采用图样所给的连接形式。

Ⅰ、Ⅱ两部位连接形式确定后，即可按以下方法划出件 2（见图 2–8）：以圆筒内表面 1 点为圆心，圆锥台侧板 1/2 板厚为半径划一圆；过炉底板下沿 2 点引已划出圆的切线，此切线即为圆锥台侧板内表面线；分别过 1、2 两点引内表面线的垂线，使其长度等于板厚，得 3、4、5 点；连接 4、5 点，得圆锥台侧板外表面线；同时划出板厚中心线 1—6，供展开放样用。

2）因构件尺寸（a、b、ϕ_1、ϕ_2）较大，且件 2 锥度太大，不能采取滚弯成形的方法，需分几块压制成形或手工煨制，然后组对。组对接缝的部位应按不削弱构件强度和尽量减小变形的原则确定，焊缝应交错排列，且不能选在孔眼位置，如图 2–9 所示。

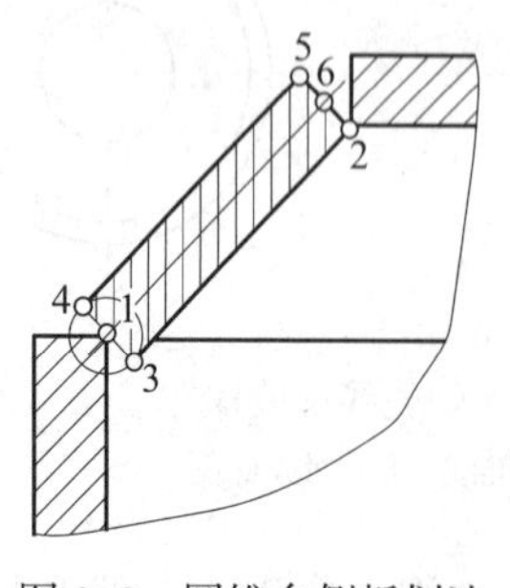

图 2–8　圆锥台侧板划法

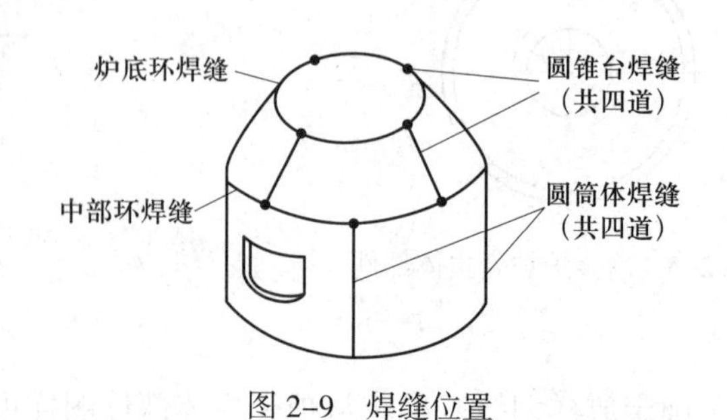

图 2–9　焊缝位置

3）计算料长、绘制草图和量取必要的数据。因为圆筒展开后为一个矩形，所以计算圆筒的料长时可不必制作号料样板，只需记录长、宽尺寸即可；作出炉底板的号料样板（或绘制出号料草图），这是一个直径为 ϕ_2 的整圆，如图 2-10 所示。

由于圆锥台的结构尺寸发生变动，因此需要根据放样图上改动后的圆锥台尺寸绘制出圆锥台结构草图，以备展开放样和装配时使用。如图 2-11 所示，在结构草图上应标注出必要的尺寸，如大端最外轮廓圆直径 ϕ'、总高度 h_1 等。

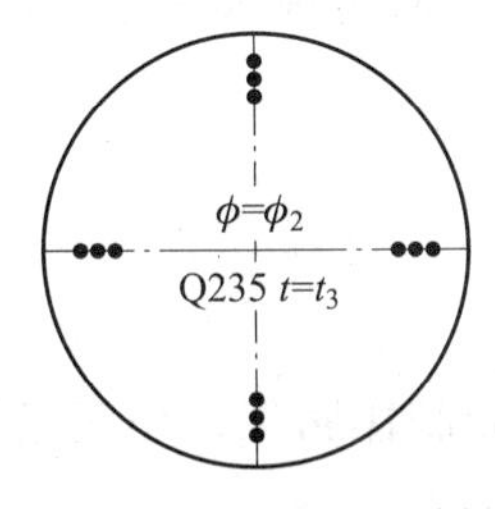

图 2-10　炉底板号料样板

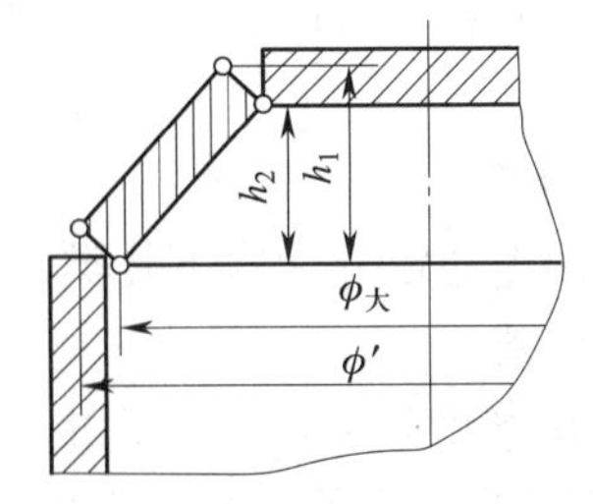

图 2-11　圆锥台结构草图

4）依据加工需要制作各类样板。卷制圆筒需要一个卡形样板（见图 2-12a），其直径 $\phi=\phi_1-2t_1$。弯曲圆锥台需要两个卡形样板（见图 2-12b、c），其中 $\phi_大$如图 2-11 所示，ϕ_1 和 ϕ_2 如图 2-5 所示。制作圆筒上开孔的定位样板或样杆时，也可以通过实测定位或以号料样板代替。

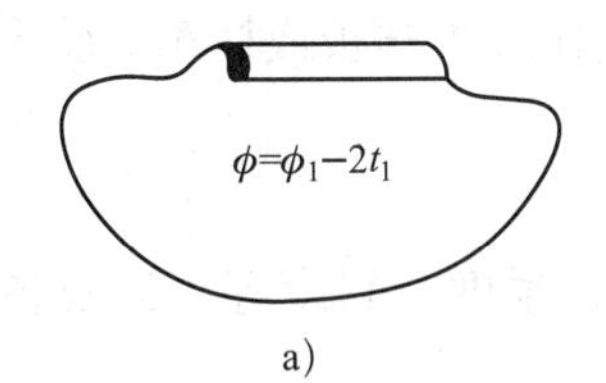

a)

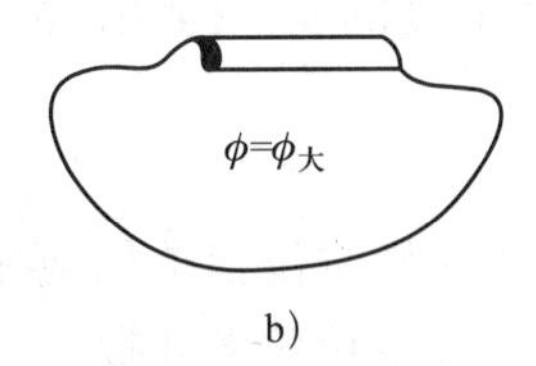

b)

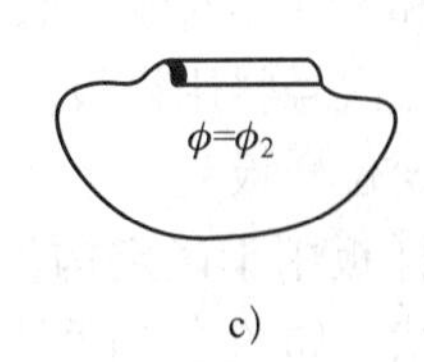

c)

图 2-12　制作炉壳的卡形样板

a）圆筒卡形样板　b）圆锥台大口卡形样板　c）圆锥台小口卡形样板

圆锥台若为压制成形，则需要考虑胎模形状和尺寸的设计及胎模制作。

（4）展开放样

1）作出圆锥台表面的展开图，并做出号料样板。

2）作出筒体开孔孔形的展开图，并做出号料样板。

三、放样台

放样台是进行实尺放样的工作场地，有钢质和木质两种。

1. 钢质放样台

钢质放样台用铸铁或用厚 12 mm 以上的低碳钢钢板制成。钢板连接处的焊缝应铲平、磨光，板面要平整。必要时，在板面涂上带胶白粉，板下需用枕木或型钢垫高。

2. 木质放样台

木质放样台为木地板，一般设在室内（放样间）。要求地板光滑、平整，表面无裂缝，木材纹理要细，疤节少，还要有较好的弹性。为保证地板具有足够的刚度，防止产生较大的挠度而影响放样精度，对放样台地板厚度的要求为 70 ~ 100 mm。各板料之间必须紧密地连接，接缝应该交错地排列。

地板局部的平面度误差在 5 m^2 面积内为 ±3 mm。地板表面要涂上两三道底漆，待干后再涂抹一层暗灰色的无光漆，以免地板反光刺眼；同时，该面漆能将各种色漆鲜明地映衬出来。

要求放样台光线充足，便于看图和划线。

四、样板和样杆

放样过程中，在结构放样和展开放样之后，即可着手制作各种样板和样杆。使用样板或样杆进行划线号料，可以大大提高划线的效率和质量。对于板状零件一般都做样板，型钢零件则做样杆。

1. 样板的分类

样板按其用途通常分为以下几类。

（1）号料样板

号料样板是指供号料或号料同时号孔的样板；如需制作胎架，还应包括胎架号料用样板。图 2–10 所示为一个单一号料样板。

（2）成形样板

成形样板是指用于检验成形加工零件的形状、角度、曲率半径及尺寸的样板。它又可分为以下两种。

1）卡形样板。卡形样板主要用于检查弯形件的角度和曲率，如图 2–12 所示。

2）验形样板。如图 2–13 所示，验形样板主要用于成形加工后检查零件整体或某一局部的形状和尺寸。对于具有双重曲度的复杂构件，常需制作一组样板或样箱。验形样板有时也可兼作二次号料用样板。

（3）定位样板

定位样板用于确定构件之间的相对位置（如装配线、角度、斜度等）以及各种孔口的位置和形状。如图 2–14 所示为装配定位角度样板。

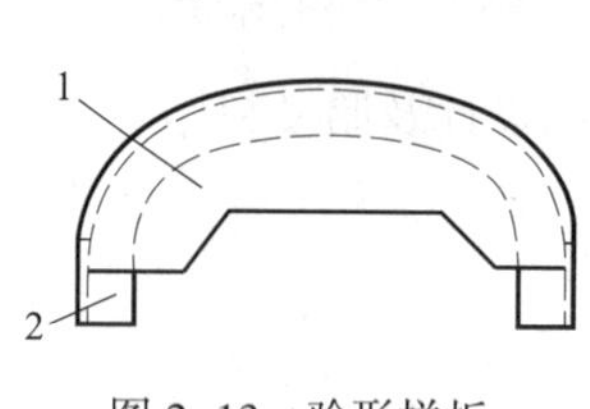

图 2–13　验形样板
1—样板　2—弯形件

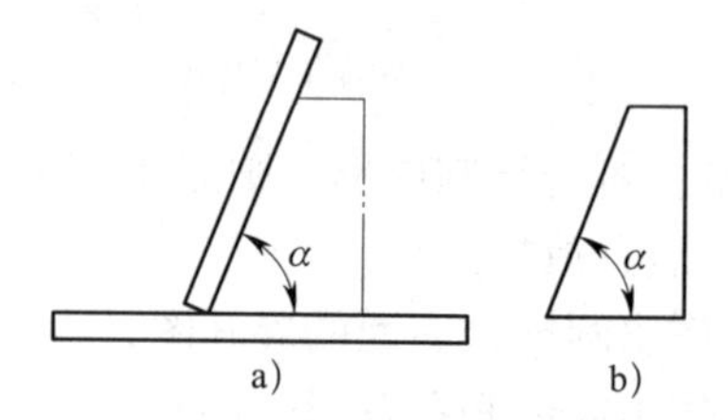

图 2–14　装配定位角度样板
a）样板的使用　b）样板

2. 样杆

样杆主要用于定位，有时也用于简单零件的号料。定位样杆上应标有定位基准线。

3. 制作样板和样杆的材料

制作样板的材料一般采用 0.5 ～ 2 mm 的薄钢板。当样板较大时，可用板条拼成花格骨架，以减轻质量。中、小型零件多用 0.5 ～ 0.75 mm 的薄板制作样板。为节约钢材，对精度要求不高的一次性样板可用黄板纸或油毡纸制作。

制作样杆的材料一般用 25 mm × 0.8 mm、20 mm × 0.8 mm 的扁钢条或铅条。木质样杆也常有应用，但木条必须干燥，以防止收缩变形。

此外，目前某些行业由于进行计算机放样，有条件采用铝质活络样板，根据计算机提供的数据在专门的平台上可得到样板曲边的任何形状，极大节省了制作样板的材料和工时。

4. 样板和样杆的制作

样板和样杆经划样后加工而成。其划样方法主要有以下两种。

（1）直接划样法

直接划样法是指直接在样板材料上划出所需样板的图样。展开号料样板及一些小型平面材料样板多用此法制作。

（2）过渡划样法（又称过样法）

过渡划样法分为不覆盖过样和覆盖过样两种，多用于制作简单平面图形零件的号料样板和一般加工样板。

不覆盖过样法是指通过作垂线或平行线，将实样图中零件的形状、位置引划到样板料上的方法。图 2–15 所示的角钢号孔样板就是通过不覆盖过样法划出的。样杆的制作也多用此法。

覆盖过样法是指事先将需要过样的图线延长到能不被样板材料遮盖的长度，然后将样板材料覆盖于实样之上，再利用露出的各延长线将实样各线划出。图 2–16 所示的桁架连接板样板及图 2–12 所示的各卡形样板均由此法制得。

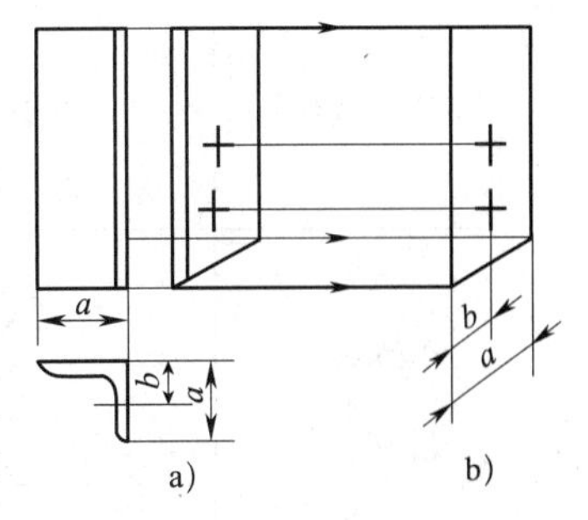

图 2–15　不覆盖过样法

a）实样图　b）样板

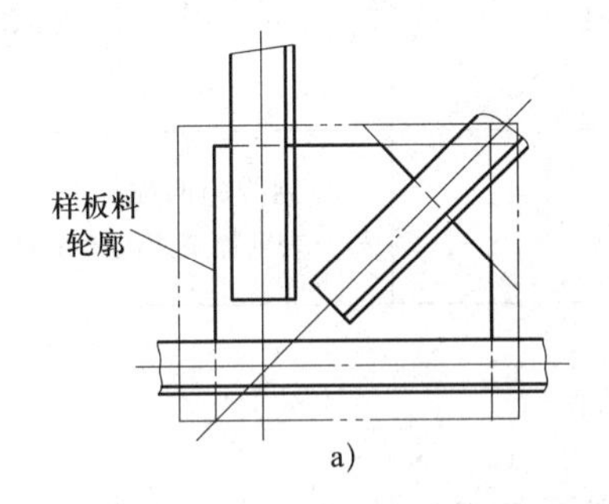

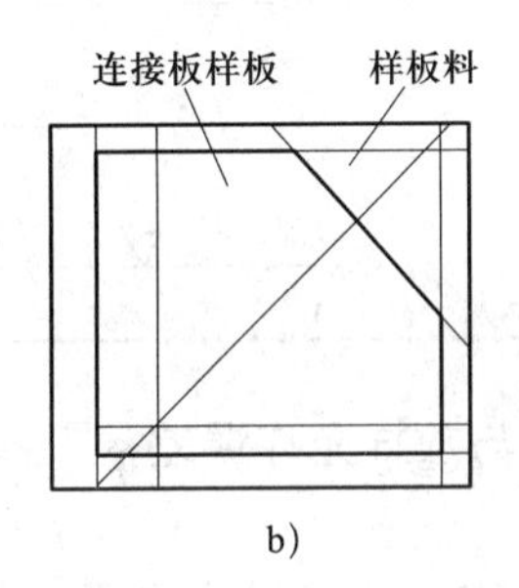

图 2–16　覆盖过样法

在样板上划出图样后，有时也考虑加放工艺余量（但多数情况下是将余量直接加放在实料上，样板上只标注出加放余量的部位和数值），然后经过剪切、冲裁、钻孔、锉削等加工制作成样板。样板上必须注明零件图号、名称、件数、材质、规格、基准线、加工符号及其他必要的说明（如表示上、下、左、右的方位，样杆上注明的边心距、孔径等）。样板、样杆使用后应妥善保管，避免因损坏、变形而影响精度。

在制作样板和进行号料时经常使用各种符号。目前放样号料符号并未统一，表 2–1 所列为比较常用的几种。

表 2–1　　　　放样中常用的号料符号

名称	符号	符号说明
剪断线		在划线上打上錾子印，并注上“S”符号，表示剪切线 在双线上均打上錾子印，并注上“S”符号，表示切割线 在划线上打上錾子印，并注上斜线符号，表示剪切或切割后斜线一侧为余料

续表

名称	符号	符号说明
中心线	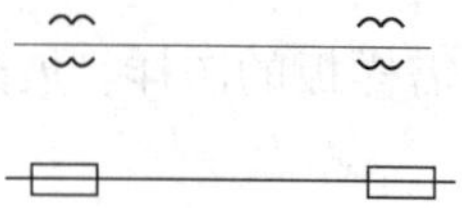	在划线的两端各打上3个样冲眼，并注上符号
对称线（翻中线）		在划线的两端各打上3个样冲眼，并注上符号，表示零件图形或样板图形与此线左右完全对称
压角线	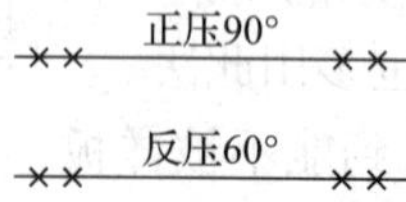 正压90° 反压60°	在划线的两端各打上3个样冲眼，并注上符号，表示钢材弯成（正或反）一定角度或直角
轧圆线	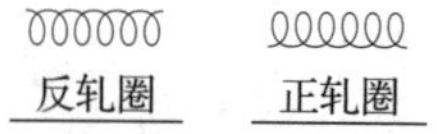 反轧圈　正轧圈	在钢板上注上反轧圈符号“”时，表示弯成圆筒形后，标记在筒外侧。注上正轧圈符号“”时，表示弯成圆筒形后，标记在筒内侧
刨边线	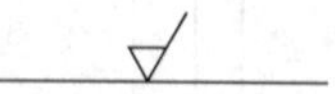	在划线的两端均打上3个样冲眼，并注上符号，表示加工边以此线为准

五、工艺余量与放样允许误差

1. 工艺余量

产品在制造过程中要经过许多道工序。由于产品结构的复杂程度、操作者的技术水平和所采取的工艺措施不会完全相同，因此在各道工序中都会存在一定的加工误差。此外，某些产品在制造过程中还不可避免地产生一定的加工损耗和结构变形。为了消除产品制造过程中的加工误差、损耗和结构变形对产品形状及尺寸精度的影响，要在制造过程中采取加放余量的措施，即所谓工艺余量。

确定工艺余量时主要考虑下列因素。

（1）放样误差的影响。放样误差包括放样过程和号料过程中的误差。

（2）零件加工误差的影响。零件加工误差包括切割、边缘加工及各种成形加工过程中的误差。

（3）装配误差的影响。装配误差包括装配边缘的修整和装配间隙的控制、部件装配和总装的装配误差以及必要的反变形值等。

（4）焊接变形的影响。焊接变形包括进行火焰矫正变形时所产生的收缩量。

放样时，应全面考虑上述因素，并参照经验合理确定余量加放的部位、方向及数值。

2. 放样允许误差

在放样过程中，由于受到放样量具和工具精度及操作者水平等因素的影响，实样图会出现一定的尺寸偏差。把这种偏差限制在一定的范围内，称为放样允许误差。

在实际生产中，放样允许误差值往往随产品类型、尺寸大小和精度要求的不同而不同。表 2–2 列出的常用放样允许误差值可供参考。

表 2–2　　常用放样允许误差值　　mm

名称	允许误差	名称	允许误差
十字线	± 0.5	两孔之间	± 0.5
平行线和基准线	±（0.5 ～ 1）	样杆、样条和地样	± 1
轮廓线	±（0.5 ～ 1）	加工样板	± 1
结构线	± 1	装配用样杆、样条	± 1
样板和地样	± 1		

六、光学放样与计算机放样

1. 光学放样

就放样的方法而言，实尺放样仍然是目前多数企业广泛应用的，但是大型的冷作结构件若采用实尺放样，就必须具备庞大的放样台，工作量大而且繁重，不能适应现代化生产的要求。光学放样就是在实尺放样的基础上发展起来的一种新工艺，它是比例放样和光学号料的总称。

比例放样是将构件按 1∶5 或 1∶10 的比例，采用与实尺放样相同的工艺方法，在一种特制的变形较小的放样台上进行放样，然后再以相同比例将构件展开并绘制成样板图。光学号料就是将比例放样所绘制的样板图再缩小 5 ～ 10 倍进行摄影，然后通过投影机的光学系统，将摄制好的底片放大 25 ～ 100 倍还原成为构件的实际形状和尺寸，在钢板上进行号料划线。另外，由比例放样绘制成的仿形图，也可供光电跟踪切割机使用。

光学放样法的典型应用领域就是造船工业，它是对传统实尺放样法的一个重大改进。当前，某些造船厂研制成了一项新的造船工艺技术装备——光学放样装置，就是把设计图样中的船体零件图样先按照 1∶10 或 1∶5 的比例尺绘成缩小的图样，然后将图样拍成照片，再把底片放在投影器内，最后将被放成 1∶1 比例尺的图样显示在特种放样台的材料上，在所需材料上进行号料划线和打好记号后，即可运去加工制造。

2. 计算机放样

随着计算机技术的不断发展，在工业生产中，微型计算机越来越显示出其不可替代的作用。计算机辅助设计（即 CAD）是世界上发展最快的一种技术，在我国同样也得到广泛的应用和较快发展。现在，CAD 技术已在冷作结构件的放样中得到应用，从而实现了冷作结构件的计算机放样，并且该项技术正在日趋成熟。

计算机辅助设计法是在 AutoCAD 软件环境下运行的，它将计算机屏幕显示代替了传统方法中的钢平台或样板料，利用 AutoCAD 的实时缩放、实时平移、缩放窗口等显示控制命令很容易地调节绘图平台和图形显示之间的关系；可以用鼠标移动来到达平台的任意位置，使用计算机命令代替了划规、钢直尺、划针等绘图工具，大大降低了劳动强度，提高了放样的精度和工作效率。特别是 AutoCAD 的三维功能，使得许多结构多样、外形复杂的冷作结构件的展开变得简单。掌握计算机放样技术并能熟练运用这种方法，可以把一些复杂结构件的放样做得非常出色。

技能训练

管道三通管的结构放样

一、操作准备

1. 准备管道三通管工件图（见图 2–17）

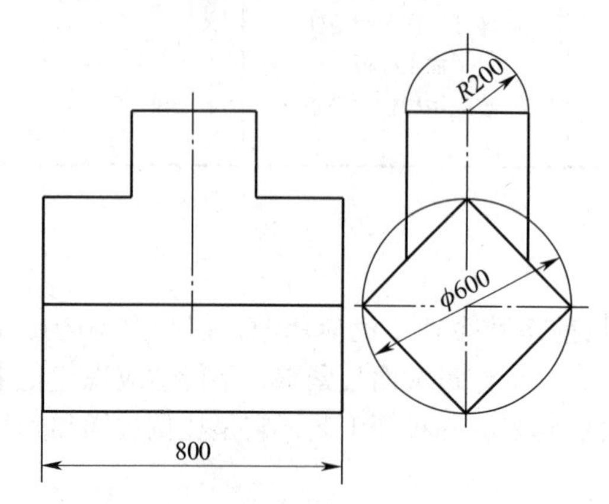

说明

1. 材料为Q235钢。
2. 板料厚度为12。
3. 在保证外形尺寸的前提下，各板之间的结构由制作者确定。

图 2–17　管道三通管工件图

2. 准备放样场地

放样场地要平整，无障碍物。

3. 准备放样工具和量具

（1）放样量具及使用

1）钢直尺。钢直尺有米制和英制两种尺寸刻度，其规格较多，冷作工常用的是 1 000 mm 长度的钢直尺。

2）钢卷尺。钢卷尺由带刻度的窄长钢片带制成，全长可卷入盒内，携带方便。常用的钢卷尺规格有 1 000 mm 和 2 000 mm 两种。较长的有 20 m 和 50 m 的钢卷尺，通常称为盘尺。

3）直角尺。直角尺由相互垂直的长、短两直尺制成（见图 2–18），主要用于测量构件垂直度或划垂线。直角尺在使用期间应常对其角度进行检查，以免在测量中或划线时出现误差，其检查方法如图 2–19 所示。

4）内、外卡钳。内、外卡钳是辅助测量用具。内卡钳主要用于测量零件上孔或管子的内径（见图 2–20a），外卡钳则用于零件外部尺寸及板厚的测量（见图 2–20b）。

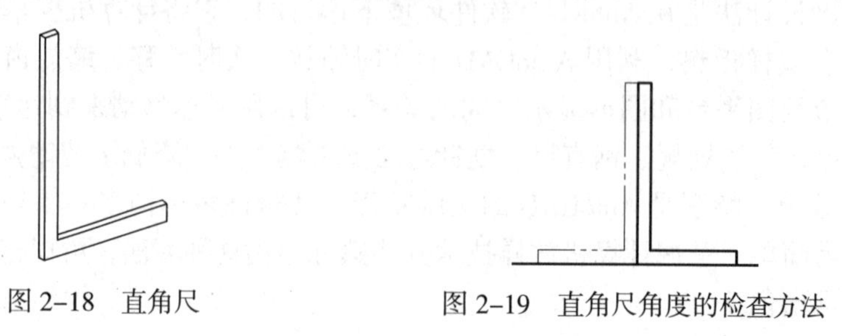

图 2–18　直角尺　　　图 2–19　直角尺角度的检查方法

5）在使用量具时应注意以下几个问题。

①作为量具，要保持规定的精度，否则将直接影响制品质量。因此，除按规定定期检查量具精度外，在进行质量要求较高的重要构件的施工前还要进行量具精度的检查。

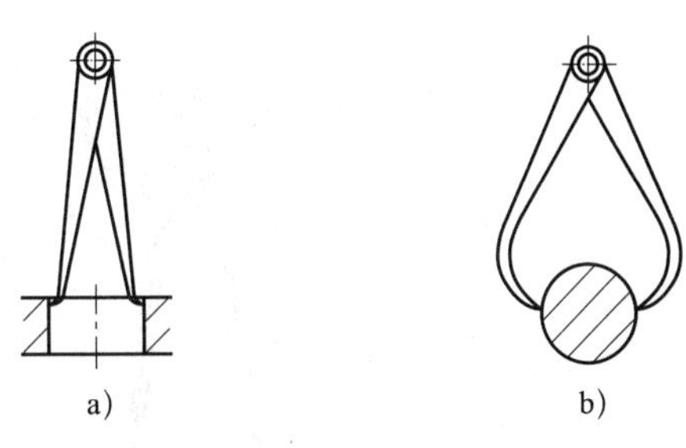

图 2–20　内、外卡钳的使用

a）内卡钳　b）外卡钳

②要依据产品的不同精度要求选择相应精度等级的量具。对于尺寸较大而相对精度又要求较高的结构，还要求在同一产品的整个放样过程中使用同一量具，不得更换。

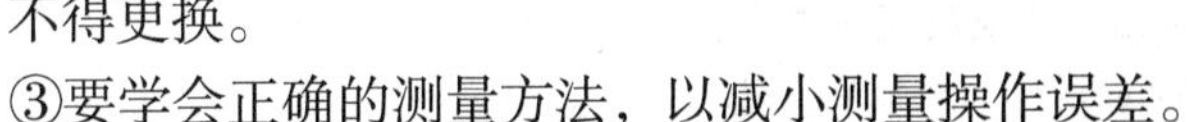

③要学会正确的测量方法，以减小测量操作误差。

（2）放样工具及使用

1）划针。划针（见图 2–21a）主要用于在钢板表面上划出有凹痕的线条，通常用碳素工具钢锻制而成。划针的尖部必须经过淬火，以提高其硬度。有的划针还在尖部焊上一段硬质合金，然后磨尖，以保持锋利。

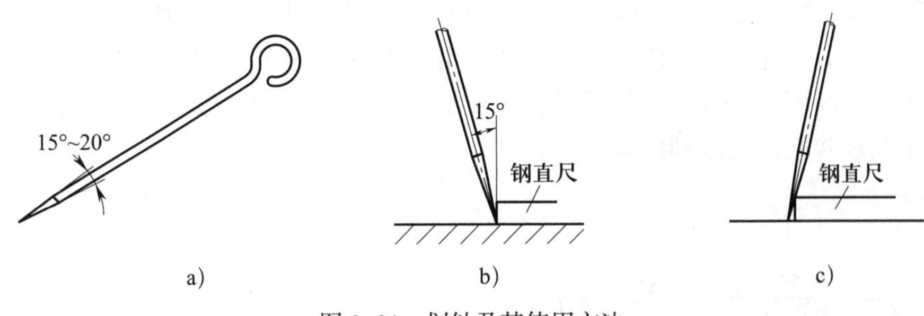

图 2–21　划针及其使用方法

a）划针　b）使用正确　c）使用不正确

为使所划线条清晰、准确，划针尖必须磨得锋利，其角度为 15° ~ 20°。划针用钝后重磨时，要注意不要使针尖因退火而变软。

使用划针时，用右手握持，使针尖与钢直尺的底部接触，并应向外侧倾斜 15° ~ 20°（见图 2–21b），向划线前方倾斜 45° ~ 75°，用均匀的压力使针尖沿钢直尺移动划出线来。用划针划线要尽量做到一次划成，不要连续几次重复划，否则线条变粗，反而模糊不清。如图 2–21c 所示为不正确的划线方法。

2）石笔。石笔用于要求较低或较大构件的划线。石笔在使用前应将头部磨成斜楔形（见图 2–22），以保证划出的线尽可能准确。

3）划规。划规用于在放样时划圆、圆弧或分量线段。冷作工常用的划规有两种规格，一种是 200 mm（8 in），另一种是 350 mm（14 in）。

如图 2–23a 所示为 200 mm 划规，这种划规开度调节方便，适用于量取变动的尺寸。为了避免工作中因振动而使量取的尺寸发生变化，可用锁紧螺钉将调整好的开度固定。

使用划规时，以其一个脚尖插在作为圆心的样冲眼内定心，并施加较大的压力（见图 2–23b），另一脚尖则以较轻的压力在材料表面上划出圆弧，以保持中心不至于偏移位置。

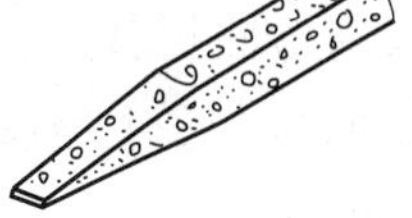

图 2–22　石笔

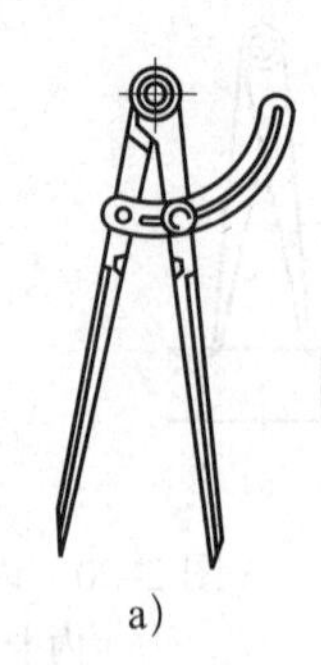

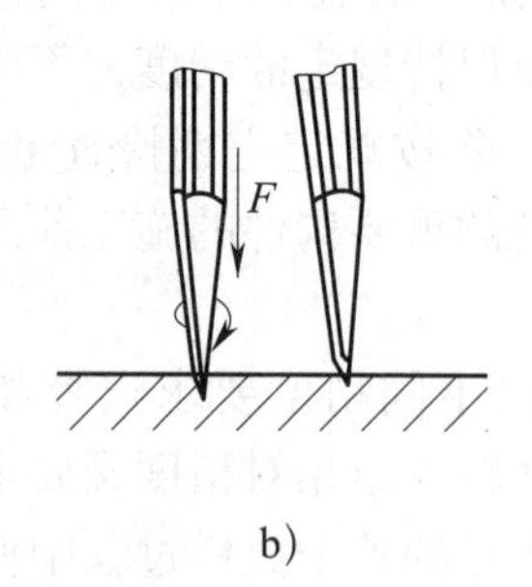

图 2–23　划规及其使用方法

a）200 mm 划规　b）划规使用方法

4）地规（长杆划规）。划大圆、大圆弧或分量长的直线段时可使用地规。地规是用较光滑的钢管套上两个可移动调节的圆规脚，圆规脚位置调节好后用紧固螺钉锁紧。使用地规时需两人配合，一人将一个圆规脚放入作为圆心的样冲眼内，略施压力按住；另一人扶住另一个圆规脚，在材料的表面上划出圆弧，如图 2–24 所示。

5）粉线（见图 2–25）。图样中较长的直线段要用粉线弹出，以避免用直尺分段划线产生的误差。划线时，先将粉线涂满白粉，然后由两人将粉线拉紧后按在钢板上，再在线的中部垂直提起适当高度后松开，这样即可在钢板上弹出线条。弹粉线时不能在大风的情况下进行，以防止线被吹斜而造成划线误差。

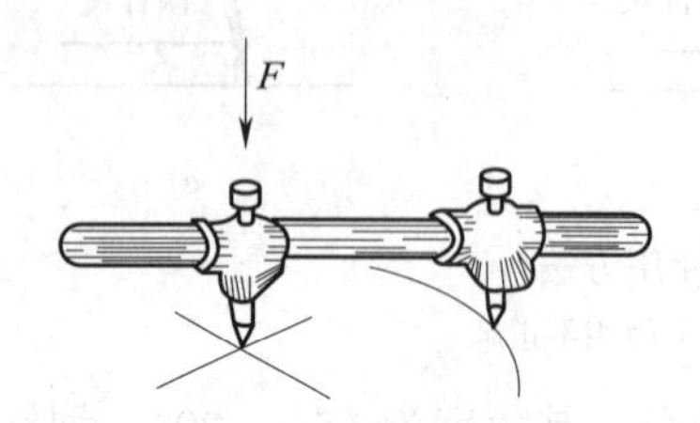

图 2–24　地规及其使用方法

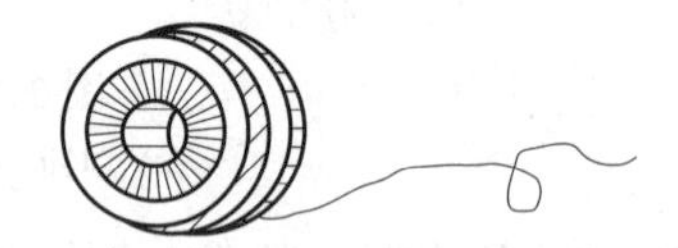

图 2–25　粉线

6）样冲。为了使钢板上所划的线段能保留下来，作为施工过程中的依据或检查的基准，在划线后要用样冲沿线打出样冲眼作为标记。在使用划规划线前，也要用样冲在圆心处打上样冲眼，以便于定心。样冲一般用中碳钢或工具钢锻制而成，尖部磨成 45° ~ 60° 的圆锥形（见图 2–26a），并经热处理淬硬。使用时先将样冲略倾斜，使其尖端对准欲打样冲眼的位置（见图 2–26b），然后将样冲竖直，用锤子轻击其顶端，打出样冲眼。

7）勒子。勒子主要由勒刃和勒座组成。勒刃一般由高碳钢制成，使用前须经刃磨并淬火。勒子用于型钢号孔时划孔中心线。勒子及其使用方法如图 2–27 所示。

8）曲线尺。划线中，常常需要用平滑的曲线连接数个已知的定点，使用曲线尺可以提高工作效率。如图 2–28 所示为曲线尺的结构，它由弯曲尺、滑杆、横杆及定位螺钉组成。横杆和滑杆均有长形孔，曲线尺的曲率通过滑杆在孔中移动进行调节，在各滑杆的端头与弯曲尺铰接。弯曲尺可用金属或富有弹性的纤维材料制成。使用时，调节滑杆，使弯曲尺与各已知点接触，然后旋紧定位螺钉，使其固定，再沿弯曲尺划出所需要的曲线。

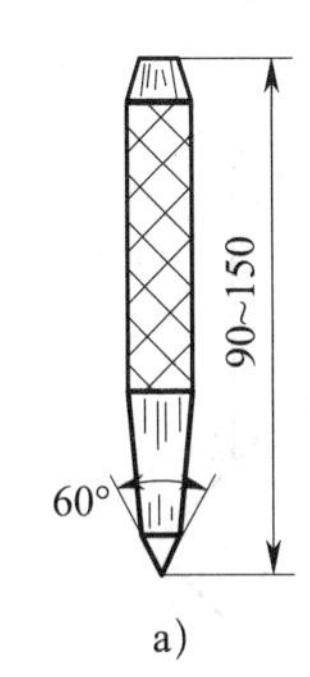

a）

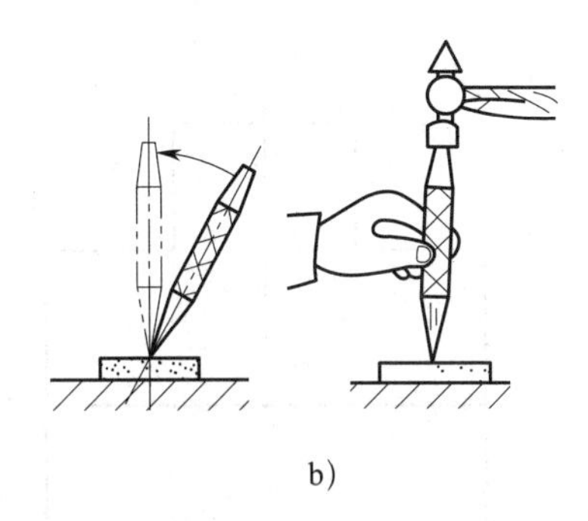

b）

图 2–26　样冲及其使用方法

a）样冲　b）样冲使用方法

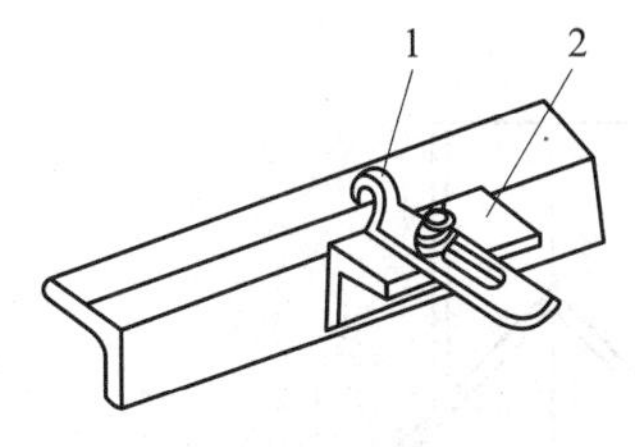

图 2–27　勒子及其使用方法

1—勒刃　2—勒座

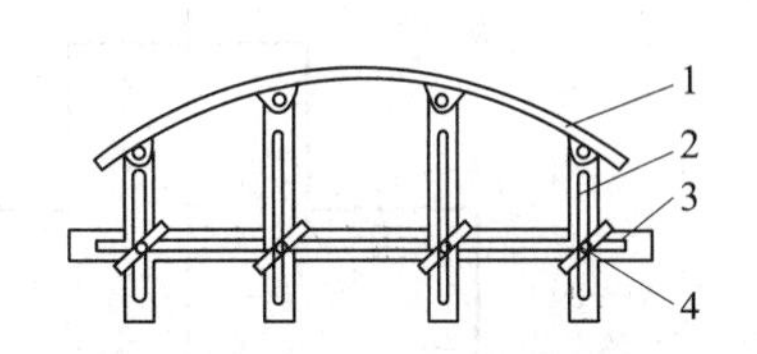

图 2–28　曲线尺的结构

1—弯曲尺　2—滑杆　3—横杆　4—定位螺钉

9）辅助工具。在放样与号料过程中，常由操作者根据实际需要制作一些辅助工具。如图 2–29 所示分别为角钢、槽钢号料时所使用的过线板及角度样板。

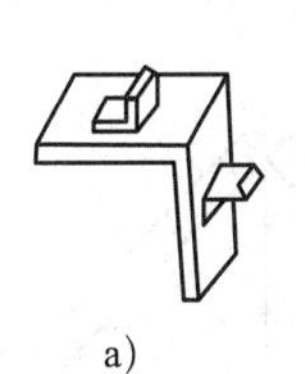

a）

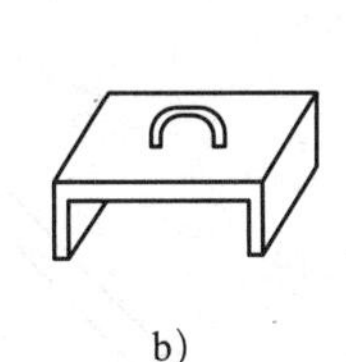

b）

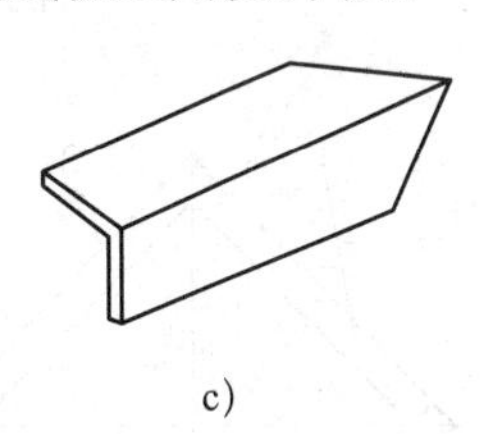

c）

图 2–29　辅助工具

a）角钢过线板　b）槽钢过线板　c）角度样板

二、操作步骤

1. 确定放样基准

该构件的放样基准选择为圆管及方管的中心线。

2. 线型放样

（1）划出机架的基本线型（见图 2–30）。

（2）划出机架的轮廓线型（见图 2–31）。

3. 结构放样

（1）方管的结构处理

方管的结构处理有两种形式。如图 2–32a 所示 1、3 板件的宽度为外形尺寸减去 2 倍的板厚，2、4 板件的宽度为外形尺寸；如图 2–32b 所示各板件的宽度为外形尺寸减去 2 倍的板厚。

圆管与方管的接口形式有三种，如图 2–33 所示。从装配时的定位及焊接方面考虑，图 2–33b 所示的接口形式优于图 2–33a、c 所示的接口形式。

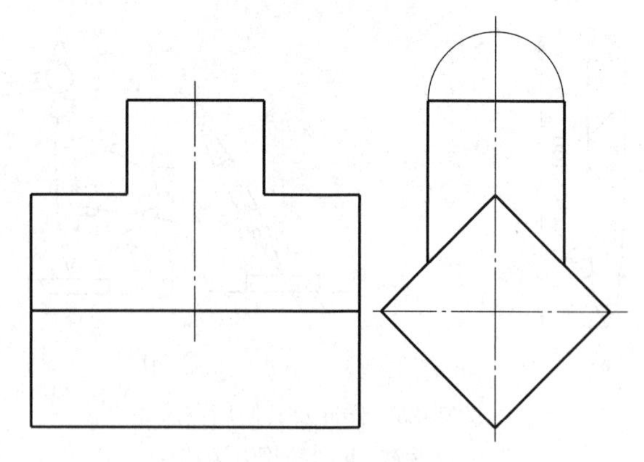

图 2–30　基本线型

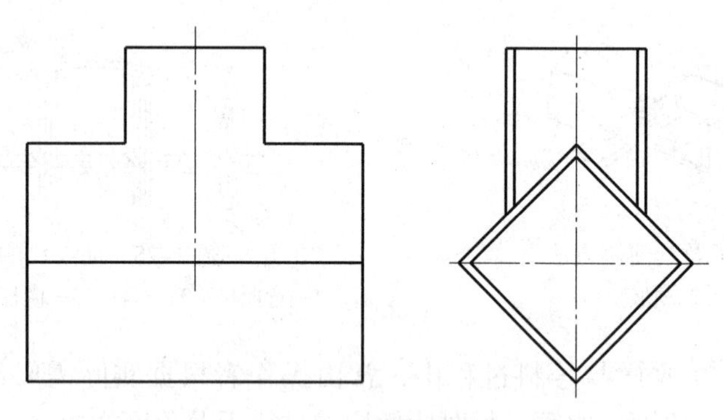

图 2–31　轮廓线型

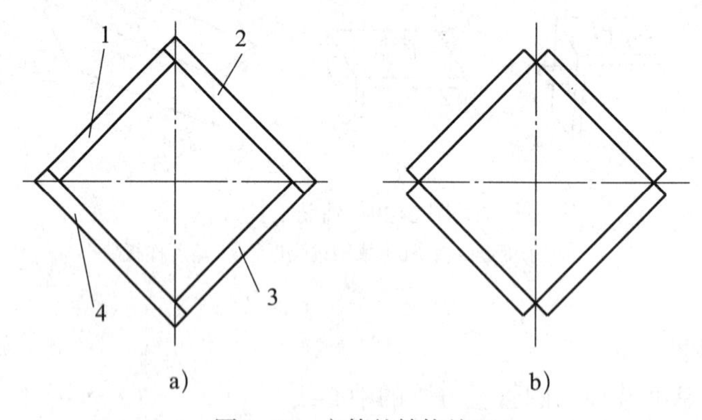

图 2–32　方管的结构处理

（2）圆管与方管接口的结构处理

圆管与方管的接口形式有三种，如图 2–33 所示。从装配时的定位及焊接方面考虑，图 2–33b 所示的接口形式优于图 2–33a、c 所示的接口形式。

4. 展开放样

（1）作出圆管的展开图，并做出号料样板。

（2）作出方管孔的展开图，并做出号料样板。

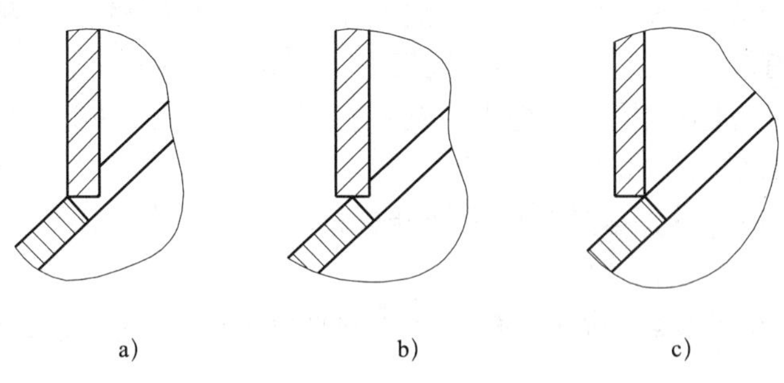

图 2–33　圆管与方管接口的结构处理

5. 制作成形及装配时的样板

圆管弯曲加工时的卡形样板如图 2–34a 所示，圆管与方管装配时的卡形样板如图 2–34b 所示。

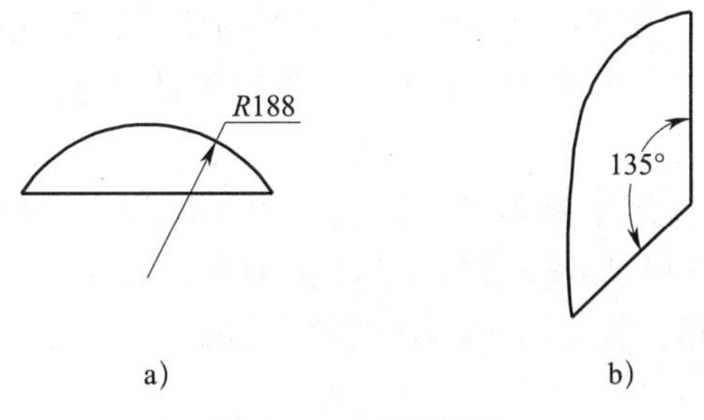

图 2–34　卡形样板

a）用于圆管弯曲加工　b）用于圆管与方管装配

子课题 2　号　　料

利用样板、样杆、号料草图及放样得出的数据，在板料或型钢上划出零件的真实轮廓和孔口的真实形状，以及与其连接构件的位置线、加工线等，并标注加工符号，这一工作过程称为号料。号料通常由手工操作完成，如图 2–35 所示。目前，光学投影号料、数控号料等一些先进的号料方法也正在被逐步采用，以代替手工号料。

号料是一项细致而重要的工作，必须按有关技术要求进行；同时，还要着眼于产品的整个制造工艺，充分考虑合理用料问题，灵活而又准确地在各种板料、型钢及成形零件上进行号料划线。

一、号料的一般技术要求

1. 熟悉产品图样和制造工艺，合理安排各零件号料的先后顺序，零件在材料上位置的排布应符合制造工艺的要求。

例如，某些需经弯形加工的零件，要求弯曲线与材料的纤维方向垂直；需要在剪床上剪切的零件，其零件位置的排布应保证剪切加工的可能性。

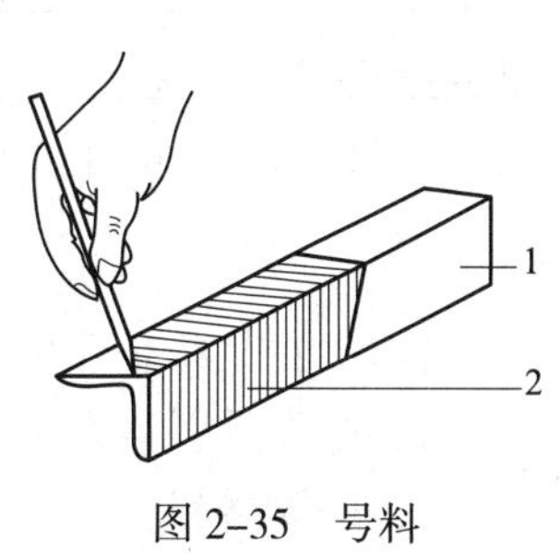

图 2–35　号料

1—角钢　2—样板

2. 根据产品图样，验明样板、样杆、草图及号料数据，核对钢材牌号、规格，保证图样、样板、材料三者一致。对重要产品所用的材料，还要核对其检验合格证书。

3. 检查材料有无裂纹、夹层、表面疤痕或厚度不均匀等缺陷，并根据产品的技术要求酌情处理。当材料有较大变形，影响号料精度时，应先进行矫正。

4. 号料前应将材料垫放平整、稳妥，既要有利于号料划线并保证划线精度，又要保证安全且不影响他人工作。

5. 正确使用号料工具、量具、样板和样杆，尽量减小由于操作不当而引起的号料偏差。

例如，弹粉线时，拽起的粉线应在欲划线的垂直平面内，不得偏斜；用石笔划出的线不应过粗。

6. 号料划线后，应在零件的加工线、接缝线及孔的中心位置等处，根据加工需要打上錾印或样冲眼；同时，应按样板上的技术说明用涂料标注清楚，为下道工序提供方便。要求文字、符号、线条端正、清晰。

二、合理用料

利用各种方法、技巧，合理铺排零件在材料上的位置，最大限度地提高材料的利用率，是号料的一项重要内容。在生产中，常采用下述排料方法来达到合理用料的目的。

1. 集中套排

各种零件材料的材质、规格是多种多样的，为了做到合理使用材料，在零件数量较多时，可将使用相同牌号材料且厚度相同的零件集中在一起，统筹安排，长短搭配，凸凹相就，这样可以充分利用材料，提高材料的利用率。如图 2–36 所示为集中套排号料。

2. 余料利用

每一张钢板或每一根型钢号料后，经常会出现一些形状和长度不同的余料。将这些余料按牌号、规格集中在一起，用于小型零件的号料，可最大限度地提高材料的利用率。

3. 分块排料

在生产中，为提高材料的利用率，在工艺允许的条件下常采用“以小拼整”的结构。例如，在钢板上割制圆环零件时，可将圆环分成两个 1/2 圆环或四个 1/4 圆环，再拼焊而成，这比整体结构材料利用率高，如图 2–37 所示。以 1/4 圆环为单元比以 1/2 圆环为单元的材料利用率更高。

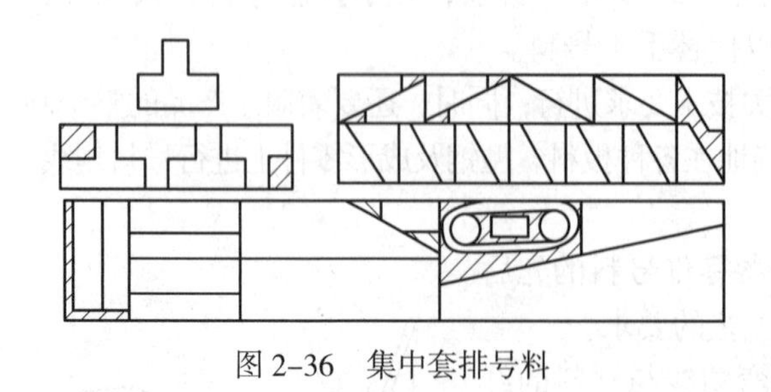

图 2–36　集中套排号料

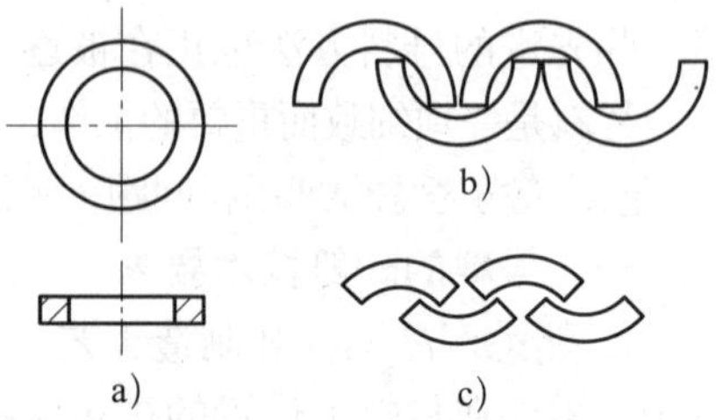

图 2–37　分块排料

a）整体圆环　b）1/2 圆环　c）1/4 圆环

目前，在某些企业中，上述合理用料的工作已由计算机来完成（即计算机排样），并与数控切割等先进下料方法相匹配。

三、型钢号料

因型钢截面形状多种多样，故其号料方法也有特殊之处。

1. 整齐端口长度号料

当型钢零件端口整齐，只需确定其长度时，一般采用样杆或钢卷尺号出其长度尺寸，再利用过线板划出端线，如图 2–38a 所示。

2. 中间切口或异形端口号料

有中间切口或异形端口的型钢号料时，首先利用样杆或钢卷尺确定切口位置，然后利用切口样板划出切口线，如图 2–38b 所示。

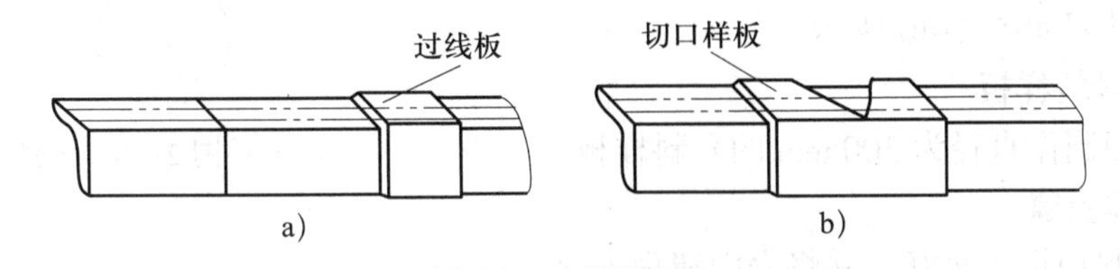

图 2–38　型钢号料

a）利用过线板划端线　b）利用切口样板划切口线

3. 在型钢上号孔的位置

在型钢上号孔的位置时，一般先用勒子划出边心线，再利用样杆确定长度方向孔的位置，然后利用过线板划线，有时也用号孔样板来号孔的位置。

四、二次号料

对于某些加工前无法准确下料的零件（如某些热加工、有余量装配的零件），往往在一次号料时留有充分的余量，待加工后或装配时再进行二次号料。

在进行二次号料前，结构的形状必须矫正准确，消除结构存在的变形，并进行精确定位。中、小型零件可直接在平板上定位划线，如图 2–39 所示；大型结构则在现场用常规划线工具，并配合经纬仪等进行二次号料划线。

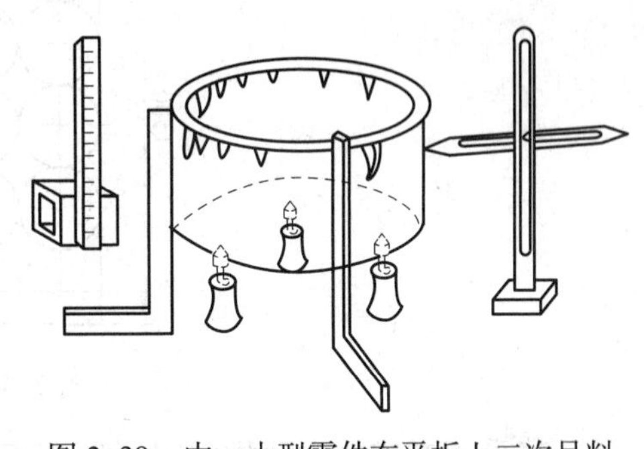

图 2–39　中、小型零件在平板上二次号料

五、号料允许误差

号料划线为加工提供直接依据。为保证产品质量，对号料划线偏差要加以限制。常用的号料允许误差值见表 2–3。

表 2–3　常用的号料允许误差值　mm

名称	允许误差
直线	± 0.5
曲线	±（0.5 ~ 1）
结构线	± 1
钻孔	± 0.5
减轻孔	±（2 ~ 5）
料宽和料长	± 1
两孔（钻孔）距离	±（0.5 ~ 1）
铆接孔距	± 0.5
样冲眼和线间吻合度	± 0.5
扁铲（主印）	± 0.5

技能训练

号　　料

一、操作准备

1. 准备号料工件图

号料工件图如图 2-40 所示。

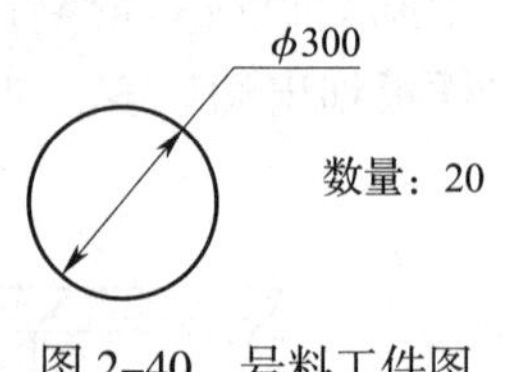

图 2-40　号料工件图

2. 准备号料样板

用黄纸板制作直径为 300 mm 的号料样板。

二、操作步骤

1. 将号料用钢板垫好，并将表面清理干净。

2. 排料

现要切割如图 2-40 所示的圆形工件 20 个。钢板的宽度为 1 500 mm。工件的直径是 300 mm。由于切割时要留出的切口宽度约为 3 mm，这样在钢板宽度方向上并排排列工件时只能排出 4 个工件，如图 2-41 所示。这种排料方法所用板料的长度为 1 500 mm 加上切口的尺寸，显然这种排料方式是不合理的。

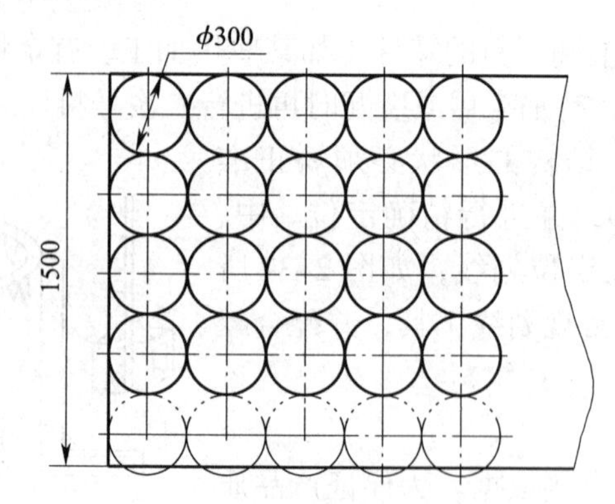

图 2-41　不合理的排料方法

若采用交错的方法排料时，所用板料的长度为 1 350 mm 加上切口的尺寸。这种排料方式是合理的，如图 2-42 所示。

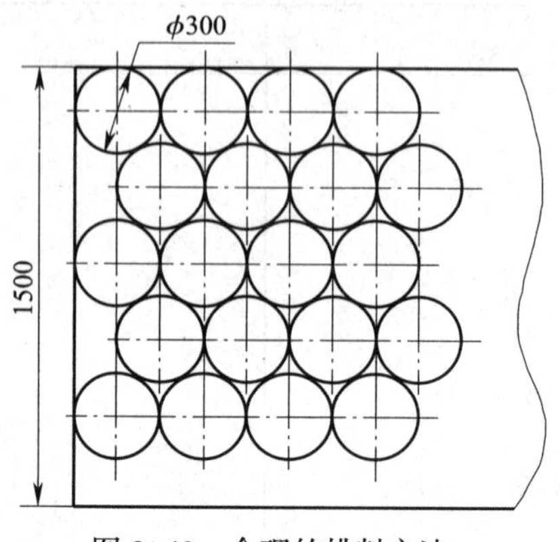

图 2-42　合理的排料方法

课题二　展开放样基础训练

子课题 1　基本形体展开放样

展开放样是金属结构制造中放样工序的重要环节，其主要内容是完成各种不同类型的金属板壳构件的展开。要系统地掌握展开技术，首先必须掌握求线段实长、截交线、相贯线、断面实形等画法几何知识，这些知识是展开技术的理论基础。

一、求线段实长

在构件的展开图上，所有图线（如轮廓线、棱线、辅助线等）都是构件表面上对应线段的实长线，但并非构件上所有线段在图样中都反映实长。因此，必须能够正确判断线段的投影是否为实长，并采用一些方法求出不反映实长的线段的实长，这样才能准确地作出展开图。下面介绍几种求线段实长的方法。

1. 求直线实长

空间一般位置直线的三面投影都不反映实长。在这种情况下，就要运用投影改造的方法求出一般位置线段的实长。

（1）直角三角形法

如图 2-43a 所示为一般位置线段 *AB* 的直观图。现在分析线段和它的投影之间的关系，以寻找求线段实长的图解方法。过点 *B* 作 *H* 面垂线，过点 *A* 作 *H* 面平行线且与垂线交于点 *C*，成直角三角形 *ABC*，其斜边 *AB* 是空间线段的实长。两直角边的长度可在投影图上量得：一直角边 *AC* 的长度等于线段的水平投影 *ab*；另一直角边 *BC* 是线段两端点 *A*、*B* 距水平投影面的距离差，其长度等于正面投影图中 *b′ c′* 的长度。

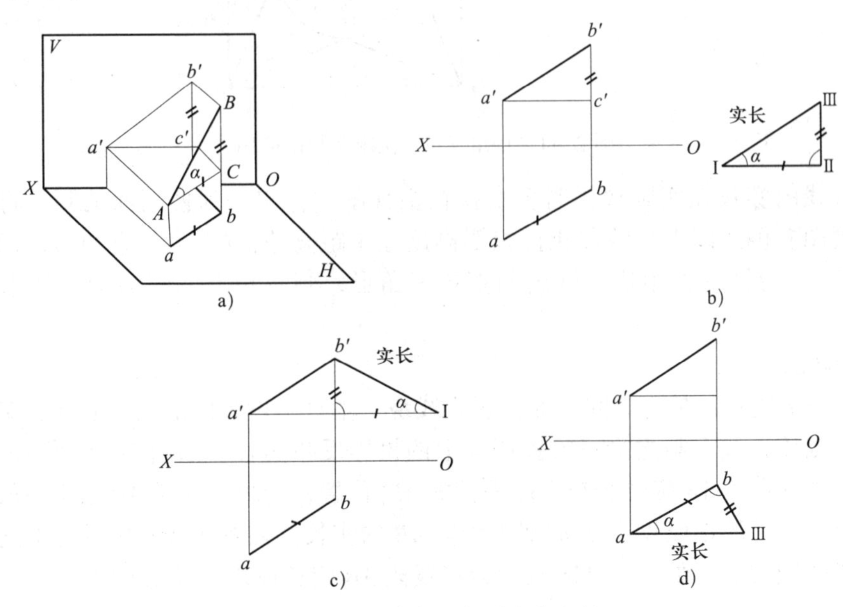

图 2-43　用直角三角形法求实长

由上述分析得直角三角形法求实长的投影作图方法，如图 2–43b、c 所示。根据实际需要，直角三角形法求实长也可以在投影图外作图，如图 2–43d 所示。

直角三角形法的作图要领如下。

1）作一直角。

2）令直角的一边等于线段在某一投影面上的投影长，直角的另一边等于线段两端点相对于该投影面的距离差（此距离差可由线段的另一面投影图量取）。

3）连接直角两边的端点成一直角三角形，则其斜边即为线段的实长。

例 2–1 直角三角形法求实长的应用。

如图 2–44 所示为企业常见的圆方过渡接头的立体图和主、俯视图。俯视图中四个全等的等腰三角形表示其平面部分，各等腰线为圆方过渡线（平面与曲面的分界线）。这些线均为一般位置直线，在视图中不反映实长。为展开需要，还需在曲面部分作出一些辅助线，如 *B*—2、*B*—3（2、3 点为 1/4 圆角的等分点），这些辅助线也是一般位置直线，投影不反映实长。

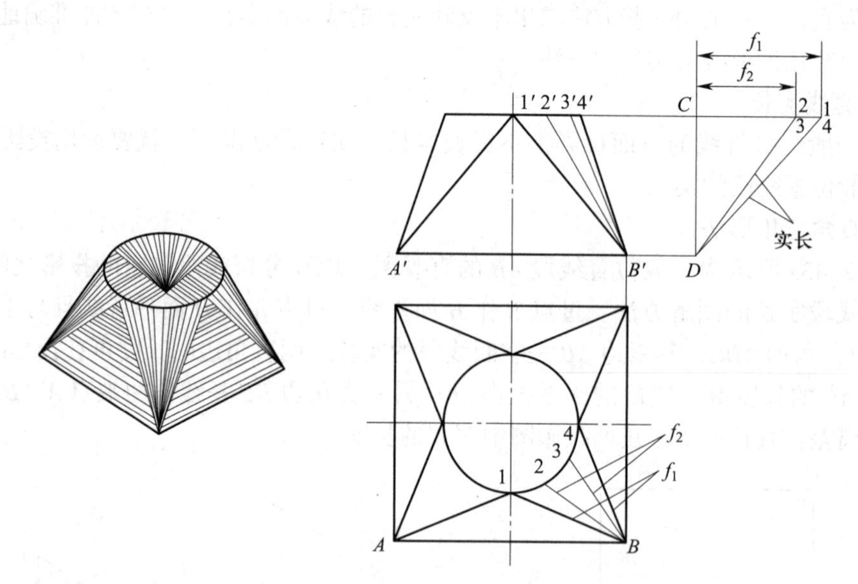

图 2–44 直角三角形法求实长的应用

上述各线的实长在实际放样时多直接在主视图中作出。为使图面清晰，将求实长作图移到主视图右侧。即以各线段正面投影高度差（距离差）*CD* 为一直角边，以各线的水平投影长 f_1、f_2 为另一直角边，画出两直角三角形，则三角形的斜边即为所求线段的实长。

（2）旋转法

用旋转法求实长，是将空间一般位置直线绕一垂直于投影面的固定旋转轴旋转成投影面平行线，则该直线在与之平行的投影面上的投影反映实长。如图 2–45a 所示，以 *AO* 为轴，将一般位置直线 *AB* 旋转至与正面平行的 AB_1 位置，此时，线段 *AB* 已由一般位置变为正平线位置，其新的正面投影 $a'\ b_1'$ 即为线段 *AB* 的实长。如图 2–45b 所示为上述旋转法求实长的投影作图方法。如图 2–45c 所示为将线段 *AB* 旋转成水平位置以求其实长的作图过程。

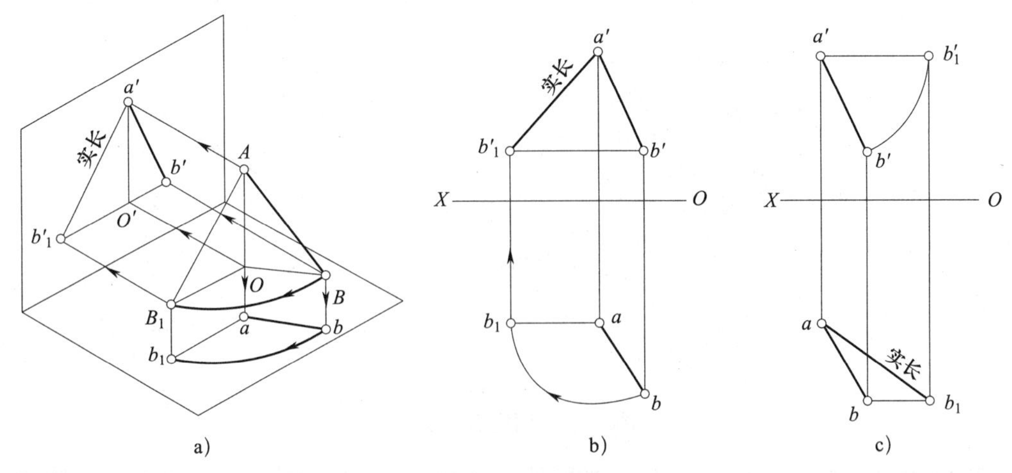

图 2–45　用旋转法求实长

旋转法求实长的作图要领如下。

1）过线段一端点设一与投影面垂直的旋转轴。

2）在与旋转轴所垂直的投影面上，将线段的投影绕该轴（投影为一个点）旋转至与投影轴平行。

3）作线段旋转后与其平行的投影面上的投影，则该投影反映线段实长。

例 2–2　旋转法求实长的应用。

如图 2–46 所示为一斜圆锥，为作出斜圆锥表面的展开图，须先求出其圆周各等分点与锥顶连线（以下简称素线）的实长。由图 2–46 可知，这些素线除主视图两边轮廓线（O'—1′、O'—5′）外，均不反映实长。

实长线求法：以点 O 为圆心，O 至 2、3、4 各点的距离为半径画同心圆弧，得与水平中心线 O—5 的各交点。由各交点引上垂线交 1′—5′于 2′、3′、4′点，连接 2′、3′、4′与 O'各点，则 O'—2′、O'—3′、O'—4′即为所求三条素线的实长。

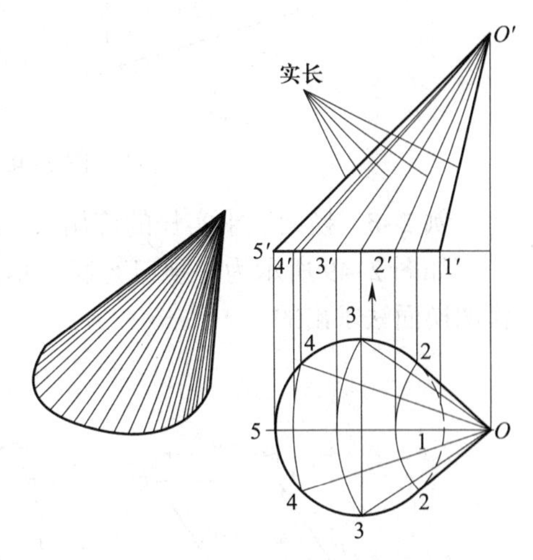

图 2–46　旋转法求实长的应用

（3）换面法

如前所述，当线段与某一投影面平行时，它在该投影面上的投影反映实长。换面法求实长就是根据线段投影的这一规律，当空间线段与投影面不平行时，设法用一新的与空间线段平行的投影面替换原来的投影面，则线段在新投影面上的投影就能反映实长，如图 2–47a 所示。如图 2–47b 所示为用换面法求实长的作图过程。

换面法求实长的作图要领如下。

1）新设的投影轴应与线段的一个投影平行。

2）新引出的投影连线要与新设的投影轴垂直。

3）新投影面上点的投影至投影轴的距离应与原投影面上点的投影至投影轴的距离相等。

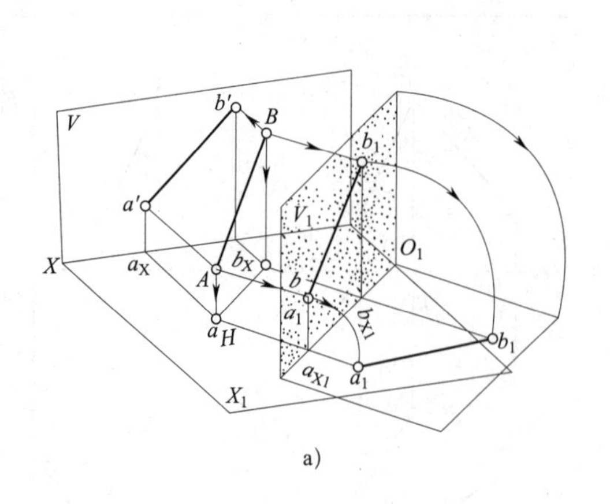

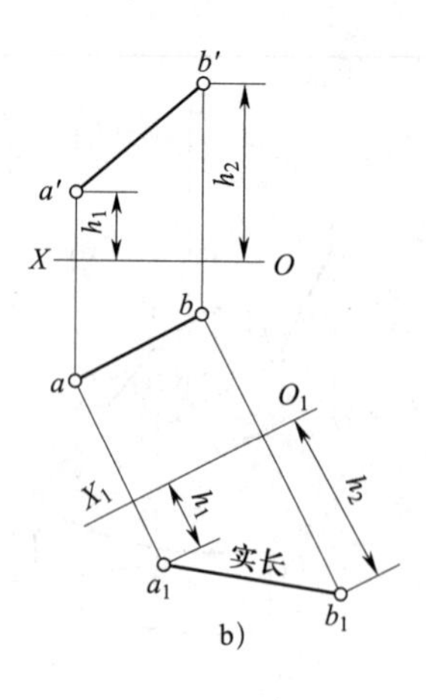

图 2–47 用换面法求实长

在实际放样时，当构件上求实长的线段较多时，直接应用换面法求实长，会使放样图上图线过多，显得零乱。这时，往往将求实长作图从投影图中移出，如图 2–48 所示。换面法的移出作图形式又常称为直角梯形法。

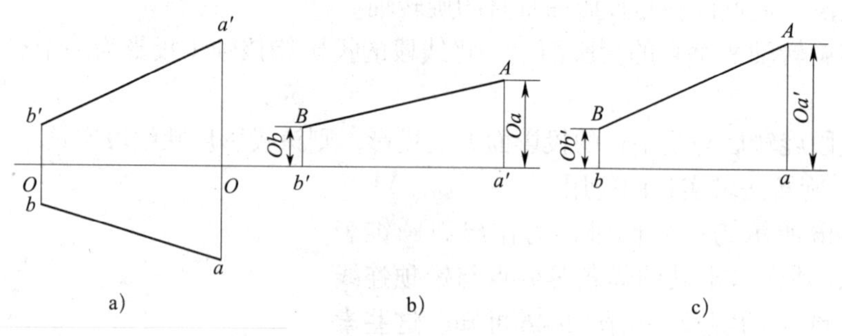

图 2–48 换面法的移出作图形式

例 2–3 换面法求实长的应用。

如图 2–49 所示为一顶口与底口垂直的圆方过渡接头，它表面各线的实长就是利用移出作图换面法求出的。

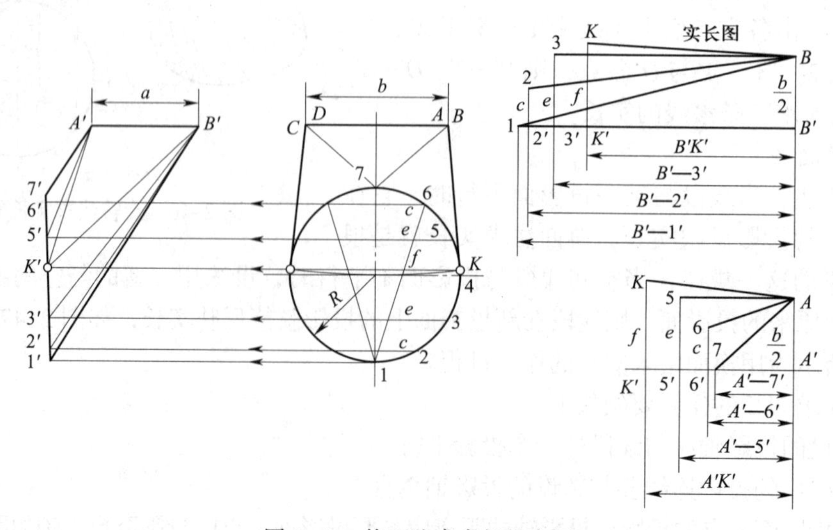

图 2–49 换面法求实长的应用

2. 求曲线实长

求曲线实长通常是将曲线划分为若干段，当分段足够多时，即可把每一段都近似视为直线段，然后再用上述求线段实长的方法逐段求出其实长。如图 2–50 所示为一斜截圆柱，求它的斜口曲线实长，就采用了移出作图换面法，按分段顺序求出每段实长，再连成光滑曲线。

当曲线为平面曲线且垂直于投影面时，更可直接应用换面法求出其实长，而不必分段，如图 2–51 所示。

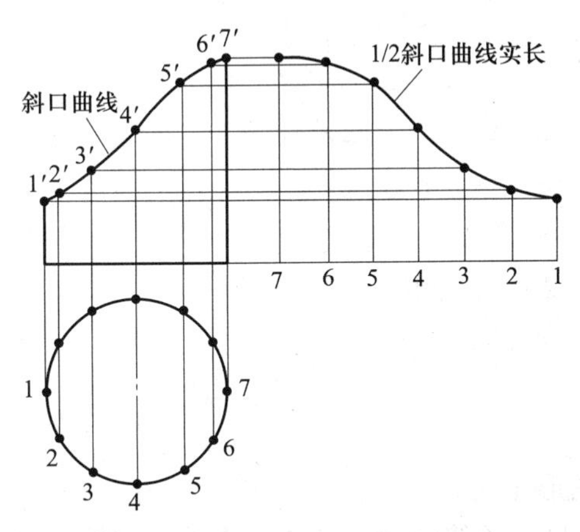

图 2–50　求柱体斜口曲线实长

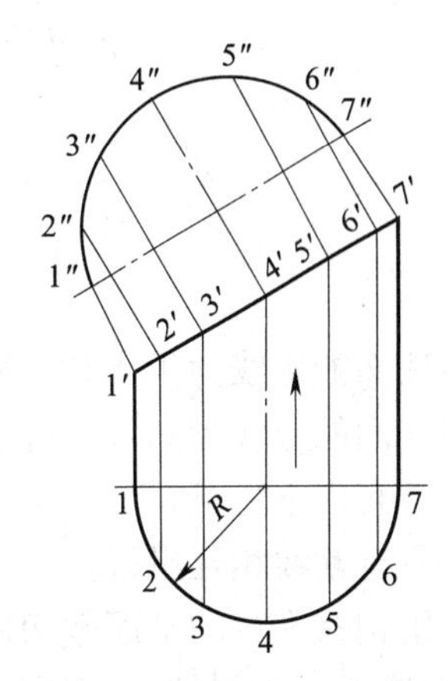

图 2–51　换面法求平面曲线实长

二、展开的基本方法

将金属板壳构件的表面全部或局部，按其实际形状和大小，依次铺平在同一平面上，称为构件表面展开，简称展开，构件表面展开后构成的平面图形称为展开图，如图 2–52 所示。

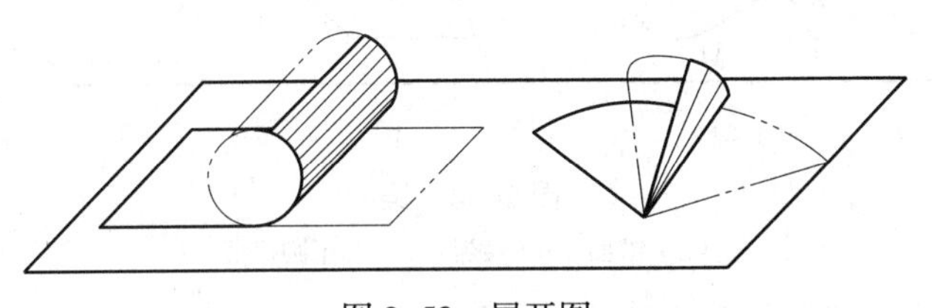

图 2–52　展开图

作展开图的方法通常有作图法和计算法两种，目前企业多采用作图法展开。但是随着计算技术的发展和计算机的广泛应用，计算法展开在企业的应用也日益增多。

1. 立体表面成形分析

研究金属板壳构件的展开，先要熟悉立体表面的成形过程，分析立体表面形状特征，从而确定立体表面能否展开及采用什么方式展开。

任何立体表面都可看作动线（直线段或曲线段）按一定的要求运动而形成的。这种运动着的线叫作母线。控制母线运动的线或面叫作导线或导面。母线在立体表面上的任一位置叫作素线。因此，也可以说立体表面是由无数条素线构成的。从这个意义上来讲，表面展开就是将立体表面的素线按一定的规律铺展到平面上。所以，研究立体表面的展开必须了解立体表面素线的分布规律。

（1）直纹表面

以直线段为母线而形成的表面称为直纹表面，如柱面、锥面、切线面等。

1）柱面。直母线 *AB* 沿导线 *BMN* 运动，且保持相互平行，这样形成的面称为柱面，如图 2–53a 所示。

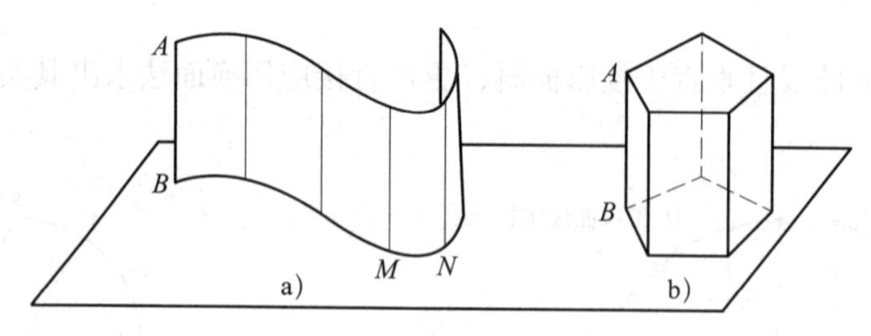

图 2–53 柱面

a）柱面 b）棱柱面

当柱面的导线为折线时，称为棱柱面，如图 2–53b 所示。

当柱面的导线为圆且与母线垂直时，称为正圆柱面。

柱面有以下特征。

①所有素线相互平行。

②用相互平行的平面截切柱面时，其断面图形相同。

2）锥面。直母线 *AS* 沿导线 *AMN* 运动，且母线始终通过定点 *S*，这样形成的面称为锥面，定点 *S* 称为锥顶，如图 2–54a 所示。

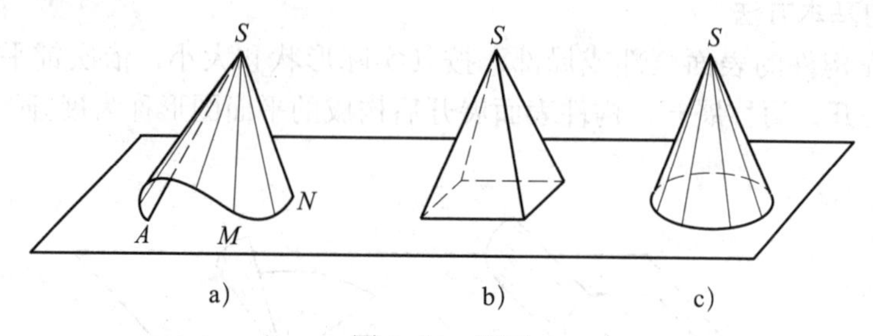

图 2–54 锥面

a）锥面 b）棱锥面 c）正圆锥面

当锥面的导线为折线时，称为棱锥面，如图 2–54b 所示。

当锥面的导线为圆且垂直于中轴线时，称为正圆锥面，如图 2–54c 所示。

锥面有以下特征。

①所有素线相交于一点。

②用相互平行的平面截切锥面时，其断面图形相似。

③过锥顶的截交线为直线段。

3）切线面。直母线沿导线 *CMN* 运动，且始终与导线相切，这样形成的面称为切线面，其导线称为脊线，如图 2–55a 所示。

切线面的一个重要特征是同一素线上各点有相同的切平面。切线面上相邻的两条素线一般既不平行又不相交，但当导线上两点的距离趋近于零时，相邻的两条切线便趋向同一个平面，也就是切平面。

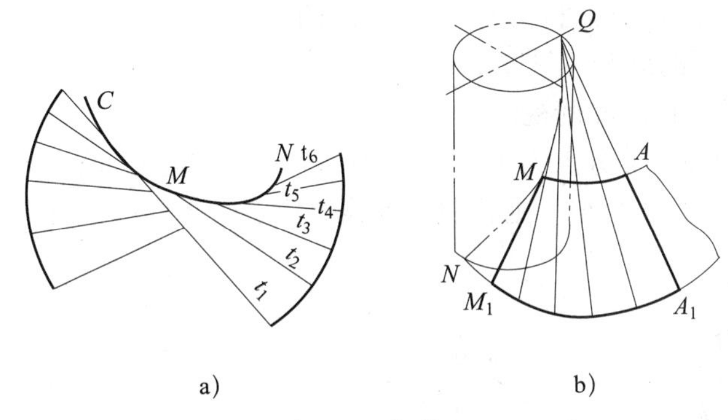

图 2–55　切线面

柱面和锥面也符合上述特征，因此它们是切线面的一种特殊形式（即脊线化为一点的切线面）。

需要说明的是，像图 2–55a 那样明显带有脊线的切线面并不常见，在工程上常用的是它的转化形式。图 2–55b 所示的曲面 MAA_1M_1 是以圆柱螺旋线 NMQ 为导线的切线面的一部分。

（2）曲纹面

以曲线为母线，并做曲线运动而形成的面称为曲纹面，如圆球面、椭圆球面和圆环面等。曲纹面通常具有双重曲度。

2. 可展表面与不可展表面

就可展性而言，立体表面可分为可展表面和不可展表面。立体表面的可展性分析是展开放样中的一个重要问题。

（1）可展表面

立体的表面若能全部平整地摊平在一个平面上，而不发生撕裂或皱折，该表面称为可展表面。可展表面的相邻两条素线应能构成一个平面。柱面和锥面相邻两条素线平行或是相交，总可构成平面，故是可展表面。切线面在相邻两条素线无限接近的情况下，也可构成一微小的平面，因此也是可展的。此外，还可以这样确认：凡是在连续滚动中以直素线与平行面相切的立体表面都是可展的。

（2）不可展表面

如果立体表面不能自然平整地摊平在一个平面上，该表面就称为不可展表面。圆球等曲纹面上不存在直素线，故不可展。螺旋面等扭曲面虽然由直素线构成，但相邻两素线是异面直线，因而也是不可展表面。

3. 展开的基本方法

展开的基本方法有平行线法、放射线法和三角形法三种。这三种方法的共同特点是：先按立体表面的性质，用直素线把待展表面分割成许多小平面，用这些小平面去逼近立体表面；然后求出这些小平面的实形，并依次画在平面上，从而构成立体表面的展开图。这一过程可以形象地比喻为“化整为零”和“积零为整”两个阶段。

（1）平行线展开法

平行线展开法主要用于表面素线相互平行的立体，首先将立体表面用其相互平行的素线分割为若干平面，作展开图时就以这些相互平行的素线为骨架，依次作出每个平面的实形，以构成展开图。下面以圆管件为例说明作图的方法。

例 2–4 斜切圆管的展开（见图 2–56）。

画出斜切圆管的主视图和俯视图。

八等分俯视图圆周，等分点为 1、2、3、4、5。由各等分点向主视图引素线，得到与上口的交点为 1′、2′、3′、4′、5′。则相邻两素线组成一个小梯形，每个小梯形近似一个小平面。

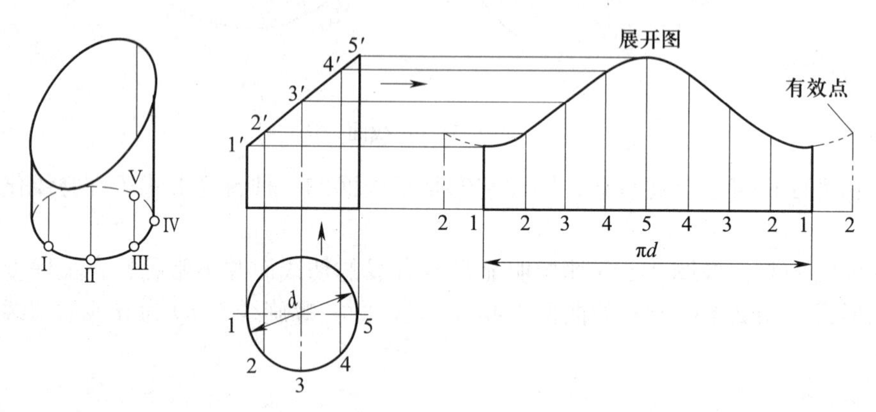

图 2–56 斜切圆管的展开

延长主视图的下口线作为展开的基准线，将圆管正截面（即俯视图）的圆周展开在延长线上，得 1、2、3、…、1 各点。过基准线上各分点引上垂线（即为圆管素线），与主视图 1′ ~ 5′各点向右所引水平线相交，将对应交点连接成光滑曲线，即为展开图。

（2）放射线展开法

放射线展开法适用于表面素线相交于一点的锥体，将锥面表面用呈放射形的素线分割成共顶的若干小三角形平面，求出其实际大小后，以这些放射形素线为骨架，依次将它们画在同一平面上，即得所求锥体表面的展开图。下面以正圆锥为例说明其作图的方法。

例 2–5 正圆锥的展开。

正圆锥的特点是表面所有素线长度相等，圆锥母线为它的实长线，展开图为一扇形。

展开时，先画出圆锥的主视图和锥底断面图，并将锥底断面半圆周分为若干等份。过等分点向圆锥底口引垂线得交点，由底口线上各交点向锥顶 *S* 连素线，即将圆锥面划分为 12 个小三角形平面（见图 2–57a）。再以锥顶 *S* 为圆心、*S*—7 长为半径画圆弧 1—1 等于锥底断面圆周长，连接 1、1 与 *S* 各点，即得所求展开图（见图 2–57b）。若将展开图圆弧上各分点与锥顶 *S* 连接，便是圆锥表面素线在展开图上的位置。

（3）三角形展开法

三角形展开法是以立体表面素线（棱线）为主，并画出必要的辅助线，将立体表面分割成一定数量的三角形平面，然后求出每个三角形的实形，并依次画在平面上，从而得到整个立体表面的展开图。

三角形展开法适用于各类形体，只是精度有所不同。

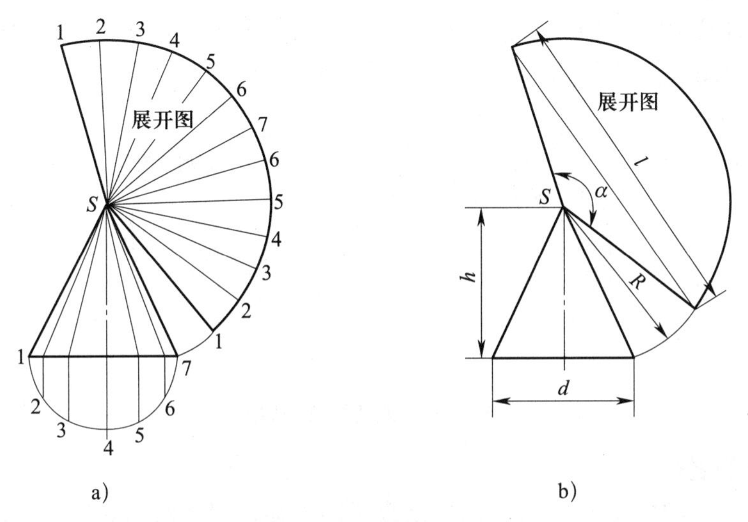

图 2-57　正圆锥的展开

例 2-6　正四棱锥筒的展开（见图 2-58）。

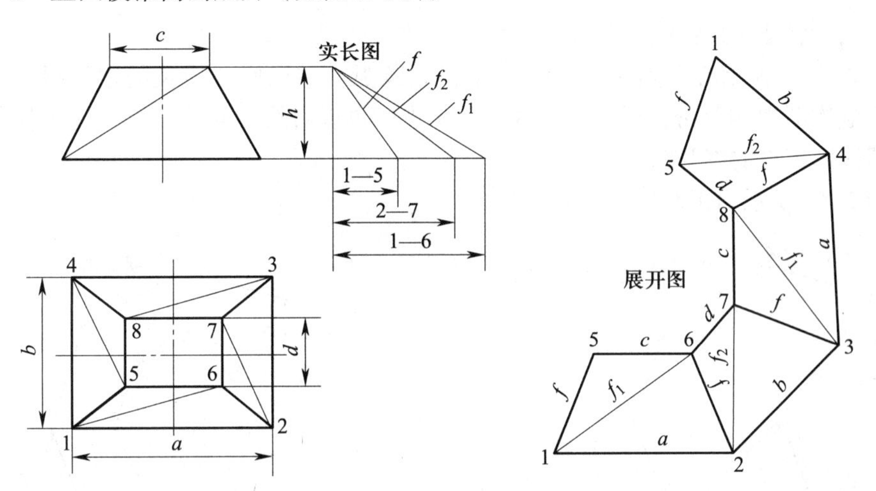

图 2-58　正四棱锥筒的展开

具体作图方法如下。

画出正四棱锥筒的主视图和俯视图。

在俯视图依次连出各面的对角线 1—6、2—7、3—8、4—5，并求出它们在主视图的对应位置，则锥筒侧面被划分为八个三角形。

由主、俯两视图可知，锥筒的上口、下口各线在视图中反映实长，而四条棱线及对角线都不反映实长，可用直角三角形法求其实长。

利用各线实长，以视图上已划定的排列顺序，依次作出各三角形的实形，即为正四棱锥筒的展开图。

三、基本形体展开法

1. 四棱柱管的展开

如图 2-59 所示为顶口倾斜的四棱柱管，它由正平面和侧平面组成。其中前、后两面为正平面，正面投影反映实长；左、右两面为侧平面，侧面投影也反映实形。由于棱柱管各棱线相互平行，且其正面投影中各棱线为实长，各棱线间距离可由水平投影求得，因此用平行线法作出其展开图。作展开图的具体过程如图 2–59 所示。

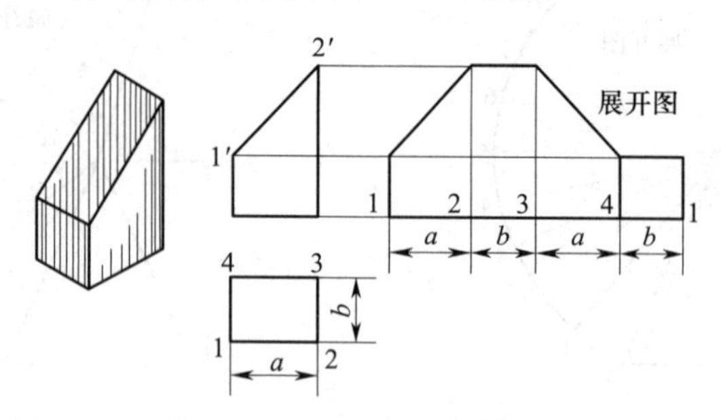

图 2–59　四棱柱管的展开

2. 四棱锥的展开

如图 2–60 所示为一正四棱锥。由已给投影图可知，四条棱线等长，但其投影不反映实长；棱锥的底口为正方形，其水平投影反映实形。四棱锥可用放射线法展开，具体作图方法如下。

（1）用旋转法求出棱线实长 R。

（2）以点 S' 为圆心，侧棱实长 R 为半径画圆弧，并以底口边长的水平投影长（实长）在圆弧上顺次截取四等份，得 1、2、3、4、1 点；再以直线段连接各点，并将各点与点 S' 连接，即得四棱锥的展开图。

如图 2–61 所示为正四棱锥筒的展开。

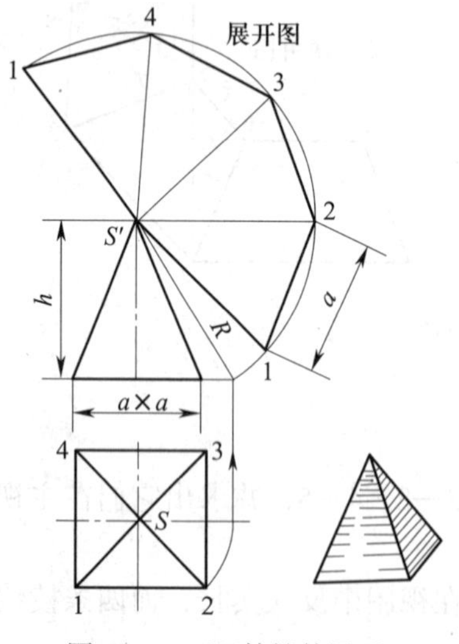

图 2–60　正四棱锥的展开

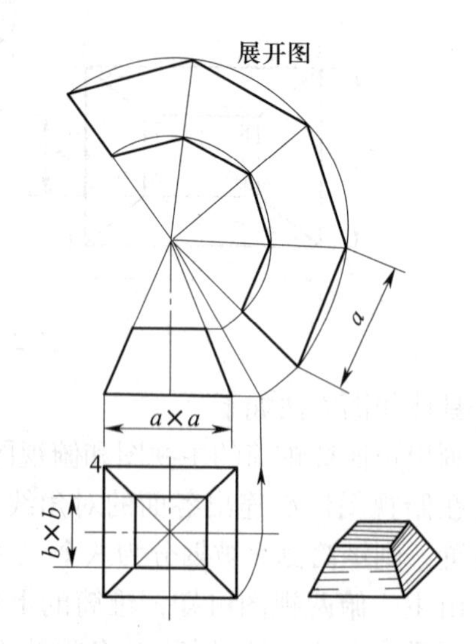

图 2–61　正四棱锥筒的展开

3. 圆锥管的展开

圆锥管是由圆锥被与其轴线垂直的截平面截去锥顶而形成的。因此，圆锥管的展开图可在正圆锥展开图中截去锥顶切缺部分后获得。圆锥管展开图的具体作图方法如图 2–62 所示。

4. 顶口倾斜圆锥管的展开

顶口倾斜圆锥管可视为圆锥被正垂面截切而成，其展开图可在正圆锥展开图中截去切缺部分后得出。但是圆锥被斜截后，各素线长度不再相等，因此正确求出各素线实长是作展开图的重要环节。

展开图的作图方法如图 2–63 所示。

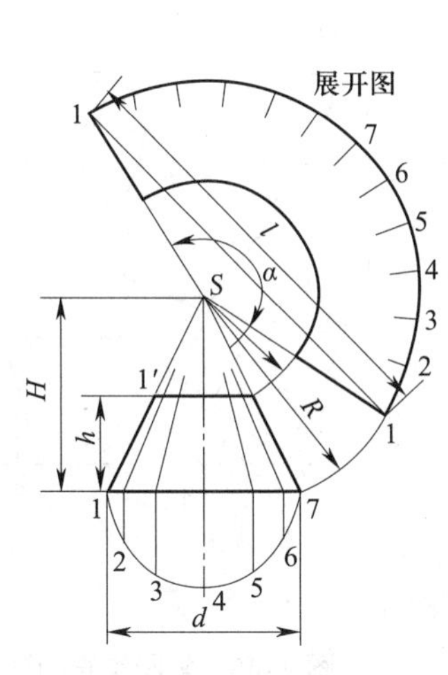

图 2–62　圆锥管的展开

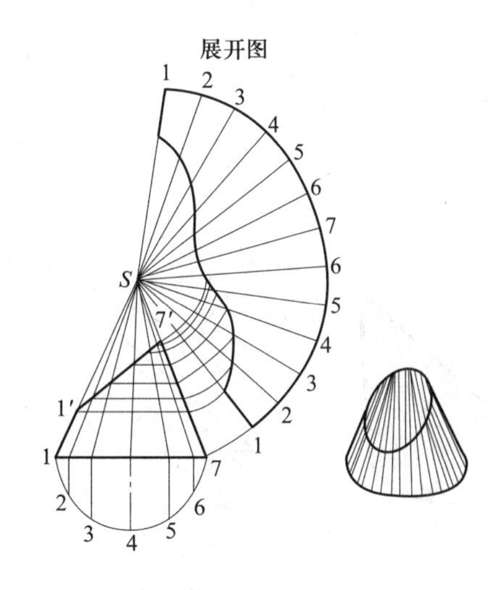

图 2–63　顶口倾斜圆锥管的展开

（1）画出顶口倾斜圆锥管及其所在锥体的主视图。

（2）画出锥管底断面半圆周，并将其六等分。由等分点 2、3、4、5、6 引上垂线得与锥底 1—7 的交点，由锥底线上各交点向锥顶 *S* 连素线，分锥面为 12 个小三角形平面。

（3）过锥口与各素线的交点引底口线平行线交于圆锥母线 *S*—7，则各交点至锥顶的距离即为素线截切部分的实长。

（4）用放射线法作出正圆锥的展开图，然后用各素线截切部分的实长截切展开图上对应的素线。用光滑曲线连接展开图上各素线截切点，该曲线与圆锥底口展开弧线间部分的图形即为顶口倾斜圆锥管的展开图。

5. 斜圆锥的展开

斜圆锥不同于正圆锥，它的表面素线各不相等，作展开图时须一一求出。具体展开方法如图 2–64 所示。

（1）画出斜圆锥主视图和底断面半圆周。将底断面半圆周六等分，等分点为 1、2、3、…、7。求出锥顶点水平投影 *S*，并与各等分点连线，各连线即为斜圆锥各素线的水平投影。为使图面清晰，各素线的正面投影从略。

（2）求实长。主视图轮廓线的正面投影 *S*′—1 和 *S*′—7 为正平线，反映实长。其余各素线实长用旋转法求出：以点 *S* 为圆心，各素线水平投影长为半径，画出同心圆弧与底口线相交，得点 2′、3′、4′、5′、6′，将这些点分别与点 *S*′连线，即为所求各素线的实长。

（3）作展开图。以点 *S*′为圆心，各素线实长为半径画同心圆弧；在 *S*′—1 为半径的圆上任取一点 1 为基准，以断面上等分点弧长为半径依次画弧，与前面的同心圆弧对应相交，得交点 2、3、4 等。用光滑曲线连接各交点，并过各点画出斜圆锥素线，即得所求展开图。

如图 2–65 所示为斜圆锥管的展开。斜圆锥管展开图是从斜圆锥展开图中截去切缺的小斜圆锥后得出的。

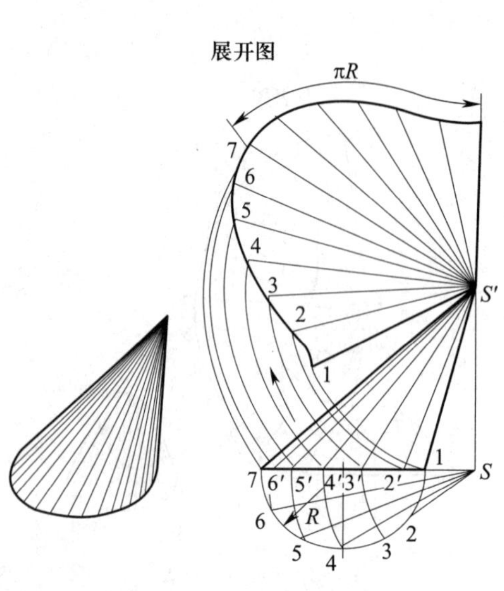

图 2–64　斜圆锥的展开

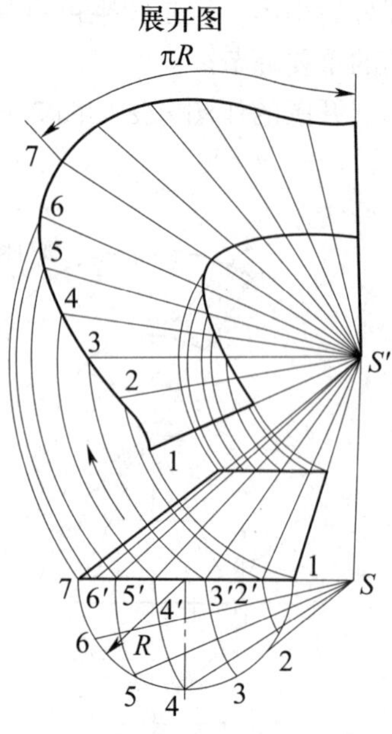

图 2–65　斜圆锥管的展开

技能训练

正六棱柱斜截的展开

一、操作准备

1. 准备展开工件图（见图 2–66）

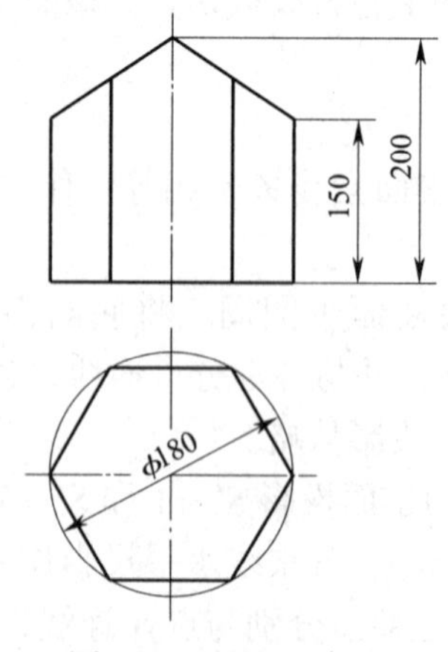

图 2–66　展开工件图

2. 准备绘图工具

准备好圆规、三角尺、铅笔、橡皮等。

二、操作步骤

如图 2–66 所示为一正六棱柱斜截构件。由已给投影图可知，六条棱线在主视图中反映实长。棱柱的底口为正六边形，其水平投影反映实形。正六棱柱斜截的展开采用平行线法，具体作图方法如下。

1. 以正六棱柱主视图的底口为基准作水平线，在该线上截取正六棱柱底口各边的长度。

2. 垂直于底口线作出各棱线。

3. 将主视图各棱线的高度水平引至展开图中的各棱线上。

4. 依次连接棱线上各点，得到正六棱柱斜截的展开图，如图 2–67 所示。

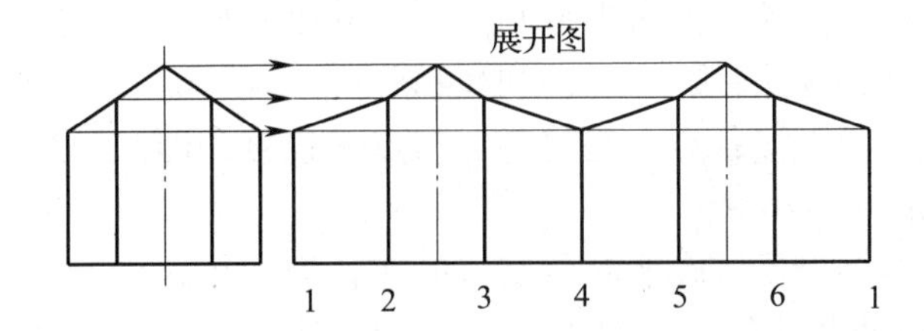

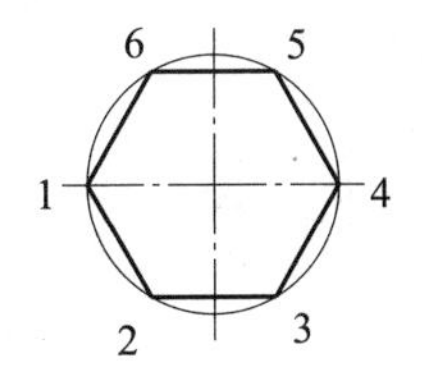

图 2–67 正六棱柱斜截构件的展开

三、注意事项

1. 绘图时，力求作图准确。

2. 2、3 棱所在平面上的最高点不在六棱柱的棱线上，其求法应注意。

正四棱锥截体的展开

一、操作准备

1. 准备展开工件图（见图 2–68）

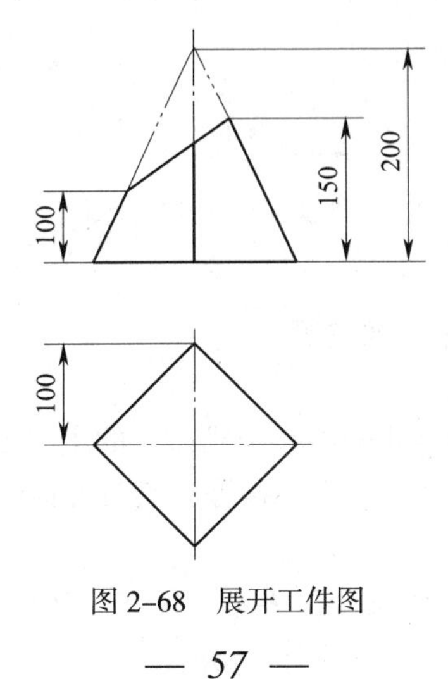

图 2–68 展开工件图

2. 准备绘图工具

准备好圆规、三角尺、铅笔、橡皮等。

二、操作步骤

如图 2–68 所示为一正四棱锥截体。由已给投影图可知，四条棱线等长，棱线在主视图母线的位置反映实长；棱锥的底口为正方形，其水平投影反映实形。正四棱锥可用放射线法作展开图，具体作图方法如下。

1. 以点 S' 为圆心，棱线实长为半径画圆弧，并以底口边长的水平投影长（实长）在圆弧上顺次截取四等份，得 a、b、c、d、a 点。再用直线段连接各点，并将各点与点 S' 连接，即得正四棱锥的展开图。

2. 以点 S' 为圆心，棱线与截平面各交点的实长为半径画圆弧，在展开图相应的各棱线上找到各点。再用直线段连接各点，即得正四棱锥截体的展开图，如图 2–69 所示。

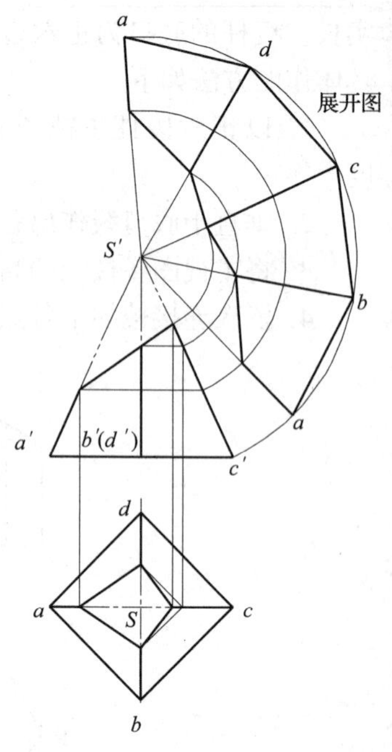

图 2–69　正四棱锥截体的展开

三、注意事项

主视图中，Sb、Sd 两棱与截平面的交点不反映实长。将交点水平引至母线上，则为实长。

斜圆锥截体的展开

一、操作准备

1. 准备展开工件图（见图 2–70）

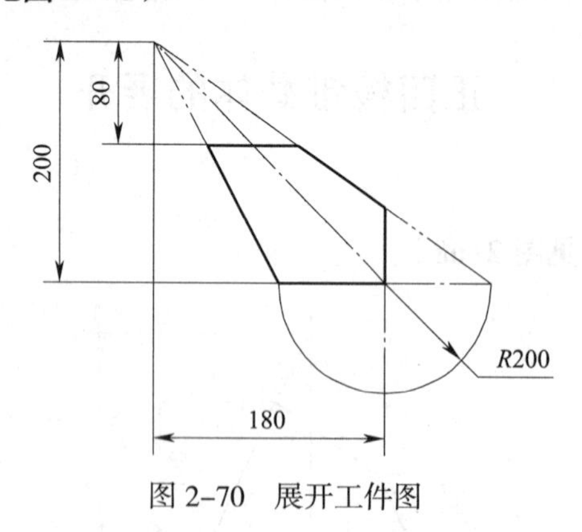

图 2–70　展开工件图

2. 准备绘图工具

准备好圆规、三角尺、铅笔、橡皮等。

二、操作步骤

1. 为使图面清晰，用已知尺寸画出斜圆锥截体的主视图及底断面半圆周。六等分断面半圆周，等分点为 1、2、3、…、7。连接各等分点与锥顶的水平投影 O 点，得斜圆锥表面各素线的水平投影。

2. 用旋转法求出各素线实长。其中 O—5、O—6、O—7 线的实长应以与相贯线的交点为界来确定。为此，须作出 O—5、O—6 两素线的正面投影，得与相贯线的交点，由各交点向右引水平线求截切后线段实长。

3. 用放射线法作出斜圆锥管的展开图，再减去切缺的部分，即为斜圆锥截体的展开图，如图 2–71 所示。

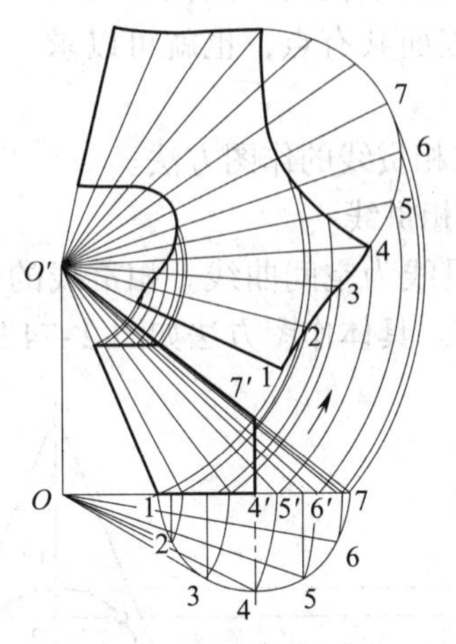

图 2–71 斜圆锥截体的展开

三、注意事项

斜圆锥的表面素线不是均匀分布的，所以不能按正圆锥展开的方法确定各素线的位置，然后再确定素线的长度。

子课题 2 相交形体展开放样

在展开放样中，经常会遇到各种形体相交而成的构件。如图 2–72 所示，异径正交三通管是由两个不同直径的圆管相交而成的。形体相交后，要在形体表面形成相贯线（又称表面交线）。在作相交形体的展开图时，准确地求出其相贯线至关重要，因为相贯线一经确定，复杂的相交形体就可依相贯线划分为若干基本形体的截体，再将它们分别展开。

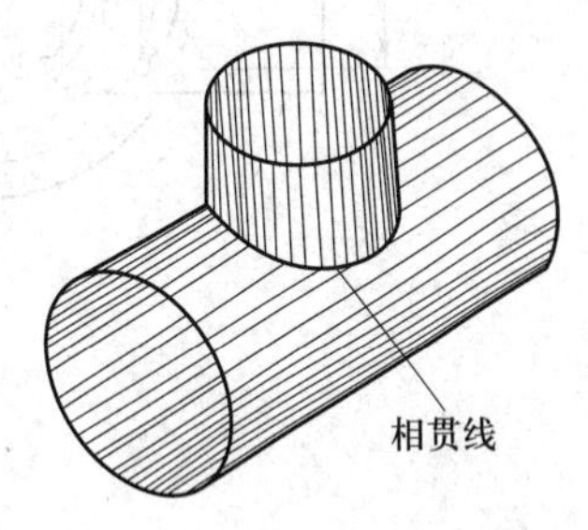

图 2–72 异径正交三通管

由于组成相交形体的各基本形体的几何形状和相对位置不同，因此相贯线的形状也各异。但任何相交形体的相贯线都具有以下性质。

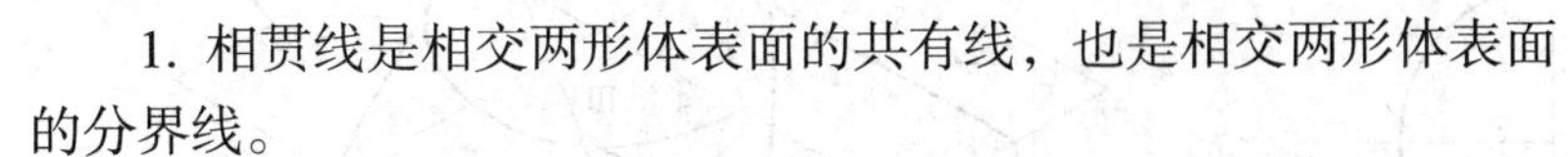

1. 相贯线是相交两形体表面的共有线，也是相交两形体表面的分界线。

2. 由于形体都有一定的范围，因此相贯线都是封闭的。

根据相贯线的性质可知，求相贯线的实质就是在相交两形体表面找出一定数量的共有点，将这些共有点依次连接起来（见图 2–73），就是所求的相贯线。求相贯线的方法主要有辅助平面法、辅助球面法和素线法。

一、相贯线求法

1. 辅助平面法

用辅助平面法求相贯线，是以一假想辅助平面截切相交两形体，然后作出两形体的截交线，两截交线的交点即为两形体表面共有点。当以若干辅助平面截切相交两形体时，就可求出足够多的表面共有点，也就可以求出相交两形体的相贯线。

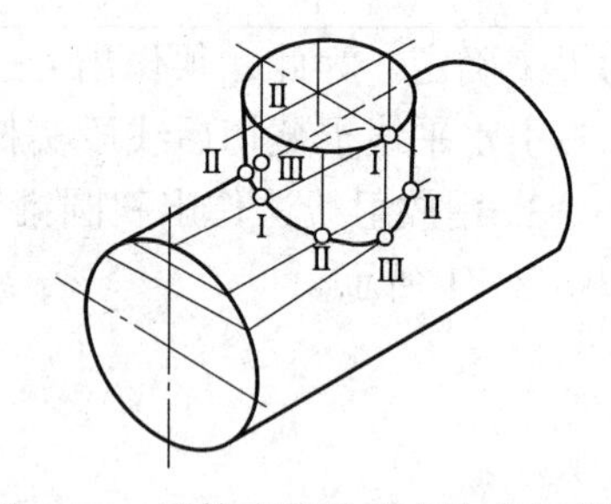

图 2–73　形体表面共有点构成相贯线

下面举例说明辅助平面法求相贯线的作图方法。

例 2–7　求圆管正交圆锥的相贯线。

分析：圆管正交圆锥的相贯线为空间曲线。相贯线的侧面投影积聚成圆，为已知，另外两面投影可用辅助平面法求得。具体作图方法如图 2–74 所示。

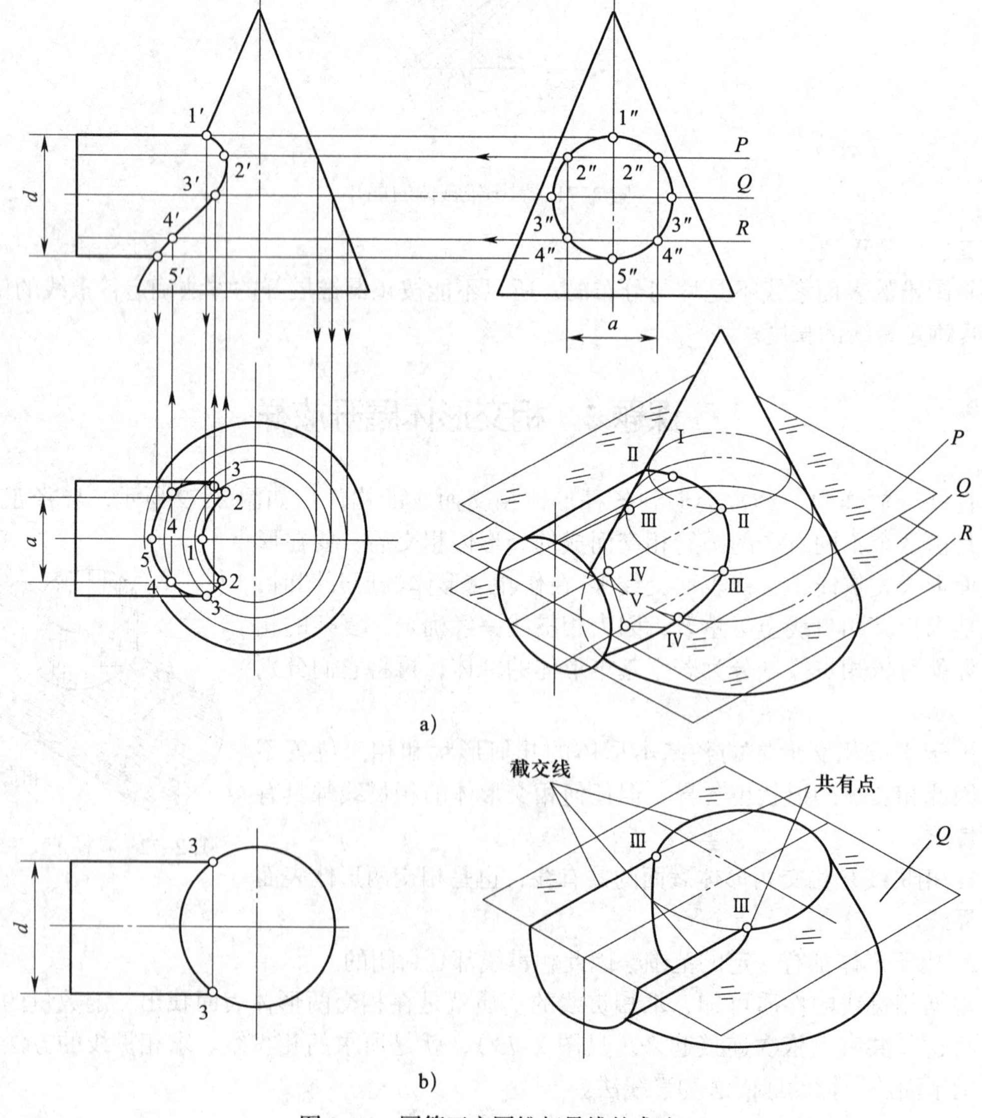

图 2–74　圆管正交圆锥相贯线的求法

（1）如图 2–74a 所示，相贯线最高点和最低点的正面投影为圆管轮廓线和圆锥母线的交点 1′、5′，作正面投影时可直接画出。这两点的水平投影可由点 1′、5′按正投影规则求出，为点 1、5。

（2）相贯线最前点和最后点的正面投影在圆管轴线位置的素线上，其水平投影在圆管前、后两轮廓线上。为准确求出这两点的投影，可假想用平面 *Q* 沿圆管轴线位置水平截切相贯体（见图 2–74b），并在水平投影图上作出相贯体的截交线，求得两形体截交线的交点 3、3，即为相贯线的最前点和最后点。这两点的正面投影点 3′可由点 3 按投影规则在辅助平面 *Q* 的正面迹线位置上求得。

（3）一般位置点的投影可按上述方法设置辅助平面 *P*、*R* 截切相贯体来求得，它们在投影图中为点 2′、4′和点 2、4。

（4）各相贯点的正面投影和水平投影都求出后，便可用光滑曲线将其连接，以构成完整相贯线的投影。

例 2–8 求圆柱和球偏心相交的相贯线（见图 2–75）。

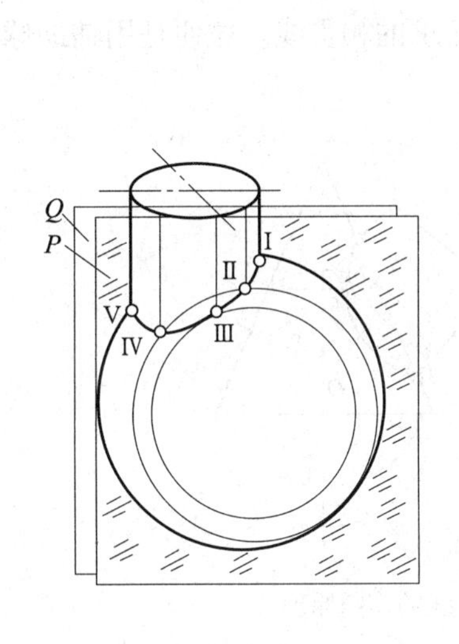

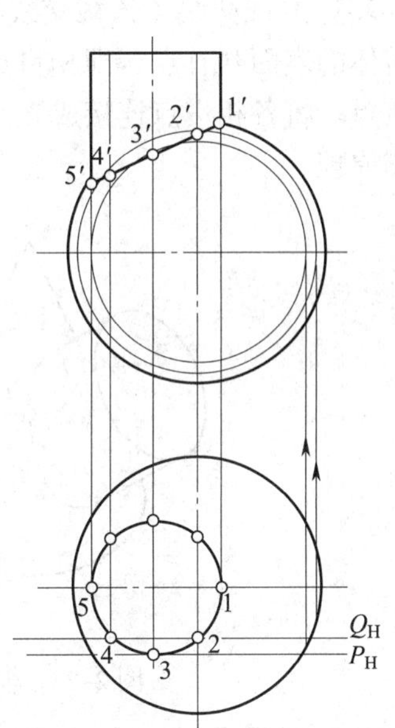

图 2–75 圆柱和球偏心相交相贯线的求法

分析：圆柱面与球面偏心相交，相贯线为空间曲线。由于圆柱面的轴线为铅垂线，因此相贯线的水平投影积聚成圆，为已知。相贯线的正面投影须用辅助平面法求得，具体作图过程如图 2–75 所示，不再详细说明。

2. 辅助球面法

辅助球面法求相贯线的作图原理与辅助平面法基本相同，只是用来截切相贯体的不是平面而是球面。为了更清楚地说明其原理，先来分析回转体与球相交的一个特殊情况。如图 2–76 所示，当回转体轴线通过球心与球相交时，其交线为平面曲线——圆；特别是当回转体轴线又平行于某一投影面（图中为正面）时，则交线在该投影面的投影为一直线。回转体与球相交的这一特殊性质提供了用辅助球面作图的方法。

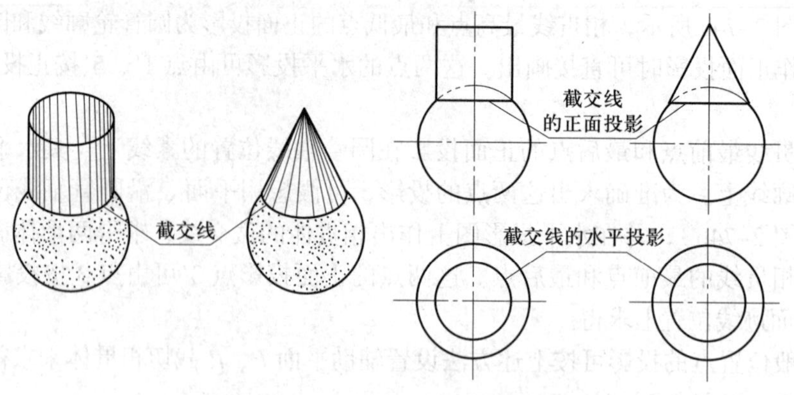

图 2–76　回转体与球相交的特殊情况

如图 2–77 所示，当两相交回转体轴线相交，且平行于某一投影面时，可以两轴线交点为球心，在相贯区域内用一辅助球面（在投影图中是一半径为 R 的圆）截切两回转体，然后求出各回转体的截交线（该截交线在投影图中表现为直线），两截交线的交点 A、B 就是两相交回转体的表面共有点，即相贯点。当以足够多的辅助球面截切相贯体时，就可求出足够多的相贯点。将各相贯点连接成光滑曲线，就是所求的相贯线。这便是用辅助球面法求相贯线的作图原理。

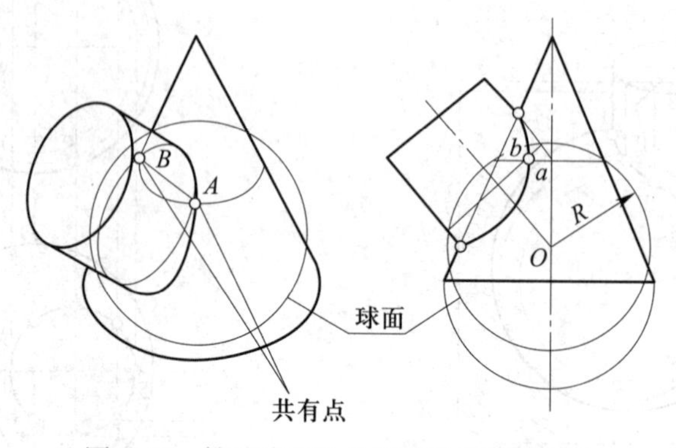

图 2–77　辅助球面法求相贯线的作图原理

例 2–9　求圆柱斜交圆锥的相贯线。

分析：如图 2–78 所示，圆柱与圆锥斜交，相贯线为空间曲线。相贯线最高点和最低点的正面投影 1、4 为圆柱轮廓线与圆锥母线的交点，作投影图时可直接画出。由于两相交形体均为回转体，而且轴线相交并平行于正投影面，因此，相贯线上其他各点的正面投影可用辅助球面法求得。

具体作图方法：以两回转体轴线交点 O 为圆心（球心），以适宜长度的 R_1、R_2 为半径画两同心圆弧（球面），与两回转体轮廓线分别相交，在各回转体内分别连接各弧的弦长，对应交点为 2、3。通过各点连接成曲线 1—2—3—4，即为所求相贯线。

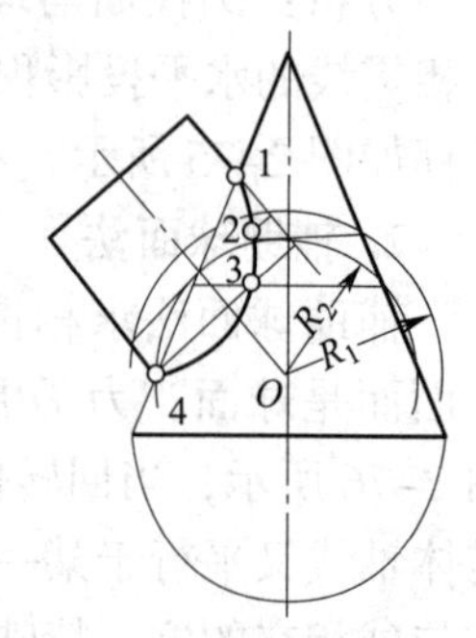

图 2–78　圆柱斜交圆锥相贯线的求法

应用辅助球面法求相贯线，作图时应对最大的和最小的球面半径有个估计。一般来说，由球心至两曲面轮廓线交点中最远一点的距离就是最大的球面半径，因为再大就找不到共有点了；从球心向两曲面轮廓线作垂线，两垂线中较长的一个就是最小的球面半径，因为再小的话，辅助球面与某一曲面就不能相交了。

3. 素线法

研究形体相交问题时，若两相交形体中有一个为柱（管）体，则因其表面可以获得有积聚性的投影，而表面相贯线又必定积聚其中，故这类相交形体的相贯线肯定有一面投影为已知。在这种情况下，可以由相贯线已知的投影，通过用素线在形体表面定点的方法求出相贯线的未知投影，这种求相贯线的方法称为素线法。下面举例说明这种方法的作图原理。

例 2–10　求异径正交三通管的相贯线。

分析：如图 2–79 所示为两异径圆管正交，相贯线为空间曲线。由投影图可知，支管轴线为铅垂线，主管轴线为侧垂线，所以支管的水平投影和主管的侧面投影都积聚成圆。根据相贯线的性质可知，相贯线的水平投影必定积聚在支管的水平投影上；相贯线的侧面投影必定积聚在主管的侧面投影上，并只在相交部分的圆弧内。既然相贯线的两面投影都为已知，则其正面投影便可用素线法求出。

具体作图方法：先作出相贯件的三面投影，并八等分支管的水平投影，得等分点 1、2、3 等；过各等分点引支管的表面素线，得正面投影 1′、1′，侧面投影 1″、2″、3″等；由各点已知投影利用素线确定点 2′、3′、2′，连接 1′—2′—3′—2′—1′，得到相贯线的正面投影。

企业实际放样时，求这类构件的相贯线均不画出俯视图和左视图，而是在主视图中画出支管 1/2 断面，并分若干等份取代俯视图；同时在主管轴线任意端画出两管 1/2 同心断面；再将其中的支管断面分与前相同等份，并将各等分点沿铅垂方向投影至主管断面圆周上，得相贯点的侧面投影；最后用素线法求出相贯线的正面投影，从而简化了作图过程，如图 2–80 所示。

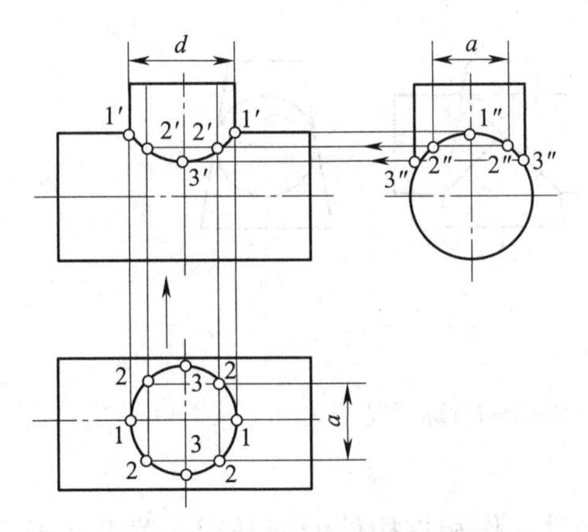

图 2–79　异径正交三通管的相贯线求法

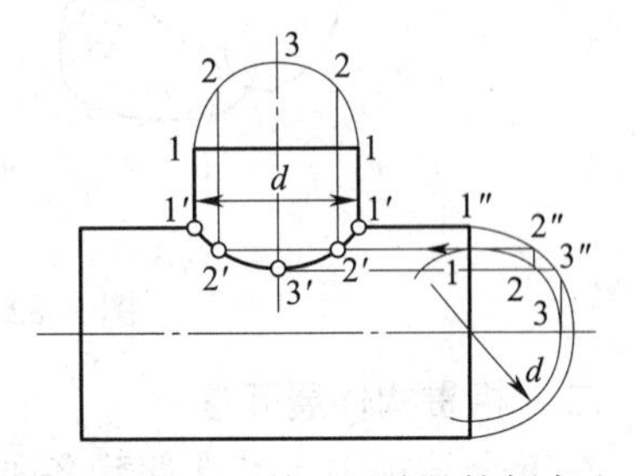

图 2–80　三通管相贯线的简便求法

由上述可知，应用素线法求相贯线时，应至少已知相贯线的一面投影。为此，须满足“两相交形体中有一个为柱体”的条件。但若相交形体中的柱体并不与已给的投影面垂直时，投影则无积聚性，这时须先经投影面变换（即换面法），以求得柱体积聚性的投影（当然相贯线的一面投影也包含其中），然后再利用素线法求相贯线的未知投影。如图 2–81 所示圆柱斜交圆锥的相贯线即用此法求得。

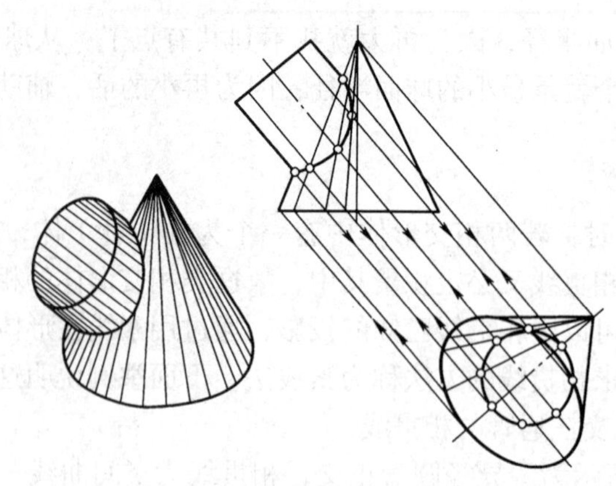

图 2–81　换面法与素线法结合求相贯线

4. 相贯线的特殊情况

回转体相交的相贯线一般为空间曲线。如图 2–82 所示，当两相交回转体外切于同一球面时，其相贯线便为平面曲线，此时，若两回转体的轴线平行于某一投影面，则相贯线在该面上的投影为两相交直线。

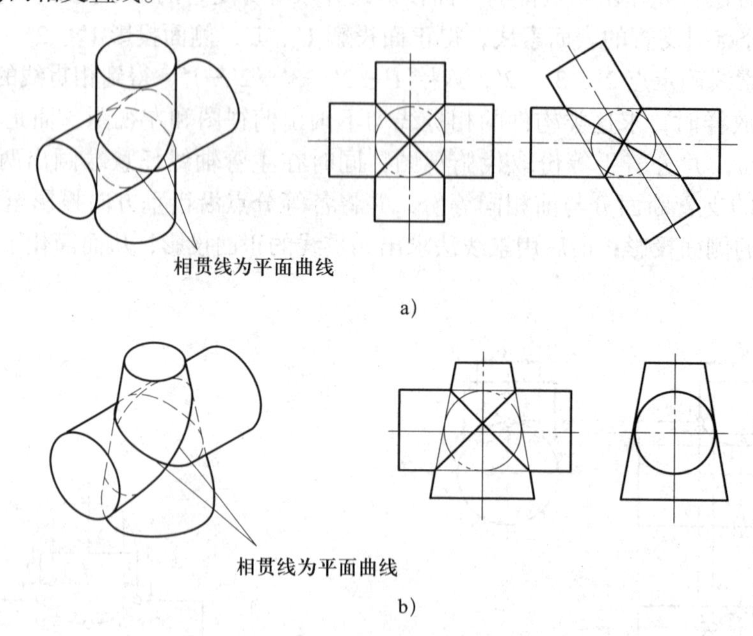

图 2–82　回转体相交的相贯线的特殊情况

二、相贯构件展开法

在钣金结构中，经常遇到各种形体的相贯构件。作相贯构件的展开图，关键在于确定相贯线，一旦相贯线求出，相贯体便以相贯线为界线，划分成若干基本形体的截体，于是便可按基本形体展开法作出各自的展开图。下面介绍一些典型相贯构件的展开方法。

1. 等径正交三通管的展开

等径正交三通管由轴线正交的两等径圆管相贯而成，其相贯线为平面曲线。当两管轴线平行于投影面时，相贯线在该面上的投影为两相交直线，作图时可直接画出。作出相贯线后，便可用平行线法将两管分别展开，如图 2–83 所示。

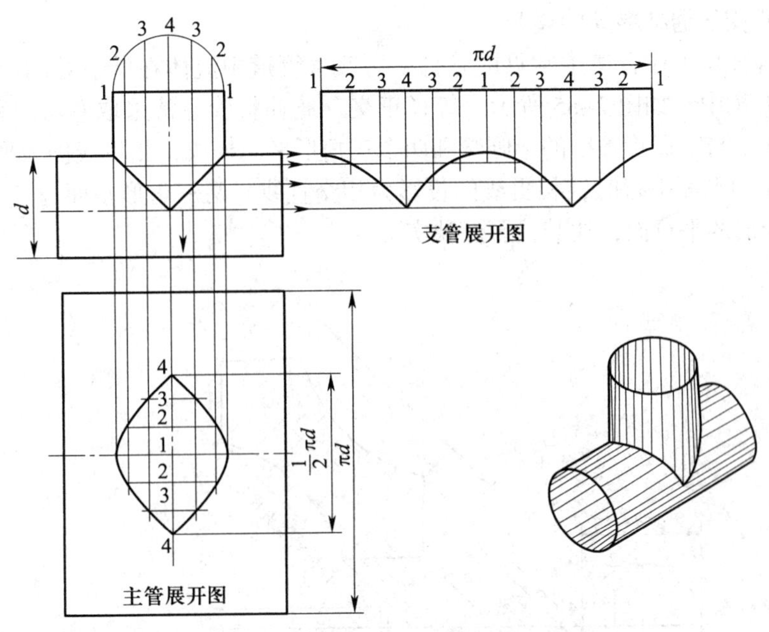

图 2-83　等径正交三通管的展开

2. 异径斜交三通管的展开

异径斜交三通管由轴线相交的两异径圆管相贯而成。异径管相贯的相贯线为空间曲线，可用素线法求出。如图 2-84 所示为异径斜交三通管求相贯线和作展开图的方法，图中以两圆管同心断面图取代左视图，使作图更方便、快捷。

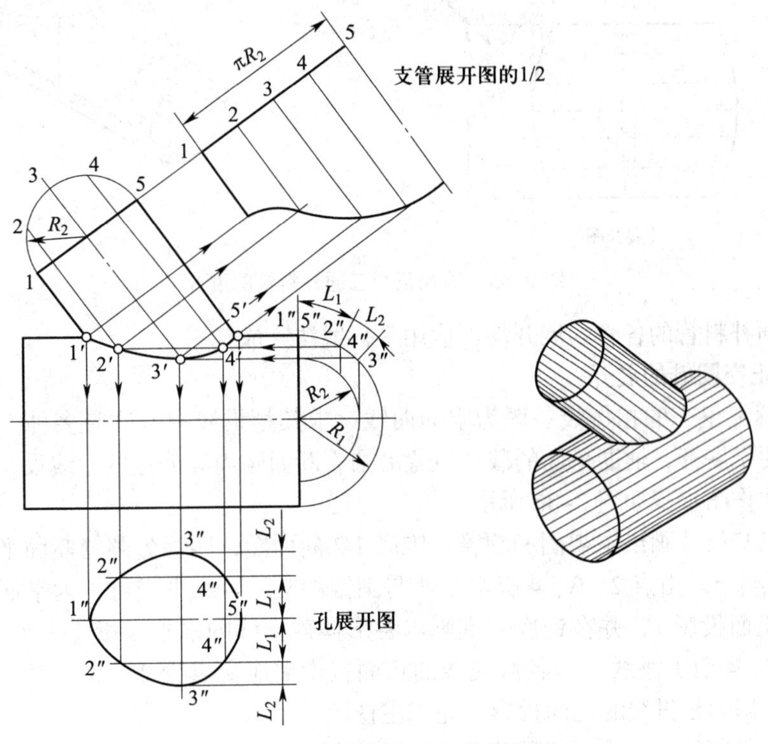

图 2-84　异径斜交三通管的展开

3. 等径正交三通补料管的展开

三通补料管是工业管道中常见的管件，可改善管道中流体在转折处的流动状态，减小管件上的应力集中。如图 2–85 所示，等径正交三通补料管通常采取左右对称的补料形式，补料部分由两个与三通管等径的半圆管和两个三角形平面构成，相贯线仍为平面曲线。当三通管轴线与投影平面平行时，相贯线的投影为相交直线。两三角形平面与三通管轴线平行，视图中为投影面的平行面，故其投影反映实形。

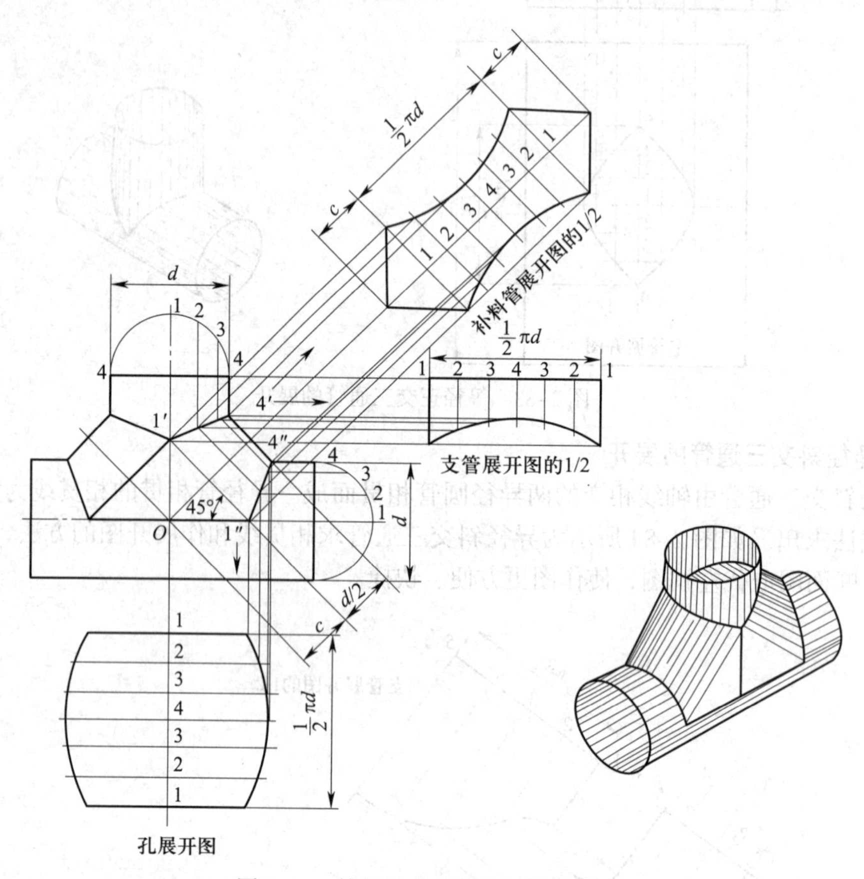

图 2–85　等径正交三通补料管的展开

组成三通补料管的各管的展开均可应用平行线法完成。

4. 圆管正交圆锥的展开

圆管与圆锥正交的相贯线一般为空间曲线。求其相贯线的方法有多种，本例采用辅助平面法，为便于展开，辅助平面的截切位置沿圆管断面圆周等分点的素线设置。求相贯线及展开图的具体作图步骤如图 2–86 所示。

（1）用已知尺寸画出主视图和圆管、锥底 1/2 断面图，四等分圆管断面半圆周，等分点为 1、2、3、4、5。由点 2、3、4 引水平线与圆锥相交（各水平线可视为平面截切相贯体所得截交线的正面投影），并在锥底分别画出各形体截交线的水平投影（一半），得点 2、3、4。由点 2、3、4 引上垂线，与各截交线的正面投影对应交点为 2′、3′、4′。通过各点连接曲线 1′—5′，即为相贯线的正面投影，完成主视图。

（2）应用平行线法作出圆管展开图。

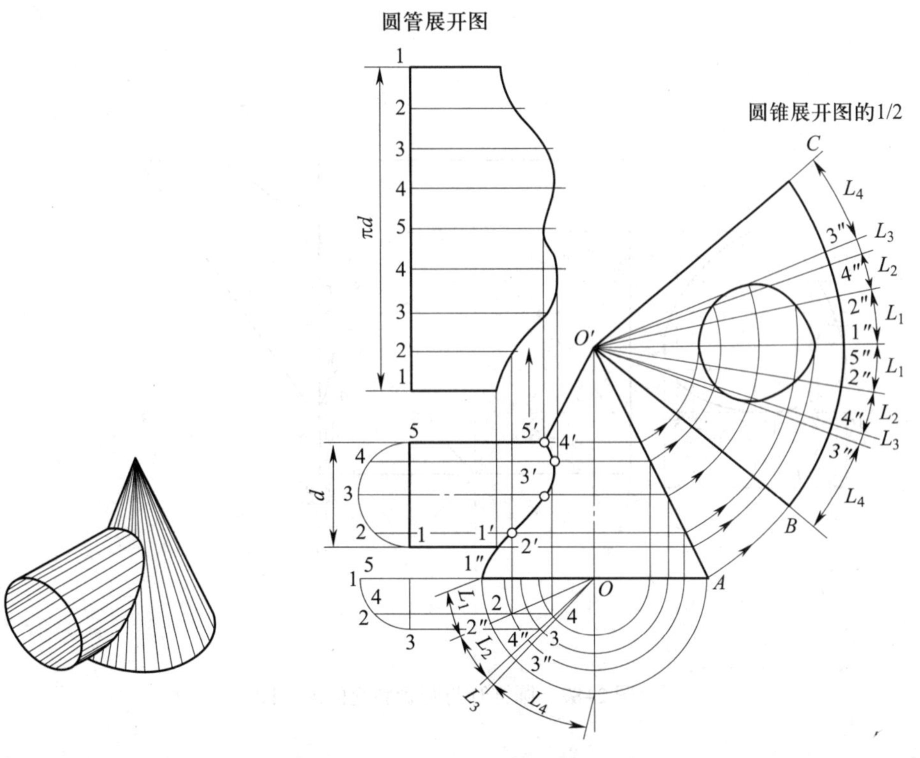

图 2-86　圆管正交圆锥的展开

（3）应用放射线法作圆锥展开图：由锥底点 O 连接点 2、3、4 并延长交锥底圆周于点 2″、3″、4″；以点 O' 为圆心，$O'A$ 为半径画圆弧 BC 等于锥底半圆周长；由 BC 中点 1″（5″）左、右对称截取锥底断面 1″—2″、2″—4″、4″—3″弧长，得点 1″、2″、3″、4″，并由各点向点 O' 连素线，与以点 O' 为圆心、O' 到 $O'A$ 线上各点距离为半径所画的同心圆弧对应相交，将各交点连成光滑曲线，即为开孔实形，得圆锥展开图的 1/2。

5. 圆锥管斜交圆管的展开

如图 2-87 所示为一水壶，由圆锥管和圆管相贯而成，相贯线为空间曲线。由于圆锥管和圆管均为回转体，且轴线相交，因此可用辅助球面法求其相贯线。求相贯线与展开作图的具体方法如下。

（1）用已知尺寸画出主视图轮廓线、圆管断面及圆锥管辅助断面。以两管轴线交点 O 为圆心，在形体相贯区内画三个不同半径（R_1、R_2、R_3）的圆弧，与两形体轮廓线分别相交。在各自形体内，分别连接各弧的弦，得对应交点 2、3、4。通过各点连接成光滑曲线 1—5，即为两管相贯线，完成主视图。

（2）用平行线法作出圆管孔口部分的展开图（圆管展开图略，未画）。

（3）作壶嘴锥管展开图。为使图面清晰，将锥管移出视图单独画出（见图 2-88）。四等分锥管辅助断面半圆周，等分点为 1、2、3、4、5。由各等分点引锥底的垂线，过各垂足向锥顶 S 连素线。由各素线与锥管顶口线、相贯线的交点分别引圆锥轴线的垂线交于 S—5 线各点，则各点至锥顶距离反映各素线对应部分的实长，然后用放射线法作出壶嘴锥管的展开图。

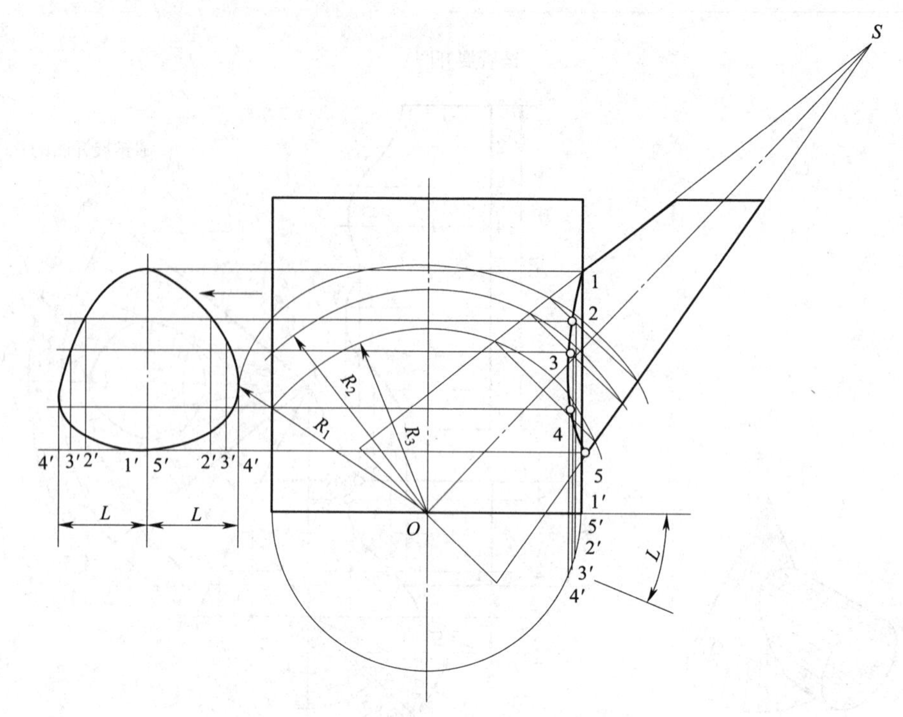

图 2–87　圆锥管与圆管斜交的展开图

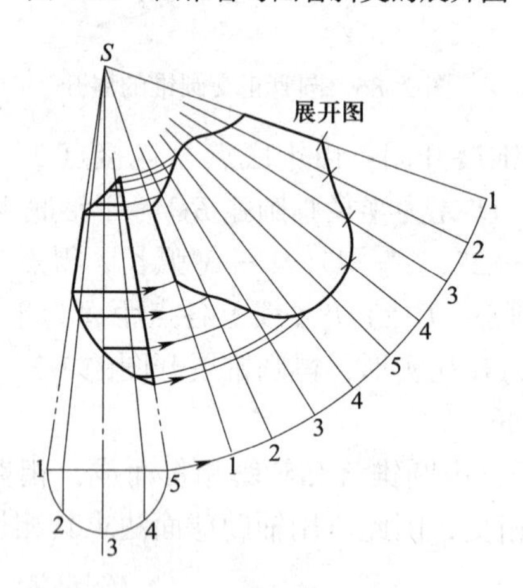

图 2–88　壶嘴锥管的展开图

技能训练

圆管水平相交正四棱锥台的展开

一、操作准备

1. 准备展开工件图（见图 2–89）

2. 准备绘图工具

准备好圆规、三角尺、铅笔、橡皮等。

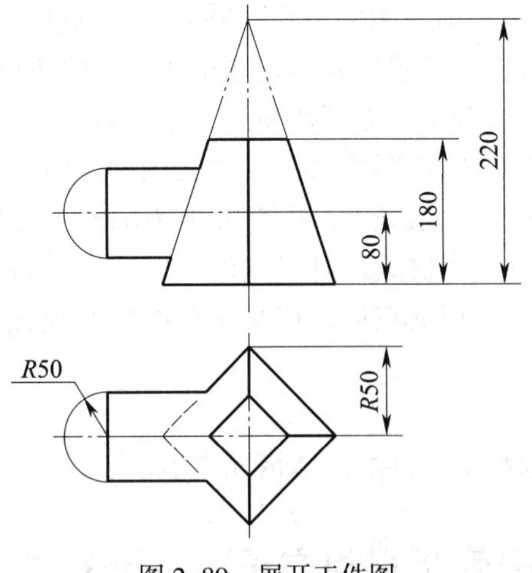

图 2–89　展开工件图

二、操作步骤

1. 如图 2–89 所示为一圆管与正四棱锥台相交。首先求出该构件的相贯线。这里采用辅助平面法求相贯线。辅助平面设置为水平面。截切的位置选取水平圆管主视图的等分点。因为在该位置截切时正四棱锥的截交线为正四边形，圆管的截交线为两平行线，这样求其相贯点特别方便。相贯线的求法如图 2–90 所示。

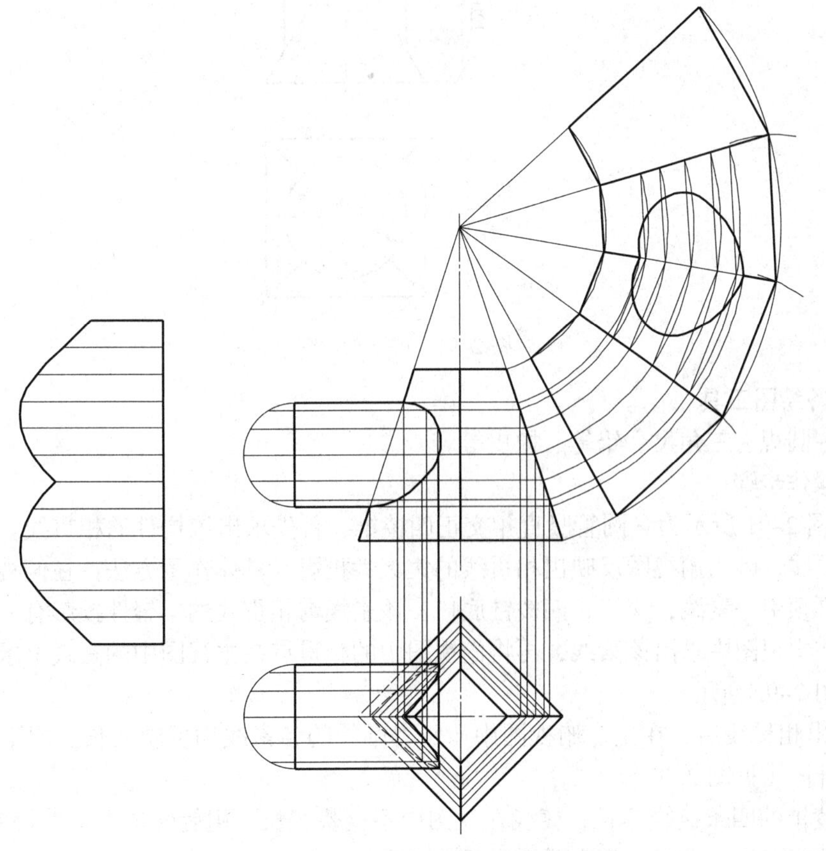

图 2–90　圆管水平相交正四棱锥台的展开图

2. 求出相贯线后，在主、俯视图中，水平圆管的各素线均反映实长。正四棱锥的四条棱线等长，棱线在主视图母线的位置反映实长。正四棱锥的底口为正方形，其水平投影反映实形。用平行线法作圆管的展开图（见图 2–90），用放射线法作正四棱锥的展开图。

正四棱锥台上孔的展开具体作图方法：在主视图中，将求出的相贯线各点水平引至正四棱锥的母线上（因为母线反映实长），再以锥顶为圆心，各实长为半径画弧，在展开图中确定各相贯点所在的各线，相贯点在各线上的位置应由俯视图各线上的相贯点到棱的距离来确定；在展开图中确定各相贯点后，用平滑曲线将其连接，即可得到孔的展开图，如图 2–90 所示。

三、注意事项

求相贯线的方法应根据相贯构件的具体情况来确定。

圆管竖直相交正四棱锥的展开

一、操作准备

1. 准备展开工件图（见图 2–91）

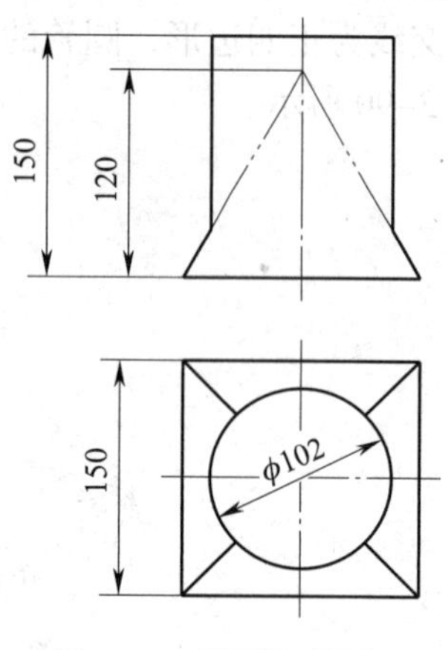

图 2–91　展开工件图

2. 准备绘图工具

准备好圆规、三角尺、铅笔、橡皮等。

二、操作步骤

1. 如图 2–91 所示为一圆管竖直相交正四棱锥。首先求出该构件的相贯线。这里采用素线法求相贯线，因为俯视图反映出相贯线的集聚性投影。具体作图方法：在俯视图中，过正四棱锥的锥顶引一素线，交于正四棱锥底口，该素线与相贯线的集聚性投影有一交点，即为相贯点；在主视图中求出该素线，再将俯视图中的相贯点在主视图中的素线上求得。相贯线的求法如图 2–92 所示。

2. 求出相贯线后，在主、俯视图中，竖直圆管的各素线均反映实长。用平行线法作出圆管的展开图（见图 2–92）。

正四棱锥的四条棱线等长，棱线在视图中不反映实长。用旋转法求正四棱锥棱的实长。正四棱锥的底口为正方形，其水平投影反映实形。

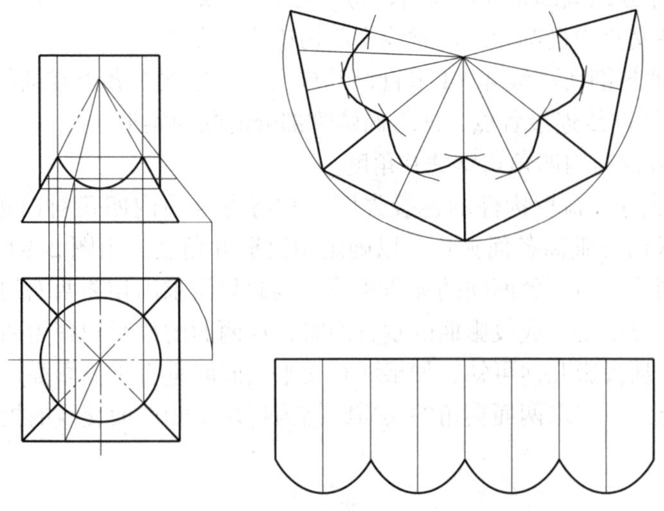

图 2–92　圆管竖直相交正四棱锥的展开图

用放射线法作正四棱锥的展开图。在主视图中，将求出的相贯点水平引至正四棱锥棱的实长上，再以锥顶为圆心，各棱的实长为半径画弧，在展开图中确定相贯点所在素线，素线与圆弧的交点为相贯点。用平滑曲线将其连接，即可得到正四棱锥与圆管相贯的展开图，如图 2–92 所示。

子课题 3　过渡接头形体展开放样

一、断面实形及其应用

在放样过程中，有些构件要制作空间角度的检验样板，而该空间角度的实际大小需通过求取构件的局部断面实形来获得；还有些构件往往要先求出其断面实形，才能确定展开长度。因此，准确求出构件断面实形是放样技术的重要内容。

放样中求构件断面实形主要利用变换投影面法（即换面法）。下面举例介绍断面实形的求法及其应用。

例 2–11　圆顶腰圆底过渡连接管断面实形的求法。

分析：如图 2–93 所示的过渡连接管是由曲面和平面组成的，其中左面是半径为 *R* 的 1/2 圆管，中间为三角形平面，右面为 1/2 椭圆管。作这类连接管的展开图时，一般需用换面法求出椭圆管与素线垂直的断面的实形，用以确定展开长度。具体作图方法如下。

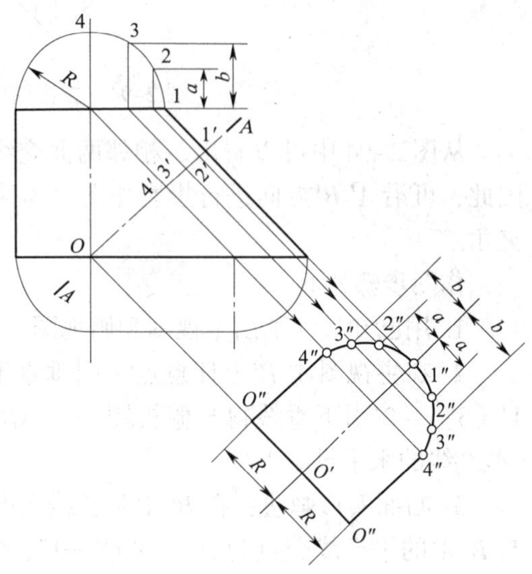

图 2–93　过渡连接管断面实形的求法

1. 用已知尺寸画出主视图和顶、底 1/2 断面图。由点 *O* 画剖切迹线 *A*—*A* 垂直于右轮廓线并交于点 1′。三等分顶圆断面 1/4 圆周，得等分点 1、2、3、4。由等分点引下垂线得与顶口线交点，再由各交点引椭圆管表面素线交剖切迹线于点 2′、3′、4′。

2. 设新投影轴与剖切迹线 *A*—*A* 平行，并求出剖切迹线上各点在新投影面上的投影 1″、2″、3″、4″。用光滑曲线连接各点，即得椭圆管部分的断面实形。

例 2–12 求方锥筒内四角角钢劈并角度。

分析：为了提高金属板构件的连接强度，常将方锥筒内四角衬以角钢，如图 2–94 所示。这样，必须求出方锥筒各面夹角，以确定角钢劈并角度。由图 2–94 可知，方锥筒由四个全等的梯形面围成，由于各面间的夹角相同，因此只需求出相邻两面的一个夹角即可。当把相邻两个平面的投影变换成投影面的垂直面时，这两面的投影积聚为两相交直线，两线交角即为所求角度。从投影几何可知，如果两相交平面同时垂直于投影面，则两面交线必垂直于该投影面。因此，可将求两面夹角的实质归结为把两个相邻面交线的投影变换成投影面的垂直线。

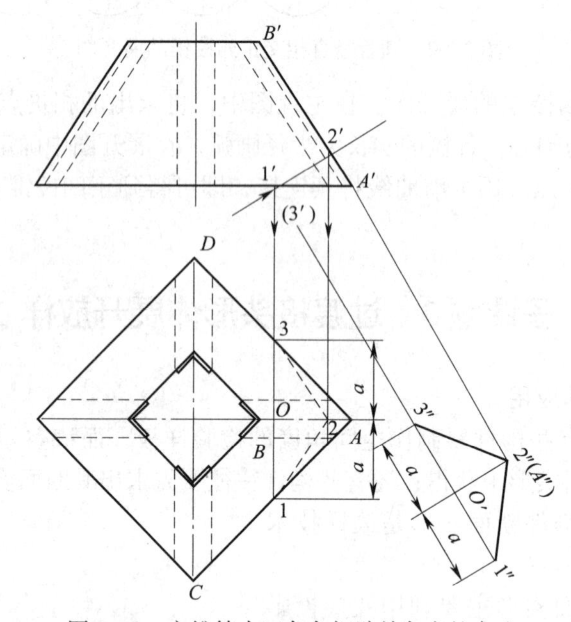

图 2–94 方锥筒内四角角钢劈并角度的求法

从图 2–94 中可以看出，相邻两面交线中有两条为正平线，其正面投影 *A′ B′* 反映实长。因此，可沿 *A′ B′* 方向进行投影作图。为使图面清晰，在作图时可用相邻两面的一部分求其夹角。

作图步骤如下。

1. 用已知尺寸画出主视图和俯视图。

2. 在主视图 *A′ B′* 上任意点 2′引垂直于 *A′ B′* 的直线 1′—2′（截交线的正面投影），由点 1′（3′）、2′引下垂线得与俯视图 *AC*、*AB*、*AD* 的交点为 1、2、3，以直线连接 1—2—3—1（截交线的水平投影）。

3. 断面实形画法：在 *B′ A′* 延长线上的适当位置作垂线 *O′*—2″，与由点 1′（3′）引出的与 *B′ A′* 的平行线交点为 *O′*。取 *O′*—1″、*O′*—3″的长度等于俯视图 *O*—1、*O*—3 的长度，连接 1″—2″、2″—3″。则∠ 1″ 2″ 3″为方锥筒相邻两面的夹角，也就是角钢的劈并角度。

例 2–13 求矩形锥筒内角加强角钢的张开角度。

分析：如图 2–95 所示为一个矩形锥筒，本例与前例的不同之处是矩形锥筒各侧面的交线为一般位置线。由于一般位置线的各面投影均不反映实长，因此只进行一次换面不能求出相邻两面的交角，须进行两次换面。即第一次换面使一般位置直线变成投影面平行线，第二次换面再使投影面平行线变为投影面垂直线。

具体作图方法如下。

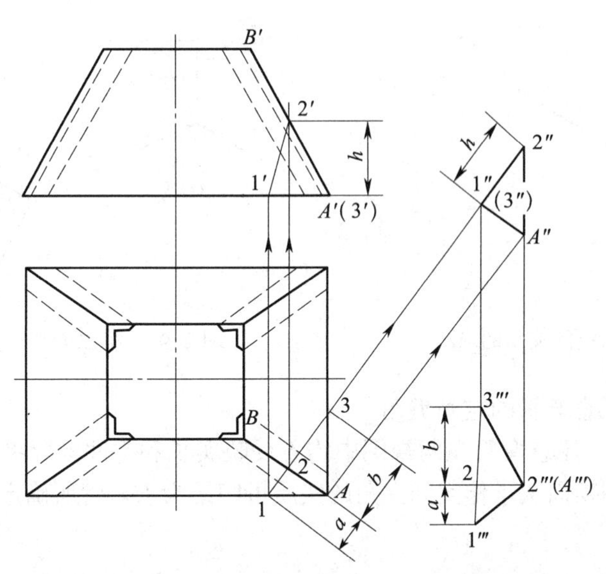

图 2–95 矩形锥筒内角加强角钢张开角度的求法

1. 由俯视图 *AB* 线上任意点 2 引 *AB* 线的垂线与底面两边相交于点 1、3，由点 1、2、3 引投影连线得其正面投影点 1′、2′、3′。点 2′至底边的高度为 *h*。

2. 第一次换面。在适当位置设置新投影轴与 *AB* 平行，并求出各点在新投影面上的投影 1″、2″、3″、*A*″，连接各线。这时锥筒两侧面交线 2″—*A*″为投影面平行线。

3. 第二次换面。设新投影轴垂直于 2″—*A*″，并求出各点的新投影 1‴、2‴（*A*‴）、3‴。这时，2‴—*A*‴ 线投影为一个点，锥筒两侧面（部分）分别为 2‴—3‴ 和 2‴—1‴ 线，其夹角就是锥筒内侧角钢应张开的角度。

例 2–14 求空间弯管夹角。

金属结构上经常有各种空间角度的弯管，弯曲这类空间弯管时，需要检验弯曲角度的样板，应在放样时做出。

求作弯管空间的夹角通常采用作图法。根据立体弯管在图样上的特征，可以归纳成三类。现以作图法为例分述如下。

第一类是圆管的一端成正平线位置，另一端折成水平位置，求其空间夹角。

作弯管的两面投影图（见图 2–96，以粗实线代替圆管）。其中 *a*′ *b*′为正平线，*bc* 为水平线，两线在视图中反映实长。

延长 *cb*，由点 *a* 作此延长线的垂线 *aa*″；以点 *b* 为圆心，*a*′ *b*′长为半径画圆弧交 *aa*″于点 *a*″。连接 *a*″ *b*，则∠ *a*″ *bc* 即为弯管空间的夹角，以 α 表示，β 为其外角。

第二类是圆管的一端成平行线位置，另一端弯成任意位置，求其空间夹角。

如图 2–97 所示的空间弯管，其右侧管成水平位置，投影 bc 反映实长；左侧管为一般位置，在视图中不反映实长。求这一弯管的空间夹角时可用二次换面法：即在第一次换面时，将弯管所在平面变成投影面的垂直面；第二次换面时，将该平面变成投影面的平行面，则弯管夹角的大小即可求出。具体作图方法如图 2–97 所示，不再详细叙述。

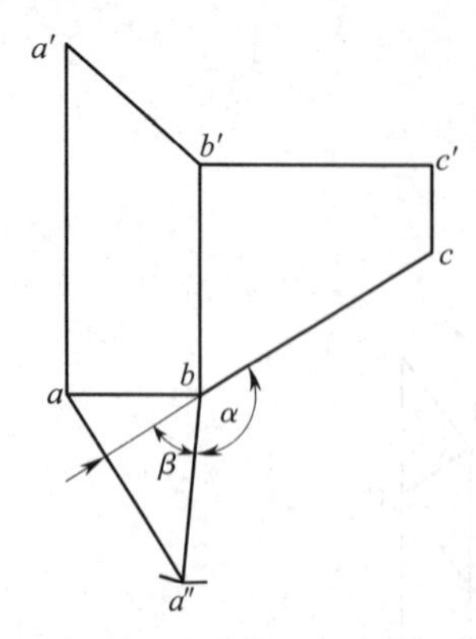

图 2–96　第一类弯管空间夹角的求法

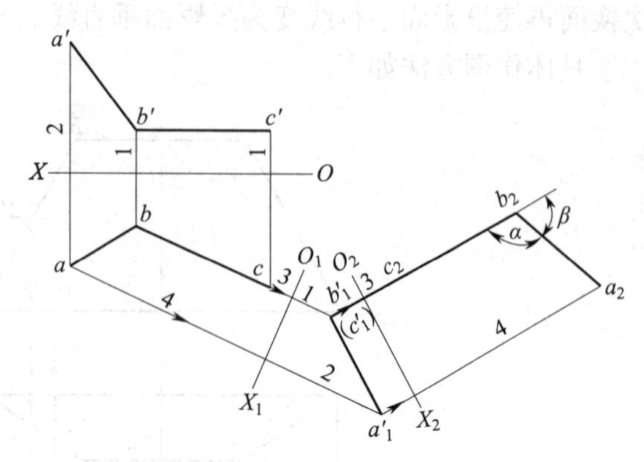

图 2–97　第二类弯管空间夹角的求法

第三类是求作任意弯管的空间夹角。

如图 2–98 所示，任意弯管在两视图中均不反映实长和空间实际夹角，求作弯管空间的夹角可用换面法。用换面法求作空间夹角的实质可归结为求弯管所确定的平面投影的实形。

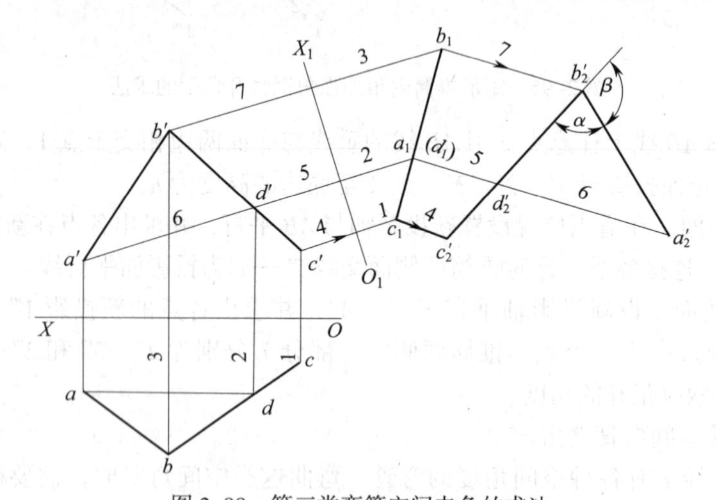

图 2–98　第三类弯管空间夹角的求法

为了简化作图步骤，在图 2–98 中作一辅助正平线，其正面投影 $a'\ d'$ 反映实长。先沿 $a'\ d'$ 方向进行一次换面投影，而后再进行二次换面投影，即可得出弯管的空间夹角。

作图步骤如下。

1. 作弯管的两面投影图。

2. 由点 a 引水平线交 bc 于点 d，再由点 d 引上垂线交 $b'\ c'$ 于点 d'，连接 $a'\ d'$。

3. 在一次换面图中，O_1X_1 与 $a'\ d'$ 延长线垂直相交，并由 b'、c' 分别按正投影原理引出垂直于 O_1X_1 的投射线。在三条投射线的延长线上对应截取弯管水平投影 a、b、d、c 各点至 OX 的距离，得 a_1（d_1）、b_1、c_1 点。以直线连接 b_1c_1，得弯管一次换面投影。

4. 在二次换面图中，由 b_1、a_1（d_1）、c_1 各点作 b_1c_1 的垂线，截取各线长度对应等于弯管正面投影 a'、b'、c'、d' 各点至 O_1X_1 的距离，得 a_2'、b_2'、c_2'、d_2' 点。以直线连接 a_2' b_2'、d_2'、c_2' 点。则 $\angle a_2'b_2'c_2'$ 即为弯管的空间夹角，以 α 表示，β 为其外角。

二、板厚处理

前面所述各种构件的展开都没有考虑板厚的影响。但在实际放样中，一般当构件板厚 t 大于 1.5 mm 时，作展开图时必须处理板厚对展开图尺寸的影响，否则会使构件形状、尺寸不准确以致造成废品。展开放样中，根据构件制造工艺，按一定规律除去板厚，划出构件的单线图（即所谓理论线图），这一过程称为板厚处理。板厚处理的主要内容是确定构件的展开长度、高度及相贯构件的接口等。

板料弯曲时展开长度的处理方法如下。

1. 圆弧弯板的展开长度

如图 2–99 所示，当板料弯曲成曲面时，外层材料受拉而伸长，内层材料受压而缩短，而在板厚中间存在着一个长度保持不变的纤维层，称为中性层。既然圆弧弯板的中性层长度在弯曲变形前后保持不变，则圆弧弯板的展开长度就应取其中性层长度。

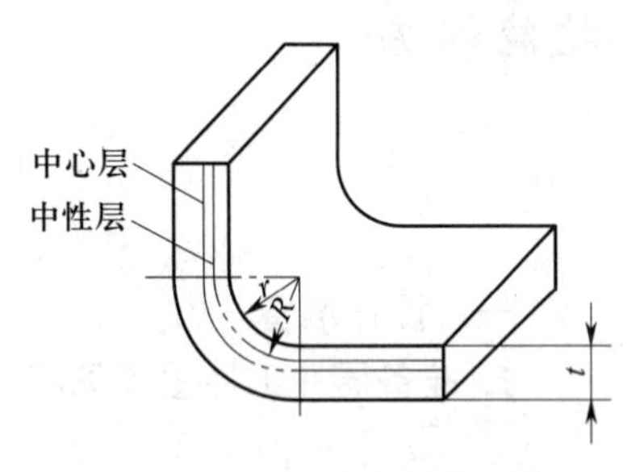

图 2–99　圆弧弯板的中性层

板料弯曲时中性层的位置与其相对弯形半径 r/t 有关。当 $r/t>5$ 时，中性层位于板厚的 1/2 处，即与板料的中心层相重合；当 $r/t \leqslant 5$ 时，中性层位置将向弯曲中心一侧移动。

中性层的位置可由下式计算：

$$R = r + Kt \tag{2–1}$$

式中　R——中性层半径，mm；

r——弯板内弧半径，mm；

K——中性层位置系数，见表 2–4；

t——板料厚度，mm。

表 2–4　中性层位置系数 K、K_1 的值

r/t	K	K_1	r/t	K	K_1	r/t	K	K_1
≤ 0.1	0.23	0.3	0.5	0.33	0.36	3.0	0.43	0.47
0.2	0.28	0.33	0.8	0.34	0.38	4.0	0.45	0.475
0.25	0.3	0.35	1.0	0.35	0.40	5.0	0.48	0.48
0.3	0.31		1.5	0.37	0.42	>6.5	0.5	0.5
0.4	0.32		2.0	0.40	0.44			

注：K 适用于有压料情况的 V 形或 U 形压弯；K_1 适用于无压料情况的 V 形压弯；其他弯曲情况下通常取 K 值。

2. 折角弯板的展开长度

对于没有圆角或圆角很小（$r<0.3t$）的折角弯板（见图 2–100），可利用等体积法确定其展开长度。

毛坯的体积：

$$V = LCt$$

弯曲后的工件体积：

$$V_1 = (A + B)Ct + \frac{1}{4}\pi t^2 C$$

若不计加工损耗，则 $V=V_1$，可得：

$$L = A + B + \frac{1}{4}\pi t \approx A + B + 0.785\ t \qquad (2\text{–}2)$$

由于实际加工时，板料在折角处及其附近均有变薄现象，因此材料会多余出一部分，故式（2–2）须做以下修正：

$$L = A + B + 0.5\ t \qquad (2\text{–}3)$$

若材料厚度较小，而工件尺寸精度要求又不高时，折角弯板的展开长度可按其里皮尺寸计算。

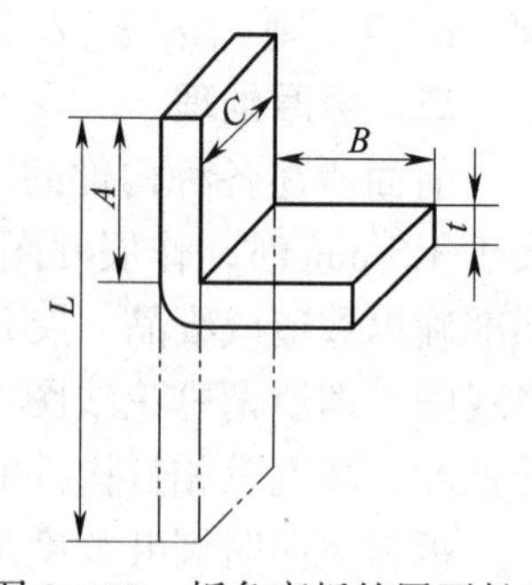

图 2–100　折角弯板的展开长度

技能训练

上圆下长方过渡接头展开

一、操作准备

1. 准备展开工件图（见图 2–101）

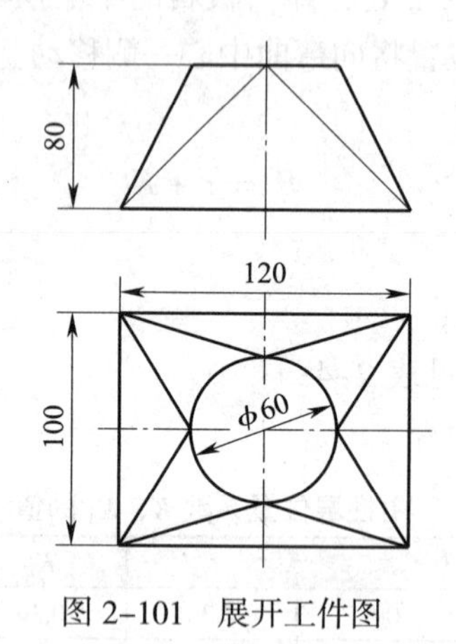

图 2–101　展开工件图

2. 工具准备绘图

准备好圆规、三角尺、铅笔、橡皮等。

二、操作步骤

1. 如图 2–101 所示为一上圆下长方的过渡接头。圆方过渡接头是企业应用较多的变口型连接管。它是由四个斜圆锥面的一部分和四个等腰三角形平面组合而成的，是由平面和曲面交替组成的。进行圆方过渡接头展开的关键问题是平面和曲面的划分。由于该构件是对称图形，因此过渡点在上圆与中心线的交点和下方的折点上。将上、下过渡点相连，即可完成平面和曲面的划分。

2. 用三角形法作出其展开图

（1）三等分俯视图 1/4 圆周，将等分点与底角连接出各素线，则将斜圆锥面分为三个小三角形。

（2）由视图可知，各素线均不反映实长，故用直角三角形法求出它们的实长。上圆为水平位置，故俯视图反映实长。

（3）用三角形法作出展开图，如图 2–102 所示。

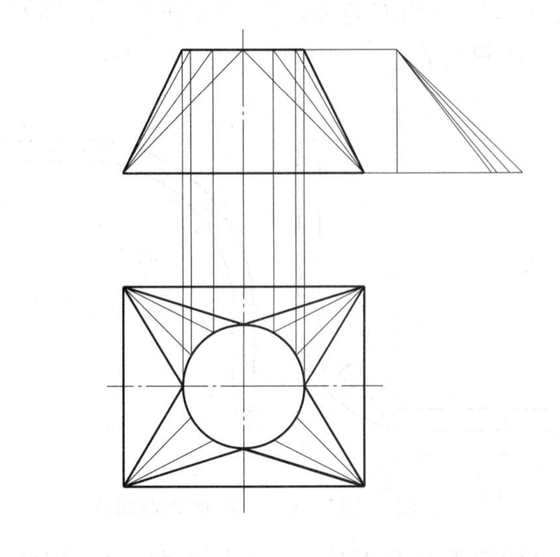

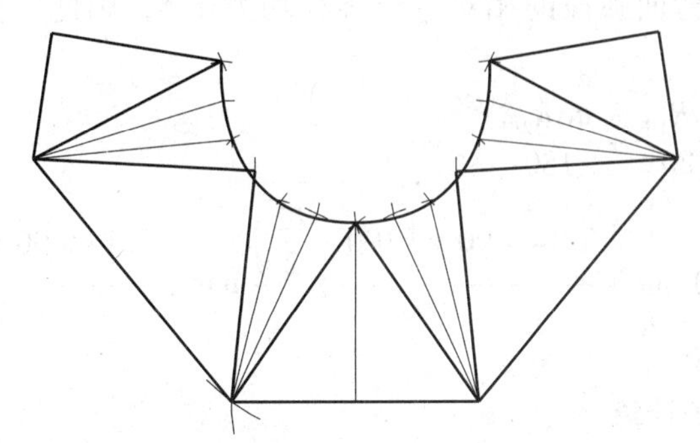

图 2–102　上圆下长方过渡接头的展开图

子课题 4　弯曲件展开料长计算

在加工各种板材、型材弯曲件时，需要准确计算出弯曲件用料长度并确定弯曲线位置。这里举例介绍各种常见类型弯曲件的料长计算方法。

一、板材弯曲料长计算

板材弯曲时中性层的位置按式（2–1）确定。

例 2–15　如图 2–103 所示为一板材弯曲件。已知 l_1=200 mm，l_2=300 mm，r=60 mm，α=150°，t=15 mm，求料长 L。

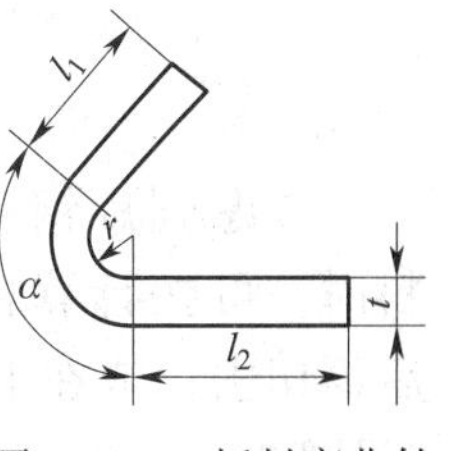

图 2–103　板材弯曲件

解：由于相对弯形半径$r/t=\dfrac{60}{15}=4<5$，查表 2–4 得 K=0.45。根据式（2–1）得中性层弯形半径为：

$$R_{中}=r+Kt=60\text{ mm}+0.45\times15\text{ mm}=66.75\text{ mm}$$

$$L = l_1 + l_2 + \frac{\pi\alpha R_{中}}{180} = 200\ \text{mm} + 300\ \text{mm} + \frac{3.14 \times 150 \times 66.75}{180}\ \text{mm} = 674.66\ \text{mm}$$

二、圆钢弯曲料长计算

圆钢弯曲时中性层的位置按式（2–1）确定。

例 2–16 如图 2–104 所示为双弯 90° 圆钢弯曲件。已知 $l_1=l_2=500$ mm，$R_1=100$ mm，$R_2=150$ mm，$d=12$ mm，求料长 L。

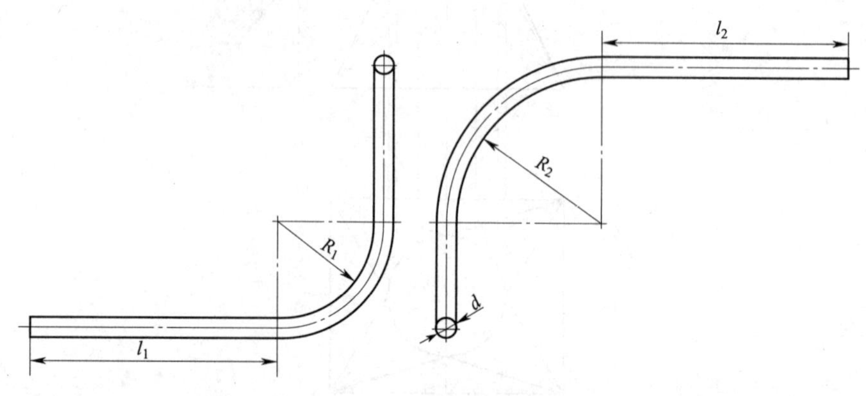

图 2–104 双弯 90° 圆钢弯曲件

解： 由于此件两个弯曲弧段的相对弯形半径均大于 5，因此中性层与弯曲件中心层重合。解得：

$$L = l_1 + l_2 + \frac{\pi\alpha R_{1中}}{180} + \frac{\pi\alpha R_{2中}}{180}$$

$$= 500\ \text{mm} + 500\ \text{mm} + \frac{3.14 \times 90 \times \left(100 + \frac{12}{2}\right)}{180}\ \text{mm} + \frac{3.14 \times 90 \times \left(150 + \frac{12}{2}\right)}{180}\ \text{mm}$$

$$= 1\ 411.34\ \text{mm}$$

三、扁钢的弯曲料长计算

扁钢弯曲时中性层的位置也可按式（2–1）确定。

例 2–17 如图 2–105 所示为扁钢圈。已知 $D_1=700$ mm，$D_2=600$ mm，$b=50$ mm，$t=20$ mm，求料长 L。

解： 计算相对弯形半径 r/t，判断中性层是否偏移。在计算 r/t 时，t 应按弯曲方向取值。此处 $t=b=50$ mm。因 $\frac{r}{t} = \frac{300}{50} = 6 > 5$，中性层不发生偏移。

$$R_{中} = \frac{1}{2}(D_1 - b)$$

$$L = \pi(D_1 - b) = 3.14 \times (700 - 50)\ \text{mm} = 2\ 041\ \text{mm}$$

考虑到扁钢有一定的宽度，为使弯曲后接缝能对齐，实际下料时，可按计算料长留出 30 ~ 50 mm 的加工余量，待扁钢圈弯好后再切去；或在下料时在两端预先切出斜口，斜口的作图方法如下（见图 2–106）。

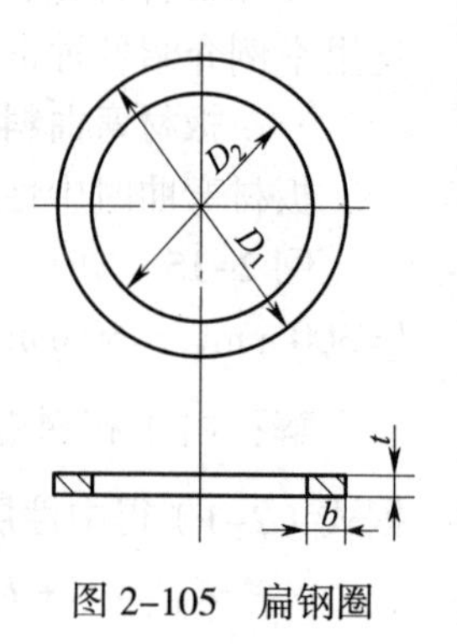

图 2–105 扁钢圈

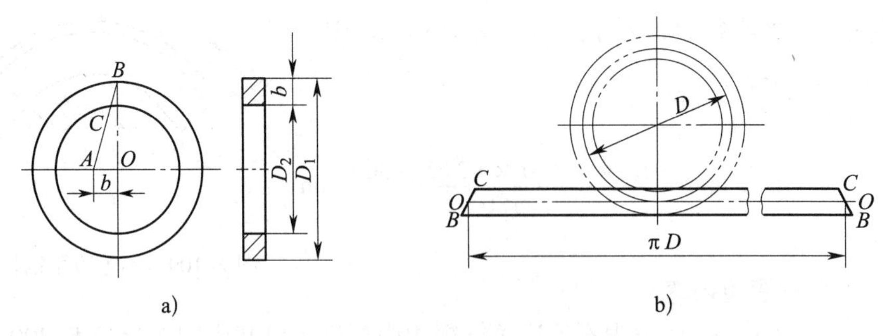

图 2–106　扁钢圈斜口的作法

1. 画互相垂直的中心线交点为 O，以点 O 为圆心，D_1、D_2 为直径分别画扁钢的外圆和内圆，顶点为 B。

2. 取 $OA=b$，连接 AB 交内圆于 C，BC 即为所求扁钢两端切成的斜面。

四、角钢的弯曲料长计算

角钢的断面是不对称的，所以角钢弯曲的中性层不在角钢截断面的几何中心，而在其重心位置上。各种角钢的重心位置可以从有关资料和手册中查得。

1. 等边角钢内弯

例 2–18　如图 2–107 所示为等边角钢内弯件。已知 R=500 mm，α=150°，角钢规格为 50 mm × 50 mm × 4 mm，求角钢的料长 L。

解： 中性层弯形半径 $R_中=R-Z_0$，查得 Z_0=14.6 mm，则

$$L = \frac{\pi\alpha R_{中}}{180} = \frac{3.14 \times 150 \times (500 - 14.6)}{180}\text{ mm} = 1\ 270.13\text{ mm}$$

2. 等边角钢外弯

例 2–19　如图 2–108 所示，已知等边角钢外弯 150°，两端直边长度 $l_1=l_2$=150 mm，内圆弧半径 R=100 mm，等边角钢规格为 45 mm × 45 mm × 5 mm，求料长 L。

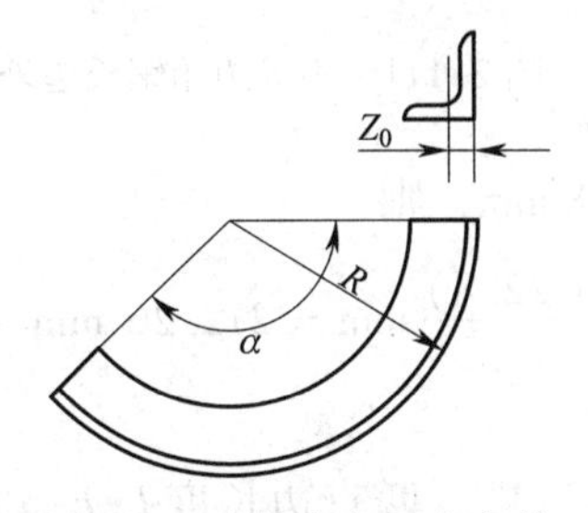

图 2–107　等边角钢内弯件

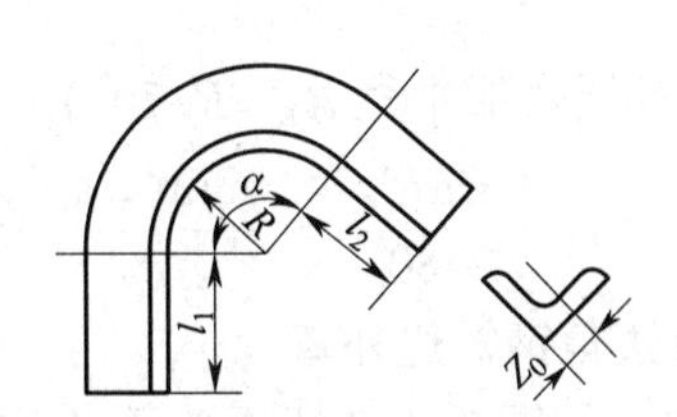

图 2–108　等边角钢外弯件

解： 中性层弯形半径 $R_中=R+Z_0$，查得 Z_0=13 mm，则

$$L = l_1 + l_2 + \frac{\pi\alpha R_{中}}{180} = 150\text{ mm} + 150\text{ mm} + \frac{3.14 \times 150 \times (100 + 13)}{180}\text{ mm} = 595.68\text{ mm}$$

3. 不等边角钢长边内弯

例 2–20　如图 2–109 所示为不等边角钢长边内弯件。已知两直边 l_1=40 mm，l_2=200 mm，外圆弧半径 R=240 mm，弯曲角 α=120°，不等边角钢规格为 90 mm × 56 mm × 7 mm，求料长 L。

解：中性层弯曲半径 $R_{中}=R-Y_0$，查得 Y_0=30 mm，则

$$L=l_1+l_2+\frac{\pi\alpha R_{中}}{180}$$

$$=40\ \text{mm}+200\ \text{mm}+\frac{3.14\times120\times(240-30)}{180}\text{mm}$$

$$=679.6\ \text{mm}$$

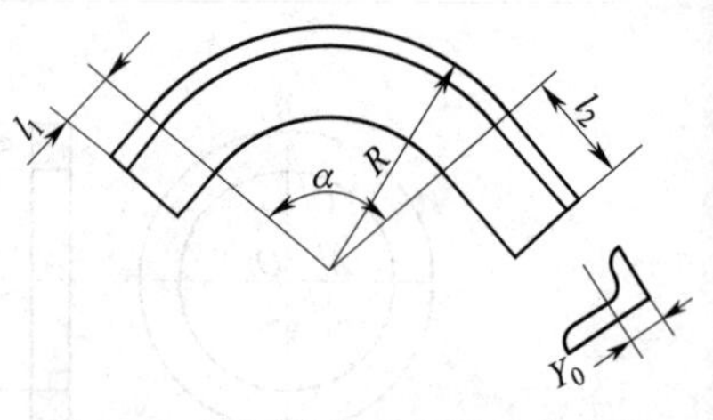

图 2–109　不等边角钢长边内弯件

4. 不等边角钢短边内弯

例 2–21　如图 2–110 所示为不等边角钢短边内弯件。已知内圆弧半径 R=300 mm，不等边角钢规格为 70 mm × 45 mm × 5 mm，求料长 L。

解：中性层弯形半径 $R_{中}=R+45-X_0$，查得 X_0=10.6 mm，则

$$L=2\pi R_{中}$$

$$=2\times3.14\times(300+45-10.6)\ \text{mm}$$

$$=2\ 100.03\ \text{mm}$$

5. 不等边角钢长边外弯

例 2–22　如图 2–111 所示为不等边角钢长边外弯件。已知外圆弧半径 R=250 mm，弯曲角 α=60°，不等边角钢规格为 70 mm × 45 mm × 5 mm，求料长 L。

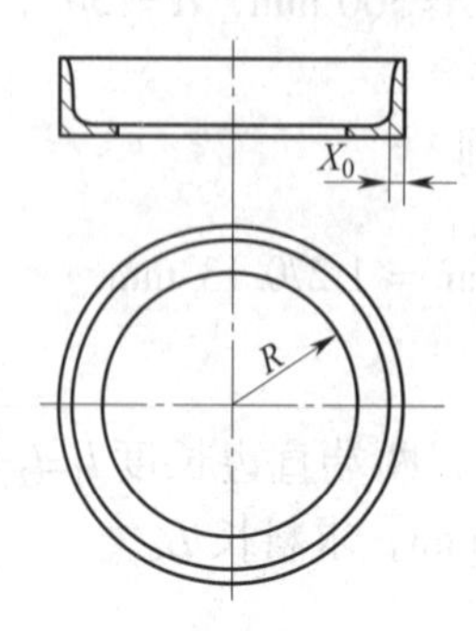

图 2–110　不等边角钢短边内弯件

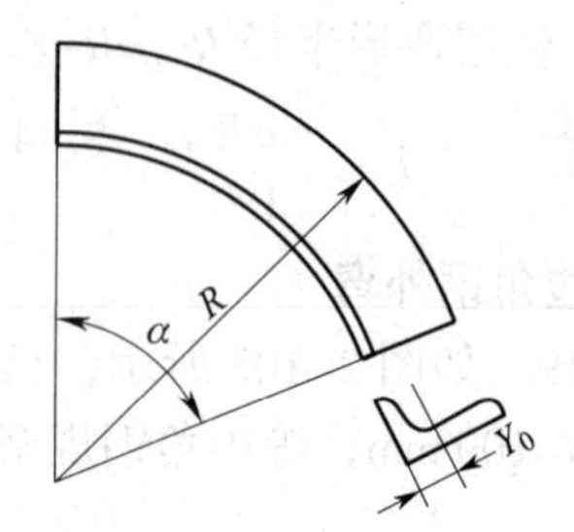

图 2–111　不等边角钢长边外弯件

解：中性层弯形半径 $R_{中}=R-70+Y_0$，查得 Y_0=22.8 mm，则

$$L=\frac{\pi\alpha R_{中}}{180}=\frac{3.14\times60\times(250-70+22.8)}{180}\text{mm}=212.26\ \text{mm}$$

6. 不等边角钢短边外弯

例 2–23　如图 2–112 所示为不等边角钢短边外弯件，两直边长度 $l_1=l_2$=400 mm，内圆弧半径 R=200 mm，弯曲角 α=100°，不等边角钢规格为 63 mm × 40 mm × 6 mm，求料长 L。

解：中性层弯形半径 $R_{中}=R+X_0$，查得 X_0=9.9 mm，则

$$L=l_1+l_2+\frac{\pi\alpha R_{中}}{180}$$

$$=400\ \text{mm}+400\ \text{mm}+\frac{3.14\times100\times(200+9.9)}{180}\text{mm}$$

$$=1\ 166.16\ \text{mm}$$

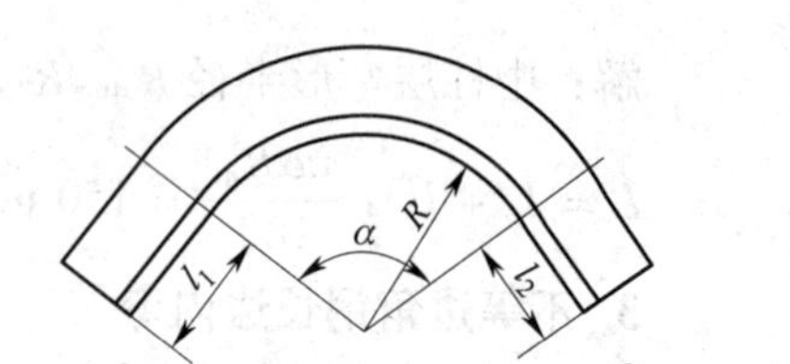

图 2–112　不等边角钢短边外弯件

五、槽钢弯曲料长计算

槽钢弯曲分为两种形式，一种是平弯，另一种是立弯（或称旁弯）。

1. 槽钢平弯料长计算

槽钢平弯时，其中性层位置以中心线为准。

例 2–24 已知槽钢平弯 90° 工件（见图 2–113），两直边长度分别为 l_1=200 mm，l_2=300 mm，内圆弧半径 R=400 mm，槽钢为 14a，求料长 L。

解：中性层弯形半径$R_{中}=R+\dfrac{h}{2}$，查得 h=140 mm，则

$$L=l_1+l_2+\frac{\pi\alpha R_{中}}{180}=200\ \text{mm}+300\ \text{mm}+\frac{3.14\times90\times\left(400+\dfrac{140}{2}\right)}{180}\text{mm}=1\ 237.9\ \text{mm}$$

2. 槽钢立弯料长计算

槽钢立弯时，其中性层以重心距为准，按式（2–1）确定。

例 2–25 如图 2–114 所示为槽钢立弯工件，已知两直边长度分别为 l_1=100 mm，l_2=200 mm，内圆弧半径 R=500 mm，槽钢为 14a，求该工件的料长 L。

解：中性层弯形半径 $R_{中}=R+Z_0$，查得 Z_0=16.7 mm，则

$$L=l_1+l_2+\frac{\pi\alpha R_{中}}{180}=100\ \text{mm}+200\ \text{mm}+\frac{3.14\times90\times(500+16.7)}{180}\text{mm}=1\ 268.22\ \text{mm}$$

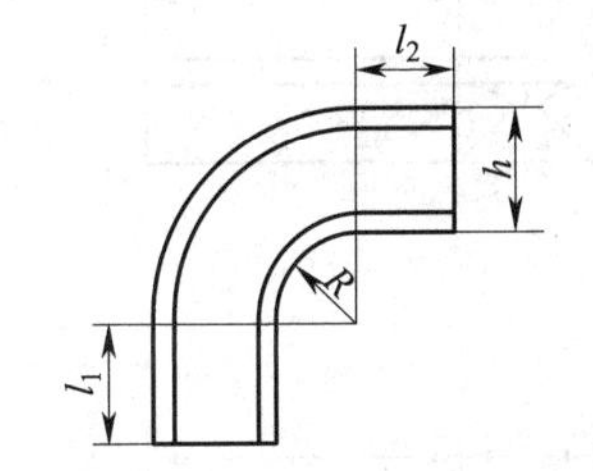

图 2–113 槽钢平弯 90° 工件

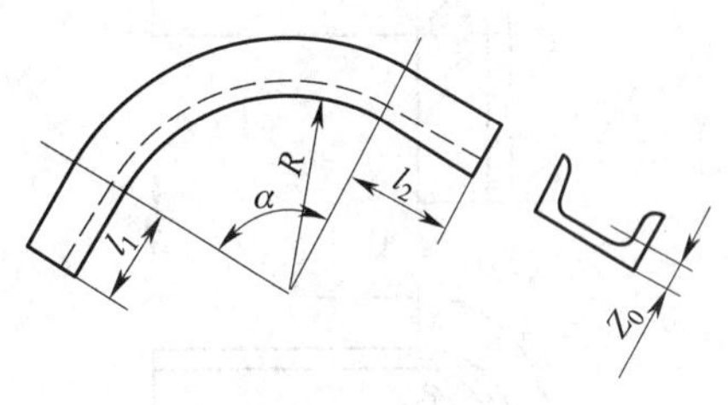

图 2–114 槽钢立弯工件

六、型钢切口弯曲时料长及切口的确定

型钢若要弯成折角或小圆角，必须在型钢的适当位置加工出一定形状的切口，才能完成弯曲。因此，对型钢进行切口弯曲时，除需计算其料长外，还要在放样中确定其切口的位置、形状和尺寸。

1. 角钢弯曲切口形状及料长

（1）角钢 90° 角内弯

料长及切口形状如图 2–115 所示。

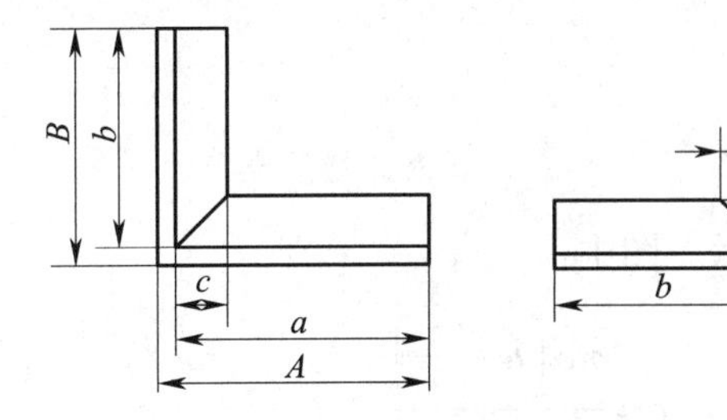

图 2–115 角钢 90° 角内弯料长及切口形状

（2）角钢任意角度内弯（锐角）

料长及切口形状如图 2–116 所示。

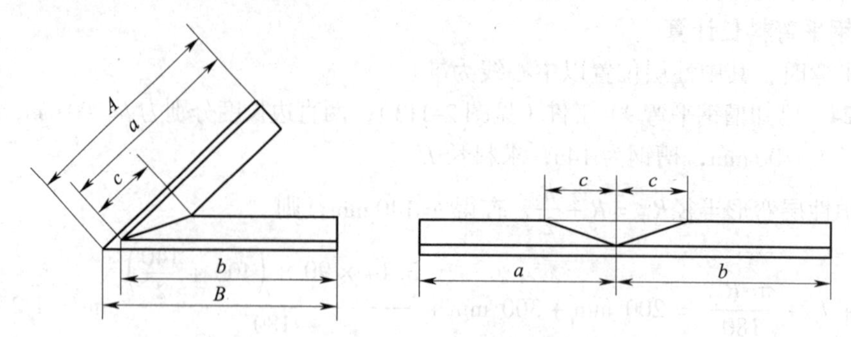

图 2–116　角钢任意角度内弯料长及切口形状

（3）角钢 90° 圆角内弯

料长及切口形状如图 2–117 所示。其中图 2–117a 所示的切口位于分角线上，图 2–117b 所示为其切口形状及料长；图 2–117c 所示的切口位于直角边线上，图 2–117d 所示为其切口形状及料长。图中：

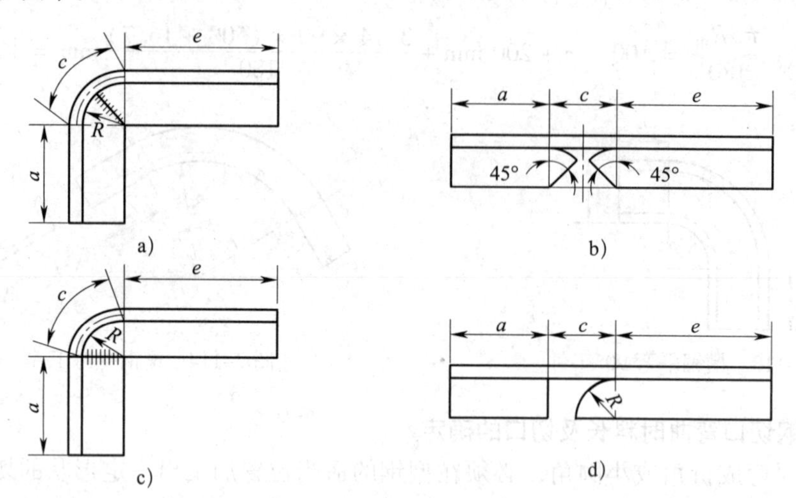

图 2–117　角钢 90° 圆角内弯料长及切口形状

$$c = \frac{\pi}{2} \times \left(R + \frac{d}{2}\right)$$

式中　c——弯曲面的中心弧长，mm；

R——内圆弧半径，mm；

d——角钢的厚度，mm。

2. 槽钢弯曲切口形状及料长

（1）槽钢平弯任意角度圆角

料长及切口形状如图 2–118 所示。图中：

$$c = \frac{\pi\alpha\left(h - \frac{t}{2}\right)}{180}$$

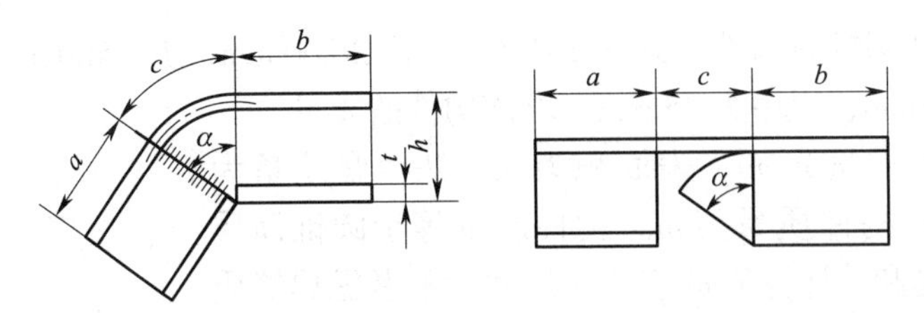

图 2–118　槽钢平弯任意角度圆角料长及切口形状

式中　c——弯曲立面的中心弧长，mm；

α——弯曲角度，(°)；

h——槽钢面宽，mm；

t——翼板厚度，mm。

（2）槽钢弯矩形框

料长及切口形状如图 2–119 所示。

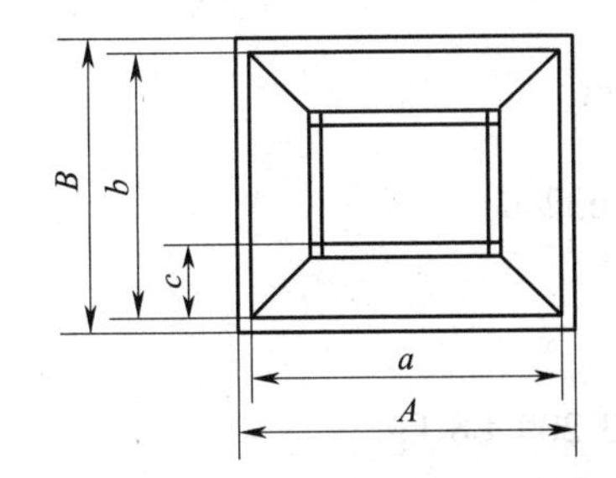

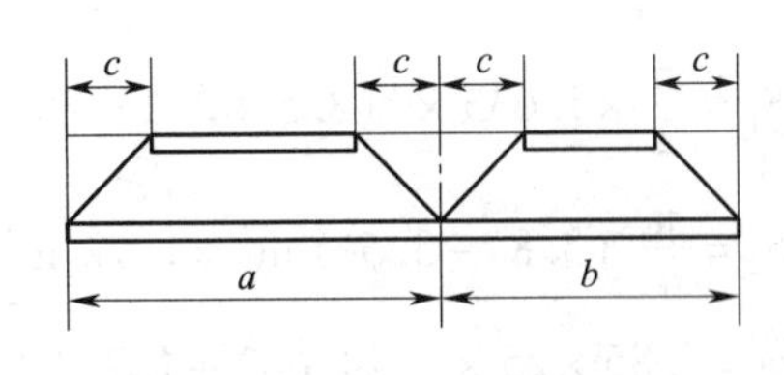

图 2–119　槽钢弯矩形框料长及切口形状

七、钢材质量的计算

金属结构在制造、运输和起重过程中，常常要计算其质量。准确、迅速地计算或估算出钢材质量是冷作工必须掌握的基本技能。

1. 钢材质量的理论计算法

钢材质量较常用的理论计算式为：

$$m = \gamma AL \tag{2–4}$$

式中　γ——金属的密度，碳钢为 7.85 kg/dm^3；

A——钢材的截面积，dm^2；

L——钢材的长度或厚度，dm。

2. 钢材质量的简易计算法

由计算可知，当钢板的厚度为 1 mm 时，其单位面积质量为 7.85 kg/m^2，根据这个规律，可得钢板质量的简易计算式为：

$$m = 7.85St \tag{2–5}$$

式中　S——钢板的面积，m^2；

t——钢板的厚度，mm。

例 2–26　有一钢板长度为 1 200 mm，宽度为 800 mm，厚度为 10 mm，求该钢板的质量。

解：

$$m=7.85St=7.85\times1.2\times0.8\times10\ \text{kg}=75.36\ \text{kg}$$

例 2–27 已知圆锥筒构件（见图 2–120），d_1=2 200 mm，d=3 500 mm，h=1 500 mm，法兰盘外径 D=3 800 mm，板厚为 25 mm，求该构件的质量。

解： 设圆锥筒质量为 m_1，表面积为 S_1；法兰盘质量为 m_2，表面积为 S_2；构件质量为 m。构件质量等于圆锥筒质量与法兰盘质量之和（计算质量按几何尺寸，不考虑焊缝质量）。

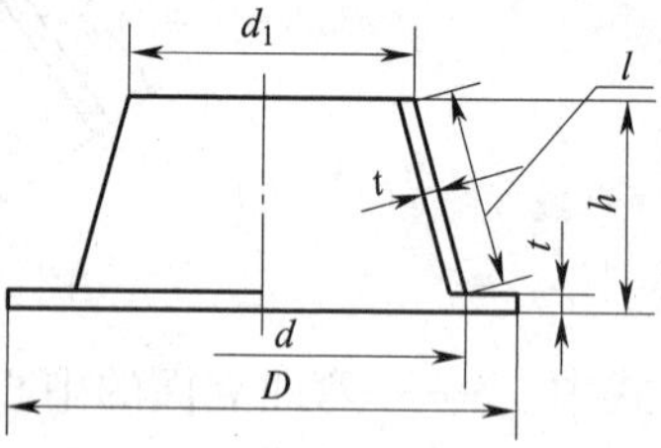

$$m = m_1 + m_2 = 7.85t(S_1 + S_2)$$

图 2–120 圆锥筒构件

式中

$$S_1 = \frac{\pi l}{2}(d + d_1)$$

$$l = \sqrt{\frac{1}{4}(d - d_1)^2 + h^2}$$

$$S_2 = \frac{\pi}{4}(D^2 - d^2)$$

解得：$l = \sqrt{\frac{1}{4}(3.5 - 2.2)^2 + 1.5^2}\ \text{m} = 1.635\ \text{m}$

$$S_1 = \frac{\pi}{2} \times 1.635 \times (3.5 + 2.2)\ \text{m}^2 = 14.632\ \text{m}^2$$

$$S_2 = \frac{\pi}{4}(3.8^2 - 3.5^2)\ \text{m}^2 = 1.72\ \text{m}^2$$

$$m = 7.85 \times 25 \times (14.632 + 1.72)\ \text{kg} = 3\ 209.08\ \text{kg}$$

对角钢、槽钢、工字钢等型钢及其组合构件质量的计算，可以从附表中查出不同规格型钢的单位长度质量，构件的质量等于组成该构件各型钢质量的总和。

例 2–28 已知用 20 钢槽钢平弯槽钢圈，取内径 D=3 500 mm，求其质量。

解： 查得 20 钢槽钢 h=200 mm，单位长度理论质量为 25.77 kg/m。设槽钢圈料长为 L，质量为 m，则

$$m = 25.77L = 25.77\pi(D + h) = 25.77 \times 3.14 \times (3.5 + 0.2)\ \text{kg} = 299.4\ \text{kg}$$

技能训练

计算不等边角钢双弯 90° 的料长

计算图 2–121 所示不等边角钢双弯 90° 构件的料长（不等边角钢规格为 56 mm × 36 mm × 4 mm）。

解： 查表知 56 mm × 36 mm × 4 mm 不等边角钢的重心距 X_0=8.5 mm，Y_0=18.2 mm。

$$L = (400 - 200 - 150) + \frac{\pi}{2}(200 - X_0) + \frac{\pi}{2}(150 - Y_0)$$

$$= 50\ \text{mm} + \frac{3.14}{2} \times (200 - 8.5)\ \text{mm} + \frac{3.14}{2} \times (150 - 18.2)\ \text{mm}$$

$$= 557.6\ \text{mm}$$

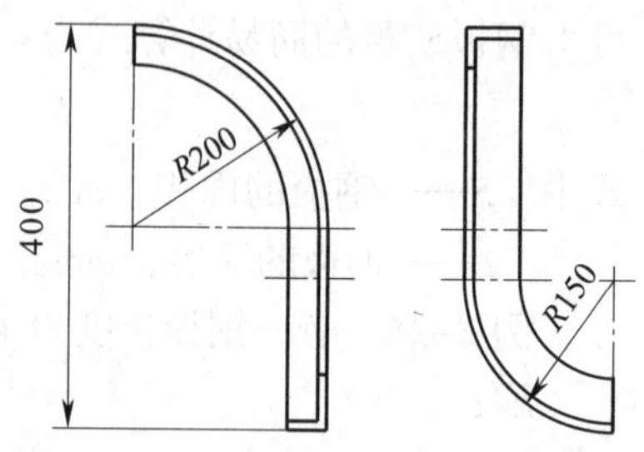

图 2–121 不等边角钢双弯 90° 构件

计算角钢框的料长

如图 2–122 所示，钢圈是由 75 mm × 75 mm × 6 mm 角钢弯曲而成。已知 A=800 mm，B=400 mm，求角钢的展开长度 L 及切口圆角的展开长度 S。

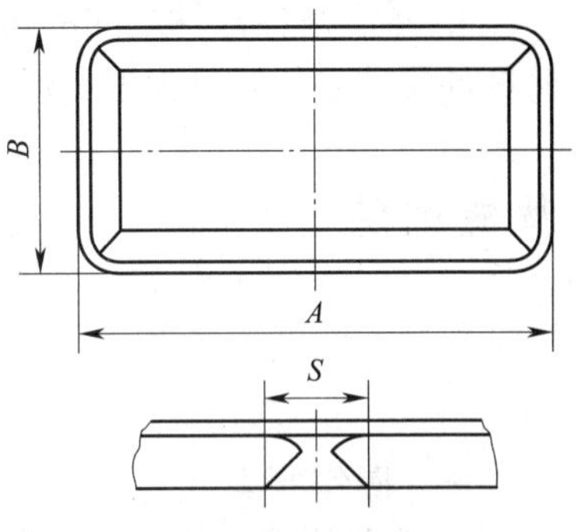

图 2–122　角钢框

解： 切口圆角的展开长度为：

$$S=\frac{\pi\left(r-\frac{t}{2}\right)}{2}=\frac{3.14\times\left(75-\frac{6}{2}\right)}{2}\text{ mm}=113\text{ mm}$$

角钢的展开长度为：

$$\begin{aligned}L&=(A+B)\times2-75\times8+2\pi(75-6/2)\\&=(800+400)\times2\text{ mm}-75\times8\text{ mm}+2\times3.14\times(75-6/2)\text{ mm}\\&=2\ 252.2\text{ mm}\end{aligned}$$

课题三　桁架结构放样

子课题 1　简单桁架构件放样

一、桁架结构放样的特点

桁架构件是指由各种型钢杆件构成的各类承重支架结构，如屋架、管道支架、输电塔架等。桁架构件放样具有以下特点。

1. 桁架构件的尺寸通常较大，其图样往往是按比较大的缩小比例绘制的，因而其各部位尺寸（尤其是连接节点各部位尺寸）未必十分准确。通过放样核对图样上的各部位尺寸，是桁架构件放样的重要任务。

2. 由于桁架构件的基本组成零件是型钢杆件，而且在桁架的制造过程中，这些杆件通常不再进行弯曲加工，因此桁架构件放样一般不含有展开放样的内容。

3. 桁架构件的图样上一般只给出各杆件轴线的位置关系和结构外形的主要尺寸，而各杆件的长度在图样上往往并不完全标注。因此，准确地求出桁架各杆件的长度是桁架构件放样的主要内容。

4. 桁架构件通常采用“地样装配法”进行装配，放样图必须按 1∶1 的比例绘制，而且要清楚地反映各杆件间的位置关系，同时做出装配所需的一些标记。

二、桁架结构的工艺性处理

1. 了解构件的用途及一般技术要求，以便确定放样划线精度及结构的可变动性。如有些构件在图样上未给出中间连杆长度，需要在放样中确定。

2. 了解构件的外形尺寸、质量、材质、加工数量等，并根据本企业的加工能力（如矫正设备、起重设备）、施工场地等选定施工方案。

3. 弄清楚各杆件之间的位置关系和尺寸要求，并确定可变动与不可变动的杆件。如有些杆件尺寸必要时可根据实尺放样情况做适当改动。

技能训练

简单桁架构件放样

一、操作准备

1. 准备放样工件图（见图 2–123）

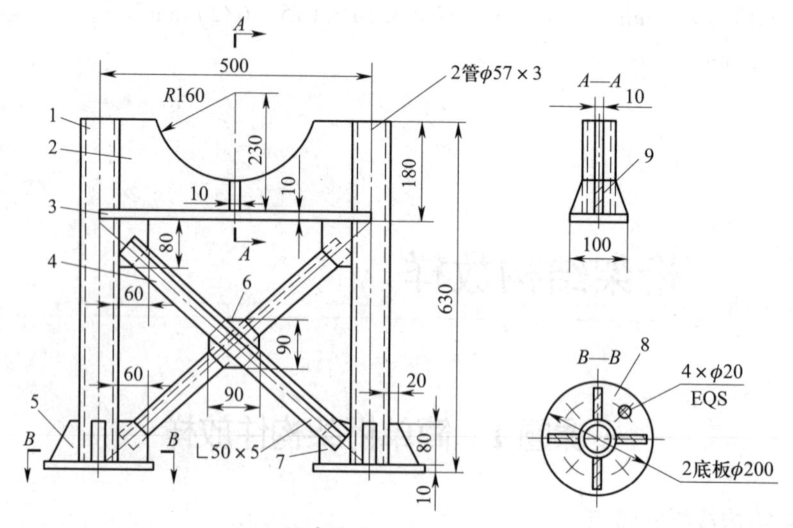

技术要求

角钢在连接板口的搭接长度不得小于40。

图 2–123　简单桁架图样

1—立柱　2—支撑板　3—托板　4—斜杆　5—底脚肋板　6—斜杆中间连接板
7—斜杆连接板　8—底脚板　9—支撑板肋板

2. 放样准备工作

放样准备工作主要包括准备放样平台和放样量具、工具。

放样平台通常由厚度为 12 mm 以上的低碳钢钢板拼制而成。钢板接缝应打平、磨光，板面要平整，板下面须用枕木或型钢垫起，且调平整。放样时，为使线型清晰，常在板面上涂带胶白粉。

放样量具和工具参见前文介绍。

二、操作步骤

1. 识读简单桁架图样

识读工件图，读懂各表达方法、连接方式、尺寸关系等。

（1）概括了解

如图 2–123 所示的构件为简单桁架，属于桁架类构件。

（2）看懂零件结构和形状

1）分析视图。为表达清楚简单桁架，采用了主视图及向视图进行表示。

2）分析结构和形状。该简单桁架的主体部分是两根竖直放置的钢管（件 1），作为简单桁架的立柱，承受主要载荷；简单桁架上半部分的件 2、件 3 起着对管道的支撑和固定作用；简单桁架的下半部分由连接板及角钢将两立柱连接起来，以保证支撑稳固；简单桁架的最底端由底板（件 8）及加强肋板（件 5）组成。

（3）分析尺寸

视图中的尺寸以立柱中心线作为基准。定形尺寸分别为 500 mm 和 630 mm。定位尺寸为 180 mm。

2. 放样工艺分析

（1）放样

如图 2–123 所示，简单桁架是由钢管、角钢、钢板组成的桁架，放样时要保证桁架有理想的受力状态。钢管以轴线为准，角钢以重心线为准，在桁架各节点处交汇。该构件采用地样装配法装配，所以在放样时不需要卡形样板、验形样板及定位样板。

（2）确定未定杆件的尺寸

确定杆件的尺寸时，要注意保证杆件与连接板的连接长度，以保证足够的连接强度。若连接长度过小，可在结构处理时增大连接板的尺寸。

3. 结构放样

（1）确定放样划线基准

根据本构件要保证的几个主要尺寸要求，选择支架底平面轮廓线和任一主管件轴线作为主视图的两个放样基准比较合适。

（2）划出简单桁架的基本线型

划出构件基本线型（见图 2–124）。构架结构以各杆件轴线位置为依据进行设计时的力学计算和分析，各杆件轴线的位置对桁架的受力状态、承载能力影响很大。因此，桁架结构中各杆件的轴线即是结构的基本线型，应该首先划出。为保证桁架能有理想的受力状态，在桁架的各节点处杆件轴线应相交（图样上有特殊要求者除外）。其次，应划出主管、地脚板、上托板这些不可变动件的准确位置和必要的轮廓线。

（3）进行结构的工艺性处理

1）在基本线型图上划出连接板和未定杆件（见图 2–125）。这时，应注意图样上所划出的杆件轴线是型钢的重心线，而不是型钢宽度的中心线。为提高工效，当杆件较长时，可以仅划出节点部位杆件线型图，而杆件的中间部分省去不划。

2）图样划好后，在样图上确定中间杆尺寸，并量取、记录。确定中间杆长度时，要保证杆件与连接板搭接焊缝长度满足强度要求。当样图上出现杆件重叠或杆件在连接板上搭接过短时，应修正图样所给结构尺寸（见图 2–126）。修正结构尺寸时，应注意结构主体杆件及各轴线尺寸不得改动。

4. 制作号料样板，获取必要的资料

（1）按结构放样确定各杆件的长度，制作相应的样杆。

（2）用覆盖过样法制作各连接板的样板，如图 2–127 所示。

桁架类结构一般采用地样装配法和仿形装配法相结合进行装配，装配中不需要其他样板。

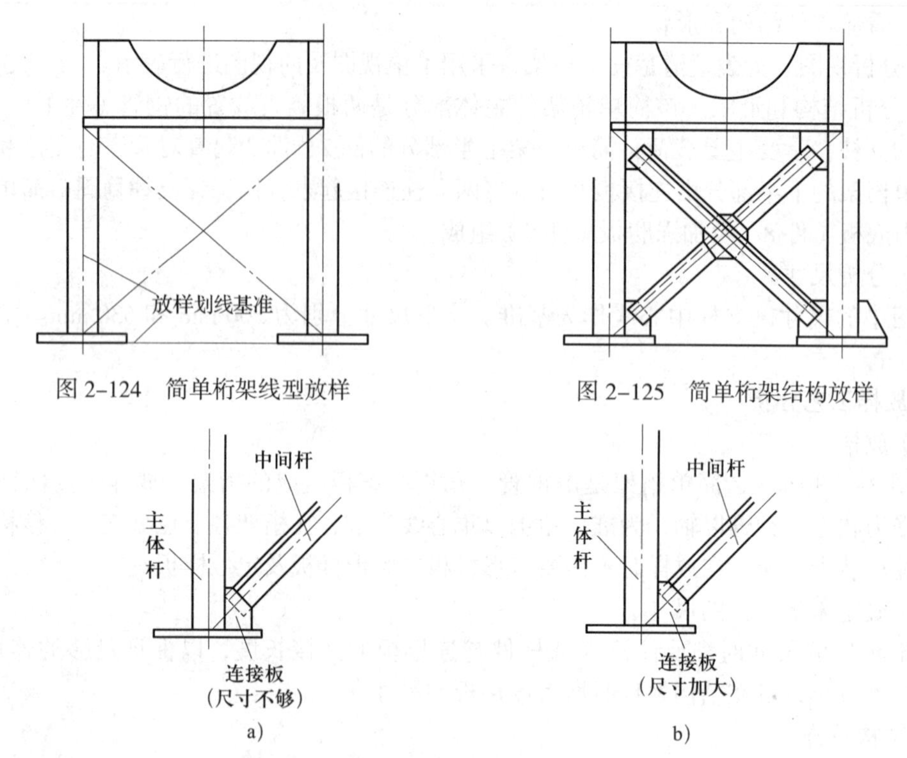

图 2–124　简单桁架线型放样

图 2–125　简单桁架结构放样

图 2–126　修正结构尺寸

a）改动前连接板尺寸不够　b）改动后加大连接板尺寸

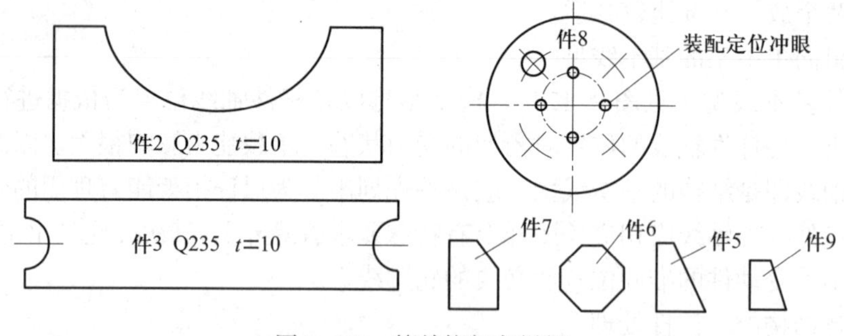

图 2–127　简单桁架各样板

样板、样杆上应注明杆件的件号（或名称）、数量、材质、规格及其他必要的说明（如表示上、下、左、右方位和焊缝长度等）。

三、注意事项

1. 结构的工艺性处理一定要在不违背原设计的前提下进行。

2. 为保证桁架有理想的受力状态，应注意结构的基本线型图样上所划出的杆件轴线是型钢的重心线，而不是型钢宽度的中心线。

子课题 2　煤气管道支架放样

某煤气管道支架如图 2–128 所示。

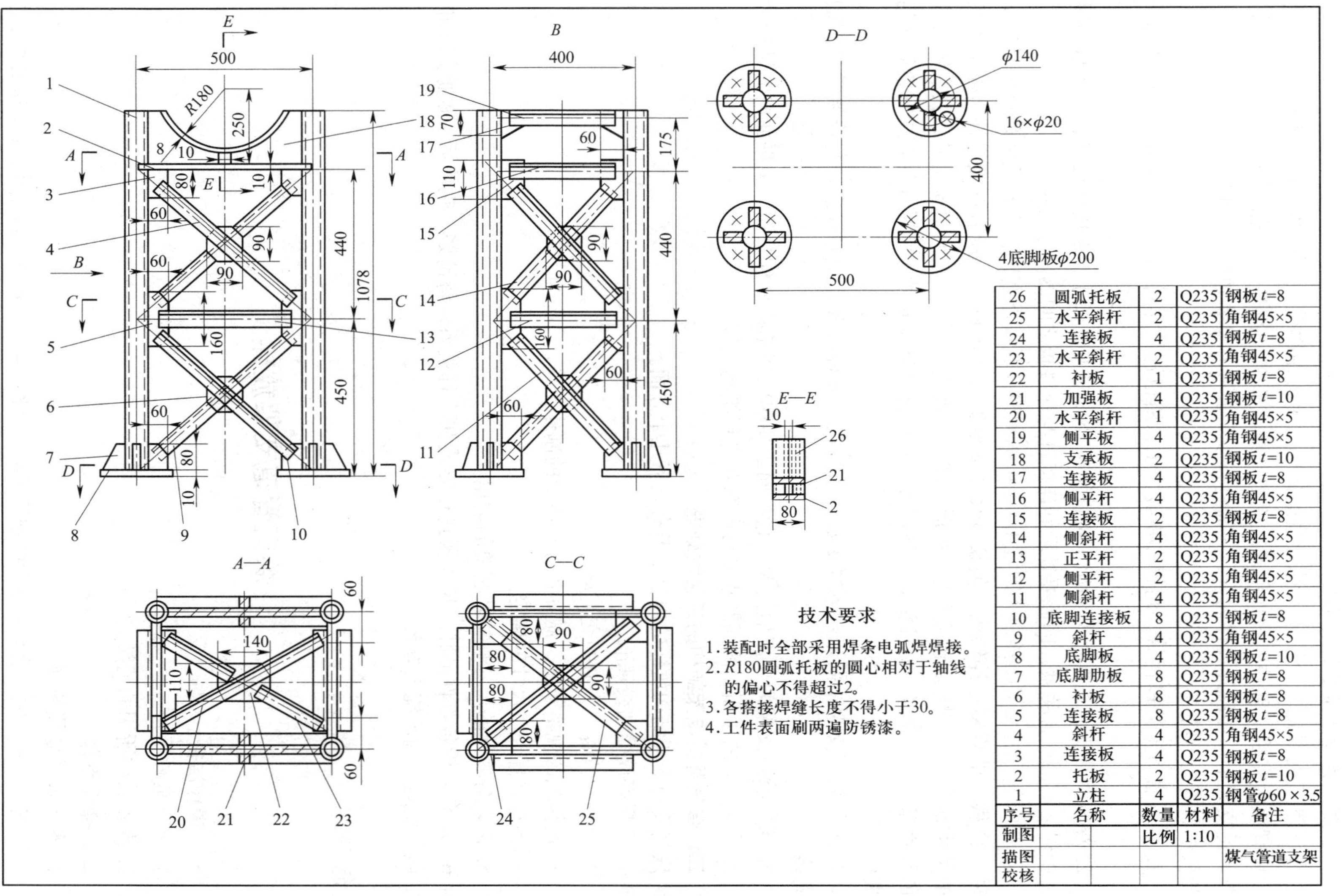

序号	名称	数量	材料	备注
26	圆弧托板	2	Q235	钢板 t=8
25	水平斜杆	2	Q235	角钢45×5
24	连接板	4	Q235	钢板 t=8
23	水平斜杆	2	Q235	角钢45×5
22	衬板	1	Q235	钢板 t=8
21	加强板	4	Q235	钢板 t=10
20	水平斜杆	1	Q235	角钢45×5
19	侧平板	4	Q235	角钢45×5
18	支承板	2	Q235	钢板 t=10
17	连接板	4	Q235	钢板 t=8
16	侧平杆	4	Q235	角钢45×5
15	连接板	2	Q235	钢板 t=8
14	侧斜杆	4	Q235	角钢45×5
13	正平杆	2	Q235	角钢45×5
12	侧平杆	2	Q235	角钢45×5
11	侧斜杆	4	Q235	角钢45×5
10	底脚连接板	8	Q235	钢板 t=8
9	斜杆	4	Q235	角钢45×5
8	底脚板	4	Q235	钢板 t=10
7	底脚肋板	8	Q235	钢板 t=8
6	衬板	8	Q235	钢板 t=8
5	连接板	8	Q235	钢板 t=8
4	斜杆	4	Q235	角钢45×5
3	连接板	4	Q235	钢板 t=8
2	托板	2	Q235	钢板 t=10
1	立柱	4	Q235	钢管φ60×3.5
制图		比例	1:10	
描图				煤气管道支架
校核				

图 2-128 煤气管道支架图样

一、煤气管道支架放样特点

煤气管道支架是一个用来支撑管道的部件，主要由钢管、角钢和钢板等零件组成。它是以底脚板为安装基础并以叠加形式组成的支撑式部件，各零件之间的连接采用焊接连接。煤气管道支架不存在展开放样内容，只需进行线型放样和结构放样两个程序即可。煤气管道支架放样具有以下特点。

1. 煤气管道支架以钢管、角钢和钢板为主，所以连接零件的尺寸是保证结构尺寸的关键。

2. 煤气管道支架图样上只给出了构件结构外形的主要尺寸、连接杆规格、连接板厚度及各板件之间的位置关系，因此要处理好连接杆与连接板之间的尺寸关系。

3. 在煤气管道支架图样中，钢管（4 根）的规格及长度已在图样中标注清楚；所有角钢零件（22 根）的规格已经给出，但长度尺寸需要通过放样确定；所有钢板零件，除了连接板的尺寸需要通过放样确定以及管道弧形板展开长度需要通过工艺计算确定外，其余钢板零件的尺寸都已经在图样中标注清楚。所以确定连接杆及连接板的尺寸是煤气管道支架放样的主要内容。

4. 煤气管道支架主要采用划线定位进行装配，放样时要标记好连接杆与连接板之间的位置线。

5. 煤气管道支架为立体形支架，它不同于简单桁架结构放样只需一个平面内的结构处理，而是在支架的正面、侧面及水平方向都要进行结构处理。

二、煤气管道支架结构的工艺性处理

煤气管道支架结构放样的内容主要有以下几个方面。

1. 选择好放样划线基准。
2. 节点的位置应为力的交汇点。
3. 连接板的规格较多，做好各号料样板的制作工作。
4. 各连接杆长度尺寸的确定。
5. 记录各零件的尺寸规格及必要的数据。
6. 综合分析各零件形状、尺寸及连接方式和位置关系，待清楚、正确后，根据加工能力、施工场地等选定施工方案。

技能训练

煤气管道支架放样

一、操作准备

1. 准备放样平台。
2. 准备放样所用的工具。

二、操作步骤

1. 确定放样划线基准

确定支架正面、侧面及水平方向的划线基准，如图 2-129、图 2-130、图 2-131 和图 2-132 所示。

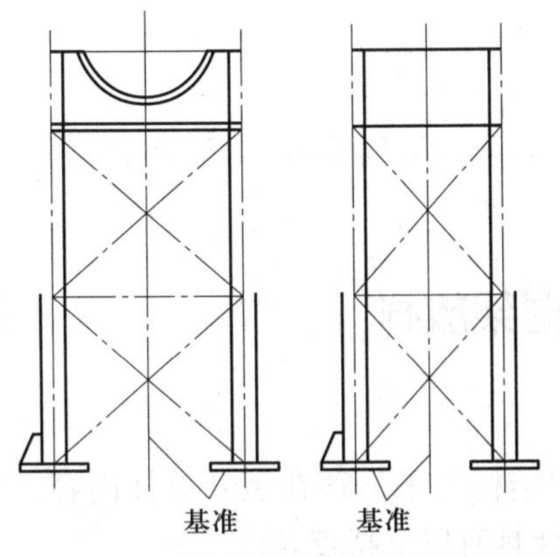

图 2–129　煤气管道支架主体线型放样

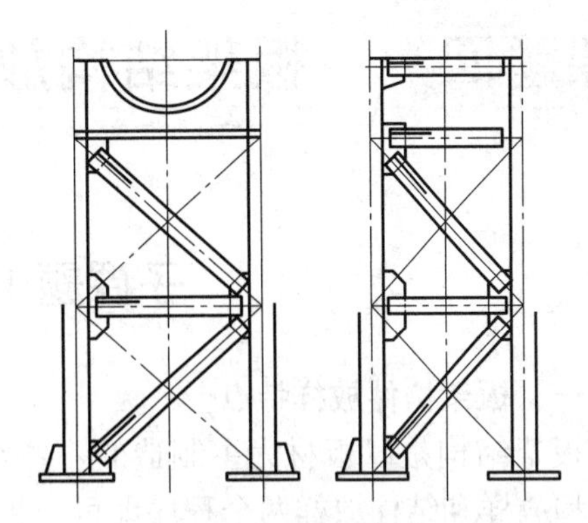

图 2–130　煤气管道支架主体结构放样

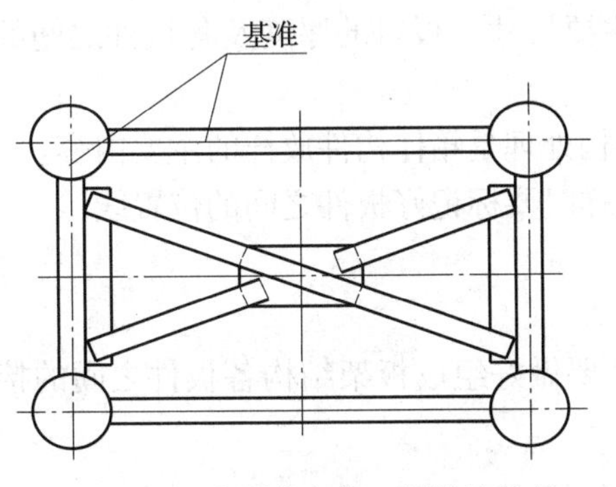

图 2–131　水平方向第一层结构处理

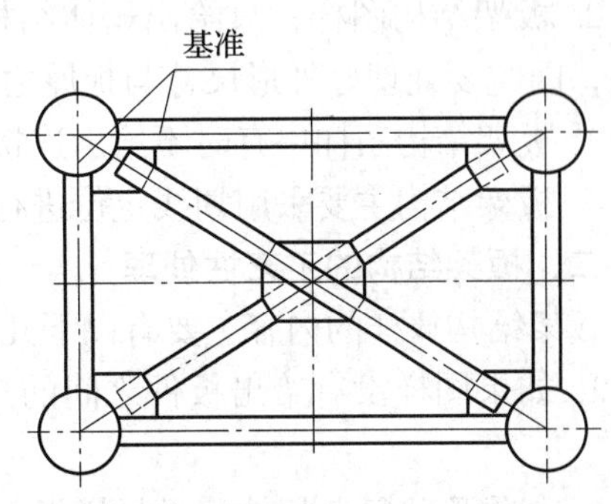

图 2–132　水平方向第二层结构处理

2. 划出管道支架的基本线型

应划出主管、地脚板、上托板这些不可变动件的准确位置和必要的轮廓线，如图 2–129、图 2–131 和图 2–132 所示。

3. 进行结构的工艺性处理

确定连接的形式、连杆的长度、连接板的尺寸等，如图 2–130、图 2–131 和图 2–132 所示。

4. 制作所有样板

样板制作方法与简单桁架构件放样的方法相同。所有样板如图 2–133 所示。

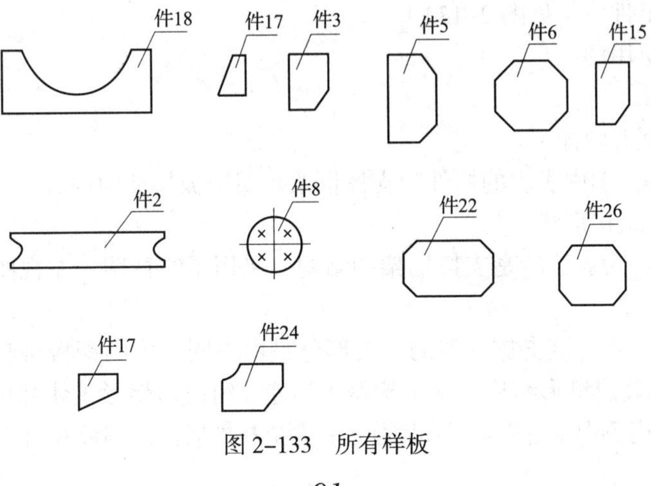

图 2–133　所有样板

课题四　板架结构放样

子课题 1　支撑框架放样

一、板架构件放样特点

板架结构是以板材为主制造的一些结构。板架结构几乎不存在展开放样内容，只需进行线型放样和结构放样两个程序即可。板架构件放样具有以下特点。

1. 板架结构主要是以板材为主，所以外形尺寸尤为重要。

2. 板架结构图样，只给出箱体结构外形的主要尺寸、板料的厚度及各板件之间的位置关系，因此要处理好外形尺寸与板厚之间的关系。

3. 板架结构图样中有时不给出连接结构，结构处理是箱体构件放样的主要内容。

4. 板架结构主要采用划线定位进行装配，放样时要标记好板件之间的位置线。

二、板架结构的工艺性处理

板架结构放样的内容主要有以下几个方面。

1. 如果图样没有给出板件之间的连接方式，要做好组成板架结构各板件之间的接口处理。

2. 制作形状复杂板件的号料样板。

3. 记录各板件的尺寸规格及必要的一些数据。

4. 根据加工能力、施工场地等选定施工方案。

技能训练

支撑框架放样

一、操作准备

1. 准备放样工件图（见图 2–134）。

2. 准备放样所用的工具。

二、操作步骤

1. 识读支撑框架图样

（1）概括了解。图中表示的构件为支撑框架，属于板架类构件。

（2）看懂零件结构形状

1）分析视图。为表达清楚支撑框架的结构，采用了主视图、左视图及局部剖视图 3 个视图进行表示。

2）分析结构形状。该支撑框架的主要部分是由不同厚度的钢板拼装而成。左右两侧立柱由钢板 3 和 5 拼装成槽形结构与水平槽钢 1 相连，组成框架形主体结构；在框架两立柱中间开有孔，在孔的内侧焊接备板 4 以加固强度；两立柱的底部由钢板 6 和 7 组成肋板加强结构。

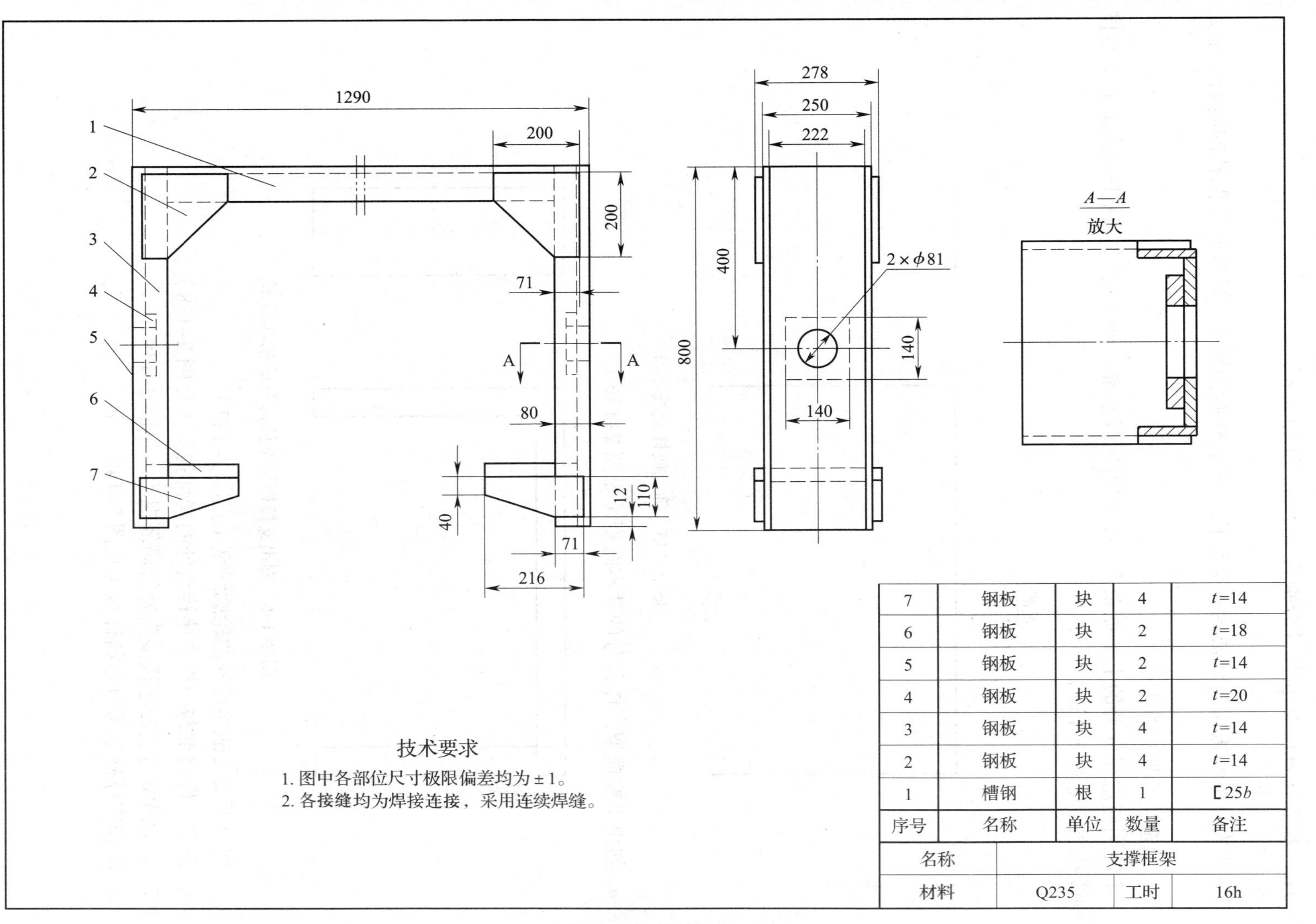

技术要求

1. 图中各部位尺寸极限偏差均为±1。
2. 各接缝均为焊接连接，采用连续焊缝。

序号	名称	单位	数量	备注
7	钢板	块	4	t=14
6	钢板	块	2	t=18
5	钢板	块	2	t=14
4	钢板	块	2	t=20
3	钢板	块	4	t=14
2	钢板	块	4	t=14
1	槽钢	根	1	[25b
名称	支撑框架			
材料	Q235		工时	16h

图 2-134　支撑框架

（3）分析尺寸。视图中的尺寸是以框架的上平面作为基准，主要的定形尺寸分别为 1 290 mm 和 800 mm，定位尺寸分别为 400 mm 和 12 mm。

2. 工艺分析

该结构是由钢板拼装而成的框架结构。两立柱有同轴孔，所以保证两孔的同轴度是关键。

3. 确定放样划线基准

主视图应选择框架的上平面及左端面作为划线基准，而左视图应选中心线及上平面作为划线基准（见图 2–135）。

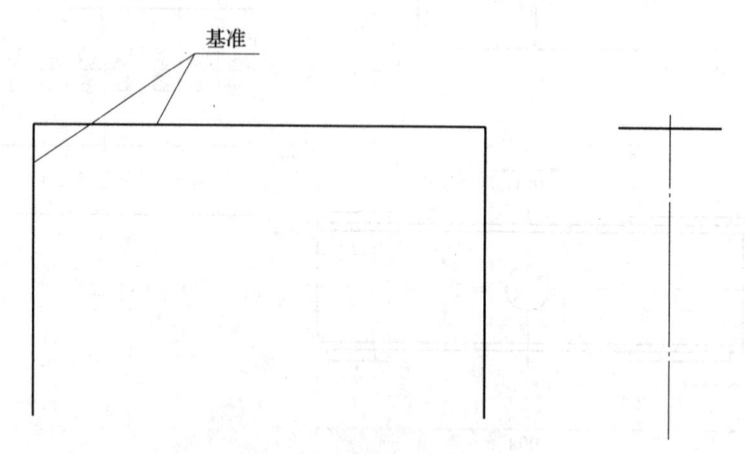

图 2–135　确定放样划线基准

4. 划出支撑框架主体部分的基本线型（见图 2–136）。

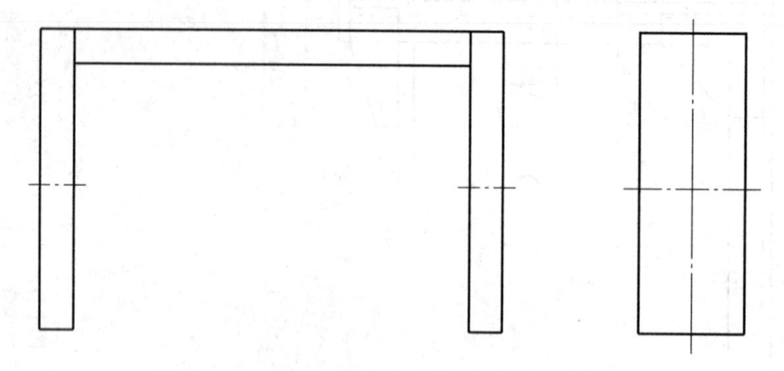

图 2–136　划出支撑框架主体部分的基本线型

5. 划出框架其他连接件的轮廓线型（见图 2–137）。

6. 划出立柱底部与肋板连接接头处的局部视图（见图 2–138）。

7. 划出槽钢与立柱连接接头处的局部视图（见图 2–139）。

8. 制作支撑框架所有号料样板（见图 2–140）。

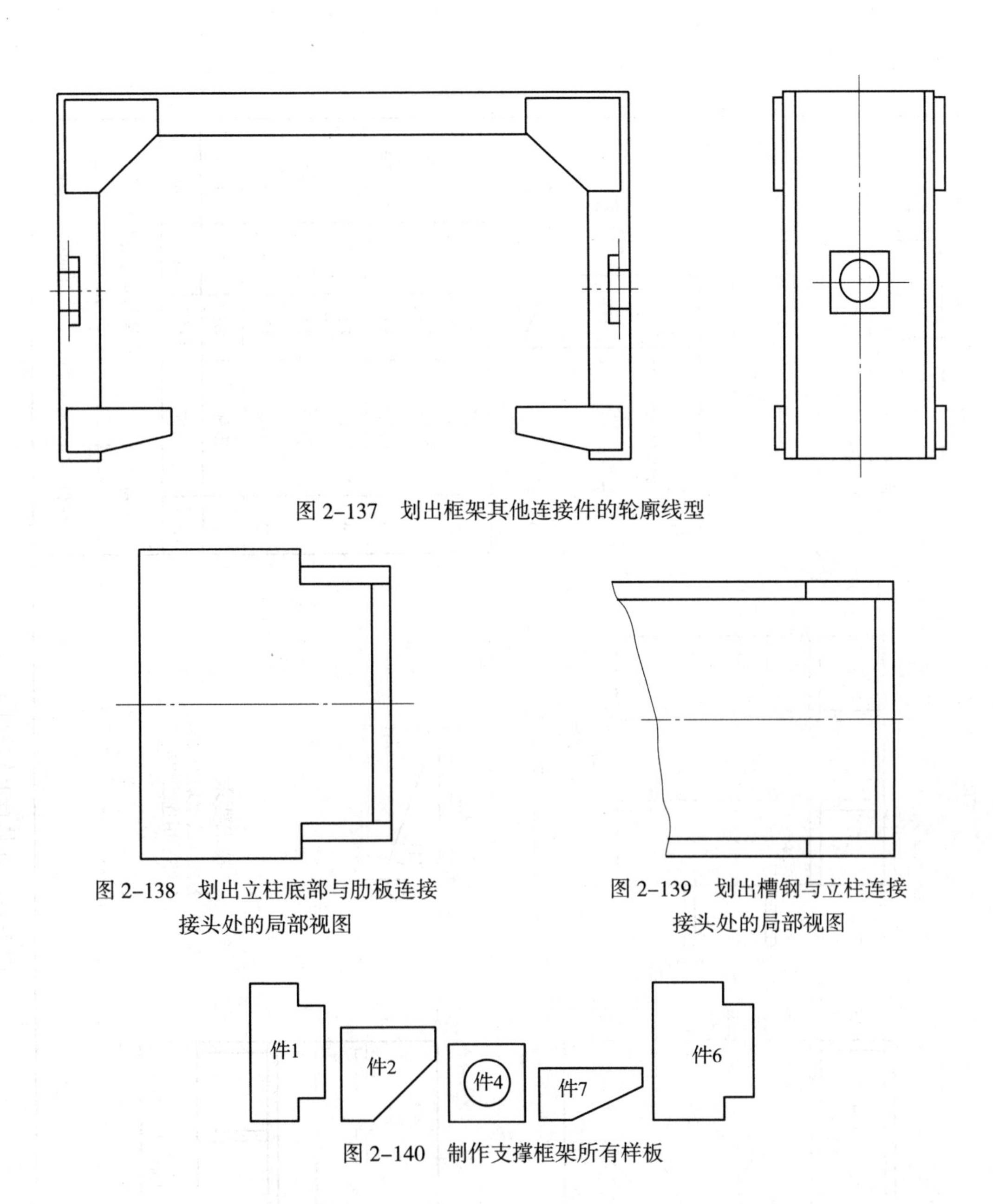

图 2-137　划出框架其他连接件的轮廓线型

图 2-138　划出立柱底部与肋板连接接头处的局部视图

图 2-139　划出槽钢与立柱连接接头处的局部视图

图 2-140　制作支撑框架所有样板

子课题 2　车体行走车轮机构放样

车体行走车轮机构的结构分析

某车体行走车轮机构如图 2-141 所示。

车体行走车轮机构属于完全由钢板拼装而成的板架结构。它的工作原理是：车轮安装在图样中 150 mm 的空间内，车轮轴的两端装有轴承，轴承镶嵌在 90° 角型轴承座内，车轮两端 90° 角型轴承座用螺栓固定在 150 mm 两侧的钢板平面上，即实现了车轮的固定；行走车轮机构中件 1 的端面（360 mm 缺口）及件 2、件 4 的端面与机体用焊接方法相连接。

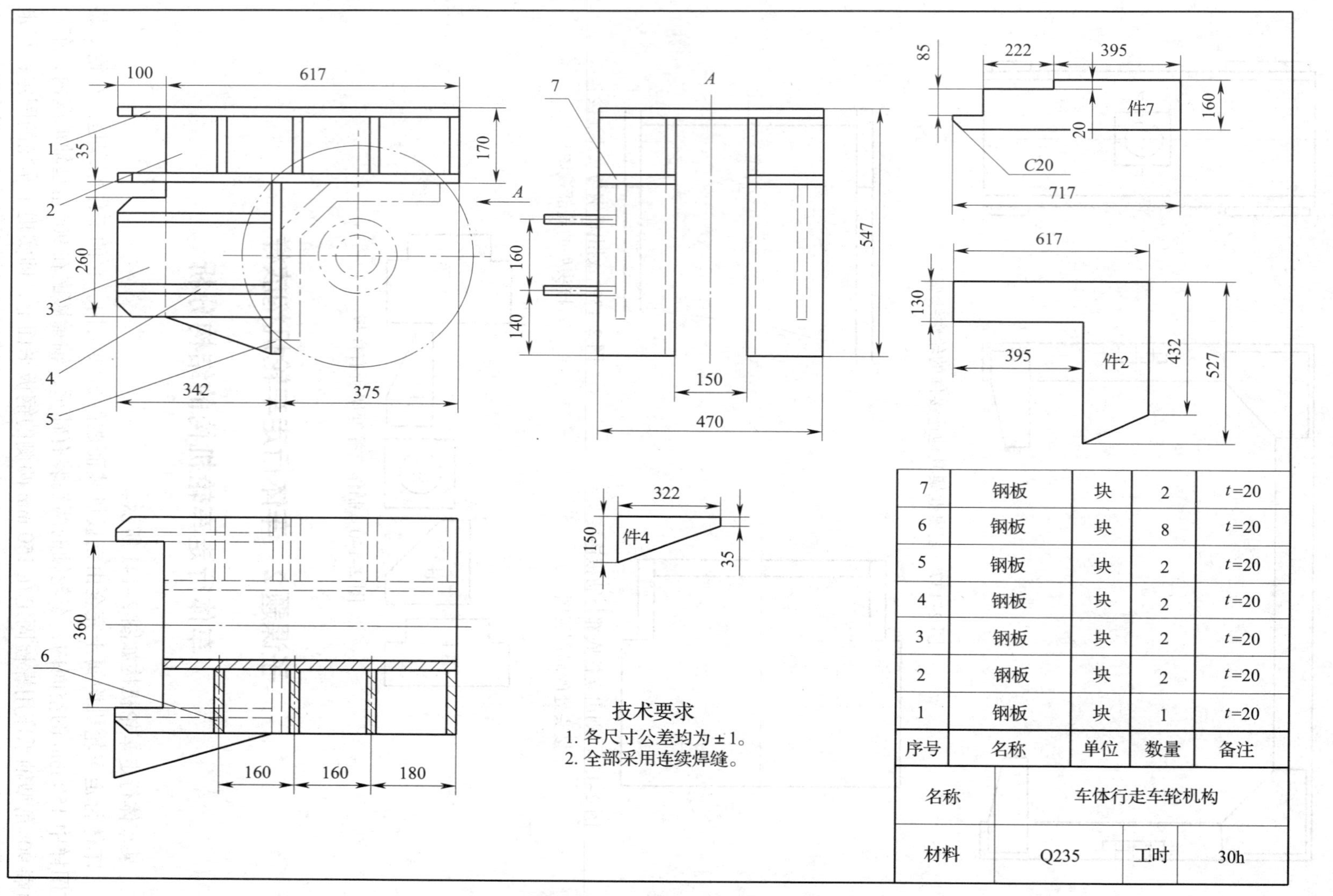

7	钢板	块	2	t=20
6	钢板	块	8	t=20
5	钢板	块	2	t=20
4	钢板	块	2	t=20
3	钢板	块	2	t=20
2	钢板	块	2	t=20
1	钢板	块	1	t=20
序号	名称	单位	数量	备注

名称	车体行走车轮机构		
材料	Q235	工时	30h

图 2-141 车体行走车轮机构

从车体行走车轮机构的工作原理中可以得出，保证该结构加工质量的关键问题有两个，一是确保 150 mm 尺寸的准确性，二是保证安装 90° 角型轴承座的两个平面的平面度和垂直度。通常要求两平面直角偏差折合到最外端间隙不大于 1.5 mm；同时为保证行走车轮结构受力均匀和行走平稳，应控制两端钢板高低差 $H \leqslant 2$ mm，如图 2–142 所示。

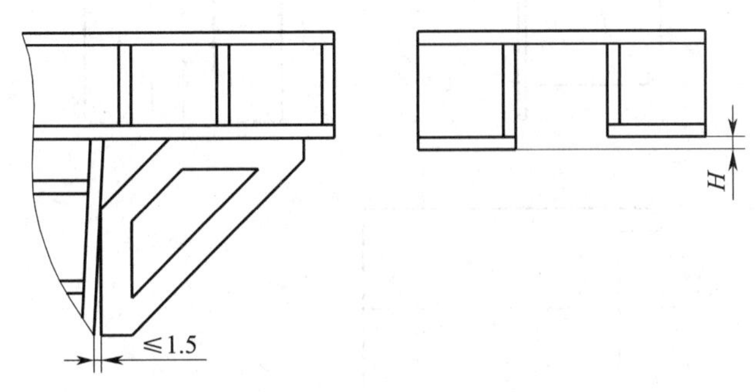

图 2–142　对车轮安装平面的要求

技能训练

车体行走车轮机构的放样

一、操作准备

1. 准备放样平台。
2. 准备放样所用的工具。

二、操作步骤

1. 确定放样划线基准

主视图应选行走车轮结构的上平面及右端面作为划线基准，右视图应选中心线及上平面作为划线基准，俯视图应选中心线和右端面作为划线基准。

2. 划出行走车轮结构的基本线型（见图 2–143）

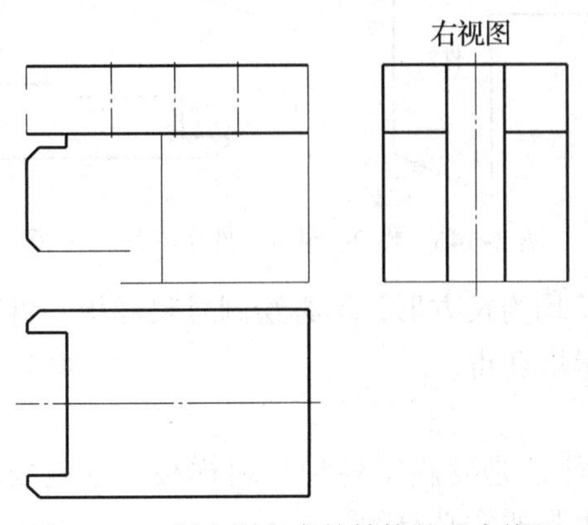

图 2–143　划出行走车轮结构的基本线型

3. 划出行走车轮结构的轮廓线型（见图 2–144）

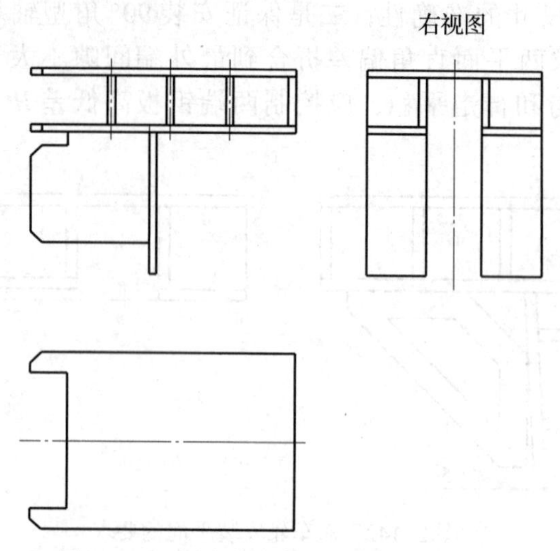

图 2–144　划出行走车轮结构的轮廓线型

4. 制作号料样板，获取必要的资料

（1）从放样图中可直接得到件 1 和件 3 的号料样板，如图 2–145 所示。

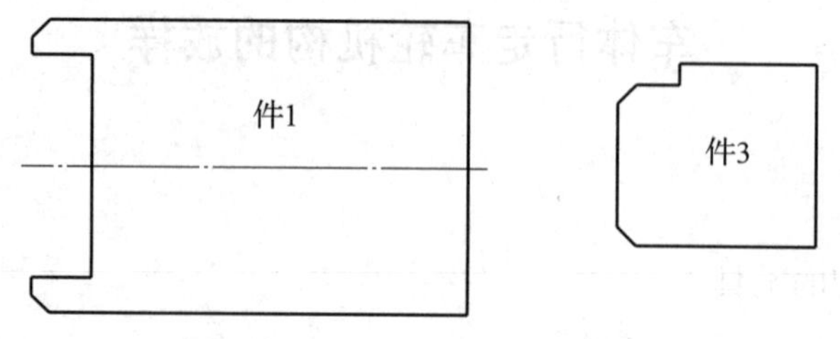

图 2–145　件 1 和件 3 的号料样板

（2）从施工图样中所给尺寸，利用直接划样法可得到件 2、件 4、件 7 的号料样板，如图 2–146 所示。

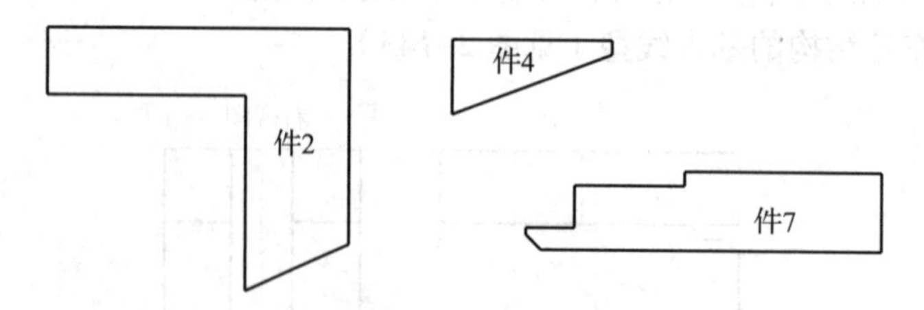

图 2–146　件 2、件 4、件 7 的号料样板

（3）件 5 和件 6 的形状均为长方形，不必绘制号料样板，可直接在钢板上号料，其尺寸规格应直接从放样图样中量取获得。

三、注意事项

板架结构放样的目的往往是要获得各种号料样板，这就要求放样尺寸精度高，此外，能够进行正确的板厚处理也是非常必要的。

课题五　容器结构放样

子课题 1　简单容器构件放样

一、容器构件放样特点

1. 容器构件的主体是由板材制成的各种形状的壳体组合而成的。为得到容器构件用料的实际形状和尺寸，需将组成容器构件的各壳体展开。因此，展开放样是容器构件放样的主要内容之一。

2. 板厚处理是展开放样的重要环节。板厚处理正确与否，直接影响构件形状、尺寸的正确性，是容器构件放样成败的重要影响因素。

3. 容器构件无论是外部形状还是内部结构往往都比较复杂，因此，其制造工序多，工艺难度大，需要在放样中制作多种类型的样板，有时还要绘制一些草图。

二、单件的板厚处理

单件的板厚处理，主要考虑如何确定构件单线图的高度和径向（长、宽）尺寸。下面举例说明不同单件的板厚处理。

1. 圆锥管的板厚处理

如图 2–147a 所示为一正截头圆锥管，其基本尺寸为 D_0、d_3、h 和 t。从图中可以看出：以板厚中性层位置的垂直高度 h_0 作为单线图的高度，才能保证构件成形后的高度 h；而为正确求出其展开长度，单线图大、小口直径均应取中性层直径，即 D_2、d_2。由此得到圆锥管展开单线图及各尺寸（见图 2–147b），完成板厚处理。

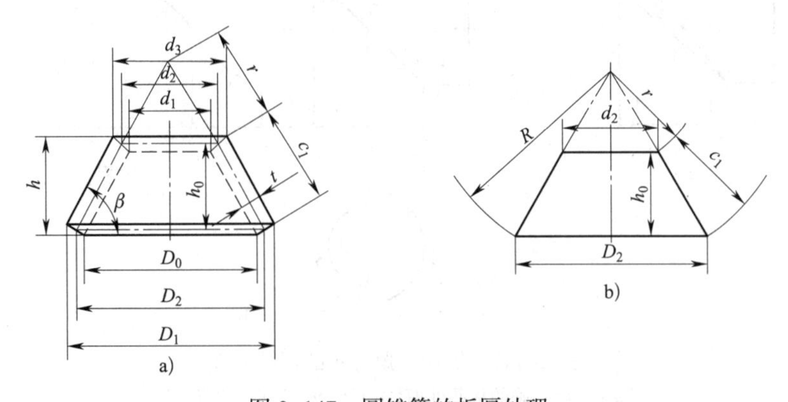

图 2–147　圆锥管的板厚处理

a）圆锥管实样图　b）圆锥管展开单线图

2. 圆方过渡接头的板厚处理

圆方过渡接头由平面和锥面组合而成（见图 2–148a），其弯曲工艺具有圆弧弯板和折角弯板的综合特征。因此，正确的板厚处理方法是：圆口取中性层直径；方口取内表面尺寸（精度要求不高时）；高度取上、下口中性层间的垂直距离。如图 2–148b 所示为圆方过渡接头经上述板厚处理后得到的展开单线图。

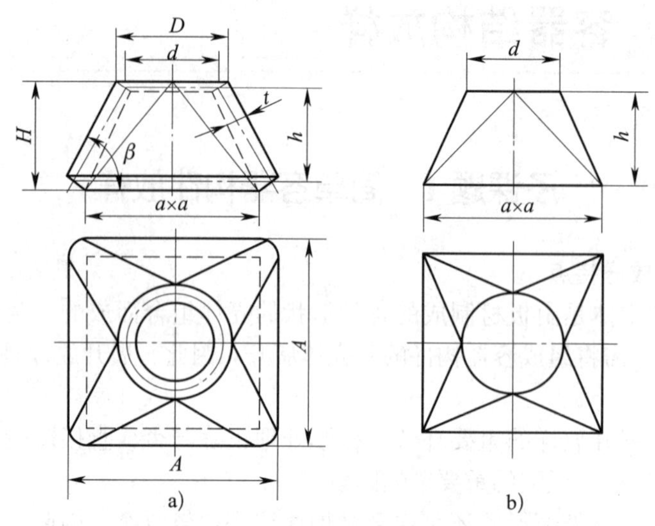

图 2–148　圆方过渡接头的板厚处理

a）实样图　b）展开单线图

三、相贯件的板厚处理

进行相贯件的板厚处理时，除解决各形体的展开长度外，还要重点处理形体相贯的接口线，以便确定各形体表面所有线的长度。下面举两例说明相贯件的板厚处理方法。

1. 等径直角弯头的板厚处理

两节等径直角弯头展开时若不经正确的板厚处理，会造成两管接口处不平，中间出现很大的缝隙，而且两管轴线的交角和结构装配尺寸也不能保证，如图 2–149a 所示。

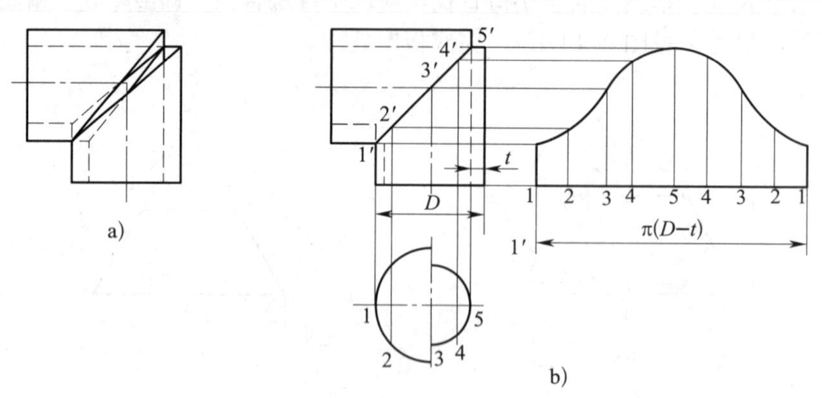

图 2–149　等径直角弯头的板厚处理

a）未经正确的板厚处理　b）经板厚处理的展开图

正确的板厚处理方法是：在保证弯头接口处为平面的前提下，确定两管的实际接口线。由图 2–149b 可知，弯头内侧两管外皮接触，弯头外侧两管里皮接触，中间自然过渡。所以，展开单线图中以轴线位置为界，弯头内侧要划出外表面素线，弯头外侧则划出内表面素线，并以此确定展开图上各素线高度（长度）。此外，圆管展开长度还应取中性层周长，而各素线在展开长度方向的位置仍取其对应的中性层位置。具体作图方法如下。

（1）用已知尺寸划出弯头的主视图和实际接口线。

（2）以轴线为界划出内、外圆断面图，并将其四等分，得等分点 1、2、3、4、5。由等分点引上垂线，得过各等分点的圆管素线及接口线的交点 1′、2′、3′、4′、5′。

（3）作展开图。在主视图底口延长线上截取线段 1—1，其长度等于 π（$D-t$），并进行八等分。由等分点引上垂线（素线），与由接口线上各点向右所引水平线相交，将对应交点连成光滑曲线，即得弯头单管展开图。

以上两节等径直角弯头的板厚处理方法也适用于其他类似的构件，如多节圆管弯头等。

2. 异径正交三通管的板厚处理

如图 2-150 所示为一异径正交三通管，由左视图可知，两管相贯是以支管的里皮和主管的外皮相接触。因此，应以支管内柱面与主管外柱面相贯，求出实际接口线，并以此确定两管展开图上各素线的长度。此外，两管的展开长度及其素线的对应位置仍以中性层尺寸为准。板厚处理的具体方法及展开图如图 2-150 所示，不再详细说明。

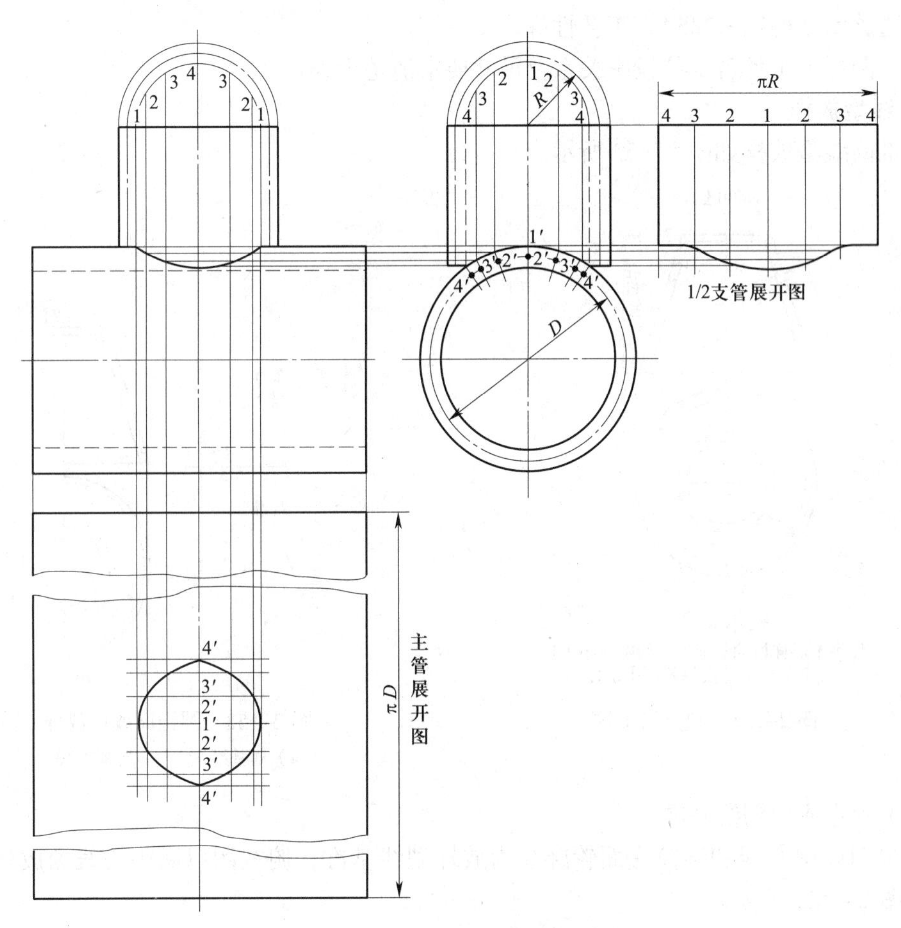

图 2-150　异径正交三通管的板厚处理

技能训练

简单容器构件放样

一、操作准备

1. 准备放样工件图（见图 2–151）。

2. 准备放样所用的工具。

二、操作步骤

1. 识读圆锥筒工件图样

通过识读和分析工件图样，可以明确以下几点。

（1）本工件为简单容器构件，但尺寸精度要求较高。

（2）本工件较小，不需要很大的作业场地；工件质量轻，加工过程中不需要起重设备；工件仅为一件，只能手工弯曲，放样时要留取工件锥度，以便制作弯曲胎具时参考；工件材质为普通碳素结构钢 Q235A，工艺性好。

（3）图样上工件各部位投影关系及尺寸要求清楚无误。

2. 线型放样

圆锥筒线型放样如图 2–152 所示。

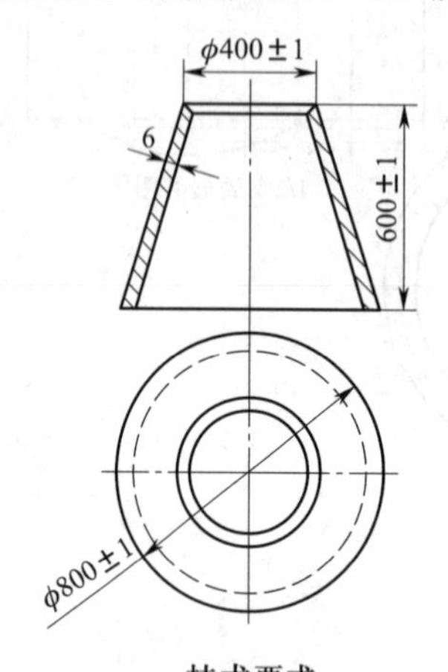

图 2–151 圆锥筒工件

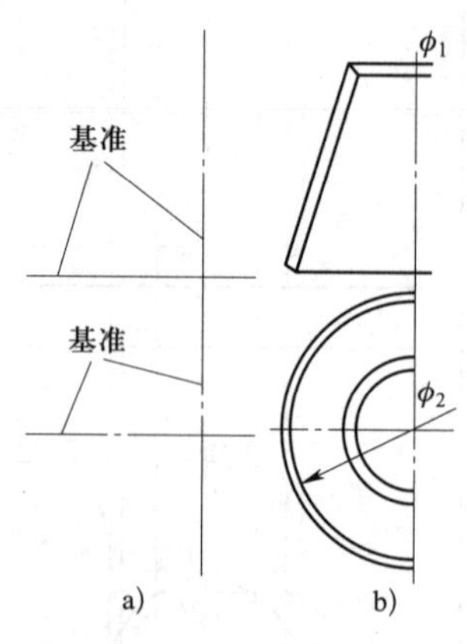

图 2–152 圆锥筒线型放样

a）划基准线 b）划基本线

（1）确定放样划线基准

主视图以中心线和锥筒底面轮廓线为放样划线基准，俯视图以两中心线为放样划线基准，如图 2–152a 所示。

（2）划出工件基本线型（见图 2–152b）

工件为对称形状，以工件对称轴为界，仅划出一半的基本线型。

3. 结构放样

（1）确定圆锥筒分两半进行弯曲，然后装配成一体。两部分连接位置定在中心线处；

因工件较薄，连接焊缝不必开坡口。

（2）弯曲加工胎具数据

胎具长度可取为 700 mm。

粗算胎具锥度 C：

$$C = \frac{800 - 400}{600} = \frac{2}{3}（即 C = 2:3）$$

4. 展开放样

（1）进行圆锥筒展开时，上口展开长度、底口展开长度以及圆锥筒高度都以板厚中心层为基准计算（本工件中心层即为弯曲中性层），这样处理后的放样图如图 2–153 所示。

（2）利用经板厚处理得到的圆锥筒单线投影图作出圆锥筒展开图，如图 2–154 所示。

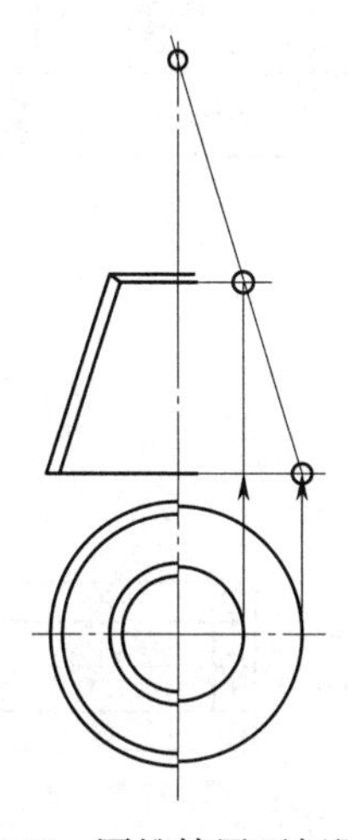

图 2–153　圆锥筒展开板厚处理

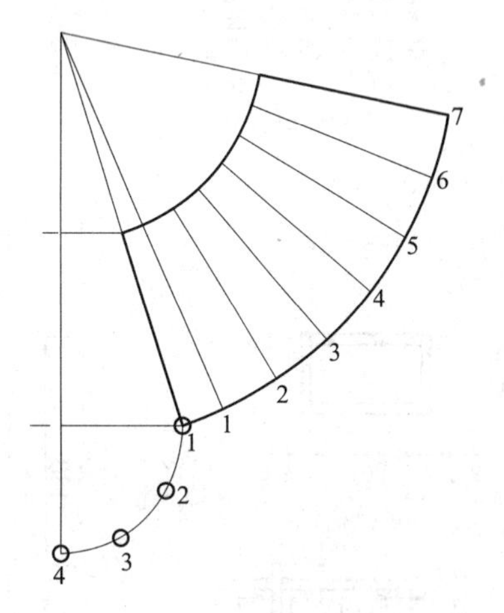

图 2–154　圆锥筒展开图

5. 制作样板

（1）制作两个圆锥筒弯曲加工样板（见图 2–155），其中上口卡形样板直径为 ϕ_1，底口卡形样板直径为 ϕ_2，均从放样图（见图 2–153）中量取。样板上要注明名称及相关尺寸。

（2）制作圆锥筒号料样板（见图 2–156）。

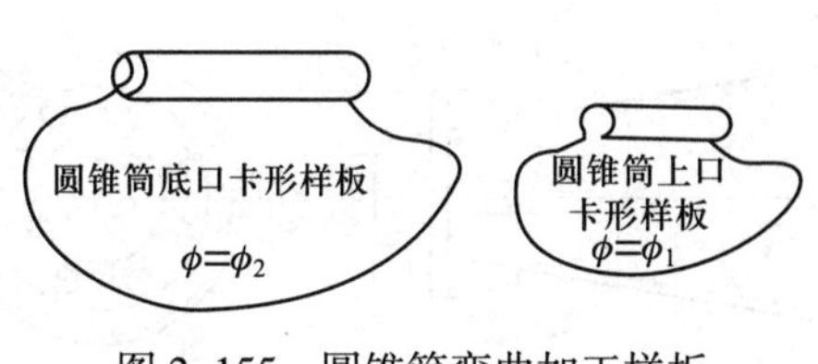

图 2–155　圆锥筒弯曲加工样板

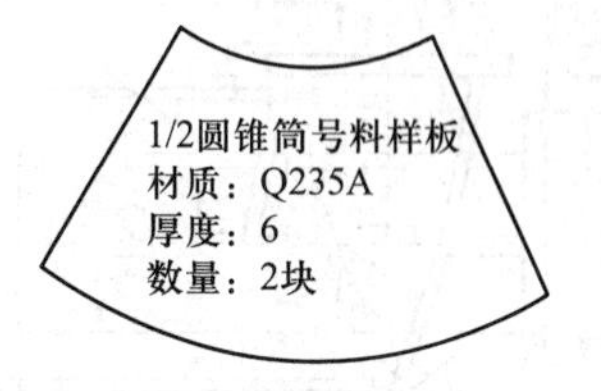

图 2–156　圆锥筒号料样板

三、注意事项

根据工件图样，详细复核样图尺寸，检验放样过程及各类样板等。

子课题 2　筒形旋风除尘器筒体放样

筒形旋风除尘器筒体结构如图 2–157 所示。

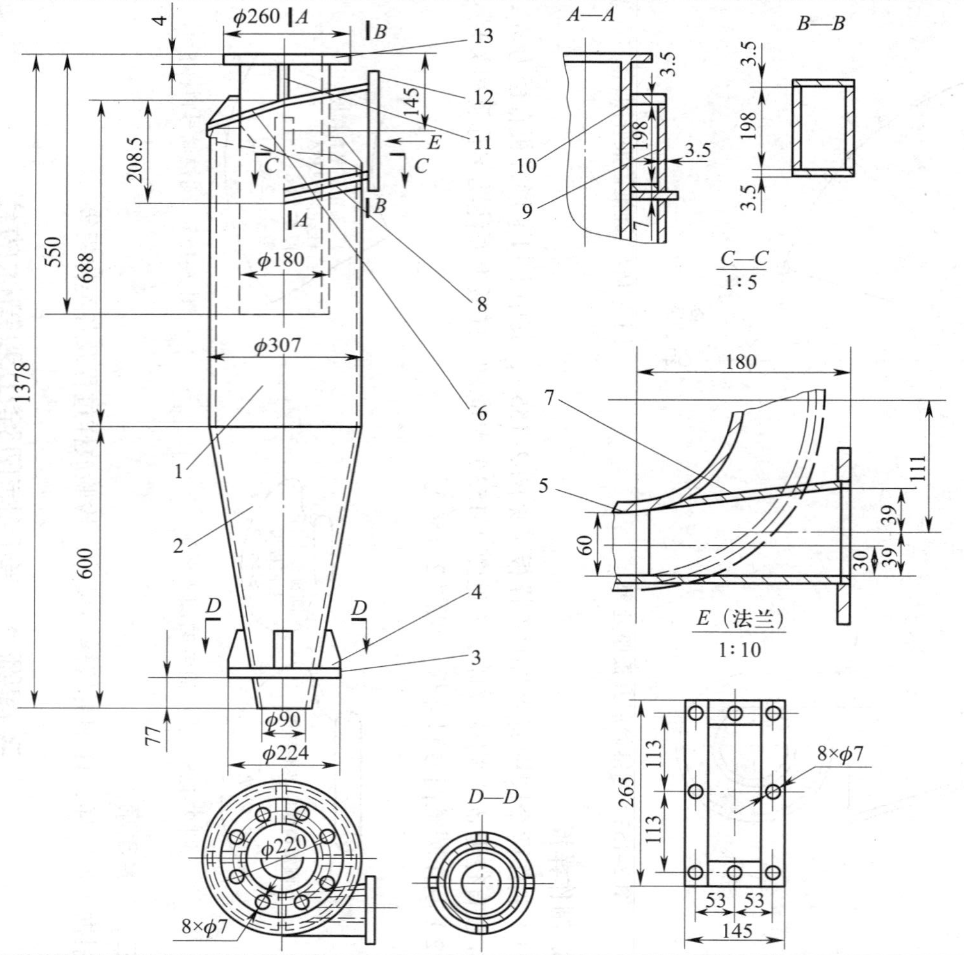

技术要求

1. 组装时全部采用焊条电弧焊焊接。
2. 圆锥管支撑法兰3和圆锥管肋板4可在组装除尘器与集灰斗时再进行焊接。
3. 筒体轴线与排出管及圆锥管下口间的偏心不得超过2。
4. 筒体内表面刷一遍红丹防锈漆，外表面刷一遍红丹防锈漆、两遍灰色漆。

序号	名称	件数	材料	备注
13	排出管法兰	1	Q235	钢板t=4
12	进口法兰	1	Q235	30×4
11	连接板	4	Q235	钢板t=5
10	顶壁	1	Q235	钢板t=3.5
9	前壁	1	Q235	钢板t=3.5
8	底壁	1	Q235	钢板t=3.5
7	后壁	1	Q235	钢板t=3.5
6	螺旋盖	1	Q235	钢板t=3.5
5	排出管	1	Q235	钢板t=3.5
4	圆锥管肋板	4	Q235	钢板t=5
3	圆锥管支撑法兰	1	Q235	钢板t=4
2	圆锥管	1	Q235	钢板t=3.5
1	圆管	1	Q235	钢板t=3.5
制图				
描图		比例	1:15	除尘器筒体
审核		件数	1	

图 2–157　筒形旋风除尘器筒体结构

一、工艺特点分析

1. 本工件为除尘器设备，总体精度要求不高。但工件上有三个部位与其他结构有连接关系，除了圆锥管支撑法兰 3 在安装工地装配、焊接外，其余两部位（排出管法兰 13、进口法兰 12）均为企业内装配、焊接。为保证其与相邻结构连接的准确性，制作中应达到较高的位置精度和尺寸精度。

2. 本工件为小型工件（高度为 1 378 mm，宽度约为 350 mm），但结构比较复杂，需要较大的放样场地；工件质量轻，各部件制作时不需要起重设备；工件数量仅为一件，只能手工完成各部件成形，要制作手工冷弯胎具；工件上各部件均为 Q235 钢，工艺性好。

3. 了解各部件投影关系和尺寸要求。这里存在两个问题：排出管的高度尺寸漏注；螺旋盖伸出圆筒的外伸量未给定。这些问题均需在放样中予以解决。

4. 螺旋盖面为不可展曲面，所以需要了解不可展曲面的近似展开方法。

二、不可展曲面近似展开

1. 正螺旋叶片的近似展开

正螺旋叶片是圆柱形螺旋输送机的主要部件，它与螺纹一样有单、双线，左、右旋之分。单线螺旋周节等于导程，双线螺旋周节等于 1/2 导程。螺旋叶片通常按一个周节或稍大于一个导程的螺旋面展开下料，胎曲成形后，再在机轴上拼接成连续的螺旋面。正螺旋叶片的近似展开方法有很多，这里介绍应用较多的几种方法。

（1）三角形法

三角形法是将螺旋面分成若干个三角形面，并将每一个三角形面近似看作平面，求出实形，然后再将这些三角形的实形依次拼接在一起，即为螺旋面的展开图。具体作图方法（见图 2–158）如下。

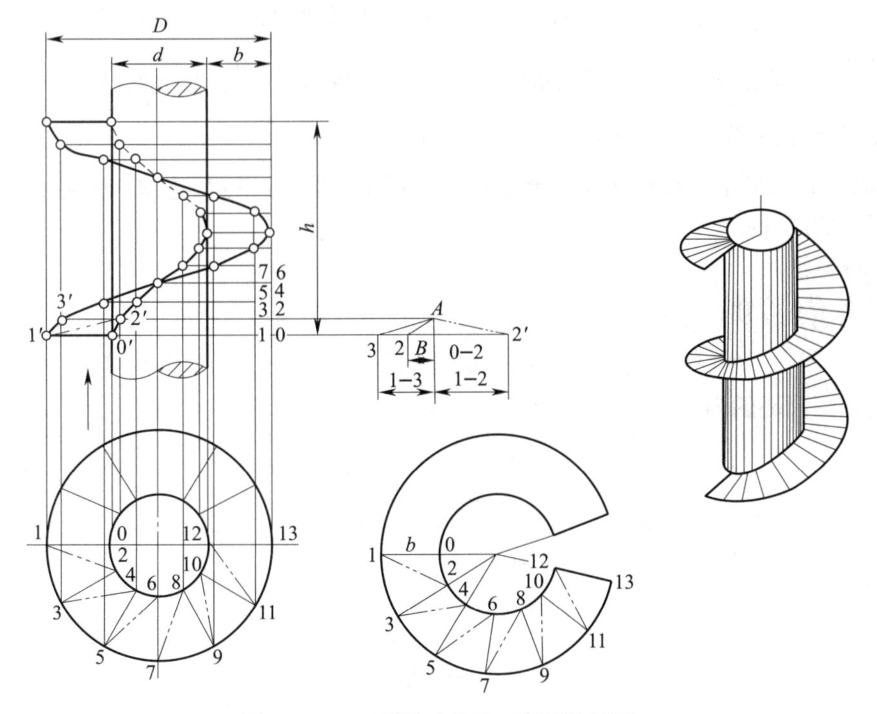

图 2–158　正螺旋叶片的三角形法展开

1）用正螺旋面的内、外直径 d、D 画出俯视图，12 等分俯视图内、外圆周，等分点分别为 0、2、4、…、12 和 1、3、5、…、13，以细点画线和细实线交替连接各点。在主视图取 h 等于周节，并进行 12 等分，由等分点引水平线，与俯视图内、外圆周等分点所引上垂线得对应交点，区别内、外圆将各交点连成两条螺旋线，完成主视图。

2）求实长，作展开图。从主、俯两视图不难看出，螺旋面上各三角形的细实线均为水平线，其水平投影反映实长，且各线实长相等；各细点画线及内、外圆的等分弧为一般位置直线和曲线，投影不反映实长，可用直角三角形法求出实长。求出各线实长后，便可根据实长依次作出各三角形实长，完成展开图。

（2）简便展开法

由图 2–158 可知，一个周节的正螺旋面的展开图为一切口圆环。简便展开法是根据正螺旋面的外径 D、内径 d 和导程 h，通过简单计算和作图，求出螺旋面展开图中切口圆环的内径、外径和弧长，从而画出展开图。具体作图方法如下。

1）用直角三角形法求出内、外螺旋线的实长 l 及 L，如图 2–159a 所示。

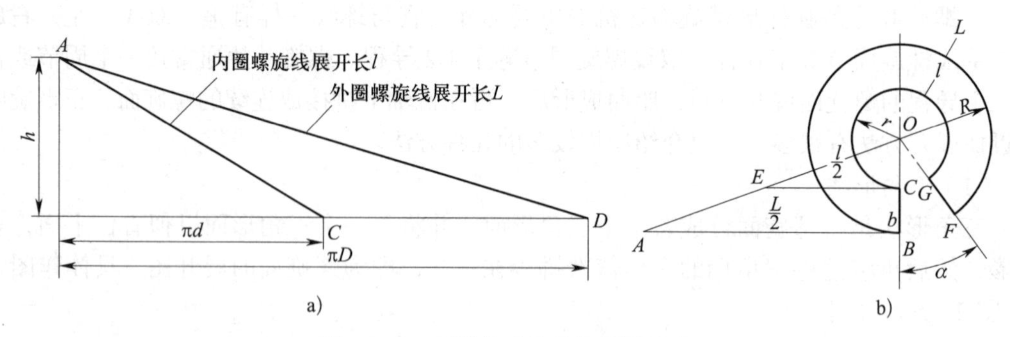

图 2–159　正螺旋叶片的简便展开法

2）作一直角梯形 $ABCE$，使 $AB=L/2$，$EC=l/2$，$BC=\dfrac{D-d}{2}$，且 $AB//CE$，$BC\perp AB$。连接 AE、BC，并延长两线相交于点 O，如图 2–159b 所示。

3）取点 O 为圆心，OB、OC 为半径画同心圆弧，取 $\overset{\frown}{BF}=L$，连接 FO 交内圆弧于点 G，即得螺旋面的展开图。

（3）计算法

由图 2–159 可知：

$$l=\sqrt{(\pi d)^2+h^2}$$

若展开图圆环的内、外径以 r、R 表示，则：

$$\frac{\frac{l}{2}}{\frac{L}{2}}=\frac{r}{R}=\frac{r}{r+b}$$

整理后：

$$l(r+b)=Lr$$
$$lb=r(L-l)$$

得：

$$r=\frac{lb}{L-l} \tag{2-6}$$

$$b=\frac{1}{2}(D-d) \tag{2-7}$$

$$\alpha=360°\left(1-\frac{L}{2\pi R}\right) \tag{2-8}$$

2. 球面的近似展开

球面是典型的不可展曲面，只能进行近似展开。假设球面由许多小块板料拼接而成，而每一块板料可看成是单向弯曲可展的，于是整个球面便可以进行近似展开。

球面分割方式通常有分瓣法和分带法两种。球面分割数越多，拼接后越光滑，但相应的落料成形工艺也越复杂。分割数的多少应根据球的直径大小而定。

（1）球面的分瓣法展开

球面的分瓣法展开是指沿径线方向将球面分割为若干瓣，每瓣大小相同，展开后为柳叶形。球面分瓣法展开的具体方法如图 2–160 所示。

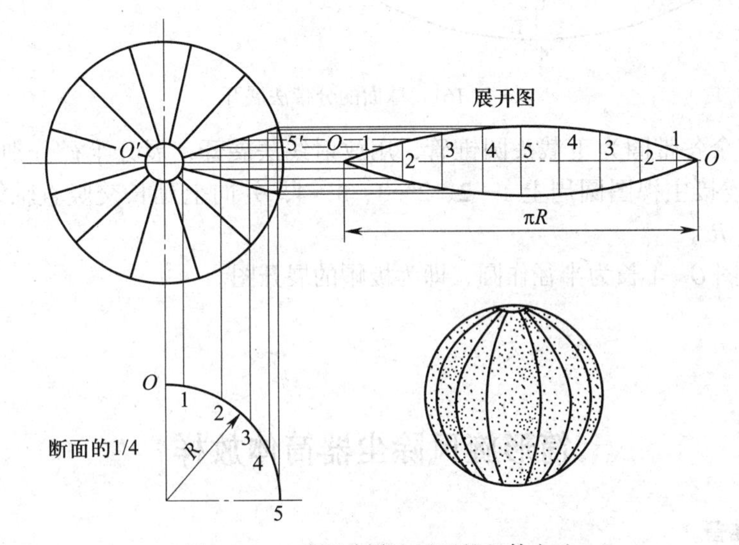

图 2–160　球面分瓣法展开的具体方法

1）用已知尺寸作出球面的主视图和 1/4 断面图，并在主视图中划出极帽和分瓣。四等分圆弧 1—5，等分点为 1、2、3、4、5。由等分点向上引垂线，得球面一瓣（近似视为柱面）的素线。

2）用平行线法作出球面一瓣的展开图。

3）以 O—1 长为半径作圆，即为极帽的展开图。

（2）球面的分带法展开

球面的分带法展开是指沿纬线方向将球面分割为若干横带圈，各带圈可近似视为圆柱面或锥面，然后分别进行展开，如图 2–161 所示。具体作图方法如下。

1）用已知尺寸作出球面的主视图，16 等分球面圆周，并由等分点引水平线（纬线）分球面为两个极帽、七个带圈。

2）球面中间带圈可视为圆筒，用平行线法作出其展开图。

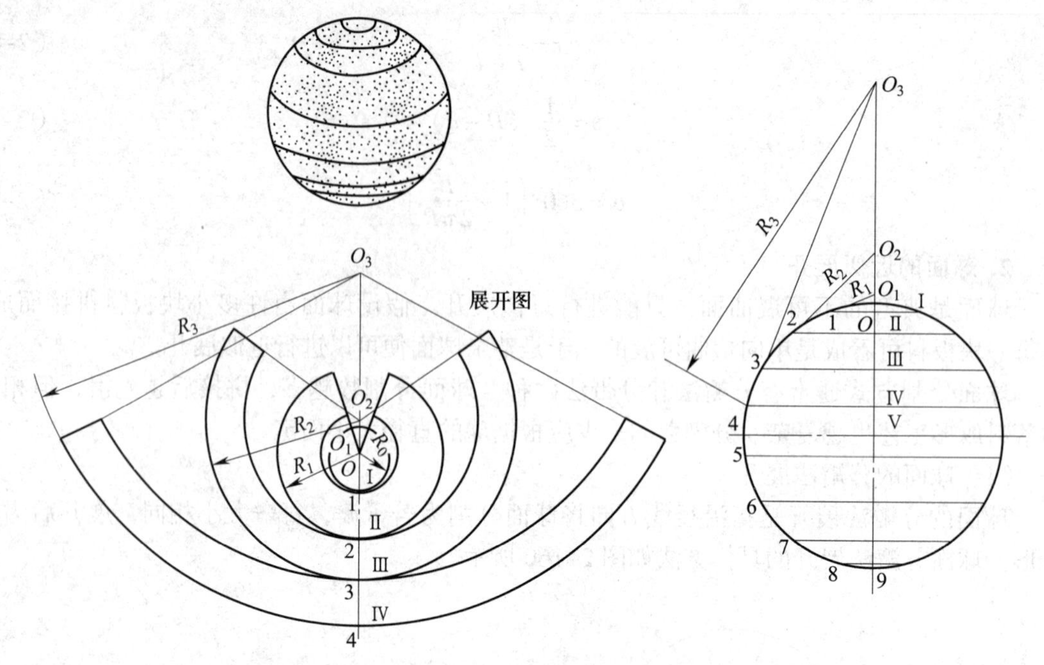

图 2–161　球面的分带法展开

3）球面其余各带圈为正截头圆锥管，用放射线法展开，展开半径分别为 R_1、R_2、R_3。半径的求法：连接主视图圆周上 1—2、2—3、3—4，并向上延长交竖直轴线于点 O_1、O_2、O_3，得 R_1、R_2、R_3。

4）以主视图 *O*—1 长为半径作圆，即为极帽的展开图。

技能训练

筒形旋风除尘器筒体放样

一、操作准备

1. 准备放样平台。

2. 准备放样所用的工具。

二、操作步骤

1. 线型放样（见图 2–162）

为了校核、确定工件各部位尺寸，需划出工件整体样图。由于工件主体为形状容易确定的圆筒形体，而且展开放样要分零件去作，因此工件整体样图可只作主视图，省去俯视图。

（1）确定放样划线基准

根据图样给出的尺寸条件，选定工件轴线和排出管法兰顶面轮廓线为主视图放样划线基准。

（2）划出工件基本线型

这里排出管法兰（件 13）的位置、尺寸必须符合设计要求，应先划出；圆锥管（件 2）

的尺寸已由设计给定，也应先划出；而圆管（件 1）、排出管（件 5）、螺旋盖（件 6）以及进口方管等尚待确定的零件则不宜先行划出。

2. 结构放样

（1）在样图上划出排出管（见图 2–163），排出管外径为 180 mm；排出管的高度尺寸可由图样上划出的长度按比例计算得到。

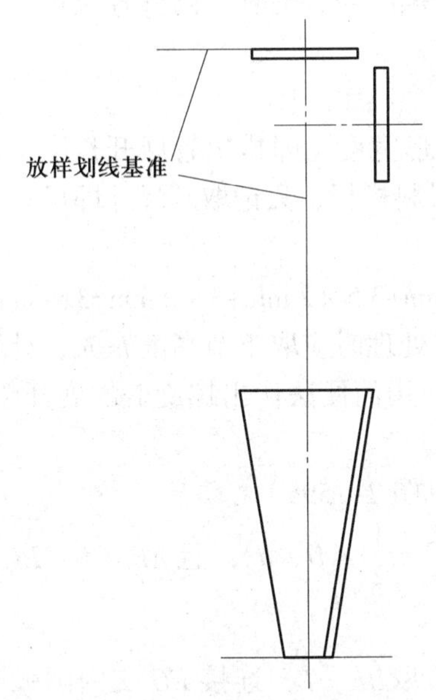

图 2–162　除尘器筒体线型放样图

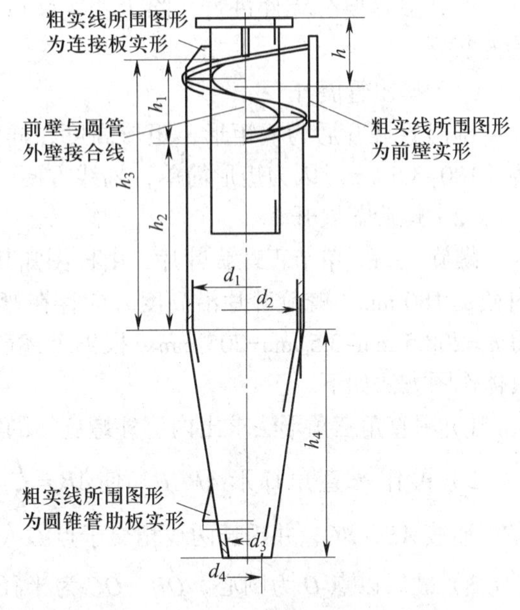

图 2–163　除尘器筒体结构放样图

（2）确定圆管、排出管、螺旋管、进口方管之间的连接形式，取图样给出的形式。在样图上，先按图样给定的尺寸划出螺旋盖（确定螺旋盖伸出圆管外 3 mm），接着划出圆管，再划进口方管，最后划连接板（件 11）。需要注意的是：为了保证除尘器进口管道良好的流通性，进口方管顶壁（件 10）应与螺旋盖相切连接。若放样中发现按图样尺寸两者不能很好地相切，应对螺旋盖的高度尺寸（208.5 mm）或顶壁与进口法兰的连接位置做适当调整，但不可改动法兰的位置。

（3）因各部件板料厚度较小（多为 3.5 mm），故各焊缝一律不开坡口。

（4）制作各法兰号料样板（见图 2–164）。因为这些法兰尺寸均不大，又都是单件，故决定各法兰均改为整体结构，由板料经等离子弧切割而成，这样有利于保证法兰质量和连接精度。

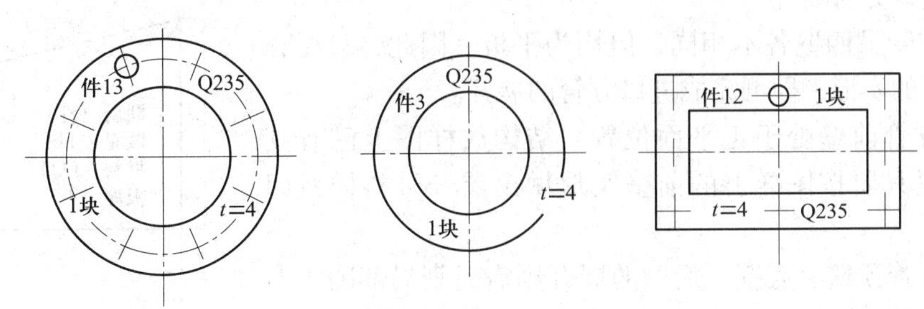

图 2–164　各法兰号料样板

（5）制作连接板（件 11）的号料样板（图略）。连接板的高度尺寸应以中心线上连接板尺寸为准。

（6）留取制作弯曲胎具所需的数据。圆管弯曲胎长度可取为 700 mm；圆锥管弯曲胎长度可取为 620 mm，胎具锥度 C 约为 7∶20。

3. 展开放样

展开放样要分零件进行，除尘器主体可分为排出管、螺旋盖、圆管、圆锥管及进口方管五部分。

（1）排出管展开

排出管展开后为一矩形，矩形高度在样图上量取，矩形宽度（即排出管展开长度）应为（180–3.5）π。因为矩形简单，划线方便，故可不必做号料样板，只记取其尺寸即可。

（2）螺旋盖展开

螺旋盖为一单节正螺旋叶片，由样图知其外径 D=300 mm+3.5×2 mm+3×2 mm=313 mm，内径 d=180 mm。螺旋叶片沿高度方向存在弯扭变形，板厚处理时应取单节高度 $h=h_1$，计算得 h_1=208.5 mm–3.5 mm=205 mm。根据上述已求得的条件，用简便法作出螺旋盖的展开图。具体作图方法如下。

1）用直角三角形法求出内、外螺旋线的实长 l 及 L（见图 2–159a）。

2）再作一直角梯形 $ABCE$，使 $AB=\frac{L}{2}$，$CE=\frac{l}{2}$，$BC=\frac{1}{2}(D-d)$，且 $AB//CE$，$BC\perp AB$。连接 AE、BC，并延长两线相交于点 O（见图 2–159b）。

3）最后以点 O 为圆心，OB、OC 为半径作同心圆弧，取 $\overset{\frown}{BF}=L$，连接 FO 交内圆弧于点 G，即得所求展开图。

螺旋盖的展开号料样板可用直接划样法制作。

（3）圆管展开

由样图（见图 2–163）可见，经板厚处理，圆管尺寸应为：最高点高度 h_3=688 mm–3.5 mm=684.5 mm，最低点高度 $h_2=h_3-h_1$=684.5 mm–（208.5–3.5）mm=479.5 mm，圆管直径应取 d_2=300 mm+3.5 mm=303.5 mm。由于圆管上端与螺旋盖相接，展开后为一斜线，因此使得整个圆管展开后为一直角梯形。直角梯形为简单易划图形，可以不做展开号料样板，仅划出圆管展开号料草图即可。圆管展开号料草图如图 2–165 所示。

（4）圆锥管展开

圆锥管的展开放样方法与前面所述简单容器结构——圆锥筒的展开放样方法相同。板厚处理方法见除尘器筒体结构放样图（见图 2–163），展开过程如图 2–166 所示。

（5）进口方管展开

进口方管虽四壁各不相同，但均为平板。因此，只要分别求出四壁的实形，即可完成进口方管的展开。

进口方管前壁处于正平面位置，结构放样图上已有其实形。这里只要按图样上的前壁实形做出展开号料样板即可。

进口方管顶壁、底壁、后壁的展开则需另划局部图才能完成，具体方法如图 2–167 所示。

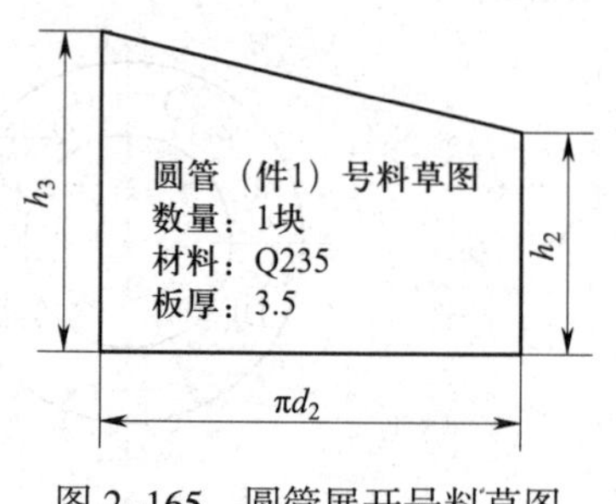

图 2–165　圆管展开号料草图

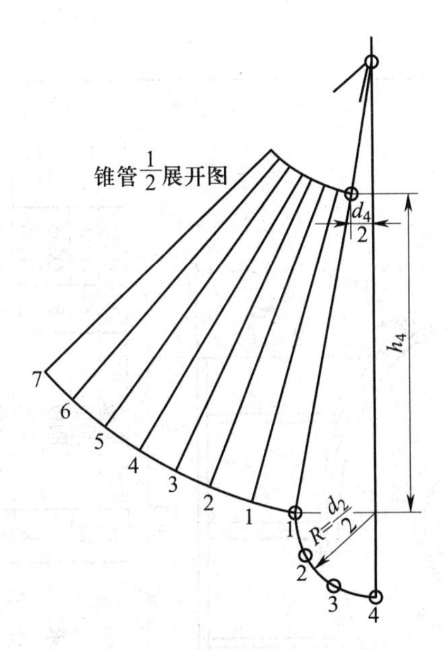

图 2–166　圆锥管展开过程

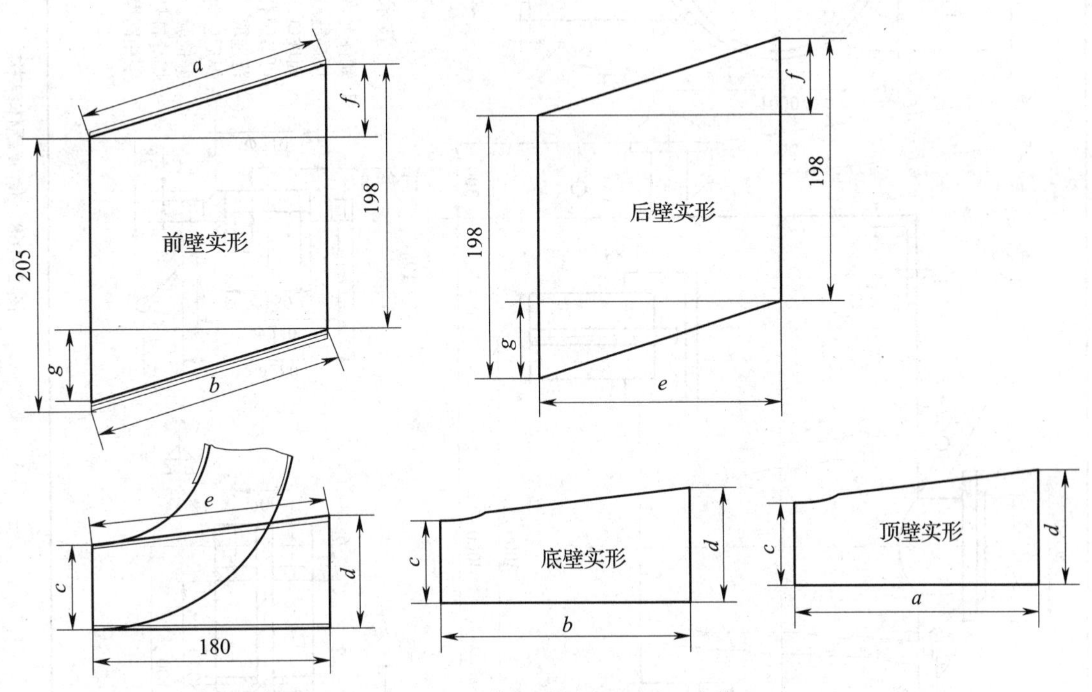

图 2–167　利用局部图展开进口方管

4. 检验

根据图样，详细复核图样尺寸，检验放样过程及各类样板、数据、草图。

子课题 3　储液罐体放样

某储液罐体结构如图 2–168 所示。

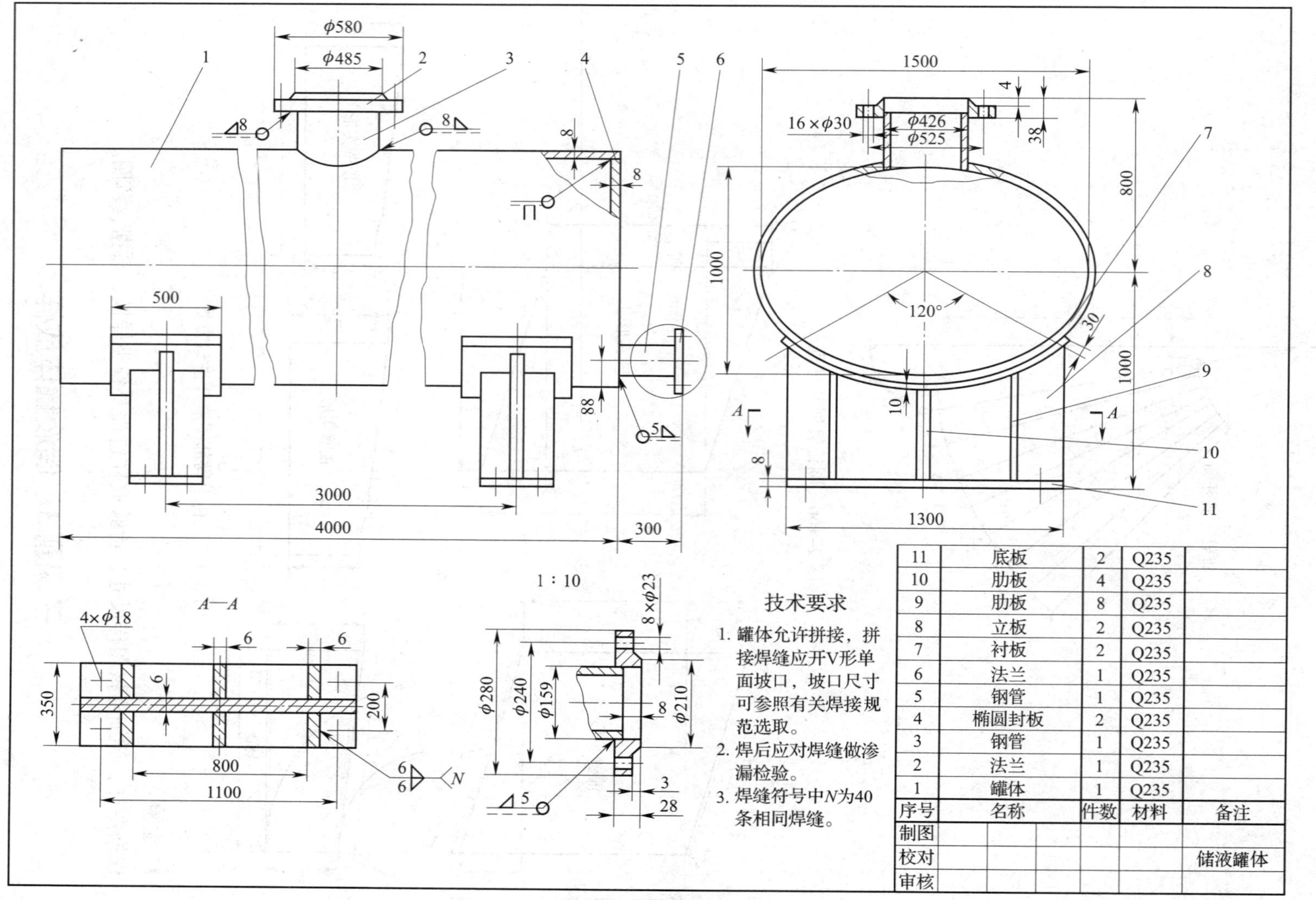

序号	名称	件数	材料	备注
11	底板	2	Q235	
10	肋板	4	Q235	
9	肋板	8	Q235	
8	立板	2	Q235	
7	衬板	2	Q235	
6	法兰	1	Q235	
5	钢管	1	Q235	
4	椭圆封板	2	Q235	
3	钢管	1	Q235	
2	法兰	1	Q235	
1	罐体	1	Q235	

制图				
校对				储液罐体
审核				

图 2-168　储液罐体结构

储液罐体属于低压容器，主要由罐体、椭圆封板、进料口、出料口和支架组成。罐体的成形及装配是该容器结构制作的主要工艺要求。

该构件与储气罐基本相同，也应采用先部件装配、焊接，再整体总装的装配方法。

部件划分：件 2 和件 3 组成部件 A；件 5 和件 6 组成部件 B；件 7、件 8、件 9、件 10、件 11 组成部件 C；件 1 和件 4 组成部件 D。

放样过程中，要进行结构处理和进料管的展开，同时制作各号料样板、罐体（大、小圆弧）的成形样板以及进料口与罐体的定位样板。

技能训练

储液罐体放样

一、操作准备

1. 准备放样平台。

2. 准备放样所用的工具。

二、放样步骤与方法

1. 确定放样划线基准

以罐体轴线和出料口所在椭圆封板端面为划线基准，如图 2–169 所示。

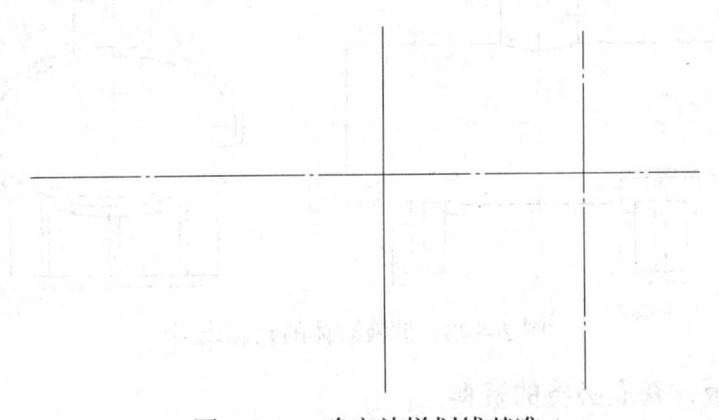

图 2–169　确定放样划线基准

2. 划出储液罐体的基本线型

用四心法划出椭圆。按图样尺寸划出罐体、支架、进料口、出料口的基本线型，如图 2–170 所示。

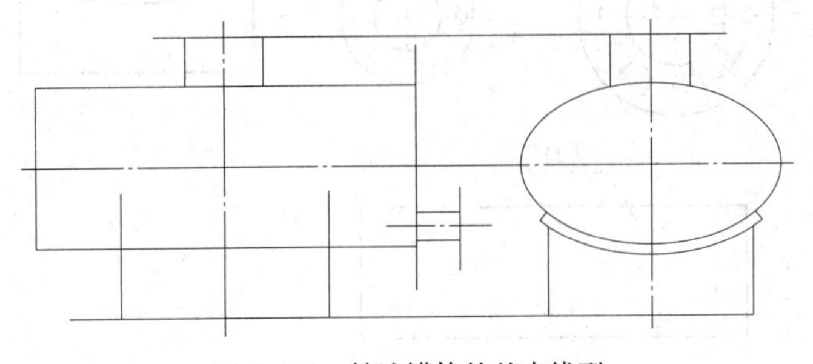

图 2–170　储液罐体的基本线型

3. 进行结构的工艺性处理

结构的工艺性处理主要有以下内容。

（1）进料口与法兰、进料口与罐体的结构处理如图 2–171 所示。

（2）出料口与平封头、出料口与法兰的结构处理如图 2–172 所示。

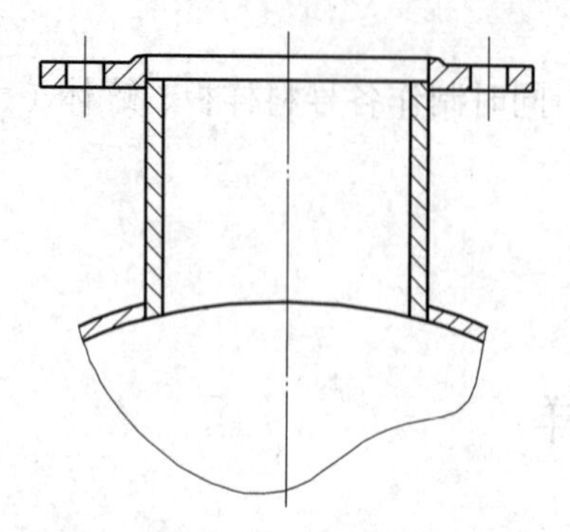

图 2–171　进料口与法兰、进料口与罐体的结构处理

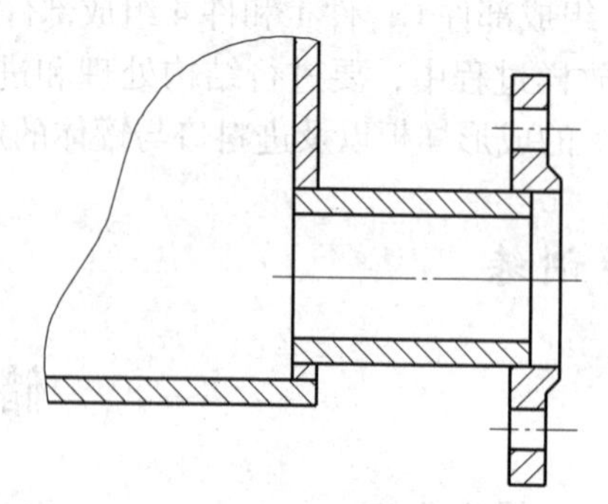

图 2–172　出料口与平封头、出料口与法兰的结构处理

4. 划出储液罐体的轮廓线型

按图样给定的尺寸划出储液罐体的轮廓线型，如图 2–173 所示。

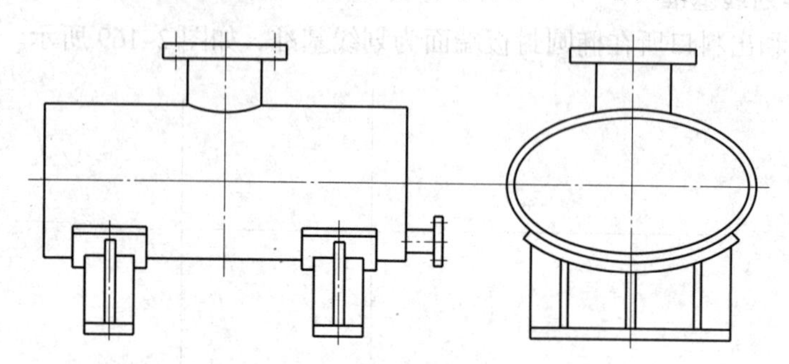

图 2–173　储液罐体的轮廓线型

5. 制作号料样板，获取必要的资料

（1）通过放样制作各零件的号料样板，如图 2–174 所示。

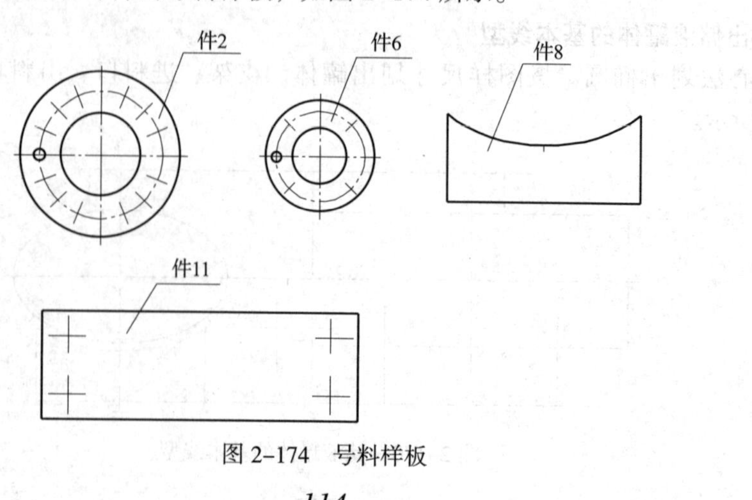

图 2–174　号料样板

（2）制作弯曲件成形样板。罐体大圆弧、小圆弧成形样板如图 2–175 所示。

（3）制作装配时的定位样板。进料口与罐体的定位样板如图 2–176 所示。

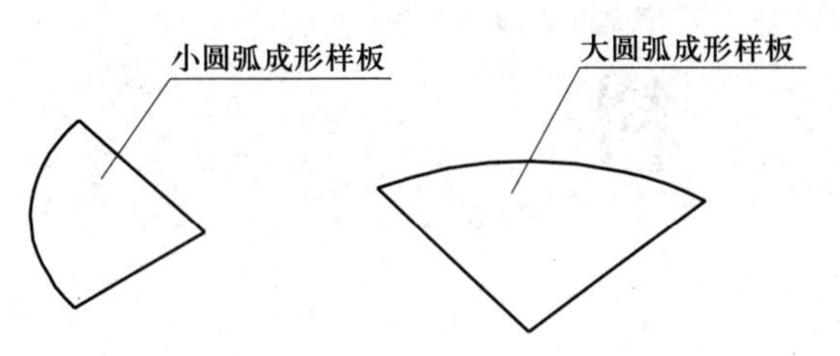

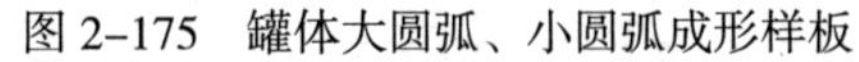
图 2–175　罐体大圆弧、小圆弧成形样板

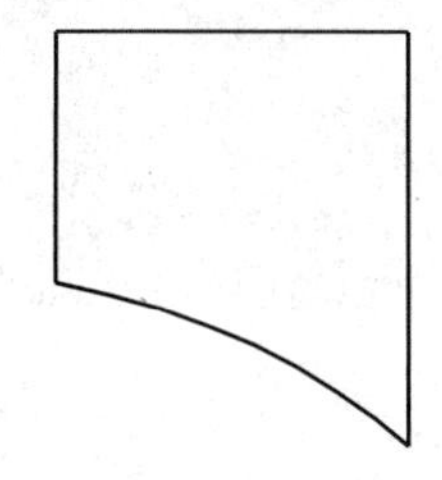

图 2–176　进料口与罐体的定位样板

三、注意事项

1. 识读图样时，要确定各处连接关系及各部位尺寸关系。

2. 要合理选择基准，这样可以避免放样误差。

第三单元

下　料

下料是指将零件或毛坯从原材料上分离下来的工序。冷作工常用的下料方法有剪切、冲裁、气割、等离子弧切割等；对于薄板下料，有时也可采用手工剋切的方法。

课题一　剪切

子课题1　机 械 剪 切

剪切是冷作工应用的主要下料方法，它具有生产效率高、剪断面比较光洁、能切割板材及各种型材等优点。

一、剪切设备

1. 常用的剪切机械

剪切机械的种类有很多，按结构形式不同分为龙门式斜口剪床、横入式斜口剪床、圆盘剪床、振动剪床、联合剪冲机床等，按传动形式分为机械传动剪板机和液压传动剪板机。其中，龙门式斜口剪床是钢板下料最常用的专用机械。

（1）龙门式斜口剪床

龙门式斜口剪床如图3–1所示，主要用于剪切直线切口。它操作简单，进料方便，剪切速度快，剪切材料变形小，剪断面精度高，所以在板料剪切中应用最为广泛。

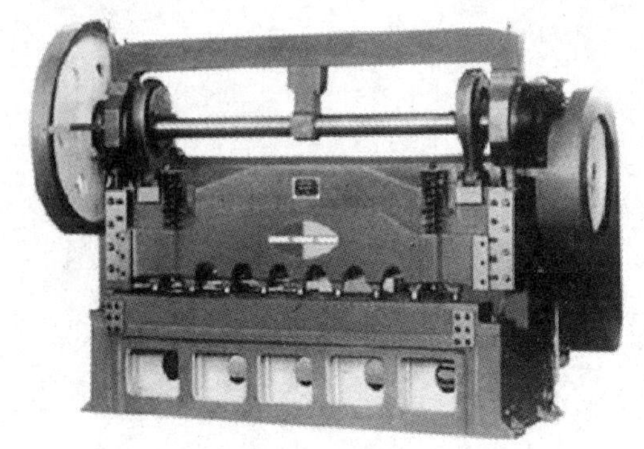

图3–1　龙门式斜口剪床

（2）横入式斜口剪床

横入式斜口剪床如图3–2所示，主要用于剪切直线切口。剪切时，被剪材料可以由剪口横入，并能沿剪切方向移动，剪切可分段进行，剪切长度不受限制。与龙门式斜口剪床相比，它的剪刃斜角 φ 较大，故剪切变形大，而且操作较麻烦。一般情况下，多用它剪切薄而宽的板料。

（3）圆盘剪床

圆盘剪床的剪切部分由上、下两个滚刀组成。剪切时，上、下滚刀做同速反向转动，材料在两滚刀间边剪切、边输送，如图 3–3a 所示。冷作工常用的是滚刀斜置式圆盘剪床，如图 3–3b 所示。

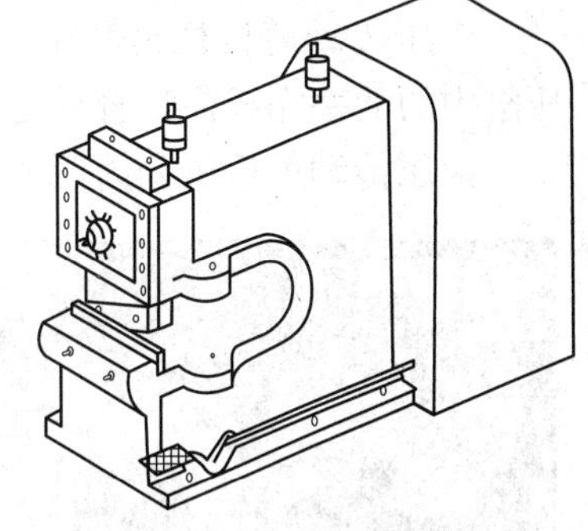
图 3–2　横入式斜口剪床

圆盘剪床由于上、下剪刃重叠较少，瞬时剪切长度极短，且板料转动基本不受限制，适用于剪切曲线切口，并能连续剪切。但被剪材料弯曲较大，边缘有毛刺，因此一般圆盘剪床只能剪切较薄的板料。

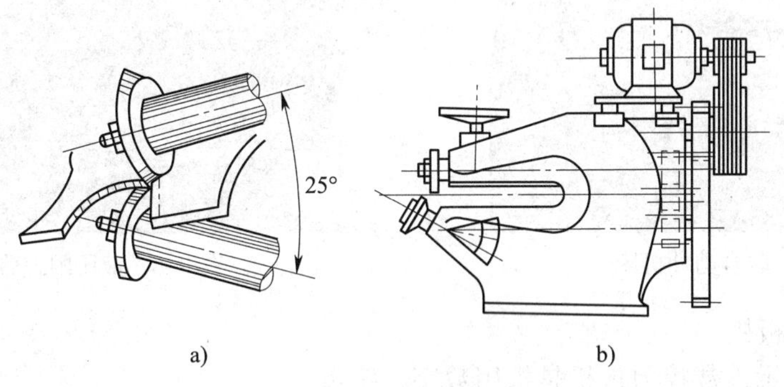

图 3–3　圆盘剪床

（4）振动剪床

振动剪床如图 3–4 所示，它的上、下刃板都是倾斜的，交角较大，剪切部分极短。工作时上刃板每分钟的往复运动可达数千次，呈振动状。

图 3–4　振动剪床

振动剪床可在板料上剪切各种曲线和内孔。但其刃口容易磨损，剪断面有毛刺，生产效率低，而且只能剪切较薄的板料。

（5）联合剪冲机床

如图 3–5 所示，联合剪冲机床通常由斜口剪、型钢剪和小冲头组成，可以剪切钢板和各种型钢，并能进行小零件的冲压和冲孔。

（6）液压传动剪板机

液压传动剪板机是利用小型电动机带动液压泵、液压阀等液压元件运动，从而带动液压缸中的活塞完成往复直线运动，进而带动上刀片运动而将板料切断。

液压传动剪板机分为摆式与闸式两种，如图 3–6 所示为液压闸式剪板机。

图 3–5　联合剪冲机床

图 3–6　液压闸式剪板机

（7）数控剪板机

如图 3–7 所示，数控剪板机是指用数字、字母和符号组成的数字指令来实现一台剪板机或多台剪板机动作控制的设备。数控剪板机一般采用通用或专用计算机实现数字程序控制，它所控制的通常是位置、角度、速度等机械量和与机械能量流向有关的开关量。

数控剪板机刃口间隙的调整由指示牌指示，调整轻便、迅速，设有灯光对线装置，并能无级调节上刀架的行程量，后挡料尺寸及剪切次数由数字显示装置显示。

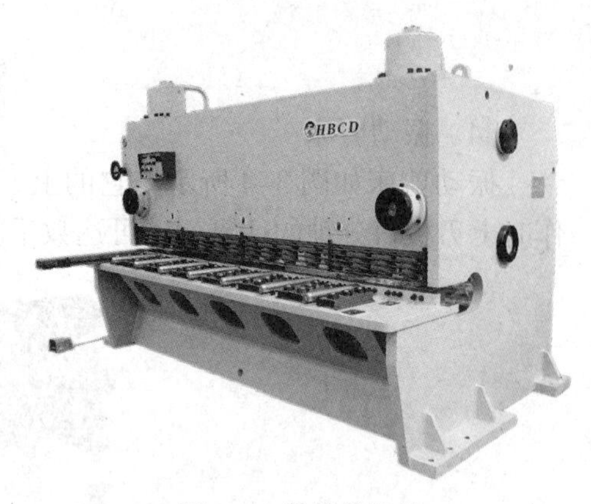

图 3–7　数控剪板机

2. 剪切机械的简单分析

作为剪切机械的操作者，应该具有对所用剪切机械进行简单分析的能力，这有助于掌握、改进剪切工艺方法，正确维护、保养和使用剪切机械。

（1）剪切机械的类型和技术性能

可根据结构形式初步判断剪切机械属于哪种类型，再对其型号所表示的意义做详细了解。

剪床的型号表示剪床的类型、特性及基本工作参数等。例如，Q11–13×2500 型龙门式斜口剪床的型号所表示的含义如下。

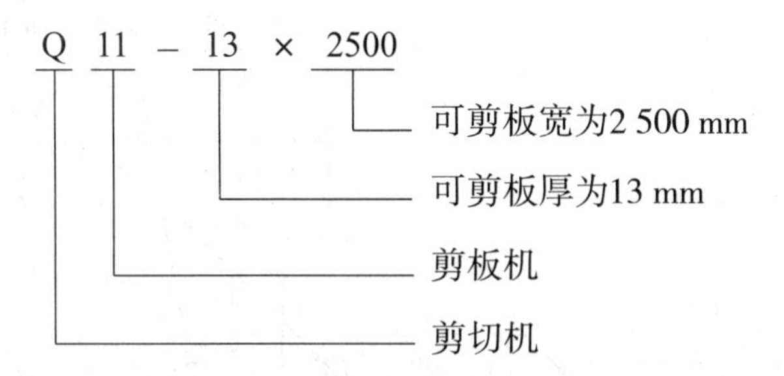

机床编号的国家标准已做了数次改动，因此，对于不同剪床型号所表示的含义，应根据剪床的出厂年代，查阅有关的国家标准。

各种类型剪切设备的技术性能参数通常制成铭牌钉在设备上，作为剪切加工的依据。在设备使用说明书上，也详细记载设备的技术性能。因此，只要参阅剪床铭牌或使用说明书即可了解其技术性能。

（2）剪切机械的传动关系

分析剪切机械的传动关系时，通常要利用其传动系统图。首先要在图中找出原动件和工作件的位置，然后按照原动件→传动件→工作件的顺序找出各部件间的联系，从而了解整个系统的传动关系。

如图 3–8 所示为 Q11–20×2000 型龙门式斜口剪床传动系统图。在这个系统中，电动机是原动件，曲轴连带滑块是工作件，其他均为传动件。

工作时，首先是电动机带动带轮空转，这时由于离合器处于松开位置，制动器处于闭锁位置，因此其余部分均不运动。踩下脚踏开关后，在操纵机构（图中未画出）的作用下，离合器闭合，同时制动器松开，带轮通过传动轴上的齿轮带动工作曲轴旋转，曲轴又带动装有上剪刃的滑块沿导轨上下运动，与装在工作台上的下剪刃配合进行剪切。完成一次剪切后，操纵机构又使离合器松开，同时使制动器闭锁，从而使曲轴停转。

图 3–8　Q11–20×2000 型龙门式斜口剪床传动系统图

1—齿轮　2—制动器　3—离合器　4—带轮　5—电动机　6—导轨　7—上剪刃　8—滑块　9—曲轴

在传动系统中，离合器和制动器要经常进行检查和调整，否则易造成剪切故障，如引起上剪刃自发地连续动作或曲轴停转后上剪刃不能回原位等，甚至会造成人身和设备事故。

（3）剪切机械的操纵原理

剪切机械的操纵机构主要是控制离合器，制动器的动作。分析剪床的操纵原理，就是要分析踩下脚踏开关后，操纵机构如何使离合器、制动器动作，从而完成一个工作循环。这种分析通常利用操纵机构示意图进行，若能在分析过程中与剪床上操纵机构的实际工作状况相对照，则更有助于理解。

如图 3–9 所示为 Q11–20×2000 型龙门式斜口剪床的操纵机构示意图。已知离合器与离合杠杆相连接，当杠杆逆时针转动时离合器闭合，反之则松开。制动器与连杆相连接，连杆向下运动时制动器松开，反之则闭锁。

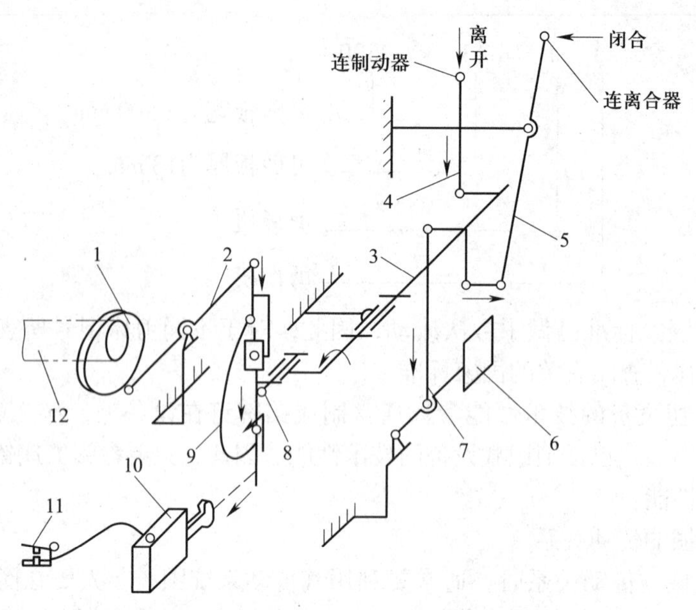

图 3–9　Q11–20×2000 型龙门式斜口剪床操纵机构示意图

1—凸轮　2—回复杠杆　3—主控制轴　4、7—连杆　5—离合杠杆　6—重力锤
8—启动轴　9—起落架　10—电磁铁　11—脚踏开关　12—剪床主轴

剪切时，踏下脚踏开关后，电磁铁将起落架和启动轴分离，重力锤通过连杆 7 使主控制轴做逆时针方向旋转。主控制轴的旋转又带动连杆 4 向下运动，离合杠杆绕支点逆时针转动，从而迫使制动器松开，使离合器闭合，剪床主轴开始旋转。这时抬起脚踏开关，则电磁铁因断电而不再起作用。随着剪床主轴的旋转，剪床主轴上的凸轮使回复杠杆运动，并带动起落架下落，重新与启动轴咬合。各部件上述动作方向如图 3–9 中箭头所示。

当剪床主轴旋转过 180° 后，回复杠杆开始带动起落架及启动轴上升，回复原位。而启动轴的上升又带动主控制轴顺时针方向旋转，并使连杆 4 向上运动，离合杠杆顺时针旋转，从而迫使离合器松开，制动器闭锁，剪床主轴停止转动，完成一个剪切工作循环。上述回复过程中，图 3–9 中各部件的运动方向与箭头所指方向相反。

（4）剪切机械的工艺装备

为满足剪切工艺的需要，剪切机械通常设置一些简单的工艺装备。如图 3–10 所示为一般龙门式斜口剪床的工艺装备情况。

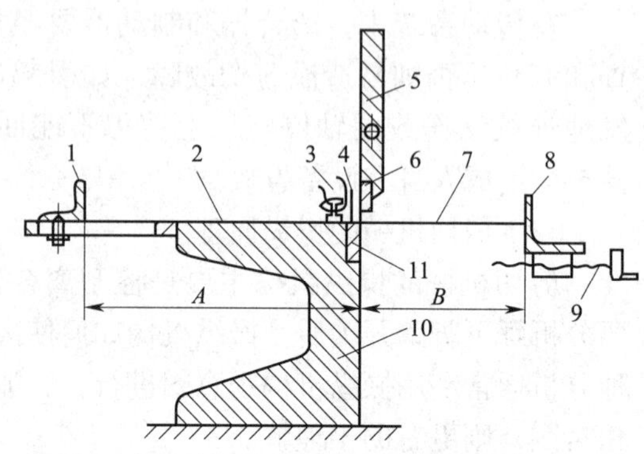

图 3–10　一般龙门式斜口剪床的工艺装备情况

1—前挡板　2—床面　3—压料板　4—栅板
5—剪床滑块　6—上刀片　7—板料　8—后挡板
9—螺杆　10—床身　11—下刀片

压料板可防止剪切时板料的翻转和移动，以保证剪切质量。压料板由工作曲轴带动，在上剪刃与板料接触前压住板料，完成自动压料；也可利用手动偏心轮等达到压紧目的，而成为手动压料式。栅板是安全装置，用来防止手或其他物品进入剪口而发生事故。前挡板和后挡板在剪切时起定位作用。在剪切数量较多、尺寸相同的零件时，利用挡板定位剪切，可提高生产效率并能保证产品质量。在床面上也可以

安装定位挡板。

有些企业结合具体情况，对自用剪床进行了设备改造，以提高自动化程度，如自动上料、下料，自动送进、定位（对剪切线）、压紧等。

二、剪切加工基础知识

剪切加工的方法有很多，但其实质都是通过上、下剪刃对材料施加剪切力，使材料发生剪切变形，最后断裂分离。因此，为了掌握剪切加工技术，就必须了解剪切加工中材料的变形和受力状况、剪切加工对剪刃几何形状的要求及剪切力的计算等基础知识。

冷作工在生产中使用较多的是图 3–11 所示的斜口剪。这里仅对斜口剪的剪切过程、剪切受力、剪刃几何参数等加以分析，并介绍剪切力的计算方法。

1. 剪切过程及剪断面状况的分析

剪切时，材料置于上、下剪刃之间，在剪切力的作用下，材料的变形和剪切过程如图 3–12 所示。

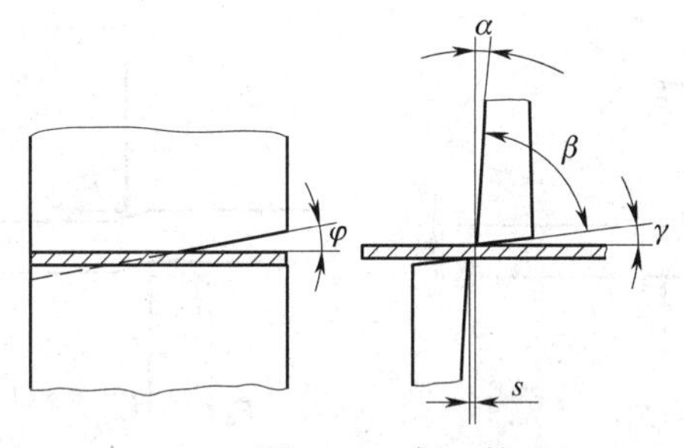

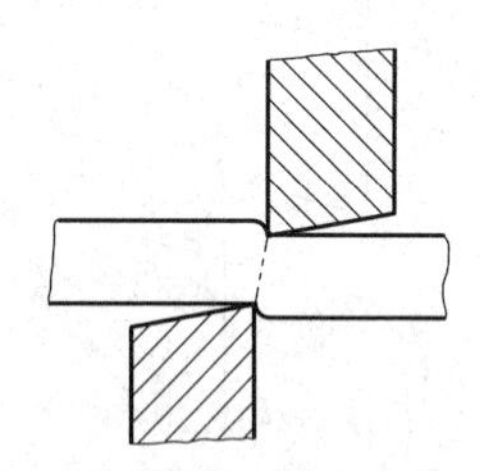

图 3–11　斜口剪

图 3–12　剪切过程

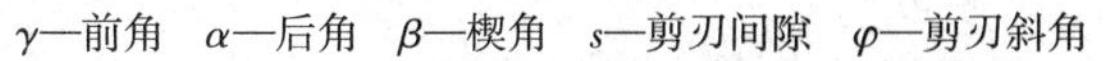
γ—前角　α—后角　β—楔角　s—剪刃间隙　φ—剪刃斜角

在剪刃刃口开始与材料接触时，材料处于弹性变形阶段。当上剪刃继续下降时，剪刃对材料的压力增大，使材料发生局部的塑性弯曲和拉伸变形（特别是当剪刃间隙偏大时）；同时，剪刃的刃口也开始压入材料，形成塌角区和光亮的塑剪区，这时在剪刃刃口附近金属的应力状态和变形是极不均匀的。随着剪刃压入深度的增大，在刃口处形成很大的应力和变形集中。当此变形达到材料极限变形程度时，材料出现微裂纹。随着剪裂现象的扩展，上、下刃口产生的剪裂缝重合，使材料最终分离。

如图 3–13 所示为材料剪断面，它具有明显的区域性特征，分为塌角、光亮带、剪裂带和毛刺四个部分。塌角的形成是当剪刃压入材料时，刃口附近的材料被牵连拉伸变形的结果；光亮带是由剪刃挤压切入材料时形成的，表面光滑、平整；剪裂带则是在材料剪裂分离时形成的，表面粗糙，略有斜度，不与板面垂直；而毛刺是在出现微裂纹时产生的。

剪断面上的塌角、光亮带、剪裂带和毛刺四个部分在整个剪断面上的分布比例，随材料的性能、厚度、剪刃形状、剪刃间隙和剪切时的压料方式等剪切条件的不同而变化。

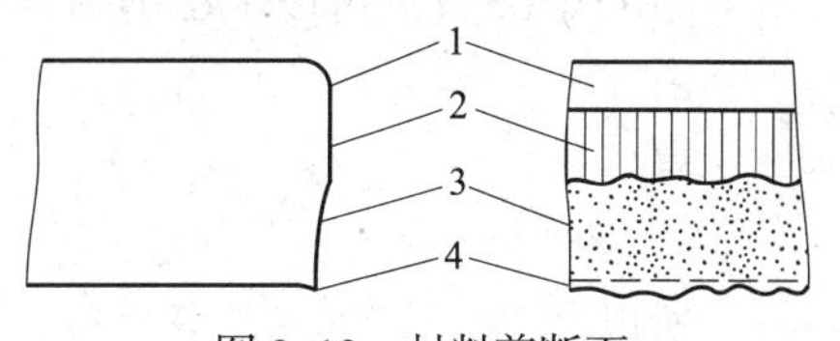

图 3–13　材料剪断面

1—塌角　2—光亮带　3—剪裂带　4—毛刺

剪刃刃口锋利时，剪刃容易挤压切入材料，有利于增大光亮带，而较大的剪刃前角可增大刃口的锋利程度。

剪刃间隙较大时，材料中的拉应力将增大，易产生剪切裂纹，塑性变形阶段较早结束，因此光亮带要小一些，而剪裂带、塌角和毛刺都比较大；反之，剪刃间隙较小时，材料中拉应力减小，裂纹的产生受到抑制，所以光亮带变大，而塌角、剪裂带等均减小。然而，间隙过大或过小均将导致上、下两面的裂纹不能重合于一线。间隙过小时，剪断面出现潜裂纹和较大毛刺；间隙过大时，剪裂带、塌角、毛刺和斜度均增大，表面极粗糙。

若将材料压紧在下剪刃上，则可减小拉应力，从而增大光亮带。此外，材料的塑性好、厚度小，也可以使光亮带变大。

综合上面分析可以得出，增大光亮带，减小塌角、毛刺，进而提高剪断面质量的主要措施是增大剪刃刃口的锋利程度，剪刃间隙取合理间隙的最小值，并将材料压紧在下剪刃上等。

2. 斜口剪剪切受力分析

根据图 3–11 所示的斜口剪剪刃的几何形状和相对位置，材料在剪切过程中的受力分析如图 3–14 所示。

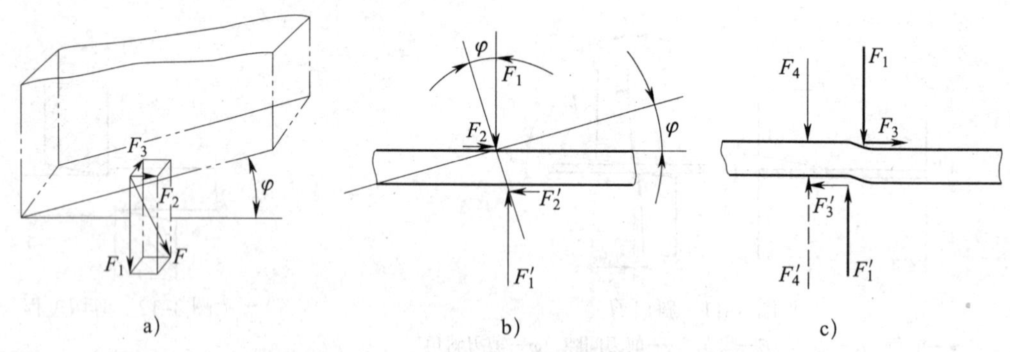

图 3–14　材料在剪切过程中的受力分析

由于剪刃具有斜角 φ 和前角 γ，使得上、下剪刃传递的外力 F 不是竖直地作用于材料，而是与斜刃及剪刃前面成垂直方向作用于材料。这样，在剪切中作用于材料上的剪切力 F 可分解为纯剪切力 F_1、水平推力 F_2 和离口力 F_3。图 3–14a 所示为剪切力的正交分解情况，图 3–14b、c 所示为剪切力正交分解后的两面投影。

在剪切过程中，由于剪刃斜角 φ 的存在，材料是逐渐被分离的。若 φ 增大，材料的瞬时剪切长度变短，可减小所需的剪切力；但从受力图（见图 3–14b）上又可看出，剪刃斜角 φ 增大，则纯剪切力 F_1 减小，而水平推力 F_2 增大，当 φ 增大到一定数值时，将因水平推力 F_2 过大，使材料从刃口中推出而无法进行剪切。因此，剪刃斜角 φ 的大小应以剪切时材料不被推出为极限。其受力条件为：

$$F_2 \leqslant 2F_1 f \tag{3–1}$$

式中　f——材料的静摩擦因数，一般钢与钢的静摩擦因数取 0.15。

由式（3–1）可以求出剪刃斜角 φ 的极限值：

由
$$F_2 = F_1 \tan\varphi$$
得
$$F_1 \tan\varphi \leqslant 2F_1 f$$
$$\tan\varphi \leqslant 2f = 0.30$$
所以
$$\varphi \leqslant 16°42'$$

同时，由于离口力 F_3 的存在，剪切材料待剪部分将有向剪断面一侧滑动的趋势。尽管

前角 γ 增大有利于使剪刃刃口锋利，但过大的前角将导致离口力 F_3 过大，从而影响定位剪切，这是必须限制前角 γ 的一个重要原因。

此外，由于水平推力 F_2 和离口力 F_3 的双向力的作用，在剪切过程中，被剪下的材料将发生弯扭复合变形，在宽板上剪窄条时尤其明显。因此从限制变形的角度看，剪刃斜角 φ 和前角 γ 也不宜过大。

从图 3–14c 还可以看出，由于存在剪刃间隙，且剪切中随着剪刃与被剪材料接触面的增大，而引起 F_1、F'_1 力作用线外移，这将对材料产生一个转矩。为不使材料在剪切过程中翻转，提高剪切质量，就需要给材料施以附加压料力 F_4，如图 3–14c 所示。

3. 斜口剪剪刃的几何参数

根据以上对剪切过程、剪断面状态和剪切受力情况的分析，并考虑实际情况与理想状态的差距，确定斜口剪剪刃几何参数如下。

（1）剪刃斜角 φ

剪刃斜角 φ 一般为 2° ~ 14°。对于横入式斜口剪床，φ 一般为 7° ~ 12°；对于龙门式斜口剪床，φ 一般为 2° ~ 6°。

（2）前角 γ

前角 γ 是剪刃的一个重要几何参数，其大小不仅影响剪切力和剪切质量，而且直接影响剪刃强度。前角 γ 一般为 0° ~ 20°，依据被剪切材料性质不同而选取。冷作工剪切钢材时，斜口剪的前角 γ 通常为 5° ~ 7°。

（3）后角 α

后角 α 的作用主要是减小材料与剪刃的摩擦，通常取 α=1.5° ~ 3°。前角 γ 与后角 α 确定后，楔角 β 也就随之而定。

（4）剪刃间隙 s

剪刃间隙 s 是为避免上、下剪刃碰撞，减小剪切力和改善剪断面质量的一个几何参数。合理的间隙值是一个尺寸范围，其上限值称为最大间隙，下限值称为最小间隙。剪刃合理间隙的确定主要取决于被剪材料的性质和厚度，其范围见表 3–1。各种剪切设备均附有很具体的间隙调整数据铭牌，可作为调整剪刃间隙的依据。

表 3–1　　剪刃合理间隙的范围

材料	间隙（以板厚的 % 表示）	材料	间隙（以板厚的 % 表示）
纯铁	6 ~ 9	不锈钢	7 ~ 11
软钢（低碳钢）	6 ~ 9	铜（硬态、软态）	6 ~ 10
硬钢（中碳钢）	8 ~ 12	铝（硬态）	6 ~ 10
硅钢	7 ~ 11	铝（软态）	5 ~ 8

4. 剪切力的计算

在一般情况下不需要计算剪切力，因为在剪床的铭牌上已标记出允许的最大剪切厚度。但剪床铭牌上所标记的最大剪切厚度通常是以 20 钢、25 钢、30 钢的抗剪强度为依据计算的，如果待剪切材料的强度高于（在一定范围内）或低于 20 钢、25 钢、30 钢时，则需要重新计算剪切力，以便确定可剪切板厚的极限值，避免损坏剪床。

（1）平口剪床剪切力的计算

平口剪床的剪切力可按下式计算：

$$F = KA\tau = Kbt\tau \tag{3-2}$$

式中 F——剪切力，N；

K——折算系数；

A——剪断面面积，mm^2；

τ——板料抗剪强度，MPa；

b——板料的宽度，mm；

t——板厚，mm。

折算系数 K 主要是考虑实际剪切中剪刃的磨损和间隙、材料的厚度及力学性能的波动等因素对剪切力的影响，通常取 K=1.2 ~ 1.3。

（2）斜口剪床剪切力的计算

斜口剪床的剪切力可按下式计算：

$$F = \frac{Kt^2\tau}{2\tan\varphi} \tag{3-3}$$

式中 K——折算系数，K 取 1.2 ~ 1.3；

t——板厚，mm；

τ——板料抗剪强度，MPa；

φ——剪刃斜角，(°)。

例 3–1 某斜口剪床，其剪刃斜角 φ 为 5°，最大剪板（Q235A 钢）厚度为 20 mm。试问该剪床能否剪切抗剪强度 τ =240 MPa、厚度为 22 mm 的铜板。

解：该剪床的剪切力 F_0 是按 Q235A 钢计算得出的，因此查手册取 Q235A 钢的抗剪强度 τ=340 MPa，取 K=1.2。由式（3–3）可知该剪床的最大剪切力为：

$$F_0 = \frac{Kt^2\tau}{2\tan\varphi} = \frac{1.2 \times 20^2 \times 340}{2\tan5°} \text{ N} \approx 932\ 692 \text{ N}$$

又设剪切该铜板所需剪切力为 F，则：

$$F = \frac{Kt^2\tau}{2\tan\varphi} = \frac{1.2 \times 22^2 \times 240}{2\tan5°} \text{ N} \approx 796\ 629 \text{ N}$$

可知：$F < F_0$。

结论：因为剪切该铜板所需的剪切力小于该剪床的最大剪切力，故能够剪切。

三、剪切加工对钢材质量的影响

剪切是一种高效率切割金属的方法，切口也较光洁、平整，但也有一定的缺点。钢材经过剪切加工，将引起力学性能和外部形状的某些变化，对钢材的使用性能造成一定的影响。主要表现在以下两个方面。

1. 窄而长的条形材料，经剪切后将产生明显的弯曲和扭曲复合变形，剪切后必须进行矫正。此外，如果剪刃间隙不合适，那么剪断面粗糙并带有毛刺。

2. 在剪切过程中，切口附近金属受剪切力的作用而发生挤压、弯曲复合变形，由此而引起金属的硬度、屈服强度提高，塑性下降，使材料变脆，这种现象称为冷作硬化。硬化区域的宽度与下列因素有关。

（1）钢材的力学性能。钢材的塑性越好，则变形区域越大，硬化区域的宽度也越大；

反之，材料的硬度越高，则硬化区域的宽度越小。

（2）钢板的厚度。钢板厚度越大，则变形越大，硬化区域的宽度也越大；反之，则越小。

（3）剪刃间隙 s。剪刃间隙越大，则材料受弯情况越严重，故硬化区域的宽度越大。

（4）剪刃斜角 φ。剪刃斜角 φ 越大，当剪切同样厚度的钢板时，如果剪切力越小，则硬化区域的宽度也越小。

（5）剪刃的锋利程度。剪刃越钝，则剪切力越大，硬化区域的宽度也越大。

（6）压紧装置的位置与压紧力。当压紧装置越靠近剪刃且压紧力越大时，材料就越不易变形，硬化区域的宽度也就越小。

综上所述，由于剪切加工而引起钢材冷作硬化的宽度与多种因素有关，是一个综合作用的结果。当被剪钢板厚度小于 25 mm 时，其硬化区域的宽度一般为 1.5 ~ 2.5 mm。

对于板边的冷作硬化现象，在制造重要结构或剪切后尚需冷冲压加工时，须经铣削、刨削或热处理，以消除硬化现象。

技能训练

剪切设备操作、维护与保养训练

一、操作准备

1. 操作者在操作前必须熟悉剪板机的主要结构、性能和使用方法。

2. 检查剪板机上的各种手柄、旋钮和按键等是否完好，电缆绝缘是否良好，如有损坏应及时更换或维修。

3. 检查剪板机上各种紧固螺栓有无松动现象。

4. 启动剪板机前，应检查油杯的油量、油质情况，并按设备的润滑规定加注润滑油或润滑脂。

二、操作步骤

1. 按照所剪钢板的厚度，调整好合理的剪刃间隙。

2. 调整好后挡板到下剪刃的距离，使其等于所剪钢板的宽度。

3. 启动剪板机并空转，在机器运行过程中，如发现有异常响声或其他不正常情况时，应立即停机，待问题排除后才能继续使用。

4. 将钢板送入剪口内并保证与后挡板靠紧。

5. 启动控制剪刃的开关以完成钢板的剪切工作。

6. 剪切结束，清理余料，擦拭机床。

机械剪切板料

一、操作准备

1. 材料的准备

剪切工件图如图 3-15 所示。

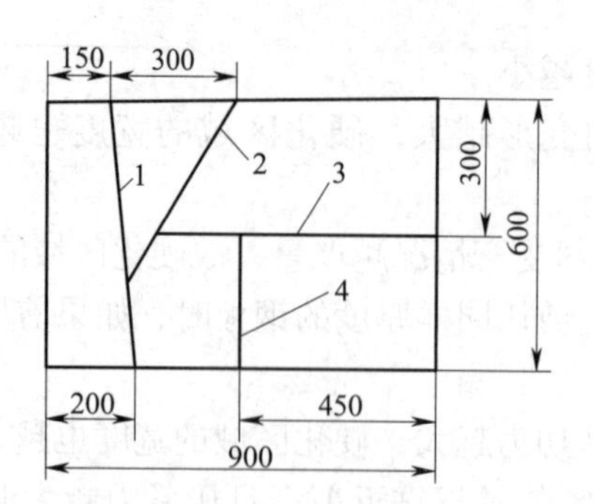

技术要求

1. 各种尺寸线长度公差为±1。
2. 两边垂直度公差为0.5/100。
3. 板料厚度t=10。

图 3–15　剪切工件图

按照图样准备一块尺寸为 900 mm × 600 mm × 10 mm 的钢板，材料为 Q235 钢。

2. 剪切设备的准备

本工件确定采用 Q11–20 × 2000 型龙门式斜口剪床剪切。检查剪切设备，保证剪床处于良好的工作状态。

二、操作步骤

1. 清理板面、划线

将钢板表面的灰尘、污垢、锈蚀等清除干净，然后按照剪切图样用石笔划出各条剪切线。

2. 剪切工艺特点分析

（1）本工件有多条剪切线，在用龙门式斜口剪床进行剪切时，其剪切顺序必须符合“每次剪切都能把板料分成两块”的原则。如图 3–15 所示的工件可按剪切线序号（图中的数字）进行剪切。

（2）因板料面积较大，剪切时不能一人单独操作，可安排三人配合作业。这时应指定一人指挥，使三人的动作协调一致。

（3）在龙门式斜口剪床上剪切工件时，有多种工件对线定位方法，可灵活运用。为掌握多种对线定位方法，本工件对线采取以下几种方法。

1）第一条剪切线，以直接目测对正法或灯影对正法剪切。

2）第二条剪切线，以角挡板对正法剪切。

3）第三条剪切线，以后挡板对正法剪切。

4）第四条剪切线，以前挡板对正法剪切。

3. 根据剪切材料的性质、厚度，检查并调整剪刃间隙

若剪床附有剪刃间隙调整数据表，应根据数据表调整剪刃间隙，否则可参照表 3–1 确定剪刃间隙。

本工件剪刃间隙经查表确定为 0.6 ~ 0.9 mm。

4. 检查、确认

检查并调整好剪刃间隙后，可开动空车运转，确认设备工作状态良好，方可上料。上料前，应将板料表面清理干净，并检查剪切线是否清晰、无误。

5. 完成板料剪切

（1）剪切线 1

将板料置于剪床床面上，推入剪口，目测剪切线两端，使其对正下剪刃刃口（见图 3–16）。然后，操作者双手撤离剪口至压料板之外，按下或用脚踩下开关，剪断板料。

另外，也可利用灯影线进行对线，即在上、下剪刃的正上方设置两个光源，利用灯光在板面上形成明、暗分界线，调整钢板，使划线恰好与明、暗分界线重合，即表示刃口与剪切线对齐，如图 3–17 所示。

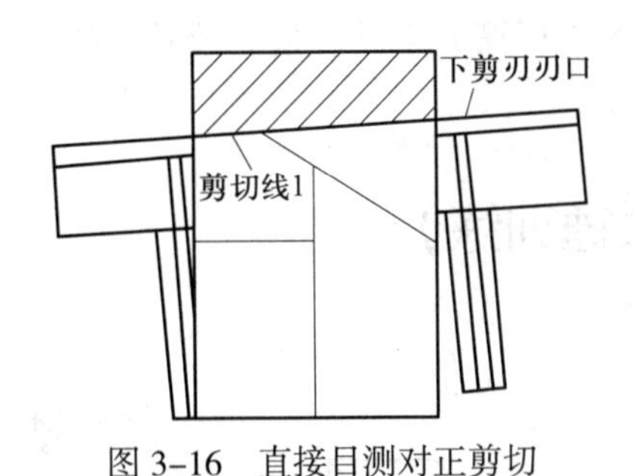

图 3–16　直接目测对正剪切

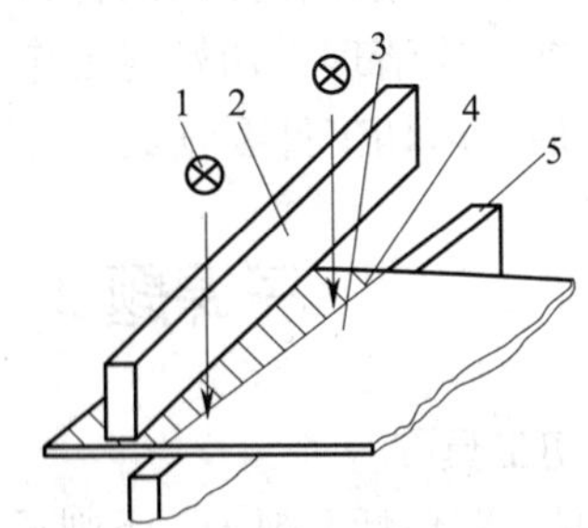

图 3–17　利用灯影线对正剪切线

1—光源　2—上剪刃　3—钢板　4—灯影线　5—下剪刃

（2）剪切线 2

调整、固定好角挡板，并以挡板为定位基准，将板料在剪床上放好，沿剪切线 2 剪断板料，如图 3–18 所示。

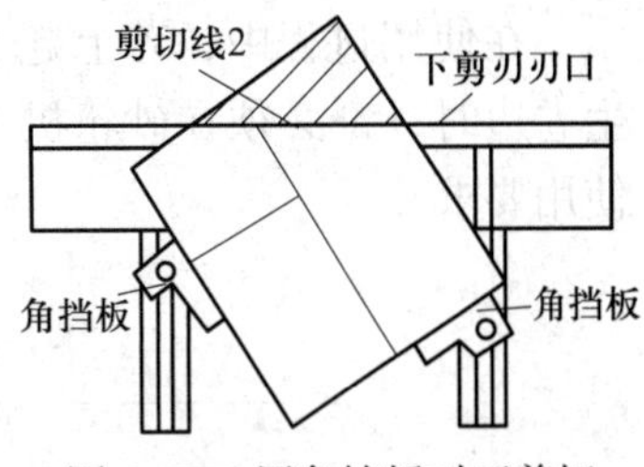

图 3–18　用角挡板对正剪切

（3）剪切线 3

以后挡板定位沿剪切线 3 剪断时，后挡板的位置可通过以下两种方法确定。

1）用钢直尺直接测量。使上、下剪刃刃口至后挡板面的距离等于欲剪下部分板料的宽度。后挡板固定后要复检，以确保定位准确。

2）样板定位法。把与欲剪材料等宽的样板置于下剪刃刃口与后挡板之间，以确定后挡板位置。后挡板位置确定后，即可以其定位，沿剪切线 3 剪断板料，如图 3–19 所示。

（4）剪切线 4

以前挡板定位沿剪切线 4 剪断时，确定前挡板位置的方法与确定后挡板位置的方法相同，如图 3–20 所示。

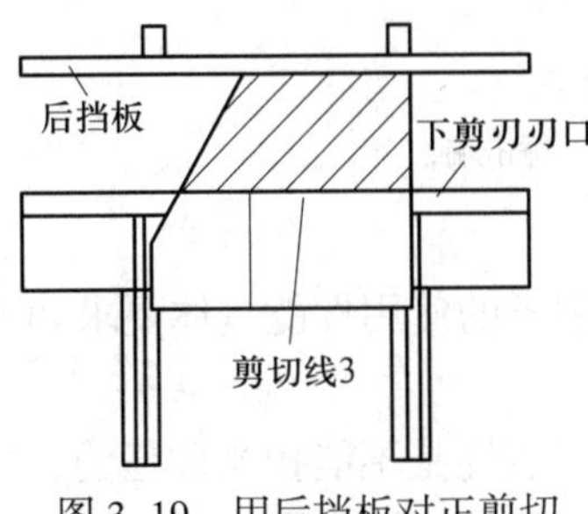

图 3–19　用后挡板对正剪切

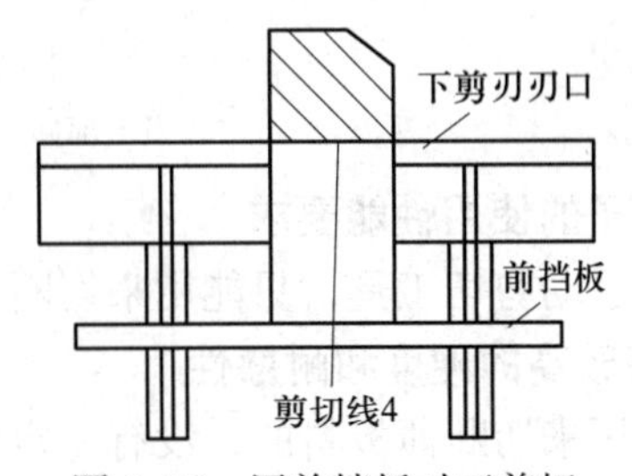

图 3–20　用前挡板对正剪切

6. 质量检查

（1）测量剪切工件各部位尺寸，应符合图样要求。

（2）检查板料剪断面质量。

三、注意事项

1. 开动剪床前，应对剪床各部位进行认真检查，并加注润滑油。启动开关后，应检查操纵装置及剪床运转状态是否良好，确认正常后方可使用。

2. 剪切作业时精力要集中。多人操作时，剪切开关要由专人操纵，严禁把手伸入剪口。

3. 不得剪切过硬或经淬火的材料。

4. 剪切前，应清理一切妨碍工作的杂物。剪床床面上不得摆放工具、量具及其他物品。

5. 工作后，剪切工件要摆放整齐，并清理好工作现场。

子课题 2　剋切（含打大锤训练）

一、剋切工具

剋切工具主要包括上剋子、下剋子。下剋子可根据实际情况利用废剪刃片或钢轨加工而成，如图 3–21 所示。

上剋子多经锻制而成，材质一般选取碳素工具钢，如图 3–22 所示。上剋子在使用前应按图 3–22 所示的标准几何形状和尺寸修磨好。

在使用过程中，若上剋子刃部变钝、破损及顶部产生卷边时，都必须在砂轮机上修磨，使刃部及顶部符合使用要求。

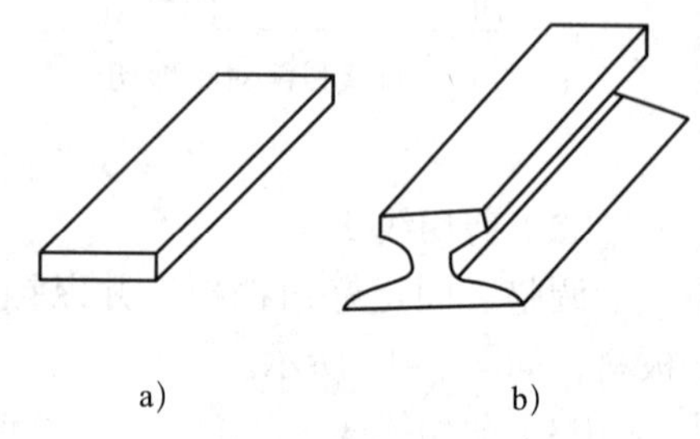

图 3–21　下剋子

a）废剪刃片　b）用钢轨制成的下剋子

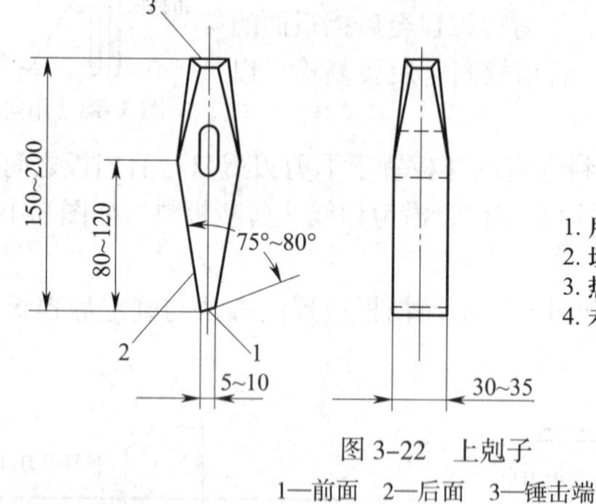

技术要求

1. 用碳素工具钢锻制坯件。
2. 坯件经修磨成形。
3. 热处理硬度为50~56HRC。
4. 未注尺寸按自由锻处理。

图 3–22　上剋子

1—前面　2—后面　3—锤击端

二、剋子的使用性能要求

剋子是手动剪切工具，只能用来切断薄板料。剋子的使用性能具体要求如下。

1. 要有较高的硬度和耐磨性

剋子是用来切断薄板料的，没有一定的硬度和耐磨性是不能担当此任的，只有具有较高的硬度，才能将板料切断。良好的耐磨性能够保证剋子的使用寿命。

2. 要有良好的韧性

剋子是承受冲击载荷的，因此，要求它必须具有良好的韧性，要有硬而不脆的效果。

3. 要有一定的使用寿命

剋子在使用过程中必然有磨损，出现刃部磨钝、不锋利的现象。应该说，从剋子开始使用到出现上述现象的时间越长越好，即要求剋子应具有一定的使用寿命。

三、剅子的淬火方法

剅子的淬火是按照热处理工艺中的淬火工艺要求来进行的。淬火时，首先将剅子加热到 800 ℃左右，然后在水中快速冷却，完成淬火操作，紧接着进行回火，其目的是消除淬火应力，稳定组织并提高韧性，以满足剅子的使用性能要求。

技能训练

打大锤训练

打大锤是冷作工的一项基本功，不仅在手工操作中发挥很大作用，而且在机械化作业中也常用来完成一些辅助工作。作为冷作工，必须熟练掌握左、右撇打大锤技术。下面以右撇打大锤为例介绍打大锤技术，左撇打大锤的各项技术动作只是方向相反，可参照对比训练。

一、训练场地及器材

冷作工进行打大锤训练时，在训练场安置锤桩，以大锤击打锤桩来练习打大锤技术。训练场地应宽阔、平整，场地中不应有任何妨碍训练的杂物。场地的大小可视参加训练的人数而定，一般每个锤桩可同时供 2 ~ 3 人训练，各锤桩间间距至少为 5 m。

打大锤训练应用的工具和器材如下。

1. 大锤

大锤如图 3–23 所示，训练者训练时可视体力情况选质量为 3.6 kg 或 2.7 kg 的锤头。

2. 锤桩

锤桩由一合适直径的钢棒铸入铸铁底座构成，如图 3–24 所示。锤桩的高度最好与训练者的身高相适应，一般以 800 ~ 1 000 mm 为宜。

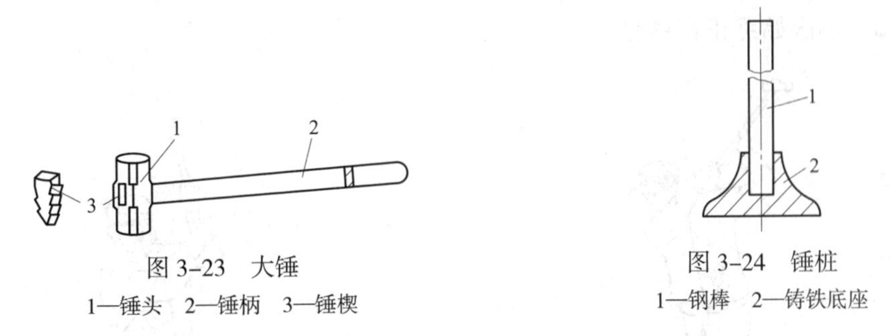

图 3–23　大锤

1—锤头　2—锤柄　3—锤楔

图 3–24　锤桩

1—钢棒　2—铸铁底座

此外，还应准备斧子、木锯、冲头、楔钉等，用于装换或修理锤柄。

在正式训练前，要学会安装锤柄。选择锤头时，主要看其孔眼是否端正，大小是否适宜。选择锤柄时，既要看它整体是否平直，还要看它的木纹是直的还是斜的，斜向木纹的锤柄因受震易断，不宜选用。锤柄的长度一般为 900 ~ 1 000 mm。

选择好锤头、锤柄后，用斧子将锤柄方形端（无方形端的，选较粗的一端）的一段砍削成与锤头孔眼相适应的形状和尺寸，然后将锤柄紧密打入锤头的孔眼，并在装入锤头孔眼的锤柄端头钉入一两枚楔钉，使两者接合更牢固。

二、抱打大锤训练

抱打大锤是指用大锤击打工件后，再沿落锤运动轨迹将大锤举起的打锤方法。抱打大锤的技术动作可分解如下。

1. 预备

打锤前，训练者面对锤桩站立，站立位置与锤桩间的距离和锤柄长度相等，如图 3–25 所示。然后，左脚后撤半步，两脚略呈八字自然开立，张开角度为 40° ~ 60°，以左手虎口在上握住锤柄后端，右手握在锤柄中间，两手之间距离为 300 ~ 500 mm，将锤头正置于锤桩上。同时，腰身自然下弯，双膝微屈，形成抱打大锤的预备姿势，如图 3–26 所示。

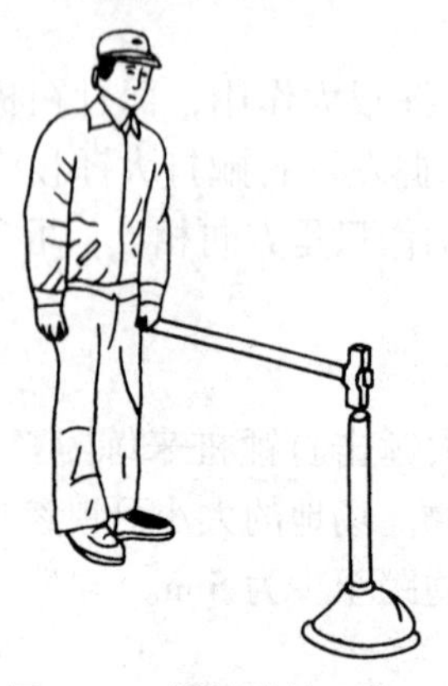

图 3–25　训练者站立位置

图 3–26　抱打大锤的预备姿势

2. 起锤

起锤时，腰身挺起，双腿站直，带动双臂将锤举起，如图 3–27 所示，身体向右后方扭转，使左肩对着锤桩，两手握锤柄随腰身的扭转尽量后送，左臂绕颈部在颌下屈成 90° 左右，手腕反扣，使锤头放平；右臂也屈成 90°，并使右大臂与肩平；同时，整个身躯成一直线略向前倾，两眼始终正视锤桩。

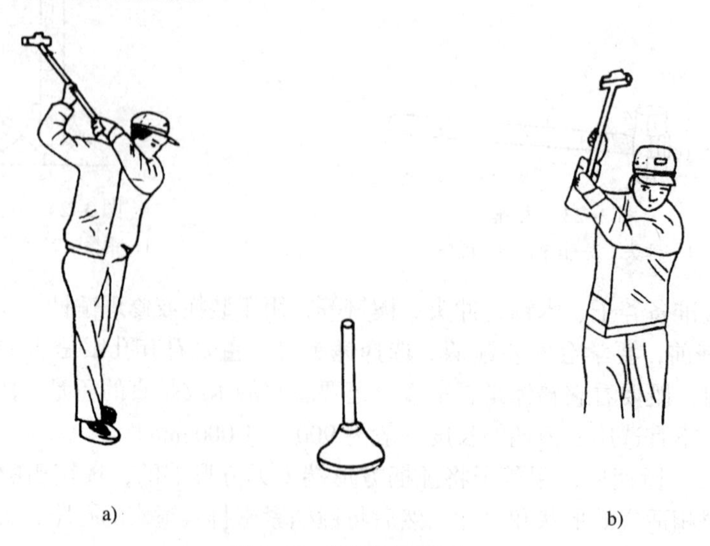

图 3–27　抱打举锤姿势
a）侧面姿势　b）正面姿势

3. 落锤

落锤时，舒展的腰身回收与双臂同时发力带动大锤下落击打锤桩。这时要求锤头必须以整个锤面与锤桩的被打击面接触，以保证将来大锤击打工件时落锤平稳，不损伤工件表面。锤落下后的身体姿势与预备姿势相同。

上述技术动作分解训练后，便可将其连贯起来练习。整套动作应达到身体站立稳定、锤击点准确、落锤有力的要求。

还需指出，抱打大锤时，无论举锤或落锤，锤头应始终绕肩关节做圆弧运动，而不能在头上绕过。

抱打大锤技术是其他打锤方法的基础，应适当多安排训练时间，分别以左、右撇打法反复训练，并要注意及时纠正错误动作，使技术动作正确定型。

三、抡打大锤训练

抡打大锤是指在打锤时大锤起落的运动轨迹绕肩关节形成封闭曲线的打锤方法。常用的抡打大锤方法有竖向抡打（又称上下架抡打）和横向抡打（又称旁架抡打）两种。

1. 竖向抡打

竖向抡打是指锤头自上而下运动的抡打方法。竖向抡打（右撇）的预备姿势如图 3–28 所示，两脚站立位置与抱打时正好相反，左脚在前，右脚在后，略呈外八字自然开立。其握锤方法和身体姿势则与抱打大锤相同。

起锤时，两手握锤自然下垂（以求省力）并靠近身体一侧，以右肩关节为轴将锤从前下方送到身后上方，直至举起，如图 3–29 所示。

图 3–28　竖向抡打（右撇）的预备姿势

图 3–29　竖向抡打举锤姿势

在抡打举锤及落锤动作中，除两脚前后位置与抱打有区别外，其他动作及要求与抱打基本相同。

竖向抡打大锤在以后的生产实习及工作实践中应用最多，也是打大锤训练的重点。

2. 横向抡打

横向抡打是指以大锤横向击打工件的抡打方法。进行横向抡打训练时，要预先将锤桩横置固定，一般是将底座大部分埋入地下。

横向抡打的技术动作可分解为预备、起锤、落锤三个步骤。

（1）预备

横向抡打的预备姿势如图 3–30 所示，训练者站在锤桩的一侧，双脚略呈外八字自然开立，横向抡打站立方位如图 3–31 所示。双腿微屈，腰身稍躬，双手握锤柄使锤头正抵锤桩，此时站立位置应远近适宜。

图 3–30　横向抡打的预备姿势

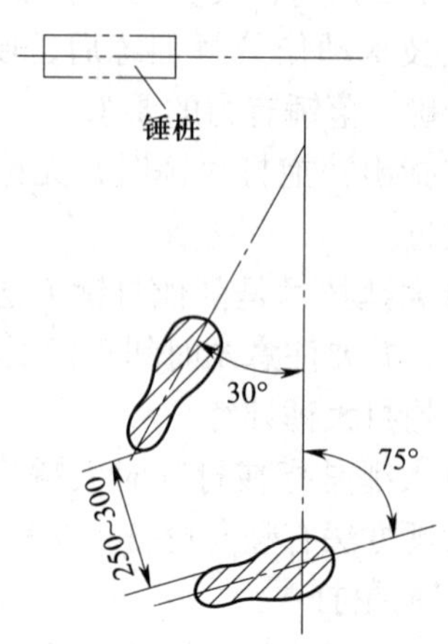

图 3–31　横向抡打站立方位

（2）起锤

起锤时，身体先站立带动双臂握锤贴着身体外侧，将锤从前下方送至身后上方举起。举锤姿势与竖向抡打基本相同，如图 3–32 所示。这时面部不再正对锤桩，但仍要以双目注视锤桩。

（3）落锤

落锤时，要屈腿、收腰且身体回转，同时右臂下沉使大锤成横扫之势，腰、腿、手臂共同用力于锤去击打锤桩。为保证锤头与锤桩的端面接触良好，锤的下落轨迹后段应与锤桩几乎处于同一条直线上，如图 3–33 所示。

图 3–32　横向抡打站立姿势

图 3–33　横向抡打落锤动作

四、注意事项

1. 训练场地上不得有妨碍训练的杂物，训练者脚下应平整，以便于站立。

2. 锤桩应放置稳固，相邻锤桩间应有足够的间距。锤桩被打击面上的飞边、毛刺应及时除掉，以免在锤打时飞出伤人。

3. 打锤前应检查锤柄装得是否牢固，并环顾身前、身后是否有人，以免挥锤伤人。

4. 打大锤时不许戴手套，以防大锤脱手飞出。

5. 两人或三人共用一个锤桩时，不得相对站立，并需预先明确落锤顺序，有节奏地共同练习。

修 磨 剋 子

一、操作准备

1. 设备的准备

普通立式砂轮机一台。

2. 修磨剋子用品的准备

（1）剋子。

（2）钢直尺。

（3）楔角样板。

（4）冷却水槽。

二、修磨的步骤与方法

1. 修磨剋子的后面

修磨时，双手握住剋子，在砂轮机正面上磨削，如图 3–34a 所示。为使剋子的后面磨得平整，磨削时应将剋子贴着砂轮面做上下、左右平稳的移动。

2. 修磨剋子的前面

剋子后面修磨好后，要正确磨削前面，来保证剋子准确的楔角。磨削时，双手握住剋子置于砂轮正面，使剋子后面与砂轮磨削点的切线间夹角为 75° ~ 80°（见图 3–34b）。同时，注意使剋子平稳地上下、左右略做移动，而且剋子对砂轮的压力不要过大。为避免剋子刃部在磨削中过热而退火，可经常将剋子浸入水中冷却。

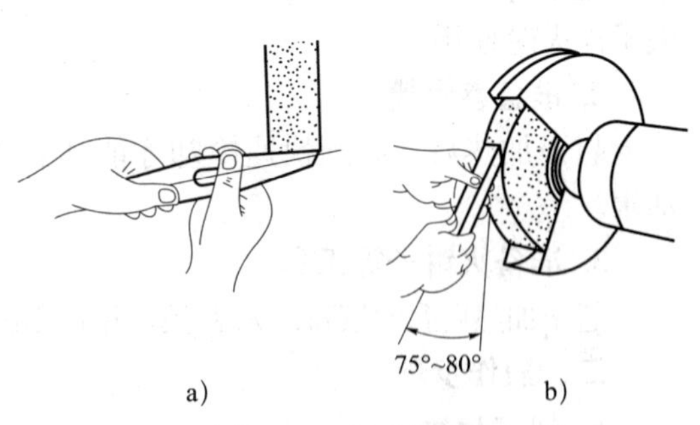

图 3–34　剋子的修磨

a）修磨剋子的后面　b）修磨剋子的前面

3. 剋子的整体修磨

锻制而成的上剋子整体形状未必很规整，要按照标准形状进行修磨。

4. 剋子修磨后的质量检查

（1）检查剋子后面的平直度时，用钢直尺立放在剋子后面上（见图 3–35），并举至与眼睛平行的位置，对着光亮处观察，看钢直尺与剋子后面是否严实贴合，以此来判断剋子后面的平直度。

（2）目测刃口及前面是否平直，并检查有无粗糙磨削痕迹及退火现象。

（3）用样板检查剋子的楔角，如图 3–36 所示。

三、安全与注意事项

1. 使用砂轮机前，应首先检查砂轮有无裂纹，支架与砂轮的间隙（约为 3 mm）是否合适，若不合适要调整好。砂轮有裂纹必须更换，以免在磨削过程中因砂轮破碎或工件卡入而发生事故。

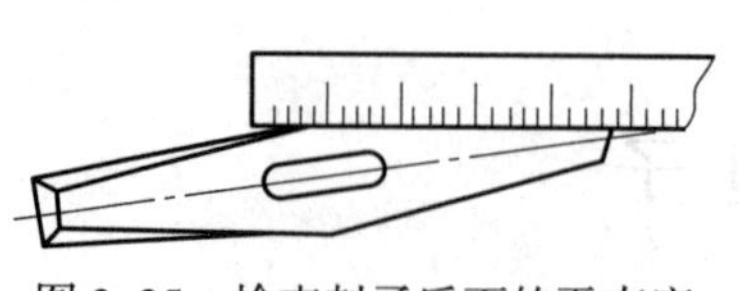

图 3-35　检查剋子后面的平直度

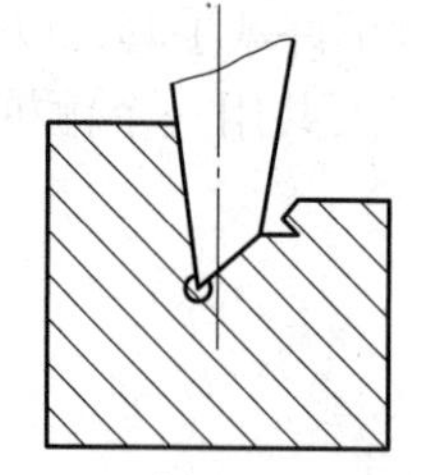

图 3-36　用样板检查剋子楔角

2. 砂轮机启动后，要待其正常运转后再使用。磨削时，操作者应站在砂轮机的侧面，而不能正对砂轮机站立。

3. 刃磨时要戴好防护眼镜。

剋子淬火

一、操作准备

1. 准备焦炭炉和焦炭

剋子淬火前必须先进行加热，所以事先就应该焊制一个焦炭炉并准备一些焦炭，以备剋子淬火时使用。

2. 准备盛水槽

剋子加热后，必须快速冷却才能达到淬火的目的，所以应该准备一个盛水槽并装好冷却水。

3. 准备火钳子等工具

剋子加热后温度较高，无法直接用手接触，只能用火钳子夹持剋子，所以应准备好火钳子。

二、操作步骤

1. 剋子加热

将剋子竖直放在焦炭炉中，其切削刃部稍埋入焦炭中。当剋子的切削刃部高 20 ~ 30 mm 范围加热至 770 ~ 800 ℃（樱红色）时，用火钳子将剋子从炉中取出。

2. 淬火过程

剋子的淬火过程分为淬火和余热回火两个阶段。淬火时，将从炉中取出的剋子迅速垂直放入水中 5 ~ 8 mm 深，并沿水面缓缓移动，以加速冷却，提高淬火硬度，并使淬硬部分与不淬硬部分无明显界线，以防断裂。

3. 回火

当剋子露出水面的部分刚呈黑色时，由水中取出，利用上部余热回火（相当于低温回火）。这时，要注意观察剋子刃部的颜色。一般刚出水时剋子刃部的颜色为白色，刃口的温度逐渐上升后，颜色也随之改变，由白变黄，再由黄变蓝。当刃部呈现黄色时，将剋子全部放入水中冷却，这种回火温度称为“黄火”；当剋子刃部呈现蓝色时，将剋子全部放入水中冷却，这种回火温度称为“蓝火”。实践证明，冷作工所使用的剋子一般采用介于“黄火”和“蓝火”之间的回火温度时，剋子的硬度及韧性即符合要求。

4. 检查硬度

（1）用一把六七成新的中齿平锉沿着剋子的前面稍加压力向前推进，如果感到有一定的阻力，并有铁屑锉下，则硬度不够；若感到很光滑，响声清脆，无铁屑锉下，则硬度合适。

（2）手握剋子的顶部，以剋子刃口在废钢板边缘砍下，若刃口无损伤，表明剋子硬度、韧性适宜；如有崩裂则表明剋子太硬；若刃口下凹变形，说明其硬度不足。

三、注意事项

1. 剋子加热时应保证内、外温度一致，所以当剋子的表面温度将要达到预定加热温度时，应改为缓火焖烧，以求剋子内、外温度均匀。

2. 剋子淬火的冷却水应用清水，水温一般在 15 ℃左右。

3. 剋子在回火阶段其刃部的颜色变化较快，要注意观察，不可错过时机。有时为了方便观察，需要将剋子表面的一层氧化皮除掉。

剋 切 板 料

一、操作准备

1. 场地的准备

工作场地要求宽敞、整洁。

2. 材料的准备

板料尺寸为 500 mm × 300 mm × 2 mm，材质为 Q235 钢。

3. 工具的准备

剋子、4 kg 大锤、钢直尺、划规和划针、样冲、木锤、0.75 kg 锤子、工作平台。

二、操作步骤

1. 根据图样划线

根据图样划线，剋切工件图如图 3–37 所示。

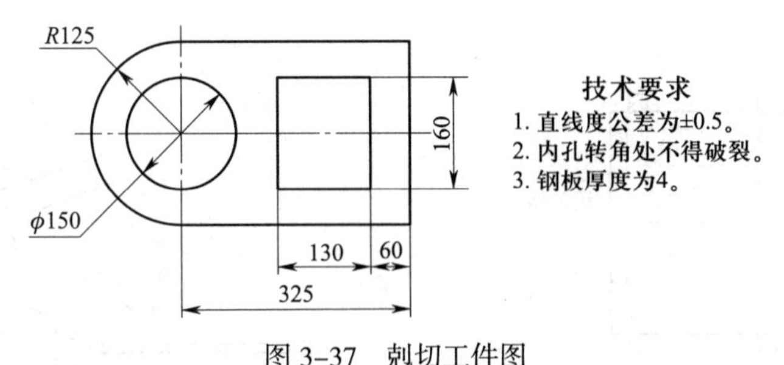

图 3–37　剋切工件图

2. 剋切工艺特点分析

（1）剋切顺序

对于较复杂的剋切件，合理安排工艺步骤对提高剋切质量影响极大，一般采取先外后内、先直后弧、先短后长的剋切顺序。

（2）剋切件的放置

若剋切件尺寸较大或剋切件转动后不利于扶持时，为保持工件平稳，可在下剋子旁边放置垫板支撑，但要保证板料与下剋子上平面贴合。

（3）操作者的站位及姿势

剋切作业主要由掌剋者及打锤者配合完成，其站位及姿势如图 3–38 所示。掌剋者自然下蹲，左手将板料平放在下剋子上，右手持上剋子，眼睛注意观察，使剋刃对准剋切线；打锤者站在下剋刃一侧，两人互成 90° 为宜。

3. 确定剋切顺序

分析剋切工件图，其剋切顺序如图 3–39 所示。

图 3–38　剋切站位及姿势

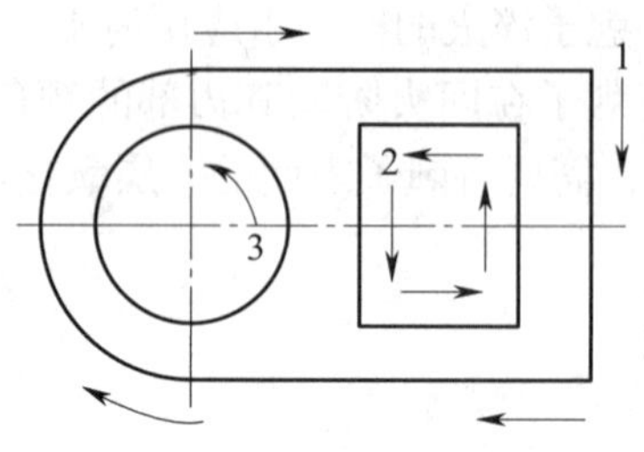

图 3–39　剋切顺序

4. 确定起剋点

为了便于起剋时对线准确，应先确定起剋点，再把起剋线划至板料边缘处，以便于对正下剋子刃口，如图 3–40 所示。

5. 直线段的剋切

（1）起剋

把板料平放在下剋子上，余料部分探出剋刃，以过线找正，使剋切线与下剋刃重合。上剋刃对准剋切线置于板料上，要探出 1/3 剋刃宽，并与下剋刃相靠。同时，保持上剋子的后面与被切钢板垂直，刃口与钢板成 10° ~ 15°倾角，如图 3–41 所示。

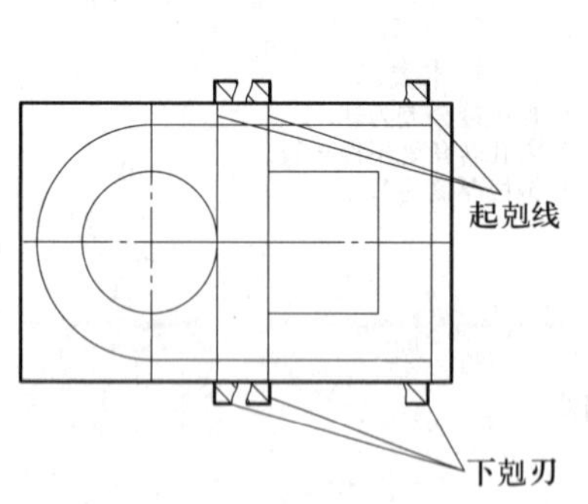

图 3–40　起剋线对正下剋子刃口

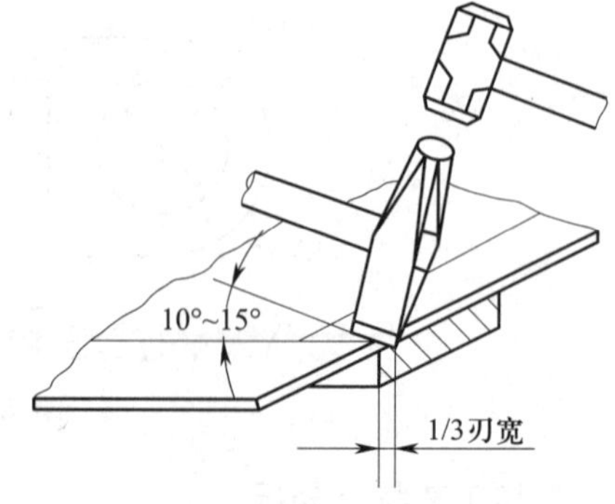

图 3–41　剋子位置及倾角

起剋时，锤击力要小一些，以便当起剋不准时进行修正，并防止钢板剋断后上、下剋刃相撞损坏刃具。剋出开口，并确认开口线准确后，即以上剋子下部侧边靠在下剋子侧面作为找正的依据，开始沿直线逐段剋切。

（2）剋切

在剋切过程中，钢板的剋切线应始终与下剋刃对齐，保持上剋子合适的倾角，并使上、下两剋刃靠紧；否则，不但不能剋断板料，还会产生折曲变形（俗称压马腿），如图 3–42 所示。剋切时，为提高质量，要随时纠正剋切偏向问题，不断变换锤击力。这就要求操作者应注意观察，密切配合，锤击者必须听从掌剋者的指挥。

6. 曲线部分的剋切

（1）起剋。当剋切至工件的曲线部分时，应先切断已剋下直线部分的余料，使其不至于妨碍曲线剋切时的找正。为了减小板料在剋切时的变形，应将工件圆形部分放在下剋子上，且不断转动工件。为了防止剋下的余料抵触下剋子而影响工件转动，要始终利用下剋子的端部进行剋切，如图 3–43 所示。

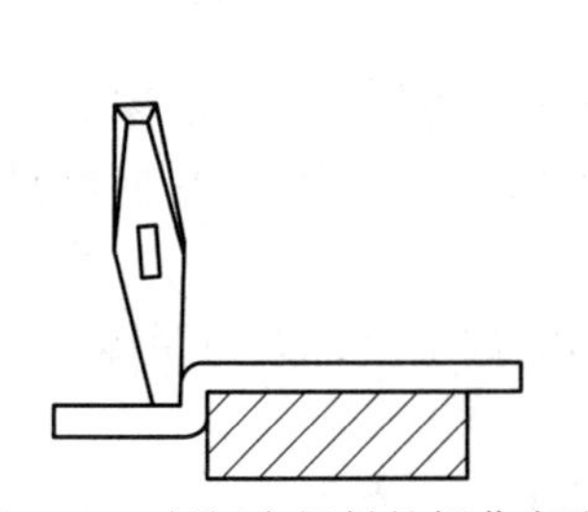

图 3–42 剋切中板料的折曲变形

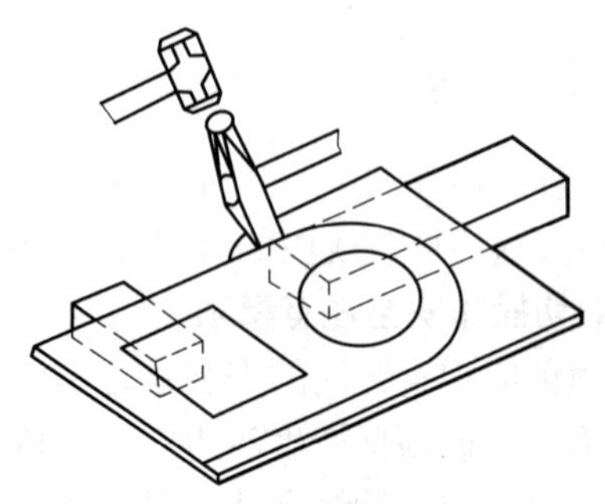

图 3–43 曲线部分的剋切

（2）在板料上剋切曲线部分时，因上、下剋刃均为直线，每一次剋切也只能剋切出一段直线。因此，剋切曲线的实质是沿曲线的切线位置剋切出直线段，围绕曲线形成一个外切多边形，剋切出的直线段越短，就越接近曲线。这就要求每次的剋切量要尽量小一些，并频繁地转动板料；锤击要短促，力量适当。

7. 内方孔的剋切

为使内方孔剋切的开口准确，可按图 3–44 所示方法对线。起剋时，以上剋刃尖角与板料接触（倾角为 10° ~ 15°），轻轻锤击开口处。此时，工件起剋处并未切透，待剋切出 2 ~ 3 倍刃宽的长度时，再把上剋刃平放于起剋处沿根切透即可，如图 3–45 所示。开好口后的剋切方法与前述直线段的剋切方法完全相同。

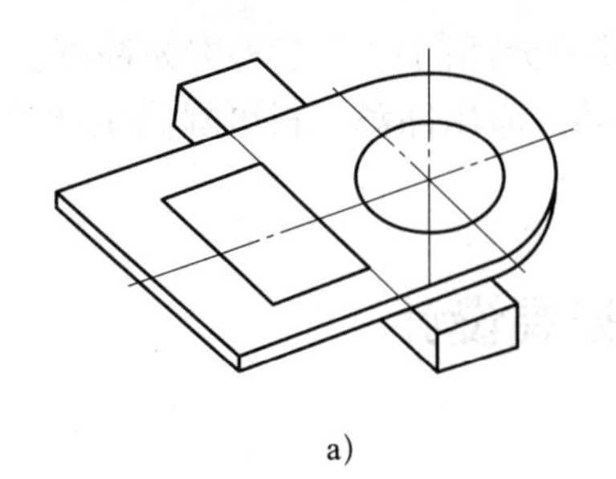

a）

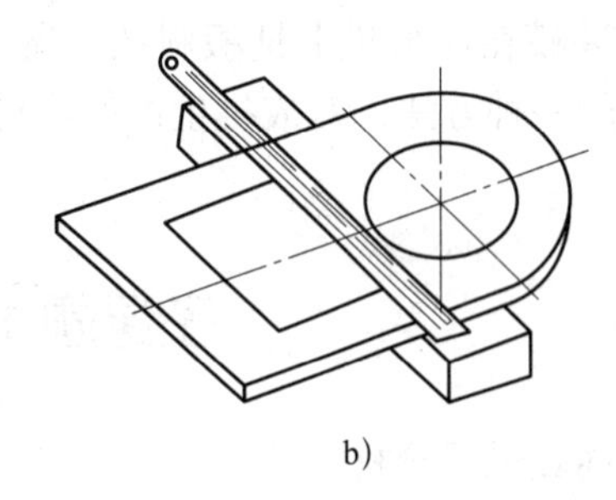

b）

图 3–44 内方孔起剋对线

a）划线对正 b）用钢直尺过线对正

8. 内圆孔的剋切

内圆孔的剋切首先应选好起剋点。为了便于起剋，一般应把起剋点选在便于扶持板料的位置，对起剋点作内圆的切线，使起剋点对正下剋刃，如图 3–46 所示。内圆孔的剋切方法与前述曲线部分的剋切方法相同。

9. 剋切件的质量检查

（1）检查剋切件的各部位尺寸是否符合图样要求。

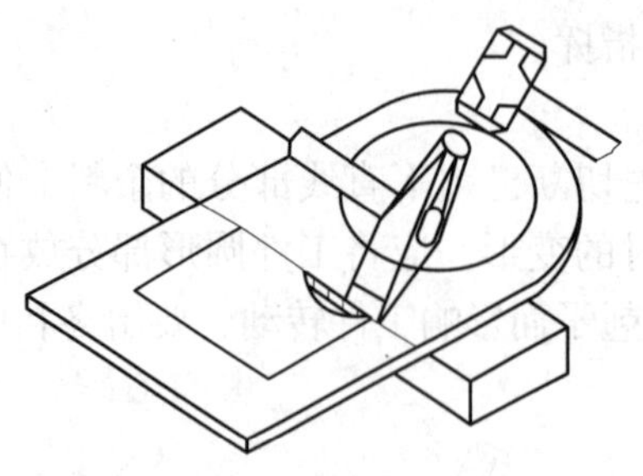

图 3-45　内方孔的剋切

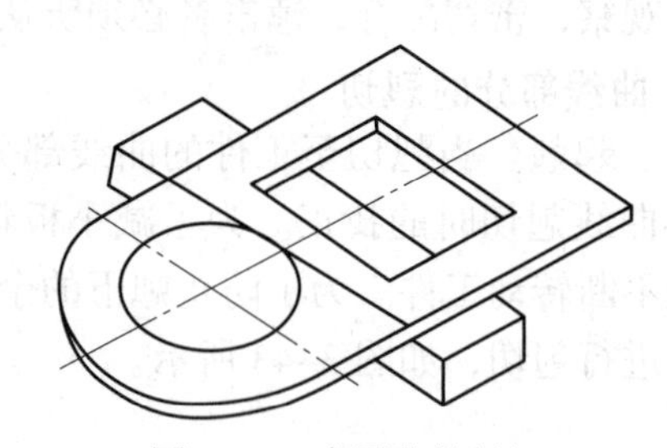

图 3-46　内圆孔的剋切

（2）检查剋切件的边缘是否整齐，有无较大的飞边、毛刺及撕裂现象。

（3）检查剋切件直线段的直线度、曲线部分的圆度以及剋切件的平面度是否符合要求。

三、剋切操作安全注意事项

1. 打锤前应检查锤柄的安装是否牢固，打锤者不能戴手套，以防脱锤伤人。
2. 剋刃变钝或顶部产生卷边应及时修磨。
3. 剋切过程中应始终保持板料放置平稳，准确对线。
4. 掌剋者与扶钢板者要戴好手套，以防钢板毛刺划伤手。
5. 剋下的工件要摆放整齐，余料或废料应及时清理，做到文明生产。

课题二　冲裁

利用冲模在压力机上把板料的一部分与另一部分分离的加工方法称为冲裁。冲裁也是钢材切割的一种方法，对成批生产的零件或定型产品，应用冲裁下料可提高生产效率和产品质量。

子课题 1　冲裁模具设计

一、冲裁过程分析

冲裁时，材料置于凸模、凹模之间，在外力作用下，凸模、凹模产生一对剪切力（剪切线通常是封闭的），材料在剪切力作用下被分离，如图 3-47 所示。冲裁的基本原理与剪切相同，只不过是将剪切时的直线切削刃改变成封闭的圆形或其他形式的切削刃而已。冲裁过程中材料的变形情况及断面状态与剪切时大致相同。

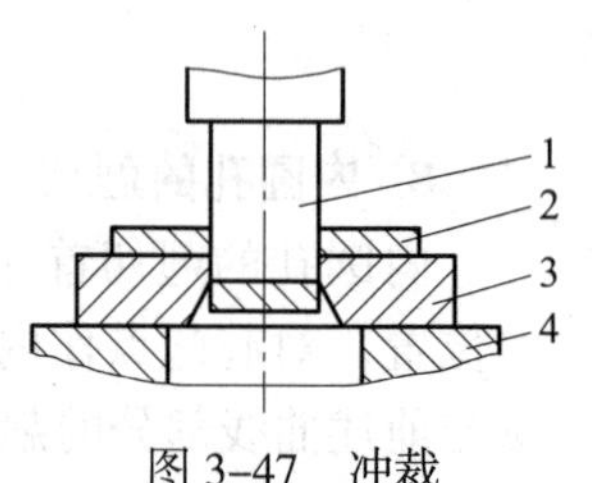

图 3-47　冲裁
1—凸模　2—板料
3—凹模　4—冲床工作台

冲裁时，从凸模接触板料到板料相互分离的过程是在瞬间完成的。当凸模、凹模间隙正常时，冲裁变形过程大致可分为以下三个阶段。

第一阶段为弹性变形阶段。如图 3–48a 所示，当凸模开始接触板料并下压时，在凸模、凹模的压力作用下，板料开始产生弹性压缩、弯曲、拉伸（$AB'>AB$）等复杂变形。这时，凸模略挤入板料，板料下部也略挤入凹模洞口，并在与凸模、凹模刃口接触处形成很小的圆角。同时，板料稍有穹弯，材料越硬，凸模、凹模间隙越大，穹弯越严重。随着凸模下压，刃口附近板料所受的应力逐渐增大，直至达到弹性极限，弹性变形阶段结束。

第二阶段为塑性变形阶段。当凸模继续下压，使板料变形区的应力超过其屈服强度，达到塑性条件时，便进入塑性变形阶段，如图 3–48b 所示。这时，凸模挤入板料和板料挤入凹模的深度逐渐加大，产生塑性剪切变形，形成光亮的剪断面。随着凸模下降，塑性变形程度增加，变形区材料硬化加剧，变形抗力不断上升，冲裁力也相应增大，直到刃口附近的应力达到抗拉强度时，塑性变形阶段终止。由于凸模、凹模之间间隙的存在，此阶段中冲裁变形区还伴随着弯曲和拉伸变形，且间隙越大，弯曲和拉伸变形也越大。

第三阶段为断裂分离阶段。当板料内的应力达到抗拉强度后，凸模再向下压入时，则在板料上与凸模、凹模刃口接触的部位先后产生微裂纹，如图 3–48c 所示。裂纹的起点一般在距刃口很近的侧面，且一般首先在凹模刃口附近的侧面产生，继而才在凸模刃口附近的侧面产生。随着凸模继续下压，已产生的上、下微裂纹将沿最大剪应力方向不断地向板料内部扩展，当上、下裂纹重合时，板料便被剪断分离，如图 3–48d 所示。随后，凸模将分离的材料推入凹模洞口，冲裁变形过程结束。

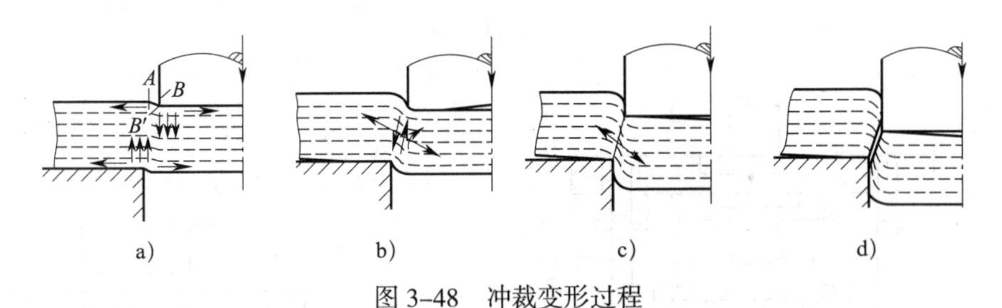

图 3–48　冲裁变形过程

a）弹性变形阶段　b）塑性变形阶段　c）、d）断裂分离阶段

冲裁变形过程的三个阶段中，各个阶段所需的外力和时间不尽相同。一般来说，冲裁时间往往取决于材料性质，材料较脆时，冲裁持续时间较短。

二、冲裁模具设计

冲裁加工的零件多种多样，冲裁模具的类型也很多，冷作工常用的是在冲床每一冲程中只完成一道冲裁工序的简单冲裁模。这里以简单冲裁模为主，介绍有关冲裁模具的一些设计知识。

1. 冲裁模具结构

冲裁模具的结构形式有很多，但无论何种形式，其结构组成都要考虑以下五个方面。

（1）凸模和凹模。这是直接对材料产生剪切作用的零件，是冲裁模具的核心部分。

（2）定位装置。其作用是保证冲裁件在模具中的准确位置。

（3）卸料装置（包括出料零件）。其作用是使板料或冲裁下的零件与模具脱离。

（4）导向装置。其作用是保证模具的上、下两部分具有正确的相对位置。

（5）装夹、固定装置。其作用是保证模具与机床、模具各零件间的连接稳固、可靠。

如图 3–49 所示为一简单冲裁模，其结构即由上述五部分组成。

凸模、凹模：凸模固定在上模板上，凹模固定在下模板上。

定位装置：由导料板和定位销组成，固定在下模板上，控制条料的送进方向和送进量。

导向装置：由导套和导柱组成。工作时，装在上模板上的导套在导柱上滑动，使凸模与凹模得以正确配合。

卸料装置：即刚性卸料板。当冲裁结束凸模向上运动时，连带在凸模上的条料被刚性卸料板挡住落下。此外，凹模上向下扩张的锥孔有助于冲裁下的材料从模具中脱出。

装夹、固定装置：上模板、下模板、模柄、压板及图中未画出的螺栓、螺钉等，都是装夹、固定零件。靠这些零件将模具各部分组合装配，并固定在冲床上。

当然，不是所有的冲裁模具都必须具备上述各类装置，但凸模、凹模和必要的装夹、固定装置是不可缺少的。冲裁模具还可根据不同冲裁件的加工要求，增设其他装置，如为防止冲裁件起皱和提高冲裁件断面质量而设置的压边圈等。

2. 冲裁模具间隙

冲裁模具的凸模尺寸总比凹模小，其间存在一定的间隙。冲裁模具间隙是指冲裁模具中凸模、凹模之间的空隙。凸模与凹模间每侧的间隙称为单面间隙，用 $Z/2$ 表示；两侧间隙之和称为双面间隙，用 Z 表示。如无特殊说明，冲裁模具间隙都是指双面间隙。

冲裁模具间隙的数值等于凸模、凹模刃口尺寸的差值。设凸模刃口部分尺寸为 d，凹模刃口部分尺寸为 D（见图 3–50），则冲裁模具间隙 Z 可用下式表示：

$$Z = D - d \qquad (3\text{–}4)$$

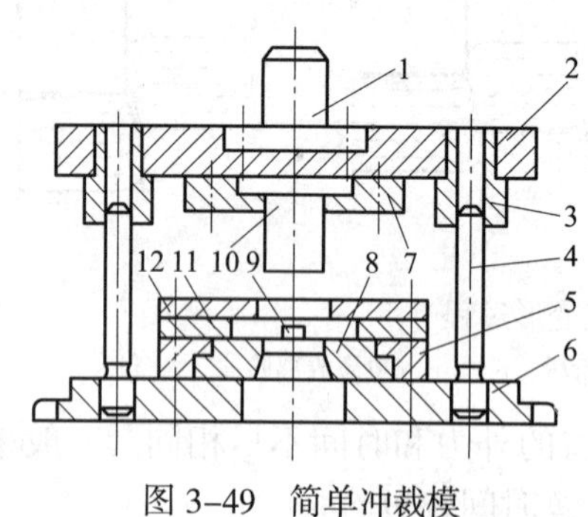

图 3–49　简单冲裁模

1—模柄　2—上模板　3—导套　4—导柱　5、7—压板
6—下模板　8—凹模　9—定位销　10—凸模
11—导料板　12—卸料板

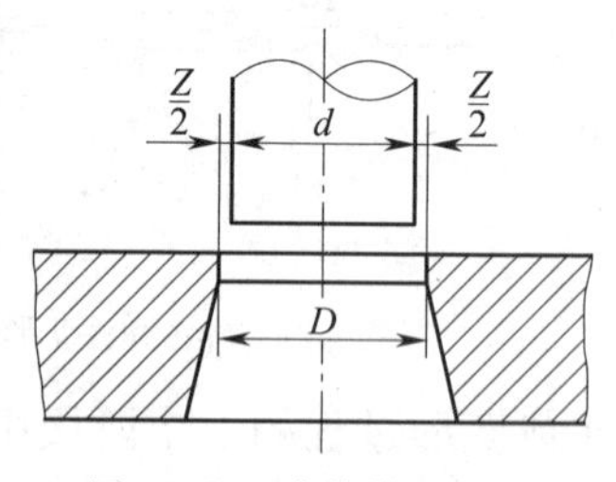

图 3–50　冲裁模具间隙

冲裁模具间隙是一个重要的工艺参数。合理的间隙，除能保证工件良好的断面质量和较高的尺寸精度外，还能降低冲裁力，延长模具的使用寿命。

合理间隙是一个尺寸范围，其上限称为最大合理间隙 Z_{max}，下限称为最小合理间隙 Z_{min}。

凸模与凹模在工作过程中，必然会有磨损，使凸模、凹模的间隙逐渐增大。因此，在制造新模具时，应采用合理间隙的最小值。但对于尺寸精度要求不是很高的冲裁零件，为了减小模具的磨损，可采用大一些的间隙。

合理间隙的大小与很多因素有关，其中最主要的是冲裁件材料的力学性能和板厚。

钢板冲裁时的合理间隙可从表 3–2 查得。

表 3-2　　冲裁模具的初始间隙（双面）　　mm

材料厚度	08、10、35、Q235		Q345		40、45		65Mn	
	Z_{min}	Z_{max}	Z_{min}	Z_{max}	Z_{min}	Z_{max}	Z_{min}	Z_{max}
小于 0.5	极限间隙							
0.5	0.040	0.060	0.040	0.060	0.040	0.060	0.040	0.060
0.6	0.048	0.072	0.048	0.072	0.048	0.072	0.048	0.072
0.7	0.064	0.092	0.064	0.092	0.064	0.092	0.064	0.092
0.8	0.072	0.104	0.072	0.104	0.072	0.104	0.064	0.092
0.9	0.090	0.126	0.090	0.126	0.090	0.126	0.090	0.126
1.0	0.100	0.140	0.100	0.140	0.100	0.140	0.090	0.126
1.2	0.132	0.180	0.132	0.180	0.132	0.180		
1.5	0.170	0.240	0.170	0.240	0.170	0.240		
1.75	0.220	0.320	0.220	0.320	0.220	0.320		
2.0	0.246	0.360	0.260	0.380	0.260	0.380		
2.1	0.260	0.380	0.280	0.400	0.280	0.400		
2.5	0.360	0.500	0.380	0.540	0.380	0.540		
2.75	0.400	0.560	0.420	0.600	0.420	0.600		
3.0	0.460	0.640	0.480	0.660	0.480	0.660		
3.5	0.540	0.740	0.580	0.780	0.580	0.780		
4.0	0.640	0.880	0.680	0.920	0.680	0.920		
4.5	0.720	1.000	0.680	0.960	0.780	1.040		
5.5	0.940	1.280	0.780	1.100	0.980	1.320		
6.0	1.080	1.440	0.840	1.200	1.140	1.500		
6.5			0.940	1.300				
8.0			1.200	1.680				

3. 凸模与凹模刃口尺寸的确定

冲裁件的尺寸、尺寸精度和冲裁模具间隙，都决定于凸模和凹模刃口的尺寸和公差。因此，正确地确定凸模、凹模刃口尺寸及其公差，是冲裁模具设计中的一项重要工作。

冲裁分为落料和冲孔：从板料上沿封闭轮廓冲下所需形状的冲裁件或工序件的冲裁称为落料；从工序件上冲出所需形状的孔（冲去部分为废料）的冲裁称为冲孔。在冲裁件尺寸的测量和使用中，都是以光面的尺寸为基准。由前述冲裁过程可知，落料件的光面是因凹模刃口挤切材料产生的，而冲孔件的光面是因凸模刃口挤切材料产生的，如图 3-51 所示。所以，在计算凸模、凹模刃口尺寸时，应按落料和冲孔两种情况分别考虑，其原则如下。

（1）落料时，因为落料件的光面尺寸与凹模刃口尺寸相等或基本一致，所以应先确定凹模刃口尺寸，即以凹模刃口尺寸为基准。又因落料件尺寸会随凹模刃口的磨损而增大，为保证凹模磨损到一定程度仍能冲出合格零件，凹模刃口基本尺寸应取落料件尺寸公差范围内的下极限尺寸。落料时，凸模刃口的基本尺寸则是在凹模刃口基本尺寸上减去一个最小合理间隙。

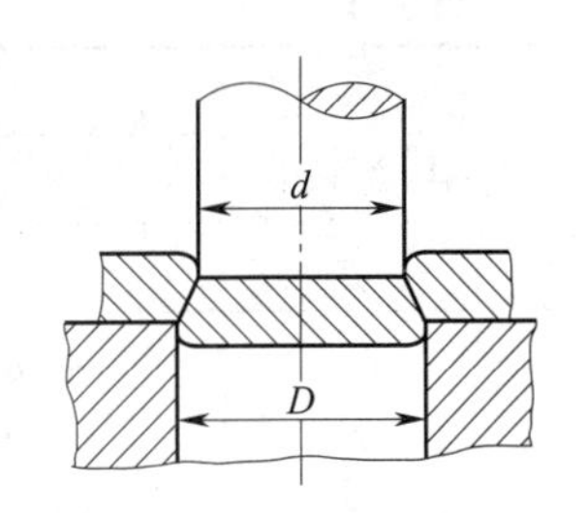

图 3-51　冲裁件尺寸与凸模、凹模尺寸的关系

（2）冲孔时，因为孔的光面尺寸与凸模刃口尺寸相等或基本一致，所以应先确定凸模刃口尺寸，即以凸模刃口尺寸为基准。

又因冲孔件孔的尺寸会随凸模刃口的磨损而减小，故凸模刃口基本尺寸应取冲孔件孔的尺寸公差范围内的上极限尺寸。冲孔时，凹模刃口的基本尺寸则是在凸模刃口基本尺寸上加上一个最小合理间隙。

根据上述原则，得到冲模刃口各尺寸关系式为：

落料时：

$$D_{凹} = (D_{max} - X\Delta)^{+\delta_{凹}}_{0} \tag{3-5}$$

$$D_{凸} = (D_{max} - X\Delta - Z_{min})^{0}_{-\delta_{凸}} \tag{3-6}$$

冲孔时：

$$d_{凸} = (d_{min} + X\Delta)^{0}_{-\delta_{凸}} \tag{3-7}$$

$$d_{凹} = (d_{min} + X\Delta + Z_{min})^{+\delta_{凹}}_{0} \tag{3-8}$$

式中 $D_{凹}$、$D_{凸}$——落料时凹模、凸模刃口尺寸，mm；

$d_{凸}$、$d_{凹}$——冲孔时凸模、凹模刃口尺寸，mm；

D_{max}——落料件的上极限尺寸，mm；

d_{min}——冲孔件孔的下极限尺寸，mm；

Δ——落料件、冲孔件的制造公差，mm；

Z_{min}——最小合理间隙，mm；

$\delta_{凸}$、$\delta_{凹}$——凸模、凹模制造公差（可由表 3–3 查得），mm；

X——磨损系数，数值为 0.5 ~ 1.0，它与冲裁件精度有关，可查表 3–4 或按下面关系选取：冲裁件精度为 IT10 级以上时，X=1；冲裁件精度为 IT11 ~ IT13 级时，X=0.75；冲裁件精度为 IT14 级以下时，X=0.5。

表 3–3　规则形状（圆形、方形）冲裁凸模、凹模的制造公差　mm

基本尺寸	$\delta_{凸}$	$\delta_{凹}$
≤ 18	0.020	0.020
18 ~ 30		0.025
30 ~ 80		0.030
80 ~ 120	0.025	0.035
120 ~ 180	0.030	0.040
180 ~ 260		0.045
260 ~ 360	0.035	0.050
360 ~ 500	0.040	0.060
>500	0.050	0.070

表 3–4　磨损系数 X

材料厚度 /mm	非圆形			圆形	
	1	0.75	0.5	0.75	0.5
	制件公差 Δ/mm				
≤ 1	<0.16	0.17 ~ 0.35	≥ 0.36	<0.16	≥ 0.16
1 ~ 2	<0.20	0.21 ~ 0.41	≥ 0.42	<0.20	≥ 0.20
2 ~ 4	<0.24	0.25 ~ 0.49	≥ 0.50	<0.24	≥ 0.24
>4	<0.30	0.31 ~ 0.59	≥ 0.60	<0.30	≥ 0.30

根据上述计算公式，可以将冲裁件与凸模、凹模刃口尺寸及公差的分布状态用图 3–52 表示。从图 3–52 中还可以看出，无论是冲孔还是落料，当凸模、凹模按图样分别加工时，为了保证间隙值，凸模、凹模的制造公差必须满足下列条件：

$$\delta_{凸} + \delta_{凹} \leqslant Z_{max} - Z_{min} \tag{3-9}$$

式中　Z_{max}——最大合理间隙，mm。

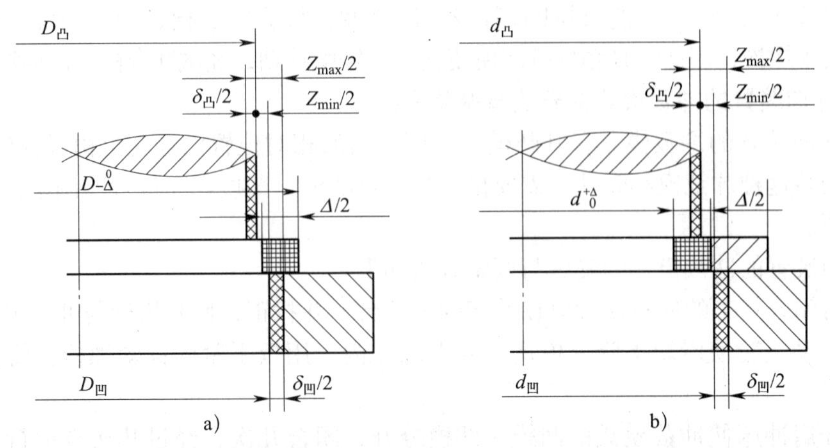

图 3–52　落料、冲孔时各部分尺寸及公差的分布状态

a）落料　b）冲孔

实际上，目前企业广泛采用“配作法”来加工冲模，尤其是对于 Z_{max} 和 Z_{min} 差值很小的冲模或刃口形状较复杂的冲模更是如此。应用配作法，落料时应先按计算尺寸制造出凹模，然后根据凹模的实际尺寸，按最小合理间隙配制凸模；冲孔时则先按计算尺寸制造出凸模，然后根据凸模的实际尺寸，按最小合理间隙配制凹模。配作法的特点是模具的间隙由配作保证，工艺比较简单，不必校核 $\delta_{凸}+\delta_{凹} \leqslant Z_{max}-Z_{min}$ 条件，并且在加工基准件时可适当放宽公差（通常取 $\delta=\Delta/4$），使加工容易进行。

技能训练

安装与调整冲裁模具

一、操作准备

冲裁模具的安装与调整方法如下。

1. 无导向装置的冲裁模具的安装与调整方法

无导向装置的冲裁模具的安装与调整比较复杂，其方法如下。

（1）将冲裁模具放在冲床的工作台中心处，并用支撑物（如木块）将凸模垫起。

（2）松开冲床滑块上的锁紧螺栓，手动转动冲床的飞轮，使冲床滑块下平面与凸模上平面接触，同时模柄进入滑块中。如果冲床滑块已处于下止点位置，滑块底面还不能与凸模上平面接触，此时则需要调整冲床连杆上的调节螺杆使其接触。若连杆上的调节螺杆已调整到极限位置仍不能满足此要求，则只能在凹模底部加垫块，将整个冲裁模具垫起，以使凸模上平面与冲床滑块下平面接触。

（3）用扳手紧固锁紧螺栓，将模柄紧固在滑块上，紧固时应注意两螺栓的紧固顺序，以保证夹紧力的平衡。

（4）选择与凸模、凹模单面间隙相当的硬纸板或薄钢板垫在凹模的刃口处，利用光线的折射来调整凸模、凹模之间的间隙，保证凸模、凹模间隙的均匀性。

（5）凸模、凹模间隙调整均匀后，即可用螺栓将凹模紧固在冲床的工作台上。

（6）开动冲床进行试冲。试冲时若需要调整冲裁模具的凸模、凹模间隙，可以稍微松开凹模的紧固螺栓，用锤子轻轻敲打凹模使其产生轻微移动，经试冲合格后，再将凹模固定。

2. 有导向装置的冲裁模具的安装与调整方法

带有导向装置的冲裁模具，其凸模、凹模之间的相对位置已经完全由导向装置来确定。所以，在安装这种冲裁模具时就不需要再单独进行凸模、凹模之间位置的调整，相对而言安装比较简便。

有导向装置的冲裁模具的安装与调整方法如下。

（1）将闭合状态的冲裁模具放在冲床的工作台上并找正，使其模柄与冲床滑块孔对正。

（2）转动飞轮使滑块下降，模柄进入滑块孔内，用扳手紧固锁紧螺栓，将模柄紧固在滑块上。

（3）开启冲床使冲裁模具的凸模、凹模分开、闭合几次，经过几次空运行后，凹模的位置已经基本准确，可以用紧固螺栓将其紧固。

（4）冲裁模紧固后，应进行试冲，若有问题再进行调整。

二、操作步骤

1. 启动冲床设备，检查冲床运转是否正常。

2. 将冲床的工作台、滑块及冲模的表面擦拭干净。

3. 转动冲床的大飞轮，使滑块处于最高位置（上止点）。

4. 将冲裁模具放在冲床的工作台上。无导柱、导套的冲裁模具，可用支撑物（如木块）将上模支撑起来；有导柱、导套的冲裁模具，不需支撑物，可直接放在冲床的工作台上。

5. 转动飞轮，使滑块靠近上模，这时应调整冲裁模具的位置，使冲裁模具的模柄对准滑块孔，然后继续缓慢地转动飞轮，使滑块逐渐下降，直到滑块的下平面与凸模的上平面靠严、贴紧，此时即可紧固锁紧螺栓，将凸模固定于滑块上。

6. 对于无导柱、导套的模具，应撤除支撑物，使滑块继续下降，同时使凸模、凹模对准吻合。

7. 调整冲床的闭合高度。

8. 将凹模固定在冲床的工作台上。

9. 转动飞轮，使滑块回到上止点。

10. 开动空车，进一步检查安装、紧固是否妥当，如有不妥之处，必须进行调整。

11. 放上板料，进行试冲，若发现问题，应及时调整或处理，直至冲出合格的产品为止。

三、注意事项

1. 使用前，对冲床各部分要进行检查，并在各润滑部位注满润滑油。

2. 检查轴瓦间隙和制动器松紧程度是否合适。

3. 检查运转部位是否有杂物夹入。

4. 检查冲床的滑块与导轨磨损情况及间隙。间隙过大会影响导向精度，因此，必须定期调节导轨之间的间隙。如磨损太大，必须重新维修。

5. 安装模具时，要使模具压力中心与冲床压力中心相吻合，且要保证凸模、凹模间隙均匀。

6. 启动开关后，空车试转 3 ~ 5 次，以检查操纵装置及运转状态是否正常。

子课题 2　板料环形冲裁

一、冲床

1. 冲床的分类

冲床的分类方式有多种，主要有按滑块驱动力不同划分、按滑块运动方式划分和按滑块驱动机构划分等几种方式。若按滑块驱动力不同来划分，冲床有机械式和液压式两种。

2. 冲床的结构

冲裁一般在冲床上进行。常用的冲床有曲轴冲床和偏心冲床两种，两者的工作原理相同，主要差异是工作的主轴不同。

曲轴冲床的基本结构如图 3–53a 所示，工作原理如图 3–53b 所示。冲床的床身与工作台是一体的，床身上有与工作台面垂直的导轨，滑块可沿导轨做上、下运动，上、下冲裁模分别安装在滑块和工作台面上。

冲床工作时，先是电动机 5 通过传动带带动大带轮 4 空转。踏下脚踏板 7 后，离合器 3 闭合，并带动曲轴 2 旋转，再经过连杆带动滑块 9 沿导轨 10 做上、下往复运动，进行冲裁。如果将脚踏板 7 踏下后立即抬起，滑块 9 冲裁一次后便在制动器 1 的作用下停止在最高位置上；如果一直踩住脚踏板 7，滑块 9 就不停地做上、下往复运动，以进行连续冲裁。

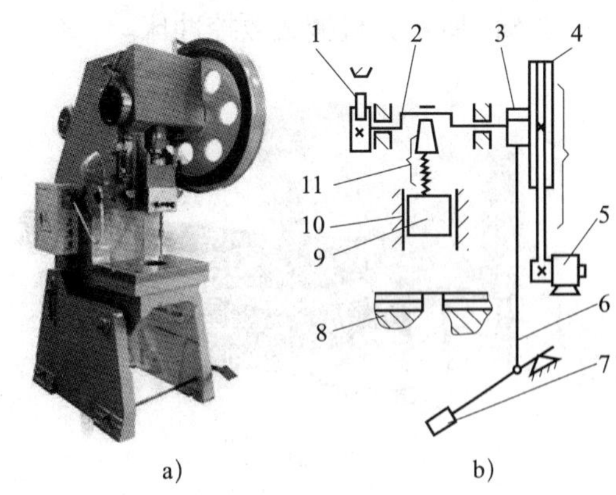

图 3–53　曲轴冲床

a）外形　b）工作原理图

1—制动器　2—曲轴　3—离合器　4—大带轮　5—电动机　6—拉杆　7—脚踏板　8—工作台　9—滑块　10—导轨　11—连杆

3. 冲床的技术性能参数

冲床的技术性能参数对冲裁工作影响较大。进行冲裁加工，要根据技术性能参数选择冲床。

（1）冲床的吨位与额定功率

冲床的吨位与额定功率是两项标志冲床工作能力的指标，冲裁零件实际所需的冲裁力与冲裁功必须小于冲床的这两项指标。冲裁薄板时，所需冲裁功较小，一般可不考虑。

（2）冲床的闭合高度

冲床的闭合高度是指滑块在最低位置时下表面至工作台面的距离。当调节装置将滑块调整到上极限位置时，闭合高度达到最大值，此值称为最大闭合高度。冲床的闭合高度应与模具的闭合高度相适应。

（3）滑块的行程

滑块的行程是指滑块从最高位置至最低位置所滑行的距离，也称冲程。滑块行程的大小，决定了所用冲床的闭合高度和开启高度，它应保证冲床冲裁时能顺利地进、退料。

（4）冲床工作台面尺寸

冲裁时模具尺寸应与冲床工作台面尺寸相适应，以保证模具能牢固地安装在工作台面上。

其他技术性能参数对冲裁工艺影响较小，可根据具体情况适当选定。

4. 新型冲床

（1）数控冲床

随着对大尺寸钣金件（如控制柜、开关柜的外壳和面板等）冲压生产需求的增加，以及冲压件的结构灵活多变（小孔数量多，位置多变等）、质量好和快速生产等方面的要求，传统冲压生产已不能适应灵活多变、高效生产的需要，因而出现了数控冲床，它能很好地满足上述生产要求。

该类冲床有许多种形式，按机身结构不同可分为开式（C形）和闭式（O形）；按主传动驱动方式不同，可分为机械式、液压式和电伺服式；按移动工作台布置方式不同，有内置式、外置式和侧置式。如图 3–54a 所示为液压式数控冲床，其空行程速度达 1 500 r/min，具有六个联动数控轴（X、Y、Z、T_1、T_2、C 轴）。如图 3–54b 所示为电伺服式数控冲床。如图 3–54c 所示为机械式数控冲床。

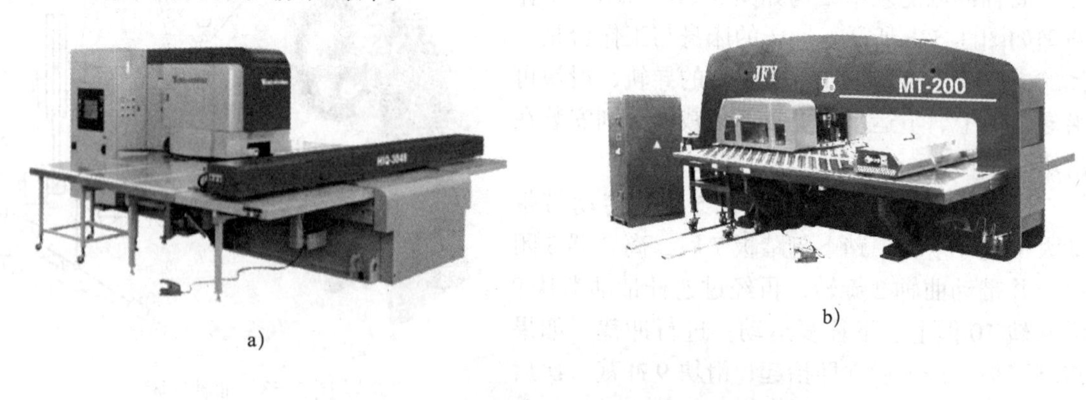

a)　　b)

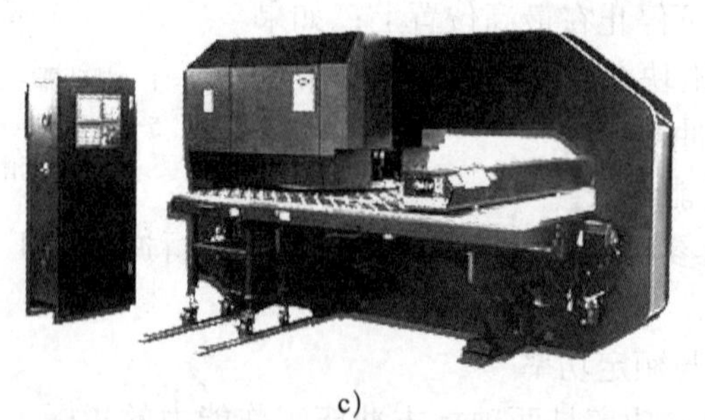
c)

图 3–54　数控冲床

a）液压式数控冲床　b）电伺服式数控冲床　c）机械式数控冲床

（2）精密冲裁冲床

精密冲裁冲床可以直接获得剪切面表面粗糙度 Ra 达到 3.2 ~ 0.8 μm 和尺寸公差达到 IT8 级的零件，大大提高了生产效率。如图 3–55 所示，精密冲裁冲床依靠 V 形齿圈压板 2、顶杆 4 和冲裁凸模 1、凹模 5 对板料施加作用力，使被冲板料 3 的剪切区材料处于三向压力状态下进行冲裁。精密冲裁模具的冲裁间隙比普通冲裁模具的冲裁间隙小，剪切速度低且稳定。因此，提高了金属材料的塑性，保证冲裁过程中沿剪断面无撕裂现象，从而提高了剪切表面的质量和尺寸精度。由此可见，精密冲裁的实现需要通过设备和模具的作用，使被冲材料剪切区达到塑性剪切变形的条件。

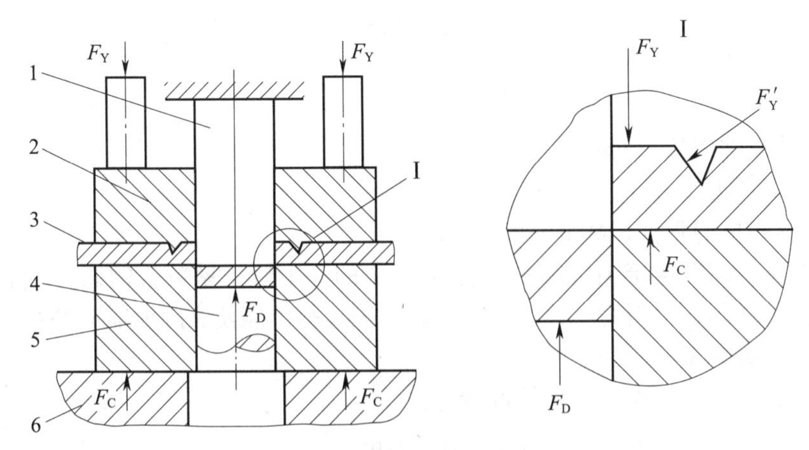

图 3-55　齿圈压板精密冲裁原理

1—凸模　2—V 形齿圈压板　3—被冲板料　4—顶杆　5—凹模　6—下模座

F_C—冲裁力　F_Y—压料力　F_D—反顶压力（顶件力）　F'_Y—齿圈产生的压料分力

精密冲裁冲床按主传动的形式分为机械式和液压式两类。如图 3-56 所示为自动高速冲床。

二、冲裁力

1. 冲裁力的概念

冲裁力的大小是选择冲压设备能力和确定冲裁模强度的一个重要依据。

冲裁力是冲裁时凸模冲穿板料所需的压力。在冲裁过程中，冲裁力是随凸模进入板料的深度（凸模行程）而变化的。如图 3-57 所示为冲裁 Q235 钢时的冲裁力变化曲线，图中 *OA* 段是冲裁的弹性变形阶段；*AB* 段是塑性变形阶段；*B* 点为冲裁力的最大值，在此点材料开始被剪裂；*BC* 段为断裂分离阶段；*CD* 段是凸模克服与材料间的摩擦和将材料从凹模内推出所需的压力。通常冲裁力是指冲裁过程中的冲裁力最大值（图 3-57 中 *B* 点压力 F_{max}）。

图 3-56　自动高速冲床

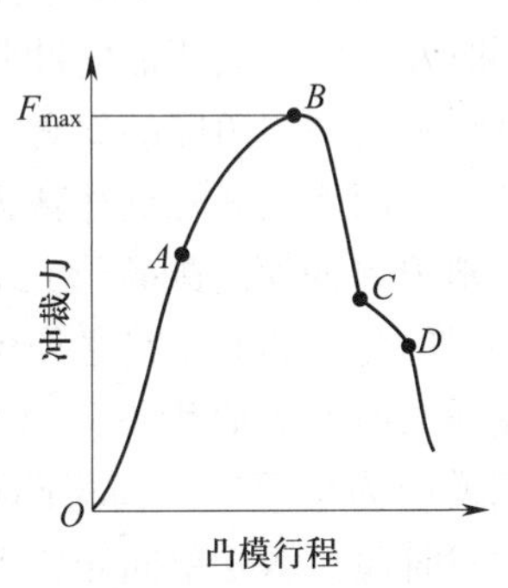

图 3-57　冲裁力变化曲线

影响冲裁力的主要因素是材料的力学性能、厚度、冲裁件轮廓周长及冲裁间隙、刃口锋利程度与表面粗糙度等。综合考虑上述影响因素，平刃冲裁模的冲裁力可按下式计算：

$$F = KLt\tau \tag{3-10}$$

式中 F——冲裁力，N；

K——系数；

L——冲裁件周长，mm；

t——材料厚度，mm；

τ——材料抗剪强度，MPa。

系数 K 是考虑实际生产中的各种因素而给出的一个修正系数。例如，由于冲模刃口磨损、模具间隙不均匀、材料力学性能和厚度波动等，都可能使实际所需的冲裁力比理论计算的结果大。一般 K=1.3。

为了简便，有时也可按下式估算冲裁力：

$$F = LtR_m \tag{3-11}$$

式中 L——冲裁件周长，mm；

t——材料厚度，mm；

R_m——材料抗拉强度，MPa。

例 3–2 在抗剪强度为 450 MPa、厚度为 2 mm 的钢板上冲一 ϕ40 mm 孔，试计算需多大冲裁力。

解：冲裁件周长

$$L=\pi D=3.14\times 40\ \text{mm}=125.6\ \text{mm}$$

由式（3–10）得：

$$F=KLt\tau=1.3\times 125.6\times 2\times 450\ \text{N}=146\,925\ \text{N}\approx 147\ \text{kN}$$

计算结果：冲裁力约为 147 kN。

2. 降低冲裁力的方法

在冲裁高强度材料或厚料和大尺寸冲裁件时，需要的冲裁力很大。当生产现场没有足够吨位的冲床时，为了不影响生产和充分利用现有设备，可采取一些有效措施来降低冲裁力。同时，降低冲裁力还可以减小冲击、振动和噪声，对改善冲压环境也有积极意义。

目前，降低冲裁力的方法主要有以下几种。

（1）采用斜刃口冲模

一般在使用平刃口模具进行冲裁时，因整个刃口面同时切入材料，切断是沿冲裁件周边同时发生的，故所需的冲裁力较大。采用斜刃口冲模冲裁，就是将冲模的凸模或凹模制成与轴线倾斜一定角度的斜刃口，这样，冲裁时整个刃口不是全部同时切入，而是逐步将材料切断，因而能显著降低冲裁力。

斜刃口冲模的配置形式如图 3–58 所示。由于采用斜刃口冲裁时会使板料产生弯曲，因此斜刃口配置的原则是必须保证冲裁件平整，只允许废料产生弯曲变形。为此，落料（周边为废料）时凸模应为平刃口，将凹模做成斜刃口（见图 3–58a、b）；冲孔（孔中间为废料）时凹模应为平刃口，而将凸模做成斜刃口（见图 3–58c、d、e）。斜刃口还应对称布置，以免冲裁时模具承受单向侧压力而发生偏移，啃伤刃口。向一边倾斜的单边斜刃口冲模，只能用于切口（见图 3–58f）或切断。

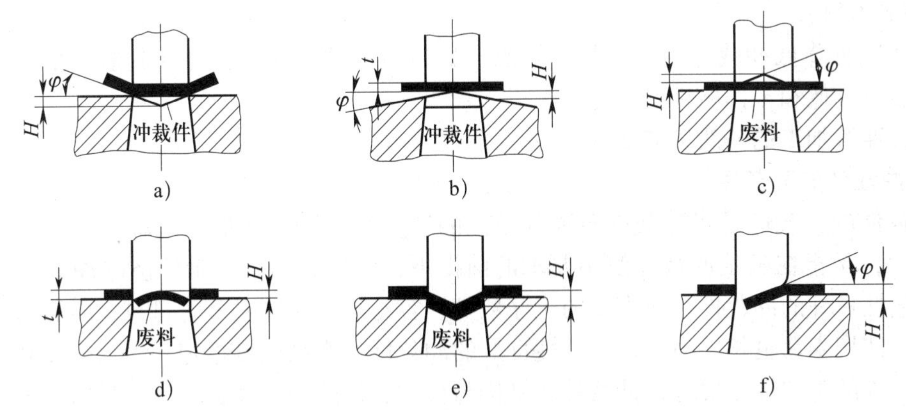

图 3–58　斜刃口冲模的配置形式

a）、b）落料　c）、d）、e）冲孔　f）切口

斜刃口的主要参数是斜刃角 φ 和斜刃高度 H。斜刃角 φ 越大越省力，但过大的斜刃角会降低刃口强度，并使刃口容易磨损，从而降低使用寿命。斜刃角也不能过小，过小的斜刃角起不到减力的作用。斜刃高度 H 也不宜过大或过小，过大的斜刃高度会使凸模进入凹模太深，加快刃口的磨损，而过小的斜刃高度也起不到减力的作用。一般情况下，斜刃角 φ 和斜刃高度 H 可参考下列数值选取：材料厚度 $t<3$ mm 时，$H=2t$，$\varphi<5°$；材料厚度 t 为 3 ~ 10 mm 时，$H=t$，$\varphi<8°$。

斜刃口冲模的主要缺点是刃口制造与刃磨比较复杂，刃口容易磨损，冲裁件也不够平整，且省力不省功。因此，一般情况下尽量不用，只用于大型、厚板冲裁件（如汽车覆盖件等）的冲裁。

（2）采用阶梯冲模

在多凸模的冲模中，将凸模设计成不同长度，使工作端面呈阶梯形布置，如图 3–59 所示。这样，各凸模冲裁力的最大值不同时出现，从而达到降低冲裁力的目的。

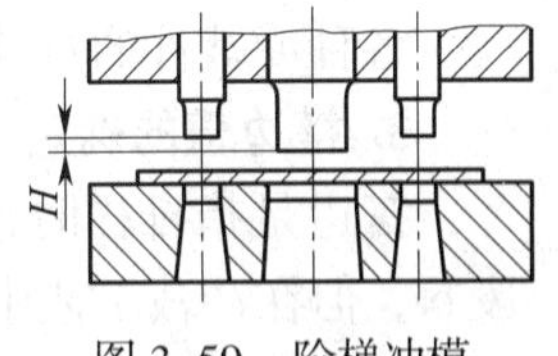

图 3–59　阶梯冲模

阶梯冲模不仅能降低冲裁力，在直径相差悬殊、彼此距离又较小的多孔冲裁中，还可以避免小直径凸模因受材料流动挤压作用而产生倾斜或折断现象。这时，一般将小直径凸模做短一些。此外，各层凸模的布置要尽量对称，使模具受力平衡。

阶梯冲模凸模间的高度差 H 与板料厚度有关，可按以下关系确定：材料厚度 $t<3$ mm 时，$H=t$；材料厚度 $t>3$ mm 时，$H=0.5t$。

阶梯冲模冲裁的冲裁力，一般只按产生最大冲裁力的那一层阶梯进行计算。

（3）采用加热冲裁

金属材料在加热状态下的抗剪强度会显著降低，因此采用加热冲裁能降低冲裁力。例如，一般碳素结构钢加热至 900 ℃时，其抗剪强度只有常温下的 10% 左右，对冲裁最为有利。所以在厚板冲裁、冲床能力不足时，常采用加热冲裁，加热温度一般取 700 ~ 900 ℃。

采用加热冲裁时，条料不能过长，搭边应适当放大，同时模具间隙应适当减小，凸模、凹模应选用耐热材料，刃口尺寸计算时要考虑冲裁件的冷却收缩，模具受热部分不能设置橡皮等。由于加热冲裁工艺复杂，冲裁件精度也不高，因此只用于厚板或表面质量与精度要求都不高的冲裁件。

上述三种降低冲裁力的措施均有缺点，如斜刃口冲模和阶梯冲模制造困难，加热冲裁使零件质量降低和工作条件变差等。

三、冲裁加工的一般工艺要求

1. 冲裁件的工艺性

冲裁件的工艺性是指冲裁件对冲裁工艺的适用性，即冲裁加工的难易程度。良好的冲裁工艺性，是指在满足冲裁件使用要求的前提下，能以最简单、最经济的冲裁方式加工出来。工艺性良好的冲裁件，所需要的工序数少、容易加工，同时节省材料，所需的模具结构也简单，使用寿命也长。另外，工艺性良好的冲裁件，产品质量稳定，出现的废品少。

冲裁件的工艺性主要包括冲裁件的结构与尺寸、精度与断面粗糙度、材料三个方面。

2. 合理排样

排样是指冲裁件在条料、带料或板料上的布置方法。排样是否合理，将直接影响材料的利用率、冲裁件的质量、生产效率、冲模结构与使用寿命等。因此，排样是冲压工艺中一项重要的、技术性很强的工作。

冲裁加工时的合理排样，是降低生产成本的有效途径。合理排样是在保证必要搭边值的前提下，尽量减少废料，最大限度地提高原材料的利用率，如图 3–60 所示。

图 3–60　排样

各种冲裁件的具体排样方法，应根据冲裁件形状、尺寸和材料规格灵活考虑。

3. 搭边值的确定

搭边是指排样时冲裁件之间以及冲裁件与条料边缘之间留下的工艺废料。搭边虽然是废料，但在冲裁工艺中却有很大的作用：可以补偿定位误差和送料误差，保证冲裁出合格的零件；增加条料刚度，方便条料送进，提高生产效率；避免冲裁时条料边缘的毛刺被拉入模具间隙，提高模具使用寿命。

搭边值的大小要合理。搭边值过大时，材料的利用率低；搭边值过小时，达不到在冲裁工艺中的作用。在实际确定搭边值时，主要考虑以下因素。

（1）材料的力学性能。软材料、脆材料的搭边值取大一些，硬材料的搭边值可取小一些。

（2）冲裁件的形状与尺寸。冲裁件的形状复杂或尺寸较大时，搭边值取大一些。

（3）材料的厚度。厚材料的搭边值要取大一些。

（4）送料及挡料方式。用手工送料且有侧压装置的搭边值可以小一些，用侧刃定距可比用挡料销定距的搭边值小一些。

（5）卸料方式。弹性卸料比刚性卸料的搭边值要小一些。

搭边值 a 一般可根据冲裁件的板厚 t 按以下关系选取：圆形零件，$a \geqslant 0.7t$；方形零件，$a \geqslant 0.8t$。

4. 可能冲裁的最小尺寸

零件冲裁加工部分的尺寸越小，则所需冲裁力也越小。但尺寸过小时，将造成凸模单位面积上的压力过大，使其强度不足。零件冲裁加工部分的最小尺寸与零件的形状、板厚 t 及材料的力学性能有关。采用一般冲模，在软钢料上所能冲出的最小尺寸为：圆形零件最小直径 $=t$；矩形零件最小短边 $=0.8t$；方形零件最小边长 $=0.9t$；长圆形零件两直边最小距离 $=0.7t$。

技能训练

板料环形冲裁训练

一、操作准备

1. 材料的准备

环形冲裁件如图 3–61 所示。

按照图样准备一块厚度 t=2 mm，外形尺寸为 100 mm × 100 mm 的板料。

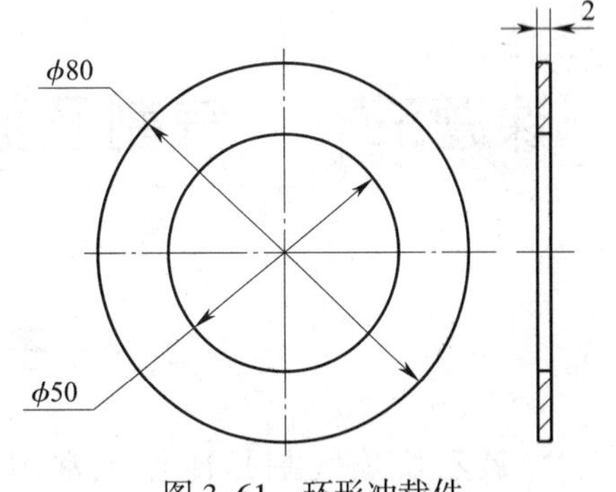

图 3–61　环形冲裁件

2. 冲裁设备的准备

准备一台冲床，保证冲床能正常使用。

3. 模具的准备

（1）准备一套冲制内孔 ϕ50 mm 的冲孔模具。

（2）准备一套冲制外圆 ϕ80 mm 的落料模具。

二、操作步骤

1. 清理板料表面

将板料表面清理干净，保证板料表面无油污、锈蚀等附着物。

2. 冲裁模具的安装与调整

生产本工件的冲裁模具有两套，一套为冲孔模具，另一套为落料模具。这两套模具都是无导向装置的简单冲裁模，所以模具的安装与调整方法应按照无导向装置的简单冲裁模的安装与调整方法进行。

3. 板料冲裁

（1）启动冲床，确认冲床运转正常。

（2）将板料放在凹模上，并进行准确定位（凹模上应有定位装置）。

（3）踩下脚踏开关，冲床滑块下降，将 ϕ80 mm 外圆冲出，完成落料操作。

（4）更换模具。从冲床上取下落料模具，换上冲孔模具。

（5）再一次将板料放在凹模上并定位。

（6）踩下脚踏开关，冲床滑块下降，将 ϕ50 mm 内孔冲出。

4. 质量检查

（1）检查圆环的内、外径尺寸是否合格。

（2）检查圆环的断面质量是否符合要求。

三、注意事项

1. 安装冲模前必须将工作台面与模板底面擦拭干净，不能有任何污物和金属废屑。

2. 冲模安装固定时，应使用专用的紧固件，如螺栓、螺母和压块等，这些专用件不能代用。

3. 在安装冲模时，所有凸模中心线都应与凹模平面保持垂直，不得歪斜，否则间隙不均匀会使模具刃口被啃坏。

4. 冲压时应严禁几片板料重叠在一起冲裁。

5. 在冲裁工作开始前，操作者应对冲床和工作现场进行检查、整理，检查冲模内是否干净、冲模紧固情况、材料厚度及表面清洁情况、冲床的润滑情况。上述工作完成后，方可开机冲裁。

6. 工作时应集中精力，谨慎操作。首件必须经过检查合格后再继续冲裁，冲裁过程中还应随时进行抽检。

课题三　气割及数控切割

子课题 1　气　　割

氧乙炔焰气割是冷作工常用的一种下料方法。气割与机械切割相比具有设备简单、成本低、操作灵活方便、机动性好、生产效率高等优点。气割可切割较大厚度范围的钢材，并可实现空间任意位置的切割，所以在金属结构制造及维修中，气割得到了广泛的应用。尤其对于本身不便移动的大型金属结构，应用气割更能显示其优越性。

气割的主要缺点是劳动强度大，薄板气割时容易引起工件变形，切口冷却后硬度极高，不利于切削加工等，而且对切割材料有选择性。

一、气割的过程及条件

气割是利用气体火焰的热能将工件待切割处加热到一定温度后，喷出高速切割氧气流，使待切割处金属燃烧实现切割的方法。氧乙炔焰气割就是根据某些金属加热到燃点时，在氧气流中能够剧烈氧化（燃烧）的原理实现的。金属在氧气中剧烈燃烧的过程就是金属切割的过程。

1. 气割的过程

氧乙炔焰气割的过程，由以下三个阶段组成。

（1）金属预热。开始气割时，必须用预热火焰将待切割处的金属预热至燃烧温度（燃点）。一般碳钢在纯氧中的燃点为 1 100 ~ 1 150 ℃。

（2）金属燃烧。把切割氧喷射到达到燃点的金属上时，金属便开始剧烈地燃烧，并产生大量的氧化物（熔渣）。由于金属燃烧时会放出大量的热，因此使氧化物呈液体状态。

（3）氧化物被吹除。液态氧化物受切割氧流的压力而被吹除，上层的金属氧化时产生的热量传至下层金属，使下层金属预热到燃点，切割过程由表面深入到整个厚度，直至将金属割穿。同时，金属燃烧时产生的热量和预热火焰一起，又将邻近的金属预热至燃点，沿切割线以一定的速度移动割炬，即可形成切口，使金属分离。

2. 气割的条件

金属材料只有满足下列条件时，才能进行气割。

（1）金属材料的燃点必须低于其熔点。这是保证切割在燃烧过程中进行的基本条件。否则，切割时金属将在燃烧前先行熔化，使之变为熔割过程，不仅切口宽，极不整齐，而且容易粘连，达不到切割质量要求。

（2）燃烧生成的金属氧化物的熔点应低于金属本身的熔点，同时流动性要好。否则，就会在切口表面形成固态氧化物，阻碍切割氧气流与下层金属接触，使切割过程不能正常进行。

（3）金属燃烧时，能放出大量的热，而且金属本身的导热性要差。这是为了保证下层金属有足够的预热温度，使切割过程能连续进行。

满足上述条件的金属材料有纯铁、低碳钢、中碳钢和普通低合金钢等。而铸铁、高碳钢、高合金钢及铜、铝等有色金属及其合金，均难以进行氧乙炔焰气割。例如，铸铁不能用普通方法气割，是因为其燃点高于熔点，并产生高熔点的二氧化硅，且氧化物的黏度大、流动性差，高速氧流不易把它吹除；此外，由于铸铁的含碳量高，碳燃烧时产生一氧化碳及二氧化碳气体，降低了切割氧的纯度，也造成气割困难。

二、气割设备及工具

1. 氧气瓶

氧气瓶是储存和运输高压氧气的容器，如图 3–62 所示。常用氧气瓶的容积为 40 L，工作压力为 15 MPa，可以储存 6 m^3 氧气。氧气瓶的瓶体上部装有瓶阀，通过旋转手轮可开关瓶阀并能控制氧气的进出流量。瓶帽旋在瓶头上，以保护瓶阀。

按规定，氧气瓶外表应漆成天蓝色，并用黑漆标明“氧气”字样以区别于其他气瓶。

2. 乙炔瓶

乙炔瓶是储存和运输乙炔用的压力容器，外形与氧气瓶相似，但构造较复杂。乙炔瓶的构造如图 3–63 所示，其主体是用优质碳素结构钢或低合金结构钢经轧制而成的圆柱形无缝瓶体，瓶体外表漆成白色，并用红漆标明“乙炔”字样。在瓶内装有浸满丙酮的多孔性填料，使乙炔能稳定、安全地储存在瓶内。使用时，溶解在丙酮内的乙炔分解出来，通过乙炔瓶阀流出，而丙酮仍留在瓶内，以便溶解再次压入的乙炔。乙炔瓶阀下面的填料中心部分长孔内放有石棉，其作用是帮助乙炔从多孔性填料中分解出来。

乙炔瓶内的多孔性填料，通常采用质轻而多孔的活性炭、木屑、浮石及硅藻土等合制而成。

由于乙炔瓶阀的阀体旁侧没有连接减压器的侧接头，因此必须使用带有夹环的乙炔减压器，如图 3–64 所示。

3. 氧气减压器

氧气减压器是用来调节氧气工作压力的装置，如图 3–65 所示。在气割工作中，所需氧气压力有一定的规范，要使氧气瓶中的高压氧气转变为工作需要的稳定的低压氧气，就要由氧气减压器来调节。

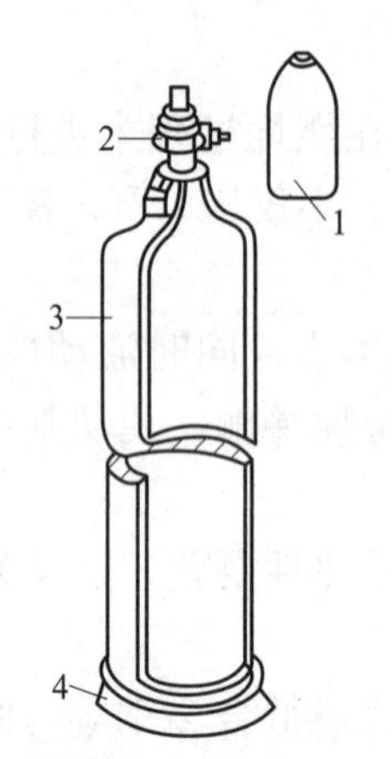

图 3–62　氧气瓶的构造

1—瓶帽　2—瓶阀　3—瓶体　4—瓶座

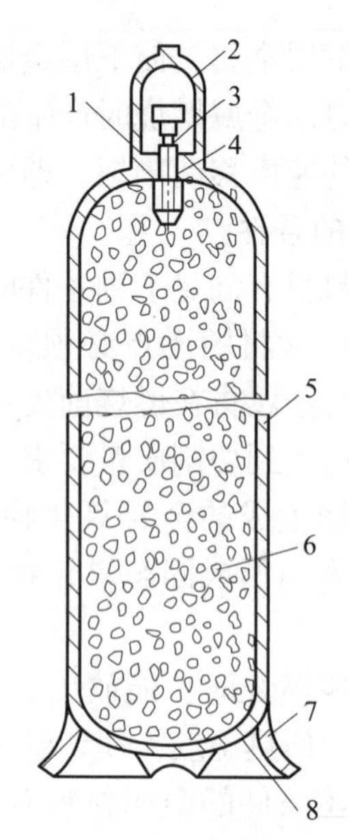

图 3–63　乙炔瓶的构造

1—瓶口　2—瓶帽　3—瓶阀　4—石棉
5—瓶体　6—多孔性填料　7—瓶座　8—瓶底

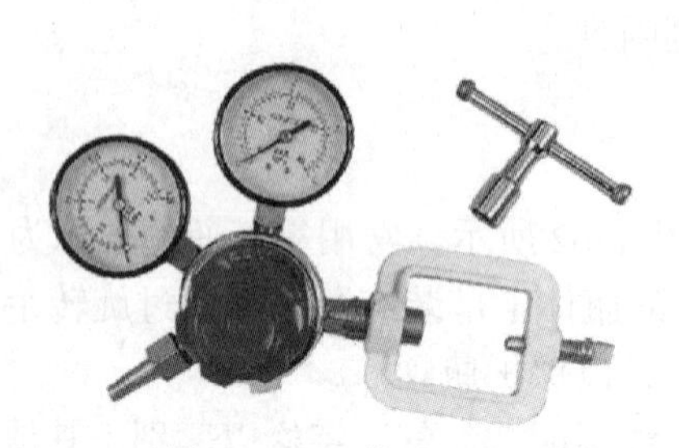

图 3–64　乙炔减压器

图 3–65　氧气减压器

氧气减压器的工作原理如图 3–66 所示。从氧气瓶出来的高压氧气进入高压室 10 后，由高压表 1 指示压力。

氧气减压器不工作时（见图 3–66a），应当放松调压弹簧 7，使活门 4 被活门弹簧 3 压下，关闭通道 5。通道关闭后，高压气体就不能进入低压室 9。

氧气减压器工作时（见图 3–66b），应按顺时针方向将调压螺杆 8 旋入，使调压弹簧 7 受压，活门 4 被顶开，高压气体经通道 5 进入低压室 9。随着低压室内气体压力的增加，压迫薄膜 6 及调压弹簧 7，使活门 4 的开启量逐渐减小。当低压室内气体压力达到一定数值时，会将活门 4 关闭。低压表 2 指示减压后气体的压力。控制调压螺杆 8 的旋入程度，可改变低压室的压力，从而获得所需的工作压力。

气割时，随着气体的输出，低压室中的气体压力降低，此时，薄膜上鼓，使活门重新开启，流入低压室的高压气体流量增多，可以补充输出的气体。当活门的开启程度恰好使流入低压室的气体流量与输出的低压气体流量相等时，就可以稳定地进行工作。当输出的气体流量增大或减小时，活门的开启程度也会相应地增大或减小，以自动地保持输出气体的压力稳定。

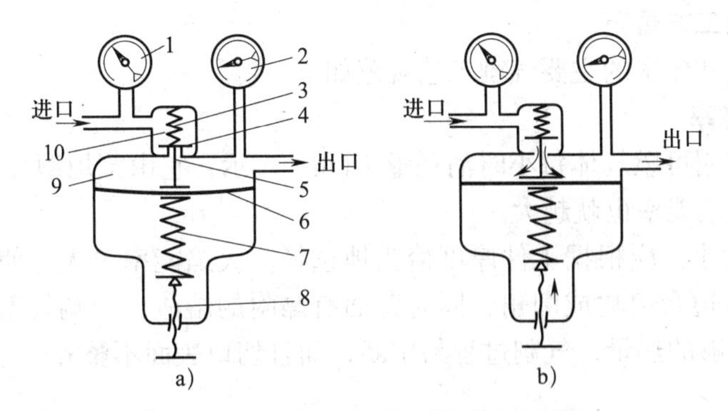

图 3-66　氧气减压器工作原理示意图

a）减压器不工作　b）减压器工作

1—高压表　2—低压表　3—活门弹簧　4—活门　5—通道

6—薄膜　7—调压弹簧　8—调压螺杆　9—低压室　10—高压室

4. 橡胶软管

氧气和乙炔通过橡胶软管输送到割炬中去。橡胶软管是用优质橡胶掺入麻织物或棉织纤维制成的。氧气胶管孔径为 8 mm，乙炔胶管孔径为 10 mm。为便于识别，氧气胶管的外观颜色为蓝色，工作压力为 2.0 MPa；乙炔胶管的外观为红色，工作压力为 2.0 MPa。氧气胶管与乙炔胶管的强度不同，不能混用或互相代替。

5. 割炬

割炬的作用是使乙炔与氧气以一定的比例和方式混合，形成具有一定热量和形状的预热火焰，并从预热火焰的中心喷射切割氧以进行气割。割炬的种类有很多，按形成混合气体的方式可分为射吸式和等压式两种，按用途不同又可分为普通割炬、重型割炬和焊割两用炬。就目前应用情况来看，仍以射吸式割炬应用较为普遍。如图 3-67 所示为射吸式割炬外部结构示意图。

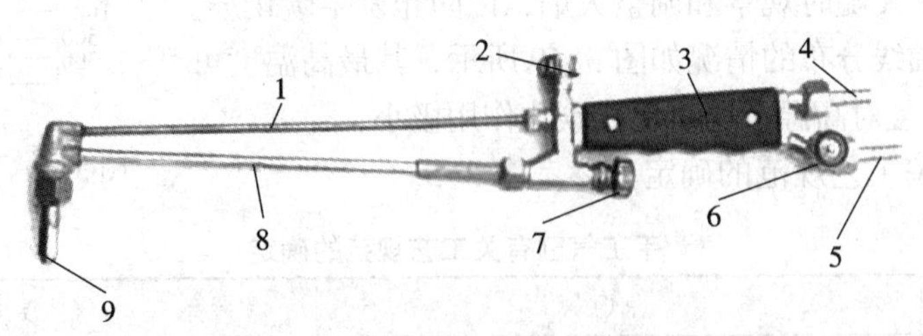

图 3-67　射吸式割炬外部结构示意图

1—切割氧气管　2—切割氧调节阀　3—手柄　4—氧气管接头　5—乙炔管接头　6—乙炔调节阀

7—预热氧调节阀　8—混合管　9—割嘴

射吸式割炬的工作原理（见图 3-68）为：打开预热氧调节阀，氧气由通道进入射吸管，再从直径细小的喷射孔喷出，使喷嘴外围形成真空，造成负压，产生吸力。乙炔在喷嘴的外围被氧流吸出，并以一定比例混合，经过射吸管和混合管从割嘴喷出。

气割时，应根据有关规范，选择割炬型号和割嘴规格。

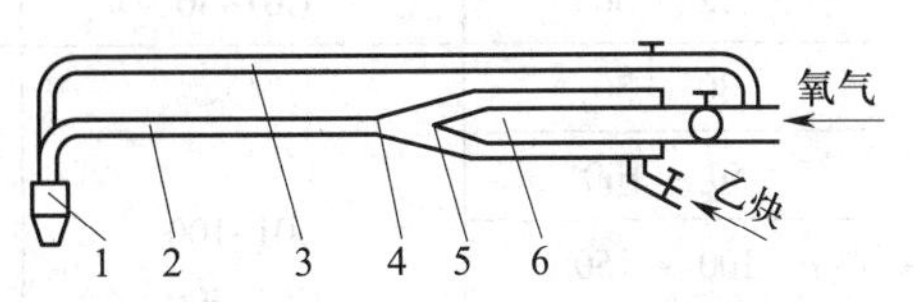

图 3-68　射吸式割炬工作原理

1—割嘴　2—混合管　3—切割氧管

4—射吸管　5—喷嘴　6—喷射管

三、手工气割工艺规范

影响气割质量和效率的主要气割工艺规范如下。

1. 预热火焰能率

预热火焰能率用可燃气体每小时消耗量（L/h）表示，它由割炬型号及割嘴规格来确定。割嘴孔径越大，火焰能率也就越大。

火焰能率的大小，应根据工件厚度恰当地选择。火焰能率过大，使切口边缘产生连续的珠状钢粒，甚至边缘熔化成圆角，同时背面有黏附的熔渣，影响气割质量；火焰能率过小，割件得不到足够的热量，气割过程易中断，而且切口表面不整齐。

2. 氧气压力

氧气压力应根据工件厚度、割嘴孔径和氧气纯度选定。氧气压力过低时，金属燃烧不完全，切割速度降低，同时氧化物吹除不干净，甚至割不透；氧气压力过高时，过剩的氧气会对切割金属起冷却作用，使气割速度和表面质量降低。一般情况下，割嘴和氧气纯度都已选定，则割件越厚，切割时所使用的氧气压力越高。

3. 气割速度

气割速度必须与切口整个厚度上金属的氧化速度一致。气割速度过慢，会使切口边缘熔化，切口过宽，割薄板时易产生过大的变形；气割速度过快，则会造成切口下部金属不能充分燃烧，出现割纹深度增大的现象，甚至割不透。

手工气割时，合理的气割速度可通过试割来确定。一般以不产生或只有少量后拖量为宜。

4. 预热火焰

氧乙炔焰气割时的预热火焰，根据氧气和乙炔的混合比不同，分为碳化焰、氧化焰、中性焰三种。气割采用的是氧气和乙炔比例适中、火焰中两种气体均无过剩的中性焰或轻微氧化焰，在切割过程中要随时观察和调整火焰，以防止发生碳化焰。中性焰的温度沿轴线分布的情况如图 3–69 所示，其最高温度可达 3 000 ℃左右，且对高温金属氧化或碳化作用极小。

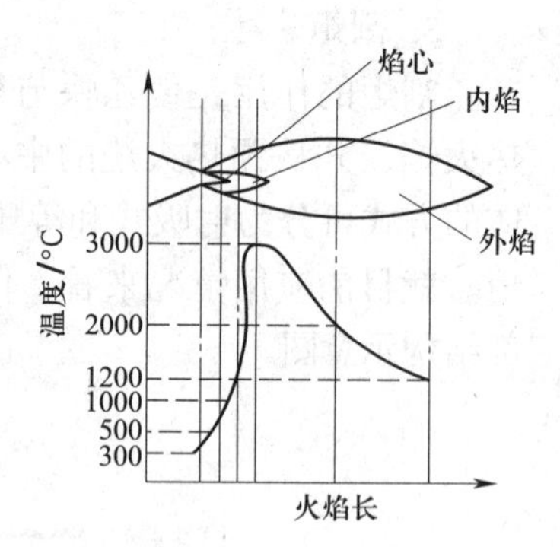

图 3–69 中性焰的温度分布

手工气割有关工艺规范的确定可参考表 3–5。

表 3–5 手工气割有关工艺规范的确定

板材厚度 /mm	割炬		气体压力 /kPa	
	型号	割嘴代号	氧气	乙炔
3.0 以下	G01–30	1 ~ 2	300 ~ 400	1 ~ 120
3.0 ~ 12	G01–30	1 ~ 2	400 ~ 500	
12 ~ 30	G01–30	2 ~ 4	500 ~ 700	
30 ~ 50	G01–100 G01–300	3 ~ 5	500 ~ 700	
50 ~ 100		5 ~ 6	600 ~ 800	
100 ~ 150		7	800 ~ 1 200	
150 ~ 200		8	1 000 ~ 1 400	
200 ~ 250		9	1 000 ~ 1 400	

四、气割的机械化和自动化

随着工业生产的发展，对于一些批量生产的零件及工作量大而又集中的气割工作，采用手工气割已不能适应生产的需要。因此，在手工气割的基础上逐步改革设备和操作方法，出现了半自动气割机、仿形气割机、光电跟踪仿形气割机和数字程序控制气割机等机械化气割设备。机械化气割的质量好、生产效率高、生产成本低，适合批量生产的需要，因而在机械制造、锅炉、造船等行业得到广泛应用。

1. 半自动气割机

半自动气割机是一种最简单的机械化气割设备，一般由一台小车带动割嘴在专用轨道上自动地移动，但轨道的轨迹需要人工调整。当轨道是直线时，割嘴可以进行直线切割；当轨道呈一定的曲率时，割嘴可以进行一定的曲线气割；如果轨道是一根带有磁铁的导轨，小车利用爬行齿轮在导轨上爬行，割嘴就可以在倾斜面或垂直面上气割。半自动气割机，除可以以一定速度自动沿切割线移动外，其他切割操作均由手工完成。

半自动气割机最大的特点是轻便、灵活、移动方便。目前应用最普遍的是 CG1–30 型小车式气割机，该气割机外形如图 3–70 所示。

2. 仿形气割机

仿形气割机是一种高效率的半自动气割机，可以方便而又精确地气割出各种形状的零件。仿形气割机的结构形式有两种，一种是门架式，另一种是摇臂式。其工作原理主要是靠轮沿样板仿形带动割嘴运动，而靠轮分为磁性和非磁性两种。

仿形气割机由运动机构、仿形机构和切割器三大部分组成。运动机构常见的为活动肘臂和小车带伸缩杆两种形式。气割时，将制好的样板置于仿形台上，仿形头按样板轮廓移动，切割器则在钢板上切割出所需的轮廓形状。

CG2–150 型摇臂仿形气割机是目前应用比较普遍的一种小型仿形气割机。它是采用磁轮跟踪靠模板的方法进行各种形状零件及不同厚度钢板的切割，行走机构采用四轮自动调平，可在钢板和轨道上行走，移动方便，固定可靠，适合批量切割钢板件。该气割机外形如图 3–71 所示。

图 3–70　CG1–30 型小车式气割机

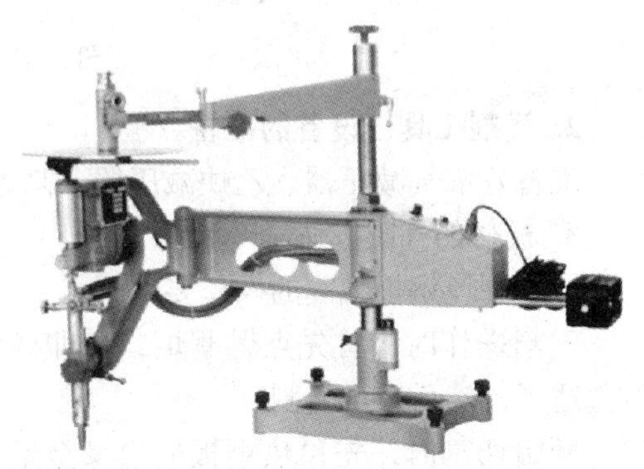

图 3–71　CG2–150 型摇臂仿形气割机

3. 光电跟踪仿形气割机

光电跟踪仿形气割机是一种高效率自动化气割机床，它可省掉在钢板上划线的工序，而直接进行自动气割。它是将被切割零件的图样，以一定比例画成缩小的仿形图，制成光电跟踪模板，通过光电跟踪头的光电系统自动跟踪模板上的图样线条，控制割炬的动作轨迹与光电跟踪头的轨迹一致，以完成自动气割。由于跟踪的稳定性好、传动可靠，因此大大提高了气割质量和生产效率，减轻了工人的劳动强度，因此光电跟踪仿形气割机的应用日趋扩大。

光电跟踪仿形气割机是由光学部分、电气部分和机械部分组成的自动控制系统。在构造上可分为指令机构（跟踪台和执行机构）和气割机两部分。气割机放置在车间内进行气割。为避免外界振动和噪声等干扰，跟踪台应放置在离气割机 100 m 范围内的专门工作室内。气割机由跟踪台通过电气线路进行控制。

光电跟踪仿形气割机如装上数控系统，将数控和光电结合，其性能会更加优越。光电跟踪仿形切割时，所切割图形即存入计算机，下次就可直接切割，不用再仿形和编程，操作十分方便。

技能训练

板材气割

一、操作准备

1. 材料的准备

板材气割图样如图 3–72 所示。按照图样准备好板料并将其垫平、垫牢。

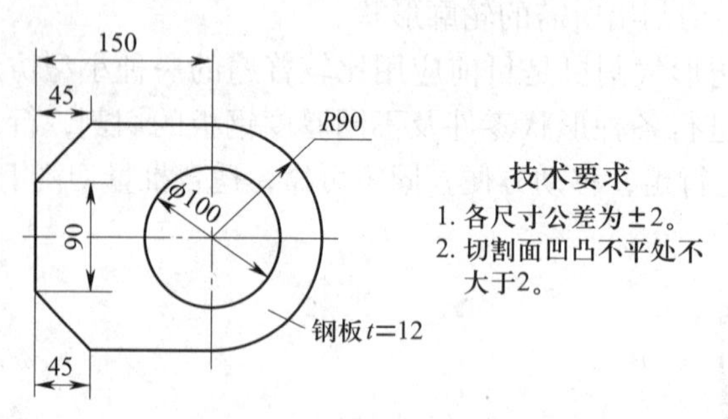

图 3–72　板材气割图样

2. 气割工具、设备的准备

准备好氧气减压器、乙炔减压器、割炬、氧气胶管、乙炔胶管、乙炔瓶、氧气瓶等。

3. 板材的气割方法

（1）中厚钢板气割的操作要领

气割操作时，首先点燃割炬，随即调整预热火焰，预热火焰的大小应根据板材的厚度调整适当，然后进行气割。

开始切割时，先预热钢板的边缘至呈现亮红色时，将火焰局部移出边缘线以外，同时慢慢打开切割氧阀门。如果预热的红点在氧流中被吹掉，此时应迅速开大切割氧阀门，当有氧化铁渣随氧流一起飞出时，证明已经割透，这时即可按预定速度进行切割。

若遇到切割必须从钢板中间开始时，要在钢板上先切割出孔，再按切割线进行气割。

切割孔时，首先预热要割孔的位置（见图 3–73a），然后将割嘴提起离钢板约 15 mm（见图 3–73b），再慢慢打开切割氧阀门，并将割嘴稍倾斜并旁移，使熔渣吹出（见图 3–73c），直至将钢板割穿，再沿切割线进行正常气割。

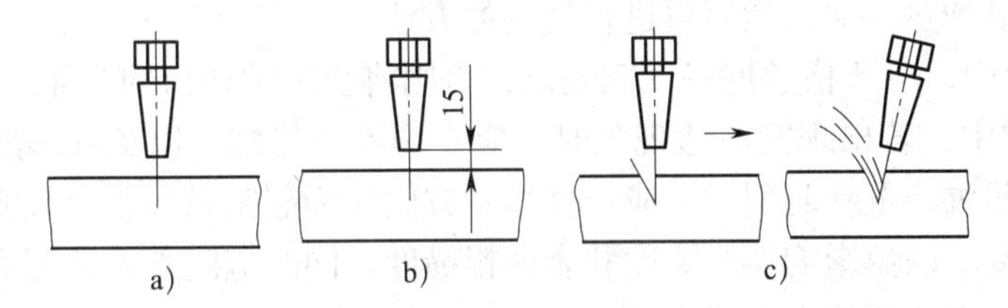

图 3–73　在钢板上切割孔

在切割过程中，有时因割嘴过热或氧化铁渣的飞溅，使割嘴堵住或乙炔供应不及时，割嘴处会产生鸣爆并发生回火现象。这时应迅速关闭预热氧和切割氧阀门，阻止氧气倒流入乙炔管内，使回火熄灭。若此时割炬内仍然发出"嘶嘶"的响声，说明割炬内回火尚未熄灭，应迅速将乙炔阀门关闭或拔下割炬上的乙炔胶管，使回火的火焰排出。处理完毕，应先检查割炬的射吸能力，然后方可重新点燃割炬，继续切割。

切割临近终点时，割嘴应略向切割前进的反方向倾斜，使钢板的下部提前割透，以求收尾时切口整齐。当到达终点时，应迅速关闭切割氧阀门，并将割炬抬起，再关闭乙炔阀门，最后关闭预热氧阀门。

（2）薄钢板的气割方法

气割厚度为 4 mm 以下的钢板时，因为钢板较薄，所以不仅氧化铁渣不易吹除，而且冷却后氧化铁渣黏附在钢板背面更不易铲除。薄钢板受热快，而散热慢，故当割嘴走过去时，因切口两边还处在熔融状态，这时如果切割速度稍慢及预热火焰控制不当，就易使钢板变形过大，并且钢板正面棱角也被熔化，形成前面割开后而又熔合在一起的现象。

气割薄钢板时，为了得到较好的切割效果，应注意以下几点：

1）气割时，应选用 G01–30 型割炬及小号割嘴，预热火焰能率要小。

2）气割时，割炬应后倾，通常割炬应与钢板成 25° ~ 45° 的夹角。

3）割嘴与工件表面的距离一般为 10 ~ 15 mm。

4）切割速度应尽可能地快。

（3）大厚度钢板的气割方法

气割大厚度钢板时，主要困难在于割件上、下受热不易均匀，下层金属的燃烧比上层金属慢，使切口形成较大的后拖量，甚至割不透。同时，熔渣易于堵塞切口下部，影响气割的正常进行。

大厚度钢板气割时，应采取以下措施：

1）选用切割能力较大的 G01–300 型割炬及较大号割嘴。

2）乙炔供应要充足，氧气供应不能中断。在条件允许的情况下，可采用气体汇流排，即将多个氧气瓶并联起来供气。氧气压力要稳定。

3）气割前，先要调整好割嘴与割件的垂直度（即割嘴与割线两侧平面成 90° 夹角），以保证割口断面的垂直度。

4）气割时，预热火焰能率要大一些，首先由割件的边缘棱角处开始预热，将割件预热到气割温度时，逐渐开大切割氧调节阀，并将割嘴倾斜于割件。待割件边缘全部割透时，应加大切割氧流，并使割嘴垂直于工件，同时割嘴沿切割线向前移动。气割速度要慢，有时割嘴可做横向月牙形摆动，以利于气割过程的顺利进行。有时，为加快气割速度，可采取先在整个切割线的前沿预热一遍，然后再进行气割的方法。

5）气割过程中，应严格掌握好气割规范，否则将会影响切口的断面质量。

6）气割过程中，若出现割不透现象时，应立即停止气割，以免气涡及熔渣在切口中旋转，使切口产生凹坑。重新起割时，应选择另一方向作为起割点。整个气割过程必须保持均匀一致的切割速度，以免影响切口宽度和表面粗糙度。同时应随着乙炔压力的变化而调节预热火焰，以保持一定的预热火焰能率。

7）气割工作临近结束时，切割速度可以适当放慢，以减少后拖量，保证将整条切口完全割断。

（4）法兰的气割方法

气割法兰时，一般先切割外圆，然后再切割内圆。为了提高切口质量和切割速度，可以利用简易的划规式割圆器进行切割。气割前，先在圆中心处用样冲打出定位孔，然后根据割圆的半径定好划规针（定位针）尖与割嘴中心切割氧喷孔之间的距离，再点火进行气割。

气割外圆时，先从钢板的边缘处起割，然后将割嘴逐渐向钢板中心方向移动，待定位针尖落入定位孔后，将割炬沿圆周旋转一圈，割好的法兰即从钢板上落下。

气割内圆前，应将法兰放置在管子上，管子的直径要比法兰的内圆大而比外圆小。气割时，先在内圆上开出气割孔，这时火焰应调大一些或调成轻微氧化焰，以加快预热速度。为了防止气割飞溅的熔渣堵塞割嘴，要求割嘴应向后倾斜 20° 左右，并使割嘴离切割线一定距离。当割件被预热到燃点时，即开启切割氧调节阀，但不要开足，边割边沿气割方向移动割嘴，然后逐渐增加切割氧流，将割件割穿，再将割嘴慢慢引向切割线，同时使定位针尖落入定位孔内，即可移动割炬，将内圆割下。

二、操作步骤

1. 气割工艺特点分析

（1）按图样划出切割线，并确定气割顺序

气割工件因局部受高温影响，割后将产生较大的变形，合理选择气割顺序，则可减小割件的这种变形。

本工件切割线图及气割顺序如图 3–74 所示。

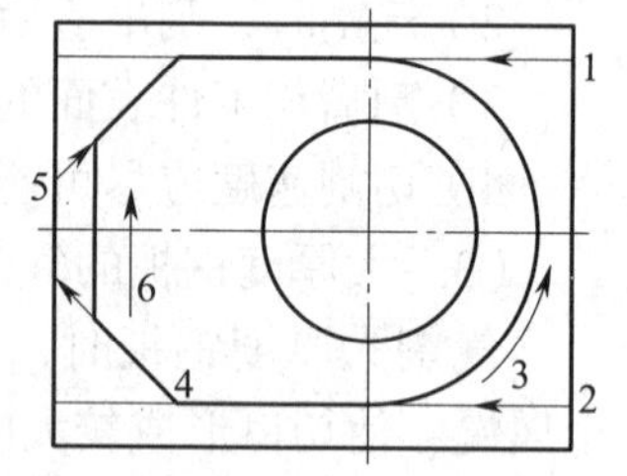

图 3–74　切割线图及气割顺序

（2）气割操作姿势

两脚距离与肩同宽，呈外八字形，身体自然下蹲，右臂弯曲靠右膝外侧，左臂在两腿之间伸向右方，如图 3–75 所示。右手握持割炬手柄，并以右手的拇指和食指掌握预热氧开关，以便调节预热火焰和发生回火时切断气源。左手的小指和无名指夹住混合管，拇指和食指控制切割氧阀门。眼睛注视切割线，呼吸节奏要平稳，使整个动作协调而自然。

（3）预热火焰的调整

气割时，混合气体从割炬中喷出燃烧，由于混合气体中氧气和乙炔的混合比不同，可形成碳化焰、氧化焰和中性焰三种火焰，如图 3–76 所示。气割预热火焰应选取氧气和乙炔比例适当，对金属无碳化作用的中性焰，主要通过调节预热氧调节阀来实现。

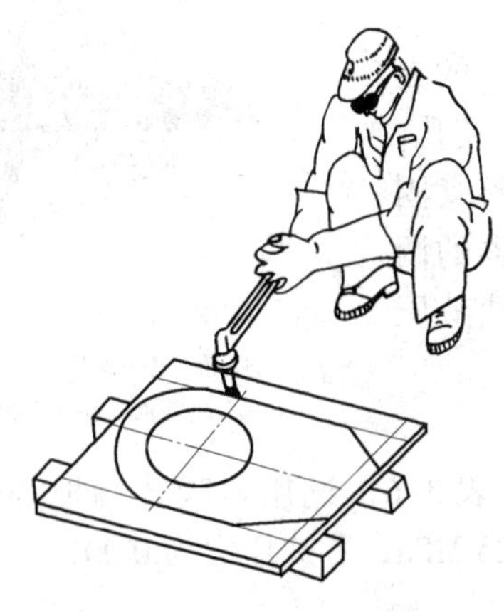

图 3-75　气割操作姿势

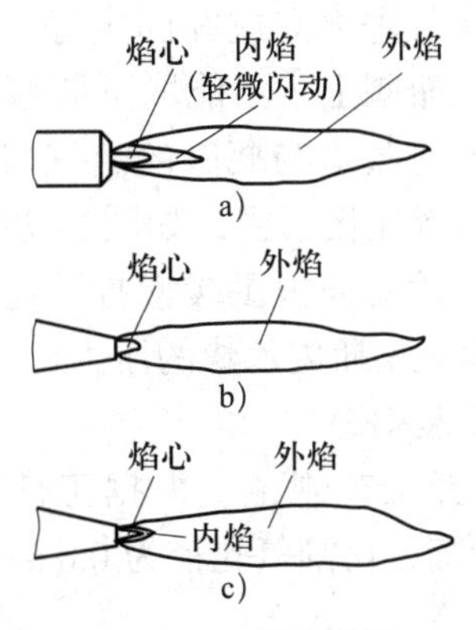

图 3-76　预热火焰
a）碳化焰　b）氧化焰　c）中性焰

2. 气割设备、工具的安装

手工气割所用设备及工具如图 3-77 所示。

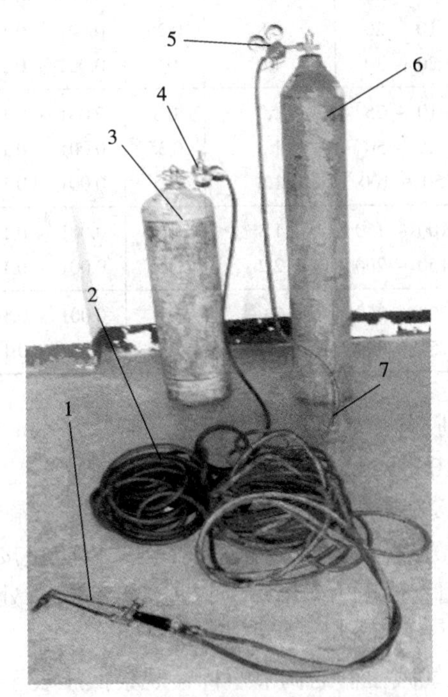

图 3-77　手工气割所用设备及工具

1—割炬　2—乙炔胶管　3—乙炔瓶　4—乙炔减压器　5—氧气减压器　6—氧气瓶　7—氧气胶管

（1）安装氧气减压器

把氧气瓶立放并固定，左手扶持氧气瓶，右手逆时针方向转动手轮，瞬时打开瓶阀吹净阀口，以免阀口杂屑进入减压器。此时人要避开阀口，以免氧流伤人。接着把氧气减压器的紧固螺母拧在氧气瓶出气阀口上，并用扳手拧紧。然后旋松减压器的调压螺杆，左手扶住减压器，右手缓慢拧动手轮，通过高压表观察瓶内气体的压力，这时若发现某连接处或瓶阀有漏气现象，应立即关闭阀门进行修理。

（2）安装乙炔减压器

将乙炔瓶垂直立放并固定好，然后把乙炔减压器的夹环套在乙炔瓶阀上（不能取下瓶帽），通过瓶帽的安装孔，使减压器的进气口与瓶阀的出气口连接，再通过调整紧固螺栓，使两者连接紧密，如图 3–78 所示。旋松减压器的调压螺杆后，用套筒扳手缓慢拧开瓶阀，即可通过乙炔减压器的高压表观察瓶内乙炔的压力。

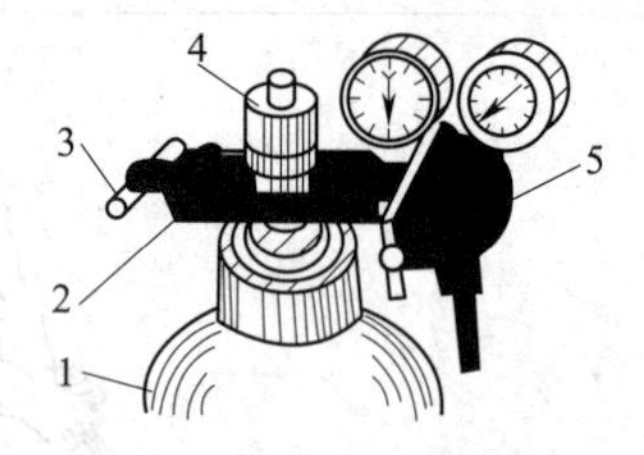

图 3–78 乙炔减压器的安装
1—乙炔瓶 2—夹环 3—紧固螺栓
4—乙炔瓶阀 5—乙炔减压器

（3）安装割炬

1）选择工艺规范。根据工件厚度（12 mm）查表 3–6，选用射吸式割炬 G01–30 型；2 号环形割嘴，切割氧孔径为 0.8 mm；氧气压力为 0.25 MPa；乙炔压力为 0.001 ～ 0.1 MPa。

表 3–6　　氧乙炔射吸式割炬规格性能

型号	割嘴代号	割嘴形式	切割板厚范围 /mm	切割氧孔径 /mm	气体压力 /MPa		气体消耗量	
					氧气	乙炔	氧气 /m³·h⁻¹	乙炔 /L·h⁻¹
G01–30	1	环形	2 ～ 10	0.6	0.2	0.001 ～ 0.1	0.8	210
	2		10 ～ 20	0.8	0.25	0.001 ～ 0.1	1.4	240
	3		20 ～ 30	1.0	0.3	0.001 ～ 0.1	2.2	300
G01–100	1	梅花形	10 ～ 25	1.0	0.3	0.001 ～ 0.1	2.2 ～ 2.7	350 ～ 400
	2		25 ～ 50	1.3	0.35	0.001 ～ 0.1	3.5 ～ 4.3	460 ～ 500
	3		50 ～ 100	1.6	0.5	0.001 ～ 0.1	5.5 ～ 7.3	550 ～ 600
G01–300	1	梅花形	100 ～ 150	1.8	0.5	0.001 ～ 0.1	9.0 ～ 10.8	680 ～ 780
	2		150 ～ 200	2.2	0.65	0.001 ～ 0.1	11 ～ 14	800 ～ 1 100
	3	环形	200 ～ 250	2.6	0.8	0.001 ～ 0.1	14.5 ～ 18	1 150 ～ 1 200
	4		250 ～ 300	3.0	1.0	0.001 ～ 0.1	10 ～ 26	1 250 ～ 1 600

2）安装。选择专用橡胶管：氧气胶管为蓝色，孔径为 8 mm，允许工作压力为 2.0 MPa；乙炔胶管为红色，孔径为 10 mm，允许工作压力为 2.0 MPa。

将氧气胶管的一头连接在氧气减压器的出气口上，另一端安装在割炬的氧气胶管接头上。因氧气压力较高，氧气胶管接头处要用卡子固定，以防止接头漏气或胶管脱落。用同样的方法安装乙炔胶管，但因乙炔压力较低，所以乙炔胶管接头处不必装夹固定。

（4）安装后的检查

1）检查漏气。右旋氧气减压器的调节螺杆，观察低压表至 0.25 MPa，用手抚摸（或涂肥皂水）各连接处，判断有无漏气现象。检查乙炔接头处可用肥皂水或鼻嗅的方法。如有漏气现象，应马上关闭瓶阀进行检修。

2）检查割炬的射吸能力。旋开割炬氧气调节阀，使氧气流过混合气室喷嘴，这时将手指放在割炬的乙炔进气管口上（见图 3–79），如果手指感到有吸力，就证明射吸能力正常；若无吸力，甚至氧气从乙炔接头上倒流，则表明射吸情况不正常，割炬不能正常工作，必须经过维修后方可使用。

图 3–79 检查割炬的射吸能力

3）检查切割氧流线（风线）。检查切割氧流线的方法是点燃割炬，并调整好预热火焰，然后打开切割氧阀门，观察切割氧流线的形状。切割氧流线应为笔直而清晰的圆柱体，并有适当的长度，这样才能使工件切口表面光滑干净，宽度一致。否则，应关闭所有的阀门，熄火后用通针（钢丝制成）等工具修整割嘴的内表面，使之光滑无阻。

3. 气割外轮廓

气割外轮廓线时，工件可按图 3–80 所示的方法摆放。应使气割线下部悬空，无搁置物阻挡。

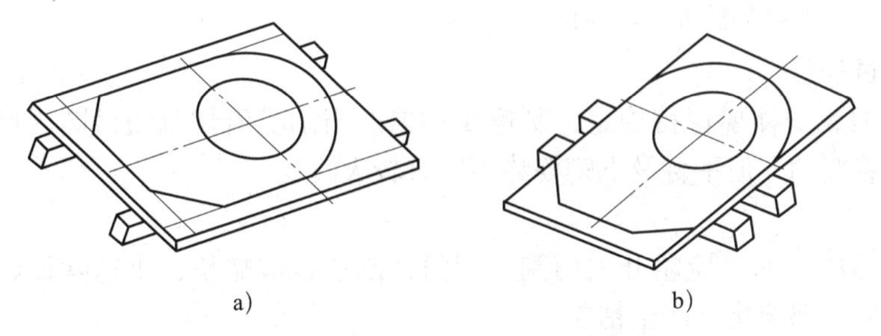

图 3–80　气割外轮廓线时工件的摆放

a）割两直边时的摆放　b）割外圆弧及端边时的摆放

（1）起割

操作者平端割炬，操作姿势如图 3–75 所示。将割嘴垂直于割件表面（见图 3–81），预热钢板割线右端边缘 10 mm 处，待预热点呈亮红色时，将割嘴外移至板边缘，同时慢慢打开切割氧阀门，当看到预热处有红点被氧气吹掉时，可以开大切割氧阀门。随着氧气流的加大，当割件的背面飞出鲜红的熔渣时，说明割件已经割透，即可根据工件的厚度，以适当的速度移动割炬向前切割。

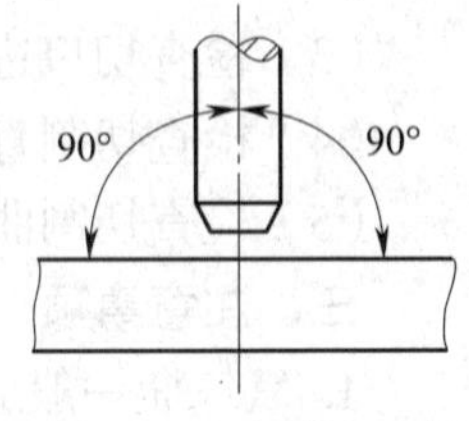

图 3–81　割嘴与工件表面垂直

（2）切割过程

为了保证切割质量，在气割过程中，割炬移动的速度要均匀，割嘴至割件表面的距离应保持一致。在切割中，要注意观察，如果切割的火花向下垂直飞去，则切割速度适当（见图 3–82a）；若熔渣与火花向后飞，甚至上返，则速度太快，切口下部燃烧比上部慢，致使后拖量增大（见图 3–82b），甚至割不透；若切口两侧棱角熔化，边缘部位产生连续珠状钢粒，则说明速度太慢。气割中，操作者若需移动身体位置，应先关闭切割氧阀门，待身体位置调整好后，再重新预热、起割。

（3）停割

在气割接近终点时，割嘴应略向后方倾斜（见图 3–83），以便钢板下部提前被割透，使上、下受热均衡，收尾平直整齐。

停割后，先关闭切割氧阀门，再关闭乙炔阀门熄火，最后关闭预热氧阀门。

4. 气割内圆

（1）起割

气割内圆时，要预先在割件内圆内的废料部分，离气割线适当距离割一小透孔，其方法如图 3–73 所示。将割嘴垂直于割件表面，对欲开孔部位进行预热，然后将割嘴稍向旁移，并略倾斜，再逐渐开大切割氧阀门吹除熔渣，直至将钢板割穿，再过渡到切割线上切割。

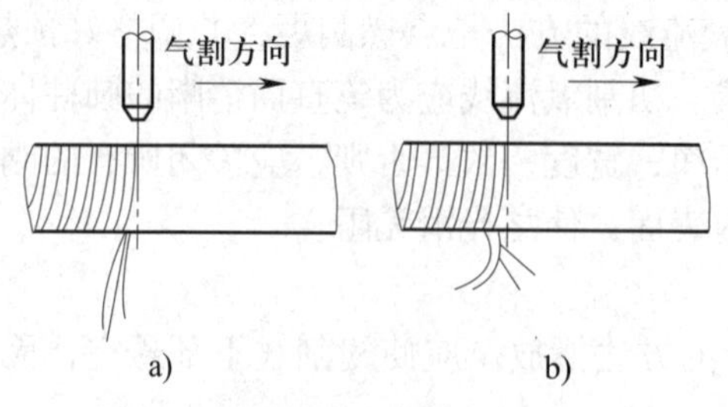

图 3–82　切割速度对后拖量的影响
a）速度合适　b）速度过快

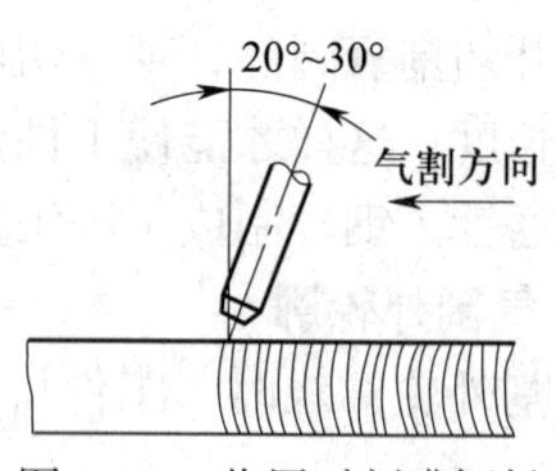

图 3–83　收尾时割嘴倾斜

（2）切割过程

切割内圆时，身体要保持稳定，割速要均匀。当割嘴沿切割线做圆周运动时，身体重心也应轻轻随着变动，但手臂及下蹲姿势不应有较大改变。

（3）停割

当气割接近收尾时，应略开大切割氧阀门，割速也应略快，迅速吹掉熔渣，防止收尾处热量集中而使局部熔化，产生粘连。

5. 割件的质量检查

（1）测量割件的各部位尺寸是否符合图样要求。

（2）检查气割切口表面是否平整干净，割纹是否均匀一致。

（3）检查切口边缘是否有熔化现象，氧化物是否易于清除。

（4）检查切割直线段的直线度。

（5）检查切割曲线段的圆度。

三、注意事项

1. 氧气瓶一般应立放使用，乙炔瓶必须立放使用，并要平稳可靠。
2. 减压器、氧气瓶阀严禁沾染油污，不得用带有油污的手套安装减压器。
3. 氧气瓶和乙炔瓶同时使用时，应尽量避免放在一起；与明火距离一般不小于 10 m。
4. 操作前必须穿戴好劳动保护用品，防止烧伤及烫伤事故的发生。
5. 气割工作结束后，应及时整理工具，清理现场，做到文明生产。
6. 在训练过程中，各项操作在开始时均应分解练习，以保证动作姿势正确无误。

技能训练

型材气割

一、操作准备

1. 准备角钢

准备一根规格为 50 mm × 50 mm × 5 mm 的角钢。

2. 型材的气割方法

各种型材如角钢、槽钢、工字钢的气割方法与板材的气割方法基本相同，只不过由于型材的断面与钢板的断面不同，因此型材气割时，割嘴必须对准各个切割面，并与被切割面保持垂直。起割应从边角处开始，切割过程可分为几段，每一个面为一个切割段。需要强调的是，一定要注意相邻两段连接处的切割，即型材棱角处的加厚部分应保证割透，可以适当加大切割氧。

型材切割如果是直角线切割（见图 3–84a），割嘴必须对准三个面切割槽钢，并与被割面保持垂直。角钢也必须是对准两个面切割，割嘴与被割面垂直，以免出现歪斜的切口和不整齐的割断面。

型材切割如果是斜角线切割（见图 3–84b），除了大面要端正割炬切割外，两个小面也都要随着大面的切割线方向进行切割。

工字钢、角钢等型材的切割也是如此。

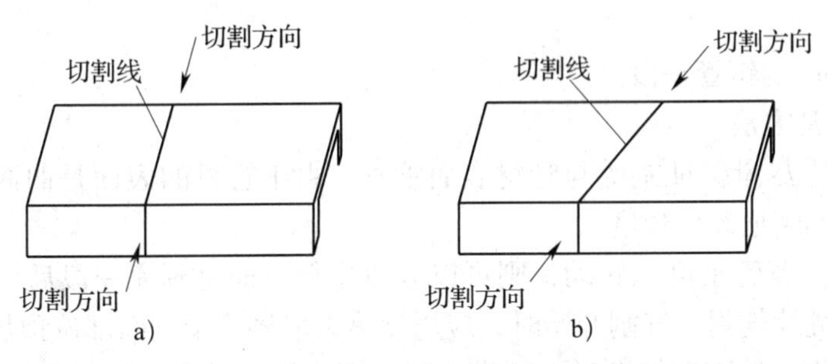

图 3–84　型材切割

二、操作步骤

1. 按图样划出切割线

（1）角钢气割工件图如图 3–85 所示。

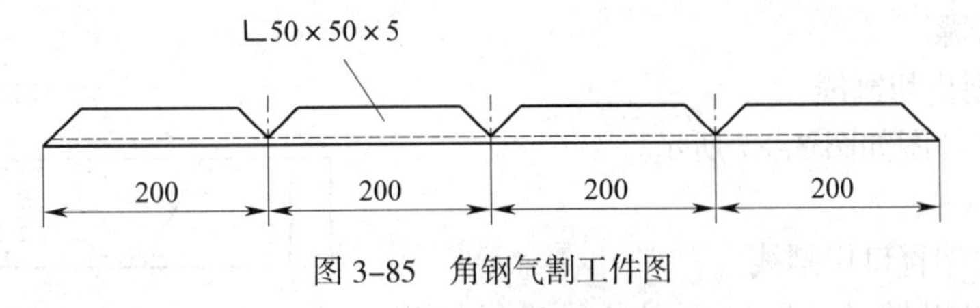

图 3–85　角钢气割工件图

（2）按照图样在角钢上划出切割线，如图 3–86 所示。

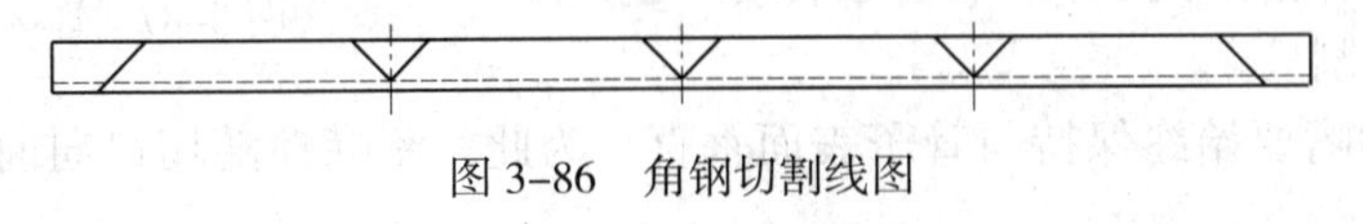

图 3–86　角钢切割线图

2. 气割外轮廓

切割两端的两段 45° 斜口线及两段直边段。值得一提的是，在切割两段直边段时，割嘴的方向必须顺着 45° 角度线方向进行气割，这样切割出来的切口才能满足下一步的角钢接口要求。

3. 气割切口

切割中间的三个 45° 斜口线。

三、注意事项

1. 由于角钢的壁厚一般都比较薄，因此气割角钢时的预热火焰能率不能太大，氧气压力也可稍小。

2. 为了保证角钢的气割质量，割炬的切割氧流线（风线）必须要好。切割氧流线要求应该笔直且具有一定的长度，这是保证角钢气割质量的必要条件。

技能训练

管 材 气 割

一、操作准备

1. 准备钢管

准备 ϕ108 mm 的钢管一段。

2. 管材的气割方法

管材气割时需尽量保证割嘴与管材表面垂直。由于管材的表面是曲面，因此要求割炬在切割过程中应不断地改变角度。

管材气割时，若管子可以转动，则可以分段进行，即每割完一段后就暂停一下，将管子稍加转动后再继续气割。气割开始时，应用预热火焰将管子侧面部位预热，割嘴要始终保持与管子表面垂直，待割透管壁后，割嘴立即上倾，并倾斜到与起割点切线成 70° ~ 80° 的夹角。在气割每一段切口时，割嘴随切口向前移动的同时，应不断地改变位置，以保证这一气割角度不变。

可以转动管子采用分段气割时，直径较小的管子可以分 2 ~ 3 次割完，直径较大的管子可以适当地多分几段进行切割，但应注意分段不宜过多。

二、操作步骤

1. 按图样划出切割线

管材气割工件图如图 3–87 所示。

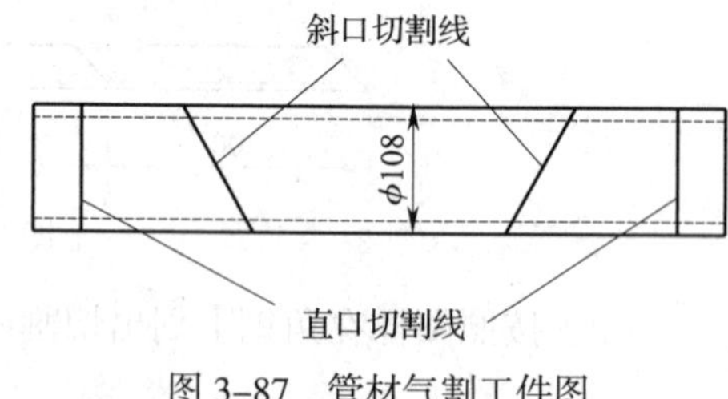

图 3–87　管材气割工件图

2. 气割

（1）切割两端直口切割线

因为管子可以转动，所以可以分段进行切割，即每割完一段后可稍停顿一下，将管子转动一定角度后再继续进行切割。

气割时，割嘴要始终保持与管子表面垂直，为此，割嘴在随切口向前移动的同时，应不断地变换角度。

（2）切割中间两条斜口切割线

中间两条斜口切割线的切割方法与直口切割线的切割方法基本相同，值得注意的是，斜口线的切割不能要求割嘴始终保持与管子表面垂直，而应该保证割嘴始终与斜口线方向一致。

三、注意事项

1. 因为管子的表面是曲面，所以气割时管子非常容易滚动，从而影响气割质量。因此，为保证管子的气割质量，应该在管子底部两侧塞放物块，以使管子获得稳定支撑而不致发生滚动现象。

2. 气割管子时，割炬一定要按照切割线行走，不能偏移，否则起割位置与停割位置将难以重合，这样会严重降低气割质量。

子课题 2　数 控 切 割

随着计算机技术的迅速发展，工业自动化技术不断提高和完善。金属结构件的设计已开始突破“焊接件是毛坯”的概念。在国内外最新设计的产品中，根据对切割面尺寸和表面质量的要求，许多切割面已直接作为不需加工的成品表面，这应归功于较先进的数控切割技术的应用。数控切割下料是计算机技术在冷作各工序中开发应用较早、技术成熟的一种工艺方法。

数控切割机是自动化的高效火焰切割设备。由于采用计算机控制，因此使切割机具备割炬自动点火、自动升降、自动穿孔、自动切割、自动喷粉划线、切口自动补偿、割炬任意程序段自动返回、动态图形跟踪显示等功能。数控切割机具有钢板自动套料、切割零件的自动编辑功能，整张钢板所有零件的切割全部自动完成。表 3–7 为数控切割机的主要技术参数。

表 3–7　　数控切割机的主要技术参数

驱动形式	轨距 /m	轨长 /m	切割厚度 /mm	切割速度 / mm · min⁻¹	划线速度 / mm · min⁻¹
单边	3 4 5	12（可视需要加长）	5 ~ 200	50 ~ 6 000	6
双边	5 6 7. 5				

一、数控切割工作原理

所谓数控（NC），其全称是数字程序控制。数控切割就是根据被切割零件的图样和工艺要求，编制成以数码表示的程序，输入到设备的数控装置或控制计算机中，以控制气割器具按照给定的程序自动地进行气割，以切割出合格零件的工艺方法。数控切割机的工作流程如图 3–88 所示。

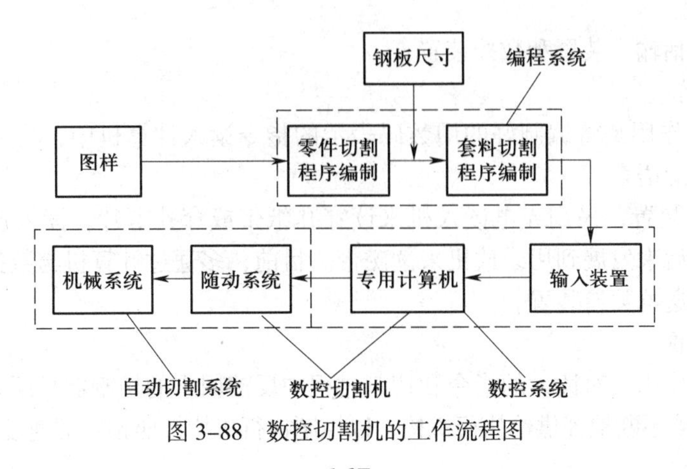

图 3–88　数控切割机的工作流程图

1. 编制数控切割程序

要使数控切割机按预定的要求自动完成切割加工，首先要把工件的切割顺序、切割方向及有关参数等信息，按一定格式记录在切割机所需要的输入介质（如磁盘）上，然后再输入切割机数控装置，经数控装置运算变换后控制切割机的运动，从而实现零件的自动加工。从零件图样到获得切割机所需控制介质的全过程称为切割程序编制。

如上所述，为了得到所需尺寸、形状的零件，数控切割机在切割前，需完成一定的准备工作，把图样上的几何形状和数据编制成计算机所能接受的工作指令，即所谓编制零件的切割程序。然后再用专门的套料程序，按钢板的尺寸将多个零件的切割程序连接起来，按合理的切割位置和顺序，形成钢板的切割程序。

数控切割程序的编制方法有手工编程和计算机自动编程两种，程序的格式有 3B、4B 和 ISO 代码三种。就目前应用情况来看，多采用 CAXA 自动编程软件进行编程。

以北航海尔 CAXA 自动编程软件进行编程的全过程：根据切割零件图样利用计算机作图→生成加工轨迹→生成代码→传输代码。

2. 数控切割

气割时，编制好的数控切割程序通过输入装置被读入专用计算机中，专用计算机根据输入的切割程序计算出气割头的走向和应走的距离，并以一个个脉冲向自动切割机构发出工作指令，控制自动切割机构进行点火、钢板预热、钢板穿孔、切割和空行程等动作，从而完成整张钢板上所有零件的切割工作。

二、数控切割机的组成

数控切割机的组成如图 3–89 所示，其组成可以概括为控制装置和执行机构两大部分。

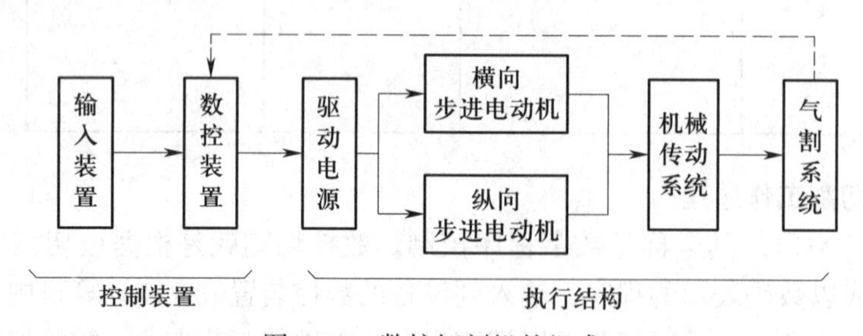

图 3–89　数控切割机的组成

1. 控制装置

控制装置包括输入装置和数控装置。

（1）输入装置

输入装置的作用是将编制好的用数码表示的指令读入计算机中，将人的命令语言翻译成计算机能识别的语言。

早期的输入装置，采用光电读入机来读穿孔纸带或穿孔卡片，读入速度慢，识别能力也不十分理想，后来发展到用录放机来读磁带。目前，多通过计算机与数控系统通信，将程序和数据直接传送给数控装置。

（2）数控装置

数控装置的作用是对读入的指令和切割过程中反馈回来的切割器具所处的位置信号进行计算，将计算结果不断地提供给执行机构，以控制执行机构按照预定的速度和方向进行切割。

因为气割多用于两坐标平面的切割下料，所以数控切割机的数控装置比较简单。但是，随着科技的不断进步，人们对数控切割机的要求也越来越高。例如，在切割焊接坡口时，割具相对钢板的位置角度要求能始终保持一致；在切割圆弧工件的焊接坡口时，要求割具能随圆弧自动转动角度等。所以，对用于数控切割机的数控装置的功能要求也越来越高。三坐标数控切割机和自动旋转割具的数控切割机，也已研制成功并获得实际应用。

2. 执行机构

执行机构包括驱动系统、机械系统和气割系统。

（1）驱动系统

由于数控装置输出的是一些微弱的脉冲信号，不能直接驱动数控切割机使用的步进电动机，因此还需将这些微弱的脉冲信号真实地加以放大，以驱动步进电动机转动。驱动系统正是这样一套特殊的供电系统：一方面，它能保持数控装置输出的脉冲信号不变；同时，依据脉冲信号提供给步进电动机转动所需要的电能。

（2）机械系统

机械系统的作用是通过丝杠、齿轮或齿条传动，将步进电动机的转动转变为直线运动。纵向步进电动机驱动机体做纵向运动，横向步进电动机驱动横梁上的气割系统做横向运动，控制和改变纵、横向步进电动机运动的速度和方向，便可在二维平面上划出各种各样的直线或曲线。

（3）气割系统

气割系统包括割炬、驱动割炬升降的电动机和传动系统以及点火装置、燃气和氧气管道的开关控制系统等。在大型数控切割机上，往往装有多套割炬，可实现同时切割，从而有效地提高工作效率。

三、数控切割运动轨迹的插补原理

数控机床若按运动方式分类，可分为点位控制系统、直线控制系统和轮廓控制系统三类。数控切割机床的运动规律为运动轨迹（轮廓）控制，属于轮廓控制系统类。

要形成几何轨迹或轮廓控制（通常是任意直线和圆弧），必须对二坐标或二坐标以上的行程信息的指令进给脉冲用适当方法进行分配，从而合成出所需的运动轨迹，这种方法就是所谓的“插补”算法。在众多的插补方法中，较为成熟并得到广泛应用的是逐点比较法。

逐点比较法最初称为区域判别法。它的原理是：数控装置在控制加工轨迹的过程中，逐点计算和判别加工偏差以控制坐标进给方向，从而按规定的图形加工出合格的零件。这种插补方法的特点在于每控制机床坐标（割炬）走一步都要完成四个工作节拍。

第一节拍，偏差判断。判断加工点对规定几何轨迹的偏离位置，然后决定割炬的走向。

第二节拍，割炬进给。控制某坐标工作台进给一步，向规定的轨迹靠拢，缩小偏差。

第三节拍，偏差计算。计算新的加工点对规定轨迹的偏差，作为下一步判断走向的依据。

第四节拍，终点判断。判断是否到达程序规定的加工终点，若到达终点则停止插补，否则再回到第一节拍。

如此不断地重复上述循环过程，就能加工出所要求的轮廓形状。

从上述控制方法中可以看出，割炬的进给取决于实际加工点与规定几何轨迹偏差的判断，而偏差判断的依据是偏差计算。此外，数控切割机的执行机构，主要是带动割炬沿纵向或横向移动的步进电动机，每一个脉冲当量都能使步进电动机移动一步（一般取 0.02 ~ 0.1 mm）。所以割炬实际运动的轨迹是一条逼近零件图形的折线，但由于步距很小，因此可以得到光滑的曲线段或直线段，如图 3-90 所示。

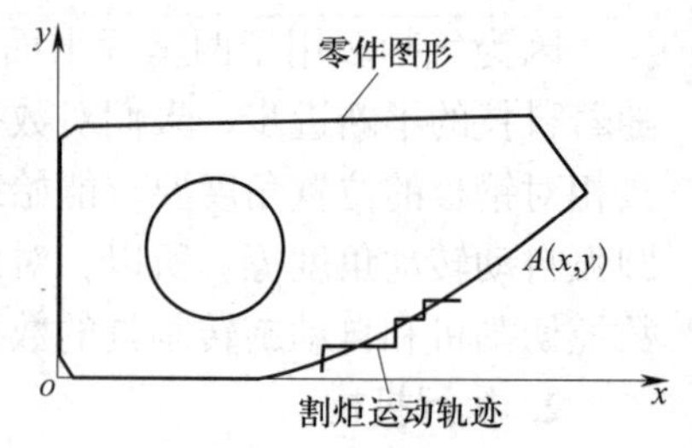

图 3-90　数控切割机割炬的运动轨迹

四、数控切割工艺与切割工艺过程分析举例

1. 数控切割工艺

数控切割工艺流程如下。

（1）切割前的准备工作

操作数控切割机前的准备工作主要包括绘图、排版、编程、铺设钢板、辅助工作等。

1）要认真审核下料图样的各种技术要求，根据图样特点，应用 AutoCAD 绘图软件按 1∶1 的绘图比例绘制电子图形。

2）利用数控切割软件载入电子图形，按照毛坯钢板尺寸进行零部件的合理排版，并设置开始切割点、切割途径、结束切割点。

3）清除下料钢板表面污物和锈蚀，利用吊装工具将下料钢板铺设到数控切割机切割架上，且保证钢板边缘处于割枪切割路径范围内。要求保持钢板边缘与数控切割机轨道保持平行，误差不大于 4 mm，这样有利于切割找正，提高切割速度、材料利用率和切割质量。

4）辅助工作主要是接通电源，导入切割程序，切割地线连接钢板，开启切割辅助系统（气路、水路等），将割嘴调整到与板面垂直，使设备处于等待切割状态。

（2）空车试运行

气割前应进行空车试运行，以检验切割机的运行轨迹是否符合图样要求。

1）所有准备工作结束后，割炬调至起割点，设定割炬工作状态为空走状态，启动设备。此时割炬将以设定的空走速度完成实际切割路径的行走。

2）设备运行中，操作者应注意观察割炬起割点、切割路径、结束点是否满足图样要求，如果有偏差则停止空运行，返回初始状态进行割炬初始位置调整，然后再空运行，直至完全满足图样要求为止。

（3）切割操作

1）空车运行结束后，将设备调至切割状态，设定好切割速度、切割电流，按下“切割启动”键（气割需要先点火）后割炬将按照预定轨迹进行切割。

2）切割过程中易出现断割现象，出现断割现象主要是钢板锈蚀严重或受外力干扰所致，因此操作者要注意观察割炬工作状态，如果出现切口、割纹异常或突然断弧等情况时，应立即停止切割，待调整完毕后将割炬重新返回断点处，再继续进行切割即可。

2. HMJ-000 型龙门式数控火焰等离子切割工艺过程分析举例

（1）HMJ-000 型龙门式数控火焰等离子切割机

如图 3-91 所示为 HMJ-000 型龙门式数控火焰等离子切割机，由切割电源、供气系统、割炬、行走机构、切割架、控制系统等组成。该切割机横向跨距 3.5 m，有效切割宽度 2.5 m，纵向轨道长 8 m，双边驱动，配有等离子、火焰两种割炬，具有共边、桥接功能。火焰切割有自动点火功能，火焰穿孔切割碳钢 5 ~ 100 mm，边缘切割 260 mm，切割速度 0.5 m/min。等离子切割厚度视等离子电源而定，本设备可切割的最大厚度为 12 mm；等离子切割速度是火焰的 2 ~ 4 倍，切割效率高。

（2）HMJ–000 型龙门式数控火焰等离子切割机切割工艺过程分析

在明确了数控切割工艺流程之后，下面举一实例进行综合分析，以便对数控切割工艺流程有具体而深入的了解。

如图 3–92 所示为一碳钢盲板的零件图样，该零件的切割工艺流程如下。

图 3–91　HMJ–000 型龙门式数控火焰等离子切割机

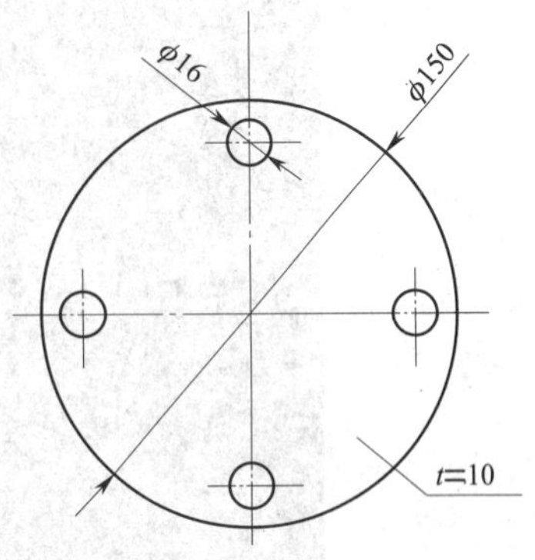

图 3–92　碳钢盲板的零件图样

1）HMJ–000 型龙门式数控等离子切割机切割前的准备

①利用 CAD 绘图软件，将碳钢盲板图样绘制成电子图样（见图 3–93），检查无误后保存。

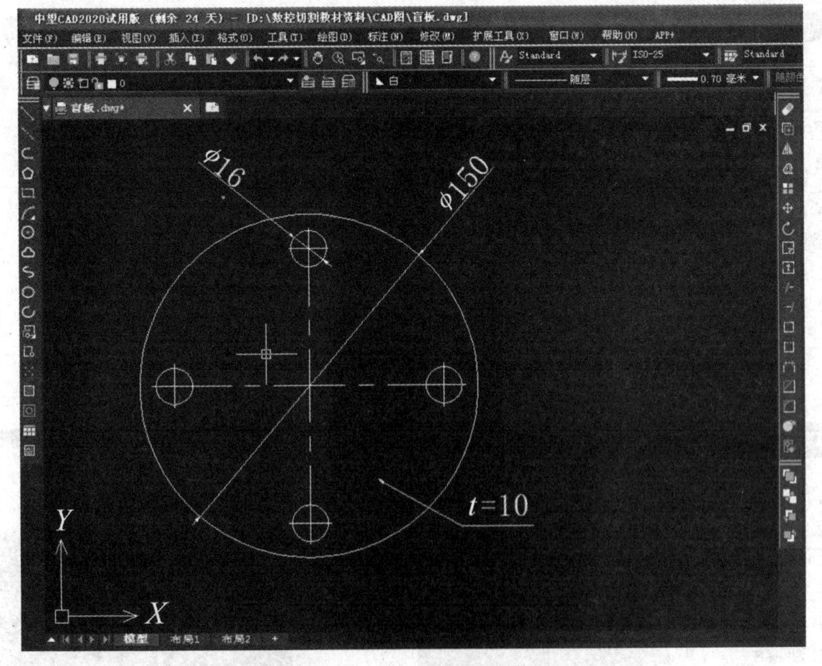

图 3–93　碳钢盲板电子图样

②打开已绘图样文件，只保留切割线条，其余线条（中心线、尺寸线等）全部删除（见图 3–94），然后另存为“DXF”文件格式，再利用设备配套软件导入“DXF”文件格式图样。

③在切割软件中设置切割起始点、板材参数（宽度、长度）（见图 3–95a、b）、生产计划（零件数量）（见图 3–95c），设置完成后单击“排版”图标（见图 3–95d），系统将按照板材的尺寸自动进行排版（排版后也可手动进行调整）。

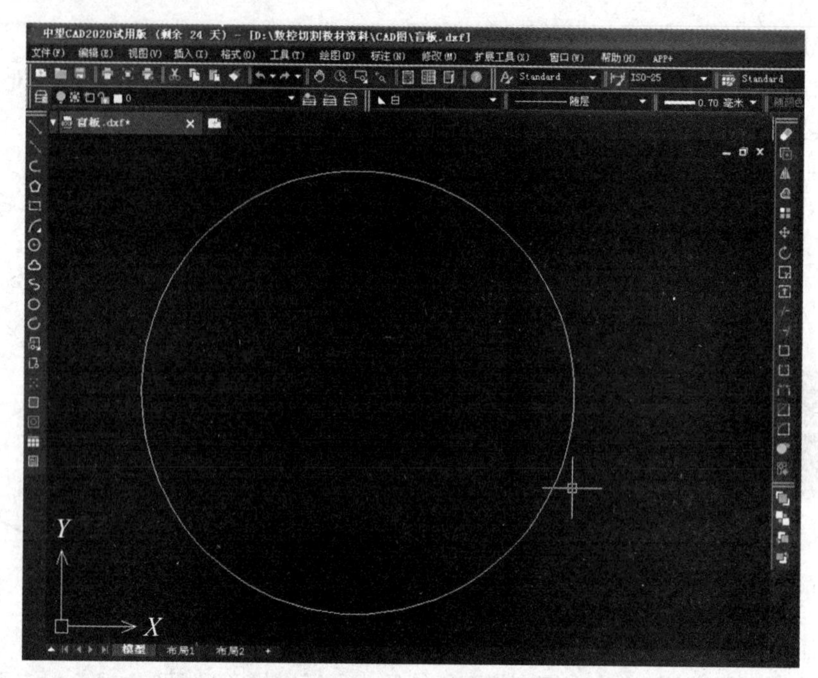

图 3–94　盲板切割线电子图样

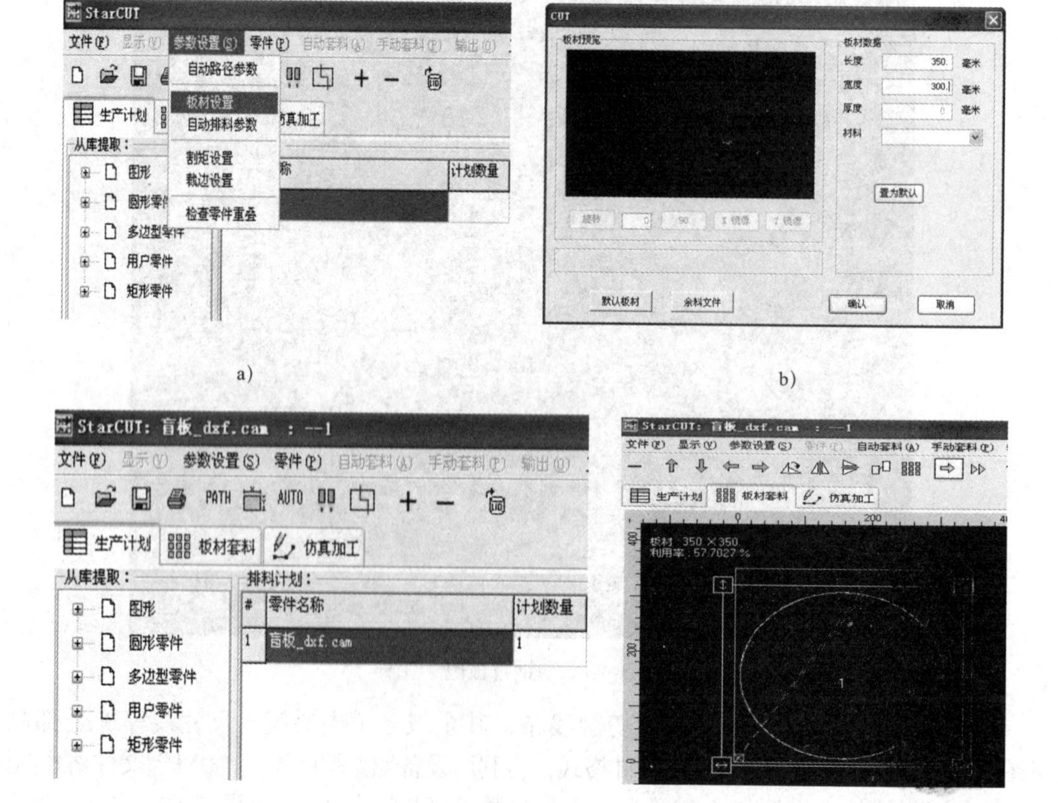

图 3–95　参数设置及排版

a）板材设置　b）参数输入　c）计划数量　d）排版

④如图 3–96 所示，排版结束后，单击“仿真加工”图标，通过计算机屏幕观察仿真程序运行，查验切割起点、路径、终点是否正确。

⑤如图 3–97 所示，仿真操作结束后，将程序导出，存入 U 盘，再将程序导入切割机操作箱内。

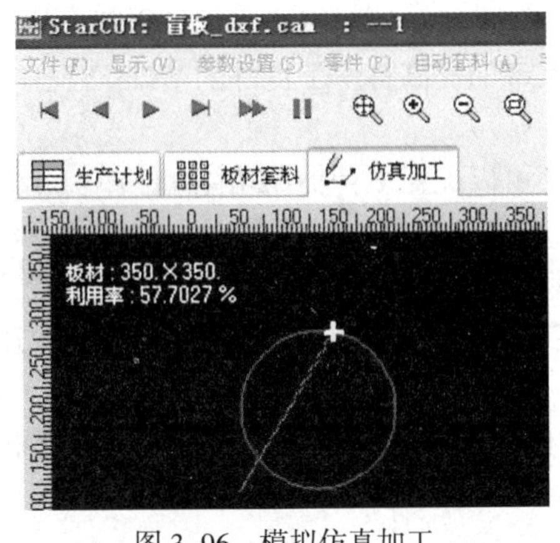

图 3–96　模拟仿真加工

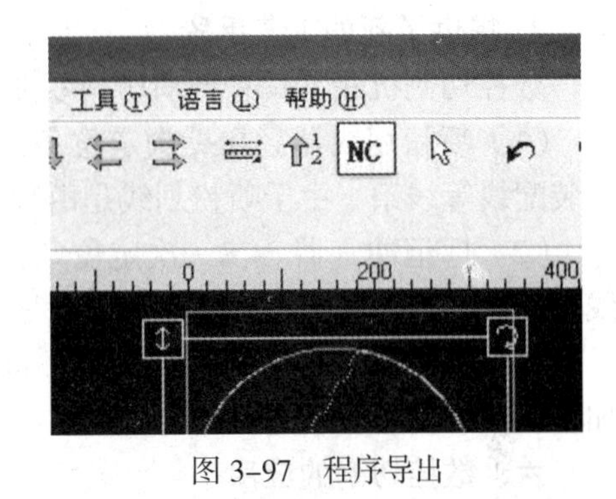

图 3–97　程序导出

⑥擦洗、润滑切割机轨道，铺设钢板，并保持钢板边线与切割机轨道平行，清理钢板表面污物、锈蚀。

⑦将割炬调至起割点，为设备空车试运行做好准备。

2）HMJ–000 型龙门式数控火焰等离子切割机空车试运行

通过控制箱调入切割程序，将设备调至空车运行状态，然后启动，割炬将按照程序预定轨迹进行空走。空走过程中，操作者要观察割炬起割点、运行轨迹、结束点是否满足图样切割要求，如果有偏差，则按“停止”键，然后将割炬返回起割点进行调整，直至满足图样切割要求为止。

3）HMJ–000 型龙门式数控火焰等离子切割机切割

①空车运行完成后，将设备调至切割状态，检查地线是否连接牢固，气路系统是否满足切割要求，调整割炬到钢板表面的距离。

②根据板厚设置切割速度、切割电流，启动切割机开始切割。

③切割过程中操作者要观察割炬的运动状态和钢板的表面状态，如有翻浆、障碍物、突然断弧等现象发生时，应立即停止切割，移开割炬，清理结束后，割炬返回断点处重新起弧切割。

五、数控切割的优点

数控切割与手工切割相比有许多优点，主要有以下方面。

1. 实现了切割下料的自动化

冷作生产的下料过程，多年来一直按放样、号料、切割或剪切等工序进行，并以手工操作为主，工序多，效率低。数控切割完全代替了手工下料的几个工序，实现了切割下料的自动化，提高了下料的生产效率，减轻了工人的劳动强度。

2. 切割精度高

数控切割件的切割表面粗糙度 *Ra* 可达到 12.5 ~ 25 μm，尺寸误差可以小于 1 mm。精确的切割下料，保证了同类零件尺寸形状的一致性，在装配时无须对零件进行修理切割。良好的切割质量，省去了以前手工切割后为保证零件尺寸和切割面质量而进行的机械加工工序，减少了机械加工工作量，提高了生产效率，降低了生产成本。

3. 提高了生产效率

数控切割除了使下料过程自动化，提高了下料工作效率外，还给装配、焊接工序带来了好处。精确的切割，使装配后得到的坡口间隙均匀、准确，同时减小了焊接变形，使焊后矫正变形的工作量减少。数控切割为整个生产过程效率的提高打下了良好的基础。

4. 提供了新的工艺手段

数控切割机除了具有自动切割零件的功能外，还可以配置多种辅助功能。

（1）喷粉划线器。在一次定位条件下，可以在零件上用喷粉划线器划出零件的压弯线和装配线等线条。由于喷粉划线是由程序控制的，其划线的精度高，可以代替人工划线。

（2）标记冲窝器。在一次定位条件下，可在零件的孔中心点打出钻孔标记冲窝或压弯线、中心线等冲窝标记，可代替手工划线。

（3）全（半）自动旋转三割炬。可以在切割零件的同时开 K 形或 V 形坡口，代替机械加工坡口或刨边机刨边。

六、数控切割的应用

数控切割是从 20 世纪 70 年代开始推广应用的，现在已成为铆焊结构件生产过程中切割下料的主要工艺手段，切割钢板的厚度为 1.5 ~ 300 mm。从发展趋势来看，数控切割必将代替传统的手工切割下料。

目前，数控切割在重型机器制造、造船等行业得到普遍应用，已充分显示出其优越性。我国一些重型机器制造厂具备数控切割手段后，生产制造的铆焊结构件的质量已达到国际先进水平。

采用数控切割需要具备一些条件，如需要购置数控切割机及编程机等设备，费用较高；需要有一批掌握先进技术的编程人员和数控切割机操作工人，对他们应进行专门的培训；需要有稳定的氧气、乙炔供应，对气体的纯度要求较高。此外，从生产管理上要根据数控切割的特点改进生产组织形式和工艺流程。

数控切割与手工切割相比尽管有许多优点，但因数控切割程序的编制尚存在一定缺陷，使数控切割的钢材利用率比手工切割低 10% ~ 15%。此外，数控切割过程也是一个对钢板不均匀的加热过程，特别是在切割窄、长的零件时，由于热胀冷缩的影响，零件的变形和钢板的移动是不可避免的，有时也会影响到切割零件的几何尺寸。这就需要在实践中不断总结经验，合理排样，合理安排切割顺序，扬长避短，充分发挥数控切割机的效能。

技能训练

储矿槽连接板的数控火焰切割

一、操作准备

1. 产品图样的准备（见图 3–98）

2. 设备的准备

HMJ–000 型龙门式数控火焰等离子切割机。

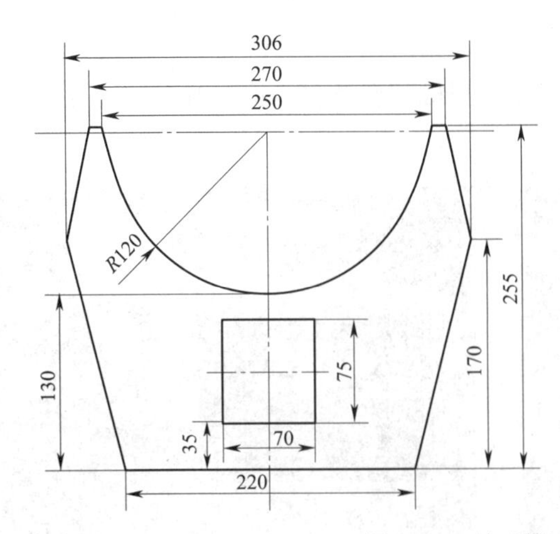

图 3–98　储矿槽连接板

3. 钢板的准备

依据储矿槽连接板的外形尺寸和数量，结合现场坯料剩余情况，选择尺寸为 350 mm × 300 mm × 20 mm 的钢板一块。

二、操作步骤

1. 绘制储矿槽连接板平面图（见图 3–99）

（1）利用 CAD 绘图软件绘制储矿槽连接板的实样图，采用 1 : 1 的绘图比例。

（2）图样绘制完成后，进行各项尺寸的标注。

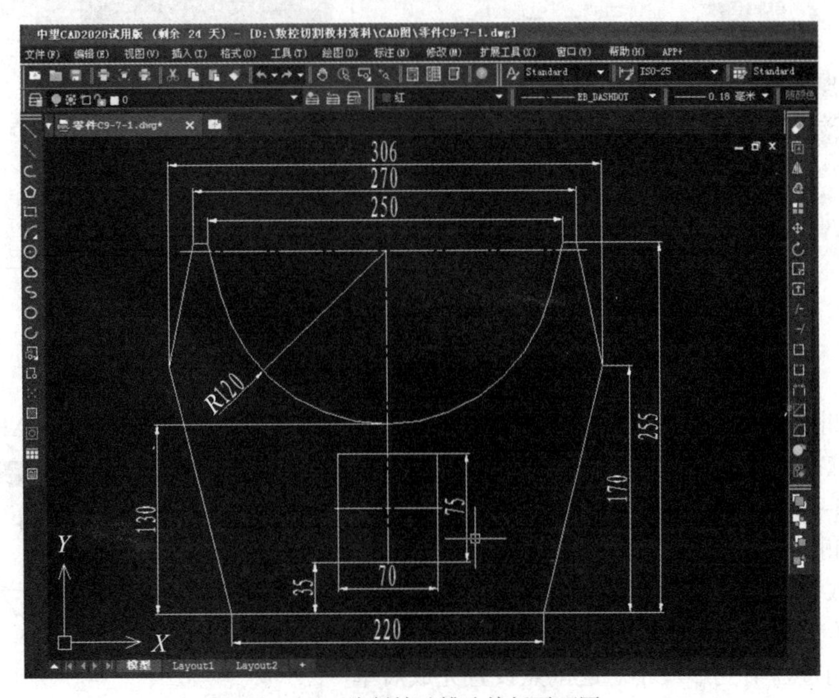

图 3–99　绘制储矿槽连接板平面图

（3）经检查无误后，将电子图样中除了切割线以外的所有线条（中心线、尺寸线等）删除，另存为“DXF”型文件。

2. 编制数控切割程序

（1）如图 3-100 所示，通过计算机打开切割机配套软件 StarCAM V4.2（见图 3-100a），然后单击“StarCUT”图标（见图 3-100b）。

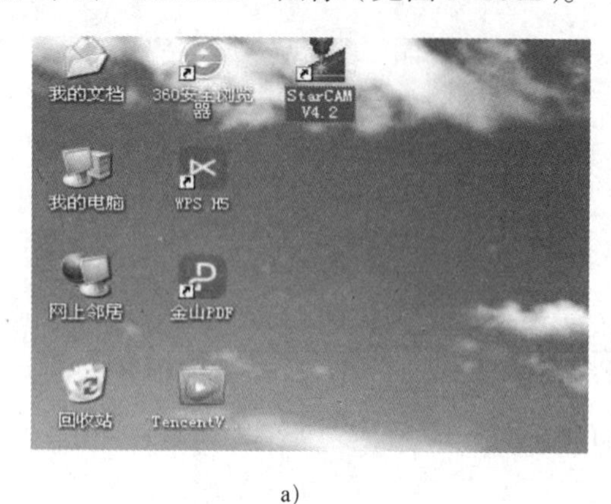

a）

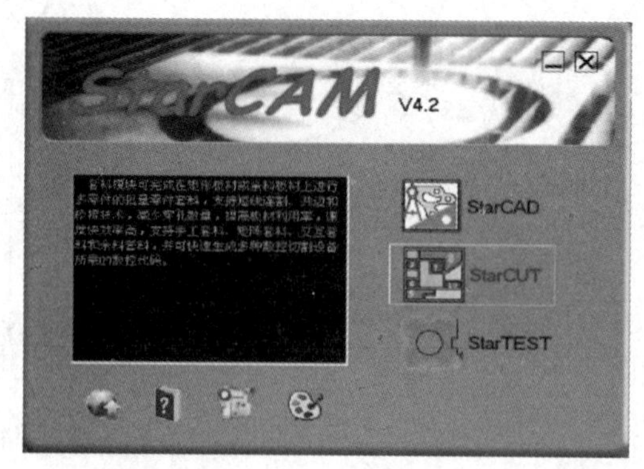

b）

图 3-100　启动编程软件

a）打开 StarCAM V4.2 软件　b）单击“StarCUT”图标

（2）如图 3-101 所示，依次单击“参数设置—板材设置”菜单（见图 3-101a），然后按照施工现场所用钢板的尺寸进行尺寸输入，输入后单击“确认”按钮（见图 3-101b）。

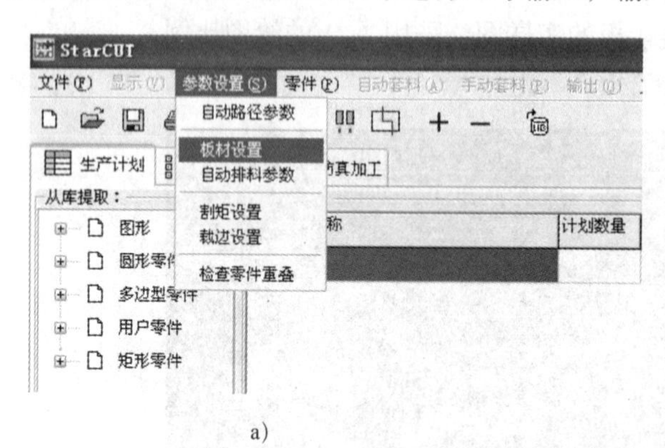

a）

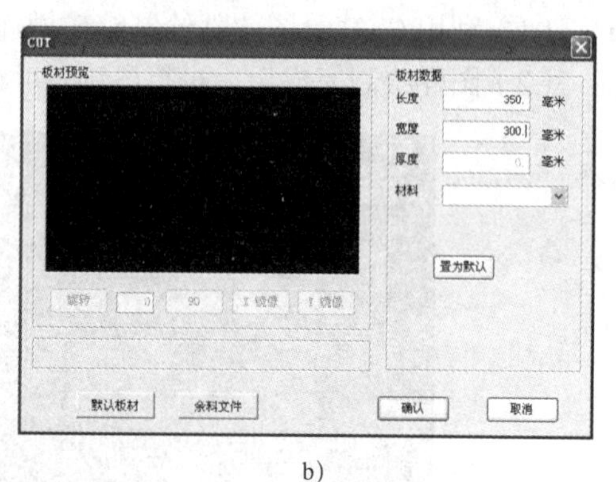

b）

图 3-101　参数设置

a）启动板材设置　b）输入板材数据

（3）如图 3-102 所示，单击“生产计划”图标，再单击“+”图标，调入“DXF”型文件。

（4）选择储矿槽连接板文件，单击“打开”按钮，如图 3-103 所示。

（5）如图 3-104 所示，输入零件的加工数量。

（6）数量输入后单击“移动引入线”按钮，设置起割点（见图 3-105a），起割点的设置要保证零部件在切割过程中变形最小。起割点设置完成后单击“确认修改”按钮（见图 3-105b）。如果图形方向需要调整，则可单击“旋转”按钮，对图形进行角度调整。

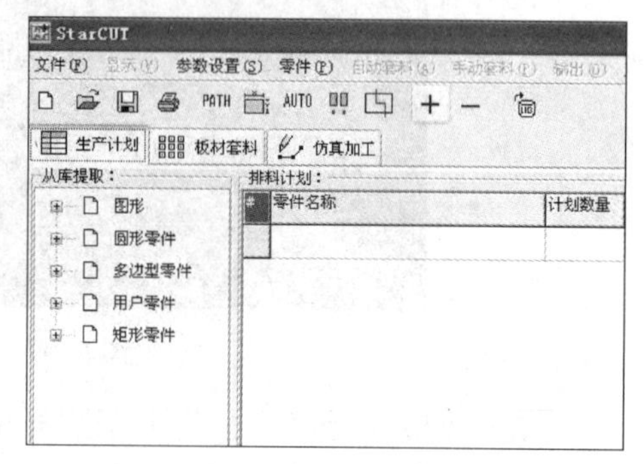

图 3-102　生产计划

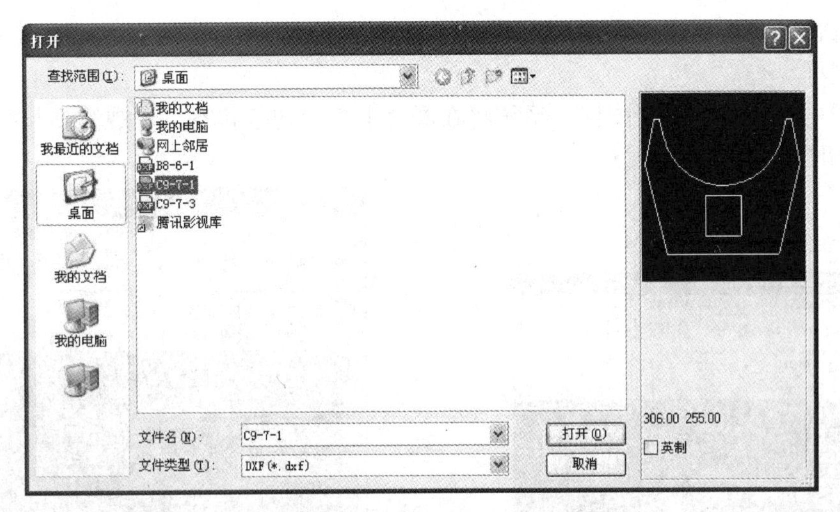

图 3-103　调入储矿槽连接板文件

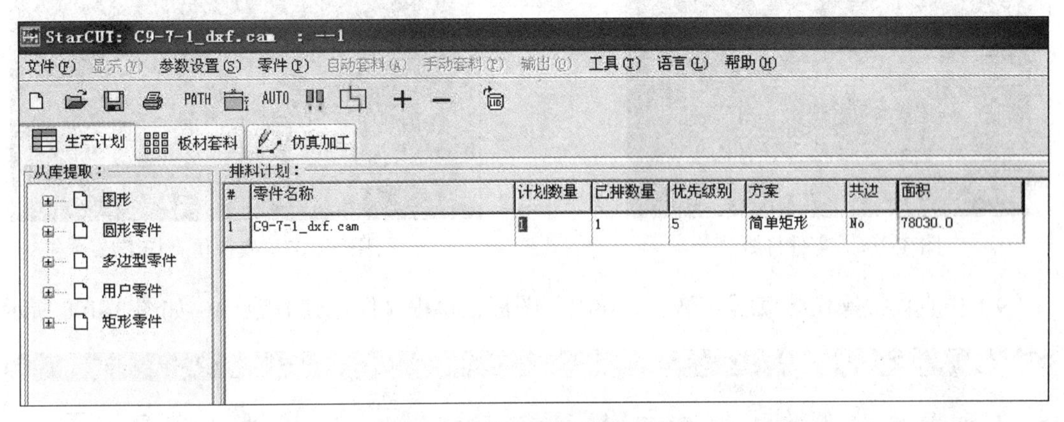

图 3-104　输入零件的加工数量

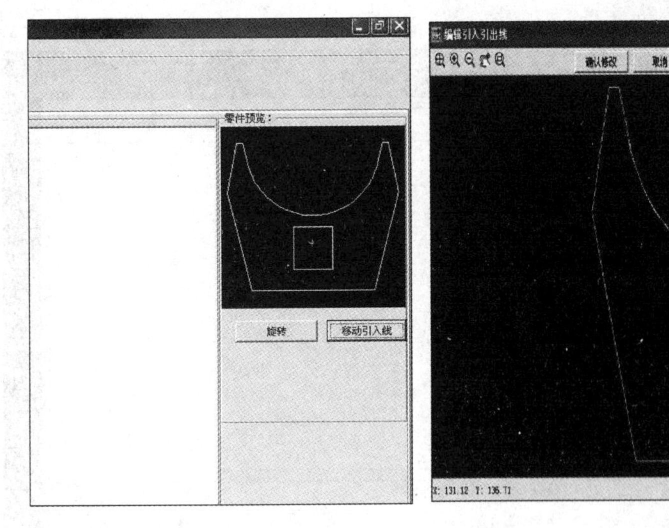

a）

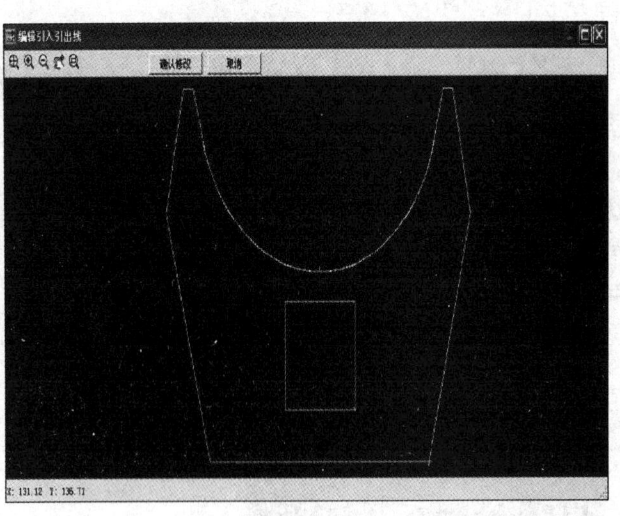

b）

图 3-105　设置起割点

a）单击“移动引入线”按钮　b）设置起割点

（7）如图 3-106 所示，依次单击“板材套料—开始”图标，在屏幕上会显示出将要加工零件的图样。

（8）单击“仿真加工”图标，系统将在屏幕上模拟切割状态，可观测到起割点、路径、结束点，如图 3-107 所示。

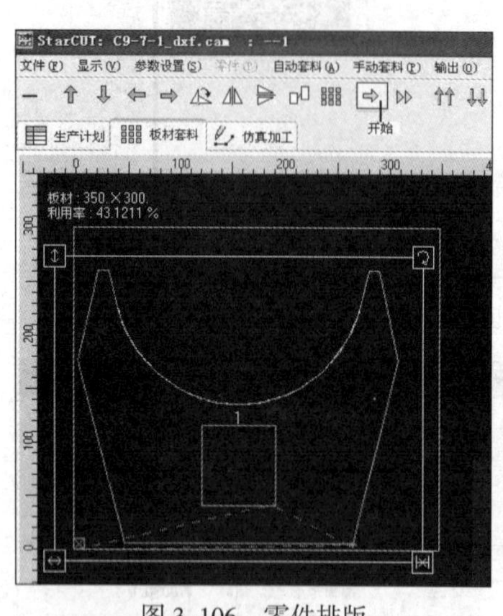

图 3-106　零件排版

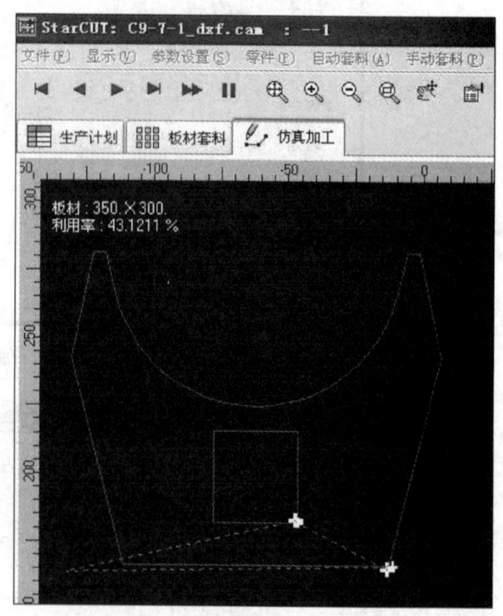

图 3-107　模拟仿真加工

（9）仿真模拟操作结束后，单击“导出”图标，将程序保存到 U 盘中，如图 3-108 所示。

图 3-108　程序存盘

3. 切割操作

（1）吊装钢板置于切割架上，保证钢板边缘平行于轨道。

（2）如图 3–109 所示，用抹布蘸煤油润滑轨道。

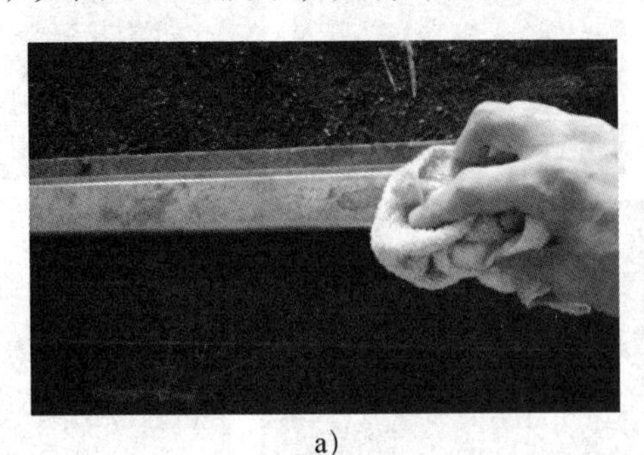

a)

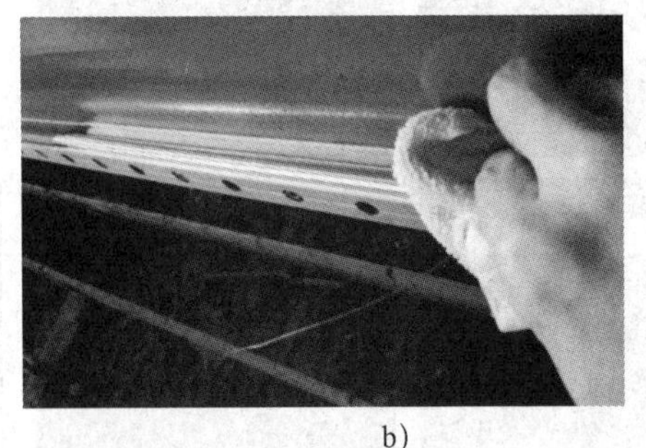

b)

图 3–109　润滑轨道

a）大车轨道　b）小车轨道

（3）如图 3–110 所示，接通电源，插入 U 盘，将程序导入设备系统内。

图 3–110　程序导入

（4）程序导入具体步骤，如图 3–111 所示，按“F3”键—按“F6”键—按“F1”键—按“方向”键查找程序文件—按“回车”键—按“F3”键—按“回车”键—按“ESC”键。

（5）如图 3–112 所示，按“F3”键—按“F2”键—按“方向”键查找程序文件—按“回车”键—按“ESC”键—按“F1”键—按“F4”键—按“F2”键—按“方向”键调整割炬位置—按“X”键—按“F1”键—按“启动”键，调出程序图形，手动操作将割炬调整到起割位置，然后进行空车运行，检查起割点、轨迹、结束点是否符合要求。

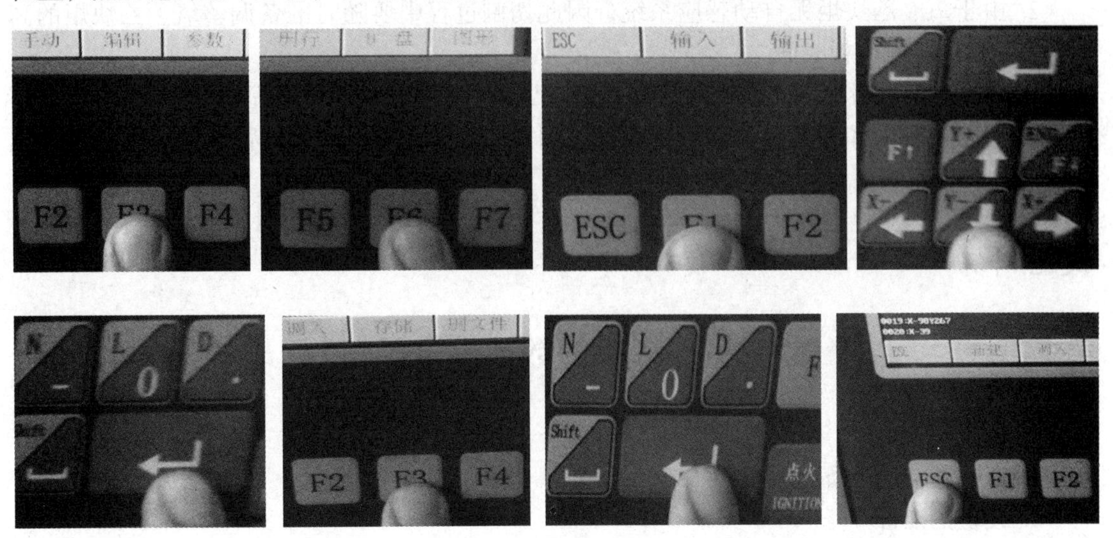

图 3–111　程序导入具体步骤

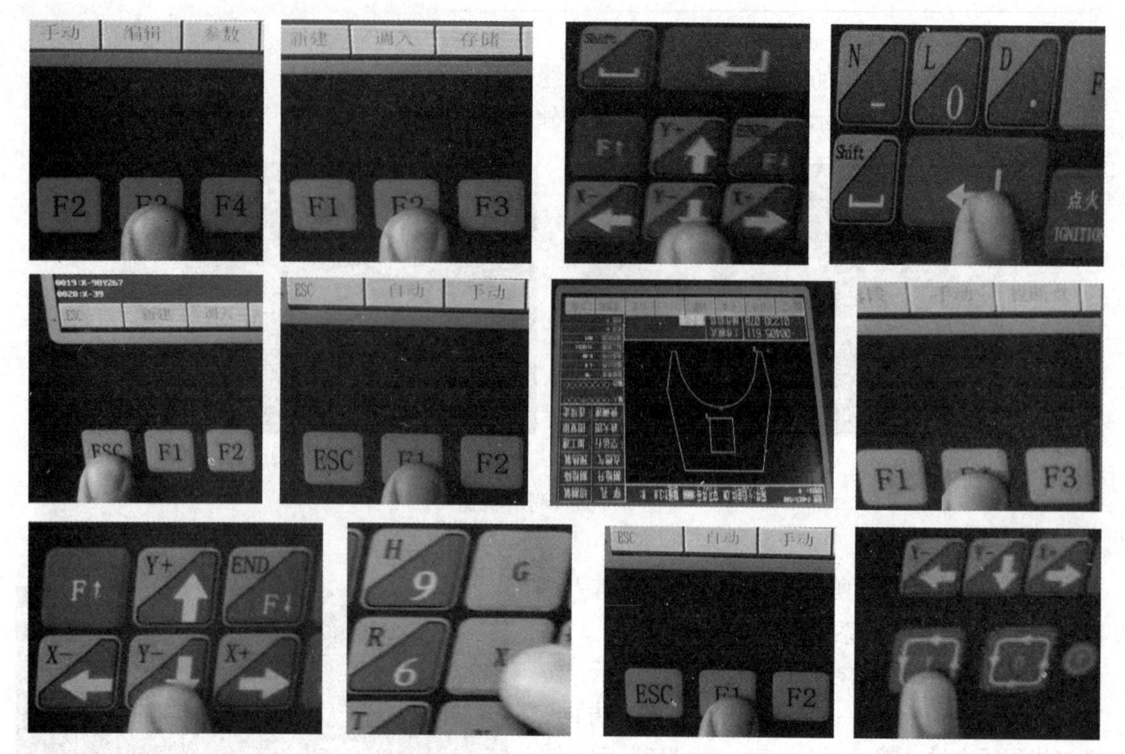

图 3–112　程序调出具体步骤

（6）空车运行结束后，割炬自动返回初始位置，此时再次按“X”键，清除空走命令，设定氧气、乙炔流量，开启预热氧，点火，按“启动”键开始正式切割。切割过程中要密切观察割炬的工作状态和行走轨迹，如果出现异常情况应立即停止切割，清除故障后，将割炬返回断点，继续切割。

三、注意事项

1. 切割前应检查氧气、乙炔的气路密闭性及气体流量。

2. 由于氧、乙炔炬无自动感应系统，因此切割过程中要随时准备调整氧、乙炔炬的高度，避免枪嘴接触钢板表面。

3. 穿孔后要及时清理孔周围的铁渣，避免凸起的铁渣影响切割进程。

4. 切割过程中如遇突发状况影响切割，则立即停止切割。待突发情况处理结束后，继续切割。

技能训练

分矿箱连接板的数控等离子切割

一、操作准备

1. 产品图样的准备（见图 3–113）

2. 设备的准备

HMJ–000 型龙门式数控火焰等离子切割机。

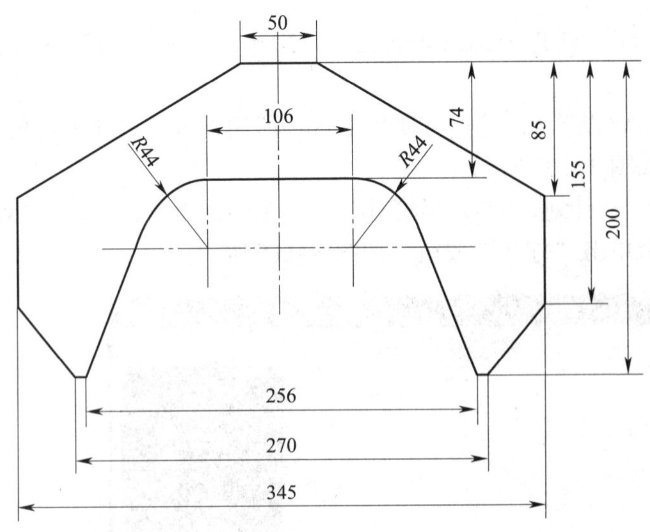

图 3–113　分矿箱连接板

3. 钢板的准备

依据分矿箱连接板的外形尺寸和数量，结合现场坯料剩余情况，选择尺寸为 350 mm × 300 mm × 10 mm 的钢板一块。

二、操作步骤

1. 绘制分矿箱连接板平面图（见图 3–114）

（1）利用 CAD 绘图软件绘制分矿箱连接板的实样图，采用 1 : 1 的绘图比例。

（2）图样绘制完成后，进行各项尺寸的标注。

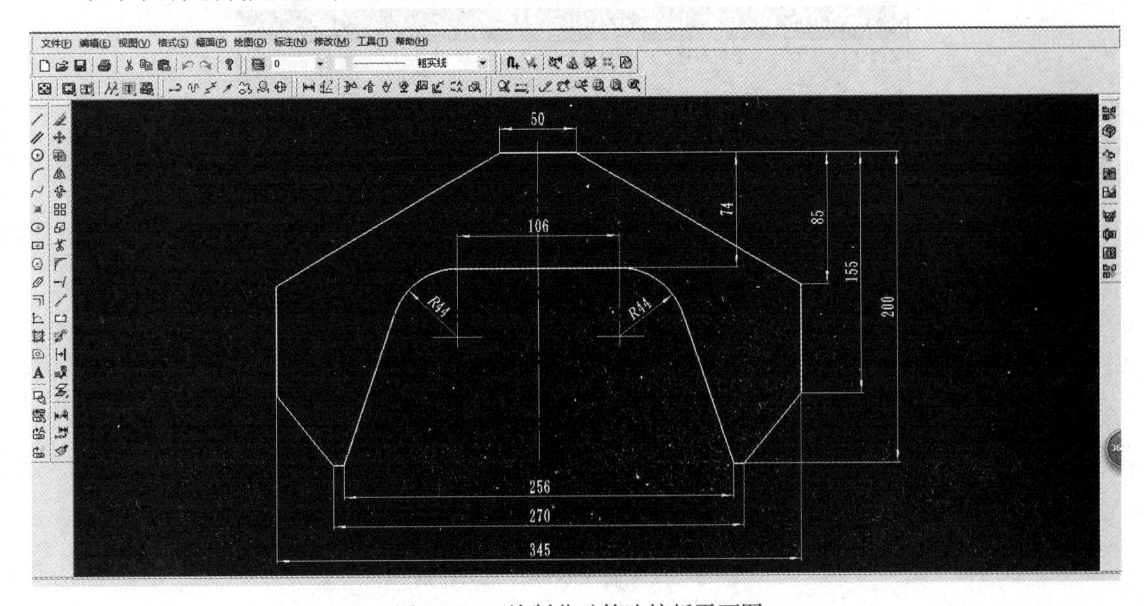

图 3–114　绘制分矿箱连接板平面图

（3）经检查无误后，将电子图样中除了切割线以外的所有线条（中心线、尺寸线等）删除，另存为“DXF”型文件。

2. 编制数控切割程序

（1）通过计算机打开切割机配套软件 StarCAM V4.2，然后单击“StarCUT”图标，如图 3–100 所示。

（2）依次单击“参数设置—板材设置”，然后按照施工现场所用钢板的尺寸进行尺寸输入，输入后单击“确定”按钮，如图 3–101 所示。

（3）如图 3–102 所示，单击“生产计划”图标，再单击“+”图标，调入“DXF”型文件。

（4）选择分矿箱连接板文件，单击“打开”按钮，如图 3–115 所示。

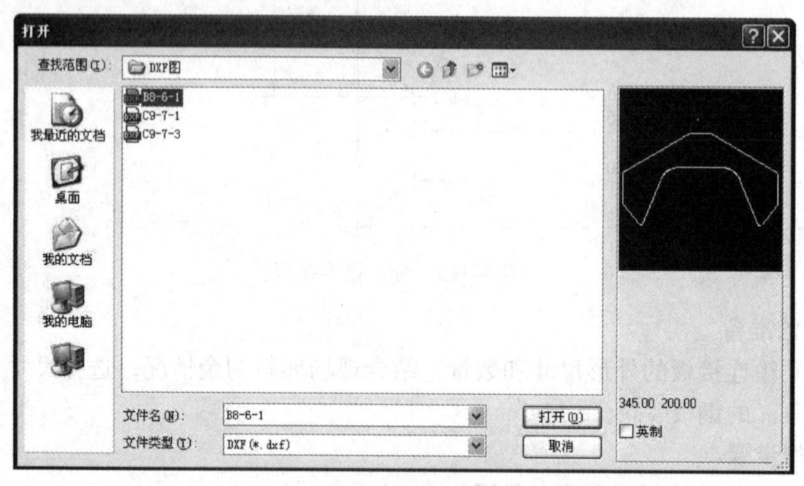

图 3–115　调入分矿箱连接板文件

（5）如图 3–116 所示，输入零件加工的计划数量。

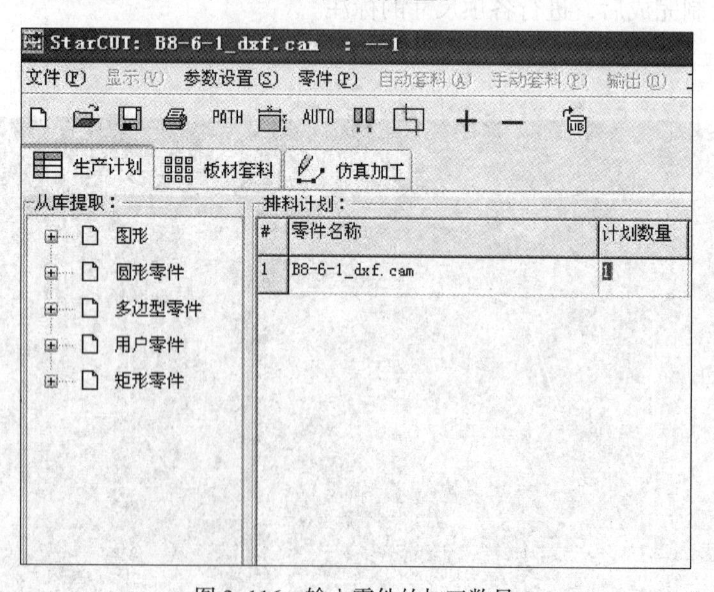

图 3–116　输入零件的加工数量

（6）数量输入后单击“移动引入线”按钮，设置起割点（见图 3–117a），起割点的设置要保证零部件在切割过程中变形最小。起割点设置完成后单击“确认修改”按钮（见图 3–117b）。如果图形方向需要调整，则可单击“旋转”按钮，对图形进行角度调整。

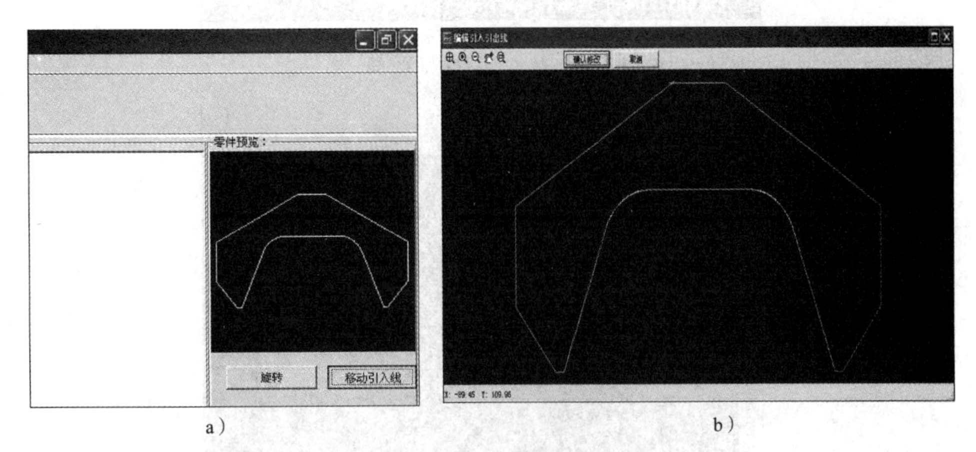

a） b）

图 3–117 设置起割点

a）单击“移动引入线”按钮 b）设置起割点

（7）如图 3–118 所示，依次单击“板材套料—开始”图标，在屏幕上将会显示出将要加工零件的图样。

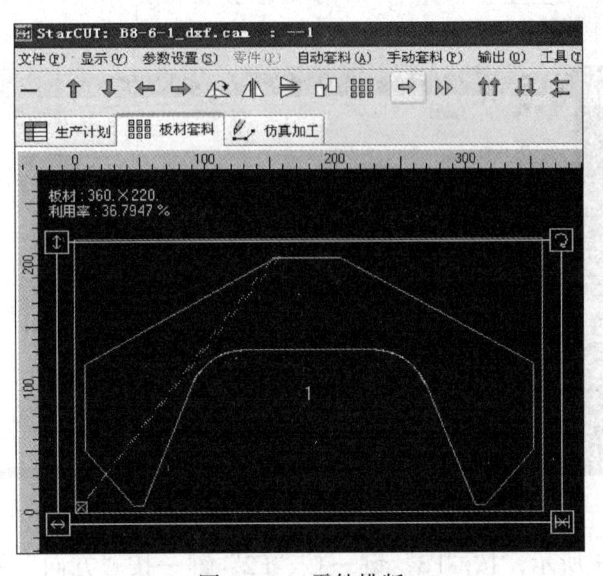

图 3–118 零件排版

（8）单击“仿真加工”图标，系统将在屏幕上模拟切割状态，可观测到起割点、路径、结束点，如图 3–119 所示。

（9）仿真模拟操作结束后，单击“导出”图标，将程序保存到 U 盘中，如图 3–120 所示。

3. 切割操作

（1）吊装钢板置于切割架上，保证钢板边缘平行于轨道。

（2）如图 3–109 所示，用抹布蘸煤油润滑轨道。

（3）如图 3–110 所示，接通电源，插入 U 盘，将程序导入设备系统内。

（4）程序导入具体步骤，如图 3–111 所示，按“F3”键—按“F6”键—按“F1”键—按“方向”键查找程序文件—按“回车”键—按“F3”键—按“回车”键—按“ESC”键。

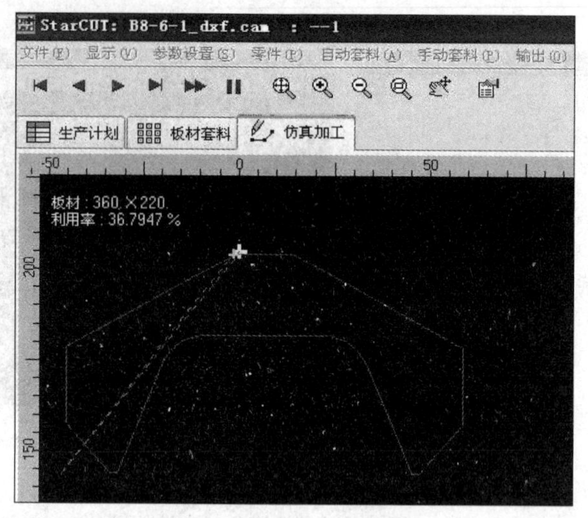

图 3-119 模拟仿真加工

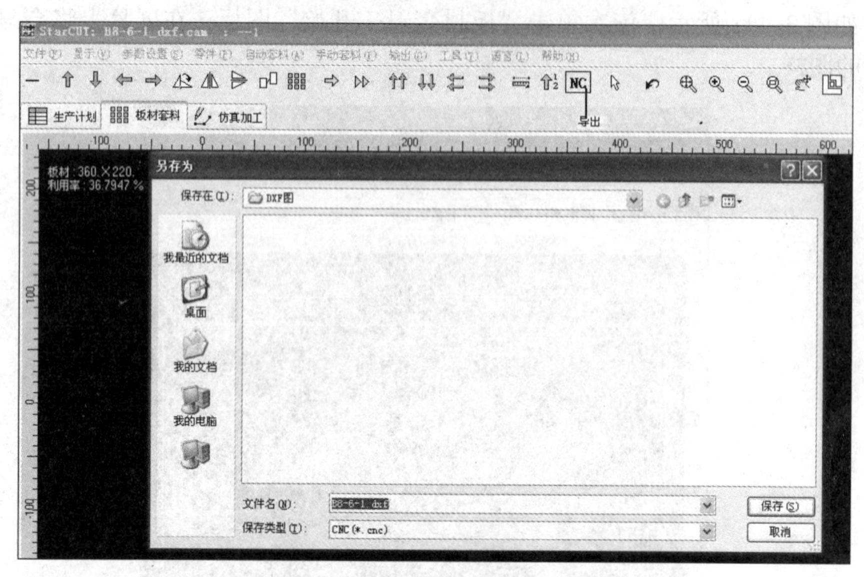

图 3-120 程序存盘

（5）如图 3-121 所示，按“F3”键—按“F2”键—按“方向”键查找程序文件—按“回车”键—按“ESC”键—按“F1”键—按“F4”键—按“F2”键—按“方向”键调整割炬位置—按“X”键空走—按“F1”键—按“启动”键，调出程序图形，手动操作将割炬调整到起割位置，然后进行空车运行，检查起割点、轨迹、结束点是否符合要求。

（6）空车运行结束后，割炬自动返回初始位置，此时再次按“X”键，清除空走命令，设定切割电流为 100 A，按“启动”键开始正式切割。切割过程中要密切观察割炬的工作状态和行走轨迹，如果出现异常情况应立即停止切割，清除故障后，将割炬返回断点，继续切割。

三、注意事项

1. 切割前应检查地线是否牢固连接。

2. 钢板表面要清理干净，不得有严重的锈蚀。

图 3–121　程序调出具体步骤

3. 发现切割电弧异常时，应停止切割并检查电极及其配套零件，如有问题及时更换。

4. 切割结束时，先关焊接电源，待电极冷却后关闭风源。

技能训练

支架连接板的数控等离子切割

一、操作准备

1. 产品图样的准备（见图 3–122）

2. 设备的准备

HMJ–000 型龙门式数控火焰等离子切割机。

3. 钢板的准备

依据支架连接板的外形尺寸和数量，结合现场坯料剩余情况，选择尺寸为 820 mm × 550 mm × 12 mm 的钢板一块。

二、操作步骤

1. 绘制支架连接板平面图（见图 3–123）

（1）利用 CAD 绘图软件绘制支架连接板的实样图，采用 1 : 1 的绘图比例。

（2）图样绘制完成后，进行各项尺寸的标注。

（3）经检查无误后，将电子图样中除了切割线以外的所有线条（中心线、尺寸线等）删除，另存为“DXF”型文件。

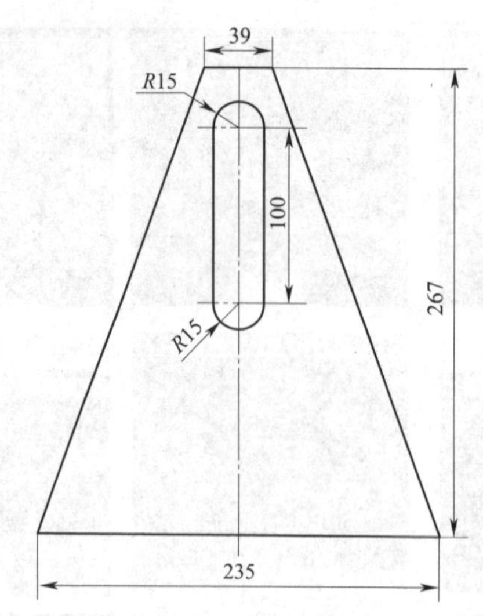

图 3-122　支架连接板

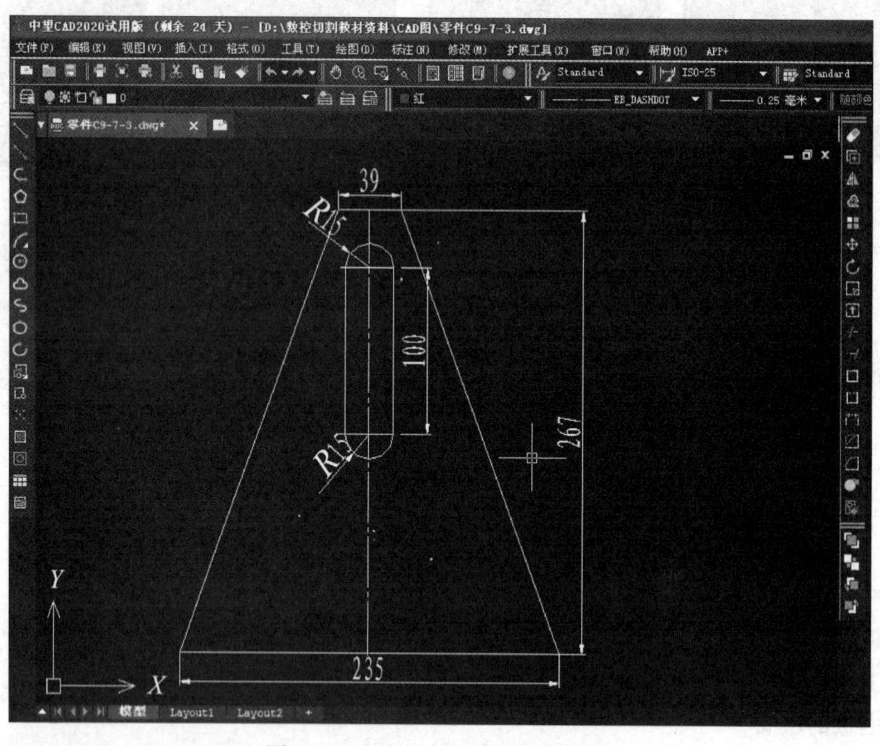

图 3-123　绘制支架连接板平面图

2. 编制数控切割程序

（1）通过计算机打开切割机配套软件 StarCAM V4.2，然后单击“StarCUT”图标，如图 3-100 所示。

（2）依次单击“参数设置—板材设置”，然后按照施工现场所用钢板的尺寸进行尺寸输入，输入后单击“确定”按钮，如图 3-124 所示。

（3）如图 3-102 所示，单击“生产计划”图标，再单击“+”图标，调入“DXF”型文件。

（4）选中支架连接板文件，单击“打开”按钮，如图 3-125 所示。

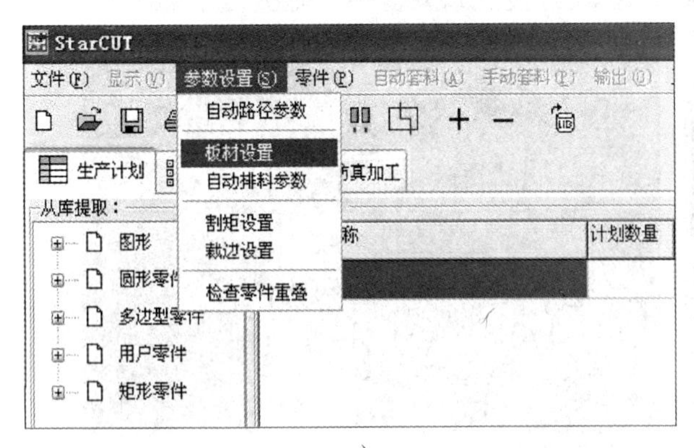

a)

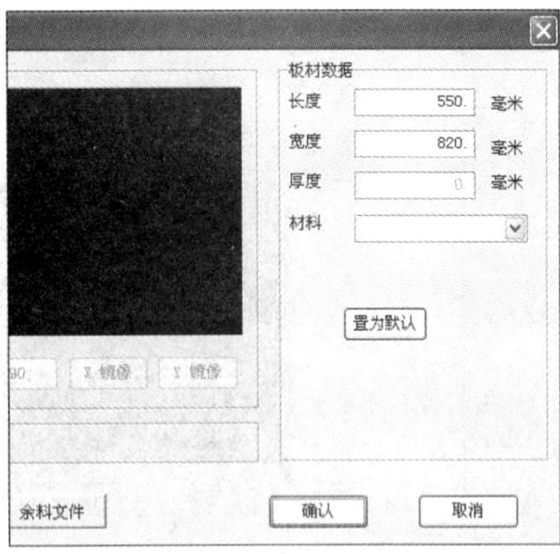

b)

图 3–124　参数设置

a）启动板材设置　b）输入板材数据

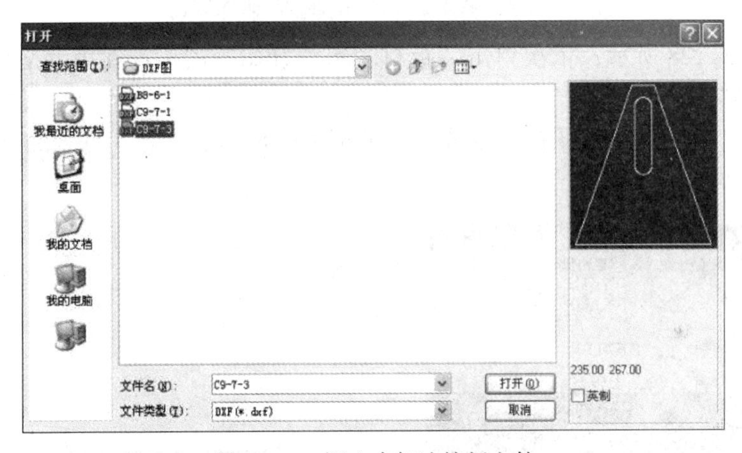

图 3–125　调入支架连接板文件

（5）如图 3–126 所示，输入零件加工的计划数量。

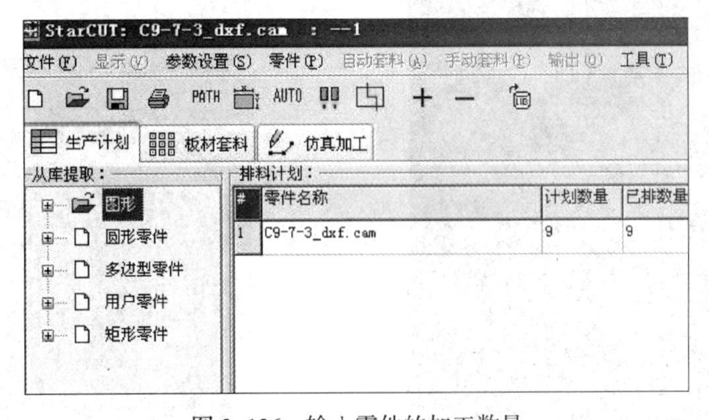

图 3–126　输入零件的加工数量

（6）数量输入后单击“移动引入线”按钮，设置起割点（见图 3–127a），起割点的设置要保证零部件在切割过程中变形最小。起割点设置完成后单击“确认修改”按钮（见图 3–127b）。如果图形方向需要调整，则可单击“旋转”按钮，对图形进行角度调整。

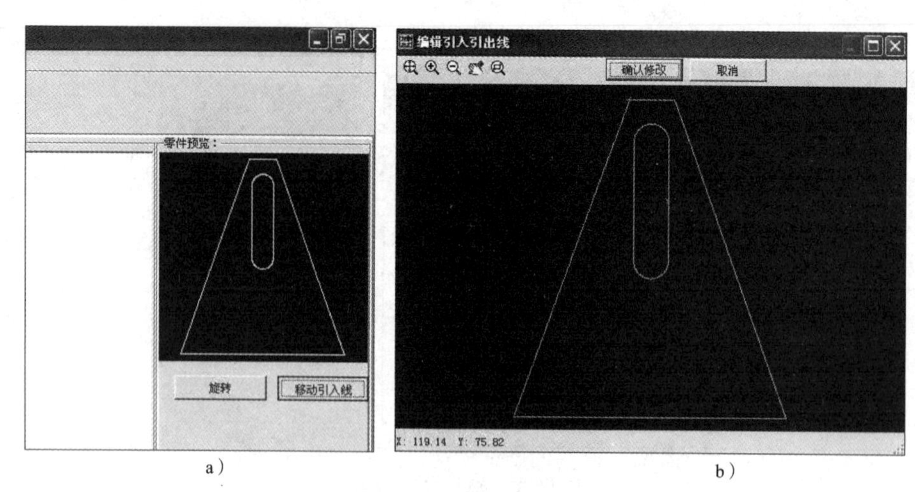

图 3–127　设置起割点

a）单击“移动引入线”按钮　b）设置起割点

（7）如图 3–128 所示，依次单击“板材套料—开始”图标，在屏幕上将会显示出将要加工零件的图样。

（8）单击“仿真加工”图标，系统将在屏幕上模拟切割状态，可观测到起割点、路径、结束点，如图 3–129 所示。

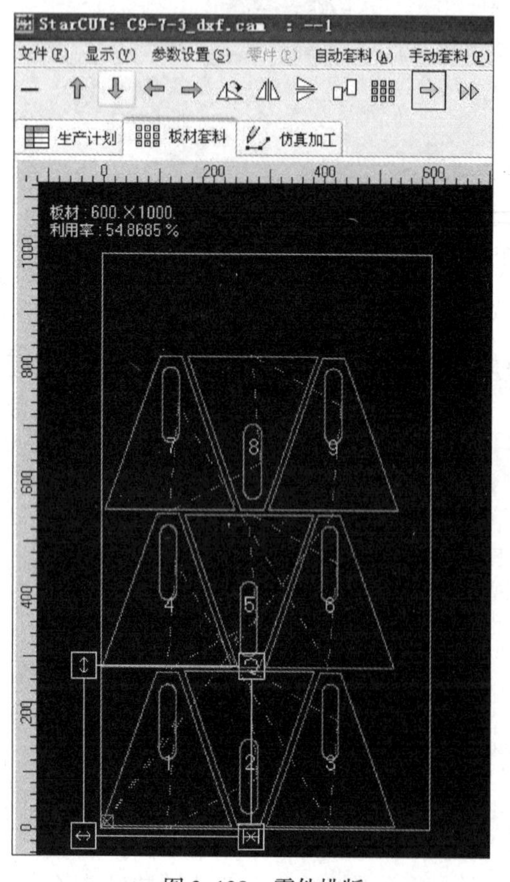

图 3–128　零件排版

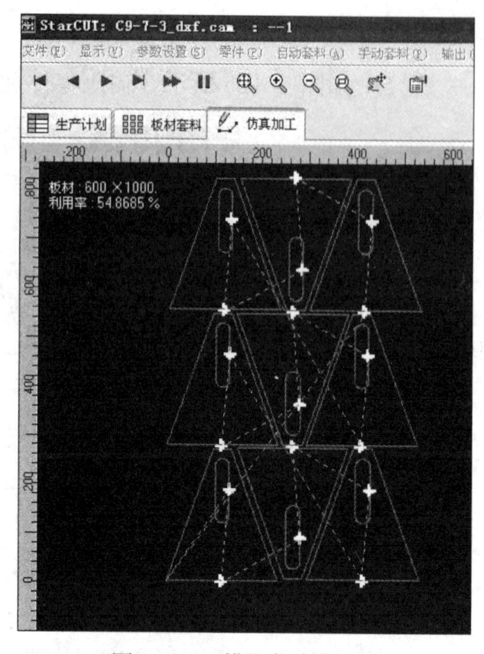

图 3–129　模拟仿真加工

（9）仿真模拟操作结束后，单击“导出”图标，将程序保存到U盘中，如图3–130所示。

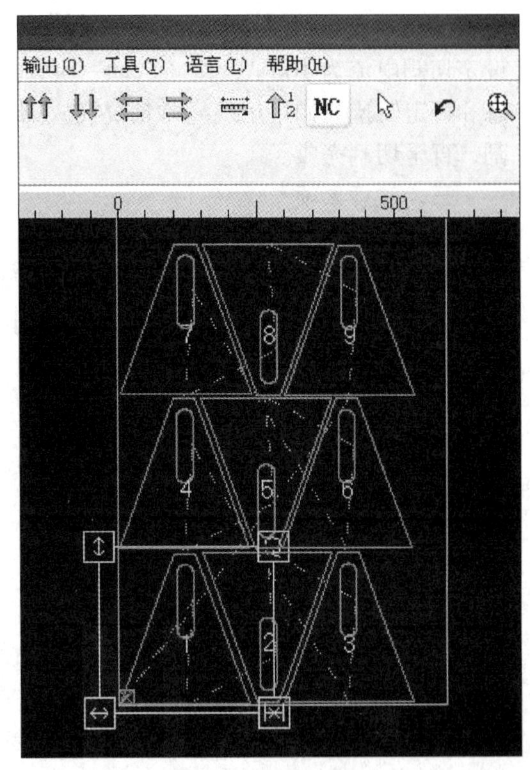

图3–130　程序存盘

3. 切割操作

（1）吊装钢板置于切割架上，保证钢板边缘平行于轨道。

（2）如图3–109所示，用抹布蘸煤油润滑轨道。

（3）如图3–110所示，接通电源，插入U盘，将程序导入设备系统内。

（4）程序导入具体步骤，如图3–111所示，按“F3”键—按“F6”键—按“F1”键—按“方向”键查找程序文件—按“回车”键—按“F3”键—按“回车”键—按“ESC”键。

（5）如图3–131所示，按“F3”键—按“F2”键—按“方向”键查找程序文件—按“回车”键—按“ESC”键—按“F1”键—按“F4”键—按“F2”键—按“方向”键调整割炬位置—按“X”键—按“F1”键—按“启动”键，调出程序图形，手动操作将割炬调整到起割位置，然后进行空车运行，检查起割点、轨迹、结束点是否符合要求。

图3–131　程序调出具体步骤

（6）空车运行结束后，割炬自动返回初始位置，此时再次按“X”键，清除空走命令，设定切割电流为 100 A，按“启动”键开始正式切割。切割过程中要密切观察割炬的工作状态和行走轨迹，如果出现异常情况应立即停止切割，清除故障后，将割炬返回断点，继续切割，直至切割完成。

三、注意事项

1. 电子图样中的切割线不允许有断点和重复线条，必须保证切割线是一个封闭的图形。
2. 在保证最小切割变形的情况下设置起割点、切割路径。
3. 切割前要根据板材厚度设置好切割参数。

第四单元

矫　　正

课题一　手工矫正

子课题 1　板材的矫正

一、钢板变形的原因

1. 在轧制过程中产生的变形

钢材在轧制过程中可能因产生残余应力而引起变形。例如，轧制钢板时，由于轧辊沿长度方向受热不均匀、轧辊弯曲、调整设备不当等原因，而造成轧辊的间隙不一致，使板材在宽度方向的压缩应力不一致，进而导致板材沿长度方向的延伸不相等而产生变形。

热轧厚板时，由于金属所具有的良好塑性和较大的横向刚度，使延伸较多的部分克服了相邻延伸较少部分的牵制作用，而产生钢板的不均匀伸长。

热轧薄板时，由于薄板的冷却速度较快，轧制结束时温度较低（为 600 ~ 650 ℃），此时金属塑性已下降。延伸程度不同的部分相互作用，延伸较多的部分产生压缩应力，延伸较少的部分产生拉伸应力。延伸较多的部分在压缩应力作用下失去稳定，使钢板产生波浪变形。

2. 在加工过程中产生的变形

当整张钢板被切割成零件时，由于轧制时造成的内应力得到部分释放而引起零件变形。平直的钢材在压力剪或龙门式剪床上被剪切成零件时，在剪刃挤压力的作用下会产生弯曲或扭曲变形。采用氧乙炔气割时，由于局部加热不均匀，也会造成零件各种形式的变形。

3. 装配焊接过程中产生的变形

在采用焊接方式连接时，随着产品结构形式、尺寸、板厚和焊接方法的不同，焊接的部件或成品由于焊缝的纵向和横向收缩的影响，不同程度地产生凹凸不平、弯曲、扭曲和波浪变形。

此外，若钢板的刚度不足、吊运方法或存放不当，在自重和吊索张力的作用下也可能产生变形。

由此可见，矫正实际上包括以下方面：钢材矫正，即在备料阶段对板材、型材和管材进行的矫正；零件矫正，即在钢板剪切或气割成零件后，对加工变形进行的矫正；部件及产品矫正，即构件在装配焊接过程中及产品完工后，对焊接变形进行的矫正。

二、变形造成的影响

钢板的变形会影响零件的号料、切割和其他加工工序的正常进行，并降低加工精度。对零件加工过程中所产生的变形如不加以矫正，则会影响整个结构的正确装配。由焊接而产生的变形会降低装配质量，并使结构内部产生附加应力，以致影响到结构的强度。此外，某些金属结构的变形还会影响到产品的外观质量。所以无论何种原因造成的钢板变形，都必须进行矫正，以消除变形或将变形限制在规定的范围以内。

各种厚度的钢板，在矫平机或手工矫正后，应用长度为 1 m 的钢直尺检查，其表面翘曲度不得超过表 4–1 的规定。

表 4–1　　钢材表面的允许翘曲度　　mm

钢板厚度	允许翘曲度	钢板厚度	允许翘曲度
3 ~ 5	3.0	9 ~ 11	2.0
6 ~ 8	2.5	>12	1.5

三、变形的实质和矫正方法

钢板由于各种原因，其内部存在不同的残余应力，使结构组织中一部分纤维较长而受到周围的压缩，另一部分纤维较短而受到周围的拉伸，造成了钢材的变形。矫正的目的就是通过施加外力、锤击或局部加热，使较长的纤维缩短，较短的纤维伸长，最后使各层纤维长度趋于一致，从而消除变形或使变形减小到规定的范围之内。任何矫正方法都是形成新的、方向相反的变形，以抵消钢材或构件原有的变形，使其达到规定的形状和尺寸要求。

矫正的方法有机械矫正、手工矫正、火焰矫正和高频热点矫正。

四、手工矫正的基本原理与方法

1. 手工矫正的基本原理

手工矫正是指使用大锤、锤子、扳手、台虎钳等简单工具，通过锤击、拍打、扳扭等手工操作，矫正小尺寸钢材或工件的变形。

手工矫正常见的是使用大锤或锤子锤击工件的特定部位，以使该部位较紧的金属得到延伸扩展，较松的金属得到挤压缩短，最终使各纤维层长度趋于一致，达到矫正的目的。

2. 手工矫正方法

（1）直接锤击凸起处。锤击力要大于材料的屈服强度，使凸起处受到强制压缩产生塑性变形而得到矫正。

（2）锤击凸起处周围。用较小的力量锤击凸起处的周围，使其金属延展而得到矫正。

五、常用手工矫正工具

1. 大锤

矫正工作常用的大锤锤头质量有 3 kg、4 kg、5 kg、6 kg、8 kg。

2. 锤子

矫正工作常用的锤子的锤头可分为圆头、直头、方头等（见图 4–1），其中以圆头最为常用。

3. 平锤

如图 4–2 所示，平锤的工作锤面为一平面，四周边缘略呈弧形。平锤在矫正工作中用于修整工件表面。将平锤立于工件被击打的部位上，再用大锤击打平锤，使大锤的锤击力通过平锤的工作面传递到工件上，避免工件被大锤击伤。

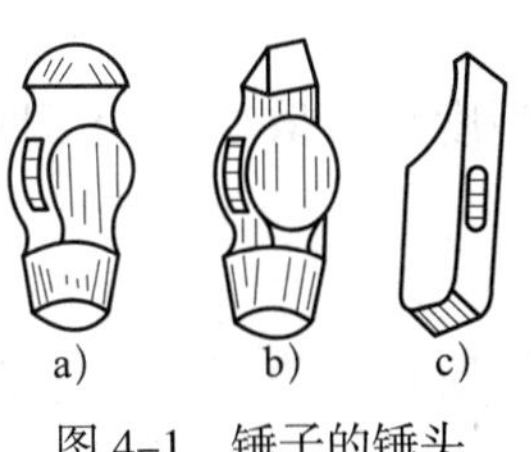

a)　b)　c)

图 4–1　锤子的锤头

a）圆头　b）直头　c）方头

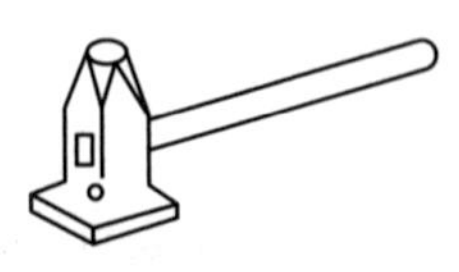

图 4–2　平锤

4. 扳手

扳手用来矫正窄钢板条的扭曲变形，一般由矫正操作者自制，如图 4–3 所示，中间开口的宽度要与钢板条的厚度相适应，不要过宽，钢板能插入即可，开口的深度可与钢板条的宽度相等或稍深些。

5. 平台

平台是矫正变形的基本设备，形状为长方形，规格有 1 000 mm × 1 500 mm、2 000 mm × 3 000 mm 等几种。平台可用铸铁或铸钢制成，也可以用 30 mm 以上厚度的钢板焊接而成。

为了便于紧固工件，在平台上需要加工出一定数量的方形或圆形的通孔（见图 4–4a），也可以在平台面上加工出一定数量的 T 形槽（见图 4–4b）。钢板平台主要用于结构装配。

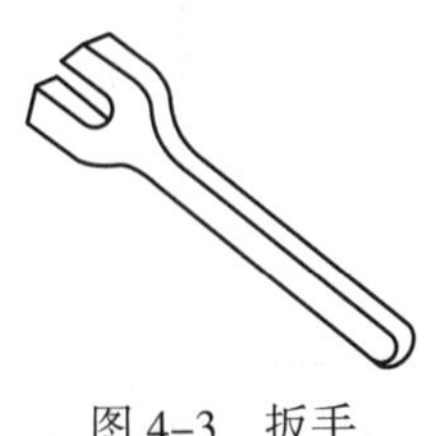

图 4–3　扳手

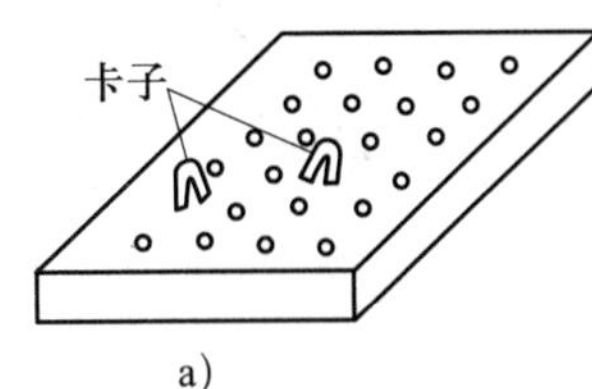

a)　b)

图 4–4　平台

a）带孔的平台　b）带 T 形槽的平台

技能训练

矫正薄板的中间凸起变形

一、操作准备

1. 变形工件的准备

准备一块中间有凸起变形的薄钢板（见图 4–5），尺寸为 400 mm × 400 mm × 2 mm。

2. 工具、量具的准备

准备长度为 1 000 mm 的钢直尺、刻度尺及平台。如果没有平台，则准备 1 000 mm ×

1 000 mm 的较厚平钢板一块。准备 1 kg 锤子一把。

二、操作步骤

1. 判定变形的形式

将变形的钢板放置在平台或平钢板上，观察变形钢板与平台的贴合情况。若钢板四周不能与平台贴合，则说明钢板已发生变形。再观察钢板的中间部分，如果中间部分是平的，就说明薄钢板是边缘波浪变形。

2. 测量变形的程度

把钢直尺立放在变形钢板两相邻凸起处，利用刻度尺量取变形钢板凹处到钢直尺边的距离，即可得知变形的程度。

3. 确定矫正方法

根据钢板变形程度及实际情况，选择手工矫正。这是因为变形工件的厚度较薄，所需矫正力不大。另外，手工矫正工具简单、操作方便。

4. 薄板的凸起变形矫正

薄板中部凸起是由于板材四周紧、中间松造成的。矫正时，由凸起处的边缘开始向周边呈放射形锤击，越向外锤击密度越大，锤击力也加大，以使由里向外的各部分金属纤维层得到不同程度的延伸，凸起变形在锤击过程中逐渐消失，如图 4–6 所示。若在薄钢板的中部有几处相邻的凸起，则应在凸起的交界处轻轻锤击，使数处凸起合并成一个凸起，然后再依照上述方法锤击四周使之展平。

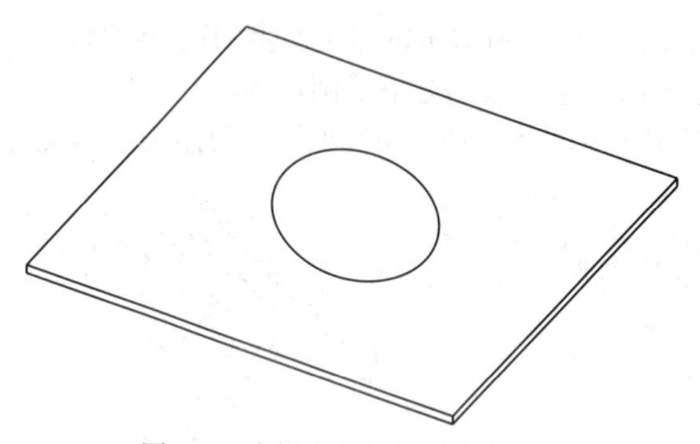

图 4–5　中间有凸起变形的薄钢板

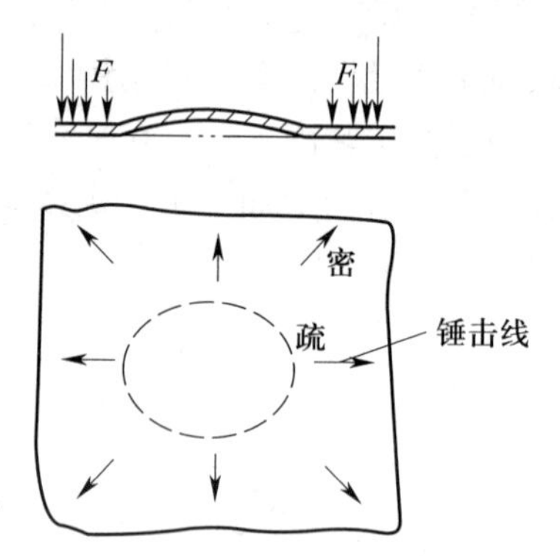

图 4–6　薄板的凸起变形矫正

三、注意事项

在确定钢板变形程度时，要测量变形较大的部位。

子课题 2　窄钢板条的矫正

一、窄钢板条变形的形式

窄钢板条在下料的过程中，因受外力、加热等因素的影响，表面会产生不平、弯曲、扭曲等变形缺陷，这些变形将直接影响零件和产品的制造质量。

二、各种变形的手工矫正方法

1. 弯曲变形的矫正

弯曲变形矫正的方法有直击凸处法和延展法。

（1）直击凸处法

锤击力要大于材料的屈服强度，使材料凸起处受到强制压缩产生塑性变形而矫平。

（2）延展法

用较小的锤击力锤击凹面，使材料仅在凹面扩展而矫平。

2. 扭曲变形的矫正

扭曲变形矫正的方法有扳扭法和锤击法。

（1）扳扭法

扳扭法是在钢板条扭曲处的两端施加反向扭曲力，使钢板条产生新的扭曲与原有的扭曲变形相互抵消，从而使扭曲变形得以矫正。如图 4–7 所示，扳扭时先将钢板条扭曲处的一端卡在平台上，另一端卡在扳手上，并用力做反向扭转，直到消除扭曲变形为止。若扭曲变形严重，可移动钢板条分段进行扳扭。

（2）锤击法

用锤击法矫正扭曲变形，是靠锤击力使钢板条发生反向扭曲以矫正变形。如图 4–8 所示为锤击法矫正钢板条的扭曲变形，将扭曲的钢板条放在平台边缘上，以平台边缘与钢板条的接触点为支点，将扭曲处伸出平台边缘外，沿扭曲的反方向进行锤击。锤击时落点要控制好，若落点离平台边缘过近，易损伤工件；若落点离平台边缘过远，工件振颤，矫正效果不好。

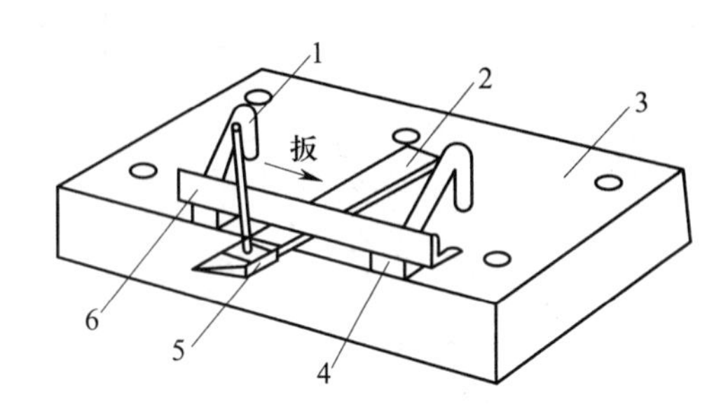

图 4–7　窄钢板条扭曲变形的扳扭矫正

1—羊角卡　2—工件　3—平台　4—垫铁　5—扳手　6—压铁

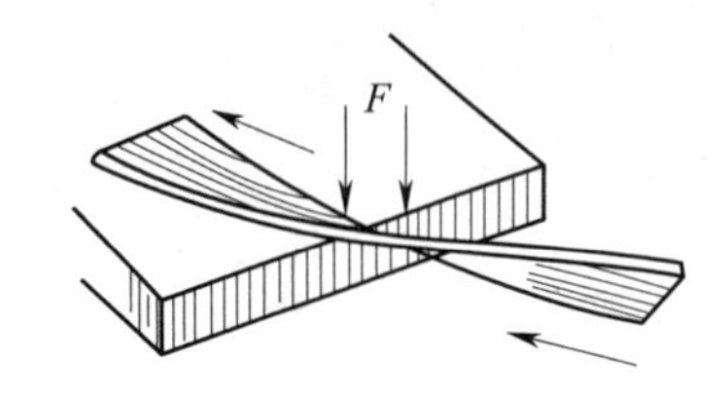

图 4–8　锤击法矫正窄钢板条的扭曲变形

技能训练

手工矫正窄钢板条弯曲、扭曲变形

一、操作准备

1. 工件的准备

窄钢板条矫正工件如图 4–9 所示。

2. 工具、量具的准备

准备锤子、扳手、长度为 1 000 mm 的钢直尺。

3. 平台的准备

准备 1 000 mm × 1 500 mm 平台一块。

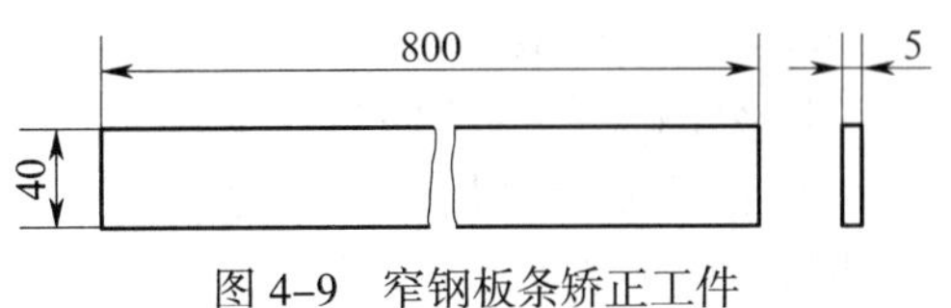

图 4–9　窄钢板条矫正工件

二、操作步骤

1. 矫正工序的确定

确定正确的矫正工序十分重要。不适当的矫正工序，会使矫正工作事倍功半。比如，若先矫正弯曲变形，后矫正扭曲变形，则不仅弯曲变形矫正的效果不好判别，而且在矫正扭曲变形的过程中，往往又会产生新的弯曲变形。正确的矫正工序是：矫正扭曲变形→矫正立面弯曲（钢板条宽度平面内的弯曲）→矫正平面弯曲（钢板条厚度平面内的弯曲）。

当然，窄钢板条上的几种变形是相互牵连、相互影响的。因此，几种变形的矫正也难免时有交替，但这种交替是在基本矫正工序基础上进行的。

2. 扭曲变形的矫正

根据窄钢板条扭曲变形的情况，采用扳扭法进行矫正。

3. 弯曲变形的矫正

（1）立面弯曲变形的矫正

采用锤击扩展凹侧平面的方法矫正，如图 4–10a 所示。锤击时，靠凹侧边缘的锤击点要密，向钢板内逐渐稀少。锤击一面后，翻转钢板条，再锤击另一面，直至调直。

（2）平面弯曲变形的矫正

矫正窄钢板条平面弯曲变形时，将工件放在平台上，用大锤垫上平锤（或用木锤），沿窄钢板条凸起面纵向中心线进行击打，即可将工件矫正，如图 4–10b 所示。但需注意，锤击时落锤点不要偏在钢板条边缘，以免引起立面弯曲。

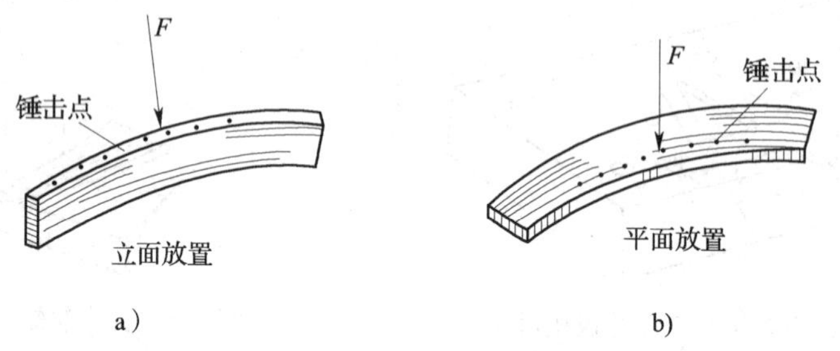

图 4–10　窄钢板条弯曲变形的矫正

a）立面弯曲变形的矫正　b）平面弯曲变形的矫正

4. 质量检查

窄钢板条的矫正质量可采用以下两种方法检验。

（1）将矫正后的窄钢板条放在平台或比较平的钢板上，用手按动其四角看是否平稳，同时查看其整个平面是否都贴靠平台。若钢板条能以整个平面平稳地贴靠在平台上，说明其扭曲变形及平面弯曲变形均已矫正。然后再以同样的方法检验立面。

（2）目测检验钢板条两侧边线是否为直线并且相互平行，若两侧边线均为直线并且相互平行，说明钢板条的变形已完全矫正。

经检验后，若发现不合格之处，应再次进行修整，直至完全合格。

三、注意事项

1. 窄钢板条是经剪切加工而成的，边缘锋利而毛刺多，矫正操作中要注意防止割伤手脚。

2. 矫正质量检验以目测为主，为求准确掌握检验标准和熟练掌握检验操作，要加强矫正质量检验的练习。

子课题3　角钢框变形的矫正

技能训练

矫正角钢框焊接变形

一、操作准备

1. 矫正工件准备

角钢框变形工件如图4–11所示。

2. 工具、量具的准备

准备锤子、垫铁、钢直尺、直角尺。

3. 平台的准备

准备带孔的平台及羊角卡。

二、操作步骤

1. 角度变形的矫正

用直角尺测量角钢框各角的角度，找出小于90°的两对角。将小于90°的角向下，在平台上撞击（见图4–12），这样会使小于90°的两对角的角度变大，直至测量角度合格。

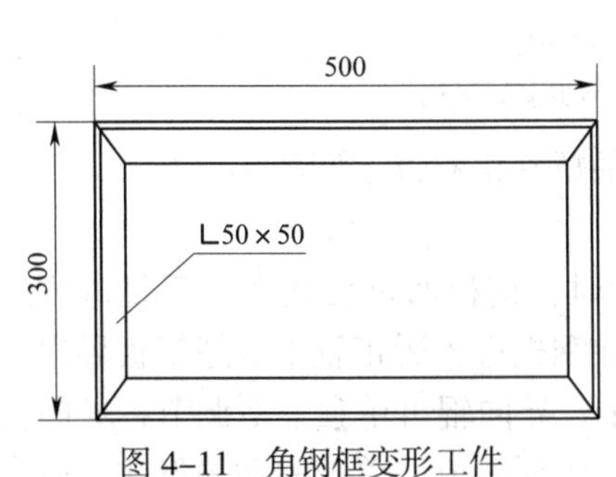

图4–11　角钢框变形工件

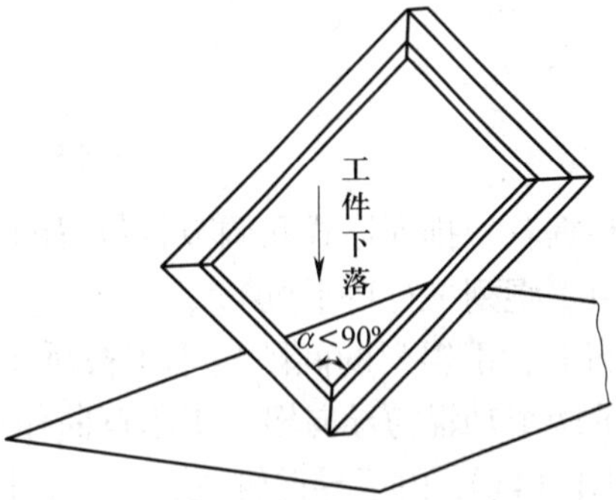

图4–12　矫正角钢框的角度

2. 平面度不合格的矫正

（1）角钢平面不平整时，可在平台上锤击矫正，如图4–13所示。

（2）在角钢框的两对角用粉线拉紧，测量平面的变形量。选择合适的垫铁，垫起较低的两对角，固定较高的一角，用锤子向下击打另一较高的一角，直至矫平为止。

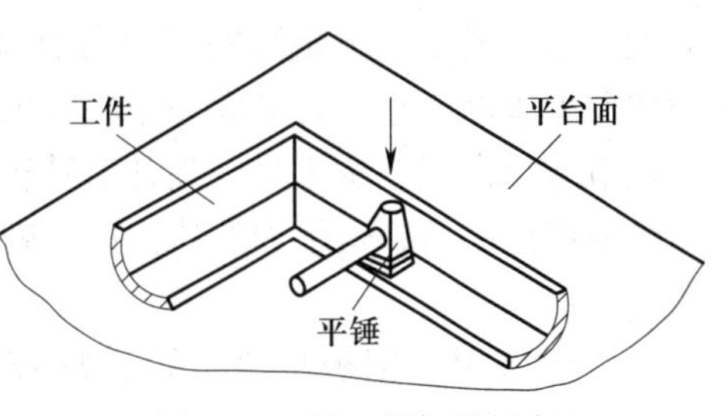

图4–13　矫正框架平面度

三、注意事项

1. 在矫正过程中，锤击时尽可能不要损坏角钢的表面及使角钢的角度发生变化。

2. 矫正时要随时测量，避免矫正过量。

课题二　机械矫正

子课题 1　板材的矫正

常用机械矫正设备的工作原理

1. 多辊钢板矫平机

矫平机的工作部分由上、下两列轴辊组成，如图 4–14 所示。工作时钢板随着轴辊的转动而啮入，在上、下轴辊间受方向相反的力的作用，钢板产生小曲率半径的交变弯曲。当应力超过材料的屈服强度时产生塑性变形，使钢板内原长度不相等的纤维在反复拉伸和压缩中趋于一致，从而达到矫正的目的。

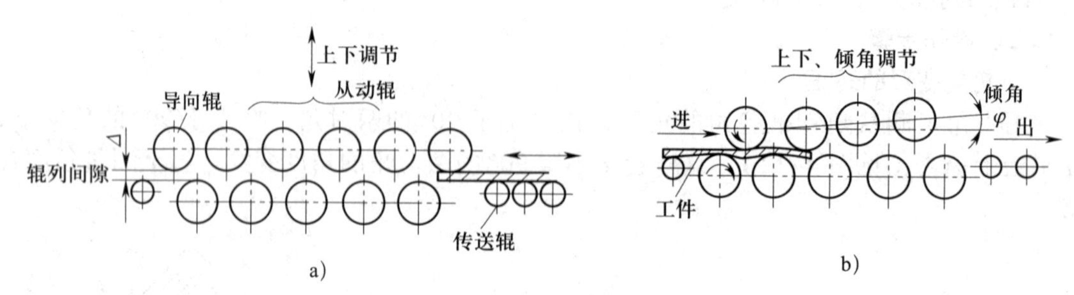

图 4–14　多辊钢板矫平机

a）辊列平行矫平机　b）上辊列倾斜矫平机

根据轴辊排列形式和调节轴位置的不同，常用的矫平机有以下两种。

（1）辊列平行矫平机

当上、下辊列的间隙略小于被矫正钢板的厚度时，钢板通过后便产生反复弯曲。上列两端的两个轴辊为导向辊，不起弯曲作用，只是引导钢板进入矫正辊中或把钢板导出矫正辊（见图 4–14a）。由于导向辊受力不大，因此直径较小。导向辊可单独上下调节，导向辊的高低位置应能保证钢板的最后弯曲得以矫平。有些导向辊还做成能单独驱动的形式。通常钢板在矫平机上要反复来回滚动多次，才能获得较高的矫正质量。

（2）上辊列倾斜矫平机

上、下两辊列的轴心线形成很小的夹角 φ，上辊除能做升降调节外，还可借助转角机构改变倾角，使上、下辊列的间隙向出口端逐渐增大（见图 4–14b）。当钢板在辊列间通过时，弯曲曲率逐渐减小，到最后一个轴辊前，钢板的变形已接近于弹性弯曲，因此不必安装可单独调节的导向辊。矫正时，头几对轴辊进行的是钢板的基本弯曲，继续进入时其余各对轴辊对钢板产生拉力，这附加的拉力能有效地提高钢板的矫正效果。此类矫平机多用于薄钢板的矫正。

一般来说，钢板越厚，矫正越容易。薄板容易变形，矫正起来也比较困难。厚度在 3 mm 以上的钢板，通常在五辊或七辊矫平机上矫平；厚度在 3 mm 以下的薄板，必须在九辊、十一辊或更多辊的矫平机上矫平。

凹凸变形严重的钢板，可以根据其变形情况，选择大小和厚度合适的低碳钢钢板条（厚度为 0.5 ~ 1.0 mm）垫在需加大拉伸的部位，以提高矫平效果。

钢板零件由于剪切时的挤压或气割边缘时局部受热而产生变形，需进行二次矫正。这时，只要把零件放在用作垫板的平整的厚钢板上，通过多辊矫平机，然后将零件翻转 180°，再通过轴辊碾压一次即可矫平。此时上、下辊的间隙应等于垫板和零件厚度之和。

2. 板缝碾压机

薄板拼接后易产生波浪变形。由于这种变形是焊缝的纵向收缩引起的，用滚轮施加一定的压力在焊缝上反复地碾压，可以使焊缝及附近的金属延展伸长，从而达到矫正的目的，如图 4–15 所示。

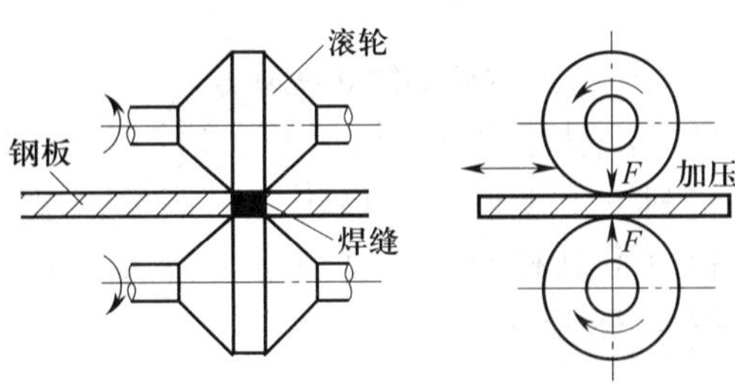

图 4–15　板缝碾压机

技能训练

机械矫正板材

一、操作准备

1. 准备一张 1 000 mm × 2 000 mm × 3 mm 的变形钢板，两张 1 000 mm × 2 000 mm × 15 mm 的钢板。

2. 准备 20—2000 的滚板机一台。

二、操作步骤

1. 将一张厚度为 15 mm 的钢板置于滚板机中，将其滚弯一定的曲率（不要过大），作为衬板，如图 4–16 所示。

2. 调整轴辊之间的距离，使上轴辊与衬板的距离等于变形钢板的厚度。将变形钢板置于上轴辊与衬板之间，将其滚弯。变形钢板滚弯后，将其翻转 180°，再将其滚弯。按此方法反复进行，直到变形钢板在宽度方向没有变形为止，如图 4–16 所示。

3. 向上调整轴辊之间的距离，使其距离大于垫板与变形工件的厚度。再将另一张平的厚度为 15 mm 的钢板置于滚板机中作为垫板。将滚弯后的变形钢板置于滚板机与垫板之间，逐渐下调上轴辊，直至变形钢板滚平为止，如图 4–17 所示。

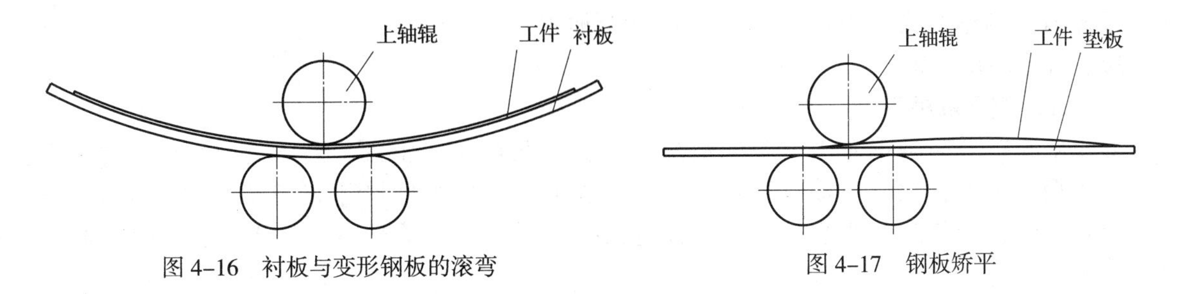

图 4–16　衬板与变形钢板的滚弯

图 4–17　钢板矫平

三、注意事项

1. 衬板用完后，注意保管，以便以后再用。

2. 矫平钢板时，上轴辊每次下压的距离不宜过大，以免将垫板滚弯。

子课题 2　型钢的矫正

一、多辊型钢矫正机矫正

多辊型钢矫正机可矫正角钢、槽钢、扁钢和方钢等各种型钢。多辊型钢矫正机的上辊列可上下调节，辊轮可以调换，以适应矫正不同断面形状的型钢。其原理和多辊钢板矫平机相同，依靠型钢通过上、下两列辊轮时的交变反复弯曲使变形得到矫正，如图 4–18 所示。

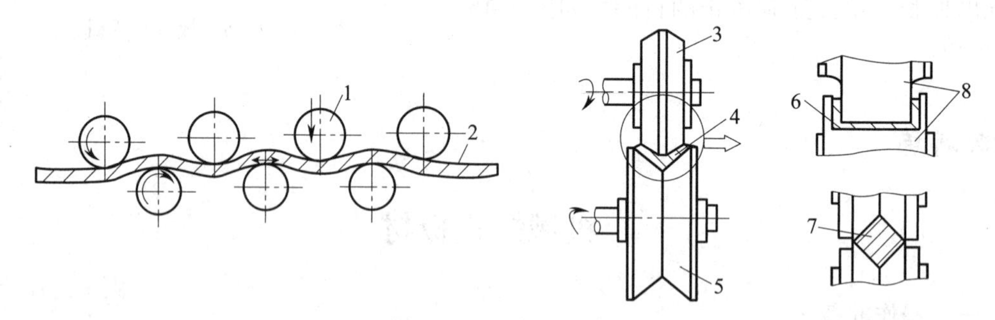

图 4–18　型钢矫正机

1、3、5、8—轴辊　2—型钢　4—角钢　6—槽钢　7—方钢

二、型钢撑直机矫正

型钢撑直机是采用反向弯曲的方法矫正型钢和各种焊接梁的弯曲变形。撑直机运动件水平布置，有单头和双头两种。双头撑直机两面对称，可两面同时工作，工作效率高。撑直机的工作部分如图 4–19 所示，型钢置于支撑和推撑之间，并可沿长度方向移动，支撑的间距可由操纵手轮调节，以适应型钢不同情况的弯形。当推撑由电动机驱动做水平往复运动时，便周期性地对被矫正的型钢施加推力，使其产生反向弯曲而达到矫正的目的。推撑的初始位置可以调节，以控制变形量。撑直机工作台面设有滚柱用以支撑型钢，并减小型钢来回移动时的摩擦力。型钢撑直机也可用于型钢的弯形加工，故为弯形、矫正两用机床。

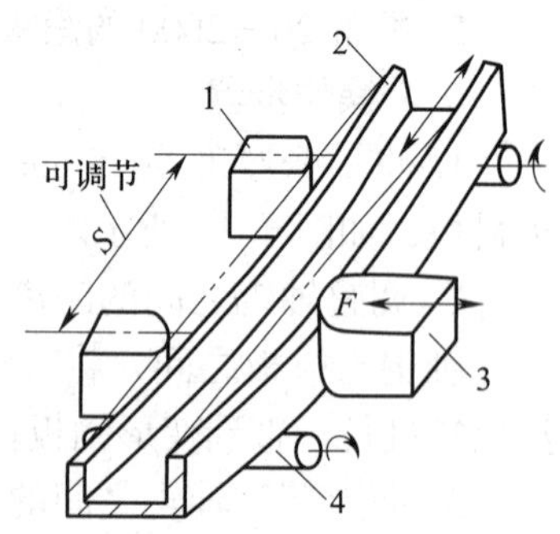

图 4–19　撑直机工作部分

1—支撑　2—工件

3—推撑　4—滚柱

三、液压机矫正

在没有型钢矫正专用设备的情况下，也可在普通液压机（油压机、水压机等）上矫正型钢和焊接梁的弯曲和扭曲变形。操作时，根据工件尺寸和变形考虑工件放置的位置、垫板的厚度和垫起的部位。合理的操作可以提高矫正的质量和速度，如图 4–20 所示。

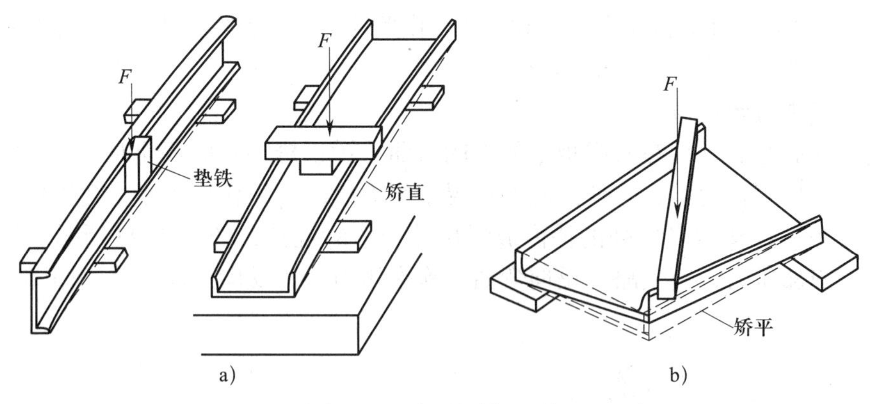

图 4–20　液压机矫正型钢

a）矫正弯曲　b）矫正扭曲

技能训练

矫正槽钢变形

一、操作准备

1. 变形工件的准备（见图 4–21）

2. 设备的准备

准备 50 t 压力机一台，并检查是否能正常工作，加好润滑油待用。

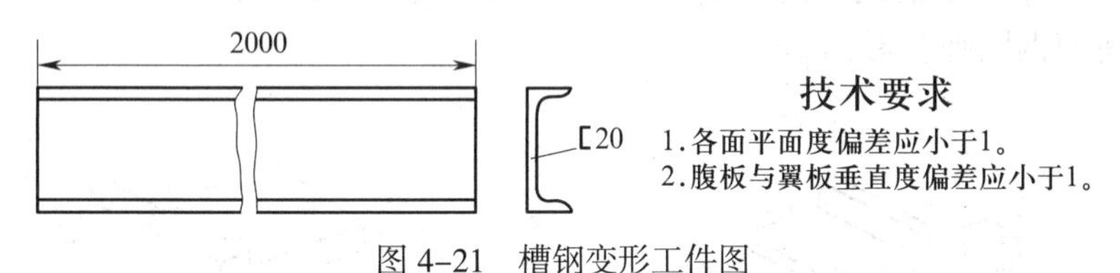

图 4–21　槽钢变形工件图

3. 工具和用具的准备

准备两块垫板、一根方钢，还需准备撬杠、大锤等辅助工具。

二、操作步骤

1. 分析工件的变形情况，确定矫正方案

该构件的变形主要是扭曲变形和弯曲变形。弯曲变形又分立面弯曲变形和平面弯曲变形。由于该构件是复合变形，因此矫正该构件变形的基本工序是：矫正扭曲变形→矫正立面弯曲变形→矫正平面弯曲变形。

2. 扭曲变形的矫正

矫正时，将槽钢置于矫正机工作台上，这时槽钢因扭曲而仅在对角的两个部位与工作台面接触。在槽钢与工作台面接触的两个部位下塞进垫板，再在槽钢向上翘起的对角上放置一根有足够刚度的方钢（或厚钢板条等），如图 4–22 所示。然后操纵压力机滑块带动上模压下，使机械力通过方钢作用在槽钢上，使槽钢略向反向翘起。除去压力后，槽钢会有回弹，当回弹量与反翘量相抵消时，槽钢变形得以矫正。这里，回弹量是确定反翘变形量的依据，其大小要根据操作者的实践经验和具体工作条件确定。若除去压力后槽钢仍有扭曲变形或反向扭曲，要以同样的方法再进行矫正。

3. 立面弯曲变形的矫正

槽钢的立面弯曲是指在其腹板平面内的弯曲。矫正槽钢立面弯曲时，将槽钢的外凸侧朝上放在压力机工作台上，并使凸起部位置于压力机的压力作用中心；在工作台与槽钢接触处放置垫板；在槽钢受压处的槽内放置尺寸合适的规铁，如图 4–23 所示。然后操纵压力机对槽钢施加压力，使其略呈反向弯曲。除去压力后，反向弯曲被槽钢回弹抵消，变形得以矫正。

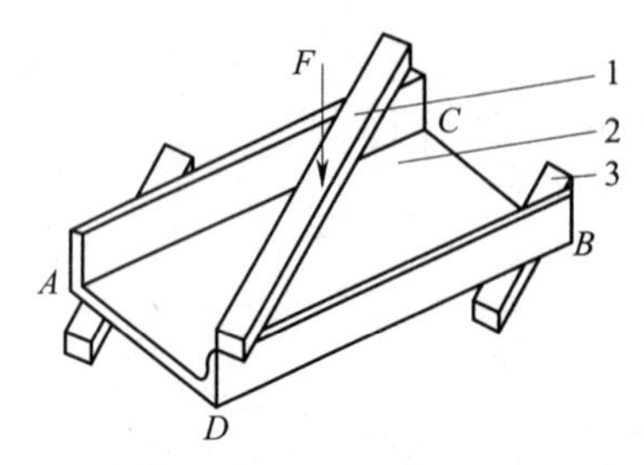

图 4–22 槽钢扭曲变形的矫正
1—上垫板 2—工件 3—下垫板

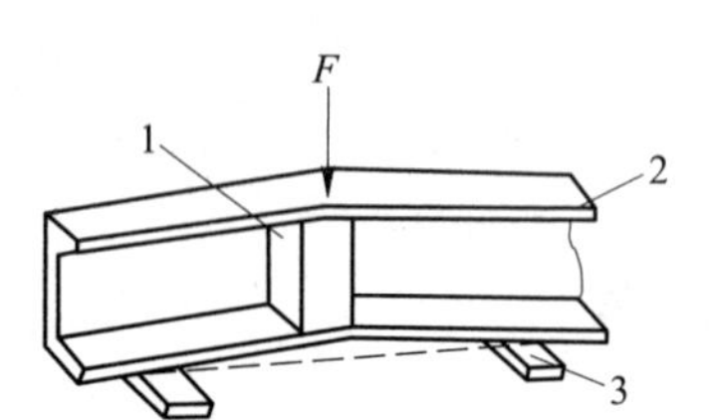

图 4–23 槽钢立面弯曲的矫正
1—规铁 2—工件 3—垫板

4. 平面弯曲变形的矫正

槽钢的平面弯曲是指槽钢翼板平面内的弯曲。槽钢平面弯曲变形的矫正是将槽钢的外凸侧朝上平放在压力机工作台上，利用上、下垫板确定槽钢合适的受力点，以便在机械力的作用下形成弯矩作用于槽钢，使其变形得以矫正，如图 4–24 所示。槽钢平面弯曲变形的矫正，也要考虑槽钢回弹变形的影响。

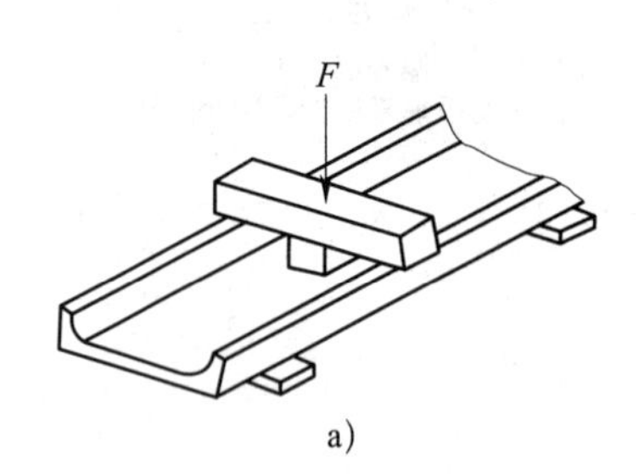

a)

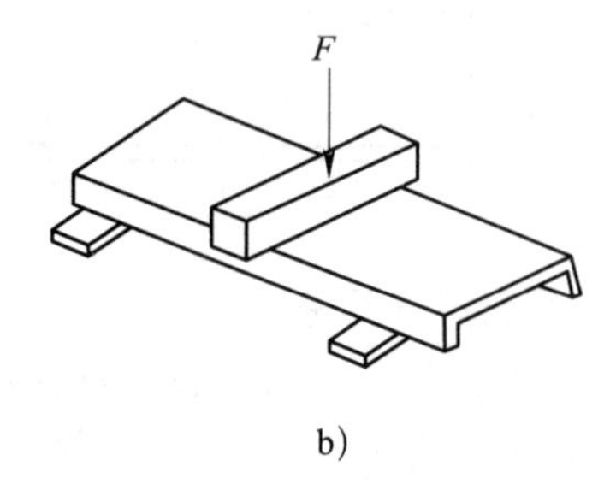

b)

图 4–24 槽钢平面弯曲的矫正

5. 质量检查

（1）扭曲变形矫正的检验

将矫正后的槽钢放稳在平台或较平整的钢板上，用线绳（粉线也可）贴着槽钢腹板平面在两端对角拉紧，观察槽钢腹板与线绳间是否有间隙。若无间隙，说明扭曲已矫正。

（2）弯曲变形矫正的检验

取与槽钢长度相等的线绳，两端拉紧，贴在槽钢腹板或翼板上，观察线绳与槽钢间是否有间隙，以检查槽钢腹板和翼板是否还有弯曲。若两者均无间隙，说明弯曲变形已经得到矫正。

槽钢的矫正质量也可采取目测的方法进行检验。

三、注意事项

1. 作业中机械的操作要规范，养成严格按操作规程作业的良好习惯。

2. 作业中严禁说笑、打闹，必须保证精力集中，非作业人员严禁靠近工作台，以防发生意外。

课题三 火焰矫正

子课题 1 板材的矫正

一、火焰矫正的原理与特点

1. 火焰矫正的原理

火焰矫正是利用金属局部加热后所产生的塑性变形抵消原有的变形，而达到矫正的目的。火焰矫正时，应对变形钢材或构件纤维较长处的金属进行有规律的火焰集中加热，并达到一定的温度，使该部分金属获得不可逆的压缩塑性变形，冷却后对周围的材料产生拉应力，使变形得到矫正。

金属具有热胀冷缩的特性，在外力作用下既能产生弹性变形，也能产生塑性变形。局部加热时，被加热部分的金属膨胀，由于周围金属的温度相对较低，膨胀受到阻碍，使加热部分金属受到压缩。当加热温度达到 600 ~ 700 ℃时，应力超过屈服强度，即产生塑性变形，此时，该处材料的厚度略有增加，长度则比可自由膨胀时短。一般低碳钢当温度达到 600 ~ 650 ℃时，屈服强度接近于零，变形主要是塑性变形。现在以长板条一侧非对称加热为例加以说明。如果用电阻丝作热源对狭长板条的 AB 一侧快速加热，由于加热速度较快，此时在板条中产生相对横截面呈不对称分布的非均匀热场，如图 4–25 所示（图中 T 为其温度分布曲线）。在整张钢板上气割窄长板条，或沿板条的一侧进行焊接，情况即与此类似。

为了便于理解，假设板条是由若干互不相连，而又紧密相贴的小窄条组成的，每一小窄条都可以按各自不同的温度自由膨胀，结果是各窄条端面出现和温度曲线对应的阶梯状变形，如图 4–26a 所示。实际上，由于板条是一个整体，各部分材料互相牵制约束，板条沿长度方向将出现如图 4–26b 所示的弯曲变形，板条向加热侧凸出。根据应力平衡的条件，加热时板条的内应力分布如图 4–26c 所示（两侧金属受压，中部金属受拉）。由于加热侧温度高，应力超过屈服强度，而产生压缩塑性变形。冷却时，板条恢复到初始温度，加热时受压缩塑性变形的部分收缩，板条将产生残余变形（加热一侧凹入），其应力分布如图 4–27 所示，与加热时的情形正相反，加热过的一侧产生拉应力。这就是火焰局部加热时产生变形的基本规律，是掌握火焰矫正的关键。

在金属局部进行条形或圆形加热时，其应力和变形的规律也可按此进行相似的分析。

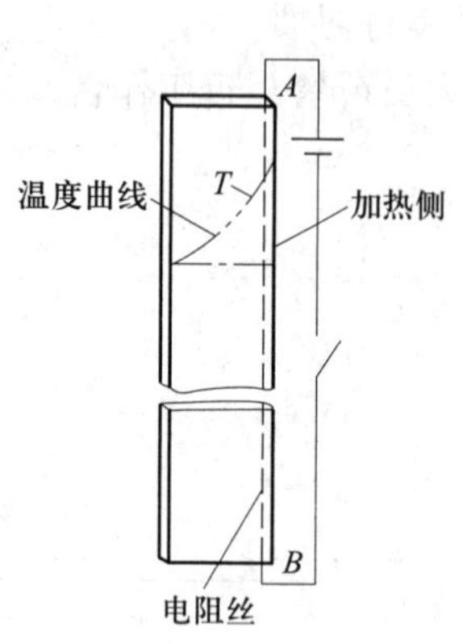

图 4-25　长板条一侧加热

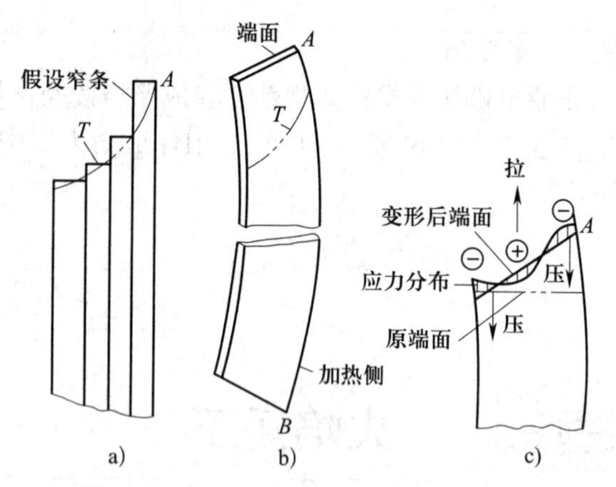

图 4-26　板条一侧加热时的应力与变形
a）板条的假想变形　b）端面实际变形　c）应力分布

2. 火焰矫正的特点

（1）火焰矫正能获得相当大的矫正力，矫正效果明显。对于低碳钢，只要有 1 cm^2 面积加热到塑性状态，冷却后就能产生约 24 kN 的矫正力。工件上若有 0.01 m^2 的材料加热面积在矫正时达到塑性状态，冷却后就会产生 2 400 kN 的矫正力。所以，火焰矫正不仅应用于钢材，而且更多地用来矫正不同尺寸和不同形式的各种钢结构的变形。

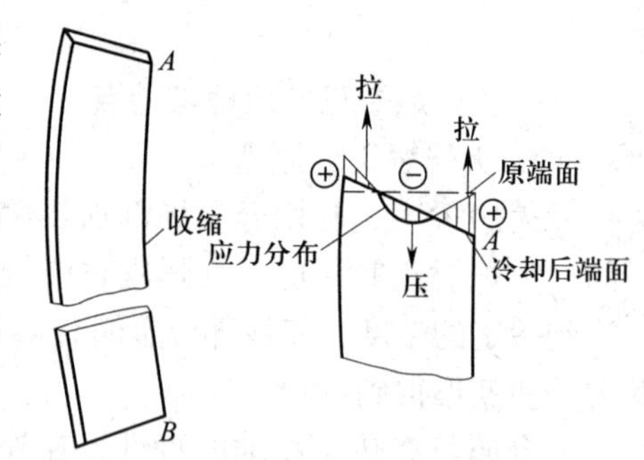

图 4-27　板条冷却后的应力与变形

（2）火焰矫正设备简单、方法灵活、操作方便，所以，不仅在材料准备工序中用于钢板和型钢的矫正，而且广泛地应用于金属结构在制造过程中各种变形的矫正，如用于船舶、车辆、重型机架、大型容器和箱、梁的矫正等。

（3）火焰矫正与机械矫正一样，也要消耗金属材料的部分塑性储备，对于特别重要的结构、脆性或塑性很差的材料要慎重使用。

（4）加热温度要适当控制。若温度超过 850 ℃，则金属晶粒长大，力学性能下降；但温度过低又会降低矫正效果。对于有淬火倾向的材料，采用火焰加热时，喷水冷却要特别慎重。

二、影响矫正效果的因素

经火焰局部加热而产生塑性变形的部分金属，冷却后都趋于收缩，引起结构产生新的变形，这是火焰矫正的基本规律，以此可以确定变形的方向。但变形的大小受以下几个因素的影响。

1. 工件的刚度

当加热方式、位置和火焰热量都相同时，所获得矫正变形的大小和工件本身的刚度有关：工件刚度越大，变形越小；反之，刚度越小，变形越大。

2. 加热位置

火焰在工件上的加热位置对矫正效果有很大影响。由于加热金属冷却以后都是收缩的，因此一般总是把加热位置选在金属纤维较长、需要收缩的部位。错误的加热位置，不仅不能取得矫正效果，还会加剧原有的变形或使变形更趋复杂。此外，加热位置相对于结构中性轴的距离也十分重要，距离越远，变形越大，效果越好。

3. 火焰热量

用不同的火焰热量加热，可获得不同的矫正变形能力。若火焰热量不足，势必延长加热时间，降低工件上的温度梯度，使加热处和周围金属温差减小，从而降低矫正效果。

4. 加热面积

火焰矫正所获得的矫正力和加热面积成正比。达到热塑状态的金属面积越大，得到的矫正力也越大。所以，工件的刚度和变形越大，加热的总面积也应越大。必要时可以多次加热，但加热的位置应错开。

5. 冷却方式

火焰加热时，浇水急冷能提高矫正效率，这种方法称为水火矫正，可以应用于低碳钢和部分低合金钢，但对于比较重要的结构和淬硬倾向较大的钢材不宜采用。水火之间的距离也应注意，矫正 4 ~ 6 mm 厚的钢板，一般应为 25 ~ 30 mm；有淬硬倾向的材料距离还应大一些。水冷的主要作用是建立较大的温度梯度，以造成较大的温差效应。同时，水冷还可以缩短重复加热的时间间隔。一般来说，金属冷却的速度对矫正效果并无明显影响。

三、火焰矫正的加热方式

按加热区的形状，分为点状加热、线状加热和三角形加热三种方式。

1. 点状加热

用火焰在工件上做圆环状移动，均匀地加热成圆点状（俗称火圈），根据需要可以加热一点或多点。多点加热时在板材上多呈梅花状分布（见图 4–28），型材或管材则多呈直线排列。加热点直径应随板厚变化（厚板略大一些，薄板略小一些），但一般不应小于 15 mm。点间距离随变形增大而减小，一般为 50 ~ 100 mm。

2. 线（条）状加热

火焰沿一定方向直线移动并同时做横向摆动，以形成具有一定宽度的条状加热区，如图 4–29 所示。线状加热时，横向收缩大于纵向收缩，其收缩量随加热区宽度的增加而增加。加热区宽度通常取板厚的 1/2 至板厚的 2 倍，一般为 15 ~ 20 mm。加热线的长度和间距视工件尺寸和变形情况而定。线状加热多用于矫正刚度和变形较大的结构。

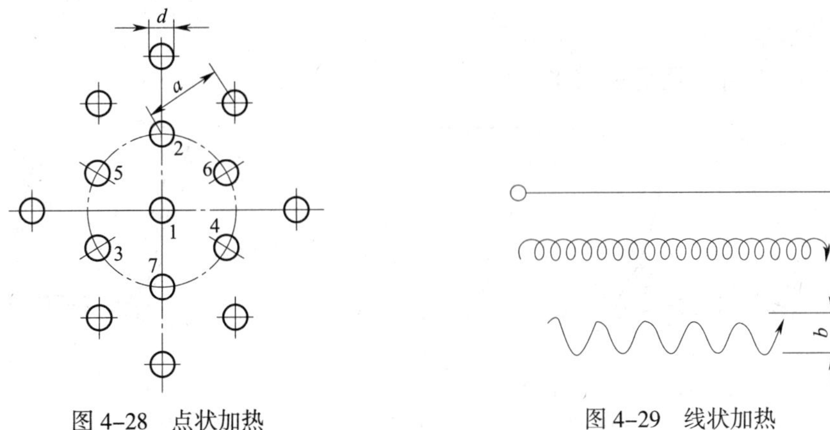

图 4–28　点状加热　　　　图 4–29　线状加热

3. 三角形加热

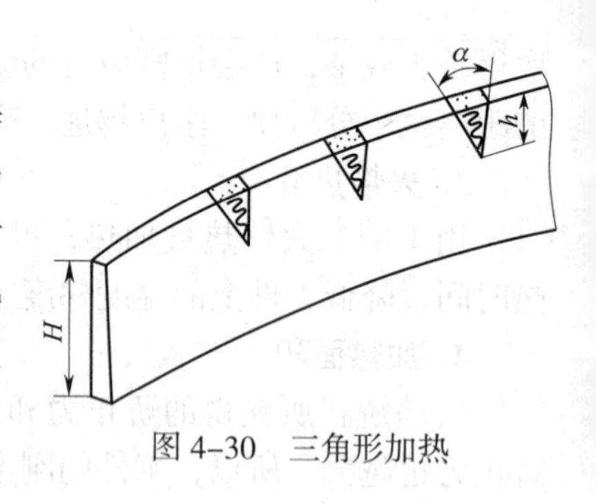

图 4–30　三角形加热

将火焰摆动，使加热区呈三角形，三角形底边在被矫正钢板或型钢的边缘，角顶向内，如图 4–30 所示。因为三角形加热面积大，故收缩量也大，而且沿三角形高度方向的加热宽度不相等，越靠近板边收缩越大。三角形加热法常用于矫正厚度和刚度较大的构件的变形，如用于矫正型钢和焊接梁的弯曲变形，或用于矫正板架结构中钢板自由边缘的波浪变形。此时，三角形的顶角约为 30°。矫正型钢或焊接梁时，三角形的高度应为腹板高度的 1/3 ～ 1/2。

四、火焰矫正工艺要领

火焰加热矫正变形在金属结构制造中经常应用，为提高矫正效率和工件矫正质量，操作时应注意以下几点。

1. 预先了解构件的材料及其特点，以确定能否使用火焰矫正，并根据不同材质来正确掌握矫正过程中的加热温度，避免因火焰矫正而导致材料力学性能严重下降。

2. 分析结构变形的特点，考虑加热方式、加热位置和加热顺序，选择最佳的加热方案。

3. 加热火焰采用中性焰。如果要求加热深度浅，避免造成较大的角变形，为提高加热速度，也可采用氧化焰。

4. 矫正尺寸较大的复杂板材和型钢结构时，既可能出现局部变形，又可能出现整体变形，既有板材的变形，又有型钢的变形。在矫正过程中这些因素会互相影响，应掌握其变形规律，灵活运用，尽量减少矫正工作量，提高效率，保证矫正质量。

5. 进行火焰矫正时，也可同时对构件施加外力。例如，利用大型结构的自重和加压重物造成附加弯矩，或利用机具进行牵拉和顶压，都可提高矫正的效果。

总之，火焰矫正操作灵活多变，并无固定的模式，操作者应通过实践来掌握其变形规律，积累经验，这样才能取得较好的矫正效果。

技能训练

矫正钢板变形

一、操作准备

1. 准备矫正工件（见图 4–31）

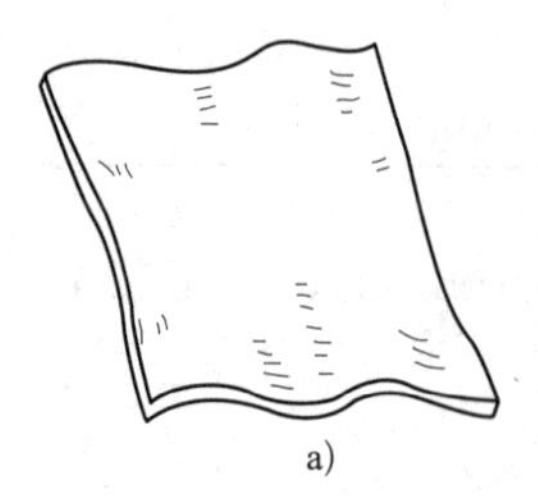
a)

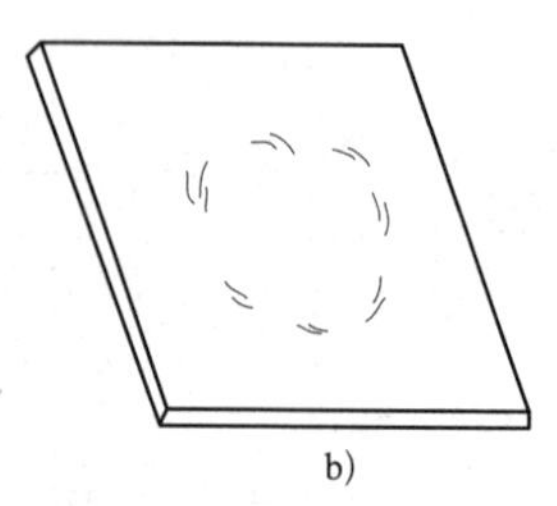
b)

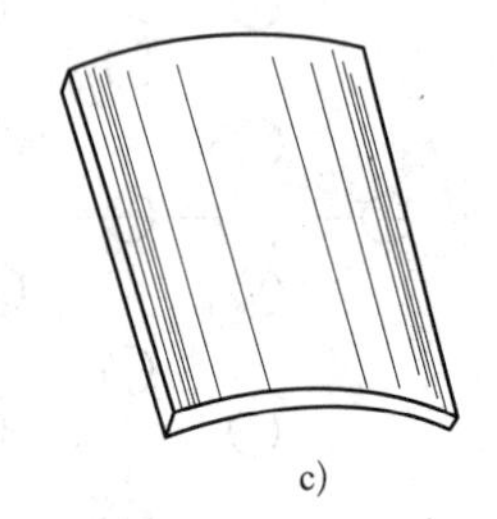
c)

图 4–31　钢板变形工件

a）四边波浪变形　b）中间凸起变形　c）厚钢板弯曲变形

2. 准备工具、量具、夹具

（1）准备加热工具、设备。焊炬（H01–20）、氧气瓶、乙炔瓶、减压器等。

（2）准备平台。平台规格为 2 000 mm × 3 000 mm。

（3）准备工具。平尺、羊角铁、大锤、木锤、盛水器具等。

二、操作步骤

1. 钢板四边波浪变形的矫正

将被矫正的钢板放在平台上，用羊角铁压紧三条边，使变形尽量集中在不被压紧的那条边。

先从凸起两侧平的部位开始，然后向凸起处围拢，用线状加热，加热宽度取板厚的 1/2 至板厚的 2 倍，顺序如图 4–32 所示。加热长度取板宽的 1/3 ~ 1/2；加热线间距视变形大小而定，变形越大间距越近，一般取 50 ~ 200 mm。

为提高矫正速度，采用水火矫正，即在火焰加热的同时用水急冷，如图 4–33 所示。火焰用中性焰，加热温度为 600 ~ 800 ℃，水火间距为 25 ~ 30 mm。如第一次矫正后仍有变形存在，可以进行第二次矫正。

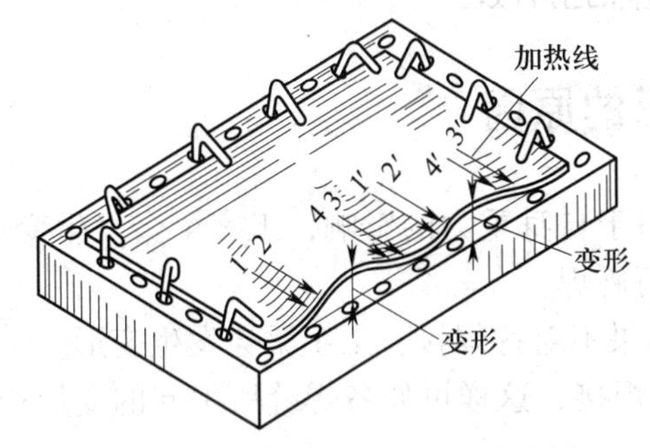

图 4–32　钢板四边波浪变形的火焰矫正

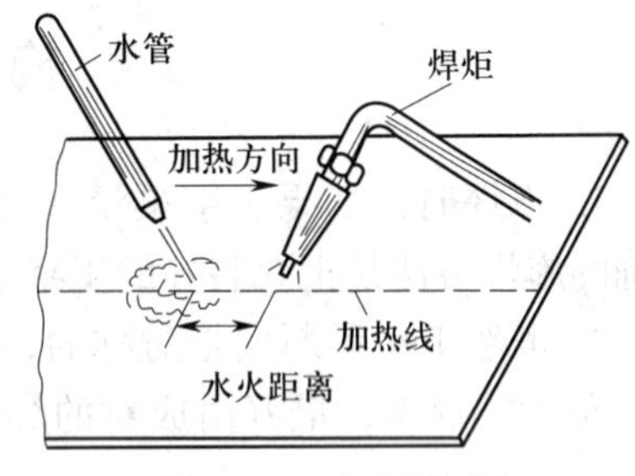

图 4–33　水火矫正法

2. 钢板其他边波浪变形的矫正

将钢板一边矫平后，松开羊角铁，再用同样方法对另外几条边分别进行矫正，直至矫平。

在矫正过程中，为保证矫正质量，必要时可以用木锤击打变形部位，以配合矫正。

3. 钢板中间凸起变形的矫正

将钢板四周压紧，从中间凸起处的两侧平的部位开始，用中性焰、线状加热逐步向凸起处围拢，加热线布置和顺序如图 4–34 所示。若第一次矫正后仍有变形存在，再进行第二次矫正，直至矫平。具体方法同前述。

4. 较厚钢板均匀弯曲变形的矫正

用平尺找出凸起的最高点，然后用大号焊炬，选择氧化焰在最高点附近做线状加热（见图 4–35），加热温度为 500 ~ 600 ℃，加热深度不超过板厚的 2/3，目的是通过钢板厚度方向的不均匀收缩而使之矫平。当第一次未能全部矫平时，应根据变形情况确定加热部位，再进行加热，直至矫平。矫正方法同前所述。

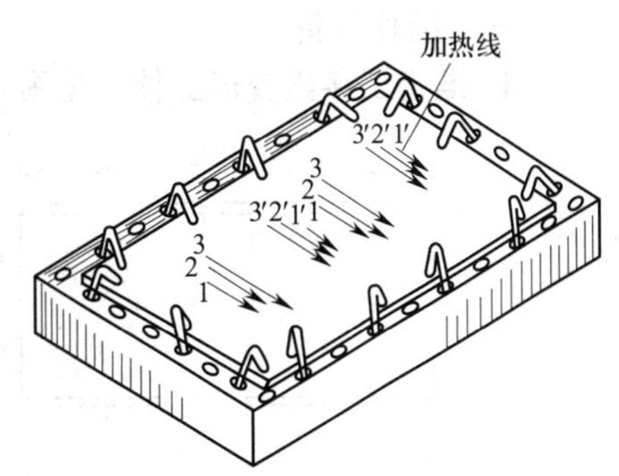

图 4–34　钢板中间凸起变形的矫正

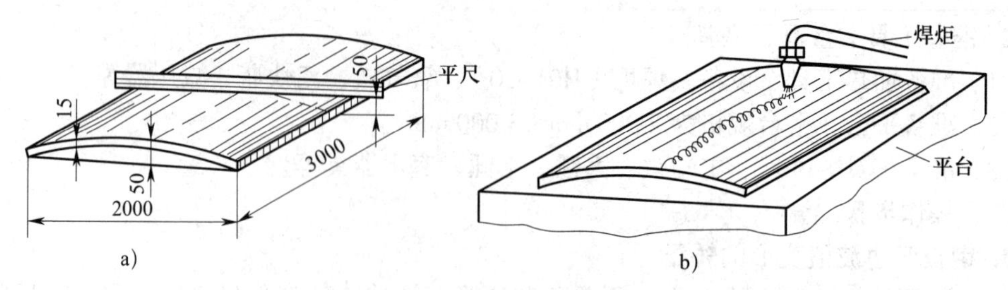

图 4–35　较厚钢板的火焰矫正

三、注意事项

1. 了解被矫正材料的性质。易淬火的工件不能采用火焰矫正。
2. 火焰矫正的最高温度不能超过 800 ℃，以免过热而使金属材料力学性能变坏。
3. 每次矫正时加热线的宽度、长度和间距不宜过大，避免矫正过量。
4. 若需要第二次矫正时，要错开第一次矫正的位置。

子课题 2　型钢的矫正

构件产生变形的原因

1. 施焊时，如果工字梁没有垫平，焊接时由于自身重力的影响，工字梁会发生变形。正确的施焊方法是把总装好的工字梁垫平后再进行施焊。

2. 虽然工字梁断面是对称的，但是焊接时如果不对称焊接，工字梁会发生变形。一般对称布置的焊缝，最好由成对的焊工对称地进行焊接，这样可使各焊缝所引起的变形相互抵消。

3. 如果焊接顺序不合理，也会发生各种变形。焊接时，如果采用合理的焊接顺序，就可以防止或减小焊接变形。

技能训练

矫正工字梁变形

一、操作准备

1. 准备工字梁变形工件（见图 4–36）

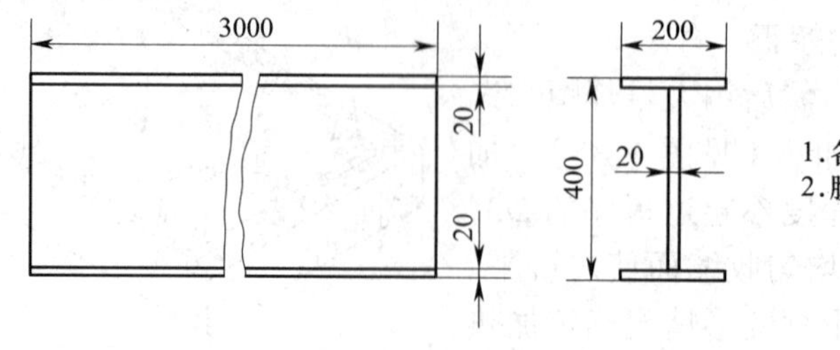

技术要求
1.各面平面度偏差应小于2。
2.腹板与翼板垂直度偏差应小于1。

图 4–36　工字梁变形工件

2. 工具、量具的准备

（1）准备矫正工具。钢直尺、羊角卡、大锤、木锤、盛水器具等。

（2）平台的准备。准备规格为 1 000 mm × 1 500 mm 的带孔平台。

3. 火焰矫正工具的准备

焊炬（H01–20）、氧气瓶、乙炔瓶、减压器等。

二、操作步骤

1. 变形情况分析

工字梁的变形分为扭曲变形和弯曲变形。

2. 扭曲变形的矫正

工字梁刚度大，除加热温度应稍高（750 ~ 800 ℃）外，矫正时还需加以外力配合。先将工字梁放在平台上固定好，并用拉紧螺栓在梁的两端对角拉紧，再在梁中部的上翼板上进行加热。若扭曲严重，可在中部腹板上同样加热，如图 4–37 所示。加热后，收紧螺栓拉杆来施加外力以矫正扭曲。

若一次加热不能完全矫正扭曲变形，可重复上述矫正过程，但加热位置尽量不与前次重合。考虑到扭曲为整体变形，加热位置应始终对称分布。

3. 弯曲变形的矫正

工字梁的弯曲变形分为立拱（腹板平面内的弯曲）和旁弯（翼板平面内的弯曲）。工字梁立拱和旁弯的矫正均可采用三角形加热方式，加热位置应在工件弯曲的外侧，并均匀分布。矫正立拱时以加热腹板为主（见图 4–38a），矫正旁弯时只要加热翼板即可（见图 4–38b）。

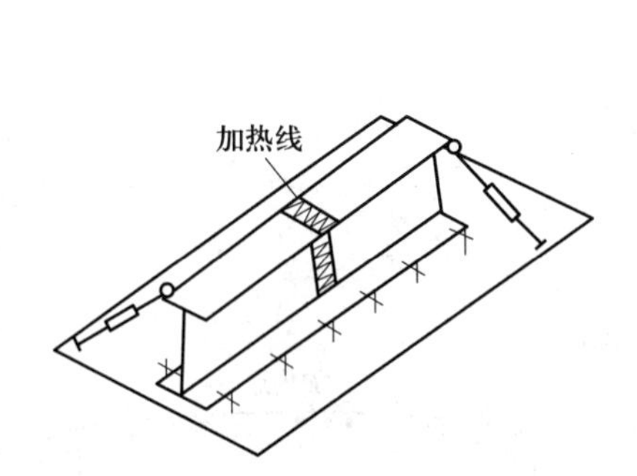

图 4–37　工字梁扭曲变形的矫正

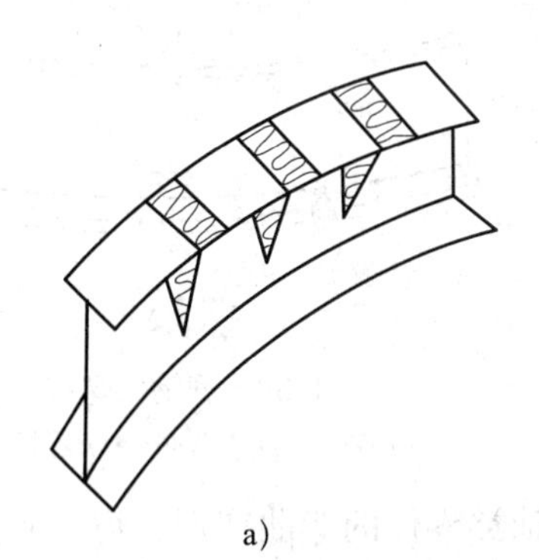

a）　b）

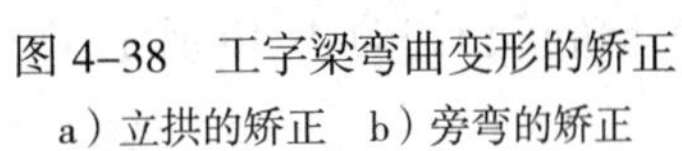

图 4–38　工字梁弯曲变形的矫正

a）立拱的矫正　b）旁弯的矫正

4. 质量检查

弯曲变形的检验：取与工字梁长度相等的线绳，两端拉紧，贴在工字梁的腹板或翼板上，观察线绳与工字梁间是否有间隙，以检查工字梁的腹板和翼板是否还有弯曲。若两者均无间隙，说明弯曲变形已经得到矫正。

工字梁矫正质量的检验也可采取前两节所述目测检验法进行。

三、注意事项

1. 使用加热工具和设备时，应严格遵守安全操作规程。

2. 在不具备完善的实习条件时，可进行演示教学，也可以焊接 T 形梁代替工字梁。

课题四　构件的矫正

子课题 1　焊接箱形梁的火焰矫正

型钢变形特点及矫正方法的确定

型材和焊接梁较为常见的变形是弯曲变形，但有时也有扭曲变形，焊接梁还有翼板的角变形。T 形梁在腹板平面内不同方向的弯曲，可采取在腹板上用三角形加热或在翼板上用条形加热予以矫正。翼板平面内的弯曲（旁弯）则在翼板凸出一侧用三角形加热矫正。加热区的大小和间隔视弯曲挠度而定，如图 4–39 所示。翼板如有角变形，应在翼板上沿焊缝背面做线状加热。变形较小时取单线，变形较大时取双线。

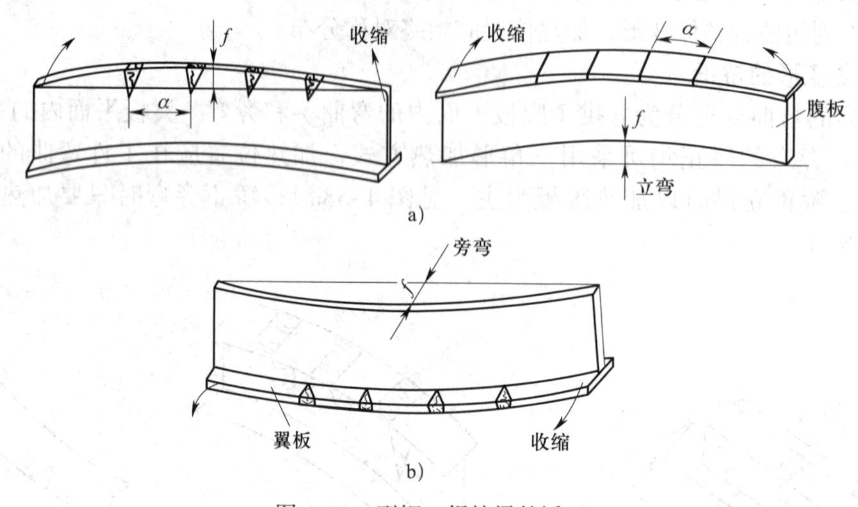

图 4–39　型钢、焊接梁的矫正

a）腹板平面内弯曲　b）翼板平面内弯曲

直径较大的圆管和轴类零件的弯曲变形，可在其凸出一侧用点状加热矫正，如图 4–40 所示。

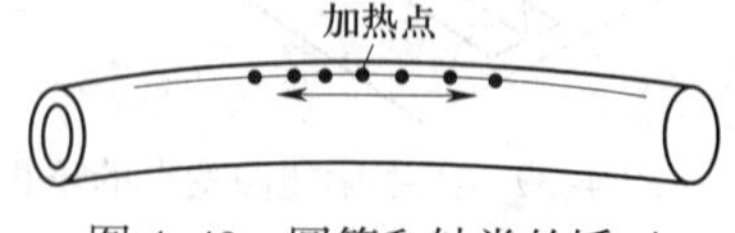

图 4–40　圆管和轴类的矫正

技能训练

矫正焊接梁变形件

一、操作准备

1. 准备矫正工件（见图 4–41）

2. 工具和用具的准备

准备平台、钢直尺、拉紧螺栓、压紧螺栓、大锤、扳手等。

3. 火焰矫正工具的准备

准备焊炬（H01-20）、氧气瓶、乙炔瓶、减压器等。

二、操作步骤

1. 分析工件的变形情况，确定矫正方案

工件的变形有扭曲变形和弯曲变形。弯曲变形又分上拱变形和旁弯变形。由于构件的刚度较大，矫正时需外力配合。矫正的顺序为：矫正扭曲变形→矫正上拱变形→矫正旁弯变形。

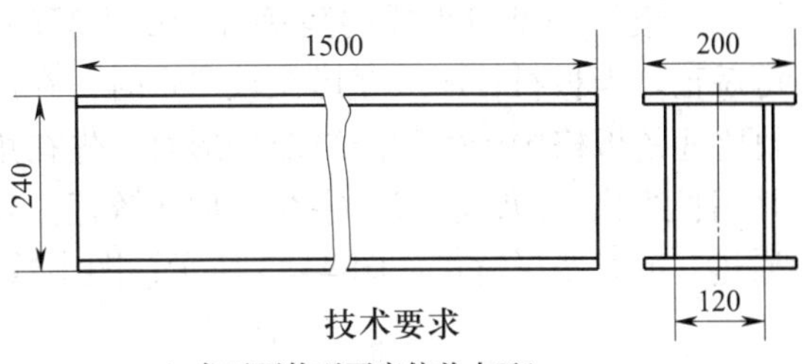

图 4-41　焊接箱形梁变形工件图

2. 扭曲变形的矫正

先将梁放置在平台上，用压紧螺栓压紧，在梁中部的上翼板上加热。如扭曲变形很大，可在梁中部的腹板上同时加热，加热后立即拧紧螺栓。如果仍有扭曲，可在梁的两端用同样的方法矫正。

3. 弯曲变形的矫正

矫正上拱变形时，应加热梁上拱部分的翼板和腹板（见图 4-42a）。矫正旁弯变形时，应加热梁上拱部分的两翼板（见图 4-42b），如有外力配合，则效果更好（见图 4-42c）。

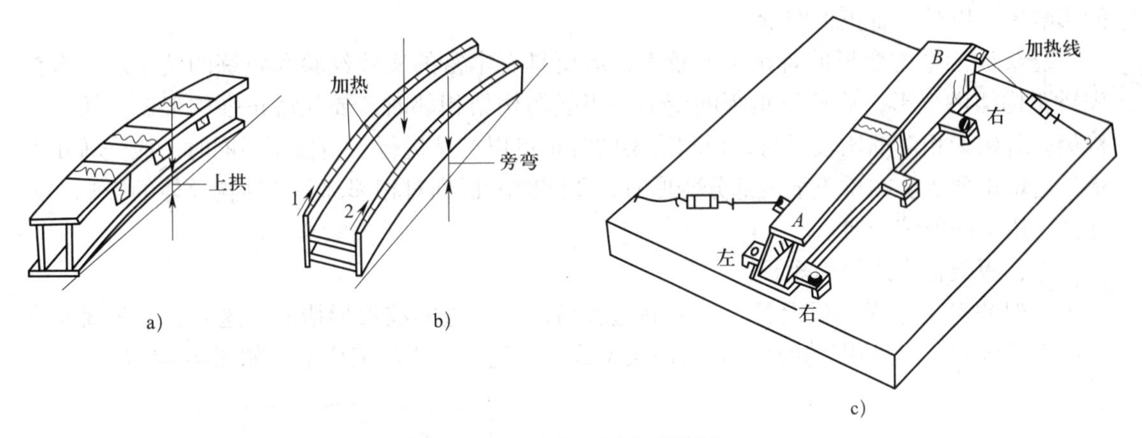

图 4-42　焊接箱形梁变形件矫正

4. 质量检查

焊接箱形梁变形件矫正后的质量检查方法与槽钢矫正后的质量检查方法一样。

三、注意事项

1. 加热时，注意控制好加热温度，不能使工件表面熔化。
2. 加热后，材料的屈服强度下降，施加外力配合时，不能损伤工件表面。

子课题 2　支架变形的矫正

一、板架结构变形的矫正

由板材和型材组成的大型板架结构，在装配焊接后易产生各种不同形式的变形。

由板材和型材组成的角接焊缝所引起的角变形，一般只需在焊缝背面进行线状加热即可矫正。当板材较厚或变形比较严重时，在加热的同时，可借助机具顶压以附加外力。当型材之间的板格中产生凹凸波浪变形时，先在角焊缝背面进行线状加热，在板的凸凹交界拐点处用长线状、短线状或十字交叉加热矫正。若此时变形仍未完全消除，再在凸起的中部进行加热。板架变形矫正如图 4–43 所示，图中数字表示加热的顺序。

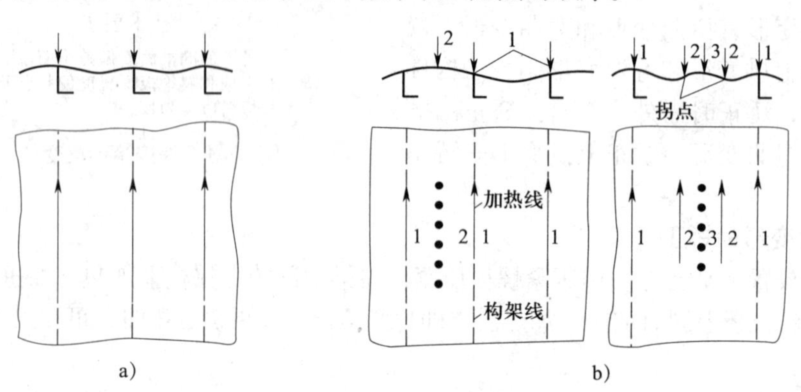

图 4–43　板架变形的矫正

a）单纯角变形　b）凹凸波浪变形

当相邻板格有连续的波浪变形时，可以间隔跳幅矫正。这时，中间板格的变形受两侧的影响，可以减少矫正工作量。

复杂板架结构变形的矫正难度较大，需要具有丰富的实践经验和熟练的技术。一般应先矫正构架的变形，后矫正钢板的变形。当强弱构架相邻时，要先矫正强构架，后矫正弱构架。若构架相对都比较弱时，板和构架的矫正可以交叉进行。当板厚不同时，应先矫正厚板，后矫正薄板。在矫正某一部分变形时，要同时考虑到对相邻部分和结构整体的影响，并注意下道工序的装配要求。

二、板架自由边缘的矫正

板架的自由边缘和板上各孔口的周边容易产生严重的波浪形褶皱。这时，应先矫正孔口四周的构架，然后用三角形加热法沿板架或开孔边缘矫正波浪变形，如图 4–44 所示。

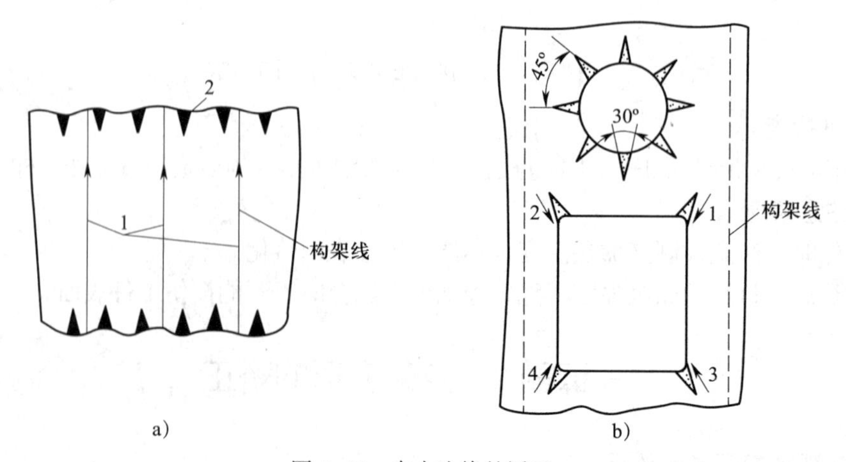

图 4–44　自由边缘的矫正

a）板架自由边缘矫正　b）孔口周边矫正

矫正支架变形

一、操作准备

1. 准备矫正工件（见图 4–45）

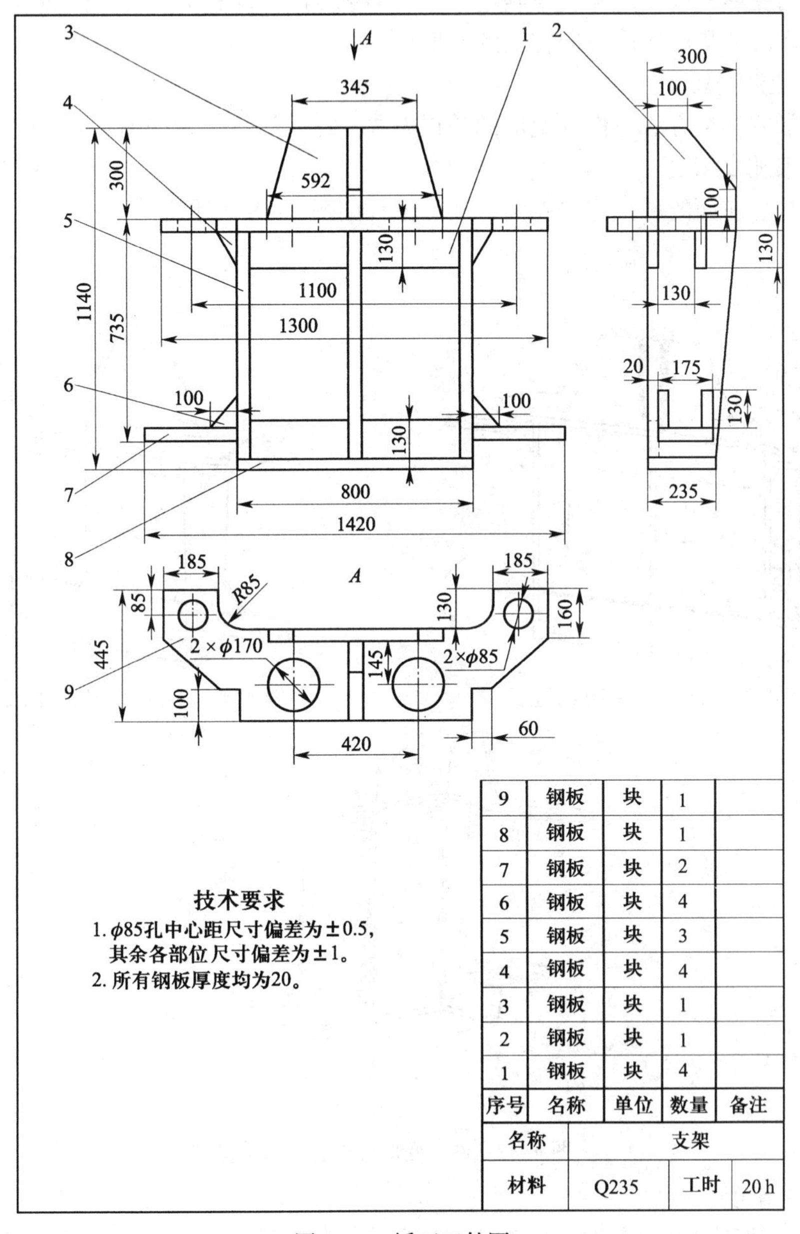

序号	名称	单位	数量	备注
9	钢板	块	1	
8	钢板	块	1	
7	钢板	块	2	
6	钢板	块	4	
5	钢板	块	3	
4	钢板	块	4	
3	钢板	块	1	
2	钢板	块	1	
1	钢板	块	4	

名称	支架		
材料	Q235	工时	20 h

图 4–45　矫正工件图

2. 工具的准备

准备焊炬（H01–20）、氧气瓶、乙炔瓶、减压器等。

二、操作步骤

1. 变形分析

件 2 与件 3 的角焊缝使件 3 发生角变形，而且越靠上端变形越严重。件 9 与件 4 焊接后件 9 两侧向下弯曲变形。件 7 向上弯曲变形。这些变形都是由于单面焊接所造成的。

2. 件 3 角变形的矫正

按照如图 4–46 所示的加热位置进行加热，加热的深度不应超过件 3 厚度的 2/3。加热宽度要根据角变形的程度凭经验来确定。注意加热宽度不能过大，若加热宽度过大易造成矫正量过大，而出现与原变形方向相反的变形。

3. 件 9 变形的矫正

件 9 变形的矫正方法与件 3 变形的矫正方法一样，加热位置如图 4–47 所示。

4. 件 7 变形的矫正

矫正方法与前面的矫正方法相同，加热位置如图 4–48 所示。

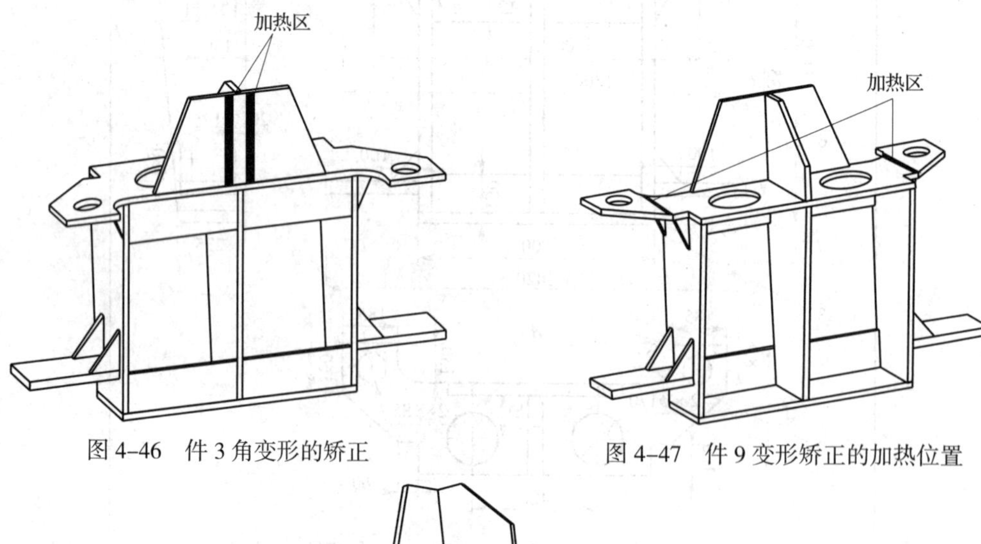

图 4–46　件 3 角变形的矫正

图 4–47　件 9 变形矫正的加热位置

图 4–48　件 7 变形矫正的加热位置

三、注意事项

1. 使用加热工具和设备时，应严格遵守安全操作规程。

2. 加热时注意控制温度，不能使工件熔化。

第五单元

零件的预加工

零件的预加工主要是指为铆接、焊接连接及装配做准备，在零件上进行的钻孔、攻螺纹、套螺纹、开坡口、磨削等工作。这些工作根据工艺的需要，在生产流程中会重复出现，而且是冷作工应当掌握的。下面分别介绍有关预加工的基本知识。

课题一　钻孔

在材料上用钻头钻削出各种直径的孔称为钻孔。钻孔时，工件固定，钻头装在钻床或其他钻具上，依靠钻头与工件之间的相对运动来完成切削加工。

钻削加工时，钻头绕轴线做的旋转运动称为主运动，它使钻头沿着圆周进行切削；钻头对着工件做的前进直线运动称为进给运动，它使钻头切入工件，连续地进行切削。由于这两种运动是同时、连续进行的，因此钻头切削刃上各点做螺旋运动，对材料进行切削而完成钻孔作业，如图 5–1 所示。

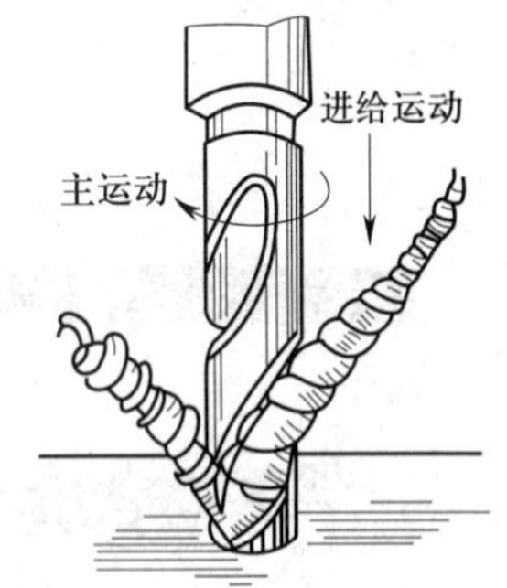

图 5–1　钻孔

钻孔时，由于刀具的刚度和精度都较差，加工精度只能达到 IT12 ~ IT11 级，表面粗糙度 Ra 为 50 ~ 12.5 μm，适用于加工精度要求不高的孔。

一、钻头

钻头多用高速钢制成，并经淬火与回火处理。钻头的种类很多，如麻花钻、扁钻、中心钻等，虽然外形有些不同，但切削原理基本一样。钻头上都有两条对称排列的切削刃，在钻削时可使产生的力矩平衡。这里仅介绍使用最为普遍的麻花钻。

1. 麻花钻的组成

麻花钻由柄部、颈部和工作部分组成，如图 5–2 所示。

（1）柄部

柄部是钻头的夹持部分，用来传递钻孔时所需的转矩和轴向力，并使钻头轴线保持正确的位置。

钻柄分为直柄和锥柄两种。

1）直柄钻头的柄部呈圆柱形（见图 5–2a），用钻夹头夹持，传递的转矩较小，只适用于直径在 13 mm 以下的钻头。

2）锥柄钻头的柄部呈圆锥形（见图 5–2b），装在钻床主轴的莫氏锥孔内，靠圆锥面之间的摩擦力传递转矩，随轴向力增大而增大，传递的转矩较大，适用于直径大于 13 mm 的钻头。锥柄后部的扁尾除了可增加传递的转矩，避免钻头在主轴孔或钻头套中打滑外，还便于用楔铁把钻头从主轴孔或钻头套中退出。

（2）颈部

颈部供制造钻头时砂轮磨削退刀之用，一般也在这个部位的表面上刻印商标、钻头直径和材料牌号。

（3）工作部分

工作部分由切削部分和导向部分组成。

1）切削部分包括横刃及两条主切削刃，起主要的切削作用。两条相对的螺旋槽用来形成切削刃，并起排屑和输送切削液的作用。

2）导向部分在切削过程中能保持钻头正直的钻削方向，并具有修光孔壁的作用，同时还是切削部分的后备部分。导向部分有两条窄的螺旋形棱边，形状略呈倒锥形（直径向柄部方向渐缩），倒锥大小为每 100 mm 内减小 0.05 ～ 0.1 mm。这样既能保证钻头切削时的导向作用，又减少了钻头与孔壁的摩擦，减轻钻孔的阻力。

2. 切削部分的几何参数（见图 5–3）

钻头切削部分的螺旋槽表面称为前面，切屑沿此开始排出。切削部分顶端的两个曲面为后面，它们与工件的切削表面相对。钻头的棱边（刃带）与已加工表面相对，称为副后

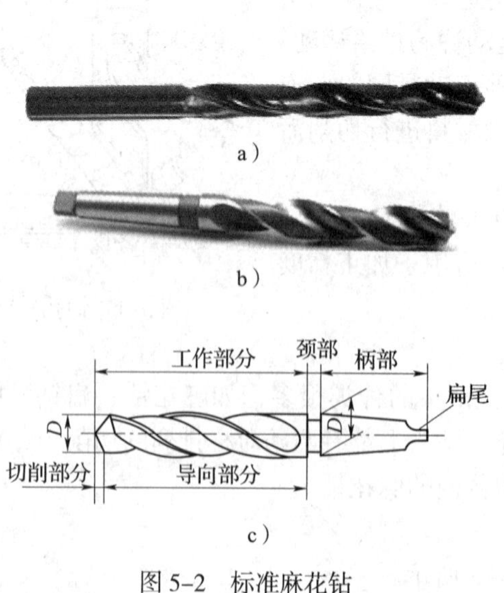

图 5–2　标准麻花钻

a）直柄钻头　b）锥柄钻头　c）麻花钻的组成

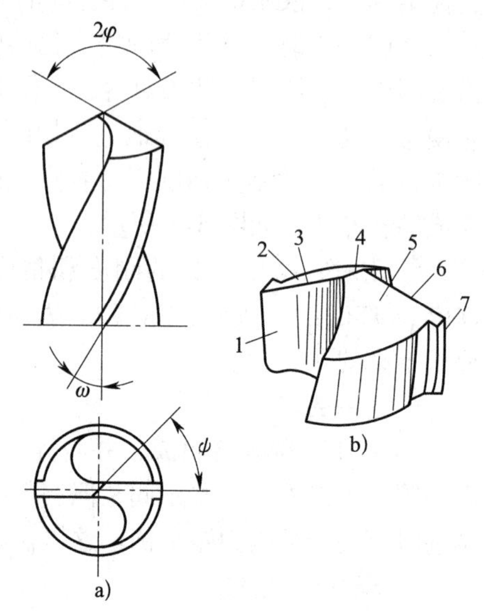

图 5–3　切削部分的几何参数

1—前面　2、5—主后面　3、6—主切削刃　4—横刃　7—副切削刃

面。前面与后面的交线称为主切削刃。两个后面相交形成的切削刃称为横刃。前面与副后面的交线称为副切削刃。

（1）顶角 2φ

钻头两主切削刃间的夹角称为顶角，又称为锋角。顶角的大小与所钻材料的性质有关。顶角大，切削时轴向力大；顶角小，切削时轴向力小。一般钻硬材料时，顶角选大一些；钻软材料时，顶角选小一些。各种材料加工时顶角的选择见表 5–1。

表 5–1　各种材料加工时顶角的选择

加工材料	顶角（2φ）	加工材料	顶角（2φ）
普通钢和铸铁	116° ~ 118°	纯铜	125° ~ 135°
合金钢、铸钢件	120° ~ 125°	硬铝合金、铝硅合金	90° ~ 100°
不锈钢	110° ~ 120°	胶木、电木、赛璐珞及其他脆性材料	80° ~ 90°
黄铜和青铜	130° ~ 140°		

（2）后角 α

钻头主切削刃上任意点处的切削平面与后面之间的夹角称为后角。后角的大小在主切削刃上各点都不相同，越靠近中心处后角应越大，为 20° ~ 26°；越靠近边缘处后角越小，为 10° ~ 15°。后角增大时，钻孔过程中钻头后面与工件切削表面之间的摩擦减小，但切削刃强度也随之降低。刃磨后角时，越接近中心应磨得越大。

（3）前角 γ

主切削刃上任意一点的前角，是该点前面的切线与基面在正交平面上投影的夹角。前角的大小决定材料切削的难易程度和切屑在前面上的摩擦阻力，前角越大切削越省力。

（4）横刃斜角 ψ

钻头横刃和主切削刃之间的夹角称为横刃斜角。它的大小与后角的大小有关。当刃磨后角大时，横刃斜角就会减小，横刃长度也随之变长，钻孔时的轴向阻力增大，且不易定心。一般 ψ=50° ~ 55°。

钻头的形状比较复杂，但大致了解钻头的主要几何参数，对正确选用钻头和进行刃磨都是十分重要的。

二、装夹钻头的工具

1. 钻夹头

钻夹头用来装夹直径为 13 mm 以下的直柄钻头，其结构如图 5–4 所示。在夹头的三个斜孔内装有带螺纹的夹爪，夹爪螺纹和装在夹头套筒内的螺纹圈相啮合，旋转套筒会使三个夹爪同时合拢或张开，使钻柄被夹紧或放松。

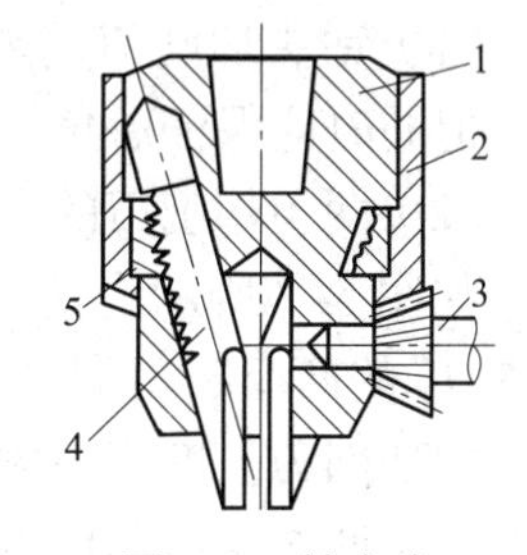

图 5–4　钻夹头

1—夹头体　2—夹头套筒　3—钥匙
4—夹爪　5—内螺纹圈

用钻夹头装夹直柄钻头时，夹持长度不能小于 15 mm（见图 5–5）。

2. 钻头套

钻头套用来装夹带锥柄的钻头，根据钻头锥柄莫氏锥度的号数，选用相应的钻头套，如图 5–6 所示。

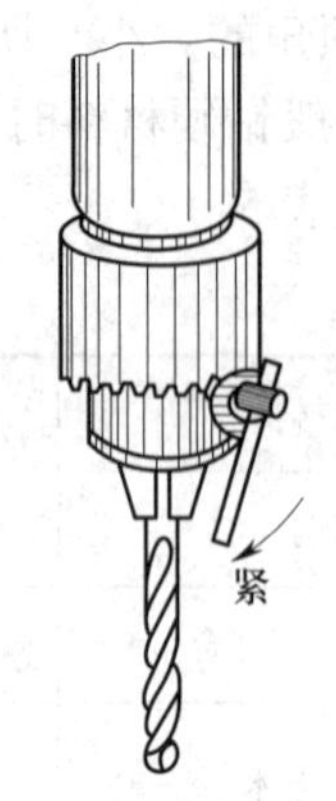

图 5–5　直柄钻头的装夹

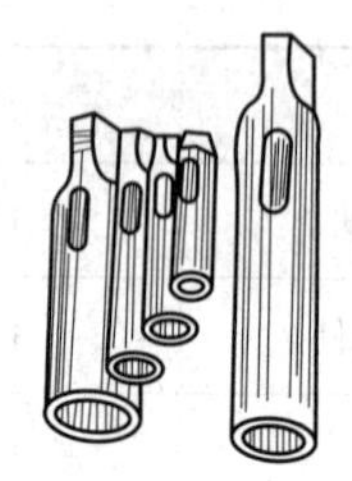

图 5–6　钻头套

当用较小直径的钻头钻孔，用一个钻头套不能直接与钻床主轴锥孔相配，此时需要把几个钻头套配合起来使用。钻头套共有以下五个型号。

1 号钻头套：内锥孔为 1 号莫氏锥度，外圆锥度为 2 号莫氏锥度，钻头直径在 14 mm 以下。

2 号钻头套：内锥孔为 2 号莫氏锥度，外圆锥度为 3 号莫氏锥度，钻头直径为 14.5 ~ 23 mm。

3 号钻头套：内锥孔为 3 号莫氏锥度，外圆锥度为 4 号莫氏锥度，钻头直径为 23.5 ~ 31 mm。

4 号钻头套：内锥孔为 4 号莫氏锥度，外圆锥度为 5 号莫氏锥度，钻头直径为 32 ~ 50 mm。

5 号钻头套：内锥孔为 5 号莫氏锥度，外圆锥度为 6 号莫氏锥度，钻头直径为 50 ~ 65 mm。

若几个钻头套配合使用，既增加了装拆钻头的麻烦，又会增加钻床主轴与钻头的同轴度误差。为此，有时也采用特制的钻头套，如内锥孔为 1 号莫氏锥度，而外圆锥度为 3 号莫氏锥度或更大号数莫氏锥度的钻头套。

三、标准麻花钻的刃磨要求与方法

1. 刃磨要求

（1）钻头切削刃用钝后，为了恢复其切削能力，必须进行刃磨。刃磨时，只磨两个后面，但同时应保证后角、顶角和横刃斜角都达到正确的角度。

（2）两主切削刃的长度及其与钻头轴心线组成的两个 φ 角应相等。

如图 5–7 所示为钻头刃磨正确和不正确对加工后所得孔的影响。图 5–7a 为刃磨正确。图 5–7b 的两个 φ 角磨得不相等；图 5–7c 中主切削刃长度不一致；图 5–7d 中两个 φ 角不对称，主切削刃长度不一致。上述缺陷在加工时均使钻出的孔扩大或歪斜。

（3）两个主后面应刃磨光滑。

（4）刃磨砂轮一般采用粒度为 46 ~ 80 号，硬度为中软级（K、L）为宜。砂轮旋转必须平稳，跳动量大的砂轮片必须进行修整。

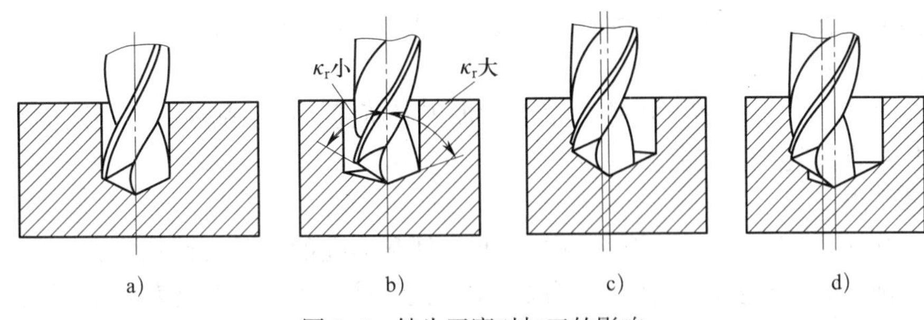

图 5-7　钻头刃磨对加工的影响

2. 刃磨方法

标准麻花钻的刃磨通常是手持钻头在砂轮机上进行。在砂轮上刃磨钻头时，要求砂轮表面必须平整、有棱角，外圆跳动要小。

在砂轮机上刃磨钻头的一般姿势是：两脚叉开，左手握住钻柄，右手握住钻身并靠在砂轮机的支架上作为支点，同时使钻头轴线与砂轮轴线构成所需的 φ 角（一般约为 60°），另外钻身应向下倾斜 8° ~ 15°。

刃磨首先从主切削刃开始，左手按顺时针方向将钻头捻动并使钻柄下降。刃磨主切削刃时，动作要迅速，防止钻头过热而退火，刃磨时要注意压力不能过大并要及时蘸水冷却。待磨好一个后面后再磨另一个后面。

四、钻孔设备

冷作工常用的钻孔设备和钻孔工具有台式钻床、立式钻床、摇臂钻床及电钻、手扳钻等。

1. 台式钻床

台式钻床简称台钻，是一种小型钻床，一般安装在工作台上或铸铁方箱上。台钻的规格有 6 mm 和 12 mm 两种，12 mm 台钻表示最大的钻孔直径为 12 mm。

如图 5-8 所示为应用较广泛的一种台钻。电动机通过五级 V 带传动，可使主轴获得五种转速。横梁可沿立柱上下移动，并可绕立柱轴线转动到适当位置，然后用手柄锁紧。保险环用螺钉锁紧在立柱上，并紧靠横梁的下端面，以防横梁突然下滑。工作台可在立柱上移动和转动，并用手柄锁紧在适当位置。当松开螺钉时，工作台在垂直平面内可左、右旋转 45°。

钻削小工件时，工件可放在工作台上；当工件较大或较高时，可把工作台转到旁边，直接把工件放在底座上进行钻孔。

图 5-8　台式钻床

2. 立式钻床

立式钻床简称立钻，一般用来钻中型工件上的孔，其最大钻孔直径有 25 mm、35 mm、40 mm 和 50 mm 四种。这种钻床可以自动进给，其功率和结构强度都允许采用较高的切削用量，并可获得较高的效率和加工精度。另外，主轴转速和进给量有较大的变动范围，可加工不同材料和进行钻、扩、锪、铰孔和攻螺纹等工作。

如图 5-9 所示是目前应用较广泛的立钻。床身固定在底座上；变速箱固定在床身上；进给箱固定在床身的导轨上，可沿导轨上下移动。床身内挂有平衡用的链条及重块，绕过滑轮与主轴套筒相接，以平衡主轴的重量，使操作轻便、灵活。工作台装在床身下方，可沿导轨上下移动，以适应钻削不同高度的工件。

立钻一般都有冷却装置，由冷却泵供应加工时所需要的切削液。切削液储存于底部空腔内，冷却泵直接装在底座上。

3. 摇臂钻床

摇臂钻床（见图 5-10）适用于加工大型工件和多孔的工件。钻孔时，工件固定不动，移动钻床主轴对准工件上孔的中心，所以加工时比立钻方便。主轴变速箱可在摇臂上大范围移动，而摇臂又可回转 360°，所以摇臂钻床可在很大范围内进行工作。工件不太大时，可压紧在工作台上加工；若工作台放不下，可把工作台吊走，将工件直接放在底座上加工。摇臂可沿立柱上下移动，钻床主轴移动到所需位置后，摇臂可用电动胀闸锁紧在立柱上，主轴变速箱也可用电动锁紧装置固定在摇臂上。这样，加工时主轴位置不会变动，刀具也不易振动。

图 5-9　立式钻床

图 5-10　摇臂钻床

摇臂钻床的主轴转速和进给量范围很广，主轴可自动进给也可手动进给，最大钻孔直径可达 100 mm。

4. 电钻

电钻是用手直接握持使用的一种钻孔工具，使用灵活，携带方便。对受场地限制不能移动或加工部位特殊不能使用钻床加工孔的工件，可选用电钻钻孔。

电钻的电源电压一般有 220 V 和 380 V 两种。其尺寸规格按所钻最大孔径，有 6 mm、10 mm、13 mm 等几种。电钻由电动机、减速装置、钻夹头、手柄和开关等部分组成，常用的有手枪式和磁力式两种。

（1）手枪式电钻

手枪式电钻（见图 5-11）规格为 6 mm，即其最大钻孔直径为 6 mm。这种电钻工作电压为 220 V，采用双重绝缘结构，安全性能好。

（2）磁力电钻

磁力电钻又称磁座电钻、磁铁电钻（见图 5-12），它是在通电后首先保证磁力电钻底部吸附在钢结构平面上，然后磁力电钻电动机高速运转并带动钻头旋转，从而实现对钢结构钻孔。

图 5-11　手枪式电钻

图 5-12　磁力电钻

磁力电钻的含义就是吸附在钢结构上钻孔的钻孔机。磁力电钻分为两部分，一部分是钻削部分，主要通过高速运转的钻头对钢结构钻孔；另一部分是吸附钢结构部分，磁力电钻底座部分在通电后通过变化的电流产生磁场，牢牢地吸附在钢结构上，保证磁力电钻不移动。

磁力电钻在钢结构制造与安装、船舶制造、桥梁工程、铁路运输等领域都有较广泛的应用。

国家规定，手持电动工具必须安装漏电保护器。漏电保护器可在电动工具发生漏电时自动断电，起防触电的保护作用。漏电保护器的有单相和三相之分，其规格为 5 ~ 10 A。

五、钻孔工艺

1. 工件的夹持

钻孔前必须将工件夹紧固定，以防钻孔时因工件移动、旋转而折断钻头，或使钻孔位置偏移。夹持工件的方法主要根据工件的大小和形状而定。

小而薄的工件可用钳子夹持，小而厚的工件可用小型平口钳夹持。

若在较长的型钢工件上钻孔，可用手直接握持，为安全起见，应在钻床台面上工件可能旋转的方向上用螺栓挡住，如图 5-13a 所示。

钻大直径的孔或不适合平口钳夹紧的工件，可直接用压板、螺栓和垫铁固定在钻床工作台上，如图 5-13b 所示。螺栓应尽量靠近工件，以增加压紧力。垫铁的高度应略大于或等于工件的压紧面高度。

在圆柱形工件上钻孔时，应把工件放在 V 形铁上，然后用压板压紧，以免工件转动，如图 5-13c 所示。

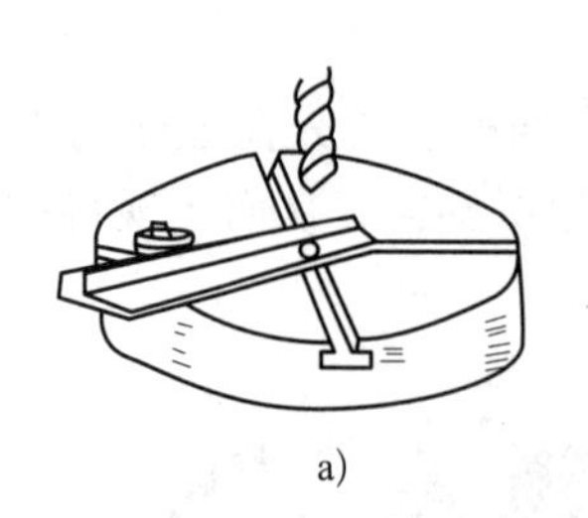
a)

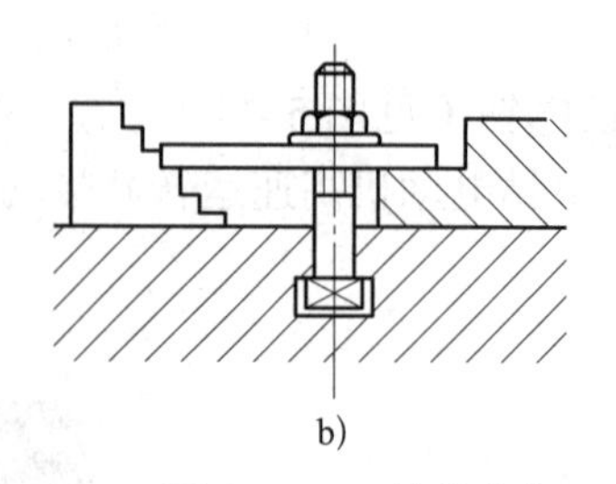
b)

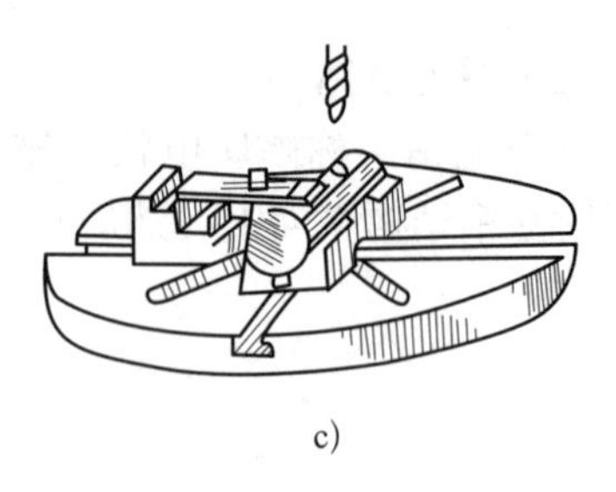
c)

图 5–13　工件的夹持

a）长工件用螺栓挡住　b）用压板、螺栓和垫铁夹持工件　c）用 V 形铁安装工件

2. 钻孔方法

钻孔前，先用样冲将孔中心冲大一些，这样可使横刃预先落入样冲眼的锥坑中，钻孔时钻头不易偏离中心。工件上的通孔将要钻穿时，必须减小进给量，如果是采用自动进给，这时最好改换为手动进给。因为当钻头尖刚钻穿工件时，轴向阻力突然减小，由于钻床进给机构的间隙和弹性变形的突然恢复，将使钻头瞬间以很大的进给量自动切入，致使钻头折断或钻孔质量降低。用手动进给操作时，由于已注意减小了进给量，即已减小了轴向压力，因此可避免上述现象的发生。

钻不通孔时，可根据钻孔深度预先调整挡块，并通过测量来检查实际钻孔深度。

钻深孔时，一般当钻进深度达到直径的 3 倍时，钻头需退出排屑。以后每钻进一定深度，钻头必须退出排屑一次，直到深孔钻完为止。要防止连续钻进而排屑不畅的情况发生，以免钻头因切屑阻塞而扭断。

直径超过 30 mm 的大孔，可分两次钻削。先用 50% ~ 70% 孔径的钻头钻孔，再用所需孔径的钻头扩孔。这样可以减小钻削时的轴向力，保护机床，同时还可以提高钻孔质量。

3. 钻孔时的冷却和润滑

在钻削过程中，由于切屑的变形和钻头与工件的摩擦所产生的切削热，将降低钻头的切削能力，严重时会引起钻头切削部分退火，对钻孔质量也有一定影响。因此，为了延长钻头的使用寿命和保证钻孔质量，在钻孔时要注入充足的切削液。注入切削液有利于切削热的散发，防止切削刃产生积屑瘤和加工表面冷硬；同时由于切削液能流入钻头的前面与切屑之间，使钻头的后面与切屑表面和孔壁之间形成吸附性的润滑油膜，起到减小摩擦的作用，从而降低钻削阻力和切削温度，提高钻头的切削能力和孔壁的表面质量。

各种材料钻孔时所用的切削液见表 5–2。

表 5–2　　各种材料钻孔时用的切削液

工件材料	切削液	工件材料	切削液
各类结构钢	3% ~ 5% 乳化液，7% 硫化乳化液	铸铁	不用或用 5% ~ 8% 乳化液，煤油
不锈钢、耐热钢	3% 肥皂加 2% 亚麻油水溶液，硫化切削油	铝合金	不用或用 5% ~ 8% 乳化液，煤油与柴油的混合油
纯铜、黄铜、青铜	不用或用 5% ~ 8% 乳化液	有机玻璃	5% ~ 8% 乳化液，煤油

4. 切削用量

切削用量是切削速度、进给量和背吃刀量的总称。

钻孔的切削速度 v 是钻削时钻头直径上一点的线速度，可由下式计算：

$$v=\frac{\pi Dn}{1\,000}\text{ m/min} \quad (5\text{–}1)$$

式中 D——钻头直径，mm；

n——钻头的转速，r/min。

例 5–1 钻头直径 D=12 mm，求以 n=640 r/min 转速钻孔时的切削速度。

解：

$$v=\frac{3.14\times12\times640}{1\,000}\text{ m/min}\approx24.1\text{ m/min}$$

钻孔时的进给量 f 是钻头每转一周轴向移动的距离，单位为 mm/r。

在实心材料上钻孔时，背吃刀量等于钻头的半径。

合理地选择切削用量，可避免钻头过早磨损，防止钻头损坏或机床过载，提高工件的钻削精度，改善孔的表面粗糙度。

当材料的强度、硬度较高或钻头直径较大时，宜选用较低的切削速度，即转速要低些，进给量也相应减小，且要选用热导率高、润滑性好的切削液。

当材料的强度、硬度较低或钻头直径较小时，可选用较高的转速，进给量也可以适当增加。当钻头直径小于 5 mm 时，应选用高转速，但进给量不能太大，一般用手动进给，否则容易折断钻头。

5. 钻削操作注意事项

（1）钻孔前，工作台面上不准放置刀具、量具和其他物品。钻孔时工件一定要夹紧。钻通孔时，要加垫块或使钻头对准工作台的凹槽，以免损坏工作台。

（2）工作前穿戴好规定的劳动防护用品，钻孔时禁止戴手套、围巾和裸露发辫，以免发生事故。

（3）要用器械及时排除切屑，防止长的切屑随钻头旋转。禁止用手直接除屑。

（4）孔将要钻透时，要减小进给量，以免发生事故。

（5）只有在停车后才能装卸钻头，松紧钻夹头时必须用钥匙，不可用敲打的办法。钻头需从钻头套中退出时，要用楔铁敲出。

（6）凡离开工作岗位、停电、设备有异声、装卸钻头、变速、润滑设备、修理设备、清扫铁屑等，都要停车。

技能训练

刃磨标准麻花钻

一、操作准备

1. 设备的准备

准备一台砂轮机，为了保证钻头的磨削质量，最好安装一组新砂轮片。

2. 用品的准备

（1）准备一支待刃磨的钻头。

（2）准备一个用来盛水的容器，供钻头刃磨时冷却。

（3）准备护目眼镜、手套等劳动保护用品。

二、操作步骤

1. 双手握住钻头，做好磨削的准备

两手握法：右手握住钻头前部，左手握住柄部，如图 5–14 所示。

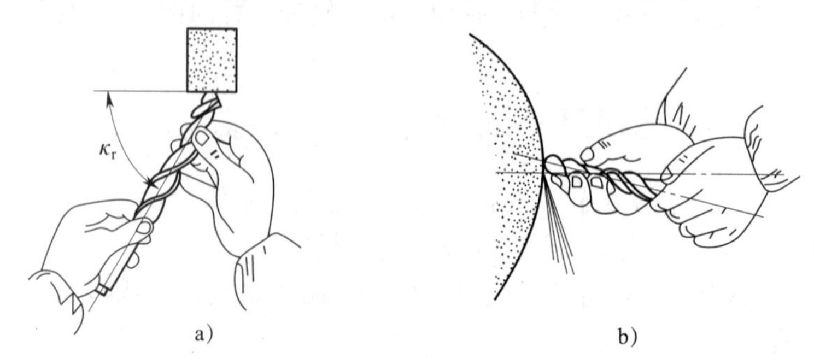

图 5–14　钻头刃磨时与砂轮的相对位置

2. 摆正钻头与砂轮外缘的相对位置

钻头轴线与砂轮圆柱母线在水平面内的夹角等于钻头顶角 2φ 的一半，被刃磨部分的主切削刃处于水平位置，如图 5–14a 所示。

3. 保证刃磨动作正确

将主切削刃在略高于砂轮水平中心平面处先接触砂轮，如图 5–14b 所示。右手缓慢地绕钻头轴线由下向上转动，同时适当施加刃磨压力，使整个后面都磨到。左手配合右手缓慢地做同步下压运动，这样便于磨出后角，其下压的速度及幅度随所需后角大小而变。为保证钻头近中心处磨出较大的后角，还应适当地做右移运动。刃磨时两手动作配合要协调、自然。按此法不断反复，两个后面经常轮换，直至达到刃磨要求。

4. 钻头及时冷却

钻头刃磨压力不宜过大，应将钻头的后面轻轻地压在砂轮面上，并要经常蘸水冷却，防止钻头因过热退火而降低硬度。

5. 刃磨质量检验

钻头的几何角度及两主切削刃的对称等要求，可用样板进行检验，如图 5–15 所示。在刃磨过程中应经常采用目测的方法进行检验。检验时，把钻头的切削部分向上竖立，两眼平视，由于两主切削刃一前一后会产生视觉差，往往感到左刃（前刃）高而右刃（后刃）低，因此要旋转 180° 后反复看几次，若结果一样，则说明对称了。钻头外缘处后角是否符合要求，可通过目测外缘处靠近刃口部分的后面倾斜情况来进行判断。近中心处后角的要求，可通过控制横刃斜角的合理值来保证。

6. 修磨横刃

除了主切削刃外，为了改善钻头的切削条件和定心性，提高切削工作的效率和质量，还要修磨横刃。当钻头的直径大于 5 mm 时往往要把横刃磨短，修磨后的横刃长度为原来的 1/5 ~ 1/3，如图 5–16 所示。

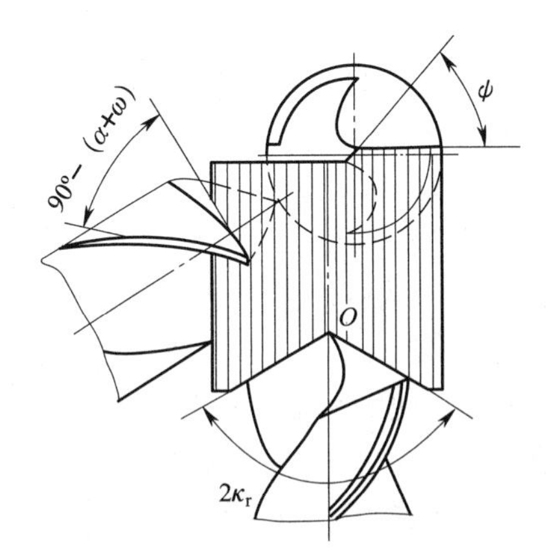

图 5–15　用样板检验刃磨角度

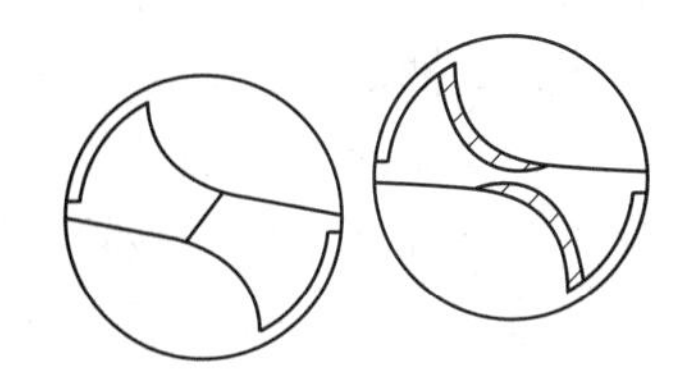

图 5–16　横刃磨短

修磨横刃时要先使刃背接触砂轮，然后转动钻头，通过刃磨主切削刃的前面而把横刃磨短。修磨横刃的砂轮圆角半径要小，砂轮直径最好也小一些，否则横刃不易修磨好，有时还可能把钻头上不该磨的地方磨掉。

三、注意事项

1. 钻头用钝后必须及时修磨锋利。

2. 钻头的刃磨技能是学习的重点和难点，必须不断练习，做到刃磨姿势、动作及钻头几何形状和角度正确。

3. 钻头刃磨时，施加压力不宜过大，用力要均匀，并且要经常蘸水冷却。

4. 砂轮的表面必须平整、有棱角，外圆跳动要小。

技能训练

刃磨薄板钻

一、操作步骤

1. 刃磨前的准备

（1）刃磨要求

薄板钻刃磨后切削部分的形状及几何参数如图 5–17 所示。

薄板钻的刃磨要求如下。

1）两外圆刀尖高度必须一致。

2）两刀尖到钻心尖的距离也必须一致。

（2）砂轮机的准备

薄板钻的手工刃磨需要在砂轮机上进行，因此刃磨前应将砂轮机准备好。砂轮机的准备主要是指砂轮片的准备。薄板钻刃磨时对砂轮片的要求是：外圆、侧面要平整且有棱角；由于薄板钻需要修磨出月牙弧，因此还要求砂轮片的棱角处应具有一定的圆角。

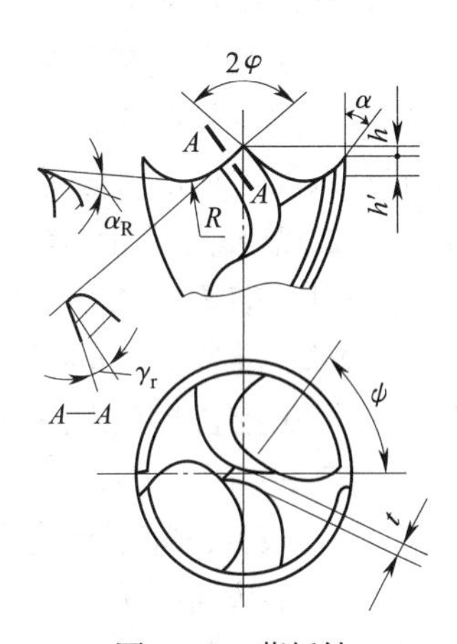

图 5–17　薄板钻

2. 磨外刃及横刃

这一步骤主要是修磨主切削刃，先将外刃顶角 2φ 磨成 110°，同时应保证后角和横刃斜角都达到正确的角度，实质上是标准麻花钻的修磨过程。

3. 磨月牙槽（圆弧刃）

（1）手持钻头，将主切削刃摆平并靠近砂轮片棱角处。

（2）保持钻头轴线与砂轮片侧平面在水平面内的夹角为 55° 左右。

（3）将钻头的柄部压下，与水平面成 20° 左右的夹角。

（4）开始刃磨月牙槽。此时将钻头向前平稳送进，使钻头靠上砂轮圆角，磨削点位置大致与砂轮片中心等高。如果砂轮片圆角小，钻头就必须在水平面内摆动以得到所需要的圆弧 R 值。在刃磨时，钻头不允许在垂直平面上下摆动或绕自身轴线转动，否则横刃会变成 S 形，横刃斜角变小，而且圆弧形状也不易对称。

（5）翻转 180°，刃磨另一面月牙槽后面，方法同上。为使钻头尖及两侧圆弧对称，钻头翻转 180° 刃磨另一个圆弧切削刃时，应保持其空间位置不变。

4. 刃磨质量检验

（1）目测两个圆弧形月牙槽后面的大小是否相等，横刃是否居中。

（2）目测两切削刃外缘的刀尖是否等高，钻心刀尖在高度上是否略高于外尖。

二、注意事项

刃磨薄板钻时应注意掌握好以下三个操作要点。

1. 握持钻头作为定位支点的手应将手腕或手指靠在一个静止物（如托架或挡板）上。

2. 手握持钻头的位置不应改变。

3. 保证两个月牙槽后面对称的关键是当钻头翻转 180° 时，其空间位置应保持不变，即保证操作者站立的位置不变，操作姿势不变，然后钻头在手中旋转 180°。

技能训练

方法兰立钻钻孔

一、操作准备

1. 立钻设备的准备

方法兰钻孔工件如图 5–18 所示。要求采用立钻完成孔加工，所以准备立式钻床一台，并且保证立钻正常运转。

2. 钻孔用工具、量具的准备

（1）准备划线用的工具及量具，如钢直尺、划规、样冲等。

（2）准备 ϕ17 mm 钻头及钻头套等配套工具，并将钻头刃磨好。

（3）准备装夹工件用的工具。

二、操作步骤

1. 根据图样划出孔位线

首先按图样给出的尺寸要求，划出孔位的十字中心线，并打上中心样冲眼，要求位置准确，再按孔的直径划出圆周线。

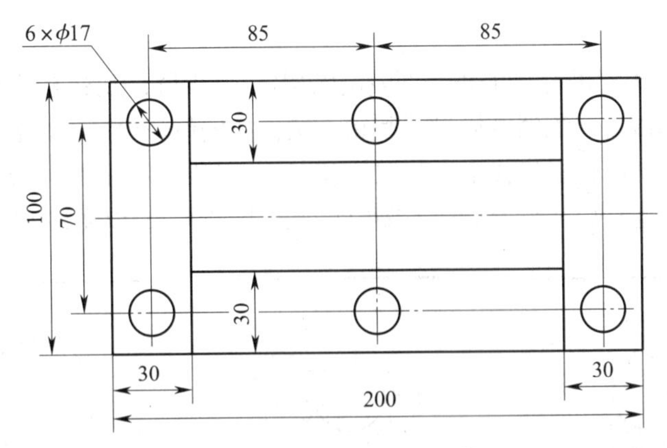

图 5-18　方法兰钻孔工件

2. 工件的装夹

采用平口钳装夹工件，如图 5-19 所示。钻直径小于 12 mm 的孔时，平口钳本身不必固定；钻直径大于 12 mm 的孔时必须将平口钳固定在钻床工作台上。本工件的孔径为 ϕ17 mm，因此，应将平口钳固定。

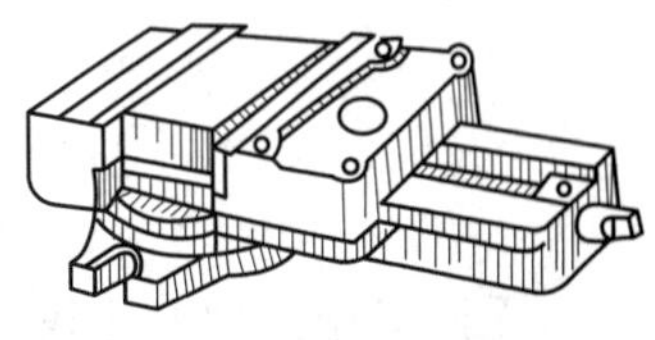

图 5-19　采用平口钳装夹工件

3. 钻头的装卸

（1）钻头的安装

安装前必须将钻头的锥柄及钻床的主轴孔擦干净，且使矩形舌部的长向与主轴上的腰形孔中心方向一致，利用加速冲力一次装接，如图 5-20 所示。

（2）钻头的拆卸

拆卸钻头时，将楔铁敲入钻头套或钻床主轴的腰形孔内，利用楔铁的向下分力，使钻头与钻头套或主轴分离，如图 5-21 所示。

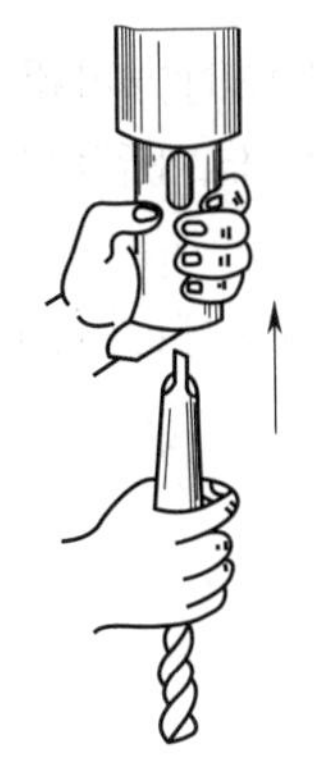

图 5-20　锥柄钻头的安装

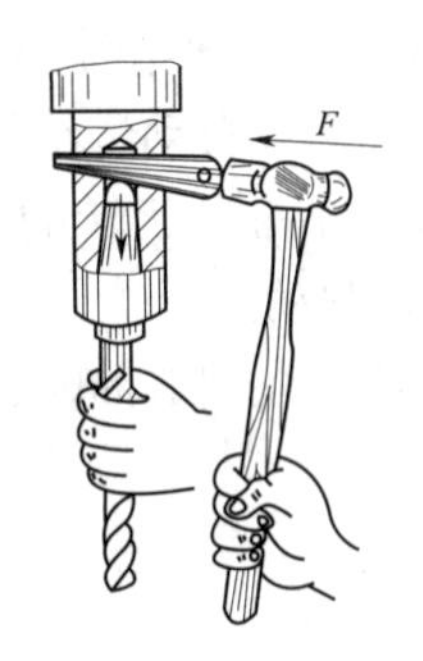

图 5-21　锥柄钻头的拆卸

拆卸时，楔铁带圆弧的一边要向上，否则会损坏钻床主轴（或钻头套）上的腰形孔。同时要用手握住钻头或在钻头与钻床工作台之间垫上木板，以防钻头跌落而损坏。

4. 钻床转速的选择

加工钢件时钻床主轴转速可取 300 ～ 450 r/min。

5. 钻削

（1）起钻

起钻时，先使钻头对准孔中心的样冲标记钻出一个浅坑，观察孔位是否正确，若有偏移要不断找正，使起钻浅坑与划线圆同轴。找正方法：如偏位较少，可在起钻的同时用力将工件向偏位的反方向推移，达到逐步找正；若偏位较多，可在偏移位置的相反方向上打几个样冲眼或用油槽錾錾出几条槽（见图 5–22），以减小此处的钻削阻力，以便钻削时自动找正孔位。

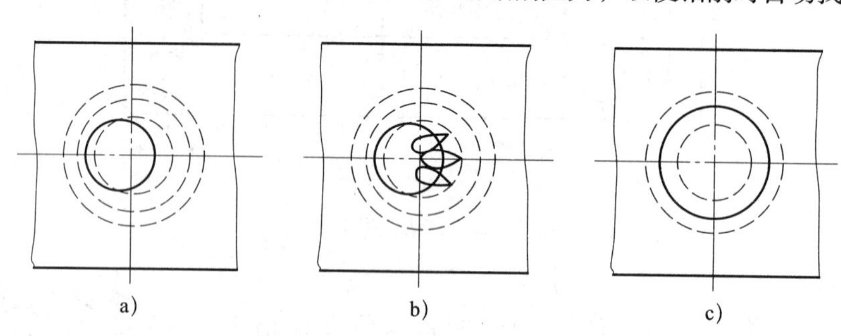

图 5–22　找正钻孔偏位

a）钻孔偏位　b）在偏位的反方向錾槽　c）孔位找正

无论采用何种方法找正，都必须在锥坑外圆小于钻头直径之前完成，否则难以保证钻孔位置精度。

（2）进给

当起钻达到孔的位置要求后，即可夹紧工件，开始进给。手动进给时，进给用力不应过大，钻削过程中用力要均匀，防止因用力过大而使钻头弯曲、孔轴线歪斜或钻头折断。孔要钻透时应减小进给量，以防止轴向阻力突然减小，进给量自动增大而折断钻头。

（3）钻孔时的冷却润滑

钻钢件时可用 3% ~ 5% 的乳化液作切削液。

三、注意事项

1. 立钻使用前必须空运转试车，在机床各机构均能正常工作时方可操作。

2. 工作中不采用自动进给时，必须将三星式进给手柄端盖向里推，断开自动进给传动机构。

3. 变换主轴转速或自动进给量时，必须在停车后进行。

4. 操作者头部不准与旋转的主轴靠得太近，停车时应让主轴自然停止，不可用手去刹住，也不可用反转制动。

5. 清洁钻床或加注润滑油时，必须关闭电源开关。

技能训练

电钻钻孔训练

一、操作准备

1. 准备工具

工具包括电钻、压杠、钻头等。

（1）电钻。冷作工钻孔所用电钻多为规格较大的手提式电钻。

（2）压杠。压杠用于钻孔时对钻头施加轴向压力，使钻削得以实现。压杠可选择一较大的扁担制作。在压杠的一端安装一带钩的钢链，以便在钻孔时钩住工件。为防止扁担在施加轴向压力时滑动脱落，可在近钢链钩一端钻有适当距离的浅窝。

（3）钻头。按图样要求准备好钻头及配套工具，并将钻头刃磨好。

2. 准备材料

电钻钻孔工件图如图 5–23 所示。按图样要求规格准备好钢板，钢板的尺寸应大一些，以保证钻孔时钢板稳定不动。

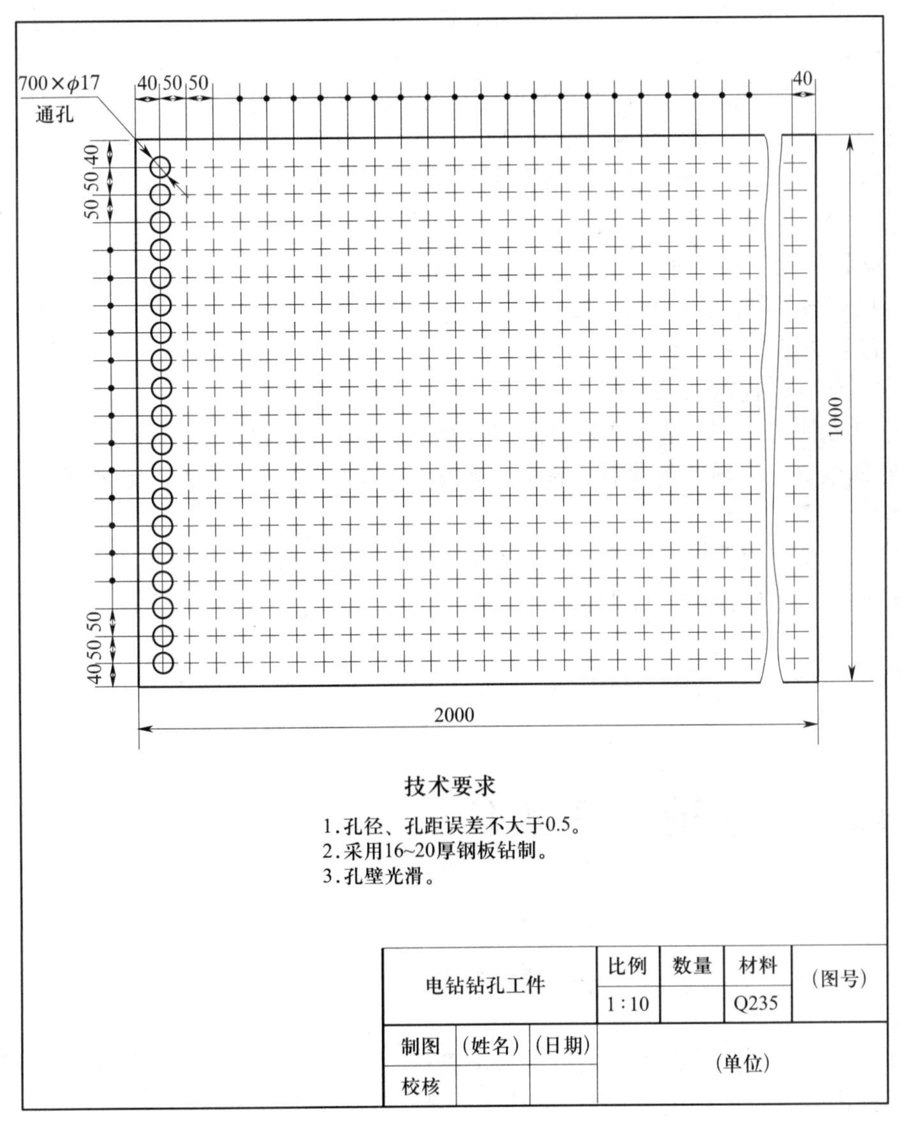

图 5–23　电钻钻孔工件图

二、钻孔步骤与方法

1. 划线

按图样要求划出孔位的中心线，并打上中心样冲眼，再按孔径尺寸划出圆周线。

2. 空载试转

先将电钻与电源接通，然后启动电钻开关试转，试转正常后方可钻孔。

3. 钻削

钻孔需要三人配合共同完成，其中两个人握住手柄抬稳电钻，另一个人把住压杠向下压。

钻孔时抬电钻的两个人平抬电钻，钻头尖部对准中心样冲眼，靠电钻自重钻出一浅窝，以便观察孔位是否正确，如图 5–24 所示。

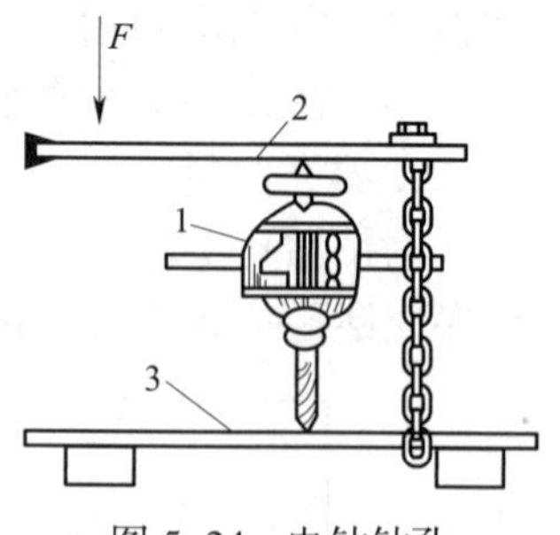

图 5–24　电钻钻孔

1—电钻　2—压杠　3—工件

孔位找正后，将链条下端的钩子钩在钻件的边缘或已钻出的孔上，压杠压在电钻上，且使链条与钻头平行，两者间距离为 150 mm 左右，然后用力压下压杠，对电钻施加轴向压力，进行钻削进给。

待孔将要钻透时，应减轻压力，以小进给量进行钻削；同时扶持电钻的两人一定要把稳电钻，以防孔钻透时电钻突然下落或倾斜而折断钻头。

4. 钻孔质量检查

（1）按图样给定的尺寸划出孔位线，检查孔位是否正确。

（2）尺测与目测结合检查孔的圆度以及孔是否歪斜。

三、注意事项

1. 钻孔前要检查电源导线有无破损、漏电现象。

2. 电钻壳体必须接有地线或漏电保护装置，以防电钻漏电伤人。

3. 操作电钻时，须穿绝缘鞋，袖口、裤角应收紧，戴绝缘手套，女同学要戴工作帽并收紧发辫。

4. 钻孔时不可用手直接清除切屑，必须用钩子等工具清除切屑。

5. 作业中必须精神集中，严禁说笑打闹。

课题二　磨削与开坡口

子课题 1　磨　　削

用砂轮对工件表面进行加工的方法称为磨削。冷作工经常要进行各种磨削操作，如消除钢板表面的焊疤、边缘的毛刺，修磨坡口、焊缝，在探伤检查之前对焊缝进行打磨处理等。砂轮机不仅能进行磨削，如换装钢丝轮，还可清除金属表面的铁锈或漆层。

一、磨削工具

1. 电动砂轮机

电动砂轮机由罩壳、砂轮、长端盖、电动机、开关和手把等组成，如图 5–25 所示。

电动砂轮机的砂轮由三相异步笼型电动机带动旋转。电动机的转速一般在 2 800 r/min 左右。手柄型腔内装有开关，可以接通、断开电源。

电动砂轮机的规格，按砂轮直径分为 100 mm、125 mm 和 150 mm 三种。

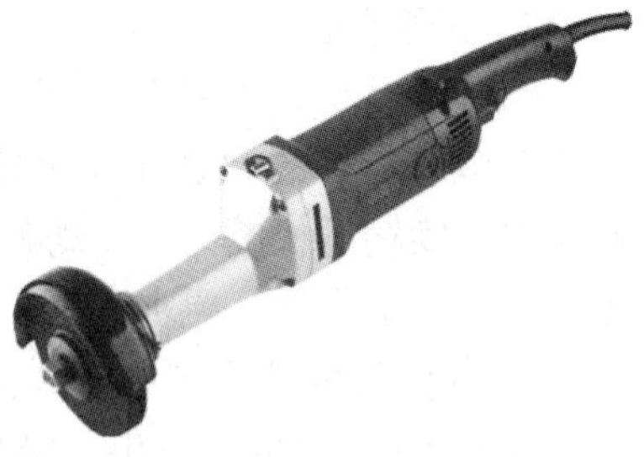

图 5–25　手提式电动砂轮机

2. 其他磨削工具

（1）电动角磨机

如图 5–26 所示，电动角磨机是利用高速旋转的薄片砂轮以及橡胶砂轮、钢丝轮等对金属构件进行磨削、切削、除锈和磨光加工的。配备了电子控制装置的机型，如果安装上合适的附件，也可以进行研磨及抛光作业。

国产角磨机按照所使用的附件规格划分为 100 mm（约 4 in）、125 mm（约 5 in）、150 mm（约 6 in）、180 mm（约 7 in）和 230 mm（约 9 in），欧美使用的小规格角磨机为 115 mm（约 45 in），如博世角磨机 GWS20–230、牧田角磨机 GA7010C 等。

（2）直磨机

如图 5–27 所示，直磨机可以配各种带柄尼龙轮、叶片轮、砂轮、抛光轮等，利用高速旋转，用于加工腔模具、夹具或不宜在磨床或专用设备上加工的复杂零件及各种雕刻艺术品。直磨机也可用于各种金属机械的表面磨削和抛光。直磨机驱动方式主要有电动、气动和风动。

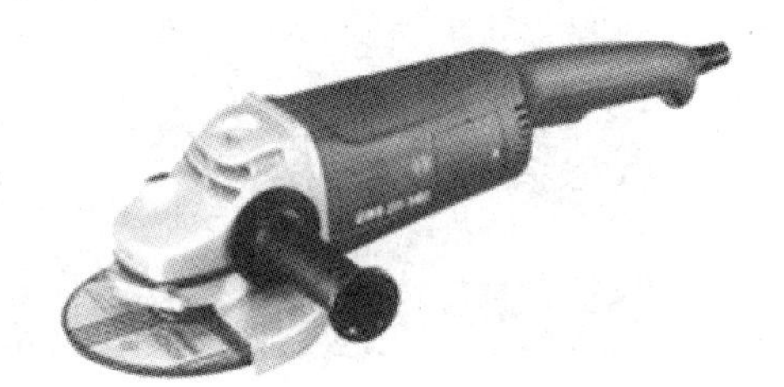

图 5–26　电动角磨机

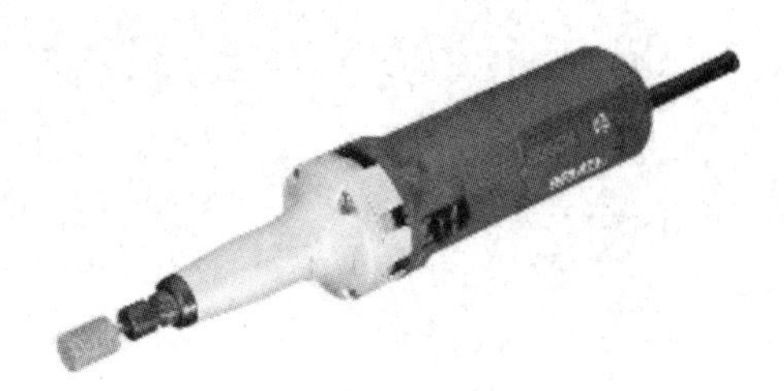

图 5–27　直磨机

二、磨削方法

1. 磨削前要戴好护目镜，并检查砂轮有无裂纹或破碎，防护罩是否完好。

2. 磨削时，不得用力过猛，要平稳地上下、左右移动磨削。不准用砂轮边角及侧面磨削工件；严禁磨削有色金属（铜、铝等）；不准用砂轮冲击工件，以防砂轮爆裂或转子弯曲。

3. 磨削完毕后，切断电源，并将工作场地及四周清理干净。

技能训练

磨 削 训 练

一、操作准备

1. 磨削工件

如图 5–28 所示为无轴螺旋输送机中的螺旋叶片，板厚为 16 mm，焊接接头开 V 形坡口，以保证焊接质量和连接强度要求。

2. 明确磨削任务

螺旋叶片的展开放样是按照一个螺距来进行的，成形也是按照一个螺距来进行的，而将若干个成形后的螺旋叶片拼接在一起，就组成了无轴螺旋输送机的螺旋叶片结构。因此，在无轴螺旋输送机的每一个螺距间的螺旋面上必然存在焊接接头，即焊缝（见图 5–28）。而螺旋面属于工作面，要求光滑，这就提出了要将螺旋面上的焊缝磨削光滑且平整的任务。

3. 电动角磨机的准备

从图 5–28 中可以看出，螺旋叶片的磨削空间比较狭窄，因此确定采用电动角磨机来完成磨削任务。

二、操作步骤

1. 使工件获得稳定支撑

如图 5–28 所示，将螺旋叶片放置于槽钢上，以获得稳定的支撑，确保磨削安全。

2. 启动电动角磨机

接通电源，启动电动角磨机，确认电动角磨机工作正常后，方可开始磨削。

3. 磨削操作

磨削时，用力要适当，要平稳地上下、左右移动电动角磨机进行磨削，如图 5–29 所示。

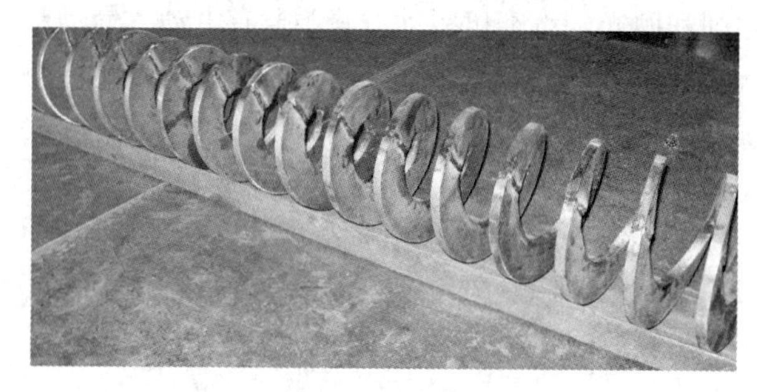

图 5–28　螺旋叶片

图 5–29　螺旋叶片的磨削过程

三、注意事项

1. 磨削时必须戴好护目镜。
2. 为确保安全，电动角磨机的防护罩必须完好。
3. 磨削时，不准用电动角磨机的砂轮边角磨削工件。

子课题 2　开　坡　口

为了保证焊接质量和连接强度要求，在对接或角接时，需在厚板的焊缝接头处开坡口。是否需要开坡口以及开坡口的形式与材料的种类、厚度、焊接方法和工艺过程、产品的力学性能等因素有关。选择坡口的形式，应从以下四个方面考虑。

第一，必须保证焊接接头的质量。容易产生裂纹的低合金中、厚钢板或合金钢焊接时，应选择 U 形坡口；奥氏体不锈钢与珠光体钢对接接头焊接时，为了减小熔合比，应选择 V 形坡口，其坡口角度应比低碳钢坡口角度大一些。

第二，应注意经济效益。如不考虑板厚因素，在对接接头中，应尽量选择 V 形和 X 形坡口，而不是只考虑质量，一律选择 U 形和双 U 形坡口。其原因一是 U 形和双 U 形坡口加工困难，二是需要刨边设备，三是增加施工成本。在选择 V 形和 X 形坡口都可以的条件下，采用 X 形坡口比 V 形坡口可节省较多的焊接材料、电能和工时，而构件越厚节省越多，因此宜尽量选择 X 形坡口。

第三，要根据结构的形状、大小和施焊条件。根据构件能否翻转、翻转的难易程度或内外两侧的焊接条件来选择坡口形式。对于不能翻转和内径较小的容器、转子及轴类的对接接头，为了避免大量仰焊或不便从内侧施焊，宜采用 V 形或 U 形坡口形式，不能采用 X 形和双 U 形坡口形式，以使焊接作业大部分集中于结构的一侧。

第四，要减少焊接变形和应力。选择坡口形式不当，容易产生较大的变形或内应力。如平板对接开 V 形坡口的焊缝，其角变形大于开 X 形坡口的焊缝；开 U 形和双 U 形坡口的焊件，焊后的焊接变形和应力最小。

一、坡口的形式

一般焊条电弧焊常用的坡口形式与尺寸见表 5–3。

表 5–3　　焊条电弧焊常用的坡口形式与尺寸

序号	坡口名称	坡口形状	各部尺寸				
			/mm			/°	
			t	p	b	α	β
1	I 形坡口	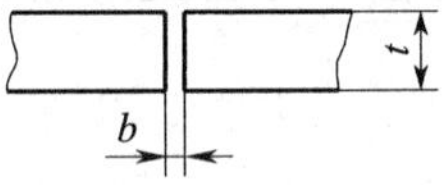 t, b	3 ~ 4		1 ± 0.5		
2	V 形坡口	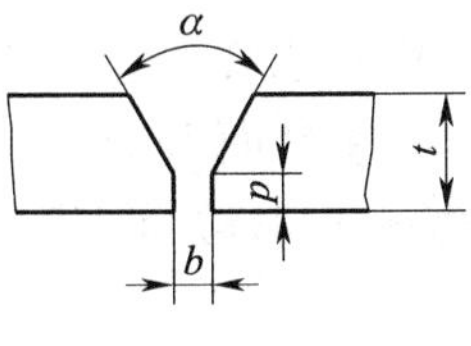 α, t, p, b	6 ~ 20	2	2 ~ 3	60	
3	X 形坡口	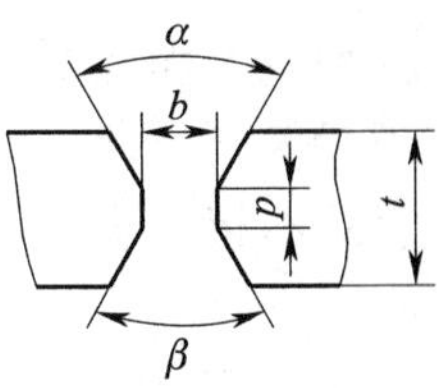 α, b, p, t, β	20 ~ 30	2	4	60	60
4	K 形坡口	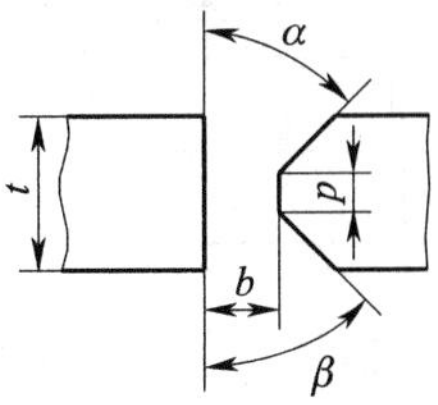 α, t, p, b, β	20 ~ 40	2	4	45	45

续表

序号	坡口名称	坡口形状	各部尺寸				
			/mm			/°	
			t	p	b	α	β
5	偏 X 形坡口	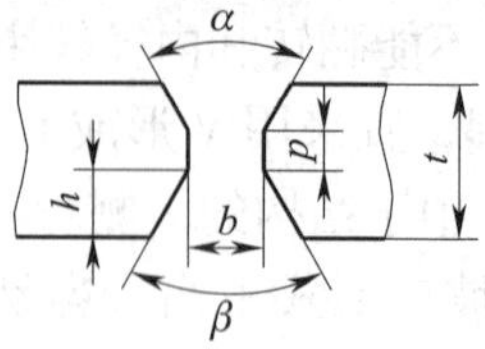	20 ~ 40	2	4	60	60
6	半 K 形坡口	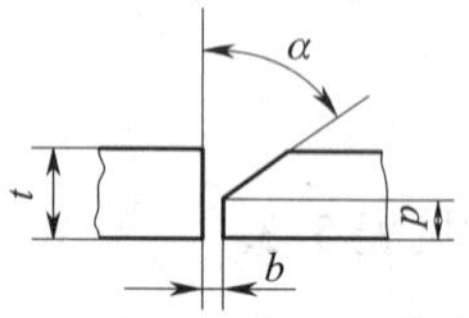	8 ~ 16	2	4	45	
7	U 形坡口	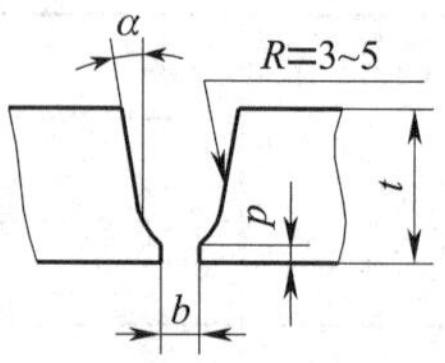	20 ~ 60	2	4	10	

从表 5–3 可以看出，不同厚度的焊件，应开不同形式的坡口。

1. 厚度 6 mm 以下的钢板对接双面焊时，可以不开坡口；但对重要的结构，钢板厚度超过 3 mm 时，就要求开坡口，以确保根部焊透。

2. 当钢板厚度为 6 ~ 20 mm 时，应采用 V 形坡口。这种坡口加工方便，但变形较大。

3. 当钢板厚度为 20 ~ 40 mm 时，应考虑双面开坡口，如采用 X 形坡口、K 形坡口、偏 X 形坡口。X 形坡口的金属填充量要比 V 形坡口少一半，工件焊后变形和应力比较小。

4. 当钢板厚度为 20 ~ 60 mm 时，就应考虑采用 U 形坡口；板厚大于 60 mm 时，应考虑采用双 U 形坡口。这两种坡口形式加工比较困难，而且需要刨边设备，但能节省焊接材料和电力，焊后工件的变形和应力也最小。U 形和双 U 形坡口只用于重要的结构上。

不同厚度的钢板对接时，如果两板的厚度差不超过表 5–4 的规定，则坡口形式与尺寸按厚板选取。

表 5–4　　两板的厚度差　　mm

较薄板厚度	允许厚度差	较薄板厚度	允许厚度差
2 ~ 5	1	9 ~ 11	3
6 ~ 8	2	≥ 12	4

如果对接板料厚度差超过表 5–4 规定的范围，或在双面超过该表允许厚度差的 2 倍，应该在较厚的钢板上做出单面或双面的斜边，如图 5–30 所示。

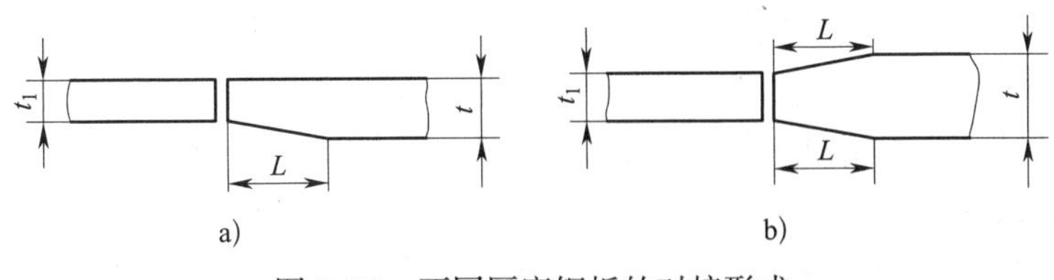

图 5–30　不同厚度钢板的对接形式

a）$L=5(t-t_1)$　b）$L=2.5(t-t_1)$

二、开坡口的方法

1. 机械加工

机械加工坡口在刨边机或铣边机上进行，可以刨、铣各种形式的坡口。机械刨边加工与手工铲边相比，不但效率高、噪声小，而且质量好，所以在批量生产中已广泛采用。

2. 碳弧气刨加工

碳弧气刨是目前广泛应用的一种加工工艺方法，它是利用碳极电弧的高温把金属局部加热到熔化状态，同时再用压缩空气的气流把熔化金属吹掉，达到刨削或切割金属的目的。如图 5–31 所示为碳弧气刨示意图，图中 1 为碳棒，气刨枪夹头 2 夹住碳棒。气刨枪接正极，工件 4 接负极，通电时，在碳棒与工件接近处产生电弧，并熔化金属；压缩空气气流 3 随即把熔化的金属液吹走，完成刨削。图中已明确给出碳棒送进方向及气刨方向。碳棒与工件的倾角开始时取 15° ~ 30°，然后逐渐增大到 25° ~ 40°，即可进行正常刨削。刨削时，应控制好碳棒的进给量和刨削速度。

如图 5–32 所示为碳弧气刨枪。使用时，应尽可能顺风操作，防止熔液及熔渣烧损工作服及烫伤皮肤。刨削结束时应先断弧，过几秒钟后再关闭气阀。

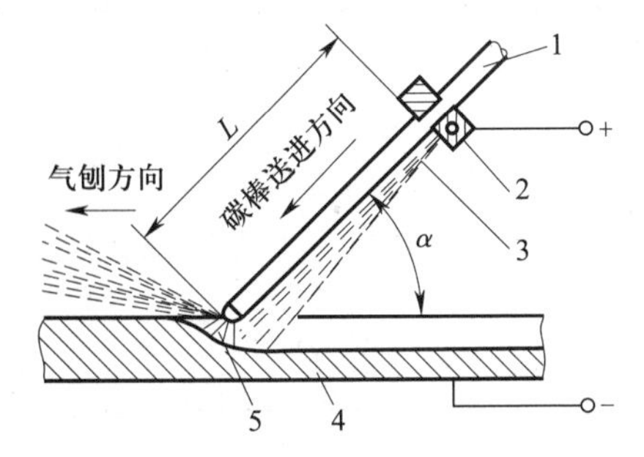

图 5–31　碳弧气刨示意图

1—碳棒　2—气刨枪夹头　3—压缩空气气流
4—工件　5—电弧　L—碳棒伸出长度
α—碳棒与工件夹角

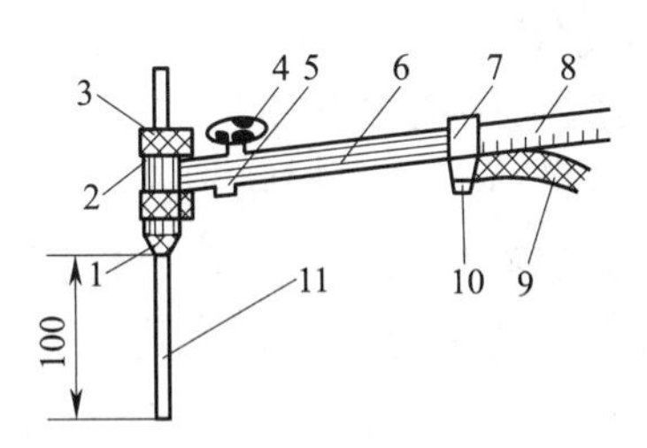

图 5–32　碳弧气刨枪

1—枪嘴　2—刨钳　3—紧固螺母　4—空气阀
5—空气导管　6—绝缘手把　7—导柄套
8—空气软管　9—导线　10—螺栓　11—碳棒

碳弧气刨比风铲切削效率高，特别适用于仰位、立位的刨切。操作时，无震耳的噪声，并能减轻劳动强度。碳弧气刨主要用于刨挑焊根，刨除焊接缺陷，开坡口，清除铸件上的毛边、浇冒口及铸件中的缺陷；同时，还可以切割不锈钢等材料的薄板。但碳弧气刨在刨削过程中会产生一些烟雾，若施工现场通风条件差，则对操作者的健康有影响。所以，操作时必须采取良好的通风措施。

3. 气割加工

氧乙炔焰气割坡口，包括手工气割和半自动、自动气割机切割。操作时，只需将单个或多个割炬嘴，在切口处偏斜成所需要的角度，就可割出多种形式的坡口。

气割坡口的方法简单易行，效率高，能满足开V形或X形坡口的质量要求，已被广泛采用。但是切割后，必须清理干净氧化铁残渣。

三、坡口的检查

不论采用何种方法加工坡口，都必须对坡口的形状、尺寸精度做认真的检查，否则将给正式焊接带来不利的影响。例如，坡口由于铲削、刨削和切割中的偏差，容易产生高低不平的现象，或者产生与规定坡口形状、尺寸不符的现象，若不处理就进行焊接，很难保证焊接质量。因此，当坡口加工完后，必须按标准坡口的形状和尺寸要求进行认真检查，合格后方可进入下道工序（定位焊）。

检查的主要项目如下。

1. 坡口形状是否符合标准。

2. 坡口是否光滑平整，有无毛刺和氧化铁熔渣等。

3. 坡口角度、钝边尺寸、圆弧半径等是否在允许的偏差之内。

技能训练

碳弧气刨开坡口

一、操作准备

1. 准备开坡口用工件

如图5-33所示为一焊接训练用试板，板厚为16 mm，两端开半V形坡口，坡口面角度为30°，钝边尺寸为2 mm。

2. 碳弧气刨工艺参数的确定

（1）碳棒规格及适用电流

电流对坡口尺寸的影响很大，采取大电流可以提高刨削速度，并获得较光滑的坡口，但电流过大时碳棒头部易发红，镀铜层易脱落，电流过小则容易产生夹碳现象。实际生产中可参考表5-5选用电流。

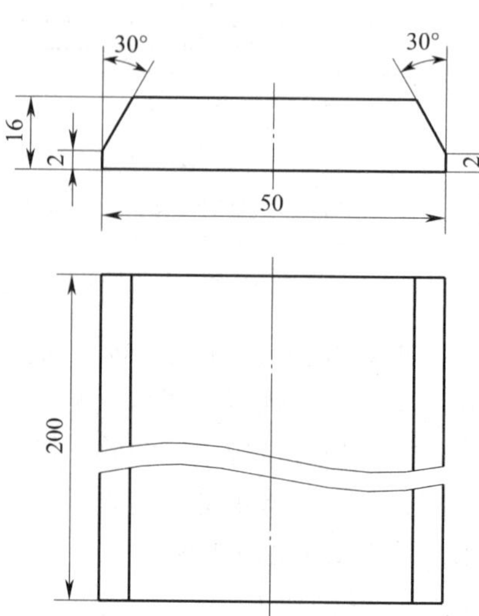

图5-33　焊接训练用试板

（2）刨削速度

刨削速度对坡口尺寸、表面质量都有一定影响。速度太快会造成碳棒与金属相碰，使碳粘于刨槽顶端，形成“夹碳”缺陷。相反，速度过慢又易出现“粘渣”问题。通常刨削速度为0.5 ~ 1.2 m/min较合适。

（3）电弧长度

气刨时，长电弧会引起电弧不稳定，甚至造成熄弧。操作时一般宜用短弧，以提高生产效率和碳棒利用率。一般电弧长度以1 ~ 2 mm为宜。

（4）碳棒伸出长度

碳棒从钳口到电弧端的长度为伸出长度。一方面，

表 5–5　碳棒规格及适用电流

断面形状	规格 /mm×mm	适用电流 /A	断面形状	规格 /mm×mm×mm	适用电流 /A
圆形	$\phi3\times355$	150 ~ 180	扁形	3×12×355	200 ~ 300
	$\phi4\times355$	150 ~ 200		5×10×355	300 ~ 400
	$\phi5\times355$	150 ~ 250		5×12×355	350 ~ 450
	$\phi6\times355$	180 ~ 300		5×15×355	400 ~ 500
	$\phi7\times355$	200 ~ 350		5×18×355	450 ~ 550
	$\phi8\times355$	250 ~ 400		5×20×355	500 ~ 600
	$\phi10\times355$	400 ~ 550		5×25×355	550 ~ 600
	$\phi12\times355$	450 ~ 600		6×20×355	550 ~ 600

碳棒伸出长度越长，钳口离电弧越远，压缩空气吹到熔池的吹力就越不足，不能将熔化的金属顺利吹掉；另一方面，碳棒伸出长度越长，碳棒的电阻越大，烧损也越快。操作时，碳棒合适的伸出长度为 80 ~ 100 mm。

（5）碳棒倾角

坡口深度与碳棒倾角有关。碳棒倾角增大，坡口深度增加。碳棒的倾角一般为 25° ~ 40°。

二、操作步骤

1. 刨削准备

刨削前，应先检查电源的极性是否正确（一般气刨枪接正极、工件接负极）；检查电缆及气管是否接好；调节碳棒伸出长度为 80 ~ 100 mm；检查压缩空气管路并调节压力，调正风口并使其对准坡口。

2. 引弧

引弧时，应先缓慢打开气阀，随后引燃电弧，否则易产生夹碳现象和致使碳棒烧红。电弧引燃瞬间不宜拉得过长，以免熄灭。

3. 刨削

（1）因为开始刨削时钢板温度低，不能很快熔化，当电弧引燃后，刨削速度应慢一些，否则易产生夹碳现象。当钢板熔化且被压缩空气吹去时，可适当加快刨削速度。

（2）刨削过程中，碳棒不应横向摆动和前后往复移动，只能沿刨削方向做直线运动。

（3）要保持均匀的刨削速度。刨削时，均匀清脆的“嘶嘶”声表示电弧稳定，能得到光滑均匀的坡口。

（4）刨削结束时，应先切断电弧，过几秒钟后再关闭气阀，使碳棒冷却。

三、注意事项

1. 在垂直位置气刨时，应由上向下移动，以便焊渣流出。

2. 刨削结束后应清除坡口及其边缘的熔渣、毛刺、氧化皮、铜斑。

课题三　手工切削加工

子课题 1　錾　　削

用錾子分离材料的切削加工方法称为錾削。

一、錾削设备及工具

1. 台虎钳

台虎钳是用来夹持工件的通用设备，其规格用钳口的宽度表示。常用的台虎钳有 100 mm（约 4 in）、125 mm（约 5 in）和 150 mm（约 6 in）等。

台虎钳有固定式和回转式两种。如图 5-34 所示为固定式台虎钳。它在钳台上安装时，必须使固定钳身的工作面处于钳台边缘以外，以保证夹持长条形工件时工件下端不受钳台的阻碍。

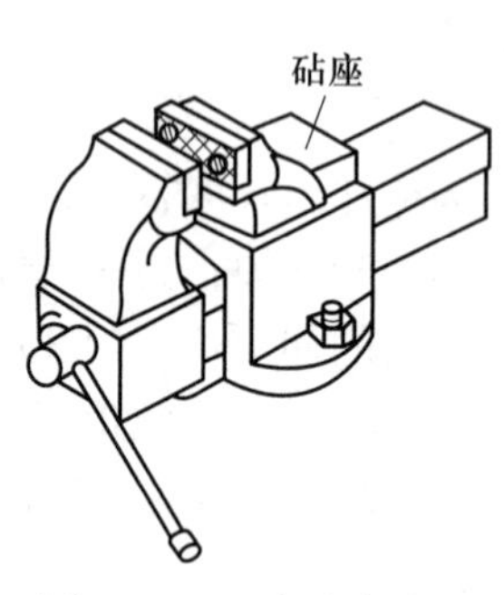

图 5-34　固定式台虎钳

2. 錾子

錾子是錾削用的工具，一般用碳素工具钢（T7A）或 65Mn 钢锻制，并经刃磨与热处理后方能使用。

錾子的种类有很多，冷作工常用的有扁錾和窄錾两种。扁錾（见图 5-35a）的切削部分扁平，主要用于錾削平面和分割薄板料，有时也用于去除工件的飞边、毛刺。窄錾（见图 5-35b）用于开槽、挑焊根等。

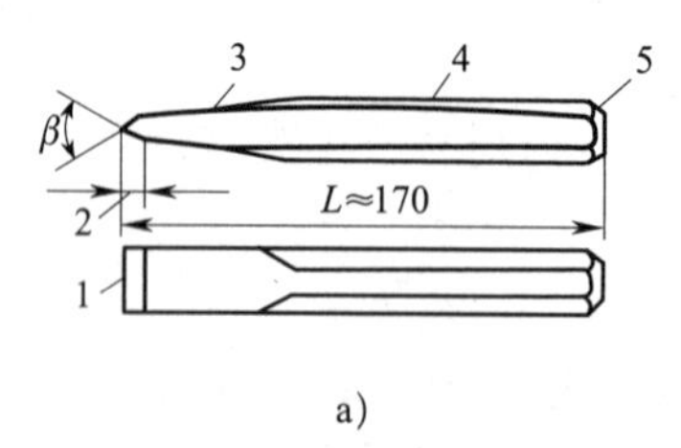

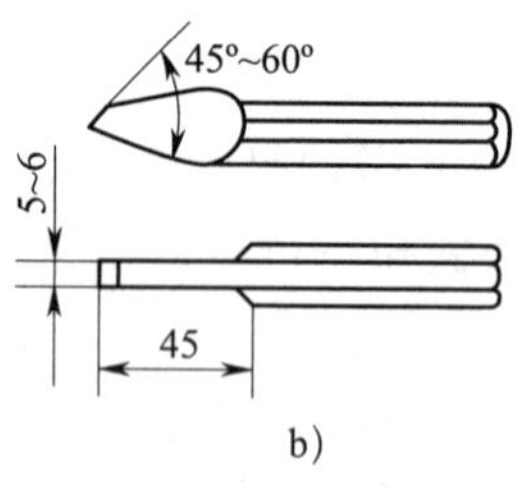

图 5-35　錾子

a）扁錾　b）窄錾

1—切削刃　2—切削部分　3—斜面　4—柄　5—头部

錾子切削刃两面的夹角称为楔角 β。楔角越小，錾子的刃口越锋利，但强度越差；楔角越大，强度虽好，但錾削阻力大。因此，选择錾子的楔角应在保证强度的前提下尽量取最小值。

一般情况下，錾削高碳钢和铸铁时，楔角取 60° ~ 70°；錾削中碳钢和其他中等硬度的材料时，楔角取 50° ~ 60°；錾削铜、铝等软材料时，楔角取 30° ~ 50°。

3. 锤子

锤子由锤头和木柄等组成，如图 5-36 所示。锤子的规格以锤头的质量来表示，有 0.25 kg、0.5 kg 和 1 kg 等多种规格。锤头一般用 T7 钢制成，并经热处理。木柄应选择较坚韧的木材，装入锤孔后用斜楔铁楔紧，以防锤头脱落。

二、錾削工艺与錾削方法

1. 握錾方法

用左手的中指、无名指和小指握住錾子，拇指和食指自然接触。錾子的尾端从手中露出 20 mm，如图 5–37 所示。錾子握得不要太紧，以减轻錾削时錾子对手的振动。

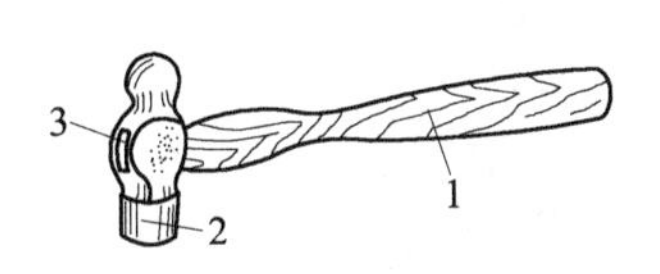

图 5–36　锤子

1—木柄　2—锤头　3—斜楔铁

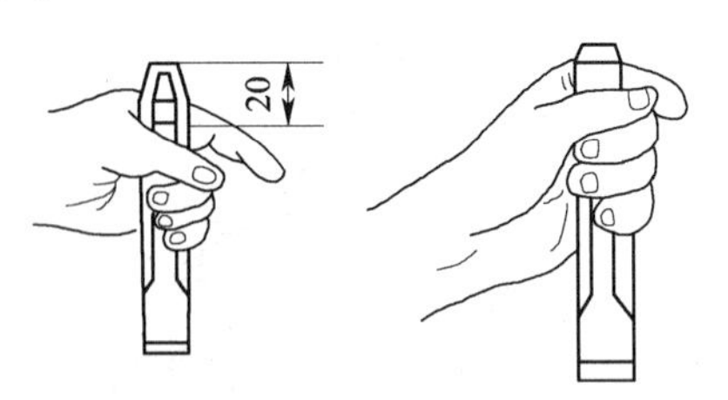

图 5–37　握錾方法

錾削时，小臂自然放平，使錾子保持正确的倾斜角度。錾子的倾斜角度正确时，切削后角为 5° ~ 8°，如图 5–38 所示。

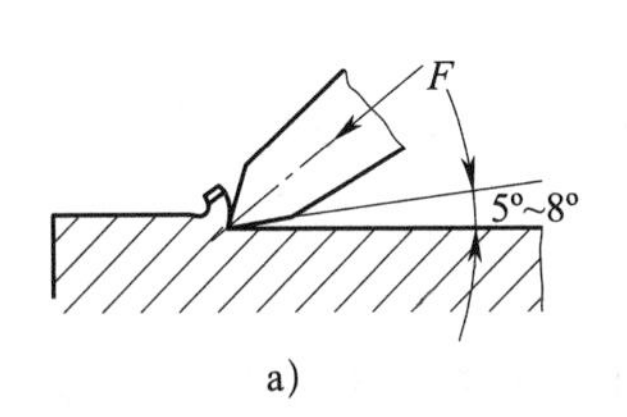

a）　b）

图 5–38　錾子的倾斜角度

a）正确　b）不正确

2. 握锤方法

用右手握住锤子，采用五指满握法。拇指轻轻压在食指上，虎口对准锤头方向，木柄尾部露出 15 ~ 30 mm，如图 5–39 所示。

3. 站立姿势

为了充分发挥较大的锤击力，操作者必须保持正确的站立姿势。如图 5–40 所示，左脚超前半步，两脚自然站立，人体重心稍微偏于后脚，视线落在工件的錾削部位上。

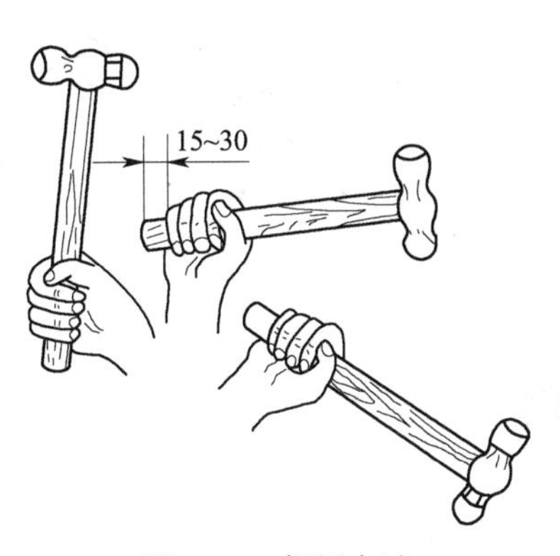

图 5–39　握锤方法

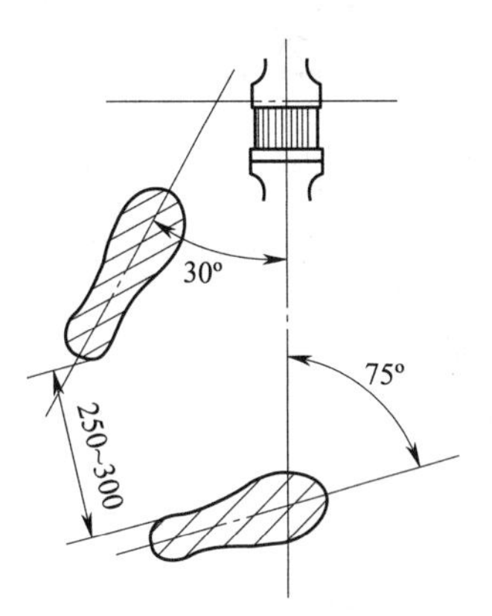

图 5–40　錾削时的站立姿势

4. 挥锤方法

挥锤有腕挥、肘挥和臂挥三种方法。锤击力量以腕挥时最小，肘挥时较大，臂挥时最大。肘挥运用最广泛。肘挥和臂挥如图 5–41 所示。

图 5–41 挥锤方法

a）肘挥 b）臂挥

5. 锤击速度

一般锤击速度为 40 ~ 50 次 /min。锤子敲下去时应做加速运动，这样可以增加锤击时的锤击力量。

6. 錾削方法

錾削的方法有两种。一种是将板料夹在台虎钳上錾削，如图 5–42 所示。錾削时，板料按划线夹成与钳口平齐，用錾子沿钳口并斜对着板料（约成 45° 角）自右向左錾削。錾削时的锤击力量要根据錾削板料的厚度来确定，不能过大，以免撕裂工件。在錾削过程中，要注意保持錾子的倾斜程度，以保证切削后角。如果切削后角不当，易出现錾削跑线或錾伤钳口等现象。另一种方法是在铁砧上錾削板料。对于尺寸较大的板料或錾削线有曲线而不能在台虎钳上錾削时，就需要在铁砧上进行錾削，如图 5–43 所示。

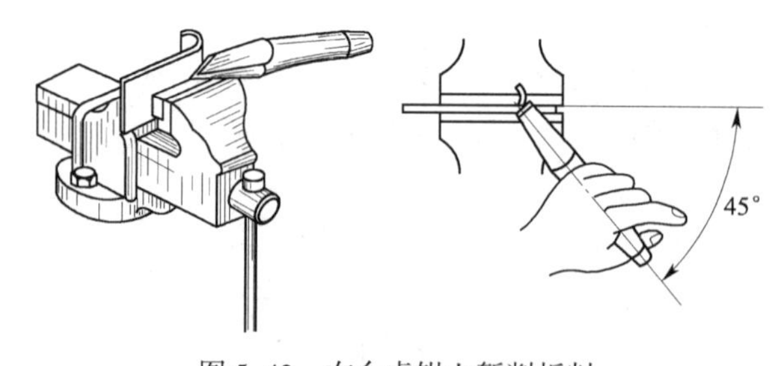

图 5–42 在台虎钳上錾削板料

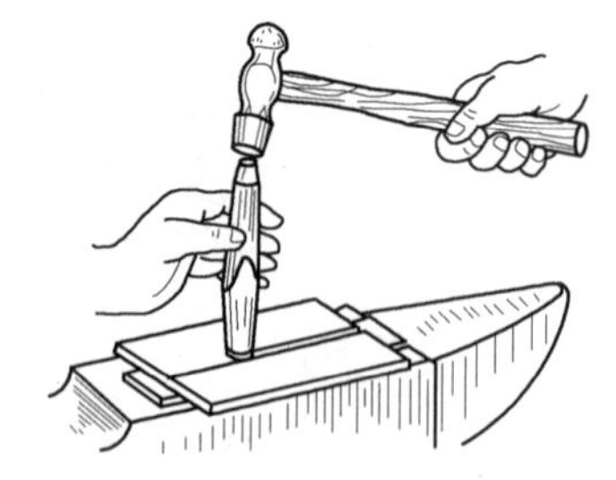

图 5–43 在铁砧上錾削板料

技能训练

錾 削 板 料

一、操作准备

1. 材料的准备

按照錾削工件图（见图 5–44），准备 210 mm × 30 mm × 2.5 mm 的钢板一块。

2. 錾削工具的准备

（1）质量为 0.5 kg 的锤子一把，检查锤柄有无松动情况。

（2）钳口宽度为 150 mm 的台虎钳一副，检查有无损坏情况。

（3）长度为 180 mm 的扁錾一支，检查刃口是否锋利。

（4）普通碳素钢铁砧一个。

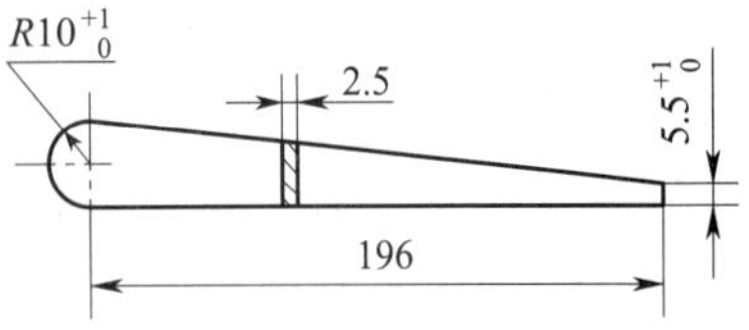

图 5-44　錾削工件图

二、操作步骤

1. 清理钢板表面、按尺寸划线

（1）将符合规格要求的钢板表面清理干净。

（2）按錾削工件图尺寸要求划线。

2. 确定錾削顺序

（1）先曲后直。切断用錾子的錾刃应磨成适当的弧形，以使前后錾痕连接齐整（见图 5-45a），否则錾痕容易错位（见图 5-45b）。开始錾削时，錾子应放斜似剪切状（见图 5-45c），然后逐步放垂直（见图 5-45d），依次錾削。

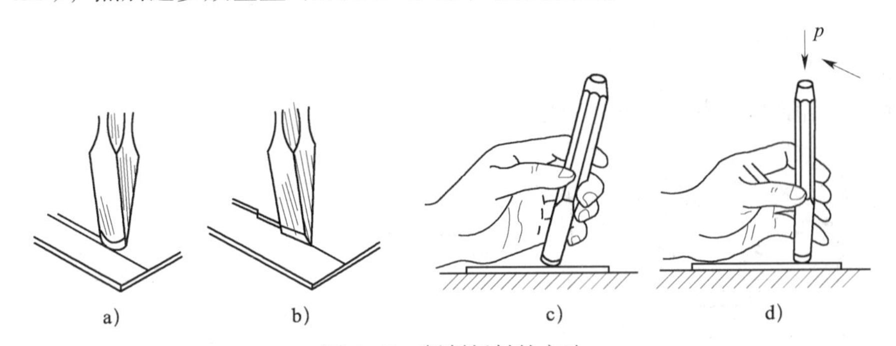

图 5-45　錾削板料的方法

（2）錾削曲线时，錾子的切削刃宽度应根据其曲率半径大小而定，以使錾痕能与曲线基本一致。

（3）錾削直线时，錾子切削刃的宽度可以宽一些。

（4）曲线部分在铁砧上錾削，直线部分在台虎钳上錾削。

3. 錾削工件的矫正

錾削后的工件因受力会产生一定的弯曲、扭曲变形，需矫正后再进行尺寸检验。

三、注意事项

1. 在台虎钳上錾削板料时，錾削线要与钳口平齐，板料应夹持牢固。

2. 在台虎钳上錾削时，錾子的后面部分要与钳口平面贴平，刃口略向上翘，以防錾坏钳口表面。

3. 在铁砧上錾削时，錾子刃口必须先对齐錾削线并成一定斜度按线錾削，要防止后一錾与前一錾错开，造成錾削下来的边缘弯弯曲曲。

4. 发现锤子木柄有松动或损坏时，要立即装牢或更换。木柄上不应沾有油，以免使用时滑出。

5. 錾子头部有明显毛刺时，应及时磨去。

子课题 2　锯　　削

用手锯把材料（或工件）锯出狭槽或进行分割的切削加工方法称为锯削。

一、手锯及其使用

1. 手锯

手锯由锯弓和锯条两部分组成。锯弓是用来夹持和张紧锯条的工具。锯弓有固定式和可调式两种。如图 5–46 所示为可调式锯弓。

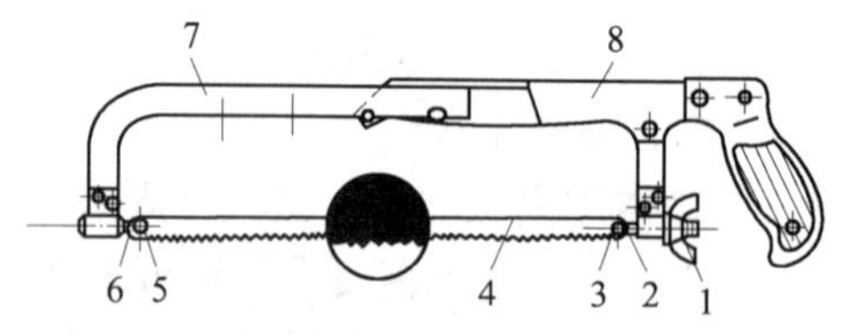

图 5–46　可调式锯弓

1—翼形拉紧螺母　2—活动拉杆
3、5—销子　4—锯条　6—固定拉杆
7—可调部分　8—固定部分

锯条用碳素钢制成，常用的锯条长度约为 300 mm，宽度为 12 mm，厚度为 0.8 mm。锯齿的形状如图 5–47 所示。

锯条按锯齿齿距分为粗齿、中齿和细齿三种。粗齿锯条适用于锯削铜、铝等软金属及厚工件。细齿锯条适用于锯削硬钢、板料及薄壁管子等。锯削普通钢、铸铁及中等厚度的工件时多用中齿锯条。

2. 手锯的使用

进行手工锯削时，手锯的使用方法如图 5–48 所示。

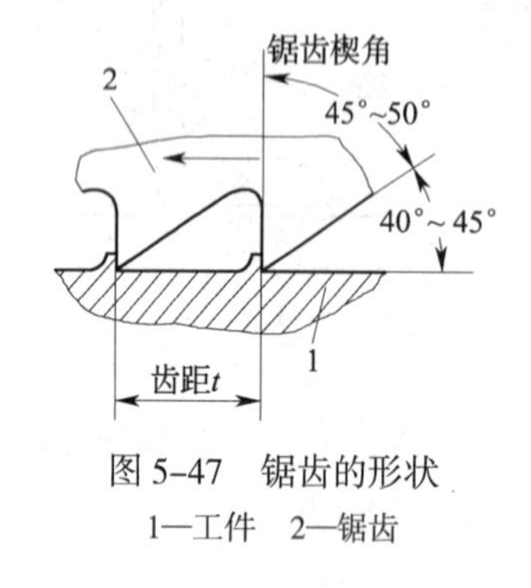

图 5–47　锯齿的形状

1—工件　2—锯齿

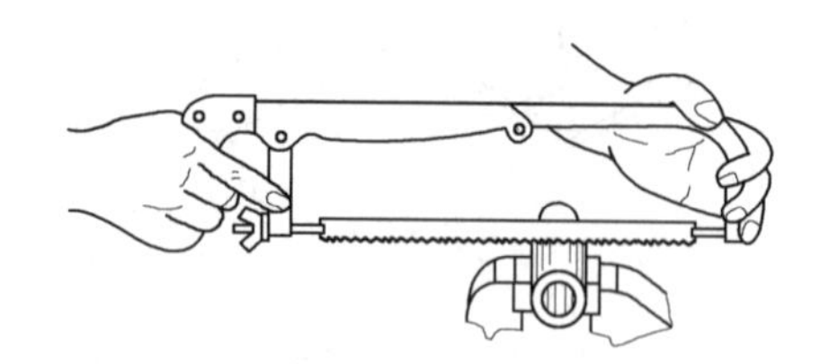

图 5–48　手锯的使用方法

二、板材与管材的锯削方法

1. 板材的锯削

锯削薄板材时，板材容易产生颤动、变形等现象。因此，一般采用如图 5–49a 所示的方法，将板材夹在台虎钳中，手锯靠近钳口，用斜推锯法进行锯削，使锯条与薄板接触的齿数多一些，避免钩齿现象产生。也可将薄板夹在两木板中间，再夹入台虎钳中，同时锯削木板和薄板，这样增加了薄板的刚度，不易产生颤动或钩齿现象，如图 5–49b 所示。

2. 管材的锯削

锯削管材前，首先在管材的表面上划出锯削位置线（可用一矩形长纸条紧紧地在裹在管材的表面上，纸边对齐，然后用铅笔沿纸边划线，该线即为垂直管材轴线的锯削线），然后再用两块 V 形木块将管材夹起来，同时放在台虎钳中夹牢，如图 5–50a 所示。锯削时，应先在划线处起锯，锯至管内壁后退出手锯，将管材沿推锯的方向转过一定的角度，然后再沿原锯缝继续锯削至管内壁，如图 5–50b 所示。按上述操作过程依次锯削直至将管材锯断。

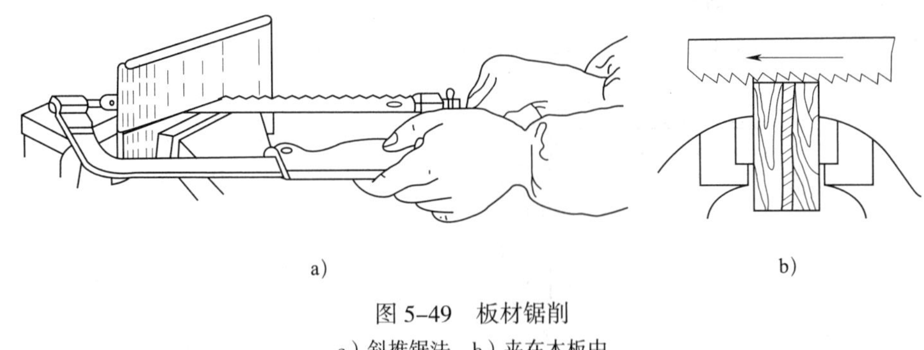

图 5-49　板材锯削

a）斜推锯法　b）夹在木板中

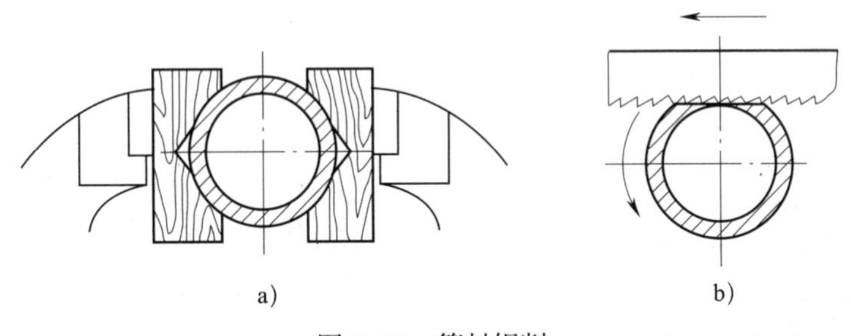

图 5-50　管材锯削

a）管材夹持方法　b）管材转位锯削

技能训练

锯 削 板 料

一、操作准备

1. 板料的准备

普通碳素钢（Q235）板一块，尺寸为 86 mm × 66 mm × 34 mm。

2. 锯削工具的准备

（1）可调式锯弓一把。

（2）长度为 300 mm 的锯条若干。

（3）钳口宽度为 150 mm 的台虎钳一副，检查有无损坏情况。

（4）直角尺一把，划针一根。

二、操作步骤

1. 安装锯条

安装锯条时应注意以下几个问题。

（1）由于手锯是向前推动进行锯削的，因此安装锯条时锯齿应向前。

（2）锯条松紧要适当，否则锯削时易将锯条折断。

（3）当锯缝过深并超过锯弓高度时，应将锯条相对锯弓转 90°，如图 5-51 所示。

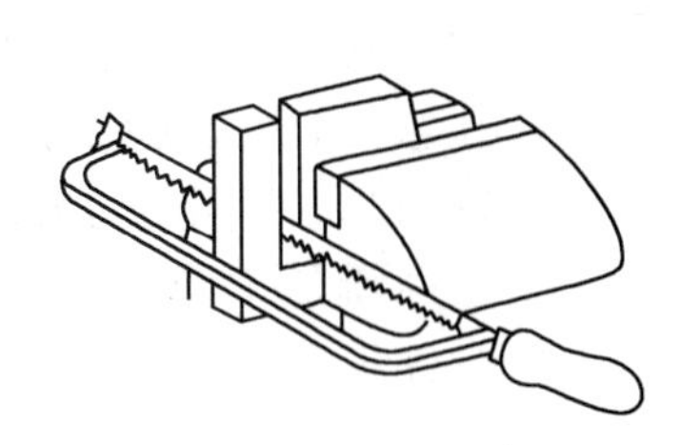

图 5-51　锯缝过深时锯条的安装

2. 根据图样划出锯削线

如图 5–52 所示为板料工件图，按图划出锯削线。

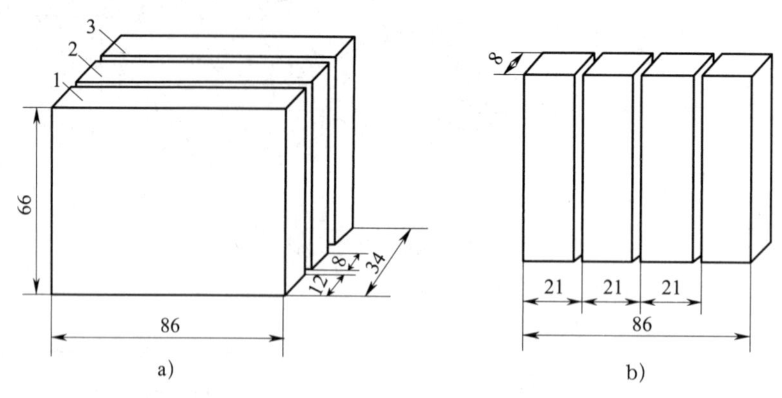

图 5–52　板料工件图

3. 夹持工件

工件要牢固地夹持在台虎钳上，锯削位置不应离钳口过远，以免锯削时因颤动而折断锯条。

4. 起锯

起锯时，锯条应按一定角度倾斜，倾斜的角度 α 应小于 15°（见图 5–53），且锯弓往复行程要短，压力要轻，锯条与工件表面垂直。锯成锯口后，再逐渐将锯弓改至前后水平方向。

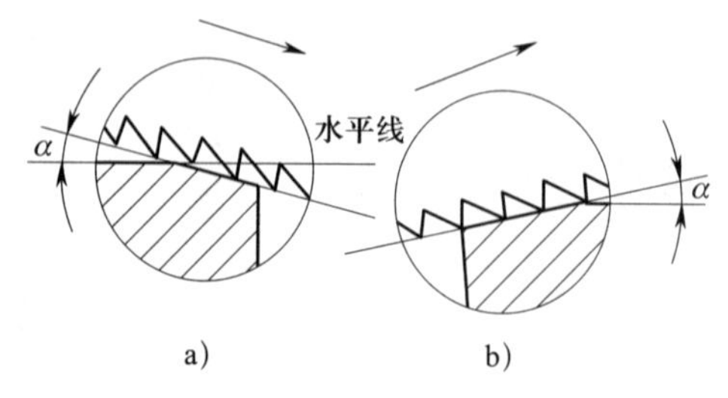

图 5–53　起锯方法

a）锯条前部压低　b）锯条前部抬起

5. 锯削

起锯后继续锯削时，锯弓应直线往复运动，不可摆动，前推时加压，用力要均匀，返回时从工件上轻轻滑过。锯削速度不宜过快，通常每分钟往复 30 ~ 60 次。锯削时，尽量使用锯条全长工作，以免锯条中间部分迅速磨钝。锯钢材时应加润滑剂。

6. 锯削收尾

工件将要锯断时，速度要放慢，压力要减轻，行程要缩短，并尽量用手扶住工件，以免损坏工件或砸伤手、脚。

三、锯削注意事项

1. 根据不同的材质，正确选择锯条。
2. 锯条安装时，应注意使锯齿朝前，不能反装。
3. 锯条安装时松紧应适度，避免锯条折断。
4. 注意灵活运用起锯方法。
5. 锯削时双手用力均匀，动作协调自如。
6. 工件须夹持牢固，不应伸出钳口过长。
7. 工件与钳口要平行，避免锯缝歪斜，影响工件质量。

技能训练

锯削管材

一、操作准备

1. 管材的准备

普通碳素钢（Q235）管，规格为 ϕ50 mm × 5 mm，长度为 150 mm。

2. 锯削工具的准备

（1）可调式锯弓一把。

（2）长度为 300 mm 的锯条若干。

（3）钳口宽度为 150 mm 的台虎钳一副，检查有无损坏情况。

（4）直角尺一把，铅笔一根，划针一根。

二、操作步骤

1. 根据要求划出锯削线

如图 5-54 所示为管材工件图，按图划出锯削线。

2. 夹持工件

管材要牢固地夹持在台虎钳上，如要求严格，应选用 V 形垫木夹持。锯削位置不应离钳口过远，以免锯削时因颤动而折断锯条。锯削线通常距离钳口 15 ~ 20 mm，且位置在钳口的左侧。

3. 锯削

管材的锯削方法和锯削板料时基本相同，但是，因为管壁较薄，为保证顺利锯削而不损坏锯条，锯削管材时应使锯条沿管壁转换角度锯削（见图 5-55）。

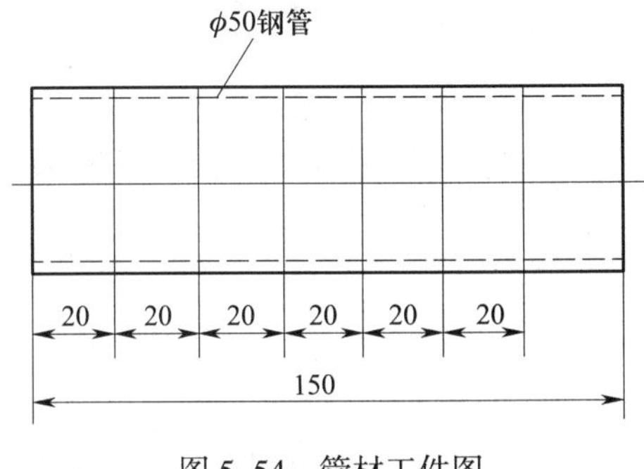

图 5-54　管材工件图

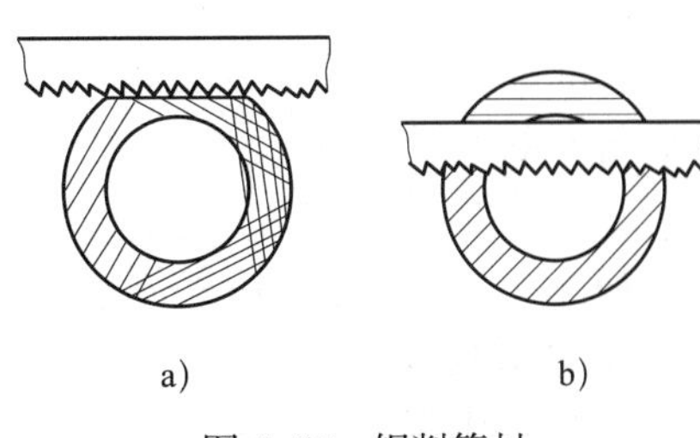

图 5-55　锯削管材

a）正确　b）不正确

三、注意事项

1. 当第一次锯削结束后，管材要沿手锯的推进方向旋转，再沿原锯缝进行下一次锯削。若管材背离推进方向旋转，锯削时管内壁会卡住锯齿，将锯齿崩裂或使手锯猛烈跳动，造成锯削不平稳。

2. 管材转角不宜太大，否则下一次锯削时会脱离原锯缝，经几次转动锯断后锯削表面不平，影响断面质量，必须再进行加工。

3. 管材要夹持牢固、可靠、安全，防止管材变形。

子课题 3　攻螺纹与套螺纹

一、攻螺纹

用丝锥（螺丝攻）在孔壁上切削出内螺纹的操作称为攻螺纹。攻螺纹常用的工具有丝锥和铰杠。

1. 丝锥及其构造

丝锥是由合金工具钢或高速钢制成，并经热处理淬硬。丝锥由工作部分和柄部组成，如图 5–56a 所示。工作部分又可分为切削部分和校准部分。

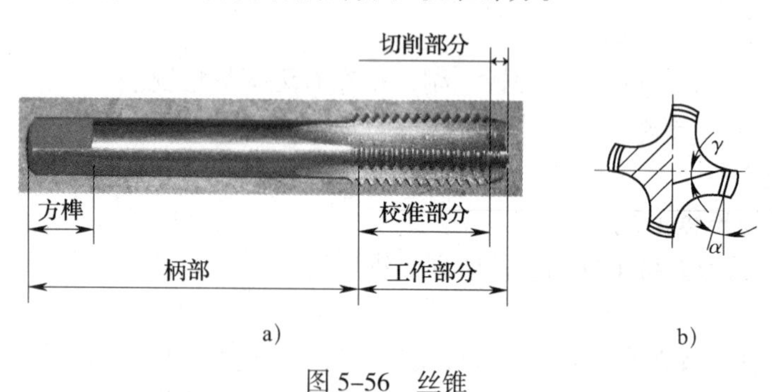

图 5–56　丝锥
a）外形　b）切削部分和校准部分的角度

（1）切削部分

丝锥的前端呈圆锥形，有锋利的切削刃，起主要切削作用。在切削部分和定径部分截面上有 3 ~ 4 个刀齿和容屑槽，这样切削负荷便分布在几个切削刃上，从而减轻了每个切削刃上的切削量，使切削时省力、排屑容易，不易崩刃或折断。标准丝锥切削刃的前角 γ 为 8° ~ 10°，后角 α 为 6° ~ 12°（见图 5–56b）。

（2）校准部分

校准部分的螺纹牙型完整，用以修光和校准已切出的螺纹，并且还是丝锥的备磨部分，其后角 α 为 0°。

（3）柄部

柄部一般为方榫，用来传递转矩。

2. 丝锥的种类

丝锥有手用丝锥和机用丝锥两种，每种又分粗牙和细牙两类，以加工不同的内螺纹。冷作工主要使用手用丝锥。

（1）手用丝锥

为了减轻攻螺纹时的切削力和提高丝锥的耐用度，一般将整个攻螺纹工作分配给几支丝锥来承担。通常 M6 ~ M24 的丝锥每套两支，M6 以下和 M24 以上的丝锥每套三支。其原因是丝锥细而易折断，丝锥粗切削量大，须逐步切削，所以分三支一套。细牙丝锥不论粗细，均为两支一套。

两支一套丝锥（见图 5–57），头锥斜角为 17°，切削部分不完整牙约为 6 个，可完成切削总工作量的 75%；二锥斜角为 20°，不完整牙约为 2 个，可完成切削总工作量的 25%。

三支一套丝锥（见图 5–58），头锥斜角为 4°，切削部分不完整牙为 5 ~ 7 个；二锥斜角为 10°，切削部分不完整牙为 3 ~ 4 个；三锥斜角为 20° 左右，切削部分不完整牙为 1 ~ 2 个。三支丝锥的切削量分配为 60%、30%、10%。上述分配可使丝锥磨损均匀，延长丝锥使用寿命，攻螺纹时也较省力。

图 5-57　两支一套丝锥　　　　图 5-58　三支一套丝锥

（2）机用丝锥

机用丝锥是装在机床上，以机械动力来攻螺纹的，一般为两支一套，也有单支的。机用丝锥切削部分的后角一般为 10° ~ 12°，并且校准部分也有很小的后角，丝锥的螺纹是磨过的。攻通孔螺纹时，一般都是用切削部分长的头锥一次攻出。在攻不通孔螺纹时，必须用二锥再攻一次，以增加螺纹有效部分的长度。

3. 铰杠

攻螺纹用的铰杠是用于夹持丝锥的工具。铰杠有普通铰杠和丁字铰杠两类，各类铰杠又可分为固定式和活动式两种，如图 5-59 所示。

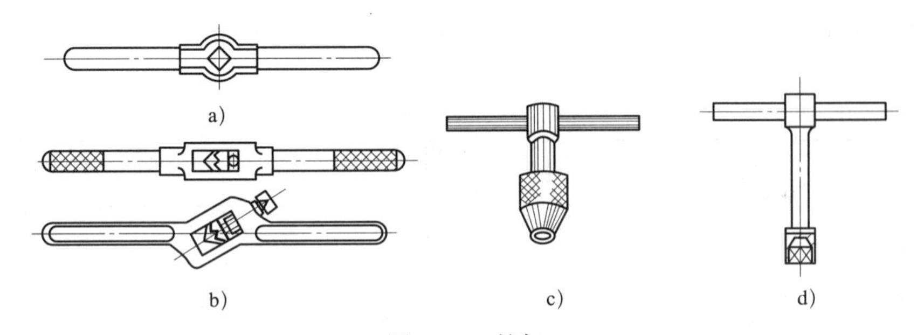

图 5-59　铰杠

a）固定式普通铰杠　b）活动式普通铰杠　c）活动式丁字铰杠　d）固定式丁字铰杠

铰杠的方孔尺寸和柄的长度都有一定规格，使用时应按丝锥尺寸合理选用，见表 5-6。

表 5-6　活动铰杠适用范围

活动铰杠规格 /mm	适用的丝锥范围	活动铰杠规格 /mm	适用的丝锥范围
150	M5 ~ M8	375	M14 ~ M16
225	M8 ~ M12	475	M16 ~ M22
275	M12 ~ M14		

二、套螺纹

用板牙在圆杆、管子外径上切削出外螺纹的操作称为套螺纹。套螺纹常用的工具有圆板牙和圆板牙架。

图 5-60　圆板牙

1. 圆板牙

圆板牙是加工外螺纹的刀具，是由碳素钢或高速钢制成，并经热处理淬硬，如图 5-60 所示，由切削部分、定径部分和排屑孔组成。圆板牙的两端有 40° ~ 50° 的锥角，形成切削部分（可以两个方向切削），其前角一般为 15° ~ 25°，后角为 7° ~ 9°。定径部分起修光作用，故它的前角比切削部分要小，一般为 4° ~ 6°，而后角为 0°。圆板牙圆周上有一条深槽和几个对称的锥坑，用以定位和紧固板牙。

圆板牙除了普通套螺纹用的一种外，还有管螺纹板牙。圆柱管螺纹板牙与普通圆板牙构造相仿，而圆锥管螺纹板牙是单面制成切削锥，只能单面使用。还有一种活动管螺纹板牙是四块为一组，镶嵌在可调管螺纹板牙架内，使用时，调节板牙位置，可套出所需直径的管螺纹。

2. 圆板牙架

圆板牙架是用以安装板牙，并带动板牙旋转进行套螺纹的工具，如图 5–61 所示。

选择圆板牙架，由圆板牙的大小而定。将圆板牙平稳地放在圆板牙架内，使螺钉坑对准板牙架上的紧固螺钉，端面靠严后，旋转紧固螺钉，即可使板牙牢固地安装在板牙架上。

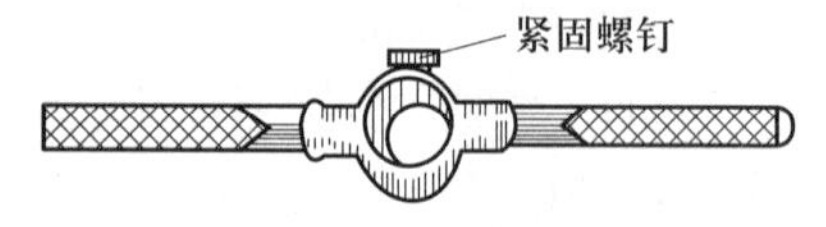

图 5–61　圆板牙架

技能训练

攻螺纹训练

一、操作准备

1. 攻螺纹工件图（见图 5–62）

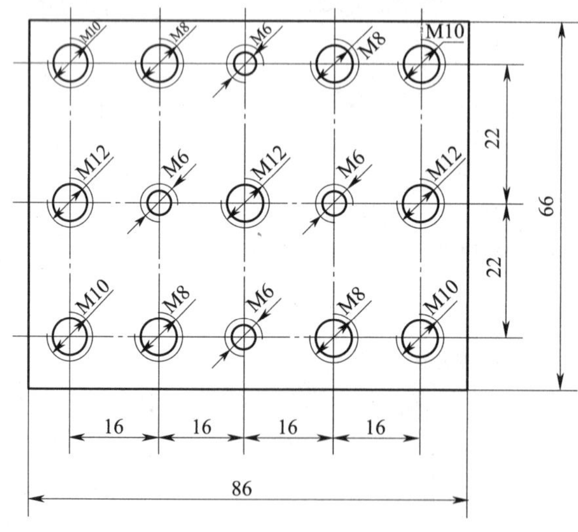

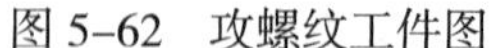

图 5–62　攻螺纹工件图

2. 工具的准备

按图样要求准备好攻螺纹时所用的丝锥、直角尺、切削液等。

3. 攻螺纹前确定底孔的直径

攻螺纹时，丝锥除起切削作用外，还对金属材料进行挤压（见图 5–63），使材料扩张，材料的塑性越好，扩张量越大。如果螺纹底孔直径与螺纹内径一致，材料扩张时

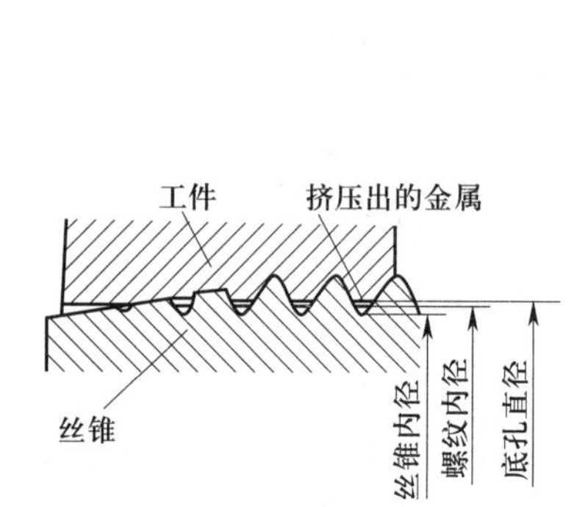

图 5–63　攻螺纹时的挤压现象

就会卡住丝锥，容易折断丝锥。但如果底孔直径过大，就会使攻出的螺纹牙型高度不够而成为废品。所以底孔直径的大小，要根据金属材料的塑性大小来考虑。在钻螺纹底孔时，可通过查表法或用经验公式计算，来确定底孔直径。

对于钢和塑性较大的材料：

$$D_{孔}=D-p \tag{5-2}$$

对于铸铁或脆性材料：

$$D_{孔}=D-(1.05\sim1.1)p \tag{5-3}$$

式中 $D_{孔}$——底孔直径，mm；

D——螺纹大径，mm；

p——螺距，mm。

钻孔直径算出后，可从麻花钻标准系列中选取。

二、操作步骤

攻螺纹的基本步骤如图 5–64 所示。

1. 选用相应的钻头钻底孔，并对孔口倒角。

2. 工件的装夹位置必须正确，应使螺纹孔中心线置于水平或垂直位置，使丝锥中心线与底孔中心线重合，然后对丝锥稍加力，并顺时针转动铰杠。当切入 1 ~ 2 圈时，从间隔 90° 两个方向用肉眼观察，或用钢直尺、直角尺观察、校正丝锥的位置，如图 5–65 所示。为了便于正确起削，可在丝锥上旋入光制螺母（见图 5–66a、b），或将丝锥插入导向套内进行起削（见图 5–66c）。

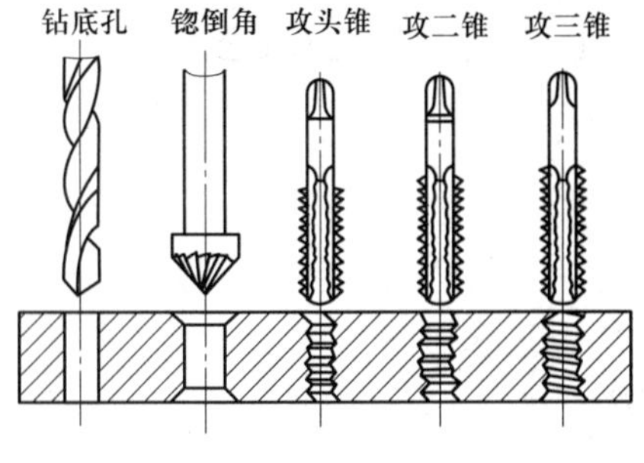

图 5–64 攻螺纹的基本步骤

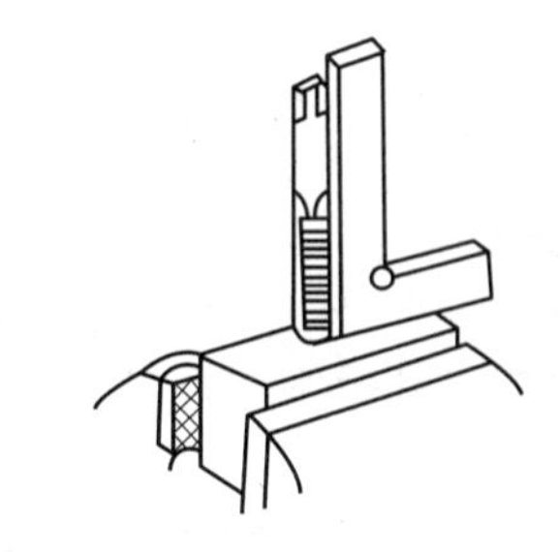

图 5–65 用直角尺检查丝锥的位置

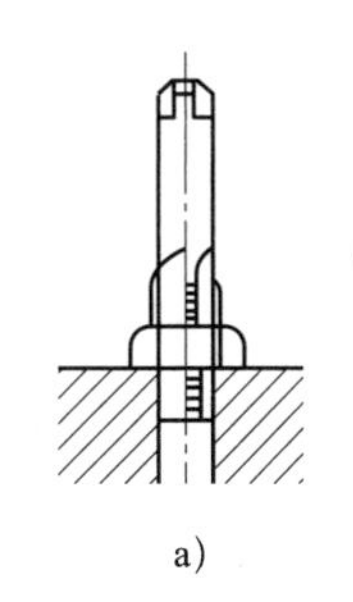

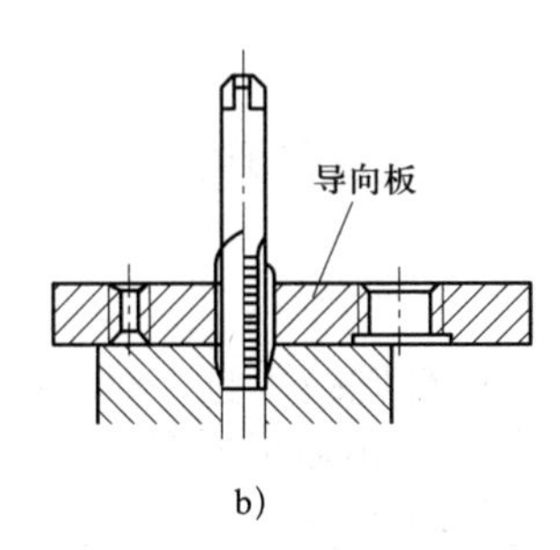

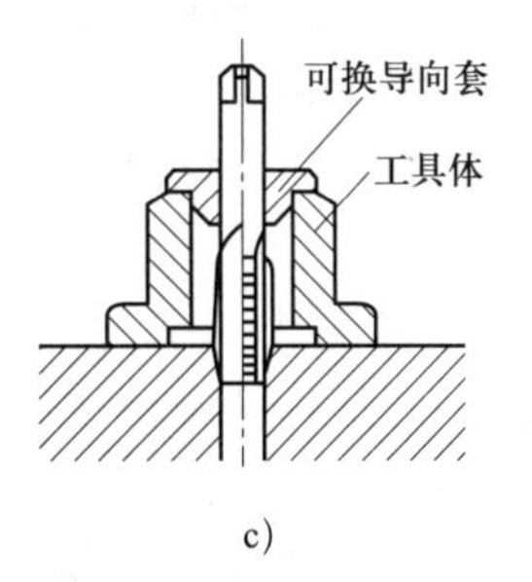

图 5–66 攻螺纹的导向起削工具

3. 攻螺纹时，当切削刃切进后就不必再施加压力，两手用均衡平稳的旋转力进行攻螺纹。每当旋转 1/2 ~ 1 圈时，应反转 1/2 圈，使切屑碎断后排出。尤其是在攻韧性材料、深孔及不通孔时更应注意，以免切屑堵塞容屑槽孔，损坏丝锥。

4. 攻螺纹时，必须以头锥、二锥、三锥的顺序攻削。头锥攻完后用二锥、三锥时，先用手将丝锥旋入，再用铰杠攻，以防未对准原螺纹而造成乱扣。

5. 攻螺纹时要经常润滑，以减小切削阻力、提高螺纹表面质量。切削液的选择与钻孔时相同。

三、注意事项

1. 攻螺纹前，底孔直径的确定要准确，用经验公式得出的底孔直径，其数值一般保留一位小数。

2. 各底孔起钻时要不断找正，务必使起钻浅坑与划线圆同心。

3. 攻螺纹起攻时，要不断检查并保证丝锥轴线与工件平面垂直，并加注切削液。

4. 攻螺纹时两手要均匀用力，并经常反转丝锥，便于排屑。

技能训练

套螺纹训练

一、操作准备

1. 套螺纹工件图（见图 5–67）

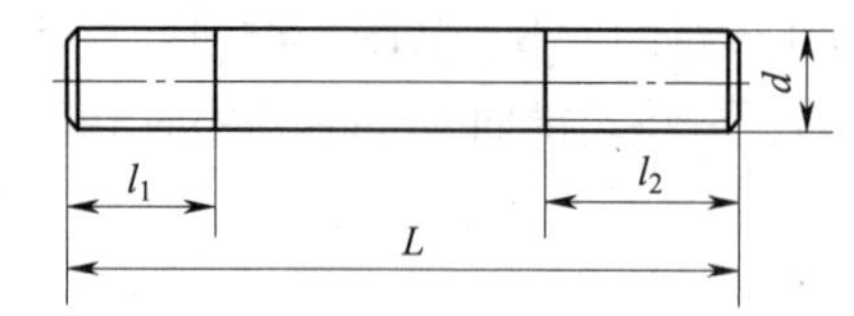

件号	d	L	l_1	l_2
1	M8	100	20	30
2	M10	150	20	40

图 5–67　套螺纹工件图

2. 准备工作

（1）准备好套螺纹工具，如圆板牙、圆板牙架等，并将圆板牙装入圆板牙架内。

（2）确定套螺纹圆杆直径。套螺纹圆杆直径可用下式求得。

$$d_{杆}=d-0.13P \qquad (5-4)$$

式中　$d_{杆}$——套螺纹圆杆直径，mm；

d——螺纹大径，mm；

P——螺距，mm。

（3）将套螺纹圆杆端头倒角 15° ~ 20°，以利于板牙切入。

二、操作步骤

1. 将圆杆夹在软钳口内，夹正紧固。

2. 套螺纹时，应保持圆板牙端面和圆杆轴线垂直，然后适当施加压力，按顺时针方向扳动铰杠（见图 5–68），当切入 1 ~ 2 个牙后，不需再加压。同攻螺纹一样，要经常反转，使切屑碎断并及时排屑。

三、注意事项

1. 在套螺纹过程中，要循序渐进地进行切削，不可急于求成或用力过猛，以免损坏工具或工件。

2. 套螺纹结束后，对工具和工件要认真清理并妥善保存。

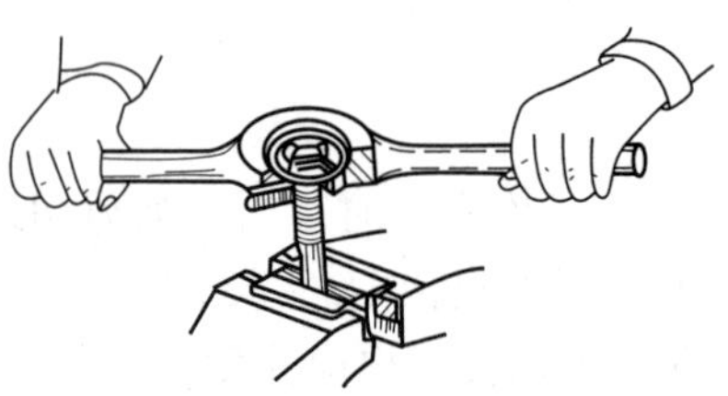

图 5–68　套螺纹

第六单元

复合作业（一）

课题一　框架梁制作

一、框架梁工件图（见图 6-1）

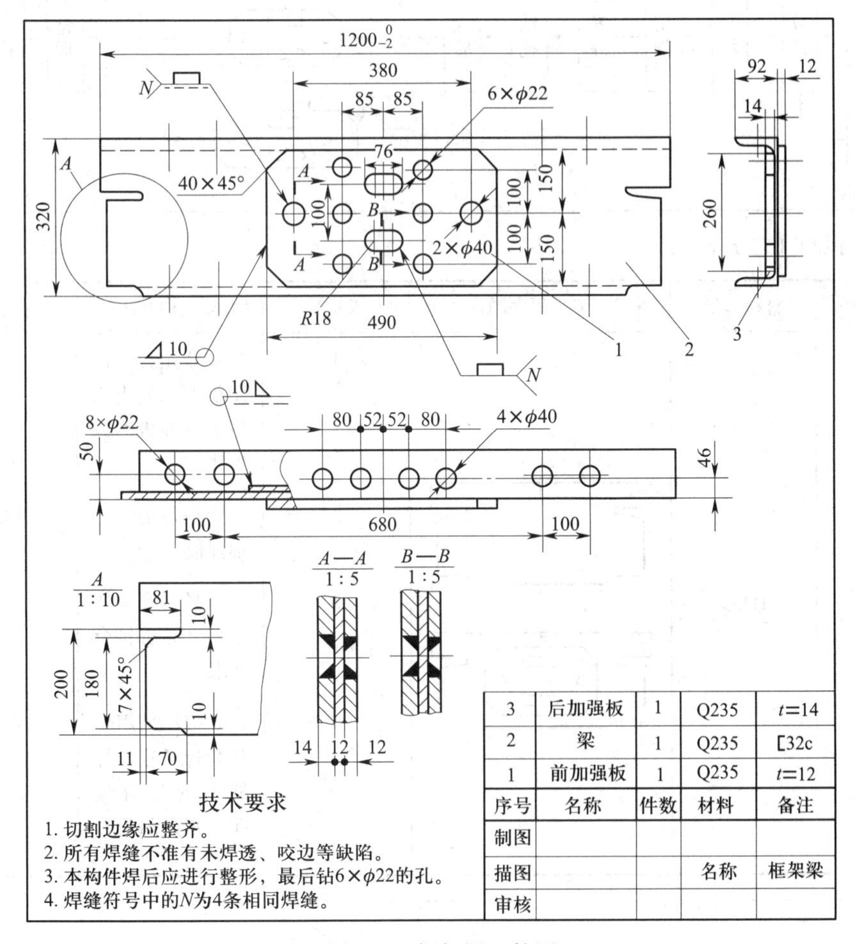

3	后加强板	1	Q235	t=14
2	梁	1	Q235	[32c
1	前加强板	1	Q235	t=12
序号	名称	件数	材料	备注
制图				
描图			名称	框架梁
审核				

图 6-1　框架梁工件图

二、工艺分析卡片（见表 6–1）

表 6–1　　工艺分析卡片

姓名		学号		班级		填写日期	
工件概况							
数量	1	材质	Q235	质量		外形尺寸	1 200 mm × 320 mm × 104 mm
工时定额		实际工时		材料定额		实际 消耗材料	

1. 确定工序、画出工序流程图（附零件草图）

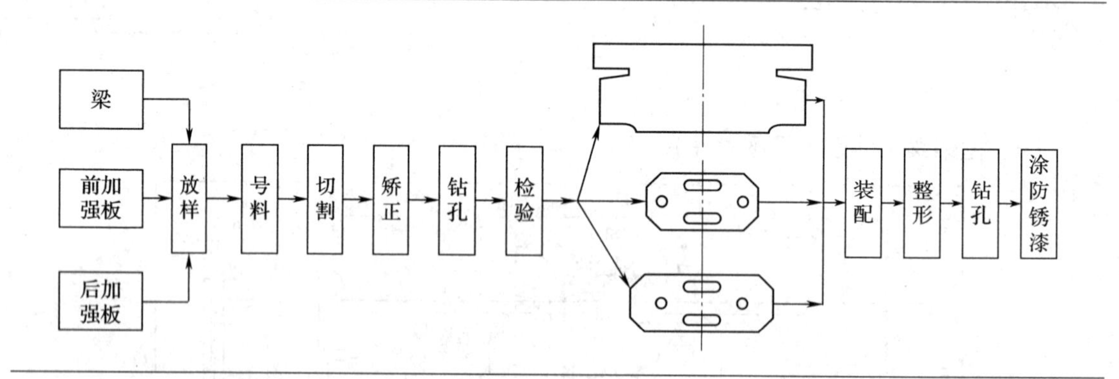

2. 主要工序加工工艺分析

工序名称	材料牌号	工步程序图	工步号	工步名称及内容	设备名称
装配	Q235	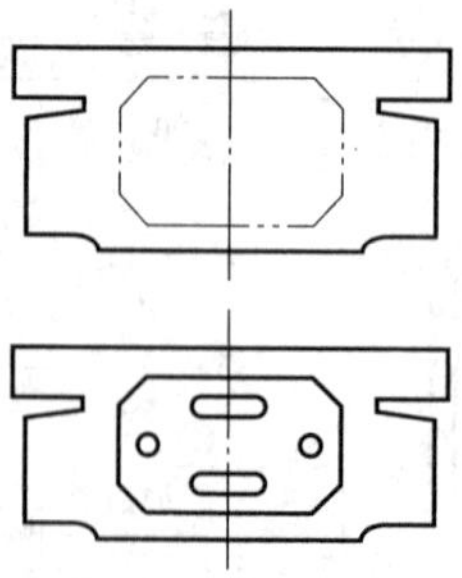	1	划线定位：按图样要求划出梁板上加强板的位置线	
			2	定位焊前、后加强板	BX1–330
			3	测量：检验各部尺寸是否符合要求	
			4	焊接：采用合理装焊顺序，焊缝不允许有气孔、夹渣等缺陷	BX1–330

备注	

课题二　换热器部件放样与下料

一、换热器部件工件图（见图 6–2）

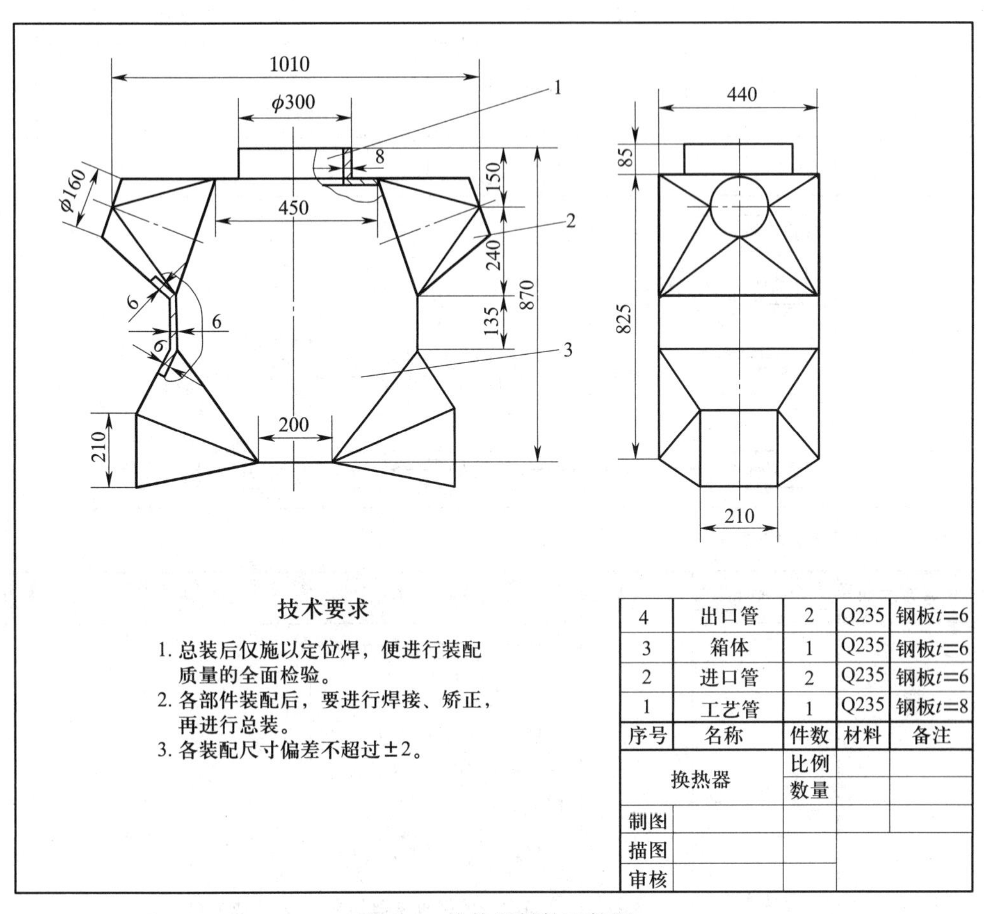

序号	名称	件数	材料	备注
4	出口管	2	Q235	钢板 t=6
3	箱体	1	Q235	钢板 t=6
2	进口管	2	Q235	钢板 t=6
1	工艺管	1	Q235	钢板 t=8

换热器		比例		
		数量		
制图				
描图				
审核				

图 6–2　换热器部件工件图

二、工艺分析卡片（见表 6–2）

表 6–2 工艺分析卡片

姓名		学号		班级		填写日期	
工件概况							
数量	1	材质	Q235	质量		外形尺寸	1 010 mm × 975 mm × 440 mm
工时定额		实际工时		材料定额		实际 消耗材料	

1. 确定工序、画出工序流程图

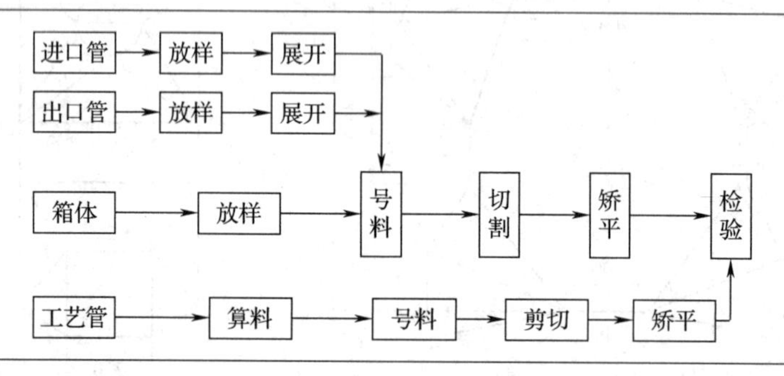

2. 主要工序加工工艺分析

零件代号及名称	材料牌号	工步号	工步名称及内容	设备名称	工艺装备名称
进口管	Q235	1	放样：按进口管的中性层尺寸放实样		
		2	展开：作展开图（展开图一般作 1/2），取得展开样板		
		3	号料：按样板划线号料		号料样板
		4	切割：采用机械剪切或手工剋切法按线切割	剪床或剋切工具	
		5	矫平：矫正板料经剪切或剋切后的变形	平台及锤类工具	
		6	检验：检测进口管板料的各部尺寸、形状及表面质量等		号料样板及各种量具

备注	

第七单元

弯形与压延

把平板毛坯、型材、管材等弯成一定的曲率、角度，从而形成一定形状的零件，这样的加工方法称为弯曲成形，简称为弯形。弯曲成形在金属结构制造中应用很多。它可以在常温下进行，也可以在材料加热后进行，但大多数的弯曲成形是在常温下进行的。

课题一 压弯

子课题1 板 料 折 弯

一、钢材的弯曲变形过程及特点

弯形加工所用的材料，通常为钢材等塑性材料，这些材料的变形过程及特点如下。

当材料上作用有弯矩 M 时，就会发生弯曲变形。材料变形区内靠近曲率中心一侧（以下称内层）的金属，在弯矩引起的压应力作用下被压缩缩短；远离曲率中心一侧（以下称外层）的金属，在弯矩引起的拉应力的作用下被拉伸伸长。在内层和外层中间，存在金属既不伸长也不缩短的一个层面，称为中性层，如图 7–1 所示。

在材料弯形的初始阶段，弯矩的数值不大，材料内应力的数值尚小于材料的屈服强度，仅使材料发生弹性变形（见图 7–1a）。

当弯矩的数值继续增大时，材料的曲率半径随之缩小，材料内应力的数值开始超过其屈服强度，材料变形区的内、外表面由弹性变形过渡到塑性变形状态，随后塑性变形由内、外表面逐步地向中心扩展（见图 7–1b）。

材料发生塑性变形后，若继续增大弯矩，则当材料的弯形半径小到一定程度时，将因变形超过材料自身变形能力的限度，在材料受拉伸的外层表面首先出现裂纹（见图 7–1c）并向内伸展，致使材料发生断裂破坏。这在成形加工中是不应该发生的。

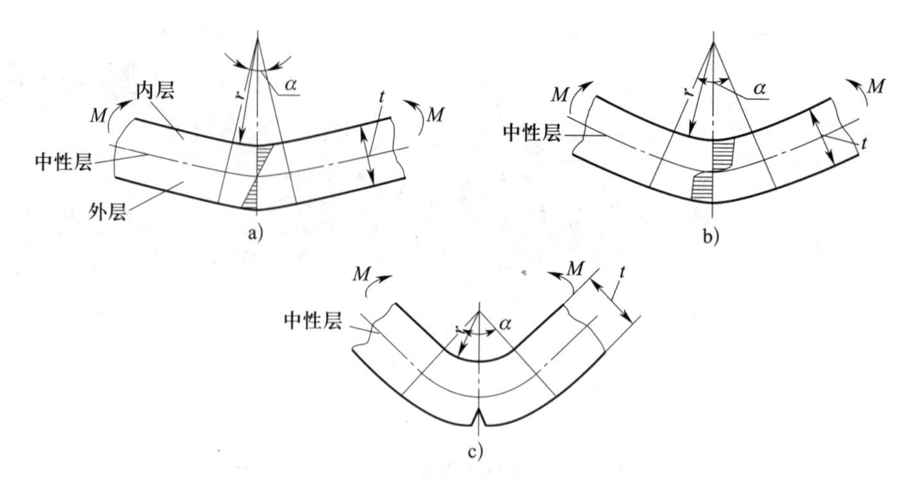

图 7–1　材料的弯曲变形过程

二、钢材弯曲变形过程中横截面形状的变化

弯形过程中，材料的横截面形状也要发生变化。例如板料弯形时，将出现如图 7–2 所示的两种变化情况。

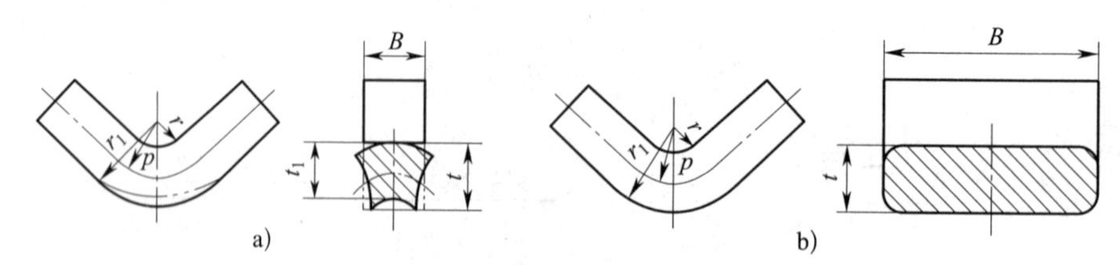

图 7–2　板料弯曲时横截面形状的变化

a）窄板　b）宽板

在弯形窄板（$B \leqslant 2t$）材料时，内层金属受到切向压缩后便向宽度方向流动，使内层宽度增大；而外层金属受到切向拉伸后，其长度方向的不足便由宽度、厚度方向来补充，致使宽度变小，因而整个横截面产生扇形畸变（见图 7–2a）。

宽板（$B>2t$）弯形时，由于宽度方向尺寸大、刚度大，金属在宽度方向流动困难，因此宽度方向无显著变形，横截面仍近似为一矩形（见图 7–2b）。

此外，无论宽板、窄板，在变形区内材料的厚度均有变薄现象。这种材料变薄的现象，在材料的弯形加工中应该予以考虑。

弯形过程中材料横截面形状的变化过程，主要与相对弯形半径、横截面几何特征及弯形方式等因素有关。当弯形过程中材料横截面形状变化较大时，也会影响弯形件的质量。例如窄板弯形时出现如图 7–2a 所示的畸变，弯制扁钢圈时出现内侧变厚、外侧变薄（见图 7–3a），弯管时则出现椭圆形截面（见图 7–3b）等。在这些情况下，就需采用一些特殊的工艺措施来限制横截面的变形，以保证弯形件的质量。

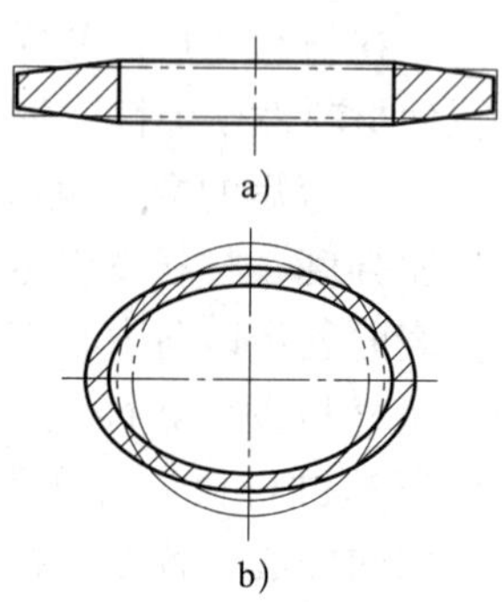

图 7–3　扁钢与钢管弯形时横截面的变形

三、最小弯形半径

材料在不发生破坏的情况下，所能弯曲的最小曲率半径称为最小弯形半径。材料的最小弯形半径是材料性能对弯形加工的限制条件。采取适当的工艺措施，可以在一定程度上改变材料的最小弯形半径。

影响最小弯形半径的因素有以下几个方面。

1. 材料的力学性能。材料的塑性越好，其允许变形程度越大，则最小弯形半径越小。

2. 弯形角 α。在相对弯形半径 $\frac{r}{t}$ 相同的条件下，弯形角 α 越小，材料外层受拉伸的程度越小，越不易开裂，因此最小弯形半径可以小一些；反之，弯形角 α 越大，最小弯形半径也应越大。

3. 材料的方向性。轧制的钢材形成各向异性的纤维组织，钢材平行于纤维方向的塑性指标大于垂直于纤维方向的塑性指标。因此，当弯形线与纤维方向垂直时，材料不易断裂，弯形半径可以小一些。零件弯曲线与钢材纤维方向的关系如图 7–4a、b 所示。当弯形件有两个相互垂直的弯形线，弯形半径又较小时，应按图 7–4c 所示的方式排料。

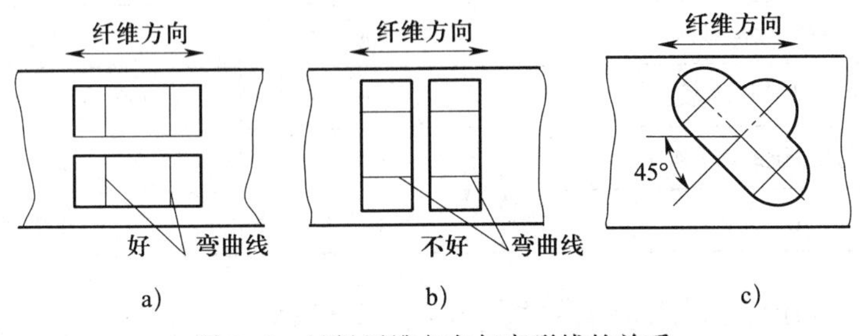

图 7–4　材料纤维方向与弯形线的关系

4. 材料的表面质量与剪断面质量。当材料的表面质量与剪断面质量较差时，弯形时易造成应力集中，使材料过早破坏，这种情况下应采用较大的弯形半径。

5. 其他因素。材料的厚度和宽度等因素也对最小弯形半径有影响。例如薄板和窄板料可以取较小的弯形半径。

四、折弯机

折弯机主要用于将板料折角弯曲成各种形状，一般是在上模一次行程后，便可将板料压成一定的几何形状。如采用不同形状的模具或通过几次冲压，还能得到较为复杂的各种截面形状的零件。若给折弯机配备相应的装备，还可用于剪切和冲孔。

折弯机有机械传动和液压传动两种形式。机械传动的板料折弯机结构都是双曲轴式的；液压传动的折弯机以油压作为动力，利用高压油推动油缸内的活塞运动，从而使模具产生运动。目前，以液压传动形式的折弯机应用最为广泛。

1. WC67Y–100/3200 型液压板料折弯机

（1）WC67Y–100/3200 型液压板料折弯机的型号含义

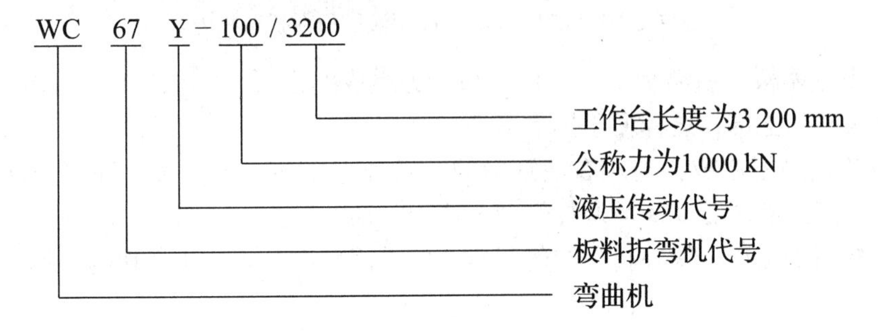

（2）WC67Y-100/3200 型液压板料折弯机的主要规格和技术参数（见表 7-1）

表 7-1　　　　WC67Y-100/3200 型液压板料折弯机的主要规格和技术参数

序号	名称	单位	WC67Y-100/3200	备注
1	公称力	kN	1 000	
2	工作台长度	mm	3 200	
3	立柱间距	mm	2 600	
4	喉口深度	mm	320	
5	滑块行程	mm	150	
6	工作台面与滑块间最大开启高度	mm	400	
7	滑块行程调节量	mm	120	
8	外形尺寸（长 × 宽 × 高）	mm × mm × mm	3 290 × 1 770 × 2 450	
9	液压系统最大工作压力	MPa	25	
10	质量	kg	7 400	

（3）WC67Y-100/3200 型液压板料折弯机的主要结构

WC67Y-100/3200 型液压板料折弯机由机架、滑块、同步机构、液压系统、模具和电气系统组成，其外观如图 7-5 所示。

图 7-5　WC67Y-100/3200 型液压板料折弯机外观

机架是由左墙板、右墙板、工作台、油箱等组成的框形架。工作台位于左右墙板下部；油箱安置在机器的上部，这样便于拆下清洗。

滑块由整块钢板制成，与左右油缸中的活塞杆连接在一起，两个油缸分别固定在左右墙板的上方，通过液压驱动使活塞杆带动滑块上下动作。

同步机构用于保证滑块在行程中的同步，并采用偏心套来校正滑块与工作台台面间的平行度。

零件的折弯成形是靠模具来完成的，模具一般采用合金钢以锻造、热处理、铣削、磨削等方法加工而成。模具分为上模和下模，上模采用多件短模拼接，下模为整体结构，均具有精度高、互换性好、便于拆装等特点。

2. 数控液压折弯机

折弯是指金属板料沿直线进行弯形，以获得具有一定夹角（或圆弧）的工件。弯形工艺要求折弯机实现两方面的动作：一是折弯机的滑块相对于下模做垂直往复运动，以压弯板料，形成一定的弯形角（或圆弧）；二是后挡料机构的移动（定位或退让），以保证弯形角（或圆弧）的中心线相对于板料边缘有正确的位置。

如图 7–6 所示，数控液压折弯机主要对滑块下压运动和后挡料机构的移动进行数字控制，以实现按设定程序自动变换下压行程和后挡料机构的定位位置，按顺序完成一个工件的多次弯折，从而提高生产效率和折弯件的质量。

图 7–6　数控液压折弯机

技能训练

板料折弯成形

一、操作准备

1. 材料的准备

板料折弯图样如图 7–7 所示。

（1）按照图样要求准备 2 mm 厚钢板一块。

（2）计算用料长度：L=（42–2）× 2 mm+（50–2 × 2）× 2 mm+（120–2 × 2）mm=288 mm。

（3）根据图样所给尺寸和计算出的尺寸，用剪板机剪切 288 mm × 50 mm 钢板一块。

2. 设备的准备

本工件采用 WC67Y–100/3200 型液压板料

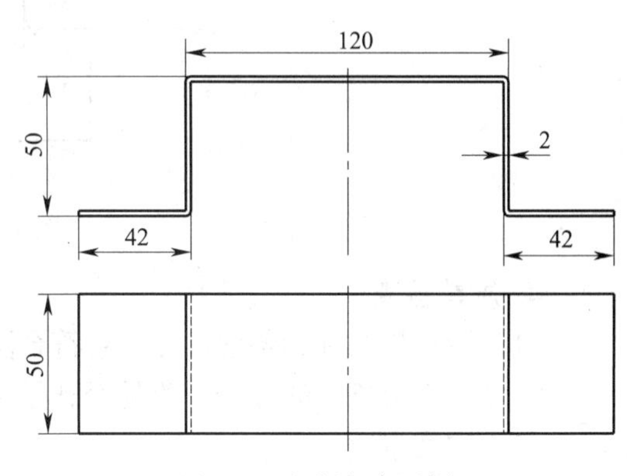

图 7–7　板料折弯图样

折弯机进行折弯。检查折弯设备，保证折弯机处于良好的工作状态。

二、操作步骤

1. 清理板面、划线

将板料表面清理干净，并划出折弯线，如图 7–8 所示。

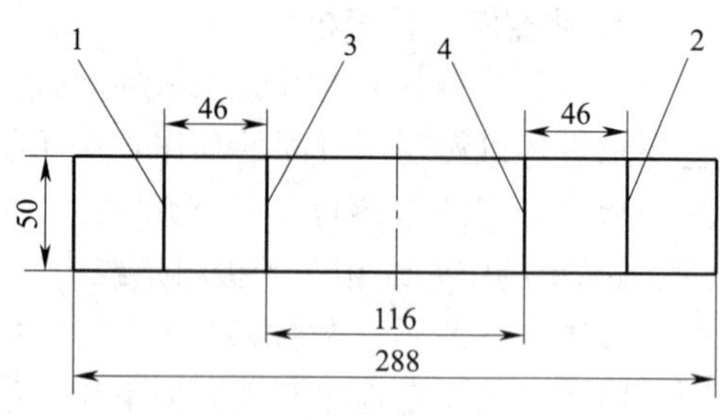

图 7–8　板料折弯线

2. 确定折弯顺序

当板料上有两个及以上的折弯线需要弯曲时，就必然存在着折弯的顺序问题，如果折弯的顺序不合理，将会造成后面的折弯无法进行。一般来说，多角折弯的顺序应由外向内依次弯曲。图 7–8 中的数字 1、2、3、4 即为本工件的折弯顺序。

3. 按顺序折弯

（1）确认折弯机工作正常，启动折弯机。

（2）调整挡料装置。由于本工件有四个弯角，各边尺寸不相等，因此挡板的位置应按图样的尺寸要求分别进行调整。

（3）按照事先确定好的折弯顺序，利用折弯机的上、下模进行折弯成形。其折弯过程如图 7–9 所示。

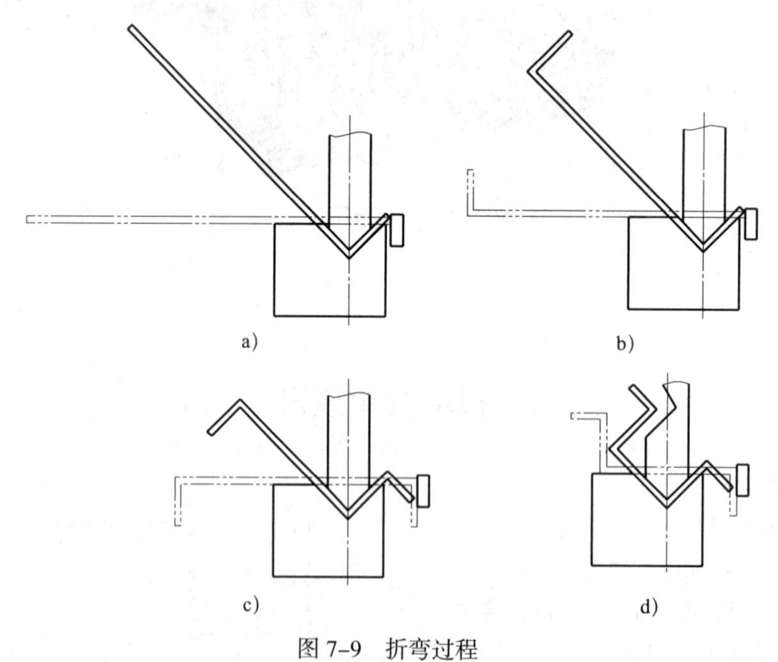

图 7–9　折弯过程

4. 质量检查

（1）检查折弯件的各项尺寸是否符合图样要求。

（2）检查折弯件的各个弯角是否满足 90° 要求。

三、注意事项

1. 折弯前必须根据板料厚度确定下模 V 形槽的开口尺寸。一般 V 形槽的开口尺寸应按板厚的 8 倍值来确定。

2. 折弯件的成形角度是靠折弯机上模的行程来控制的。由于此折弯件属于 90° 弯曲，因此应按照 90° 角来调整上模的行程，并进行试折弯，待调试合格后方可进行正式折弯。

子课题 2　料 斗 压 弯

一、压弯的特点及压弯力计算

1. 压弯的特点

在压力机床上使用压弯模进行弯形的加工方法称为压弯。

压弯成形时，材料的弯曲变形可以有自由弯形、接触弯形和校正弯形三种方式，如图 7–10 所示。当材料弯形时，仅与凸模、凹模在三条线接触，弯形圆角半径 r_1 是自然形成的（见图 7–10a），这种弯形方式叫作自由弯形；当材料弯形到直边与凹模表面平行，并且在长度 ab 上相互靠紧时，停止弯形，弯形件的角度等于模具的角度，而弯形圆角半径 r_2 仍是自然形成的（见图 7–10b），这种弯形方式叫作接触弯形；当将材料弯形到与凸模、凹模完全靠紧，弯形圆角半径 r_3 等于模具圆角半径 $r_{凸}$（见图 7–10c）时，这种弯形方式叫作校正弯形。这里应指出，自由弯形、接触弯形和校正弯形三种方式是在材料弯形时的塑性变形阶段依次发生的。

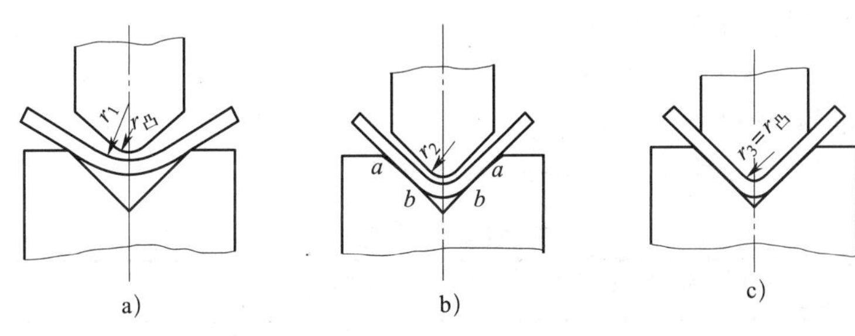

图 7–10　材料压弯时的三种弯形方式

a）自由弯形　b）接触弯形　c）校正弯形

采用自由弯形时，所需压弯力小，工作时靠调整凹模槽口的宽度和凸模的下止点位置来保证零件的形状，批量生产时弯形件质量不稳定，多用于小批量生产中、大型零件的压弯。

采用接触弯形和校正弯形时，由模具保证弯形件精度，质量较高而且稳定，但所需压弯力较大，并且模具制造周期长，费用高，多用于大批量生产中的中、小型零件的压弯。

2. 压弯力计算

（1）弯形力

弯形时被弯曲材料发生塑性变形，而塑性变形只有在材料的内应力超过其屈服强度时才能发生。因此，无论采用何种弯形方法，其弯形力都必须能使被弯曲材料的内应力超过其屈服强度。

实际弯形力的大小，要根据材料的力学性能、弯形方式和性质、弯形件形状等多方面因素来确定。

（2）压弯力计算方法

为使材料能够在足够的压力下成形，必须计算其压弯力，作为选择压力机床工作压力的重要依据。在生产中常用经验公式计算压弯力，见表 7–2。

表 7–2　计算压弯力的经验公式

弯形方式	经验公式	弯形方式	经验公式
V 形自由弯形	$F=\frac{cbt^2R_m}{2L}$	U 形自由弯形	$F=KbtR_m$
V 形接触弯形	$F=\frac{0.6cbt^2R_m}{r_凸+t}$	U 形接触弯形	$F=\frac{0.7cbt^2R_m}{r_凸+t}$
V 形校正弯形	$F=Aq$	U 形校正弯形	$F=Aq$

表中　F——压弯力，N；

b——弯形件的宽度，mm；

t——弯形件的厚度，mm；

$r_凸$——凸模圆角半径，mm；

L——凹模槽口两支点间距离，mm；

R_m——材料的抗拉强度，MPa；

c——系数，取 c=1.0 ~ 1.3；

K——系数，取 K=0.3 ~ 0.6；

A——校正部分投影面积，mm^2；

q——单位面积上的校正力，MPa，见表 7–3。

表 7–3　单位面积上的校正力　MPa

材料	材料厚度 /mm			
	<1	1 ~ 3	3 ~ 6	6 ~ 10
铝	15 ~ 20	20 ~ 30	30 ~ 40	40 ~ 50
黄铜	20 ~ 30	30 ~ 40	40 ~ 60	60 ~ 80
10 钢、15 钢、20 钢	30 ~ 40	40 ~ 60	60 ~ 80	80 ~ 100
Q235A、25 钢、30 钢	40 ~ 50	50 ~ 70	70 ~ 100	100 ~ 120

二、压弯模

压弯模的结构形式应根据弯形件的形状、精度要求及生产批量等进行选择，最简单而且常用的是无导向装置（利用压床导向）的单工序压弯模。这种压弯模可以整体铸造后加工制成（见图 7–11a、b），也可以利用型钢焊接制成（见图 7–11c、d），还可以由若干零件组合、装配而成。

冷作工使用的压弯模，多数采用焊接制成，并且尽量少用或不用切削加工零件。这样制作方便，可以缩短模具制造周期，还可以充分利用生产中的边角料，降低生产加工成本。

当采用接触弯形或校正弯形时，制作压弯模应考虑以下几个方面。

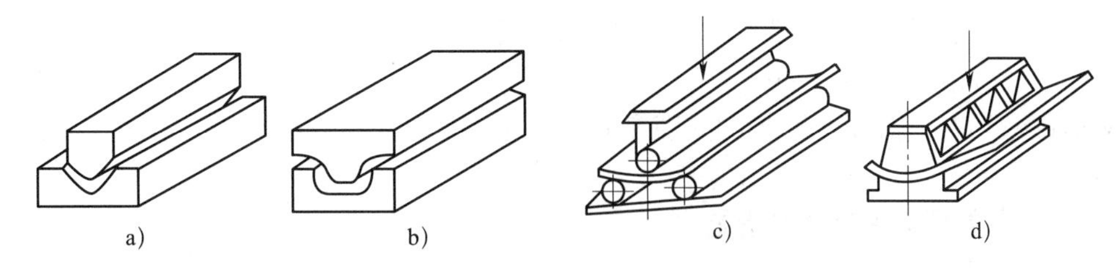

图 7-11　压弯模的结构形式

a、b）整体铸造后加工制成　c）、d）型钢焊接制成

1. 压弯模工作部分尺寸确定

压弯模工作部分的结构、形状如图 7-12 所示。凸模的圆角半径 $r_{凸}$和角度，根据弯曲件的内圆角半径，用弹复值修正后确定。凹模非工作圆角半径 $r'_{凹}$，应取小于弯曲件相应部分的外圆角半径（$r_{凸}+t$）。压弯模工作部分尺寸及系数 c 见表 7-4。

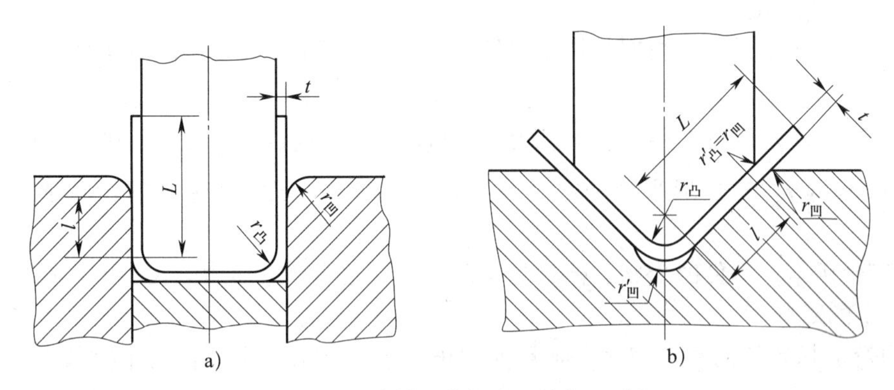

图 7-12　压弯模工作部分的结构、形状

a）U 形模　b）V 形模

表 7-4　压弯模工作部分尺寸及系数 c

L/mm	板厚 t/mm											
	<0.5			0.5 ~ 2			2 ~ 4			4 ~ 7		
	l/mm	$r_{凹}$/mm	c	l/mm	$r_{凹}$/mm	c	l/mm	$r_{凹}$/mm	c	l/mm	$r_{凹}$/mm	c
10	6	3	0.1	10	3	0.1	10	4	0.08	—	—	—
20	8	3	0.1	12	4	0.1	15	5	0.08	20	8	0.06
35	12	4	0.15	15	5	0.1	20	6	0.08	25	8	0.06
50	15	5	0.2	20	6	0.15	25	8	0.1	30	10	0.08
75	20	6	0.2	25	8	0.15	30	10	0.1	35	12	0.1
100	—	—	—	30	10	0.15	35	12	0.1	40	15	0.1
150	—	—	—	35	12	0.2	40	15	0.15	50	20	0.1
200	—	—	—	45	15	0.2	50	20	0.15	65	25	0.15

U 形件弯曲时，凸模与凹模间的间隙值 Z 可按下式确定：

$$Z=t_{max}+ct \tag{7-1}$$

式中　t_{max}——材料最大厚度，mm；

c——系数，按表 7–4 选取；

t——材料名义厚度，mm。

V 形件弯形时，凸模、凹模的间隙是靠调整压床闭合高度来控制的，不需要在制造模具时确定。

2. 弹复现象及解决弹复的措施

（1）弹复现象

弯曲成形时，材料的变形由弹性变形过渡到塑性变形，通常材料在发生塑性变形时，总还有部分弹性变形存在。弹性变形部分在卸载（除去外弯矩）时要恢复原态，以致弯曲材料内层被压缩的金属又有所伸长，外层被拉伸的金属又有所缩短，结果使弯形件的曲率和角度发生了变化，这种现象叫作弹复。弹复现象的存在，直接影响弯形件的几何精度，弯形加工中必须加以控制。

（2）影响弹复的因素

1）材料的力学性能。材料的屈服强度越高，弹性模量越小，加工硬化越激烈，弹复也越大。

2）材料的相对弯形半径 $\frac{r}{t}$。$\frac{r}{t}$ 越大，材料的弹复程度越大；反之，则弹复程度越小。

3）弯形角 α。在弯形半径一定时，弯形角 α 越大，表示变形区的长度越大，弹复也越大。

4）其他因素。零件的形状、模具的构造、弯形方式及弯形力的大小等，对弯形件的弹复也有一定的影响。

影响弯形弹复的因素有很多，到目前为止，还无法用公式准确地计算出各种弯形条件下的弹复值，生产中多靠对各种弯形加工条件的综合分析及实际经验来确定弹复值。批量弯曲成形加工时，则需要经试验确定。

（3）解决弹复的措施

接触弯形或校正弯形，主要靠模具解决弹复问题，其措施如下。

1）修正模具形状。在单角弯形时，将压模角度减小一个弹复角。在 U 形弯形时，将凸模壁制作出等于弹复的倾斜度或将凸模、凹模底部制作成弧形曲面，利用曲面部分的弹复补偿两直边的张开（见图 7–13a）。当弯曲弧较长时，则多采取缩小模具圆弧半径的办法。

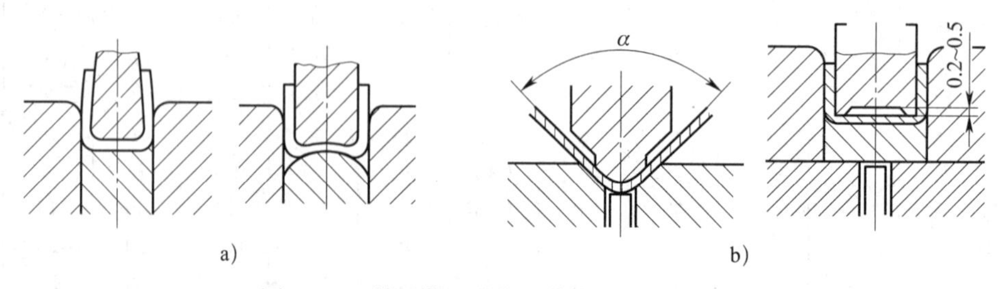

图 7–13　利用模具形状、结构解决弹复问题

2）采用加压校正法。在弯形终了时进行加压校正，可使圆角材料接近受压状态，从而减小弹复。为此，将上模做成如图 7–13b 所示的形状，减小接触面积，加大对弯形部位的压力。

此外，利用增加压边装置（见图 7-14）和尽量减小模具间隙的办法，也可以在一定程度上减小弹复。

3. 定位与防止偏移

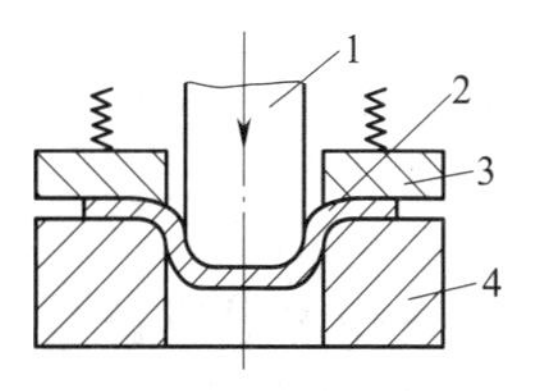

图 7-14　利用压边装置减小弹复

1—凸模　2—工件　3—压边装置　4—凹模

弯形加工时，不但毛坯材料要实行定位，而且要防止弯形过程中，由于毛坯材料沿凹模滑动所受的摩擦阻力不等，引起毛坯材料的左右偏移（对于不对称的弯形件来说，这种现象尤其显著）。

弯形前，通常采用定位板或利用毛坯材料上的孔来定位。防止弯形过程中毛坯材料偏移，多采用托料装置（见图 7-15a、b）。当然，在利用毛坯材料上已有的孔定位的同时，也防止了偏移（见图 7-15c）。

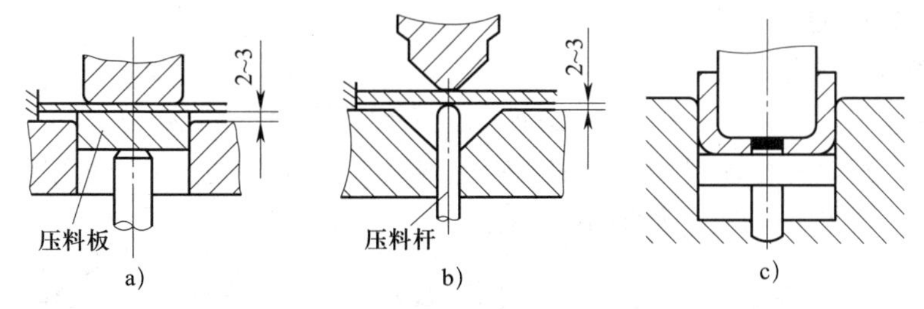

图 7-15　防止毛坯材料偏移的措施

制作自由弯形压弯模时，一般不考虑弹复、偏移等问题，模具结构简单。如图 7-16 所示为常见的自由弯形压弯模，其底座的内侧可以加放曲面挡块或斜面挡块，这样能调整凹模槽的宽度，以适应压制不同弯形件的需要。为了在压弯过程中更好地控制弯形件的曲率，一般在凹模槽口内加有垫块，当弯形件弯到将触及垫块时，表明已到所压的位置。垫块的高度由操作者根据弯形件具体情况灵活掌握，如图 7-17 所示。

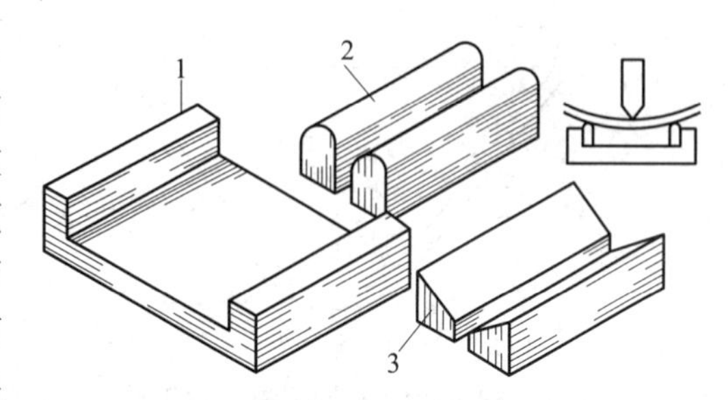

图 7-16　常见的自由弯形压弯模

1—凹模　2—曲面挡块　3—斜面挡块

在制作压弯模具时，还要考虑弯曲压力中心、模具强度、坯料在弯形过程中是否出现附加变形等问题。例如较长的角钢弯形时，容易产生扭曲现象，因此在压弯过程中，坯料变形部分应始终处于模具的夹持状态下（见图 7-18），以防止角钢扭曲。

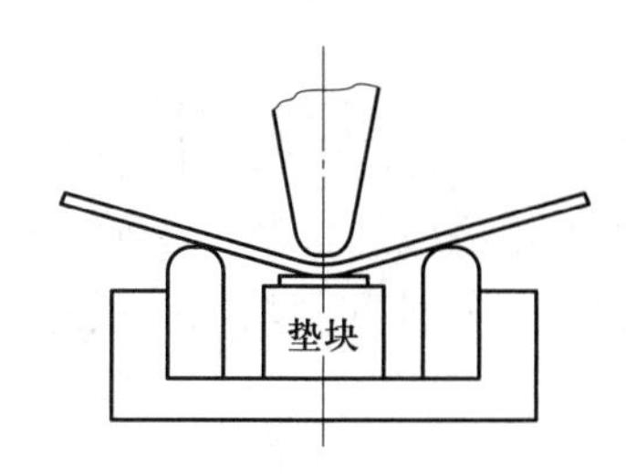

图 7-17　压弯模内加垫块控制弯形件的曲率

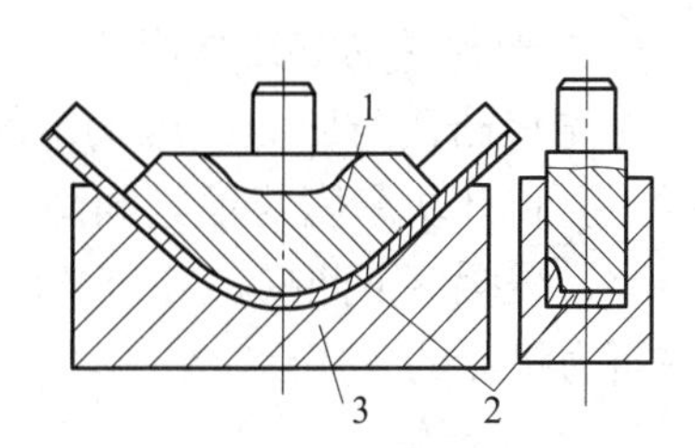

图 7-18　角钢压弯时的模具夹持

1—凸模　2—角钢　3—凹模

技能训练

V形板料的压弯成形

一、操作准备

1. 材料的准备

V形板料压弯工件如图7–19所示。工件数量为500件，上口料宽为600 mm，材质为Q235A。压力机床最大工作压力为2 000 kN。

经过计算，准备板料一块。

2. 设备的准备

准备一台压力机床。

3. 成形模具的准备

压弯模具采用焊接结构，如图7–20所示。为保证弯曲件平整，凸模的圆弧部位由一圆钢构成，凹模上其他将与坯料接触的部位铺上钢板。利用定位挡板实现压料前的坯料定位，利用托料板防止弯曲中可能出现的坯料偏移。

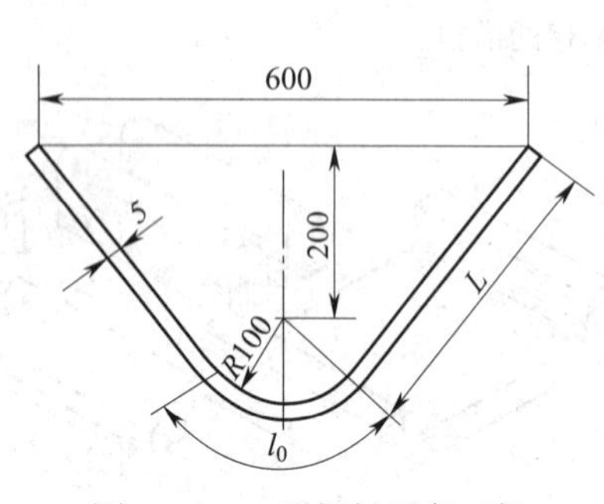

图7–19　V形板料压弯工件

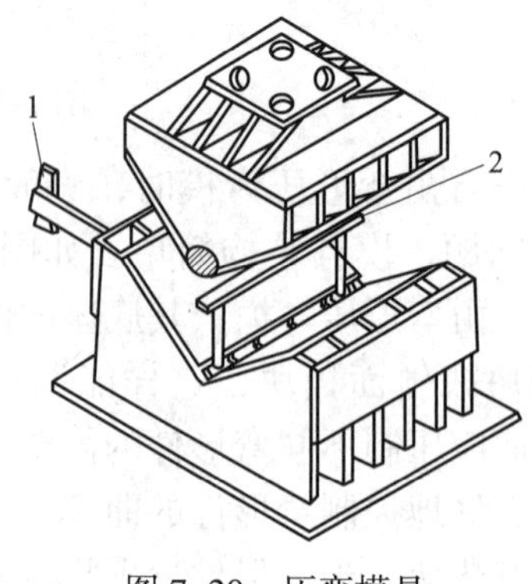

图7–20　压弯模具

1—定位挡板　2—托料板

在确定模具骨架中立板的数量、厚度和分布形式时，应考虑保证模具有足够的强度和刚度，并使压力分布均匀。

此外，设计模具结构时还要考虑模具在压力机床上的安装、固定问题。

二、操作步骤

1. 成形模具的安装与调整

首先将凸模与压力机床的滑块连接，然后将凹模置于压力机床的工作台上，与凸模大致找正。将几块厚度与模具间隙（可取等于工件厚度t）相适应的板块分别放在凹模两侧的平面上，缓缓落下凸模，并调整凹模位置，使二者吻合，且保证间隙均匀。最后，将凹模固定在压力机床的工作台上。

2. 板料定位

压弯前，将板料放在凹模上，保证坯料准确定位。

3. 压弯

（1）正式压弯前，应先试压几次，以检查模具的定位、弹复值和间隙，待试压合格后，才能正式压弯。

（2）正式压弯时，要注意坯料定位的准确性，掌握好实际的压弯力。

（3）压力机床的使用要严格遵守安全操作规程，并根据实际压弯中可能出现的问题采取相应的措施。

4. 质量检查

（1）检查成形件的各项尺寸是否符合图样要求。

（2）检查成形件的表面是否光滑，平面、曲面的过渡是否自然。

三、注意事项

1. 压弯模具虽然已经安装、固定在压力机床上，但压弯件的数量较多，在多次使用过程中压弯模具可能会出现松动现象。因此，在压弯过程中，应注意观察压弯模具的紧固情况，一旦出现松动现象，应立刻加以紧固，以确保压弯件的质量。

2. 压弯操作时，要对压弯的质量做到心中有数，必须遵循首件必检、中间抽查的原则。

子课题 3　托辊支臂压弯

一、压力机床

冷作工常用的压力机床有曲柄压力机、液压机以及一些新型、专用压力机等，下面将对这些压力机床的基本结构和工作原理予以介绍。

1. 曲柄压力机

（1）曲柄压力机的分类

1）按工艺用途划分，曲柄压力机可分为通用压力机和专用压力机两大类。通用压力机可用于冲裁、弯曲、成形、浅拉深等多种冲压工艺；专用压力机的用途较为单一，它是针对某一特殊工艺开发的，如双动拉深压力机、板料折弯机、高速压力机、精压机、热模锻压力机等。

2）按机身结构形式划分，曲柄压力机可分为开式压力机、半闭式压力机和闭式压力机。开式压力机的机身形状类似于英文字母 C，如图 7–21 所示。其机身工作区域三面敞开，操作空间大，但机身刚度相对较差，工作时机身会产生角变形，影响冲压精度，因此开式压力机的公称压力一般在 2 000 kN 以下。

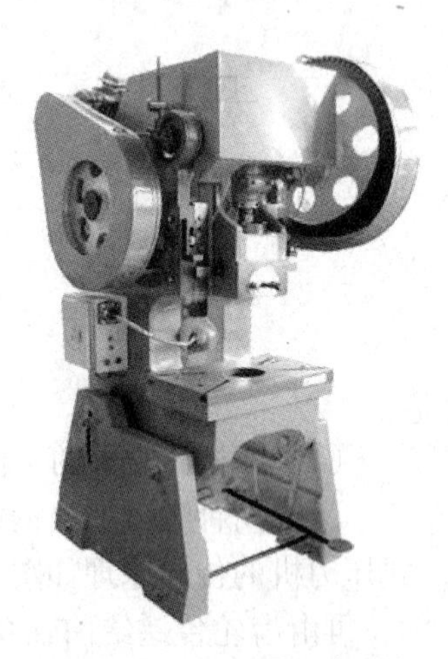
图 7–21　J23 系列开式双柱可倾式压力机

闭式压力机的机身左、右两侧封闭，机身呈框架结构（见图 7–22），其刚度好，冲压精度高，但操作空间较小，操作人员只能从前、后两面接近模具，操作不太方便。目前，公称压力超过 2 500 kN 的中、大型压力机几乎都采用闭式机身结构。

为了改善闭式压力机的操作空间，并使送料方便，近年出现了半闭式机身结构的压力机，如图 7–23 所示。它在封闭机身左、右两侧开有较大的窗口，可供操作者接近模具或进行左右送料。

3）按运动滑块的数量划分，曲柄压力机可分为单动压力机、双动压力机和三动压力机，如图 7–24 所示。目前，单动压力机使用最多，双动压力机和三动压力机使用相对较少，主要用于拉深成形工艺。

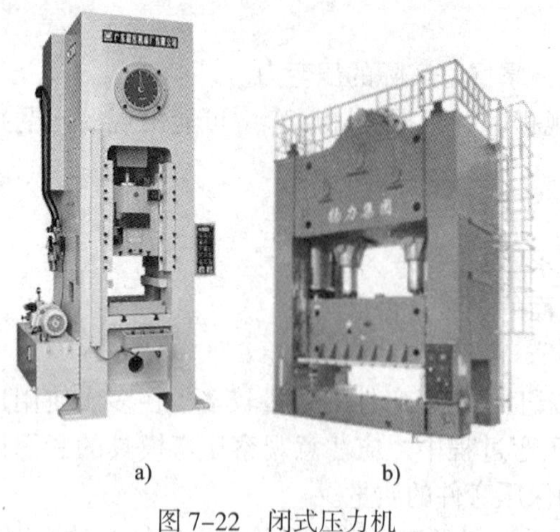

图 7–22　闭式压力机

a）JH31–250 型闭式单点压力机

b）JC36–630 型闭式双点压力机

图 7–23　JA36–400 型半闭式双点压力机

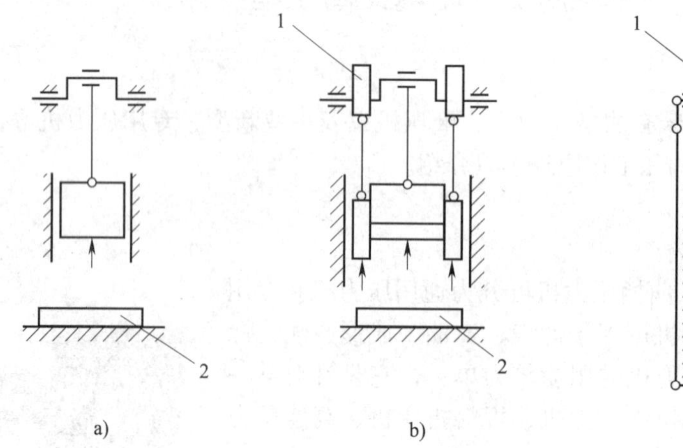

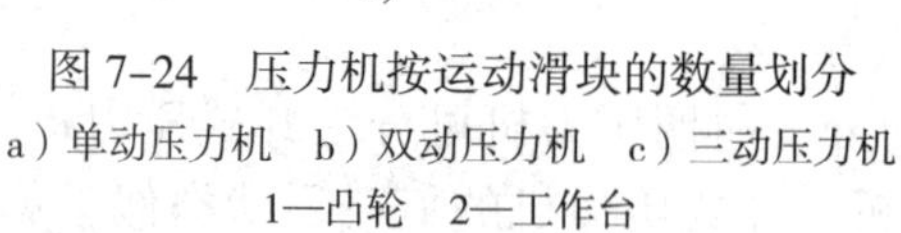

图 7–24　压力机按运动滑块的数量划分

a）单动压力机　b）双动压力机　c）三动压力机

1—凸轮　2—工作台

（2）曲柄压力机的工作原理

无论何种类型的曲柄压力机，其工作原理都是相同的。如图 7–21 所示的开式双柱可倾式压力机的传动原理如图 7–25 所示，电动机 1 的能量和运动通过带传动传递给中间传动轴 4，再由齿轮传递给曲轴 9，经连杆 11 带动滑块 12 做上下直线移动，从而将曲轴的旋转运动通过连杆转变为滑块的往复直线运动。将上模 13 固定于滑块 12 上，下模 14 固定于工作台垫板 15 上，压力机便能对置于上、下模之间的板料加压，将其冲压成工件。为了对滑块运动进行控制，曲轴 9 两端分别装有离合器 7 和制动器 10，以实现滑块的间歇或连续运动。压力机在整个工作周期内有负荷的工作时间很短，大部分时间为空行程运动。为了有效地利用能量，减小电动机功率，曲柄压力机均装有飞轮，以起到储能的作用。图 7–25 中的大带轮 3 和大齿轮 6 均起储能作用。

2. 液压机

液压机利用液体作为介质传递动力，根据所用介质不同，分为油压机和水压机。

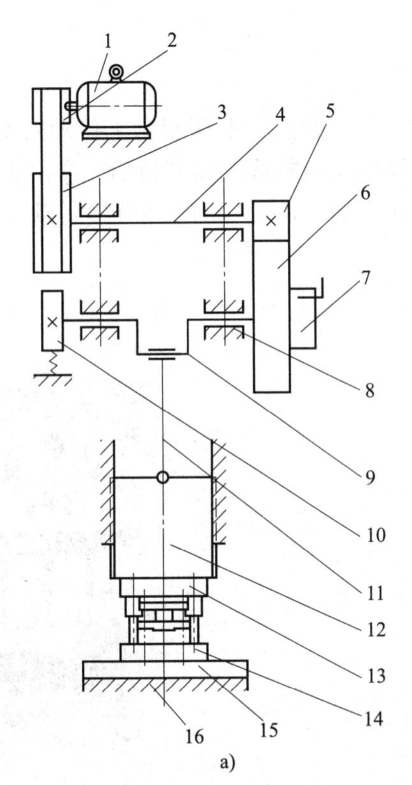

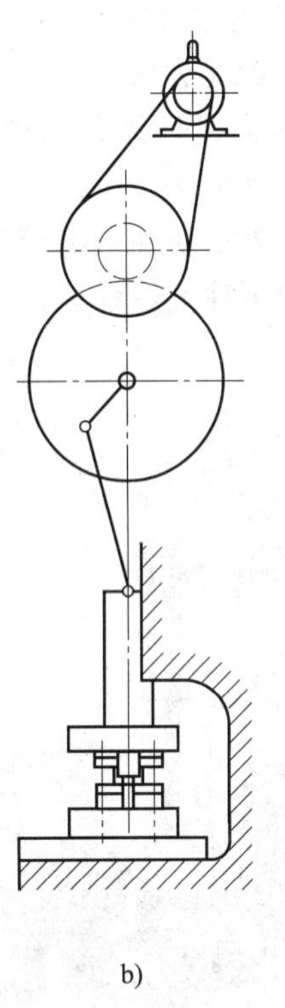

图 7–25　J23–63 型压力机的传动原理

1—电动机　2—小带轮　3—大带轮　4—中间传动轴　5—小齿轮　6—大齿轮
7—离合器　8—机身　9—曲轴　10—制动器　11—连杆　12—滑块
13—上模　14—下模　15—垫板　16—工作台

液压机是利用“密闭容器中的液体各部分压强相等”的原理而获得巨大压力的。设有大小不等的两个液压缸，如图 7–26 所示，小液压缸活塞的面积为 A_1，大液压缸活塞的面积为 A_2，两液压缸由管路连通，构成一密闭容器，并使其中充满液体（油或水）。当外力 F_1 作用于小活塞 A_1 时，大活塞 A_2 便会产生力 F_2。根据帕斯卡定理，可建立以下等式：

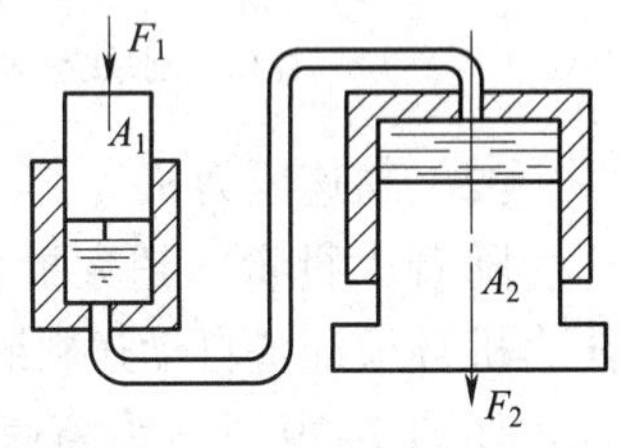

图 7–26　液压机的工作原理

$$\frac{F_1}{A_1}=\frac{F_2}{A_2} \tag{7-2}$$

即

$$F_2=\frac{A_2}{A_1}F_1 \tag{7-3}$$

由式（7–3）可知，当活塞面积 $A_2>A_1$ 时，$F_2>F_1$，因而可以用较小的作用力产生较大的工作压力。

在液压机工作系统中，小液压缸即为液压泵，而大液压缸是液压机的本体部分。除此之外，还有一套控制操纵和储能装置。

如图 7–27 所示为四柱上压式液压机，该液压机的工作缸装在机身上部，活塞从上向下对工件加压，放料和取件操作是在固定工作台上进行的，操作方便，而且容易实现快速下行，应用最广。

3. 新型、专用压力机

（1）双动拉深压力机

双动拉深压力机是具有双滑块的压力机。如图 7–28 所示为上传动式双动拉深压力机，它配有外滑块、内滑块和拉深气垫。外滑块用来落料或压紧坯料的边缘，防止起皱；内滑块用于拉深成形。外滑块在机身导轨上做下止点有“停顿”的上下往复运动，内滑块在外滑块的内导轨中做上下往复运动。

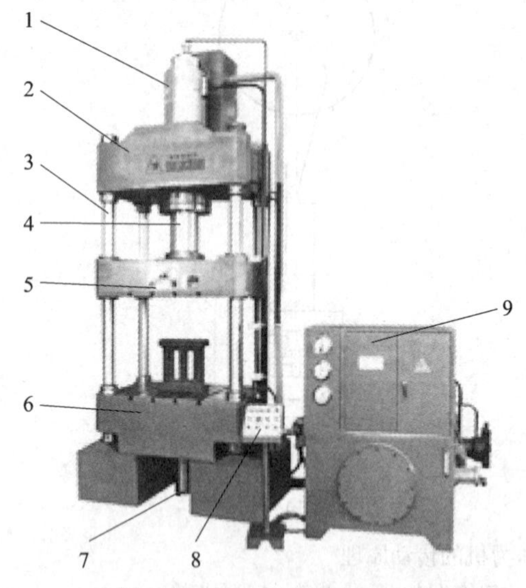

图 7–27　四柱上压式液压机

1—油箱及工作缸　2—上横梁　3—立柱　4—工作活塞
5—活动横梁　6—下横梁　7—顶出缸
8—操纵控制系统　9—动力部分

图 7–28　上传动式双动拉深压力机

（2）高速压力机

随着大批量、超大批量冲压生产的出现，高速、专用压力机得到了迅速的发展。高速压力机必须配备自动送料装置才能达到高速的目的。

如图 7–29 所示为高速压力机及其辅助装置，卷料从开卷机经过校平机构、供料缓冲机构到达送料机构，送入高速压力机进行冲压。

图 7–29　高速压力机及其辅助装置

二、压弯的一般工艺要求

1. 选择压力机床时，要同时满足所需弯形力和压弯工件所需空间尺寸范围两个要求。

2. 安装压弯模时，应尽量使模具压力中心与压力机床压力中心吻合，上、下模间隙均匀，装夹牢固。

3. 弯形件的直边长度一般不得小于板厚的 2 倍，以保证足够的弯曲力矩；当其小于 2 倍板厚时，可将直边适当加长，弯形后再行切除。

4. 为防止弯形件横截面畸变，板料弯形件宽度一般不得小于板厚的 3 倍；当其小于 3 倍板厚时，应先在同一块板上弯形，弯形后再切开分为若干件。

5. 局部需要弯成折边的零件，为避免角上弯裂，应预先钻出止裂孔或将弯曲线外移一定距离，如图 7–30 所示。

6. 当弯形件圆角半径较小时，为避免弯裂，应注意坯料的表面质量，去除剪断面毛刺及其他表面缺陷，或将质量差的表面放在弯曲内侧，使其处于受压状态而不易开裂。

7. 当需要加热弯形时，材料的加热温度要控制好，加热面的温度要均匀。弯形中注意不要使模具温度过高，以免变形。

8. 弯形操作应严格按照企业有关安全技术规程进行。

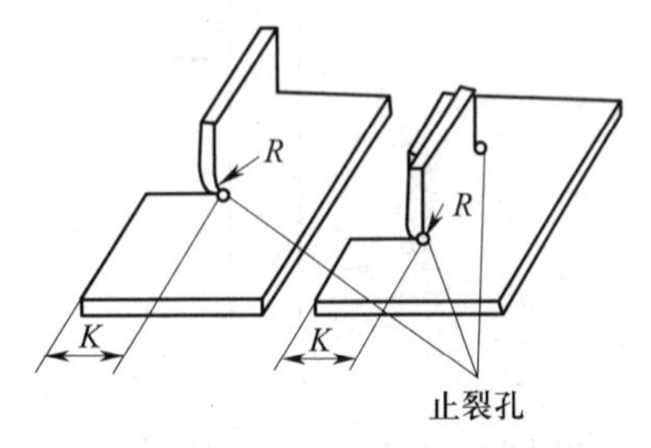

图 7–30　局部弯曲

技能训练

托辊支臂压弯

一、操作准备

1. 材料的准备

托辊支臂压弯工件如图 7–31 所示。该工件材质为 Q235A，数量为 400 件。

按照要求准备好略多于 400 件用量（为试压时留有余量）、厚度为 5 mm 的钢板。

2. 设备的准备

本工件采用 Y32–160 型油压压力机进行压弯成形，应保证油压机运转正常、润滑良好。

3. 压弯模具的准备

由图 7–31 可知，要想完成托辊支臂的成形工作需要两道工序，即首先将平直的坯料压制成 U 形弯形件，然后再将已弯成的 U 形件压制成 150°（由 180° –30° 得出）夹角的工件。因此，该工件需要准备两套成形模具，一套为 U 形成形模，另一套为 150° 弯形角的成形模。

二、操作步骤

1. U 形成形模具的安装与调整

首先将 U 形成形模的凸模与凹模一起吊运到油压机的工作台上，然后将油压机的滑块慢慢落下，再将凸模与凹模一起进行轻微移动，使凸模的螺栓孔与油压机的滑块定位槽对正，并用紧固螺栓与滑块相连接，再用扳手将紧固螺栓拧紧，使凸模与滑块牢固连接；接着

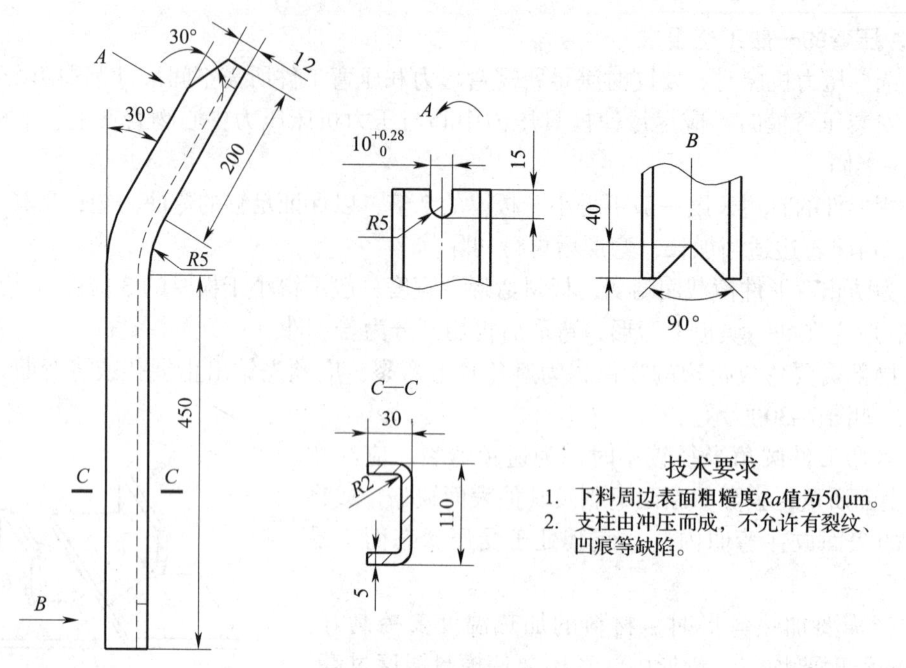

图 7-31 托辊支臂压弯工件

将凹模与凸模大致找正，再用几块厚度与模具间隙（可取工件厚度 t=5 mm）相适应的板块，分别放在凹模两侧的平面上，缓缓落下凸模，并精确调整凹模的位置，使二者吻合，且保证凸模、凹模间隙均匀；最后将凹模固定在油压机的工作台上。

2. 板料定位

压弯前，将坯料放在凹模上（凹模上应有定位装置），保证坯料准确定位。

3. U 形压弯

（1）正式压弯前，应先试压几次，以检查模具的定位、弹复值和间隙，待试压合格后才能正式压弯。

（2）正式压弯时，要注意坯料定位的准确性，掌握好实际压弯力。

（3）压力机床的使用要严格遵守安全操作规程，并根据实际压弯中可能出现的问题采取相应的措施。

4. 150° 弯形角成形模的安装与调整

完成了托辊支臂的 U 形弯形后，即可将 U 形成形模从压力机床上拆卸下来，然后将 150° 弯形角成形模安装在压力机上。其安装与调整方法与步骤 1 相同。

5. 150° 弯形角压弯

150° 弯形角压弯的方法与步骤 3 相同。

6. 质量检查

（1）检查托辊支臂成形件的各项尺寸是否符合图样要求。

（2）检查托辊支臂成形件的表面是否光滑，平面、曲面的过渡是否自然。

课题二　滚弯

子课题 1　滚 弯 柱 面

一、滚弯的特点

在滚床上进行弯曲成形的加工方法称为滚弯，如图 7–32 所示。滚弯时，板料置于滚床的上、下轴辊之间，当上轴辊下降时，板料受到弯曲力矩的作用发生弯曲变形。上、下轴辊的转动，通过轴辊与板料间的摩擦力带动板料移动，使板料受压位置连续不断地发生变化，从而形成平滑的弯曲面，完成滚弯成形。

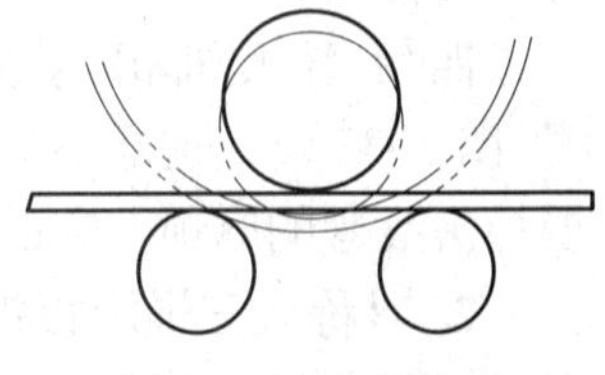

图 7–32　滚弯过程

在滚弯过程中，板料弯曲变形的方式相当于压弯时的自由弯曲，滚弯件的曲率取决于轴辊间的相对位置、板料的厚度和力学性能。调整轴辊间的相对位置，可以将板料弯成小于上轴辊曲率的任意曲率。由于存在弯曲弹复，弯曲件的曲率不能等于上轴辊的曲率。

滚弯往往不能一次成形，而多次的冷滚压又会引起材料的冷加工硬化。当弯曲件变形程度很大时，这种冷加工硬化现象将十分显著，致使弯曲件的使用性能严重恶化。因此，冷滚压成形的允许弯形半径 R 不能以板料的最小弯形半径为界线，而应大一些。通常 $R=20t$（t 为板厚）；当 $R<20t$ 时，则应进行热滚弯。

滚弯成形方法的优点是通用性强。板材滚弯时，一般不需要在滚床上附加工艺装备；型钢滚弯时，只需附加适用于不同表面形状、尺寸的滚轮。滚弯机床结构简单，使用和维护方便。滚弯的缺点是效率较低，精度不高。

二、滚板机

滚弯机床包括滚板机和型钢滚弯机。由于滚弯加工的大多是板材，而且滚板机附加一些工艺装备也能进行一般的型钢滚弯，因此滚弯机床以滚板机为主。

1. 滚板机的类型及其特点

滚板机的类型有对称式三辊滚板机、不对称式三辊滚板机和四辊滚板机三种。这三种类型滚板机的轴辊布置形式及运动方向如图 7–33 所示。

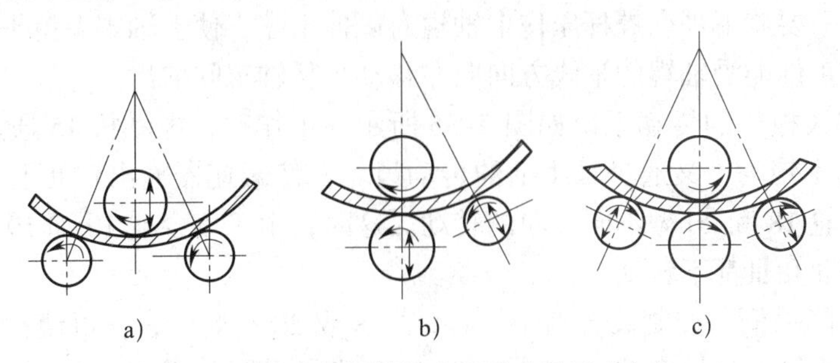

图 7–33　滚板机轴辊布置形式及运动方向

a）对称式三辊滚板机　b）不对称式三辊滚板机　c）四辊滚板机

对称式三辊滚板机，其中间的上轴辊位于两个下轴辊的中线上（见图 7–33a），结构简单，应用普遍。其主要缺点是弯曲件两端有较长的一段位于弯曲变形区以外，在滚弯后成为直边段。因此，为使板料全部弯曲，需要采取特殊的工艺措施。

不对称式三辊滚板机，其轴辊的布置是不对称的，上轴辊位于两下轴辊之上而向一侧偏移（见图 7–33b），这样就使板料的一端边缘也能得到弯曲，剩余直边的长度极短。若在滚制完一端后，将板料从滚板机上取出掉头，再放入进行弯曲，就可使板料接近全部得到弯曲。这种滚板机由于支点距离不相等，因此轴辊在滚弯时受力很大，易产生弯曲，从而影响弯曲件精度；而且弯曲过程中的板料掉头，也增加了操作工作量。

四辊滚板机相当于在对称式三辊滚板机的基础上，又增加了一个中间下轴辊（见图 7–33c），这样不仅能使板料全部得以弯曲，还避免了板料在不对称式三辊滚板机上需要掉头滚弯的麻烦。它的主要缺点是结构复杂、造价高，因此应用不太普遍。

2. 对称式三辊滚板机的基本结构和传动分析

对称式三辊滚板机是冷作工最常用的滚弯机床，如图 7–34 所示。其基本结构是由上、下轴辊、机架、减速器、电动机和操纵手柄等组成的。工作时，控制操纵手柄能使上轴辊做铅垂方向运动，两下轴辊做正、反方向转动。

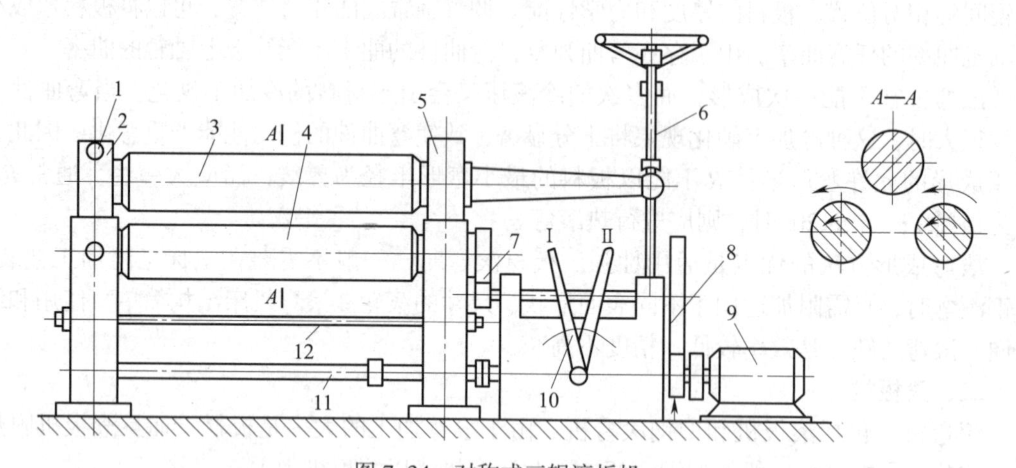

图 7–34　对称式三辊滚板机

1—插销　2—活动轴承　3—上轴辊　4—下轴辊　5—固定轴承　6—卸料装置　7—齿轮
8—减速器　9—电动机　10—操纵手柄　11—传动蜗杆轴　12—拉杆

为使封闭的筒形工件滚弯后能从滚板机上卸下，在上轴辊的左端装有活动轴承，右端设有平衡螺杆。只要旋下平衡螺杆压住上轴辊右侧伸出端，使上轴辊保持平衡，即可将活动轴承卸下来，使工件能沿轴辊的轴线方向向左移动，从轴辊间取出。

对称式三辊滚板机的传动系统如图 7–35 所示。工作时，电动机 15 通过齿轮 14 和 13，使减速器输入轴 Ⅰ 转动，又通过轴 Ⅰ 上的传动齿轮，使减速器输出轴 Ⅱ 上的齿轮 17 和 21、输出轴 Ⅲ 上的齿轮 18 和 20 做不同方向的转动。这时，由于离合器 10 和 19 均未闭合，因此减速器的输出轴 Ⅱ 和 Ⅲ 都不转动。

通过操纵升降手柄，控制离合器 19 向齿轮 18 或 20 一侧闭合，可使输出轴 Ⅲ 正向或反向转动。输出轴 Ⅲ 又通过蜗杆 23、27 与蜗轮 24、26 及升降丝杆 28、30 使上轴辊垂直升降，对板料施压或离开工件。

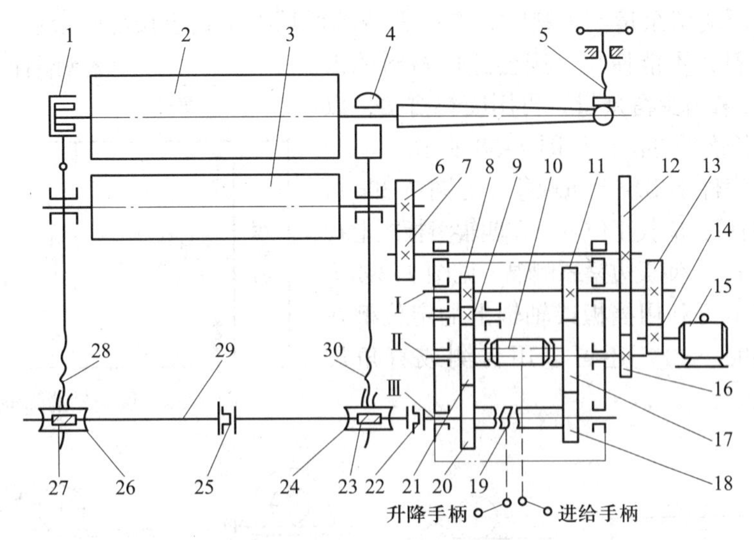

图 7-35　对称式三辊滚板机的传动系统

1—活动轴承　2—上轴辊　3—下轴辊　4—固定轴承　5—平衡螺杆

6、7、8、9、11、12、13、14、16、17、18、20、21—齿轮

10—摩擦式离合器　15—电动机　19—啮合式离合器　22、25—联轴器

23、27—蜗杆　24、26—蜗轮　28、30—升降丝杆　29—蜗杆轴

通过操纵进给手柄，控制离合器 10 向齿轮 17 或 21 一侧闭合，可使输出轴Ⅱ正向或反向转动，从而使板料向前或向后移动。

当滚制锥形件需要上轴辊 2 倾斜时，可将蜗杆轴 29 上的联轴器 25 脱开，使输出轴Ⅲ仅带动右侧固定轴承升降，而左侧活动轴承不动，即可按滚弯需要将上轴辊 2 调整成一定的倾斜度。

三、柱面滚弯的工艺方法

在滚板机上进行的滚弯加工，以板料滚制柱面为主。若采取适当的工艺措施或附加必要的装备，还可以滚制锥面和滚弯型钢。

1. 柱面的几何特征是表面素线为相互平行的直线，因此在滚制柱面工件前，应检查滚板机上、下轴辊是否平行，若不平行，则要将其调整为平行，否则将会因滚板机上、下轴辊不平行而使滚制出的工件带有锥度。

2. 当采用对称式三辊滚板机滚弯时，通常采用以下两种措施消除工件的直边段。

（1）板料的两端预弯。表面两端预弯时，可利用模具在压力机上进行，如图 7-36 所示。当板料较薄时，也可以手工预弯（俗称槽头）；或者用一块已经弯成适当曲率的垫板，在滚板机上预弯板料（见图 7-37），垫板厚度应大于工件板厚的 2 倍。

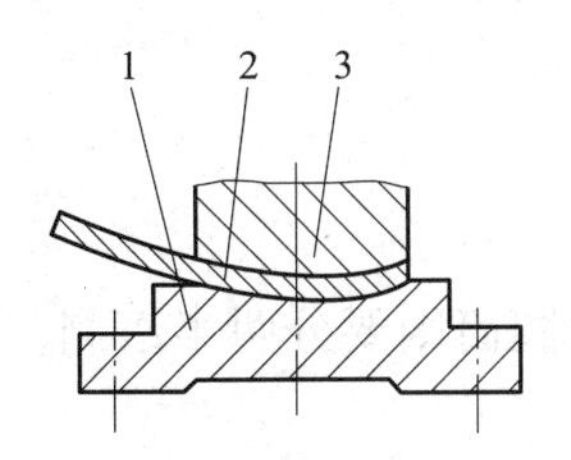

图 7-36　在压力机上预弯板料端部

1—下模　2—板料　3—上模

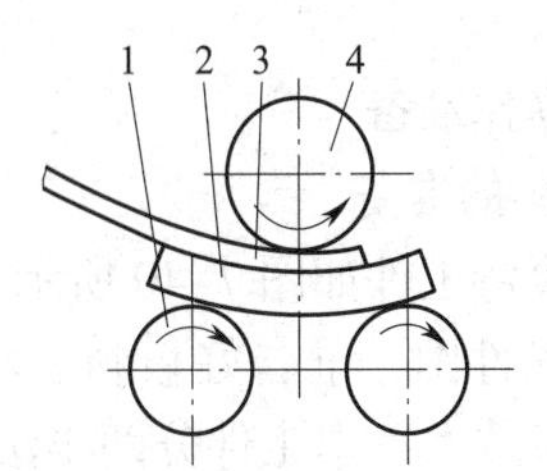

图 7-37　在滚板机上预弯板料

1—下轴辊　2—垫板　3—板料　4—上轴辊

（2）板料两端留余量。下料时，在板料两端留稍大于直边长度的余量，待滚弯后再割去（割下的余料如不能使用，则会造成材料的浪费）。有时也可采用少留余量，再用废料拼接，以保证足够直边长度的办法，如图 7–38 所示。

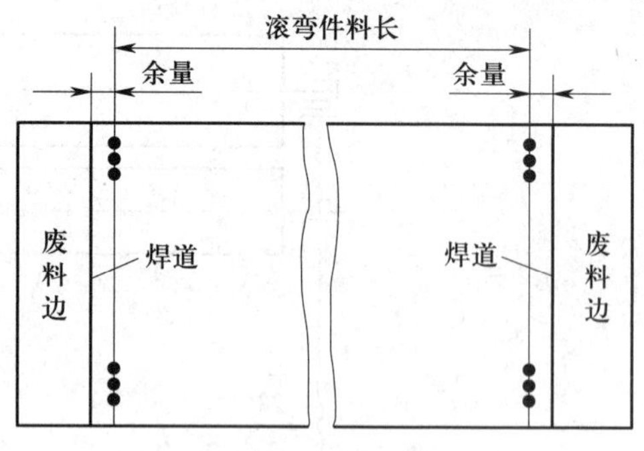

图 7–38　留余量消除滚弯件的直边

3. 为使滚弯件不出现歪扭现象（见图 7–39a），板料放入滚板机后，应找正位置。在四辊滚板机上找正时，可调整侧辊，使板边紧靠侧辊（见图 7–39b）。在三辊滚板机上可利用挡板或轴辊上的定位槽找正（见图 7–39c、d），还可以用目测或直角尺找正。

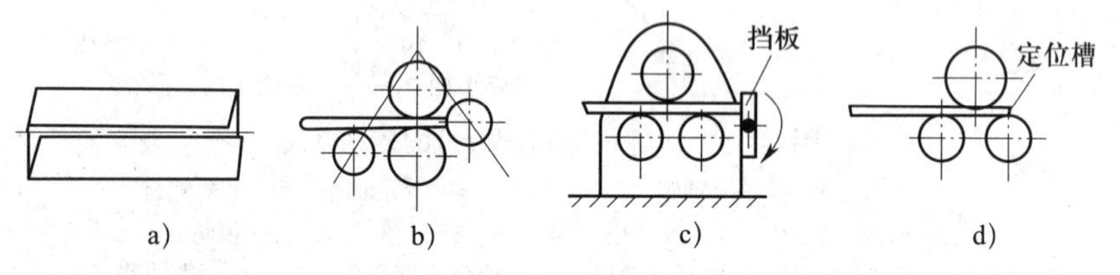

图 7–39　板料在滚板机上找正位置

4. 调节轴辊间的距离，以控制滚弯件的曲率。由于弯曲弹复等因素的影响，往往不能一次调节、滚压就可使坯料获得需要的曲率。通常是先凭经验初步调节好轴辊间的距离，然后滚压一段并用样板测量，根据测量结果，对轴辊间的距离做进一步调整，再滚压、测量。如此数次，直至工件曲率符合要求为止。

5. 较大的工件滚弯时，为避免其因自重引起附加变形，应将板料分为三个区域，先滚压两侧区，再滚压中间区。必要时，还要用吊车予以配合。

6. 滚制非圆柱面工件时，应依次按不同的曲率半径在板料上划分区域，分区域调节轴辊间的距离，进行滚压和测量。

7. 滚弯前，应将轴辊和板料表面清理干净，还要将板料上气割时留下的残渣和焊接时留下的疤痕除去、磨平，以免损伤工件和轴辊。

技能训练

卷制圆筒

一、操作准备

1. 材料的准备

柱面滚弯工件如图 7–40 所示。

根据工件图，准备好板料。小圆筒一般整筒滚制，大圆筒则要分两半滚制。为使学习者掌握滚弯技术，本工件分两半滚制。

2. 设备的准备

准备一台对称式三辊滚板机，并检查滚板机的上、下轴辊是否平行，若不平行，应将其调整平行。

3. 样板的准备

准备工件内圆的卡形样板。

4. 工具、量具的准备

滚弯前应准备钢直尺、卷尺、大锤、压弧锤、槽头胎具等工具、量具。

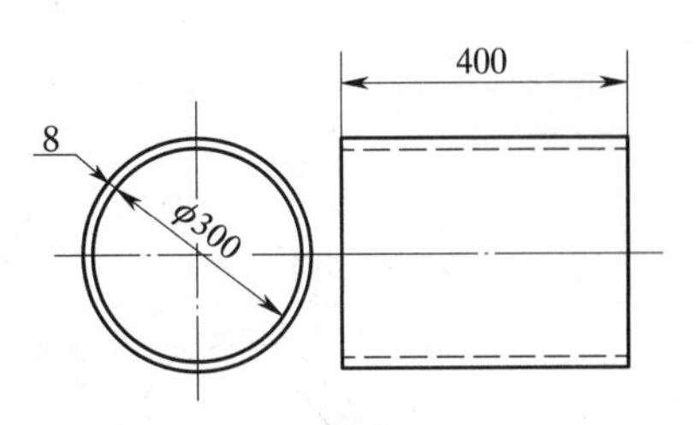

图 7–40　柱面滚弯工件

二、操作步骤

1. 清理板面、划线

（1）将钢板表面清理干净，并垫平、垫牢，然后在板面上划出弯曲线。

（2）用手工方法预弯板料两端，预弯长度应略大于两下轴辊中心距的一半，一般为 180 ~ 200 mm。在预弯过程中，应用卡形样板进行检查，直至达到图样要求的工件曲率为止（见图 7–41）。

2. 板料放入滚板机并找正

工件放入滚板机后，利用滚板机轴辊上的定位槽进行找正。方法是将下辊的定位槽转到最上端的位置，使放入滚板机的板料边缘与定位槽平行，如图 7–42 所示。

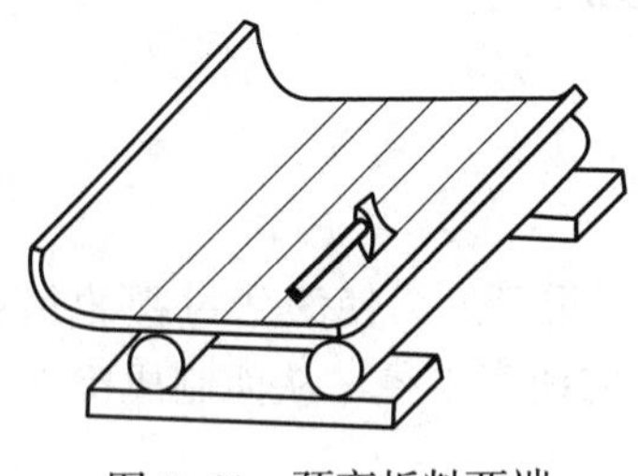

图 7–41　预弯板料两端

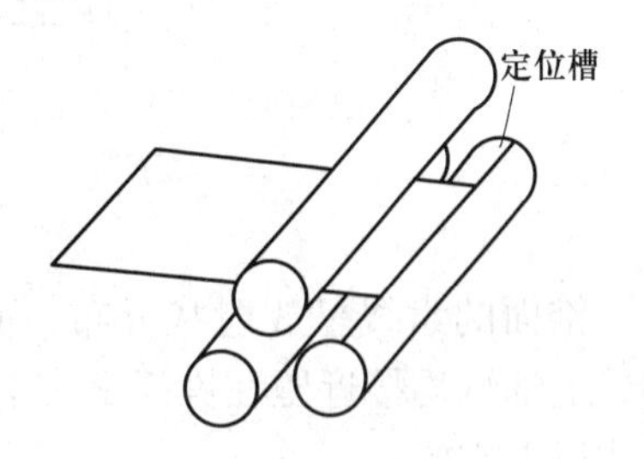

图 7–42　工件找正

3. 卷制中间部分

在滚弯过程中，由于弹复的影响，往往不能一次滚压至要求的曲率。一般要凭经验初步调节上辊压下量，然后再滚压，并用样板测量。根据测量结果，进一步调节上辊压下量，再滚压、测量，直至达到要求的曲率为止。

滚压中若出现歪扭现象要及时修整，其方法是用手工矫正（见图 7–43）。在矫正过程中，应根据工件的歪扭方向和程度，确定锤击位置，施加相应的锤击力，避免因矫正失当而引起工件反向歪扭或曲率过大。

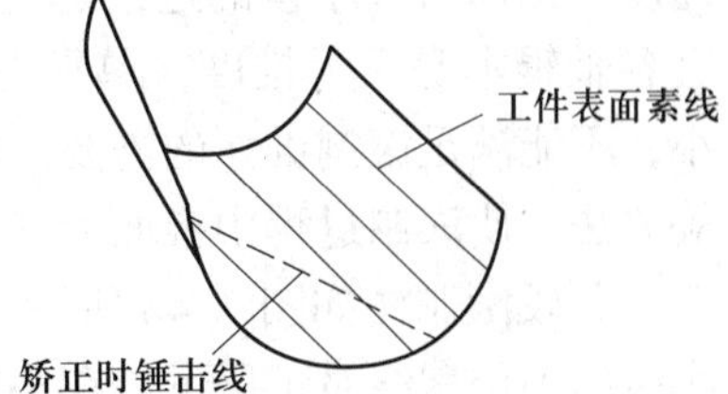

图 7–43　歪扭现象的修整方法

4. 质量检查

（1）用卡形样板沿圆筒的内表面上、下边缘检查整个工件的曲率，若有不合格处，应及时修整。

（2）检查半圆筒两直边是否平行（共面），如图 7–44 所示。若两直边都与平台贴合，则说明两边平行；若不能与平台贴合，则说明工件出现歪扭现象，要按图 7–43 所示的方法进行矫正。

5. 装焊及矫正

两半圆筒滚制合格后，便可进行装配、焊接（见图 7–45）。焊接后还要对工件进行检验及必要的矫正。

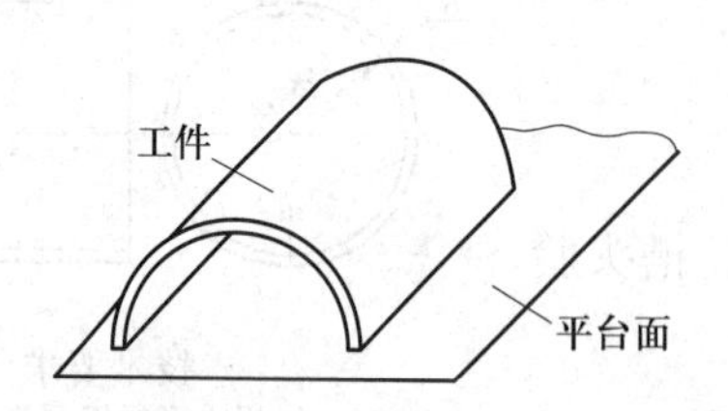

图 7–44　半圆筒直边是否平行的检查方法

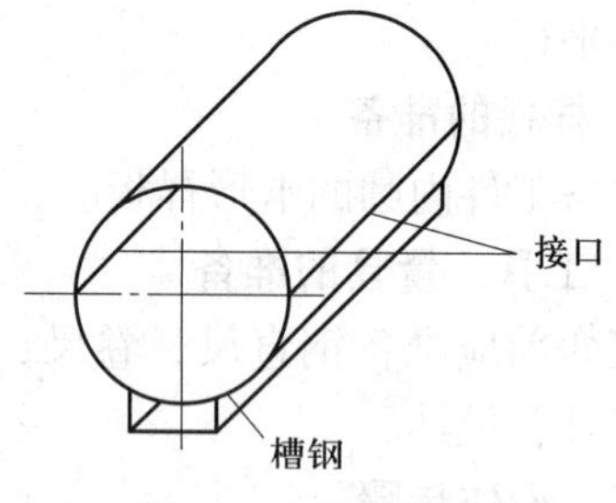

图 7–45　装配方法

三、注意事项

1. 滚弯前，应将轴辊和板料表面清理干净，还要将板料上气割时留下的残渣和焊接时留下的飞溅物及疤痕铲去、磨平，以免损伤工件和轴辊。

2. 滚弯的弯曲变形方式相当于压弯时的自由弯曲，必然产生弹复，所以滚弯时上轴辊的压下量可以稍大一些，使板料的弯曲曲率稍大于图样要求的曲率，以解决弹复问题。另外，曲率大的圆筒的矫正要比曲率小的圆筒的矫正更容易一些。

子课题 2　滚 弯 锥 面

锥面的滚制

锥面的素线呈放射状分布，而且素线上各点的曲率都不相等。为使滚弯过程的每一瞬间，上轴辊均接近压在锥面素线上，并形成沿素线各点不同的曲率半径，从而制成锥面，应采取以下措施。

1. 调整上轴辊，使其与下轴辊成一定倾斜角度。这样就可以沿板料与上轴辊的接触线压出各点不同的曲率。上轴辊倾斜角度的大小，由操作者根据滚弯件的锥度凭经验初步调整，再经试滚压、测量后确定。

2. 为使上轴辊能始终接近压在锥面素线上，应使锥面的大口与小口两端有不等的进给速度。锥面大、小口的进给速度差根据锥面的锥度而定。由于滚板机的两下轴辊互相平行，且各轴辊本身又无锥度，单靠上轴辊倾斜，滚弯时锥面大口与小口两端的进给速度差异很小，不能满足滚制锥面的需要。因此在上轴辊倾斜的基础上，还要采用分段滚制或小口减速等方法，使滚制过程中锥面大、小口的进给速度差达到所需要的数值。

分段滚制法如图 7–46 所示。利用锥面素线将板料划分为若干小段，滚弯时将上轴辊与小段的中位素线对正压下，在小段范围内来回滚压。滚制完一段后，随即移动板料，仍按上述方法滚压下一段。通过分段挪动板料，形成锥面两口进给速度差。分段越多，则锥面成形越好。

小口减速法滚制锥面如图 7–47 所示。上轴辊处于倾斜位置，又在小口一端加一减速装置，用以增大板料小口端的进给阻力，使小口端的进给速度减小。扇形板料边送进边旋转进行滚弯，使上轴辊始终与锥面素线重合。

此外，在检查锥面工件的曲率时，对锥面的大口与小口都要进行测量，只有当锥面两口的曲率都符合要求时，工件曲率才算合格。

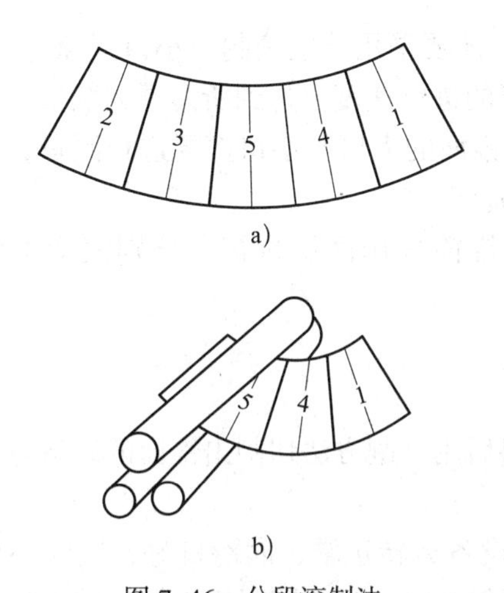

图 7-46　分段滚制法

a）坯料分段及滚制顺序　b）滚板机上分段滚制

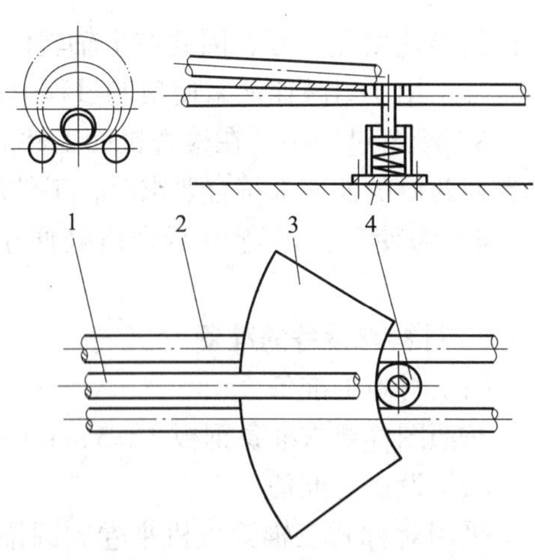

图 7-47　小口减速法滚制锥面

1—上辊　2—侧辊　3—板料　4—减速装置

技能训练

卷制圆锥筒

一、操作准备

1. 圆锥筒滚弯工艺分析

（1）圆锥筒工件图（见图 7-48）

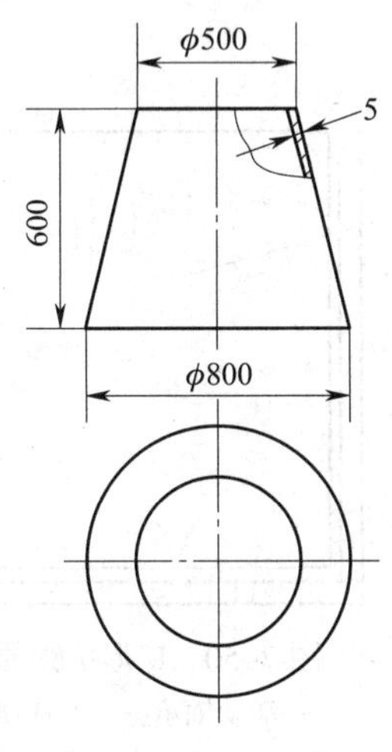

技术要求

1. 用卡形样板检查大、小口的圆度，最大间隙不得大于1。
2. 两直边不得出现歪扭现象。

图 7-48　圆锥筒工件图

（2）锥面滚弯工艺分析

1）锥面的几何特征是表面素线相交于一点，每条素线上各点的曲率也不相同。所以在滚制时，滚板机上、下轴辊之间应具有一定的倾角。

2）为了使滚板机上轴辊始终近似压在锥面素线上，在滚弯的过程中，锥面大、小口的进给速度应具有一定的差异。由于滚板机两下轴辊是平行的，单靠上轴辊倾斜，锥面大、小口的进给速度差不够，因此在上轴辊倾斜的基础上，还要采用分段滚制或小口减速等方法。本工件采用小口减速法来使滚制过程中锥面大、小口的进给速度差达到所需要的数值。

3）滚弯过程中，在检查锥面工件的曲率时，对锥面的大口与小口都要进行测量，只有当锥面两口的曲率都符合要求时，工件曲率才算合格。

4）为使工件滚弯后不合格处便于矫正，该圆锥筒采用两块拼接、分别滚弯的加工工艺。

2. 材料与设备的准备

（1）材料的准备

按照图样要求准备钢板（t=5 mm）一块，经号料后用气割方法切割出锥面的扇形轮廓。

（2）设备的准备

采用对称式三辊滚板机来卷制圆锥筒，应保证设备运转正常，润滑良好，同时还要按照圆锥筒的锥度调整好上轴辊倾斜度。调整上轴辊倾斜度时，可将滚板机中蜗杆轴上的联轴器脱开，使输出轴仅带动右侧固定轴承升降，而左侧活动轴承不动，即可按滚弯需要，将上轴辊调整成一定的倾斜度。

3. 辅助机具的准备

本工件采用小口减速法，就是在滚制锥面时，人为地使小口端受到一定的阻力，造成小口端的转速下降。下面介绍一种行之有效的小口减速法——U 形抗铁法，如图 7–49 所示。

使用时，将 U 形抗铁放在滚板机活动轴承一端，使其箍在方铁上而被固定（见图 7–50）。该 U 形抗铁立板上端的圆弧是为了满足上轴辊圆弧的需要，下端的凸台是为了满足随着上轴辊的下降，保证锥面小口端板料也能始终与抗铁的立板接触。

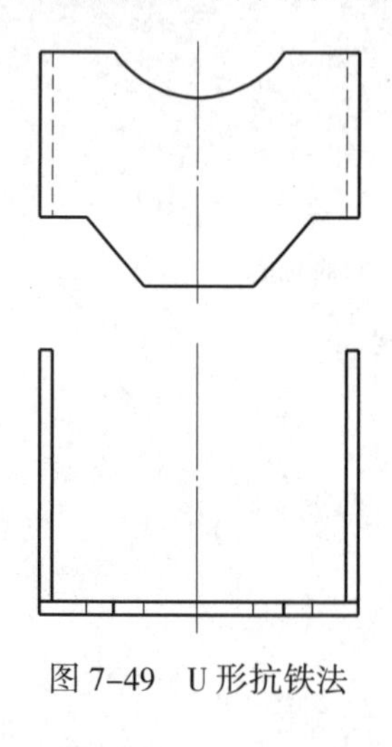

图 7–49　U 形抗铁法

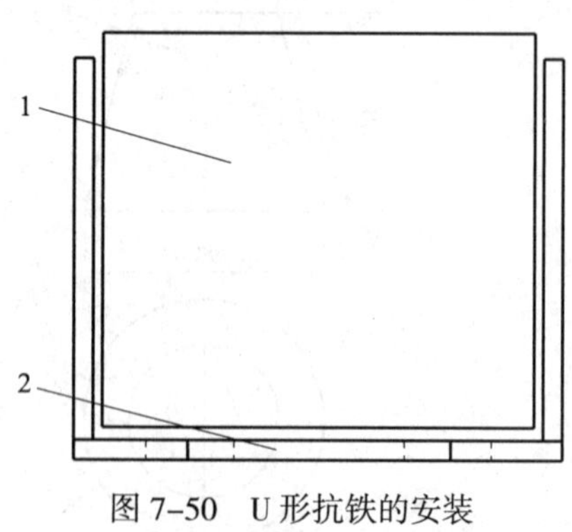

图 7–50　U 形抗铁的安装

1—活动轴承座　2—U 形抗铁

该 U 形抗铁的长度、宽度及高度尺寸应与活动轴承底座尺寸相适应（滚板机规格不同，其尺寸不同），U 形抗铁立板的圆弧半径应根据上轴辊轴端半径值确定，下端凸台形状及尺寸应根据锥面的锥度选定。

4. 样板的准备

准备好大、小口的卡形样板。为使测量方便，卡形样板的圆弧半径应以内圆锥面的半径值为准。

5. 工具、量具的准备

准备好大锤、撬杠、钢直尺、直角尺等。

二、操作步骤

1. 清理板面、划线

（1）清除已经切割好的扇形板料断面上的氧化铁渣以及板料表面的铁锈等污物。

（2）在扇形板料表面上划出锥面的表面素线，以作为滚弯时的找正基准（见图 7–51）。

（3）将扇形板料放入滚板机前，应将小口端磨削光滑，以免卷制时因小口端表面粗糙度值过大而将板料卡住。

（4）卷制前，最好在小口端涂抹一些润滑油，使小口端达到既减速又做相对滑动的目的。

2. 将板料放入滚板机并找正

（1）打开活动床头的轴承座，先放入扇形板料，然后放入 U 形抗铁。

（2）将活动床头的轴承座合上，并使 U 形抗铁抱紧在活动轴承座上。

（3）调整扇形板料在滚板机中的位置，使上、下轴辊与锥面素线平行（见图 7–52），以达到找正板料的目的，同时还要保证扇形板料的小口端与 U 形抗铁保持接触。至此，圆锥筒卷制前的准备工作全部结束，可以压下上轴辊，转动下轴辊，开始进行滚弯。

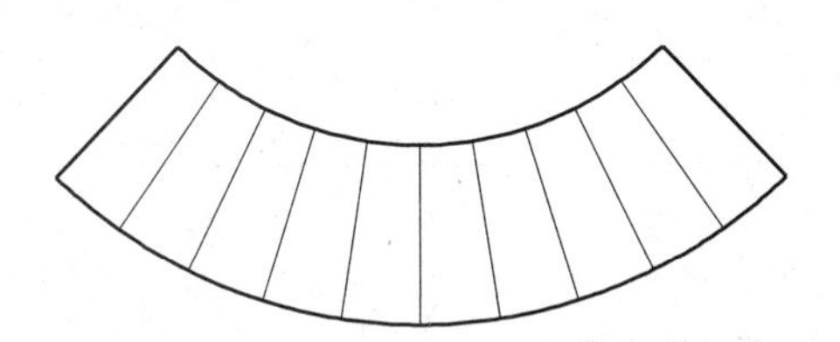

图 7–51　在锥面上划出素线

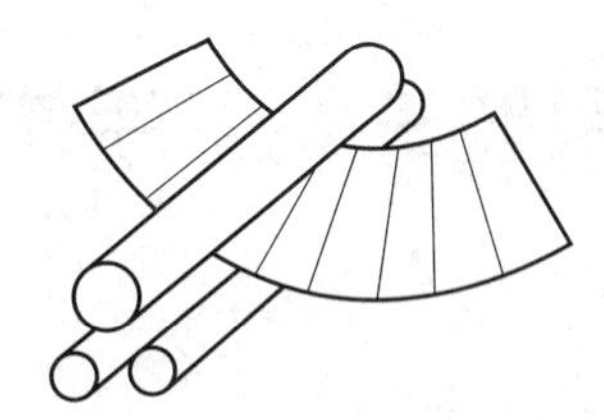

图 7–52　板料找正

3. 卷制两端、去头

锥面滚弯也要按照先滚弯板料两端部分，再滚弯中间部分的顺序进行。滚弯过程中要经常用样板检查工件大、小口的曲率，以控制滚弯质量。

对称式三辊滚板机的主要缺点是弯曲件两端有较长的一段位于弯曲变形区以外，在滚弯后成为直边段。为使板料全部得到弯曲，这里采用两端留余量的方法来解决这一问题。当板料两端滚弯质量合格后，就应该将事先预留的余量切割掉。

4. 卷制中间部分

板料两端曲率合格后，即可进行板料中间部分的卷制，其方法与卷制两端时的方法完全相同。

5. 质量检查

（1）用卡形样板检查工件大、小口的曲率。通常在锥面板料表面的局部易出现曲率不合格的现象，可采用手工弯曲的方法进行修整。

（2）检查板料的两直边是否平行，如出现锥面歪扭现象要进行修整，其方法与柱面卷制时出现歪扭的修整方法相同。

6. 圆锥筒装焊

圆锥筒采用立装法装配，如图 7–53 所示。装配时，将两个半圆锥筒立放在平台上，使两直边对齐后施以定位焊。定位焊

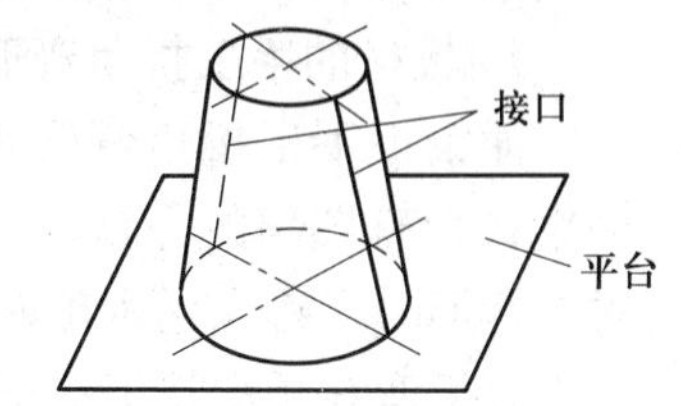

图 7–53　圆锥筒的装配方法

后检查一下各部尺寸及接口处曲率，合格后再进行焊接。

三、注意事项

1. 当锥面开始卷制时，很有可能会出现扇形板料不容易移动的现象，这是由于板料的小口端受到U形抗铁的阻碍以及板料还没有形成较大曲率的缘故。解决的办法有两个：一是用大锤锤击小口端，使小口端在锤击力的作用下强制移动；二是在大口端用撬杠拨动，这样能增大板料与下轴辊的摩擦力，使大口端增速。

2. 当锥面即将卷制成形时，有时锥面也会发生不转动的现象，除应微升上轴辊外，还应用撬杠在锥面大口端外侧利用下轴辊作为支点进行撬动，以增大锥面大口端与上轴辊的摩擦力，使锥面可以转动。

3. 在锥面卷制过程中，要时刻保证板料的小口端与U形抗铁接触，这样就能保证板料的大、小口两端始终存在着线速度差，从而可以保证上、下轴辊与锥面的表面素线平行，也就可以使锥面在卷制后不产生错口的现象。

课题三　手工弯形

子课题1　板材手工弯形

一、板材手工弯形的特点

1. 板材弯形若采用手工弯形方式，通常是指对薄板进行的加工。

2. 当板材较薄时，板材的刚度小，所以进行弯形加工通常不需要很大的弯形力。因此，板料的手工弯形多采取冷加工的方法。

3. 板材弯形件成形面积往往较大，难以采用整体成形胎模，同时为了省力，一般用自由弯形模进行手工弯形。这样就需要在弯形过程中及时进行测量，以保证成形质量。

4. 板材弯形往往要求较高的表面质量，因此，弯形过程中要采取相应的工艺措施和加工工具。例如板厚很小的薄板在进行手工弯形时，应使用硬度较小的软金属锤或木锤。

二、板材常用手工弯曲成形工艺

板材的手工弯形主要有两种形式，一种是折角弯形，另一种是圆弧曲面弯形。

1. 板材的手工折角弯形

薄钢板手工折角弯形时，首先应在薄钢板需要折弯处划出弯曲线，然后将薄钢板放在槽钢或带有棱角的方铁上，使所划的弯曲线与槽钢或方铁的棱角对齐，并用夹具将板料夹紧。弯形时，首先用木锤或锤子把板料两端敲弯成一定的角度以便定位，然后再一锤挨着一锤沿着折弯线顺次将板料全部敲弯成形。

当折角弯形的零件尺寸不大时，也可直接在台虎钳上弯制。

2. 圆弧形零件的手工弯形

圆弧形零件的手工弯形主要有两种情况，一种是弯形柱面，另一种是弯形锥面。但无论是柱面还是锥面，其弯形工艺基本上是一致的。具体操作方法如下。

（1）首先在板料上划出若干条等分素线，作为锤击基准。

（2）预弯板料两端，预弯的曲率半径应比零件的曲率半径略小。

（3）弯形板料中间部分，并用样板检查成形质量。

（4）将弯形好的板料进行装配、焊接，最后进行矫圆。

技能训练

板料折角弯曲

一、操作准备

1. 材料的准备

（1）板料折角弯形件如图 7–54 所示。

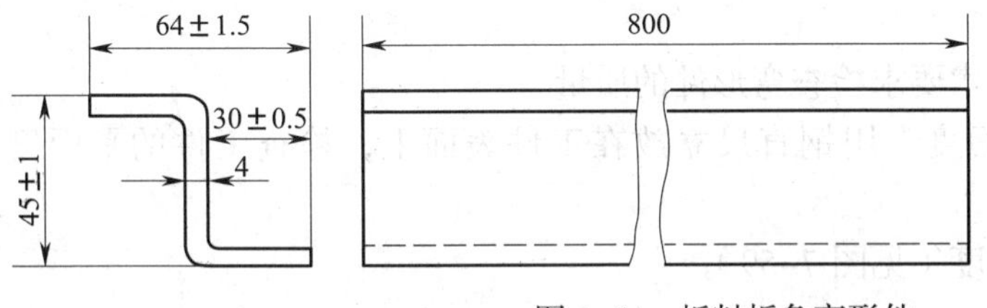

图 7–54　板料折角弯形件

（2）计算料长：L=30×2+（45–4×2）mm=97 mm。

（3）下料

1）划线。划出尺寸为 800 mm×97 mm，板厚为 4 mm 的一矩形板料。

2）下料。用剪板机下料。

2. 工具和用具的准备

准备平台、压铁、规铁（压铁、规铁均可用厚钢板制成，其棱角与弯形件角度相同），以及大锤、平锤、锤子等工具。

二、操作步骤

1. 根据图样要求划出弯曲线

按照图样要求，划出两条弯曲线。需要注意的是，这两条弯曲线不应分布在同一平面上。

2. 工件对线并夹紧

将板料放在平台规铁上，上面放置压铁，用羊角卡卡紧，如图 7–55 所示。注意必须使板料的弯曲线与规铁、压铁的棱边重合。

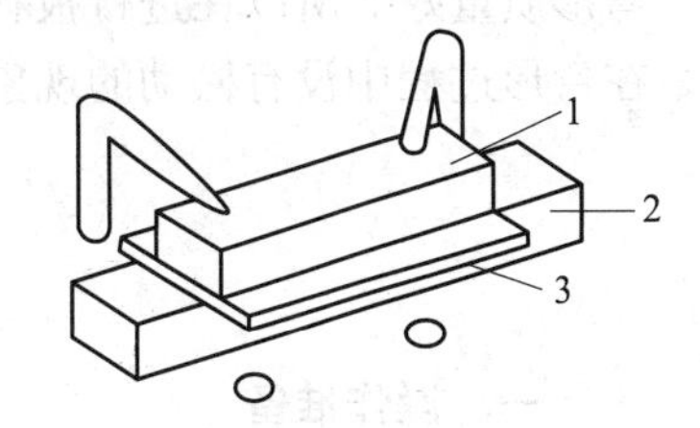

图 7–55　弯折角时卡板料

1—压铁　2—规铁　3—板料

3. 锤击板料两端

锤击板料两端，使之首先弯成一定角度，以便定位，如图 7–56 所示。这样，板料在以后的连续锤击中将不会错位。

4. 从一端向另一端移动锤击

从一端开始，一点挨着一点地向另一端移动锤击。锤击力不可过重，要求的弯曲角度要分多次锤击而成，以免造成板料局部拉伤或产生过度伸长变形。在锤击过程中，要注意随时敲紧羊角卡使其不能松动。如图 7–57 所示为锤击位置及方式。

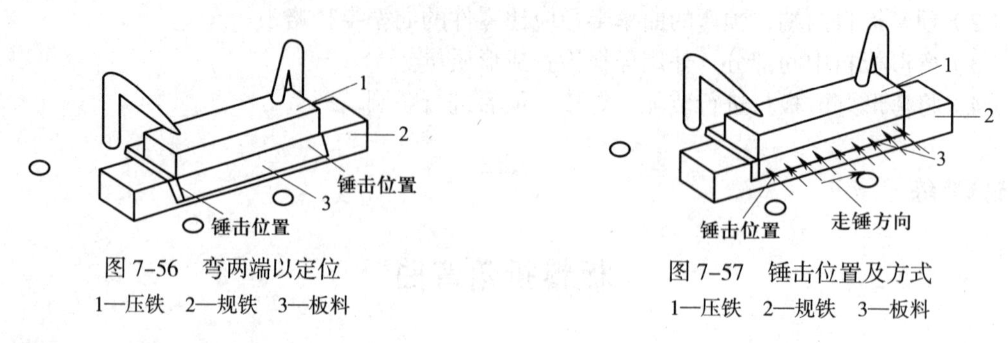

图 7–56　弯两端以定位
1—压铁　2—规铁　3—板料

图 7–57　锤击位置及方式
1—压铁　2—规铁　3—板料

5. 垫上平锤，再敲击一遍

角度基本达到弯形要求后，应垫上平锤再敲击一遍，使工件更加平直。第一折角弯成后，翻转工件，再按上述方法弯曲第二折角。

6. 成形质量检查

工件弯曲成形后，要按技术要求检查弯形件的质量。

（1）检查工件各面的平面度。用钢直尺立放在工件表面上，检查工件的平面度（见图 7–58）。

（2）用样板检查工件的角度（见图 7–59）。

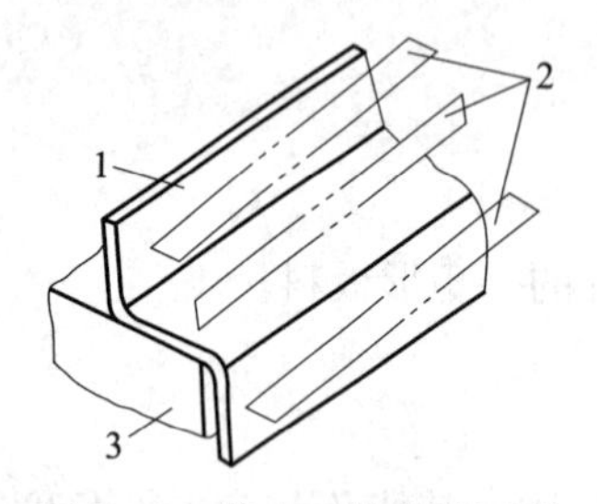

图 7–58　检查工件的平面度
1—工件　2—钢直尺　3—平台

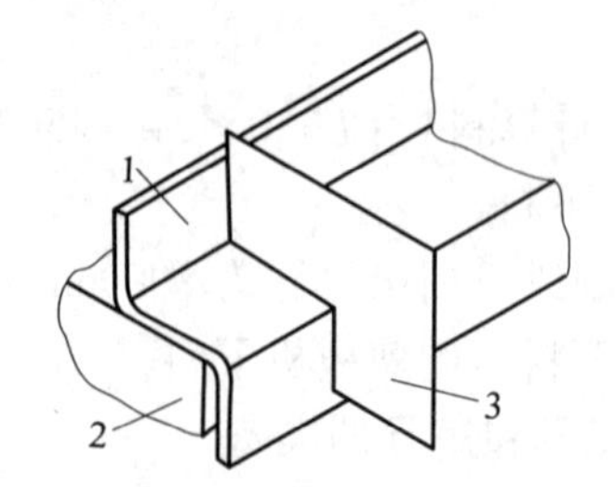

图 7–59　用样板检查工件的角度
1—工件　2—平台　3—样板

三、注意事项

板材折角弯形时，若羊角卡的夹紧力较大，则板料的圆角半径较小，棱线平直而明显，弯形质量好。所以在进行板料手工折角弯形时，应尽量提高羊角卡的夹紧力，并保证羊角卡在弯形过程中没有松动的现象。

板料柱面弯形

一、操作准备

1. 材料的准备

（1）板料柱面弯形件如图 7–60 所示。

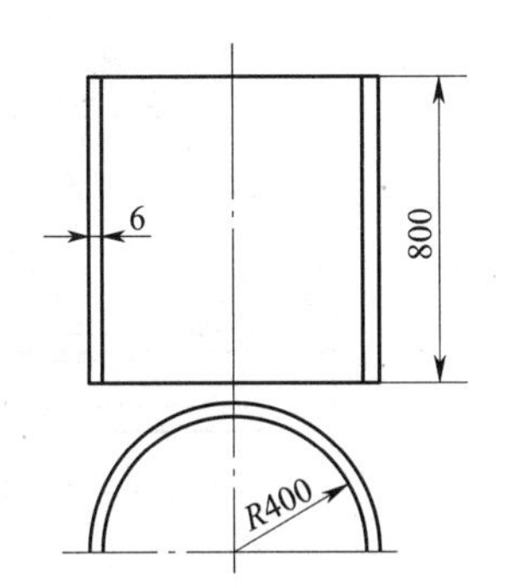

技术要求

1. 用卡形样板测量圆度，间隙最大值应小于1。
2. 两竖直边应平行，以两边能同时与平台面贴合为标准。
3. 表面不得有划伤现象。

图 7–60　板料柱面弯形件

（2）计算料长：L=（400+6/2）×3.14 mm=1 265.42 mm，取整 L=1 265 mm。

（3）下料

1）划线。划出尺寸为 800 mm×1 265 mm，板厚为 6 mm 的一矩形板料。

2）下料。用剪板机下料。

2. 工具及样板的准备

准备大锤、压弧锤（见图 7–61）、卡形样板等。

3. 胎具的制作

制作弯形胎具（见图 7–62），胎具上的两圆钢应相互平行，间距应根据所弯柱面的直径大小而确定。

图 7–61　压弧锤

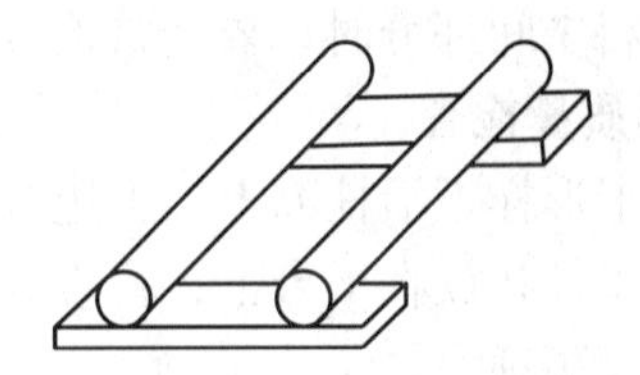

图 7–62　制作弯形胎具

二、操作步骤

1. 弯形工艺分析

柱面的几何特征是表面素线相互平行。因此，为了加工出合格的工件，弯制柱面过程中，压弧锤应始终准确地沿素线移动，同时胎具与坯料的接触线也应与素线平行。手工弯制柱面的操作顺序是先弯板料两端，再弯中间部分。

2. 划出柱面的若干等分素线

如图 7–63 所示，在板料上划出柱面的若干等分素线，作为弯形时的锤压基准，同时将整个板料按加工顺序分为三个区域。

3. 弯形板料两端

先弯形区域 1、2，这时应将压弧锤靠近胎具上的圆钢（见图 7–64），这样可使板料端部无直边段而成形较好。还要注意在弯形过程中，压弧锤应始终沿柱面的素线位置压下，并要交错排列，以保证工件既不会产生歪扭现象，又能形成光滑的表面。

弯形时，要经常用样板检查工件的曲率，以指导弯形工作，直至端部曲率符合要求。用样板检查工件的曲率时，样板应与工件表面垂直，以保证测量精度（见图 7–65）。同时，还要通过目测（或其他方法）检查弯形件两端边棱是否平行，以此来判断工件有无扭曲，以便及时纠正。

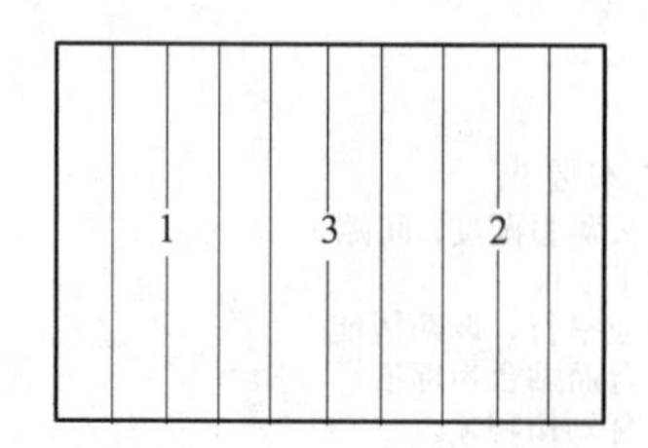

图 7–63　在板料上划出等分素线

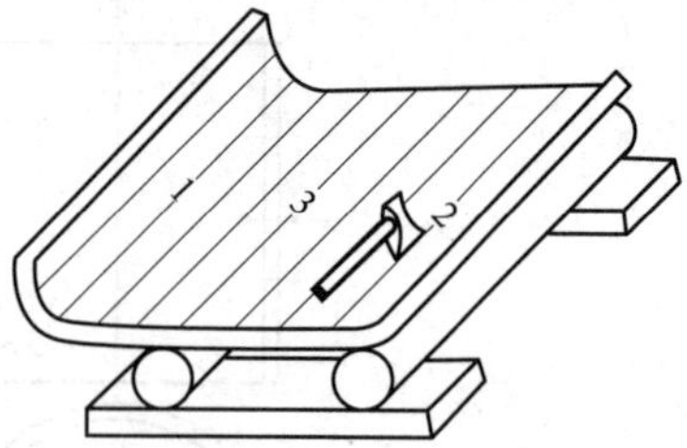

图 7–64　弯曲板料两端

4. 弯形板料中间部分

弯形区域 3 时，为获得较大的弯形力以提高工效，应使板料每次被压的部位置于两圆钢间的中线上（见图 7–66）。

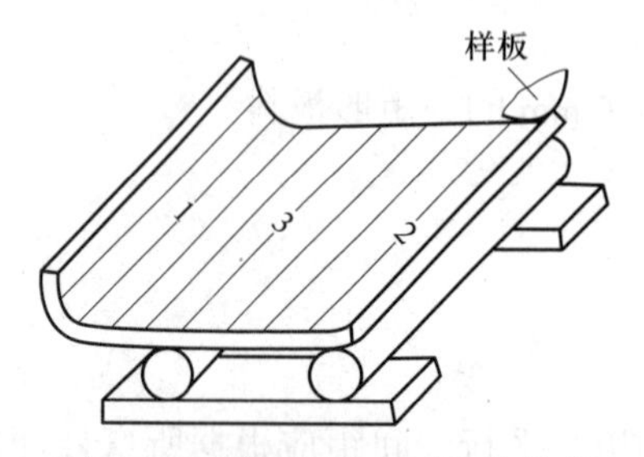

图 7–65　用样板检查工件的曲率

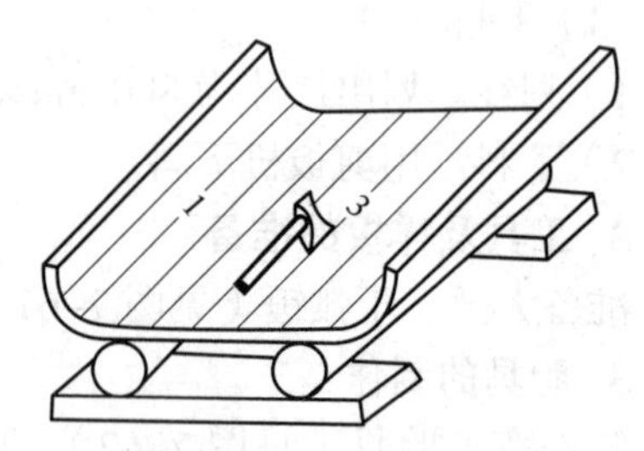

图 7–66　弯形板料中间部分

弯形板料中间部分时，要经常检查工件的曲率，并控制板料扭曲。

5. 成形质量检查

（1）用卡形样板沿柱面上、下边缘检查整个工件的曲率，若发现不合格处要进行修整。

（2）将工件扣放在平台上，检查其两竖直边是否平行。

三、注意事项

1. 为保证圆柱面的表面质量，使之能形成光滑的圆柱表面，压弧锤的压下位置一定要交错排列。

2. 弯形时，要经常用样板检查工件的曲率并判断工件有无扭曲，若有扭曲现象，应及时调整压弧锤的压下方向来进行纠正。

板料圆锥面弯形

一、操作准备

1. 锥面弯形工件图

锥面弯形工件图如图 7–67 所示。

2. 锥面弯形工艺分析

板材弯形锥面，需要在胎具上完成。由于锥面的几何特征是表面所有的素线相交于一点（或素线延长线相交于一点），而且沿素线各点位置的工件曲率是不同的，因此锥面弯制工艺特点如下。

（1）胎具上的两圆钢应成一定锥度放置，锥度的大小可与工件的锥度相近，以保证胎具与工件基本在素线位置接触。

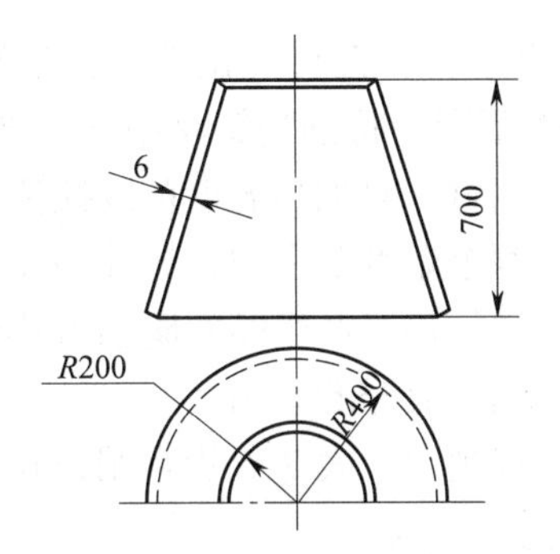

图 7–67　锥面弯形工件图

（2）弯形前需在板料上划出一定数量的锥面表面素线，并在弯形过程中使压弧锤能始终沿锥面素线移动。

（3）为使锥面素线上的各点能形成不同的曲率，弯形时锤击力应随各点曲率不同而均匀变化。

（4）要准备锥面大、小口两个卡形样板，以便在弯形过程中分别检查工件大、小口的曲率。

（5）锥面弯制也要按先两端再中间的顺序进行，如图 7–68 所示。

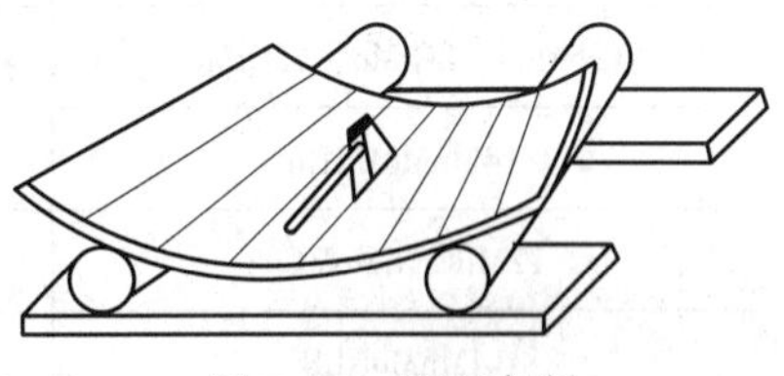

图 7–68　锥面弯制

二、操作步骤

锥面的弯形步骤、方法与柱面弯形相比，除了在弯形胎具、锤击时锤击力等方面不同外，其他方面与柱面弯形基本相同，这里不再赘述。

子课题 2　型材手工弯形

一、热弯曲成形的加热方法与温度控制

1. 热弯曲成形的加热方法

把钢材加热到一定温度后进行弯曲成形的加工方法，称为热弯曲成形。

热弯曲成形加工，常用的有两种加热方法：一种是利用氧乙炔焰进行局部加热，这种方法操作简便，但是加热面积较小，效率低；另一种是利用焦炭炉进行加热，这种方法虽然没有前一种加热方法简便，但是加热面积大，并且可以根据工件的大小来确定焦炭炉的大小。

当钢材的强度、硬度、刚度较大，常温下成形有困难或要求弯曲成形半径较小时，才应用热弯曲成形工艺。

2. 热弯曲成形的温度控制

钢材经加热后，力学性能将发生变化。一般钢材在加热至 500 ℃以上时，屈服强度降低，塑性显著提高，弹性明显减小。所以加热弯形时，弯曲力下降，弹复现象消失，最小弯形半径减小，有利于按加工要求控制成形。但热弯形工艺比较复杂，高温下材料表面容易氧化、脱碳，因而影响弯形件的表面质量、尺寸精度和力学性能。若加热操作不慎，还会造成材料的过热、过烧甚至熔化，并且高温下作业劳动条件差。因此，加热弯形多用于常温下成形困难的弯形件的加工。另外，采用热弯形可以降低成本，减少工时。

热弯曲成形需要在材料的再结晶温度之上进行，钢材的化学成分对确定加热温度影响很大。不同化学成分的钢材，其再结晶温度也不同，特别当钢材中含有微量的合金元素时，会使其再结晶温度显著提高。不同化学成分的钢材，对加热温度范围往往有特殊的要求。例如，普通碳钢在 250 ~ 350 ℃和 500 ~ 600 ℃两个温度范围内，韧性明显下降，不利于弯曲成形；奥氏体不锈钢在 450 ~ 800 ℃温度范围内加热会产生晶间腐蚀敏感性。因此，在确定钢材的热弯曲成形温度时，必须充分考虑钢材化学成分的影响。

钢材的加热温度规范一般在技术文件中会有规定。表 7–5 为常用材料的热弯形温度。

表 7–5　常用材料的热弯形温度　℃

材料牌号	加热温度	终止温度（不低于）
Q235A、15、20	900 ~ 1 050	700
Q345	950 ~ 1 050	750
15MnTi、14MnMoV	950 ~ 1 050	750
18MoMnNb、15MnVN	950 ~ 1 050	750
15MnVNRe	950 ~ 1 050	750
Cr5Mo、12CrMo、15CrMo	900 ~ 1 000	750
14MnMoVBRe	1 050 ~ 1 100	850
12MnCrNiMoVCu	1 050 ~ 1 100	850
14MnMoNbB	1 000 ~ 1 100	750
06Cr13、12Cr13	1 000 ~ 1 100	850
12Cr1MoV	950 ~ 1 100	850
黄铜 H62、H68	600 ~ 700	400
铝及其合金 2A01、2A02	350 ~ 450	250
钛	420 ~ 560	350
钛合金	600 ~ 840	500

二、型材手工弯形的特点

1. 型材刚度大，抵抗变形能力强，不易弯曲，通常采用胎模矫正加热弯形，故正确地设计弯形胎模是型材手工弯形技术的关键。

2. 在非专业化生产的工厂，型材的加热弯曲通常用焦炭炉加热。为了便于取放工件，多将炉子砌在地下，使炉面与地面平齐或略高于地面。

3. 型材加热弯形时，其加热温度必须控制在一定的范围内。若温度过高，易造成型材过热、过烧，严重时甚至使工件局部熔化；若温度过低，又会使成形困难，并容易造成型材的加工硬化。

型材加热温度的确定，可以根据工艺文件的规定或查表 7–5。实际弯形时，一般凭经验（加热时工件颜色的变化）来判断加热温度。

三、防止型钢弯曲成形产生废品的措施

1. 型钢弯形时的变形

型钢弯形时，由于型钢自身的重心线与弯形力的作用线不在同一平面上（见图 7–69），因此弯形时型钢不但要承受弯曲力矩的作用，还要承受转矩的作用，从而使型钢断面产生畸变。例如，角钢外弯时夹角增大（见图 7–69a），内弯时夹角减小（见图 7–69b）。

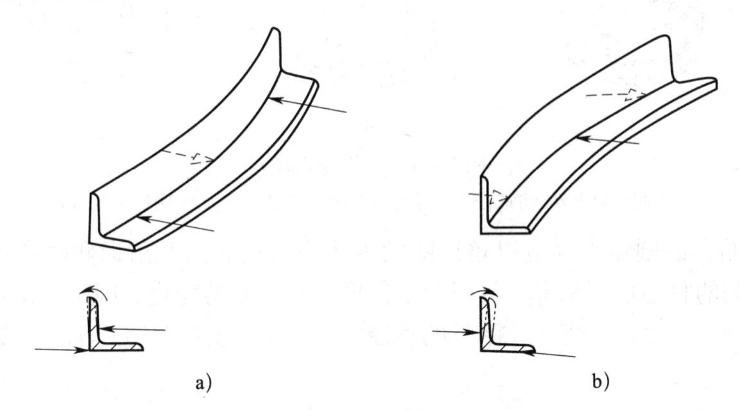

图 7–69　型钢弯形时的受力与变形

a）角钢外弯形　b）角钢内弯形

此外，由于型钢弯形时，材料的外层受拉应力，内层受压应力，在拉应力作用下易出现翘曲变形，在压应力作用下易出现皱折变形。

2. 防止型钢弯曲成形产生废品的措施

型钢弯形时的变形程度往往决定于应力的大小，而应力的大小又决定于弯形半径，弯形半径越小，则畸变程度越大。为了控制应力与变形，就必须限制其弯形半径，即最小弯形半径。最小弯形半径是设计零件的重要依据，是防止型钢弯曲成形时产生废品的一项重要措施。型钢结构的弯形半径应大于其最小弯形半径。由于型钢加热时能提高材料的塑性，因此型钢加热弯形时的最小弯形半径可比冷弯时小一些。

技能训练

外弯角钢圈

一、操作准备

1. 外弯角钢圈工件图（见图 7–70）

2. 工具的准备

准备大锤、平锤、扒弧锤、扳弯器、烧火钳等工具。

3. 用具的准备

准备平台、羊角卡、楔桩、垫板、螺栓、焦炭炉等用具。

4. 胎具的准备

（1）角钢弯形胎具的制作

角钢热弯形胎具通常用钢板或角钢焊接而成，其形状要根

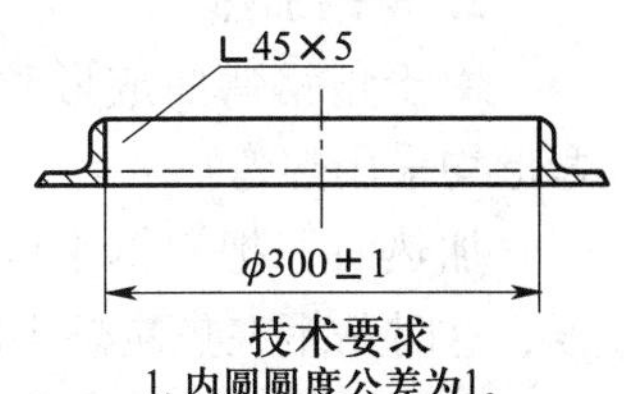

图 7–70　外弯角钢圈工件图

据工件形状（内弯或外弯）而定，高度应等于或略大于角钢的边宽。当弯制角钢圈时，角钢弯形胎具不可制成整圆，而要将胎具制成 2/3 整圆，以利于弯形过程中取放工件（见图 7–71）。胎具上装夹固定用孔的位置和大小，需要待胎具在平台上的位置确定后，根据平台孔的位置和大小而定。

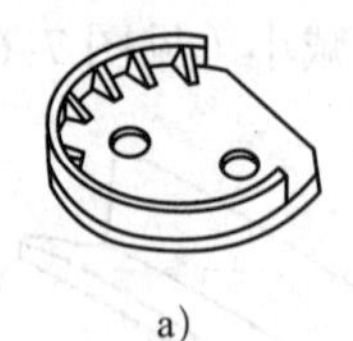
a）

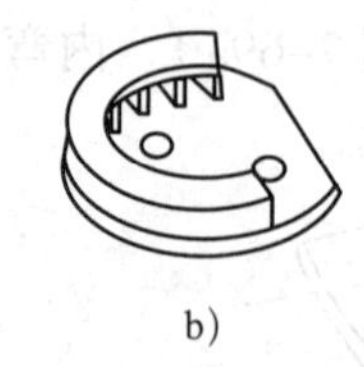
b）

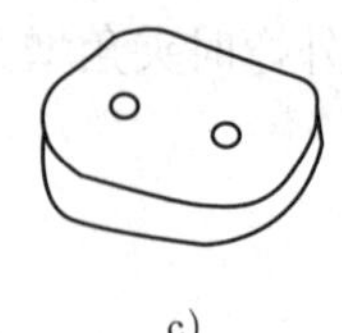
c）

图 7–71　角钢弯形胎具

a）焊制的角钢外弯胎具　b）焊制的角钢内弯胎具　c）整钢板制成的胎具

角钢弯形胎具的圆弧直径应以角钢圈的内径为依据。由于角钢截面形状不对称，弯形后冷却时内外侧的收缩量不相等，将引起工件形状和尺寸的变化。因此，角钢外弯时，胎具的直径应适当加大；角钢内弯时，胎具的直径应适当缩小。胎具直径加大或缩小的数值可参照表 7–6 选取。

表 7–6　　角钢热弯形胎具直径缩放尺寸　　mm

内弯		外弯	
样板直径	胎具直径缩小尺寸	样板直径	胎具直径放大尺寸
<900	<10	<900	3 ~ 5
900 ~ 1 400	10 ~ 15	900 ~ 1 400	6 ~ 10
1 400 ~ 10 000	15 ~ 20	1 400 ~ 10 000	15
>10 000	25	>10 000	20

（2）外弯角钢圈胎具的制作

1）确定弯形胎具的曲率直径。查表 7–6 知，胎具直径应放大 3 ~ 5 mm，取 5 mm，所以弯形胎具的直径为（300+5）mm=305 mm。

2）焊制角钢外弯胎具。根据计算出的直径，按照图 7–71a 所示样子焊制一角钢外弯胎具。

二、操作步骤

1. 紧固胎具

将焊制好的外弯角钢圈胎具紧固在平台的合适位置上。

2. 角钢加热

由于角钢弯曲成形时所需的弯形力较大，因此除小型角钢弯形采用冷弯外，多数角钢弯形均采用热弯。

加热时，把角钢平放在焦炭炉中加热。当角钢数量较多时，可一次加热几根甚至十几根，这时角钢在焦炭炉中应按加工顺序摆放。

角钢加热温度可参照表 7–5 选定。本例中角钢材质为 Q235A，加热温度选定为 1 000 ℃（橘黄色）。温度达到后，保温一段时间，以求角钢内、外温度均匀。

3. 角钢弯形

将加热至选定温度的角钢从炉中取出，迅速将一端部靠在胎具上，用圆锥楔桩、垫板及羊角卡固定，然后进行弯形，直至弯到所需要的角度，如图 7–72 所示。

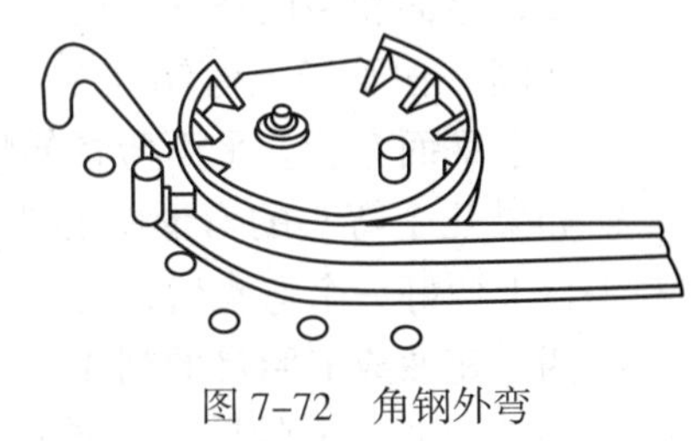

图 7–72　角钢外弯

弯形时不可用力过猛，应平稳施力，使角钢逐步均匀弯形，与胎具贴合。若角钢弯形后尚有局部未靠胎，应垫上扒弧锤，再以大锤击打，使角钢已弯形部分完全与胎具靠紧。

弯形过程必须在规定的温度范围内迅速完成，弯形结束时角钢温度应不低于 700 ℃（暗樱红色）。由于弯形受到角钢温度的限制，因此整个角钢圈往往不能一次弯成，须分段进行加热、弯曲。

角钢每弯形完一段后，应马上进行矫平。矫平时，将平锤垫在角钢上，沿角钢已弯形部分内、外侧，以大锤击打、平锤矫平。

角钢圈经矫平后从胎具上卸下，应避免摔、撞，以免引起角钢圈变形。

4. 质量检查

整个角钢圈弯形冷却后，要对其曲率、内外径尺寸、平面度等进行检查，并对局部不合格处进行修整。

三、注意事项

1. 角钢圈的弯形比较困难，加热一次只能弯形一段，因此，角钢圈的弯形一般都需要多次加热才能完成。

2. 弯制角钢圈时角钢非常容易变形，所以要注意对角钢变形的控制。

3. 弯形时应注意靠模的问题，必须保证角钢始终与弯形胎模贴严。

子课题 3　管材手工弯形

一、管子弯曲变形特点

管子在外力矩作用下弯形时，中性层外侧的材料受到拉应力，管壁减薄；内侧的材料受到压应力，管壁增厚。而且外侧拉应力的合力 N_1 和内侧压应力的合力 N_2 的作用方向都是沿弯形半径指向管子截面中心，使管子弯形时在径向受压（见图 7–73a）。由于管子截面为圆环形，刚度不足，因此在自由状态下弯形时，很容易发生压扁变形（见图 7–73b）。

二、防止管子截面变形的措施

为了尽可能减小管子的压缩变形，以保证弯管质量，可在弯管时采取以下措施。

1. 在管子内塞满填充物后进行弯形，如在管内装沙、松香（用于有色金属小直径管子）或弹簧（用于大弯形半径）等。

2. 用带圆形槽的滚轮压在管子外面进行弯形。

3. 用特殊心棒穿入管子进行弯形。

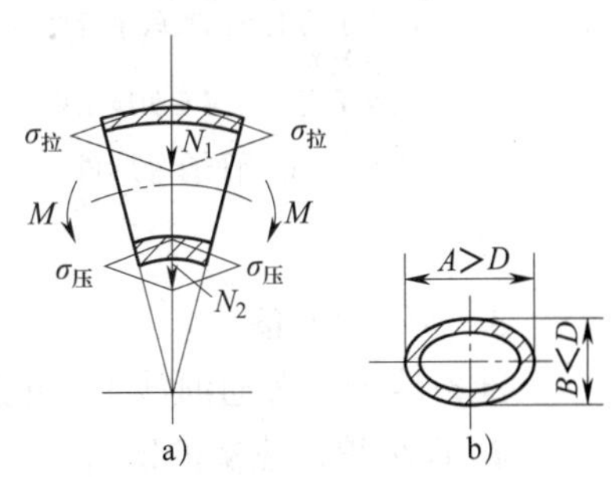

图 7–73　管子弯形时的应力与变形

三、平面和空间弯管工艺

在同一根管子上弯制几个弯头，而这几个弯头的弯形中心线都位于同一平面内，这种情况属于平面弯管。平面弯管的顺序是先弯制最靠近管端的弯头，然后依次弯制其他弯头。

如果几个弯头的弯形中心线不都位于同一平面内，这种情况属于空间弯管。空间弯管在平台上弯好一个弯头后，管子的一端必须翘起定位，才能接着弯制下一个弯头。

四、弯曲成形胎具的制作

手工弯曲成形的胎具多数情况下是由冷作工自行设计与制造的。弯曲成形胎具通常用钢板、型钢或管材等金属材料焊接而成，其形状根据弯形件的形状而定，胎具的圆弧直径可取工件的内径。弯曲成形胎具制成后，应紧固在平台的合适位置上。

技能训练

管子弯形件

一、操作准备

1. 工具及用具的准备

准备平台、扳弯器或套管、装沙漏斗、羊角卡、定位楔桩、大锤、锤子等。

2. 胎具的准备

（1）管子弯形件图（见图 7–74）

（2）准备弯管胎具

根据图 7–74 可知，此弯形件要求在管子上弯形两个 90° 角弯头，属于平面弯管。由于这两个弯头的曲率半径相同，因此弯管胎具只需制作一个即可。弯管胎具可用钢板焊接而成，其弯形半径取管子的内径尺寸（见图 7–75）。

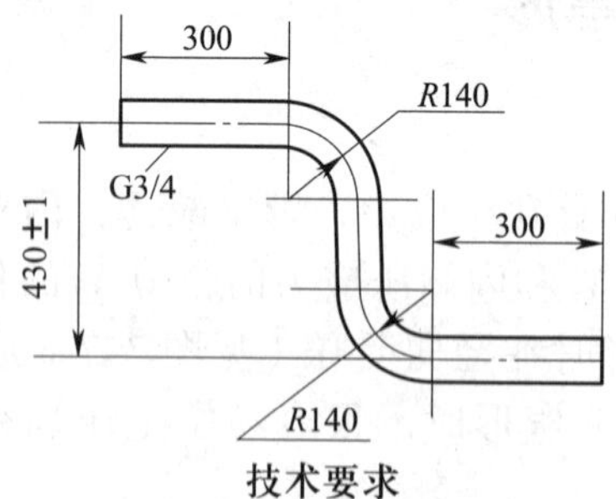

图 7–74　管子弯形件

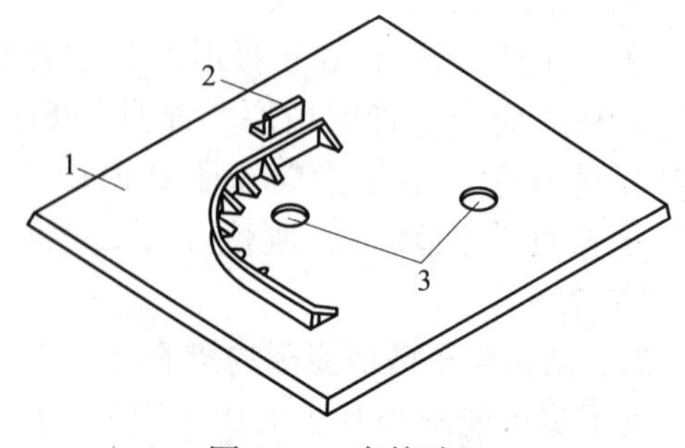

图 7–75　弯管胎具

1—钢板　2—挡铁　3—定位孔

3. 沙子的准备

准备沙子（普通河沙），并进行冲洗、干燥和筛选。

4. 焦炭炉、焦炭的准备

准备焦炭炉、焦炭及加热用具。

二、操作步骤

1. 装沙

为了使沙子在管内填充紧密，用漏斗装沙的同时，要不断地敲击管子。装满沙子的管子两端须用金属盖封住，本工件管子较细，也可用木塞塞紧。为了便于管内空气在受热膨胀时能自由泄出，可在盖板上钻一排气小孔。

2. 根据图样要求划线

划线的目的在于确定管子在炉中的加热长度和位置。划线时，按图样尺寸定出弯形部位中点位置，并由此向管子两端量出弯形长度，再加上管子直径，这样确定加热长度比较合适。

3. 加热

管子经装沙、划线后，便可利用焦炭炉进行分段加热。加热应缓慢、均匀，若加热不当，将影响弯管的质量。加热温度应为 1 050 ℃（橘黄色）左右。当管子加热到该温度时，应短时间保温（使管内的沙子也达到相同温度），这样可使管子在弯形时不致冷却过快。

4. 弯形

将加热好的管子置于胎具上，使管子的弯形点与胎具上的对应点对正，并用定位楔铁固定好管子。然后利用扳弯器（或套管）把管子顺着胎具的弧面扳弯，使管子与胎具逐步贴严（见图 7–76）。

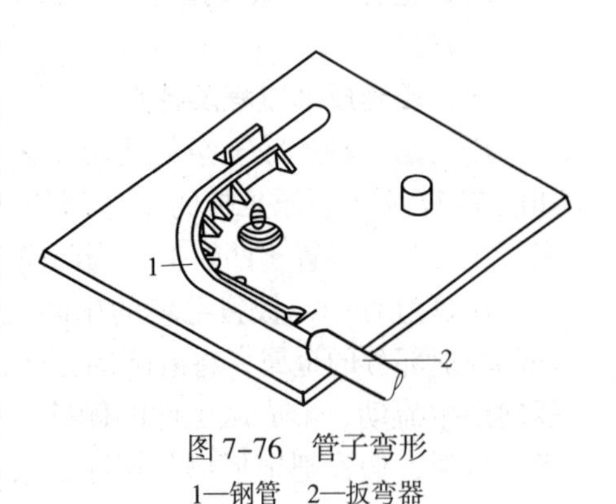

图 7–76　管子弯形

1—钢管　2—扳弯器

管子每一段弧的弯形，最好一次加热完成。增加加热次数，将使材料的力学性能变差，并增大管子氧化层的厚度，导致管壁减薄。

弯好第一弧段后，再加热管子第二弧段的弯曲区域，并按上述方法弯形第二弧段。其余弧段弯形逐段进行，直至完成。加热或取放工件时，要防止已弯成的弧段变形。

5. 质量检查

管子弯好后，需按图样要求进行质量检验，并对不合格处进行修整。

6. 清理

取下盖板（或木塞），倒出管内沙子，将管子清理干净。清理管内沙子时，不可用力敲击或磕撞管子，以免引起变形。

三、注意事项

手工热弯钢管是在管内灌满填实能耐 1 000 ℃以上高温的沙子，加热后进行弯形。手工热弯包括下列工序：装沙、划线、加热、弯形、质量检查和除沙。手工热弯操作注意事项如下。

1. 用于热弯的钢管应质量好，外观检查无锈蚀及裂痕等缺陷，管壁厚度最好稍大于安装用的直管。

2. 沙子必须纯净、干燥，不含水分和杂质。沙子颗粒大小应根据所弯形管子的管径大小进行选择。管内充沙要密实。

3. 划线可采用白铅油或石笔，在管子上划出起弯点及加热长度。

4. 管子加热过程中，升温不宜过快，但要均匀，防止过烧和渗碳。

5. 在弯管过程中，应当均匀、连续而不间断地用力，速度应慢一些，切忌用力过猛或速度过快。当管子温度下降至 700 ℃（管子表面为樱红色）时，应停止弯管。

6. 弯管冷却后有回伸现象，因此弯管时应当比需要的角度大 2° ~ 3°。

7. 弯管经检查合格后，应在受热表面上涂一层废机油，以防止氧化生锈。

课题四　容器封头的压延

压延也称为拉深或拉延，是利用模具使一定形状的平板毛坯变成开口的空心零件的冲压工艺方法。

一、压延成形过程及特点

压延是一种比较复杂的成形工艺方法。现以圆筒形压延件为例，说明板料的压延过程。如图 7–77 所示，压延模的工作部分具有一定的圆角，并且凸模、凹模间隙稍大于板料的厚度。压延时板料置于凹模上，当凸模向下运动时迫使板料压入凹模孔，形成空心的筒形件。

压延过程中，板料毛坯的中间直径为 d 的部分变成零件的底部，基本不发生变形；而外部环形部分的金属，将沿圆周方向发生很大的压缩塑性变形，并迫使多余的金属沿毛坯的径向产生流动，形成压延件的侧壁。如图 7–78 所示，如果把坯料的环形部分划分为若干狭条和扇形，假设把扇形部分切除，余下的狭条部分沿直径 d 的圆周弯曲后即为圆筒的侧壁。扇形部分的金属是多余的，此部分金属在压延过程中沿半径方向产生了流动，从而增加了零件的高度。因此，筒壁高度 h 总是大于（$D-d$）/2。

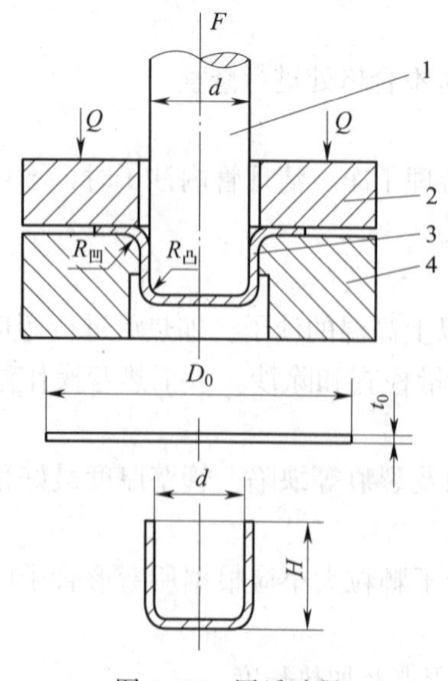

图 7–77　压延过程

1—凸模　2—压边圈　3—板料毛坯　4—凹模

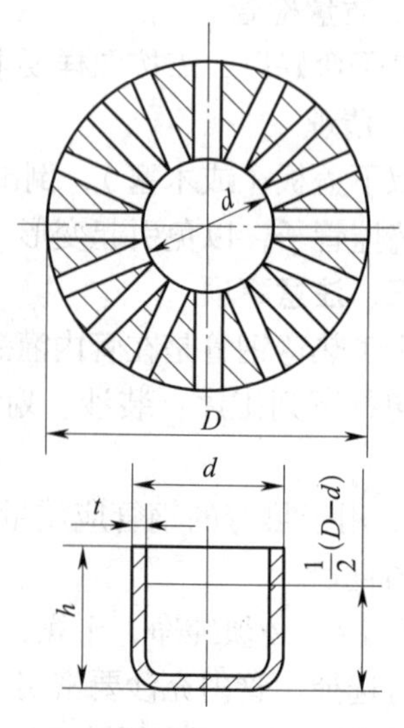

图 7–78　压延时金属的流动

压延中毛坯金属的周向压缩变形受到限制，引起很大的切向压应力，使毛坯变形区因为失稳而发生起皱现象（见图 7–79）。毛坯严重起皱后，由于不能通过凸模、凹模之间的间隙而被拉断，造成废品。即使轻微起皱的毛坯能勉强通过，也会在零件的侧壁上留下起皱的痕迹，影响压延件的质量。防止起皱的有效办法是采用压边圈。

压延中的毛坯金属的周向压缩和径向流动，还将导致压延件厚度发生变化，如图 7–80 所示。由图可见，凸模圆角处板料厚度减薄最为严重，是发生拉裂的危险区。合理选择凸模、凹模间隙和工作圆角半径，可使板料厚度减薄现象得以改善。

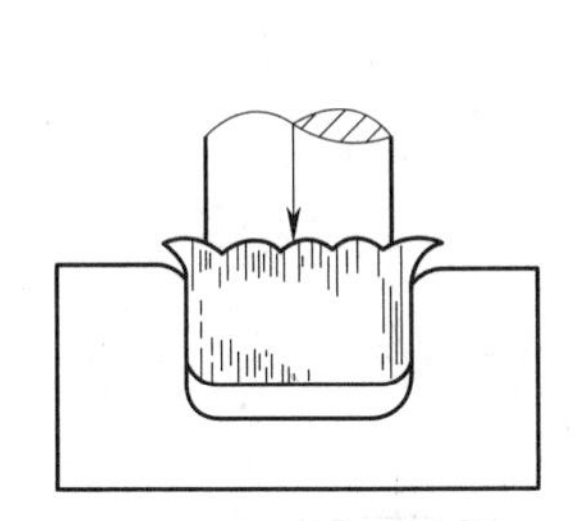

图 7–79　毛坯起皱

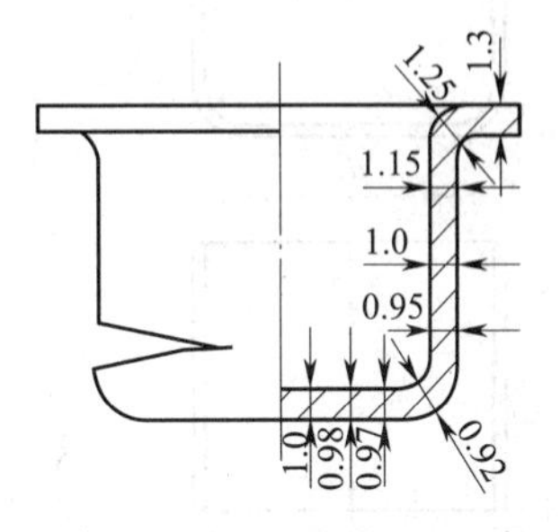

图 7–80　压延件厚度的变化情况

此外，压延中的大塑性变形还可能引起材料的加工硬化，使进一步压延发生困难。因此，在压延中应根据材料的塑性，合理确定每次压延时材料的变形程度。变形较大的压延件，应采用多次压延的方式，并采取中间退火的措施，以消除材料的加工硬化，完成压延工作。

二、旋转体压延件的坯料尺寸计算

虽然在压延中毛坯的厚度会发生一些变化，但在计算毛坯尺寸时，可以不计毛坯厚度的变化，按压延前后面积相等的原则进行近似计算。

1. 形状简单的旋转体压延件

在进行计算时，首先将压延件划分成若干个便于计算的组成部分，分别求出各部分的面积并相加，即可得到零件的总面积 $\sum A$，然后按下式计算出圆形毛坯的直径：

$$D_0=\sqrt{\frac{4}{\pi}\sum A} \tag{7-4}$$

式中　D_0——毛坯直径，mm；

$\sum A$——压延件的外表总面积，mm^2。

如图 7–81 所示的圆筒形件，按便于计算的原则，可以划分为三部分，各部分的面积分别为：

$$A_1=\pi d_2 h$$

$$A_2=\frac{\pi}{4}(2\pi R d_1+8R^2)$$

$$A_3=\frac{\pi}{4}d_1^2$$

将以上计算结果代入式（7–4）并整理，得毛坯直径为：

$$D_0=\sqrt{\frac{4}{\pi}\sum A}=\sqrt{d_1^2+2\pi R d_1+8R^2+4hd^2}$$

2. 椭圆形封头

如图 7–82 所示为椭圆形封头，属于复杂曲面形状的压延件，其毛坯直径通常用近似计算法或经验法确定。

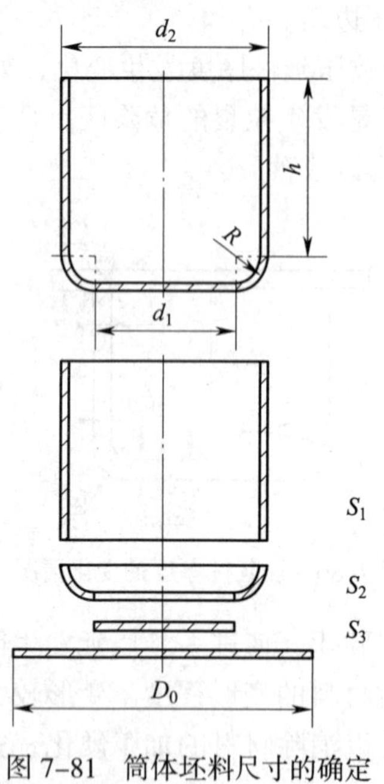

图 7–81 筒体坯料尺寸的确定

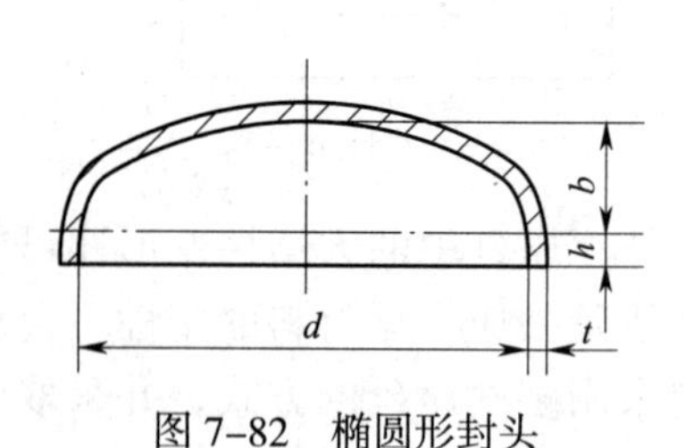

图 7–82 椭圆形封头

（1）周长法

$$D_0=\frac{4}{\pi}\times 1.5\left(\frac{d}{2}+b\right)+0.71\sqrt{db}+2hK+2\delta \qquad (7\text{–}5)$$

式中 D_0——毛坯直径，mm；

d——椭圆封头内径，mm；

b——椭圆封头高，mm；

h——椭圆封头的直边高，mm；

K——封头压延系数，通常取 K=0.75；

δ——修边余量，mm。

（2）等面积法

假定封头毛坯面积等于封头中性层的面积。对于标准封头 $b=\frac{d}{4}$，毛坯直径 D_0 可用下式计算：

$$D_0=\sqrt{1.38\,(d_1+t)^2+4\,(d_1+t)(h+\delta)} \qquad (7\text{–}6)$$

式中 t——封头壁厚，mm。

（3）经验法

当 $b=\frac{d}{4}$时，坯料直径可用下式确定：

$$D_0\approx d+b+h \qquad (7\text{–}7)$$

式中已包括修边余量。

三、压延力计算

计算压延力的目的是正确选择压延设备。压延力的计算与压延件的形状、尺寸和材料性质有关，一般采用经验公式。

压制封头时，压延力 F 用下式计算：

$$F \approx eK\pi\left(D_0-d\right)tR_m$$

式中 F——压延力，N；

e——压边力影响系数，无压边 e=1，有压边 e=1.2；

K——封头形状影响系数，椭圆形封头 K=1.1 ~ 1.2，球形封头 K=1.4 ~ 1.5；

D_0——坯料直径，mm；

d——封头平均直径，mm；

t——封头壁厚，mm；

R_m——材料的高温抗拉强度，见表 7–7。

表 7–7　　常见钢材的高温抗拉强度 R_m　　10^7 Pa

材料	加热温度 /℃											
	20	600	650	700	750	800	850	900	950	1 000	1 050	1 100
Q235A	38	17	13	10	7.5	6.5	7.5	6.5	6.5	4.5	4.0	3.2
10、15	38	21		11	7.5	7.5		7.0		5.0		3.5
20、25	42			15	10			8.5		6.0		
30		24		14	12	9.5		7.6		5.7		3.5
Q245R	41 ~ 43	22		12.2		8.3		7.3	6.0	5.0		3.8
18MnMoNb	60 ~ 67					9.6		7.7	5.8	4.7		
14MnMoV、20MnMoV								8.0	6.5			

压延中，为防止材料起皱而采用压边圈时，压边力必须适中，压边力太小起不到防皱作用，压边力太大又易引起材料拉裂。压边力 Q 可用下式计算：

$$Q=Aq \approx \frac{\pi}{4}\left[D_0^2-\left(D_{凹}+2R_{凹}\right)^2\right]q \qquad (7\text{–}8)$$

式中 Q——压边力，N；

A——压边面积，mm^2；

$D_{凹}$——凹模内径，mm；

$R_{凹}$——凹模工作圆角半径，mm；

q——单位压边力，对于钢 q=（0.011 ~ 0.016 5）R_m，热压时取下限，冷压时取上限。

当采用压边圈压延时，总的压延力应包括压边力。即

$$F_{总}=F+Q \qquad (7\text{–}9)$$

技能训练

椭圆形封头压延成形

一、操作准备

1. 产品图样的准备

椭圆形封头图样如图 7–83 所示。

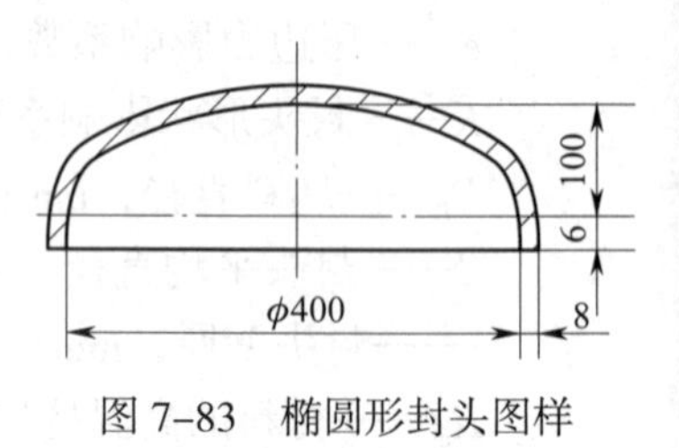

图 7–83　椭圆形封头图样

2. 设备、成形模及原材料的准备

（1）准备好封头压延成形所需要的压力机及压延成形模具，同时应保证设备及模具使用正常，能完全满足压延成形的要求。

封头冲压使用的压力机一般是水压机或油压机。

（2）准备好制作封头所需的原材料（Q235A 钢板）。

二、操作步骤

1. 毛坯料的号料与下料

（1）计算封头的毛坯料直径

椭圆形封头，其毛坯直径通常用近似计算法或经验法确定。这里采用经验法计算。

当 $b=\frac{d}{4}$ 时，坯料直径可用下式确定：

$$D_0 \approx d+b+h \approx 400\ \text{mm}+100\ \text{mm}+6\ \text{mm} \approx 506\ \text{mm}$$

（2）号料与下料

根据计算出的毛坯料直径，即可在准备好的钢板上划出号料切割线，然后采用气割方法进行下料。

2. 安装压延弯曲模

按照安装压延模具的规范，将压延模具安装在压力机上。

3. 压延成形操作

（1）坯料加热

封头冲压过程中，坯料的塑性变形较大，对于壁厚较大或冲压深度较深的封头，为了提高材料的变形能力，必须采用加热冲压的方法。实际上，为保证封头质量，目前绝大多数封头都采用热冲压。

一般碳素结构钢或低合金钢的加热温度为 950 ~ 1 100 ℃，这取决于坯料出炉装料过程的时间长短和压力机的能力大小，以及过高温度对材料性能的影响等因素。

（2）冲压成形

1）为了减小摩擦，防止模具及封头表面损伤，提高模具使用寿命，冲压前在冲模之间涂抹润滑油是十分必要的，这对不锈钢、有色金属尤为重要。

2）加热后的毛坯钢板放在下模上，按定位要求与下模对中，开动压力机，直至上模降到与毛坯料钢板平面接触，然后加压，使钢板发生变形。

3）随着上模下压，毛坯钢板就包在上模上并通过下模，此时封头完成压延成形。但由于材料的冷却收缩，使之紧包在上模上，需用特殊的脱件装置使封头与上模脱离。

4. 检查成形件质量

（1）检查封头的各项尺寸是否符合图样要求。

（2）检查封头表面有无起皱、撕裂等现象。

（3）检查封头的整体成形质量，如曲面是否光滑、曲线过渡是否自然、有无板厚减薄严重等问题。

三、注意事项

1. 对于薄壁封头，即使采用带有压边圈的一次成形法，仍然会出现鼓包、皱褶现象。此时，宜采用两次成形法。第一次冲压采用比上模直径小 200 mm 左右的下拉环，将毛坯冲压成碟形，此时可将 2 ~ 3 块毛坯钢板重叠起来进行成形；第二次采用与封头规格相配的上、下模具，最后冲压成形。

2. 对于厚壁封头，由于所需的冲压力较大，同时因毛坯较厚，边缘部分不易压缩变形，尤其是球形封头，在成形过程中边缘厚度急剧增厚，因而导致底部材料严重拉薄。通常在压制这种封头时，也可预先把封头毛坯车成斜面，再进行冲压。

3. 封头坯料加热温度以 900 ℃为宜，并且要求加热均匀，要在炉内保温一段时间。若加热温度过高，容易造成封头冲压成形后显著减薄，出现材料过烧质量问题；若加热温度过低，所需的压延力提高（应考虑压力机的公称压力），同时还容易造成裂纹缺陷的出现。

课题五　水火弯板与其他成形加工

一、水火弯板

1. 水火弯板原理

用火焰局部加热材料时，被加热处金属的膨胀受到周围较冷金属的限制，而产生压缩应力。当加热温度达到 600 ~ 700 ℃时，压缩应力超过加热金属的屈服强度，而使其产生压缩塑性变形，因此在冷却时形成收缩变形。若能适当控制加热速度，使板料加热处沿厚度方向存在较大的温度差，就会使加热面的冷却收缩量远远大于其背面，也就形成了如图 7-84 所示的角变形。水火弯板就是利用板材被局部加热、冷却所产生的角变形与横向变形达到弯曲成形的目的。

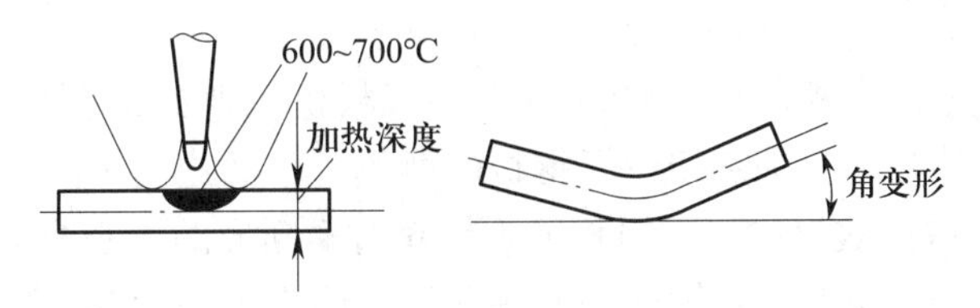

图 7-84　钢板局部加热、冷却时的角变形

由于钢板局部加热、冷却产生的角变形是有限的（一次加热角变形为1° ~ 3°），因此水火弯板适用于曲率较小的零件成形，还经常与滚弯相结合，以加工有多个曲度的复杂曲面的零件。

2. 水火弯板工艺

（1）火焰能率

火焰能率主要取决于氧乙炔炬烤嘴的大小。烤嘴直径大，单位热输入就强，成形效率高。所以对于一定厚度的钢板，在不产生过烧的前提下，应采用较大的火焰能率。加热火焰一般应为中性焰。

（2）加热温度和速度

水火弯板的加热温度，随弯板材料的不同而有所不同，见表7–8。

表7–8　不同钢材加热温度和水火距离

材料	钢板表面加热温度/℃	水火距离/mm
普通碳素钢	600 ~ 800	50 ~ 100
低强度低合金钢	600 ~ 750	120 ~ 150
中强度低合金钢	600 ~ 700	150
高强度低合金钢	600 ~ 650	在空气中自然冷却

加热速度的快慢，直接影响角变形的大小。加热速度快，板料沿厚度方向温差大，成形时的角变形也大；反之则小。但速度过快时，单位热输入减少，成形效率也会降低。因此在板厚一定时，对同一加热和冷却方式，有一对应的最佳加热速度。加热速度主要靠操作者凭经验控制，一般为0.3 ~ 1.2 m/min。

（3）加热位置和方向

虽然成形角度主要取决于加热速度和火焰能率，但水火弯板总的成形效果是每次加热后变形的合成。所以对每一次加热时加热位置、长度和加热方向的选择，直接影响到总的成形效果。加热位置和方向随成形工件的形状而定。如图7–85所示为几种不同形状工件水火弯板时的加热位置和方向（图中的虚线为在板的背面加热，箭头所示为加热方向）。

水火弯板一般采用线状加热，加热线的长度依据工件形状和曲率确定，曲率越大，加热线应越长，但要注意不得超过工件曲率变化的分界线，否则将使成形效果变差，甚至造成反向变形。为了避免钢板边缘收缩时起皱，加热线起止点距板边应留有适当的距离，其值为80 ~ 120 mm。加热线的宽度一般为12 ~ 15 mm。加热线的数量和分布根据工件形状和曲率确定。

如图7–86所示为帆形板的成形情况。先在滚板机上弯曲成圆柱面（图中双点画线所示），然后用火焰加热收边，加热线位于钢板的两侧，由两边向中间加热（图中箭头所示）。加热线的长度越长，成形效果越好，但长度不能超过横断面的重心线，否则将适得其反。加热线长度一般取150 mm左右，随钢板的曲率而定，曲率大则加热线长度也大。加热线的间隔也要根据弯曲程度选定。

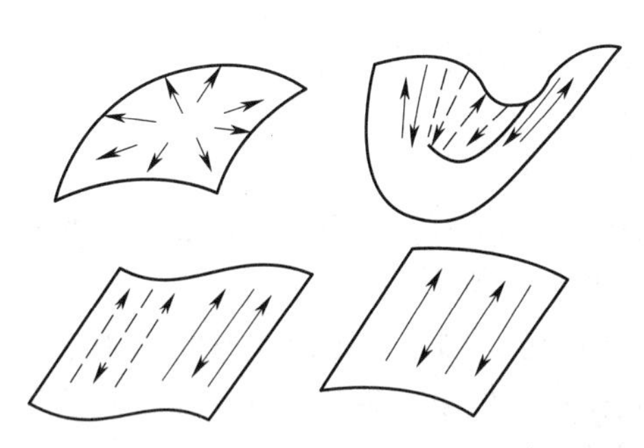

图 7-85　加热位置和方向的选择

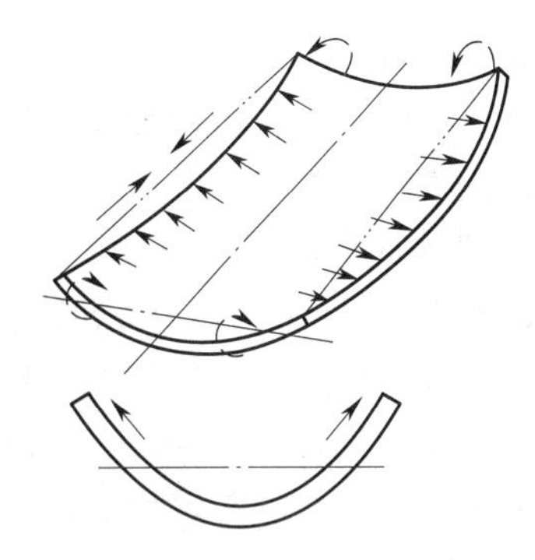

图 7-86　帆形板的成形

扭曲板采用水火弯板法加工时，可用木墩垫起两个需要向上扭曲的角，用卡子压住另两个向下扭曲的角（见图 7-87a）。对向上扭曲的两个角的加热面积和加热温度应适当大于两个向下扭曲的角，加热线的长度也应逐渐变化。

扭曲的异向双曲率板，应预先在机械上弯出单向弯曲和扭曲，然后通过改变加热线的方向，可以获得所要求的弯曲形状（见图 7-87b）。

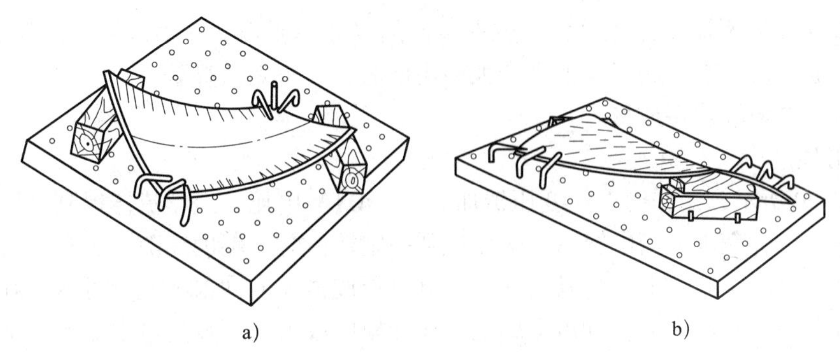

图 7-87　扭曲板和异向双曲率板的成形

a）扭曲板　b）异向双曲率板

（4）冷却方式

水火弯板的冷却方式有空冷和水冷两种。水冷又有正面水冷、背面水冷之分。

空冷是用火焰局部加热后，工件在空气中自然冷却。空冷的优点是操作简单，缺点是成形速度慢，在角变形的同时也会产生工件所不需要的纵向挠度。

水冷就是用水强制冷却已加热部分的金属，使其迅速冷却，减少热量向背面的传递，扩大正反面的温度差，从而提高成形效果，如图 7-88 所示。水冷时的水火距离见表 7-8。高强度低合金钢不宜水冷。

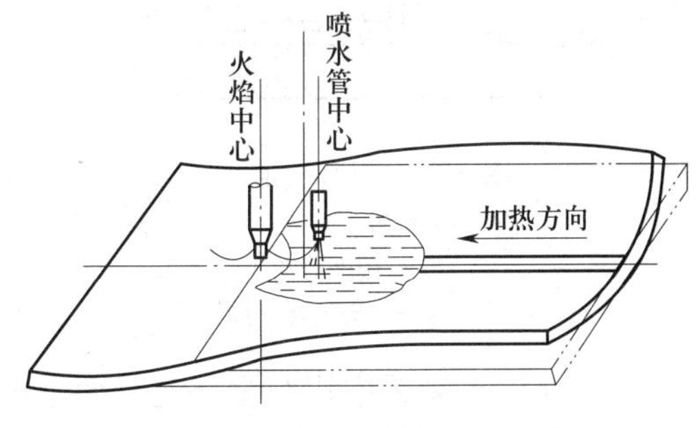

图 7-88　水火弯板的冷却方式

3. 水火弯板的优点

水火弯板是主要用于板材弯曲成形的弯曲加工方法，它具有以下优点。

（1）水火弯板比手工热弯曲成形的效率高，而且节约燃料，改善劳动条件，减轻劳动强度。

（2）成形质量好，板面光滑平整无锤痕，

板厚基本不减薄。

（3）适用面广，可以加工不同厚度和各种复杂曲面形状的工件。

二、爆炸成形

1. 爆炸成形的基本原理

如图 7–89 所示，爆炸成形是将爆炸物质放在一特制的装置中点燃爆炸后，在极短的时间内产生高压冲击波，使坯料变形，从而达到成形的目的。

爆炸成形可以对板料进行多种成形加工，如压延、翻边、胀形、弯曲、矫正、压花纹等，此外，还可以进行爆炸焊接。爆炸成形工艺在现代航空、造船、化工设备制造等一些工业部门，常用来制造形状复杂或大尺寸的小批零件。

2. 爆炸成形的主要特点

（1）爆炸成形不需要成对的刚性凸模、凹模，而是通过传压介质（空气或水）来代替刚性凸模的作用，因此可使模具结构简化。

（2）爆炸成形可以加工形状复杂、刚性模具难以加工的空心零件。

（3）爆炸成形属于高速成形，零件回弹极小，贴模性能好，只要模具尺寸准确、表面光洁，则零件的精度高、表面质量好。

（4）爆炸成形不需要冲压设备，成形零件的尺寸不受设备能力限制，而且成形速度快，操作方便，成本低，在试制或小批生产大型构件时，经济效益显著。

三、电水成形和电爆成形

1. 成形原理

如图 7–90 所示，工作时升压变压器加 20 ~ 40 kV 电压，经整流器得到高压直流电，再经限流电阻向电容充电。当电容器的电压达到一定数值时，辅助间隙被击穿，高压电便加在由两个电极形成的主间隙上，将其击穿并放电，形成强大的冲击电流（可达 300 MA 以上），在介质（水）中引起冲击波，冲击金属毛坯在凹模中成形，这就是电水成形的基本原理。

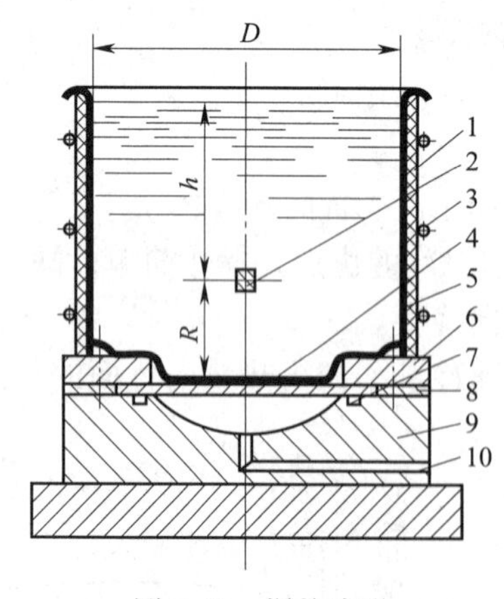

图 7–89　爆炸成形

1—纤维板　2—炸药　3—绳　4—坯料　5—密封袋　6—压边圈　7—密封圈　8—定位圈　9—凹板　10—抽气孔

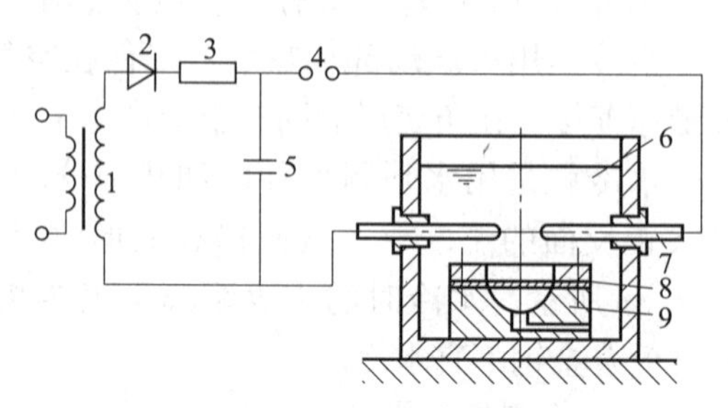

图 7–90　电水成形原理

1—变压器　2—整流器　3—限流电阻　4—辅助间隙　5—电容　6—水　7—电极　8—毛坯　9—凹模

若在以上装置中用细金属丝把两个电极连接起来，放电时产生的强大电流将金属丝迅速熔化和蒸发成高压气体，并在介质中形成冲击波使坯料成形，这就是电爆成形的原理。

2. 电水成形和电爆成形的特点

电水、电爆成形均属高速成形，虽然成形能量较爆炸成形低一些，但具有成形过程稳定、操作方便、内部能量容易调整等优点，并且容易实现机械化和自动化作业，是生产效率极高的一种成形新工艺。但电水、电爆成形设备较复杂，因此主要用于难以用一般冲压方式成形的小型工件的中小批量生产。

除以上介绍的几种成形方法外，电磁成形和橡胶成形等成形方法也在一些行业得到应用。

技能训练

帆形板成形

一、操作准备

1. 卷板机的准备

帆形板成形需要用卷板机来配合，所以应准备卷板机一台，并应保证卷板机运转正常，无任何安全隐患存在。

2. 钢板的准备

根据产品图样，准备好厚度为 8 mm 的钢板毛坯一块，规格为 1 200 mm × 800 mm，材质为 Q235。

3. 氧乙炔气割设备的准备

氧乙炔气割设备是下料和成形的必用设备，所以必须将这些设备事先准备好。

二、操作步骤

1. 依据产品图样进行放样、号料与下料

如图 7–91 所示为帆形板，它是用三视图形式来表达的。

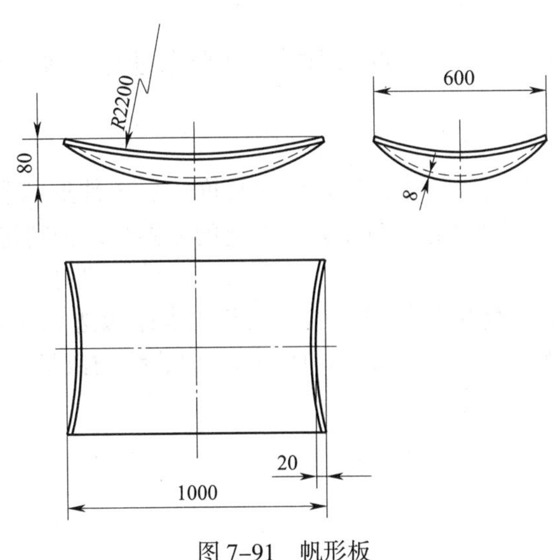

图 7–91　帆形板

由产品图样可知，该帆形板为双曲面成形，但在成形前应该是一个矩形。由于帆形板具有两个方向的曲率，因此要想精确下料还有一定的难度，这里采取先进行帆形板一次毛坯号料，成形后再进行二次精准号料的方法进行号料。钢板毛坯一次号料的尺寸规格为 1 200 mm × 800 mm。

一次号料线划出后，即可按照号料线采用手工气割的方法进行下料。

在帆形板的一次号料与下料结束后，还应制作 *R*2 200 mm 和 *R*1 000 mm 卡形样板各一个，以备成形后检查之用。

2. 用卷板机卷制第一曲面

在卷板机上将坯料的第一曲面（即 *R*2 200 mm 曲面，图 7–92 中细双点画线所示）卷成圆柱面。

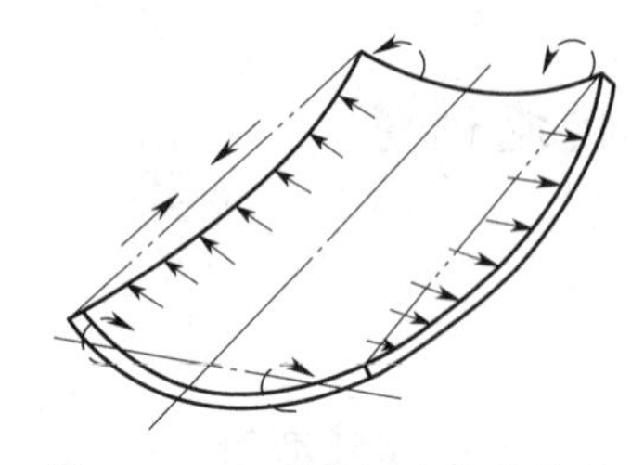

图 7–92　加热位置和加热方向

3. 利用水火弯板法，完成第二曲面成形

（1）根据帆形板的材质为 Q235，确定加热温度为 600 ~ 800 ℃。

（2）加热位置和方向如图 7–92 所示，加热线长度可取 150 mm 左右，加热线宽度取 12 ~ 15 mm，加热线的间隔可初取 100 mm，操作中视帆形板成形情况进行调整。

（3）帆形板水火弯曲的冷却方式采用水冷。

（4）在水火弯曲的过程中，要随时用卡形样板检查帆形板的曲率，以便调整弯曲成形操作。

4. 检查成形件质量及二次号料

（1）检查第一曲面（*R*2 200 mm 曲面）的曲率是否合格，如有不合格之处，应进行适当修整。

（2）检查第二曲面（*R*1 000 mm 曲面）的曲率是否合格，如有不合格之处，应进行适当修整。

（3）检查成形件的表面质量。成形件曲面应光滑、自然过渡，无明显的凸棱、折线等影响外观质量的缺陷。

帆形板经质量检查合格后，应按照图样尺寸要求进行二次号料，使之完全符合图样要求。

三、注意事项

1. 水火弯板一般采用线状加热，加热线的长度依据工件形状和曲率确定，曲率越大，加热线应越长，但要注意不得超过工件上曲率变化的分界线，否则将使成形效果变差，甚至造成反向变形。

2. 为了避免钢板边缘收缩时起皱，加热线起止点距板边应留有适当的距离，其值为 80 ~ 120 mm。加热线的宽度一般为 12 ~ 15 mm。加热线的数量和分布根据工件形状和曲率确定。

第八单元

装　配

在金属结构制造过程中，将组成结构的各个零件按照一定的位置、尺寸关系和精度要求组合起来的工序，称为装配。

课题一　装配基础训练

子课题 1　装配定位与夹紧

一、装配的基本条件

进行金属结构的装配，必须具备定位、夹紧和测量三个基本条件。

1. 定位

定位是指确定零件在空间的位置或零件间的相对位置。如图 8–1 所示为装配工字梁，工字梁的两翼板 4 的相对位置是由腹板 3 和挡板 5 来定位，腹板的高低位置是由垫块 2 来定位，而平台 6 的工作面既是整个工字梁的定位基准面，又是结构装配的支撑面。

2. 夹紧

夹紧是指借助外力，使零件准确定位，并将定位后的零件固定。图 8–1 中翼板 4 与腹板 3 间相对位置确定后，是通过调节螺杆 1 来实现夹紧的。

3. 测量

测量是指在装配过程中，对零件间的相对位置和各部尺寸进行一系列的技术测量，从而衡量定位的准确性和夹紧的效果，以指导装配工作。图 8–1 中，在定位并夹紧后，需要测量两翼板的平行度、腹板与翼板的垂直度、工字梁高度尺寸等各大项指

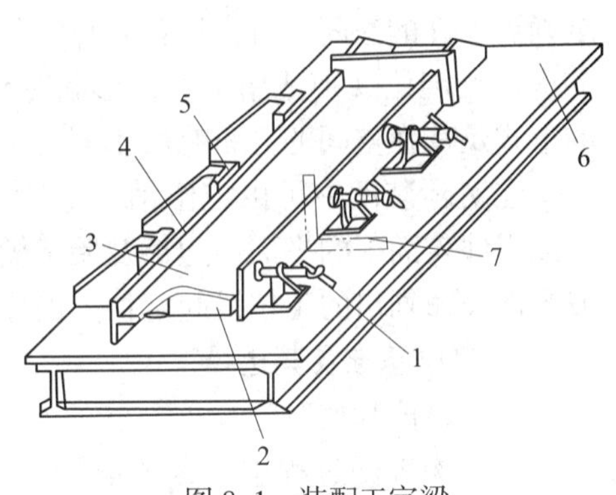

图 8–1　装配工字梁

1—调节螺杆　2—垫块　3—腹板　4—翼板　5—挡板　6—平台　7—直角尺

标。例如，通过用直角尺 7 测量两翼板与平台面的垂直度，来检验两翼板的平行度是否符合要求。

上述三个基本条件是相辅相成的，缺一不可。若没有定位，夹紧就变成无的放矢；若没有夹紧，就不能保证定位的准确性和可靠性；而若没有测量，就无法进行正确的定位，也无法判定装配的质量。因此，研究装配技术，总是围绕这三个基本条件进行的。

二、定位原理

1. 六点定位规则

如图 8–2a 所示，任何空间的刚体未被定位时，都具有六个自由度，即沿三个互相垂直坐标轴的移动（见图 8–2b）和绕这三个坐标轴的转动（见图 8–2c）。因此，要使零件或结构（一般可视为刚体）在空间具有确定的位置，就必须约束其六个自由度。

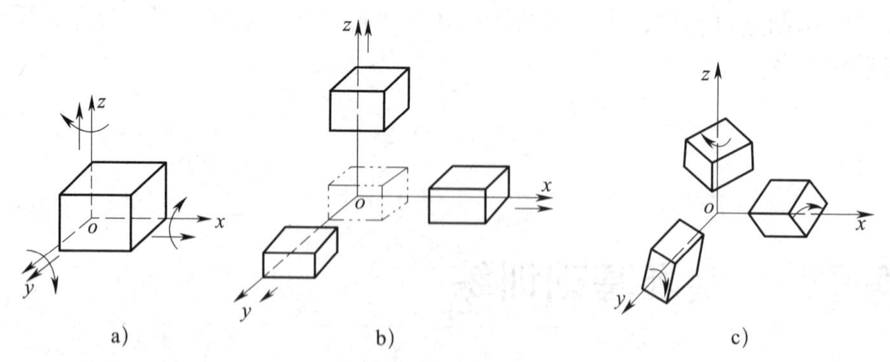

图 8–2　空间刚体的六个自由度

为限制零件在空间的六个自由度，至少要在空间设置六个定位点与零件接触。如图 8–3 所示，为确定一长方体零件的空间位置，在三个互相垂直的坐标平面内，分布六个定位点，其中：在 *xoy* 平面上的三个定位点，限制了零件的三个自由度，使零件不能沿 *oz* 轴移动和绕 *ox*、*oy* 轴转动；在 *yoz* 平面上的两个定位点，限制了零件的两个自由度，使零件不能沿 *ox* 轴移动和绕 *oz* 轴转动；在 *xoz* 平面上的一个定位点，限制了零件沿 *oy* 轴方向移动的自由度。这样，以六个定位点来限制零件在空间的自由度，以求得完全确定零件的空间位置，称为六点定位规则。

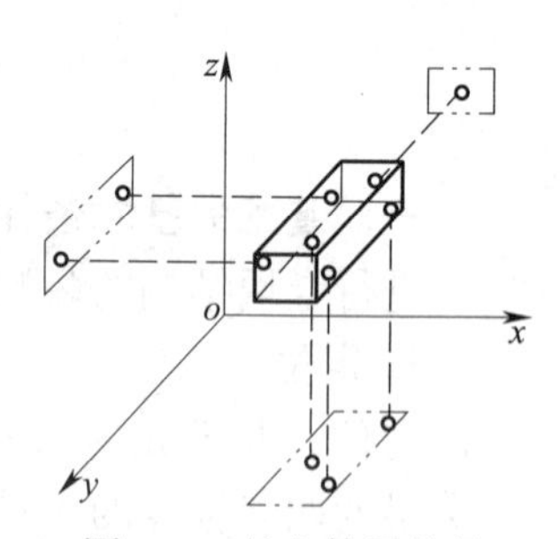

图 8–3　长方体零件的六点定位

六点定位规则适用于任何形状零件的定位，只是对不同形状零件定位时，六个定位点的形式及其在空间的分布有所不同。

在实际装配中可由定位销、定位块、挡板等定位元件作为定位点，也可以利用装配平台或零件表面上的平面、边棱及胎架模板形成的曲面代替定位点，有时还可通过在装配平台或零件表面划出的定位线起定位点的作用。

2. 定位基准及其选择

（1）定位基准

在结构装配过程中，必须根据一些指定的点、线、面来确定零件或部件在结构中的位置，这些作为依据的点、线、面称为定位基准。

如图 8–4 所示，圆锥台漏斗各件间的相对位置，是以轴线和 *M* 面为定位基准确定的。

（2）定位基准的选择

合理地选择装配定位基准，对保证装配质量、安排零部件装配顺序和提高装配效率都有重要的影响。通常根据下列原则选择定位基准。

1）尽可能选用设计基准作为定位基准，这样可以避免因定位基准与设计基准不重合而引起较大的定位误差。

图 8–4 中的圆锥台漏斗，M 面为设计基准之一。按使用要求，装配中应保证大、小两法兰盘 M、N 面间的距离。装配时，若以 H 面为定位基准进行小法兰盘的装配定位，则 M、N 面间的距离要由 a 和 $a-b$ 两个尺寸来保证，其定位误差是这两个尺寸误差之和；而若以 M 面为定位基准，M、N 两面间的距离仅由 b 一个尺寸来保证，其定位误差仅是尺寸 b 的误差，显然要比前者小。故实际装配时应选 M 面为定位基准。此外，从 M 面的尺寸大于 H 面的尺寸来看，这样的选择也是合理的。

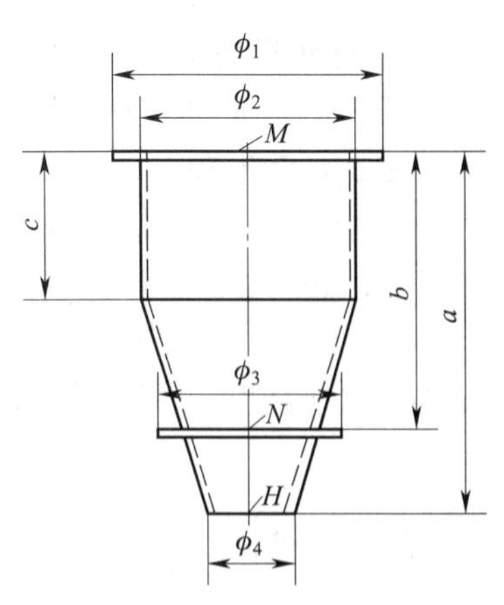

图 8–4　圆锥台漏斗

2）同一构件上与其他构件有连接或配合关系的各个零件，应尽量采用同一定位基准，这样能保证构件安装时与其他构件的正确连接或配合。

3）应选择精度较高又不易变形的零件表面或边棱作为定位基准，这样能够避免由于基准面、线的变形造成定位误差。

4）所选择的定位基准，应便于装配中的零件定位与测量。

在实际装配中，定位基准的选择要完全符合上述所有原则有时是不可能的，因此，应根据具体情况进行分析，选出最有利的定位基准。

技能训练

选择定位基准

一、作业准备

1. 识读工件图样

如图 8–5 所示为四通接头，主管直径为 ϕ_1，两支管直径分别为 ϕ_4 和 ϕ_5，主管与支管的端口分别采用法兰连接，各法兰直径分别为 ϕ_2、ϕ_3 和 ϕ_6。

2. 定位尺寸分析

四通接头的定位尺寸有四个，即支管在高度方向的尺寸 h_1、h_2 和横向尺寸 a、b，所以装配时就需要确定支管在高度和横向两个方向的定位基准。

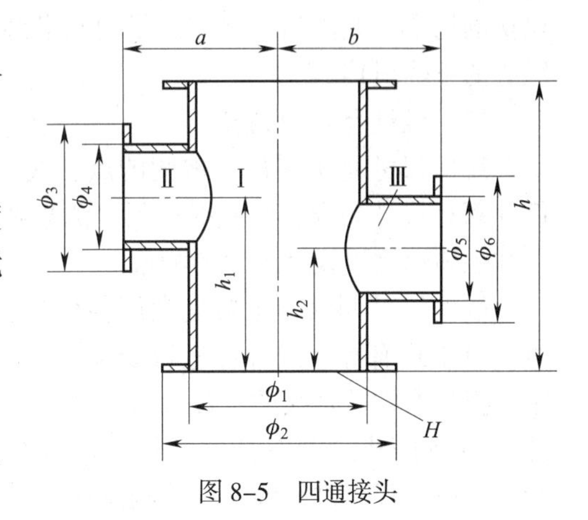

图 8–5　四通接头

二、作业步骤

1. 支管高度方向定位基准的选择

装配时支管Ⅱ、Ⅲ在主管Ⅰ上的相对高度，以 H 面为定位基准确定。

2. 支管横向定位基准的选择

支管的横向定位则以主管轴线为定位基准。

三、注意事项

1. 在选择定位基准时，应尽可能使定位基准与设计基准保持一致，图 8–5 中的 *H* 面和主管轴线也应该是四通接头的设计基准。

2. 由于四通接头属于三个零件之间的连接，因此各个零件连接时应尽量采用同一定位基准，这样能保证四通接头安装时与其他构件的正确连接或配合。

子课题 2　装配测量

装配中的测量技术包括正确、合理地选择测量基准，准确而迅速地完成零件定位所需项目的测量。较常用的测量项目有线性尺寸、平行度（包括水平度）、垂直度（包括铅垂度）、同轴度和角度等。

一、测量基准

测量中，为衡量被测点、线、面的尺寸和位置精度而选作依据的点、线、面，称为测量基准。一般情况下，多以定位基准作为测量基准。图 8–4 所示圆锥台漏斗上小法兰盘的装配是以 *M* 面为定位基准，测量尺寸 *b* 时又可以 *M* 面作为测量基准。这样，在这个小法兰盘的装配中，设计基准、定位基准、测量基准三者合一，可以有效地减小装配误差。

当以定位基准作为测量基准不利于保证测量的精确度或不便于测量操作时，应本着能使测量准确、操作方便的原则，重新选择合适的点、线、面作为测量基准。图 8–1 所示的工字梁，其腹板平面是腹板与翼板垂直定位的基准，但以此平面作为测量基准，去测量腹板与翼板的垂直度较不方便，也不利于获得精确的测量值。这时，若按图 8–1 中所采用的装配平台作为测量基准，则既容易进行测量，又能保证测量结果的准确性。

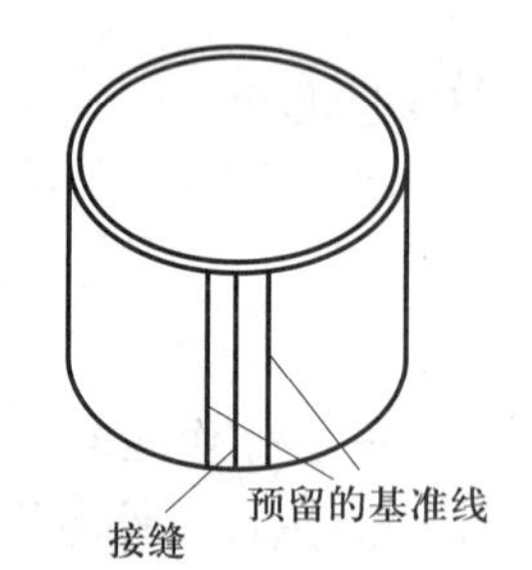

图 8–6　圆筒装配预留测量基准线

有时还可以在号料时预先在零件上留出装配测量基准线，以备装配时使用。如图 8–6 所示，即为利用预留的测量基准线进行圆筒纵缝对接的情形。装配时，只需测量两基准线之间的距离，即可保证圆筒纵缝的正确对接。

二、线性尺寸的测量

线性尺寸是指零件上被测的点、线、面与测量基准间的距离。由于组成构件的各个零件间都有尺寸要求，因此线性尺寸测量在装配中应用最多，而且在进行其他项目的测量时，往往也须辅之以线性尺寸的测量。

线性尺寸测量，主要是利用各种刻度尺（卷尺、盘尺、直尺、木折尺等）来完成。有时，也用画有标志的样棒进行线性尺寸的测量。如图 8–7 所示，在槽钢上装配立板，为确定立板与槽钢接合线的位置，需要测量其中一块立板距槽钢端面的尺寸 *a* 及两立板间距离尺寸 *b*，这两个尺寸即属于线性尺寸。如图 8–8 所示，角钢桁架上的各种连接位置，也要通过盘尺（或卷尺）进行线性尺寸测量来确定。

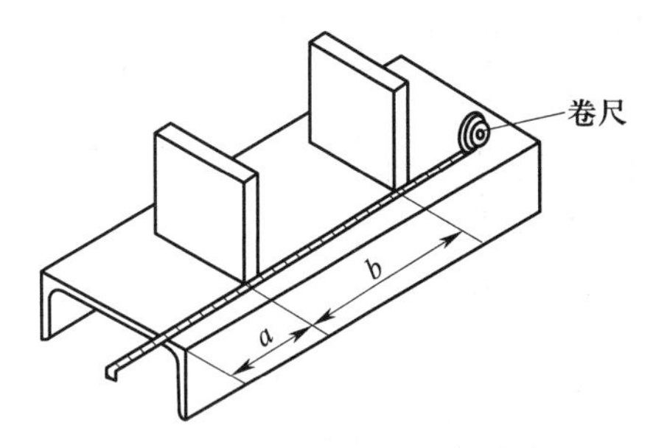

图 8–7　槽钢上装配立板的尺寸测量

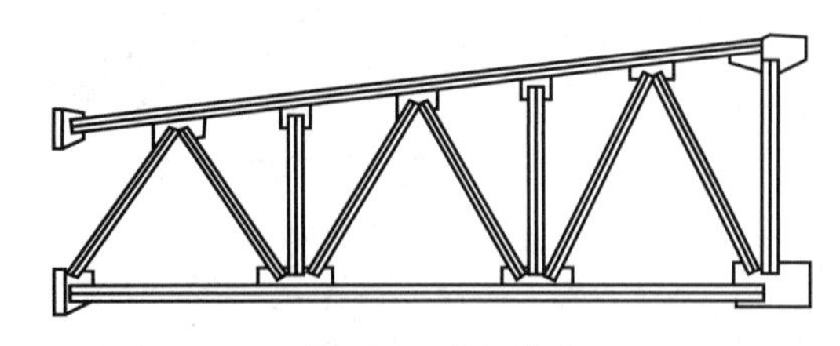

图 8–8　角钢桁架

构件的某些线性尺寸，有时因受构件形状等因素的影响而不能直接用尺测量，需要借助一些其他量具来达到测量的目的。如图 8–9 所示，圆锥台与圆筒按图示的位置装配，在测量整体高度时，由于圆锥台小口端面（封闭的）较圆筒外壁缩进一段，无法用尺直接测量，这时可借助于用轻型工字钢制成的大平尺来延伸圆锥台小口端平面，再用直尺或卷尺间接测量。

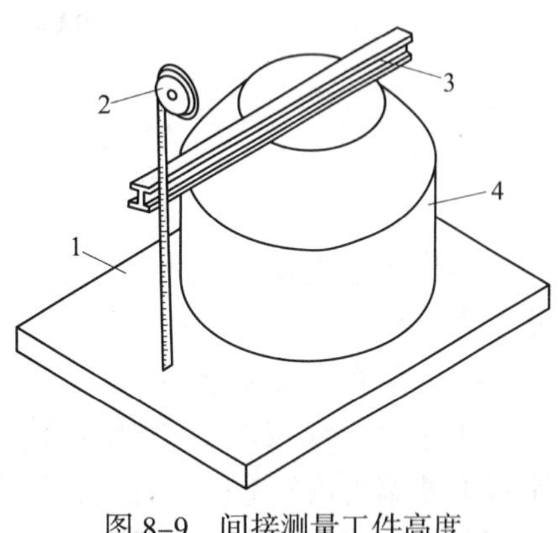

图 8–9　间接测量工件高度
1—平台　2—卷尺　3—大平尺　4—工件

采用间接测量法时应注意，所采用的测量方法和辅助量具，应能保证测量结果的精确度，且简单易行。如上例中为保证测量精度，所用大平尺的工作面（代替零件被测面的尺面）应十分平直，而且尺身应不易变形；此外，为使用方便，大平尺不宜过重，常用小型铝质工字钢型材制作。

三、平行度和水平度的测量

1. 平行度的测量

平行度是指工件上被测的线（或面）相对于测量基准线（或面）的平行程度。测量平行度，通常是在被测的线（或面）上选择较多的测量点，与测量基准线（或面）上的对应点进行线性尺寸的测量。当由各对应测量点所测得的线性尺寸都相等时，被测的线（或面）即与测量基准线（或面）相互平行；否则就不平行。

如图 8–10 所示，分别为在一个平板上装配两根与板边平行的角钢和在一圆筒上装配两条相互平行的加强带圈的定位测量，它们都是通过直接进行多点线性尺寸测量，来达到测量平行度的目的。

测量两零件间的平行度，有时也需要通过间接测量来完成。在图 8–9 所示圆锥台与圆筒的装配中，若要测量圆锥台小口端面与圆筒下端面的平行度，则仍要借助大平尺来间接完成。测量时要转换大平尺的方位以获得多点测量，而每一对应点的测量方法则与图 8–9 所示的方法相同。

2. 水平度的测量

容器里的水或其他液体在静止状态下，其表面总是处于与重力作用方向相垂直的位置，这种位置称为水平。水平度就是衡量零件上被测的线（或面）是否处于水平位置。许多钢结构制品，在使用中要求有良好的水平度。如桥式起重机（天车）的运行轨道需要有良好的水平度，否则将不利于起重机在运行中的控制，甚至会引起事故。

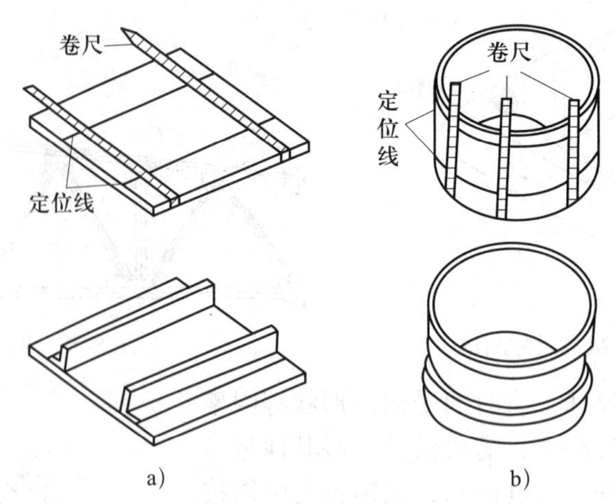

图 8-10　平行度的测量

a）角钢间平行度的测量　b）钢带圈间平行度的测量

冷作工装配中常用水平尺、软管水平仪、水准仪、经纬仪等量具或仪器来测量零件的水平度。

（1）用水平尺测量

水平尺是测量水平度常用的量具。测量时，将水平尺放在构件的被测平面上，查看水平尺上玻璃管内气泡的位置。如气泡在中间，即达到水平；如果气泡偏向一侧，则说明没有达到水平（气泡所在的一侧偏高）。这时应调整零件的位置，直至气泡处在管内正中位置为止。使用水平尺应轻拿轻放，不可敲击和震动。为避免结构表面的局部凸凹不平影响测量结果，有时在水平尺下面垫一平直的厚木板。

（2）用软管水平仪测量

软管水平仪是由一根较长的橡皮管，两端各接一玻璃短管构成，管内注入液体。加注液体时，要从其中一端管口注入，不能两端同时注入，以免橡皮管内滞留空气而造成测量误差。冬季使用时，要加入一些防冻的液体，如酒精或乙醚。

当在平面上测量其水平度时，取两根标有相同刻度的标杆，将玻璃管分别贴靠在标杆上，把其中的一根标杆置于被测平面的一角，另一根标杆连同橡皮管放在被测平面上的不同点，观察两玻璃管内的液面高度是否相同（见图 8-11）。如在测量各点时玻璃管内液面高度都相同，即液面和两标杆上的刻度线都重合，说明被测平面为水平。软管水平仪常用来测量较大钢结构的水平度。此外，软管水平仪还用来在高度方向进行线性尺寸的测量。

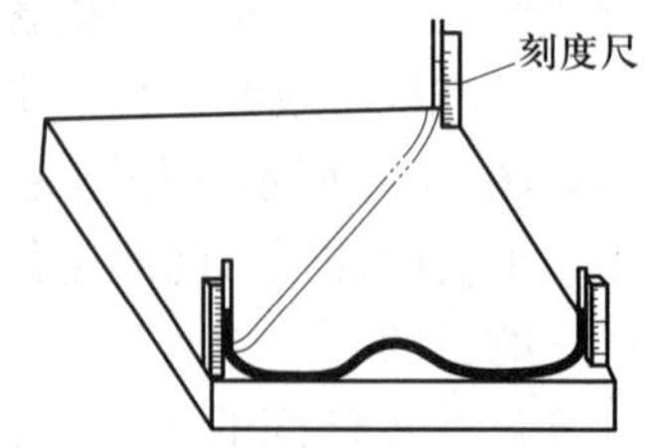

图 8-11　用软管水平仪测量水平度

（3）用水准仪测量

水准仪由望远镜、水准器和基座等组成（见图 8-12a），利用它测量水平度，不仅能衡量各测点是否处于同一水平，而且能给出准确的误差值，便于调整。

如图 8-12b 所示是球罐柱脚水平度的测量。球罐柱脚上预先标出基准点，把水准仪安置在球罐柱脚附近进行观测。如果水准仪测出各基准点的读数相同，说明各柱脚处于同一水平面；若不同，则可根据由水准仪读出的误差值调整柱脚。

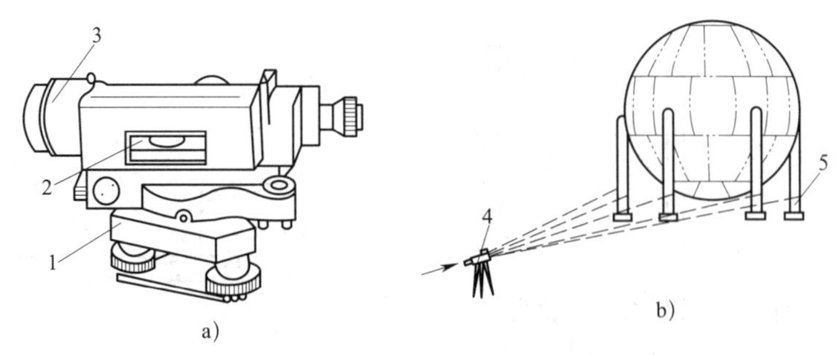

图 8–12　用水准仪测量水平度

1—基座　2—水准器　3—望远镜　4—水准仪　5—基准点

四、垂直度和铅垂度的测量

1. 垂直度的测量

垂直度是指零件上被测的直线（或面）相对于测量基准线（或面）的垂直程度。垂直度是装配中常见的测量项目，很多产品都对其有严格的要求。例如，高压电架线铁塔等呈棱锥形的结构，往往由多节组成，装配时技术要求的重点是每节两端面与中心线垂直，只有每节的垂直度符合技术要求之后，才可能保证总体安装的垂直度。

通常是利用直角尺直接测量垂直度（见图 8–13），当基准面和被测面分别与直角尺的两个工作尺面贴合时，说明两面垂直；否则为不垂直。使用直角尺测量垂直度，简单易行。在使用时不可磕碰直角尺，以免损坏直角尺，或因直角尺角度变化而造成测量误差。

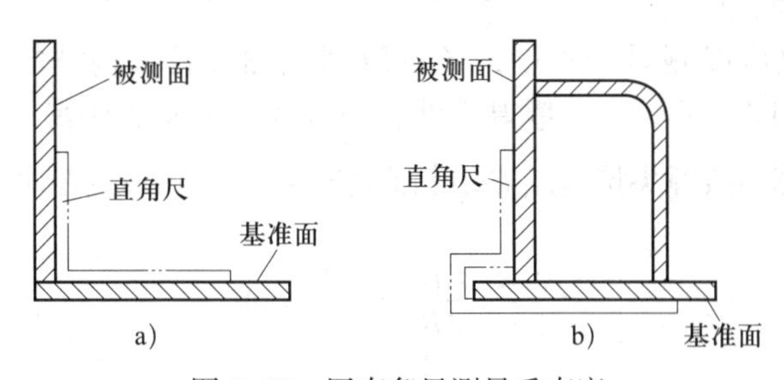

图 8–13　用直角尺测量垂直度

使用直角尺测量垂直度，还要注意直角尺的规格应与被测面尺寸相适应。当零件的被测面长度远远大于直角尺的长度时，用直角尺测量往往会产生较大的误差，这时可采用辅助线测量法。如图 8–14a 所示为辅助线测量法测量直角，是用刻度尺作辅助线，在被测面与基准面的垂直断面上构成一直角三角形，利用勾股定理求出辅助线理论长度（斜边长），再去测量实际辅助线，若两者长度相等，说明两面垂直。如图 8–14b 所示为用辅助线测量法检验一矩形框的四个直角的例子，若两辅助对角线相等（$ac = bd$），说明矩形框的四个内角均为直角，即各相邻面互相垂直。

一些桁架类构件某些部位的垂直度难以直接测量时，可采用间接测量法测量。如图 8–15 所示，对塔类桁架的一节两端面与中心线垂直度进行间接测量。首先过桁架两端面的中心拉一钢丝，再将其平置于测量基准面上，并使钢丝与基准面平行，然后用直角尺（或其他方法）测量桁架两端面与基准面的垂直度。若桁架两端面垂直于基准面，必同时垂直于桁架中心线，这样就间接测量了桁架两端面与中心线的垂直度。

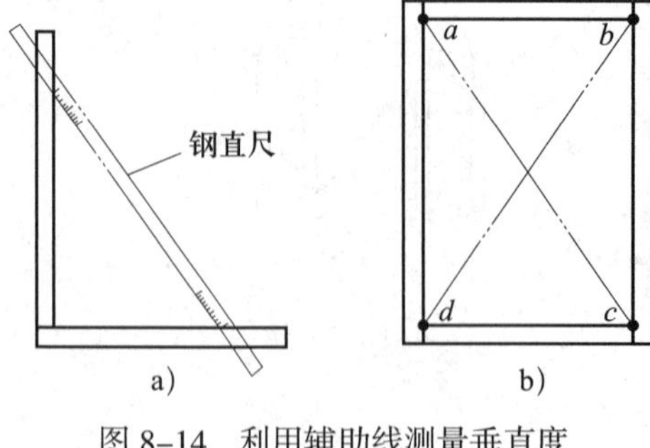

图 8–14 利用辅助线测量垂直度

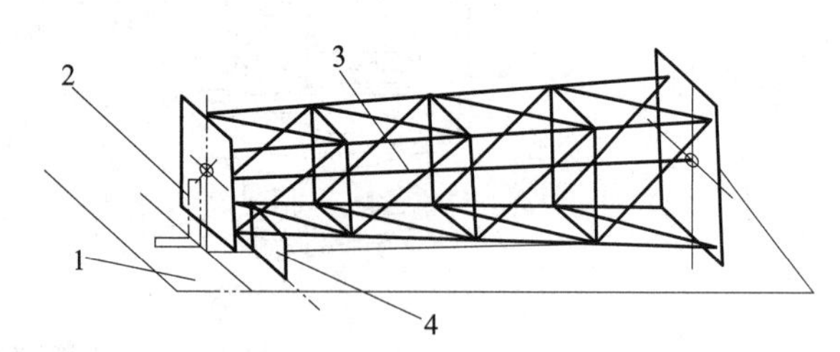

图 8–15 用间接测量法测量垂直度

1—平台 2—直角尺 3—细钢丝 4—垫板

2. 铅垂度的测量

铅垂度是衡量零件上被测的线（或面）是否与水平面垂直的一个测量项目，常作为构件安装的技术条件。常用的测量铅垂度的工具和仪器有吊线锤和经纬仪。

（1）用吊线锤测量铅垂度

吊线锤多用铜质金属材料制成，把吊线连接在锤的尾端，使用时锤尖向下，如图 8–16 所示。当用吊线锤测量构件的铅垂度时，可以在构件的上端沿水平方向伸出一个支杆，并与构件固定，将吊线锤的吊线拴在支杆上，并量得其与构件的水平距离为 a；放下线锤使锤尖接近地面并稳定后，再度量构件底部到线锤尖的水平距离 a'，若 $a = a'$，则说明构件该侧与水平线垂直。如果构件需要从两个方向测铅垂度时，应在上端与前一支杆垂直方向固定另一支杆，再用上述方法测量。

利用吊线锤不仅可以测量铅垂度，还可以间接测量较大构件的垂直度。如图 8–17 所示，在构件上端 A 处固定吊线锤，量得构件底部到 A 点的垂直距离为 AB。利用已知斜面的斜度 $M\left(\text{即}\dfrac{DF}{EF}\right)$，计算出线锤尖接地点 C 沿斜面方向到 B 点的准确距离值为 CB，计算公式为：

$$\frac{CD}{AB} = \frac{DF}{EF} = M$$

则

$$CB = \frac{AB \times DF}{EF} = AB \times M$$

上式中 AB、M 均为已知（或可直接量得），故 CB 长度可以算出。若实测的 CB 值与其计算值相同，则构件 AB 垂直于斜面 ED。

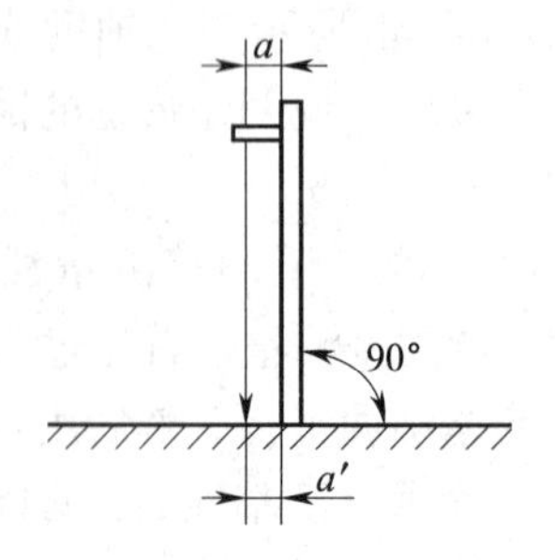

图 8–16 用吊线锤测量铅垂度

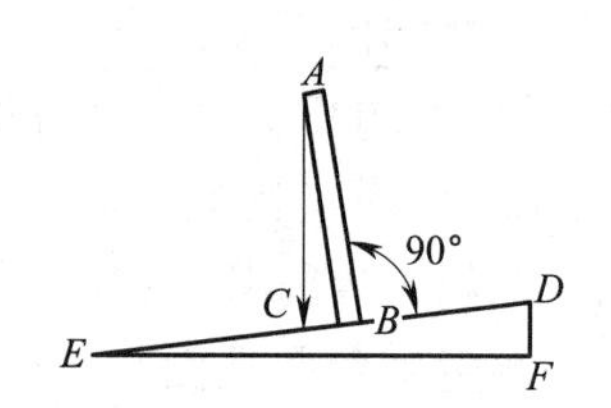

图 8–17 用吊线锤测量构件的垂直度

（2）用经纬仪测量铅垂度

经纬仪主要由望远镜、竖直度盘、水平度盘和基座等部分组成（见图 8–18a），可以测角、测距、测高、测定直线、测水平度、测铅垂度等。如图 8–18b 所示是用经纬仪测量球罐柱脚的铅垂度。先把经纬仪安置在柱脚的横轴方向上，对中、调平，再将目镜上十字线的纵线对准柱脚中心线的下部，将望远镜上下微动观测。若纵线重合于柱脚中心线，说明柱脚在此方向上垂直；如果发生偏离，就需要调整柱脚。然后再用同样的方法，把经纬仪安装在柱脚的纵轴方向上观测。如果柱脚在纵、横两轴方向上都与水平线垂直，则柱脚处于铅垂位置。如用激光经纬仪测量，则更为方便和直观。

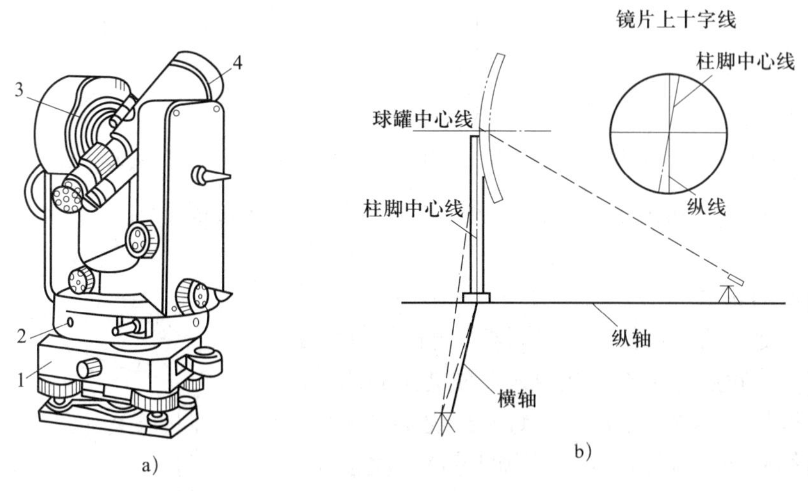

图 8–18　经纬仪及其应用

1—基座　2—水平度盘　3—竖直度盘　4—望远镜

五、同轴度的测量

同轴度是指构件上具有同一轴线的几个零件装配时其轴线的重合程度。测量同轴度的方法很多，这里举例介绍几种常用的测量方法。

如图 8–19 所示，由两节圆筒连接而成的长圆筒，测量它的同轴度，可先在各节圆筒的端面装上临时支撑（注意不得使圆筒变形），再在各临时支撑上分别找出圆心位置，并钻出 $\phi20 \sim \phi30$ mm 的孔，然后过长圆筒两外端面的中心拉一钢丝，使其从各端面支撑的孔中通过。这时观察钢丝是否处于各端面上孔的中心位置，若钢丝过各端面中心，说明两节圆筒同轴，否则不同轴，需要调整。

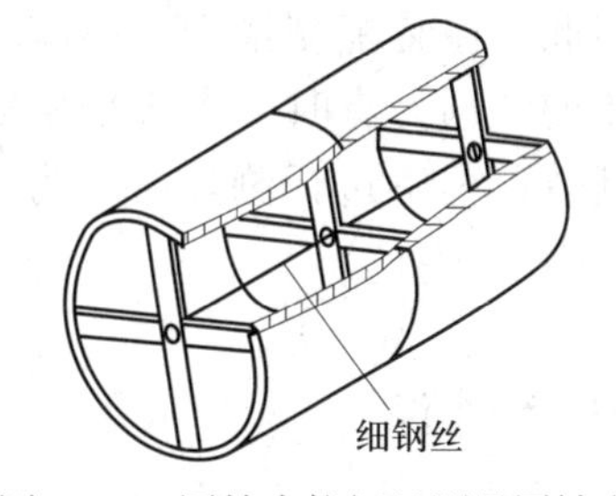

图 8–19　圆筒内拉钢丝测量同轴度

如果每节圆筒的成形误差和尺寸误差都很小，也可采取在圆筒外侧拉钢丝，通过测筒外壁与钢丝的距离或贴合程度来测量几节圆筒的同轴度（见图 8–20）。应用这种方法，至少应在整圆周上选择三处拉钢丝测量，以保证测量结果准确。

若两节不太长的圆筒相接，也可将大平尺放在接合部位，沿圆筒素线立于圆筒外壁上，根据大平尺与筒外壁的贴合程度来测量其同轴度，如图 8–21 所示。

多节塔类桁架同轴度的测量，可参照上述方法进行。

如图 8-22 所示，有一双层套筒，测量其同轴度时，先在内筒两端面加上临时支撑，并在其上找出圆心位置，然后用尺测量外筒圆周上各点至圆心的距离。如果各测点的圆心距相等，说明内、外两圆筒同心。当在套筒两端面测得内、外筒皆同心时，则说明内、外筒同轴。

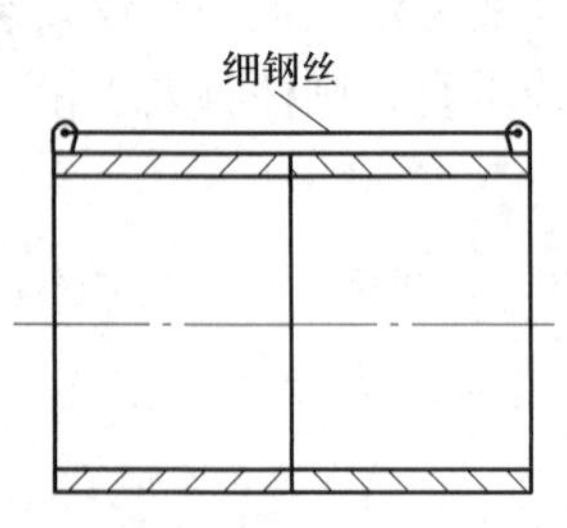

图 8-20　圆筒外拉钢丝测量同轴度

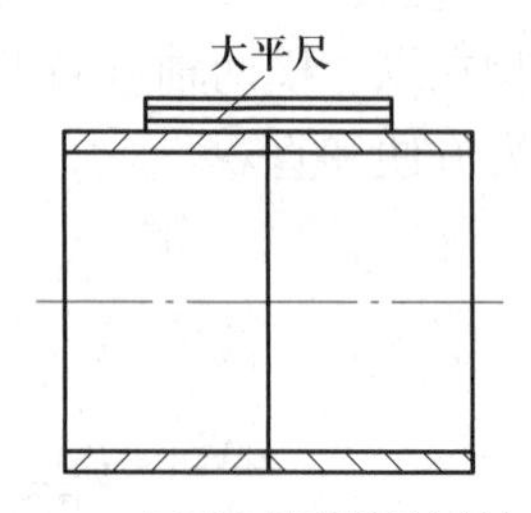

图 8-21　用大平尺测量同轴度

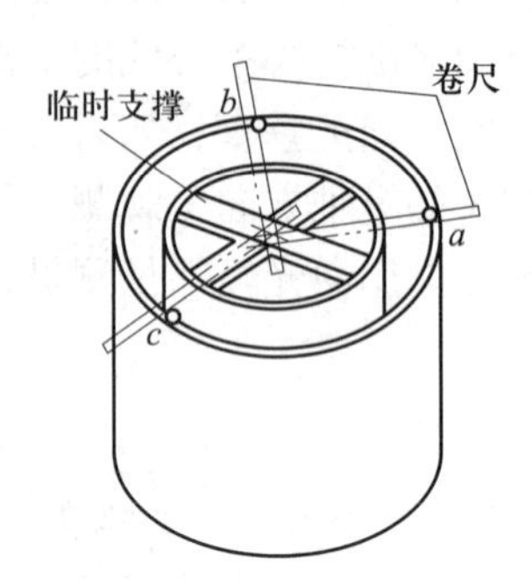

图 8-22　套筒的同轴度的测量

如果套筒的装配精度要求不高，也可以通过测量其两端面上内、外筒的间距来控制套筒的同轴度。

六、角度的测量

装配中，通常是利用各种角度样板测量零件间的角度。测量时，将角度样板卡在或塞入形成夹角的两零件之间，并使样板与两零件表面同时垂直，再观察样板两边是否与两表面都贴合，若都贴合，则说明零件角度正确。如图 8-23 所示为利用角度样板测量零件的角度。

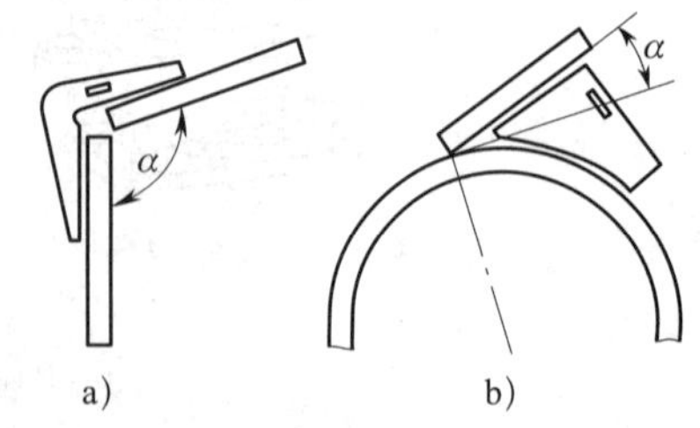

图 8-23　利用角度样板测量零件的角度

装配测量除上述项目外，还有斜度、挠度、平面度等一些测量项目，都需要装配工采用不同的测量方法测得准确的结果，以保证装配质量。

还应强调的是，除测量方法外，量具精确、可靠也是保证测量结果准确的重要因素。因此，在装配测量中，还应注意保护量具不损坏，并经常检验其精度是否符合要求。重要的结构，有时要求装配中始终用同一量具或仪器进行测量。对尺寸较大的钢结构，在制造过程中进行测量时，为保证测量精度，还要考虑测量点的选择、结构自重和日照等影响。

技能训练

装配测量训练

一、操作准备

1. 工件的准备

欲测量的工件为一异径三通管，如图 8-24 所示。

2. 工具、量具的准备

准备刻度尺、直角尺、样板（主、支管卡形样板和支管定位样板），检验样板如图 8-25 所示。

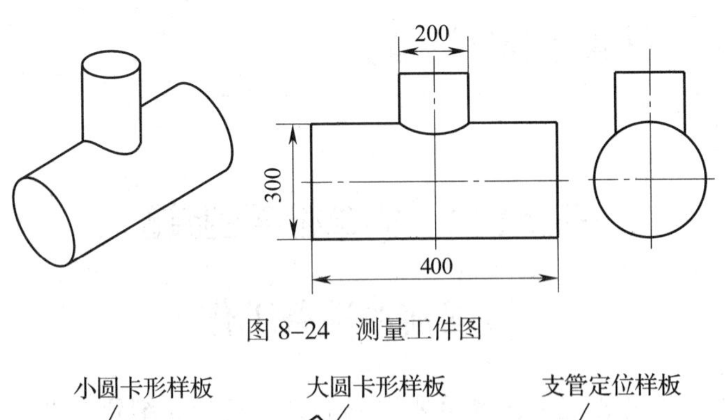

图 8–24　测量工件图

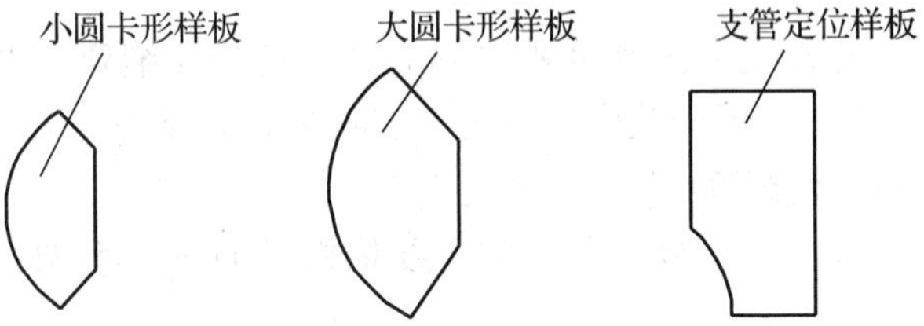

小圆卡形样板　大圆卡形样板　支管定位样板

图 8–25　检验样板

二、操作步骤

1. 主管、支管圆度的测量

用卡形样板在整个圆周各位置进行测量，看圆管是否与样板贴合，如图 8–26 所示。若样板两端与圆管贴合，中间有间隙，说明圆管的曲率过大；若样板中间与圆管贴合，两端有间隙，说明圆管的曲率不够。

2. 主管、支管尺寸的测量

用刻度尺测量支管的高度、主管的长度和支管的左右位置，如图 8–27 所示。

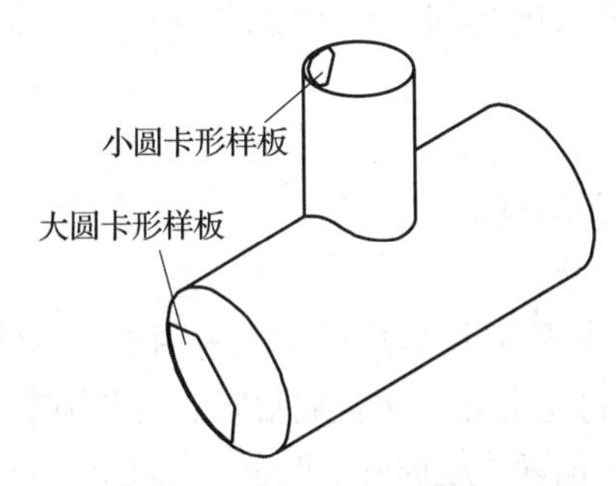

图 8–26　主管、支管圆度的测量

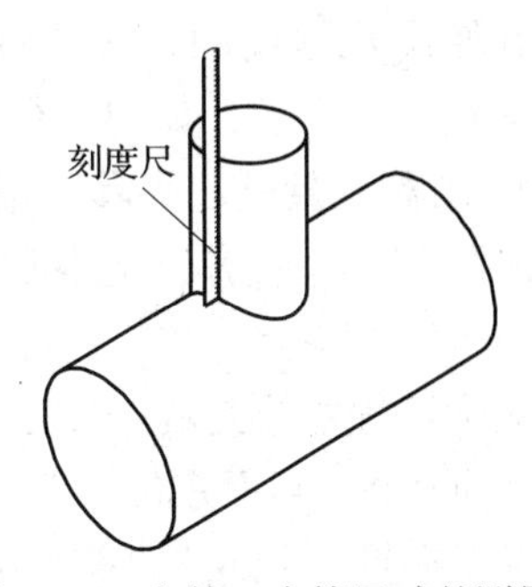

图 8–27　主管、支管尺寸的测量

3. 主管、支管垂直度的测量

用直角尺检查主、支管左右方向的垂直度，用定位样板检查主管、支管前后方向的垂直度，如图 8–28 所示。

三、注意事项

利用样板测量主管支管圆度、主管支管垂直度及位置时，样板应与构件的表面垂直，否则易出现检测误差。

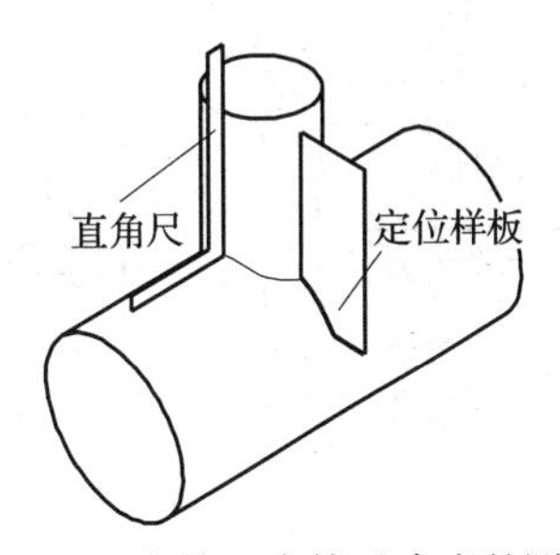

图 8–28　主管、支管垂直度的测量

课题二　桁架结构装配

子课题 1　简单桁架的装配

装配前的准备工作

装配前的准备工作是装配工艺的重要组成部分。充分、细致的准备工作是高质量、高效率地完成装配工作的有力保证。装配前的准备工作通常包括以下几个方面。

1. 熟悉产品图样和工艺规程

产品图样和工艺规程是整个装配工作的主要依据，通过熟悉图样和工艺规程，应达到以下目的。

（1）了解产品的用途、特性、结构特点、数量和装配技术要求，并依此确定装配方法。

（2）了解各零件间的位置关系、连接形式、装配尺寸和精度，选择好定位基准和装配夹具类型。

（3）了解各零件的数量、材质及其特性。

2. 装配现场的设置

装配工作场地应尽量选择在起重机械的工作区间内，而且场地应平整、清洁，便于安置装配工作台或装配胎具。零件要堆放整齐、便于取用。人行道应畅通，车辆通道应保证运输车辆通行无阻。

在装配场地周围，应选择适当的位置安置工具箱、电焊机、气割设备，同时根据装配需要配置其他设备，如钳工台和台虎钳等。

3. 工具、量具、夹具和吊具的准备

装配前，应备齐装配中常用的工具、量具、夹具和吊具。

（1）装配夹具

装配过程中的夹紧，通常是通过装配夹具实现的。装配夹具是指在装配中用来对零件施加外力，使其获得可靠定位的工艺装备。它包括简单轻便的通用夹具和装配胎架上的专用夹具。

装配夹具对零部件的紧固方式有夹紧、压紧、拉紧、顶紧（或撑开）四种，如图 8–29 所示。

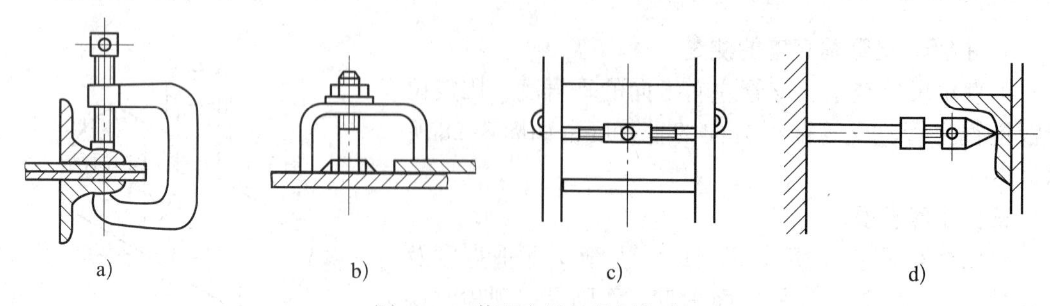

图 8–29　装配夹具的紧固方式

a）夹紧　b）压紧　c）拉紧　d）顶紧

装配夹具按其夹紧力的来源，可分为手动夹具和非手动夹具两大类。手动夹具包括螺旋夹具、楔条夹具、杠杆夹具、偏心夹具等，非手动夹具包括气动夹具、液压夹具、磁力夹具等。

1）手动夹具

①螺旋夹具

螺旋夹具是通过丝杆与螺母间的相对运动传递外力以紧固零件的，它具有夹、压、拉、顶、撑等多种功能。

a. 弓形螺旋夹（俗称卡兰）。弓形螺旋夹是利用丝杆起夹紧作用的。选择或设计弓形螺旋夹时，应使其工作尺寸 H、B 与被夹紧零件的尺寸相适应（见图 8-30），并且具有足够的强度和刚度。在此基础上，还要尽量减轻弓形螺旋夹的质量，以便于使用。常用弓形螺旋夹的结构如图 8-31 所示，其中小型的多采用图 8-31a、b 所示的结构，而大型的则多采用图 8-31c、d 所示的结构。

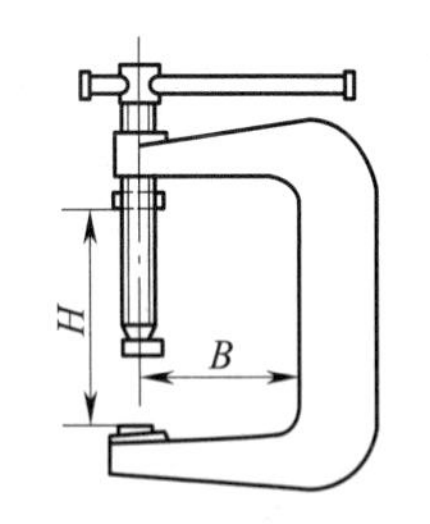

图 8-30　弓形螺旋夹的工作尺寸

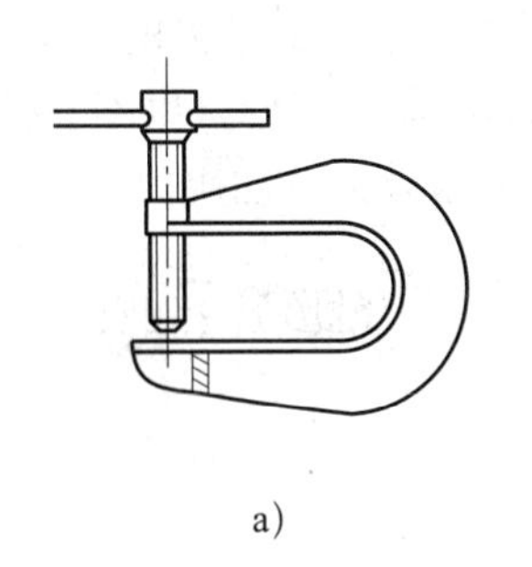

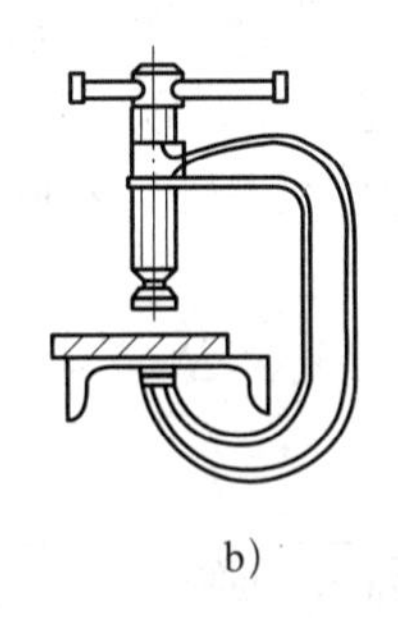

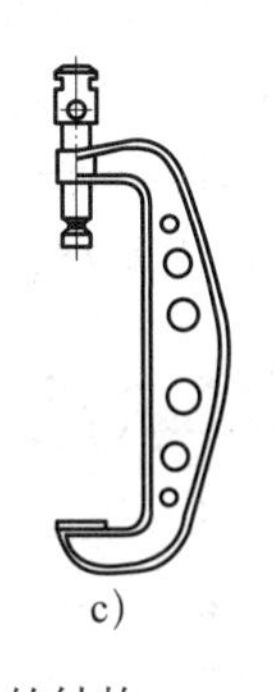

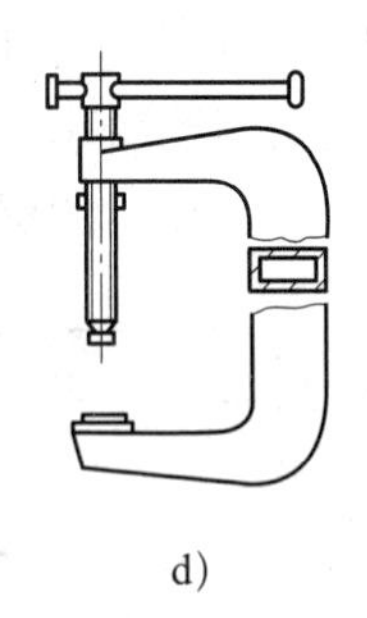

图 8-31　弓形螺旋夹的结构

b. 螺旋拉紧器。螺旋拉紧器是利用丝杆起拉紧作用，其结构形式有多种。如图 8-32a 所示的简单螺旋拉紧器，旋转螺母，就可以起拉紧作用。图 8-32b、c 所示的拉紧器有两根独立的丝杆，丝杆上的螺纹方向相反，两螺母用厚扁钢或圆钢连成一体，当旋转螺母时，便能调节丝杆的距离，起到拉紧的作用；如果将丝杆端头矩形板点焊在工件上，还可以起到定位和推撑的作用。图 8-32d 所示为双头螺栓拉紧器，螺栓拉紧器两端的螺纹方向相反，旋转螺栓时就可以调节两弯钩间的距离，以拉紧零件。

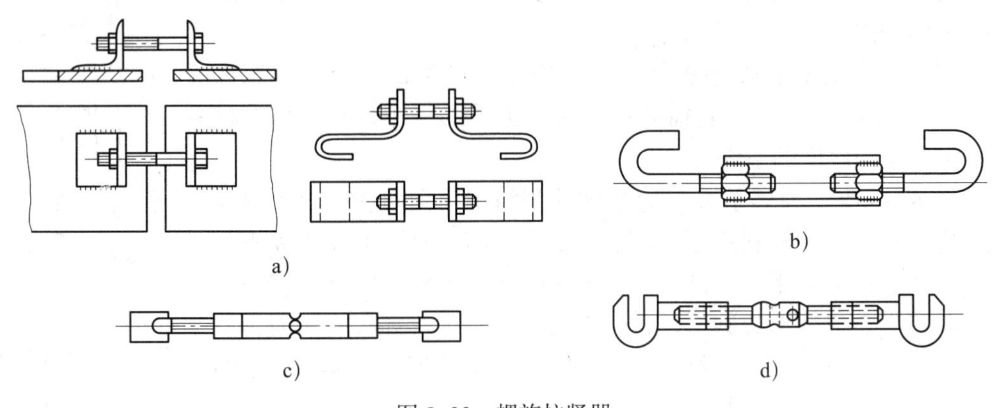

图 8-32　螺旋拉紧器

c. 螺旋压紧器。如图 8–33 所示，螺旋压紧器通常是将支架临时焊固在工件上，再利用丝杆起压紧作用的。图 8–33a 所示是在对接板件时，利用“ ┌”形支架的螺旋压紧器调平板缝。图 8–33b 所示是利用“Π”形支架的螺旋压紧器压紧零件。

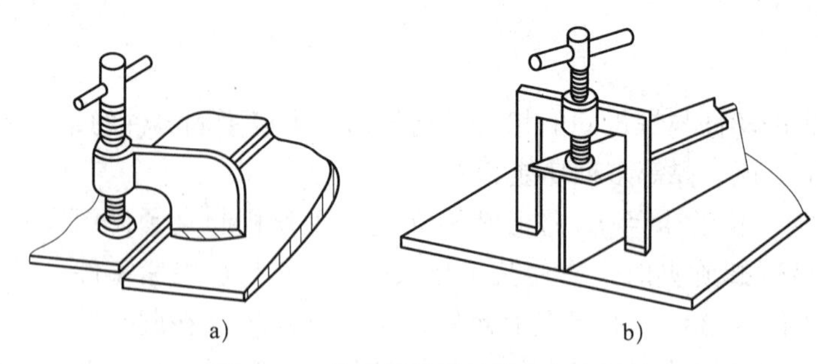

图 8–33　螺旋压紧器的形式与应用

d. 螺旋推撑器。螺旋推撑器是起顶紧或撑开作用的，不仅用于装配中，还可以用于矫正作业。如图 8–34a 所示是最简单的螺旋推撑器，由丝杆、螺母、圆管组成。这种螺旋顶具头部呈尖形，不利于保护零件的表面，只适用于顶撑表面精度要求不高的厚板或较大的型钢。如图 8–34b 所示的螺旋推撑器，在丝杆头部增加了顶垫，顶、撑时不会损伤工件，也不易打滑。如图 8–34c 所示的螺旋推撑器，由于丝杆两端分别具有左、右旋向的螺纹，可加快顶、撑动作。

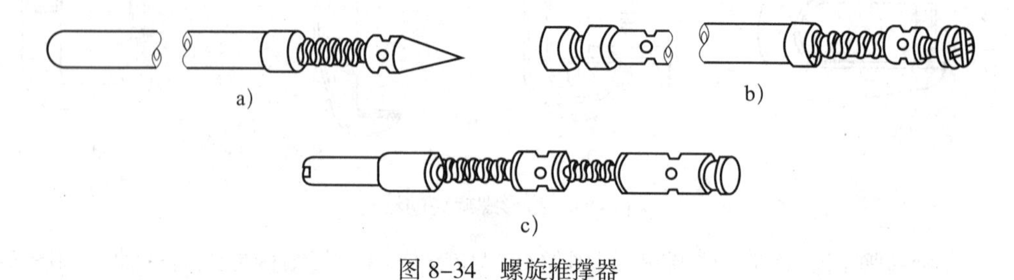

图 8–34　螺旋推撑器

②楔条夹具

楔条夹具是利用楔条的斜面将外力转变为夹紧力，从而达到夹紧零件的目的。如图 8–35a 所示是作用力直接作用于工件上，不但要求被夹紧的工件表面较平稳、光滑，而且楔条易擦伤工件表面；如图 8–35b 所示为楔条通过中间元件把作用力传到工件上，改善了楔条与工件表面的接触状况。

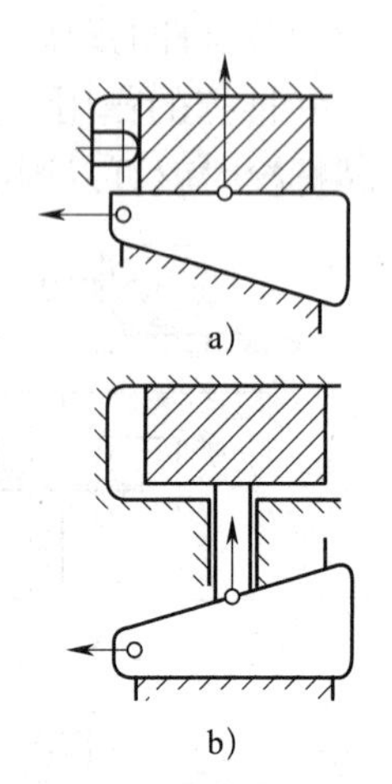

图 8–35　楔条夹紧的基本形式

为保证楔条夹具在使用中能自锁，楔条的楔角 α 应小于其摩擦角，一般采用 10° ~ 15°。若需要增加楔条夹具的作用效果，可在楔条下面加入适当厚度的垫铁。

如图 8–36 所示为楔条夹具的几种使用情况。图 8–36a 中是用楔口夹板直接将型钢和板料夹紧。图 8–36b 中是将“Π”形夹板和楔条联合使用，从而夹紧零件。图 8–36c 中是带嵌板的楔条夹具，楔条的截面形状可以做成矩形或圆形。这种夹具主要用于对齐板料，因为使用了楔板，所以只在板料对接处留有间隙时才能使用。图 8–36d 中的角钢楔条夹具也常在装配中使用。

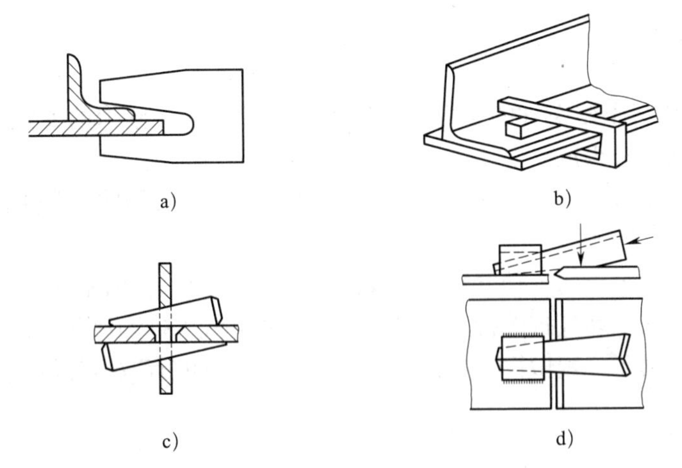

图 8-36　楔条夹具的几种使用情况

③杠杆夹具

杠杆夹具是利用杠杆的增力作用夹持或压紧零件的，如图 8-37 所示。由于它制作简单，使用方便，通用性强，因此在装配中应用较多。

如图 8-38 所示是常用的几种简易杠杆夹具。此外，撬杠也常作为杠杆夹具使用。

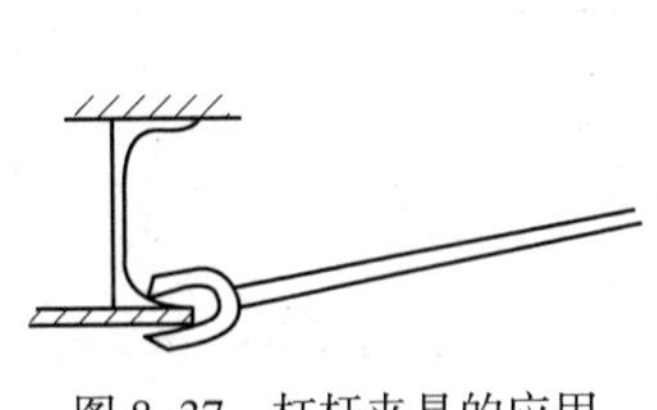

图 8-37　杠杆夹具的应用

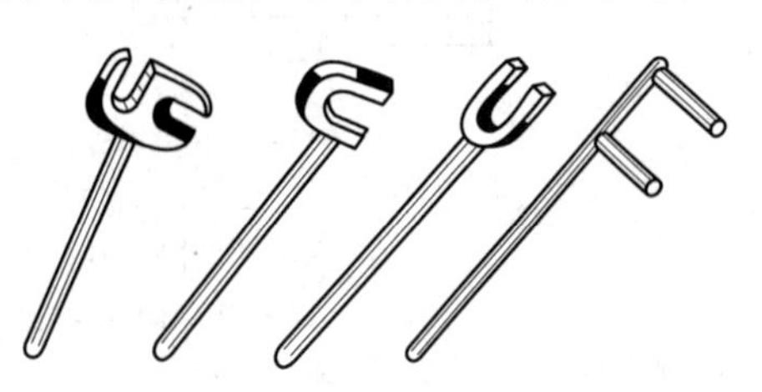

图 8-38　常用的几种简易杠杆夹具

④偏心夹具

偏心夹具是利用一种转动中心与几何中心不重合的偏心零件来夹紧的。生产中应用的偏心夹具，根据工作表面外形不同，分为圆偏心轮和曲线偏心轮两种形式，前者制造容易、应用较广。偏心夹具一般要求能自锁。

如图 8-39 所示为圆偏心轮夹具，是将带偏心孔的圆偏心轮套在固定轴上，并可绕轴转动（圆偏心轮中心与轴心间的距离 e 叫作偏心距），圆偏心轮上装有手柄以便操作。当偏心轮绕轴转动时，横杆绕支点旋转，从而把工件夹紧。图 8-39a 中是以弹簧作为支点，而图 8-39b 中则是以固定销轴作为支点。

偏心夹具的优点是动作快，缺点是夹紧力小，只能用于无振动或振动较小的场合。

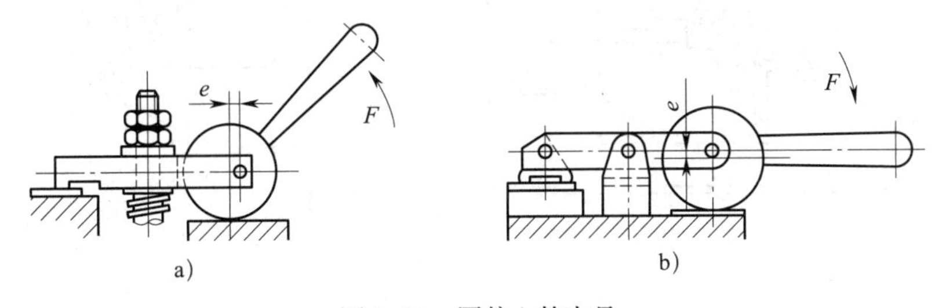

图 8-39　圆偏心轮夹具

2）非手动夹具

①气动夹具

气动夹具是利用压缩空气的压力，通过机械运动施加夹紧力的夹紧装置。气动夹具主要由气缸和夹紧两部分组成。

气动夹具的气缸结构与气压机气缸相同，只是规格有所不同。常用的气缸分单向气动和双向气动两种。

如图 8–40a 所示为单向气动气缸，主要由缸体 3、前盖 2、活塞 5、活塞杆 1、弹簧 4 和后盖 8 等组成。单向气动气缸的特点是只有一个方向进气来推动活塞工作，而活塞复位则依靠弹簧的弹复力。由于弹簧做得不能太长，因此单向气缸的有效行程较短。

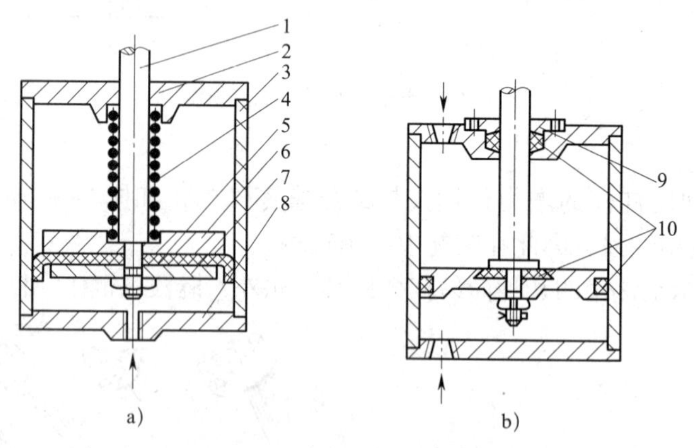

图 8–40　气动夹具气缸结构

a）单向气动气缸　b）双向气动气缸

1—活塞杆　2—前盖　3—缸体　4—弹簧　5—活塞　6、7—压垫　8—后盖　9—压盖　10—密封环

如图 8–40b 所示为双向气动气缸。双向气动气缸的特点是可在活塞的两侧分别进气，活塞的进退都用压缩空气推动。双向气缸由于不用回程弹簧，因此有效行程可以较长，适应范围较大。

气动夹具的气缸按安装方式有固定和非固定两种，并可根据使用需要安装成卧式、立式或倾斜式。

气动夹具的工作方式，有直接作用式和间接作用式两种。如图 8–41a 所示为直接作用式气动夹具，当气缸内的压缩空气推动活塞运动时，装在活塞杆端部的夹紧压板就直接压紧工件。如图 8–41b 所示为间接作用式气动夹具，它的夹紧压板与气缸活塞杆之间增加一杠杆，可以改变压紧力的方向或大小。装配工作中，可根据实际情况选择气动夹具的工作方式。

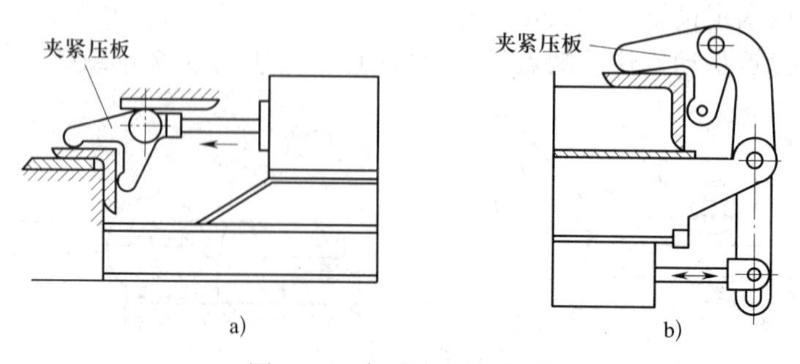

图 8–41　气动夹具的类型

a）直接作用式气动夹具　b）间接作用式气动夹具

②液压夹具

液压夹具的工作原理与气动夹具相似，工作方式也基本相同。液压夹具的优点是具有更大的压紧力，夹紧可靠，工作稳定；其缺点是液体易泄漏，且辅助装置多，维修不便。

在薄板结构的装配中，广泛采用气动、液压联合夹具。这种夹具的特点是把气动灵敏、反应迅速等优点用于控制部分，把液压工作平稳、能产生较大的动力等优点用于驱动部分。

③磁力夹具

磁力夹具主要靠磁力吸紧工件，分为永磁式和电磁式两种类型，应用较多的是电磁式磁力夹具。磁力夹具操作简便，而且对工件表面质量无影响，但其夹紧力通常不是很大。如图 8–42 所示为磁力夹具的几种应用形式。

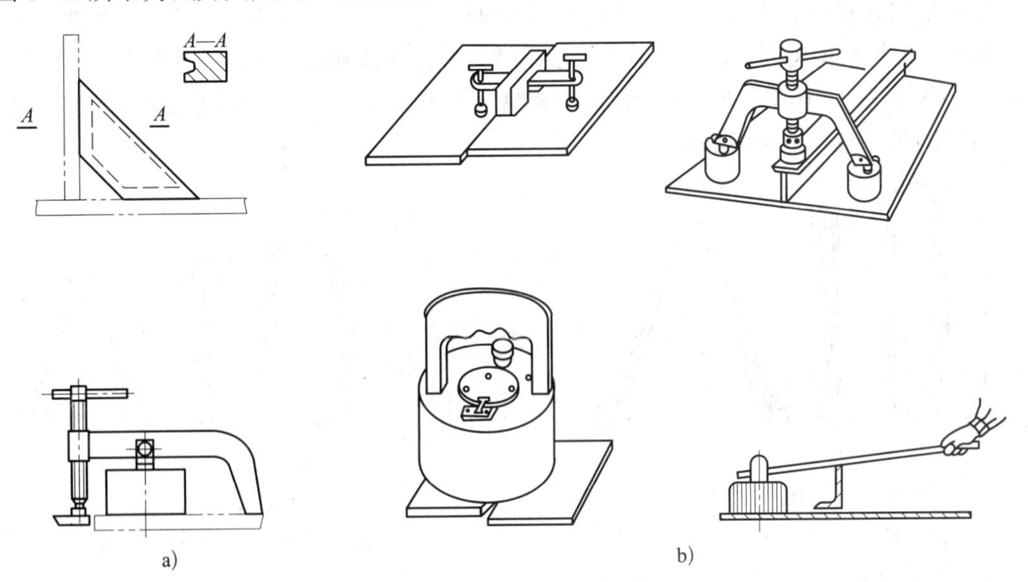

图 8–42　磁力夹具的几种应用形式

（2）装配吊具

装配中常用的吊具有钢丝绳、吊链、专用吊具、手拉葫芦、千斤顶等。

1）钢丝绳

钢丝绳又称钢索，是由高强度碳素钢丝制成的。每一根钢丝绳均是由若干根钢丝分股和植物纤维芯或有机物芯捻制成粗细一致的绳索。钢丝绳具有断面相等、强度高、自重轻（与链条相比）、弹性较好、极少骤然断裂等优点；其缺点是不易折弯，且不适于吊运温度较高的工件。

钢丝绳的结构形式有很多，冷作工常用的是具有较高挠性的“6 × 19+1”“6 × 37+1”“6 × 61+1”等几种。以“6 × 19+1”为例，其型号的含义是：6 表示共 6 股；19 表示每股有 19 根钢丝；1 表示 1 根绳芯。如图 8–43 所示为钢丝绳的断面。

图 8–43　钢丝绳的断面

装配中选择钢丝绳时，应首先根据使用要求确定钢丝绳的型号，然后再按所吊工件的质量、拴系钢丝绳的方法和所用钢丝绳的数目，估算出钢丝绳所受的拉力，来选择钢丝绳的直径。如图 8–44 所示，当工件质量相同，采用不同的拴系钢丝绳角度时，将使钢丝绳受力大小相差很大。

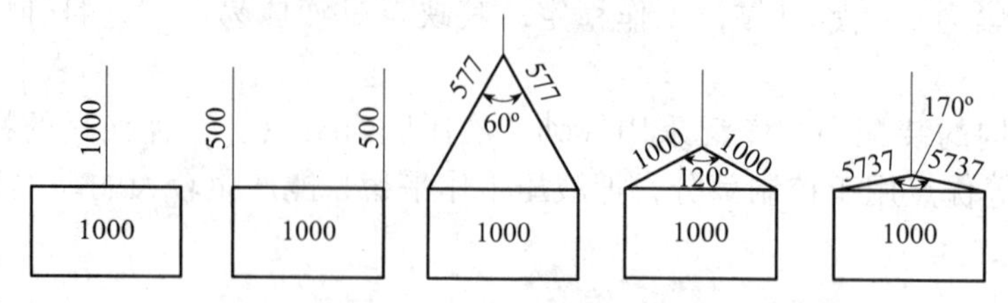

图 8–44　不同拴系角度引起的钢丝绳受力变化

装配中为了使用方便，还常将钢丝绳制成各种形式的吊索。常用的吊索如图 8–45 所示。

2）吊链

吊链是用普通碳素结构钢焊制而成的一种吊具，在不便于使用钢丝绳的工作条件下代替钢丝绳吊索。根据结构不同，吊链可分为万能吊链、单钩吊链和双钩吊链等几种。吊链的特点是自重大、挠性好，多用于起吊坯料或高温的重物。使用吊链时，应定期检查链环的磨损程度。

常用的吊链如图 8–46 所示。

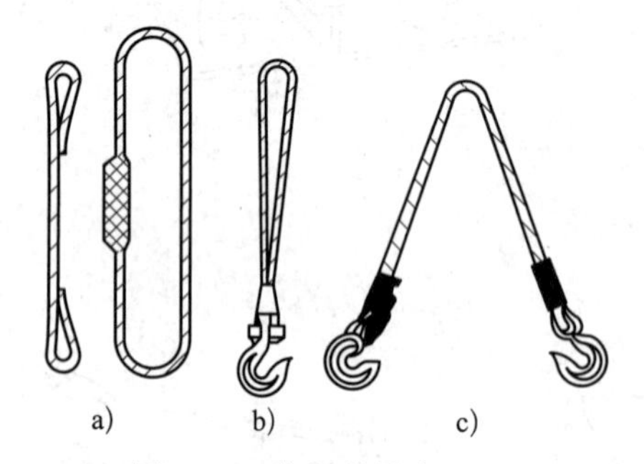

图 8–45　常用的吊索

a）万能吊索　b）单钩吊索　c）双钩吊索

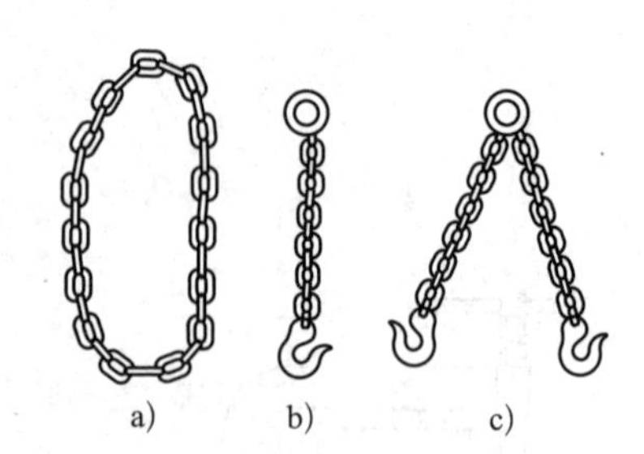

图 8–46　常用的吊链

a）万能吊链　b）单钩吊链　c）双钩吊链

3）专用吊具

①横吊梁

横吊梁是一种用型钢制成的横梁，其下方附有吊挂重物的钢制弯钩，用于吊运各种型钢，可以避免或减小因吊运引起的变形。

②偏心式吊具

偏心式吊具具有几种不同的结构（见图 8–47a、b），可用于吊起垂直或水平的板件。

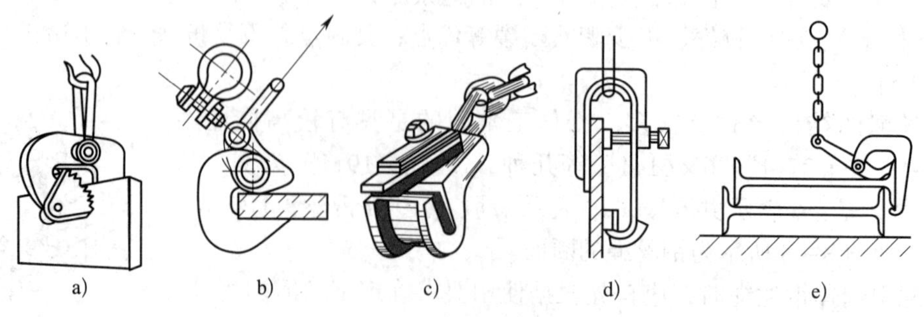

图 8–47　型钢吊具

③槽钢吊具

如图 8–47c 所示，槽钢吊具用来吊起单根槽钢。吊具上的缺口挂住槽钢的翼板，可回转的安全挡铁挡住槽钢，使它不会从缺口里滑出。

④厚钢板吊具

如图 8–47d 所示为厚板吊具。先将槽形板定位焊在钢板上，吊环的一端钩住槽形板，钢丝绳穿入吊环另一端，拧紧螺杆即可将钢板吊起。因为螺杆能承受一部分力量，可减轻槽形板的受力，当吊具受到一些冲击时也能安全工作。

⑤工字钢吊具

工字钢吊具有多种形式。如图 8–47e 所示为杠杆吊具，将吊具钩住工字钢翼板的下端，起吊杠杆受力旋转时，其弯部的两点处与工字钢接触，使其顶牢在吊具上被吊起。

4）手拉葫芦

手拉葫芦是一种以焊接索链为挠性零件的手动起重机具（见图 8–48），其特点是自重轻、体积小，便于携带和使用方便。在施工场所没有起重机械时，常用手拉葫芦起吊构件。

5）千斤顶

千斤顶是一种起升高度不大、起升力却很大的起重机具，是广泛用于金属结构装配中的顶、压工具。千斤顶按结构和工作原理不同，可分为齿条式、螺旋式、液压式等多种，如图 8–49 所示为液压式千斤顶。

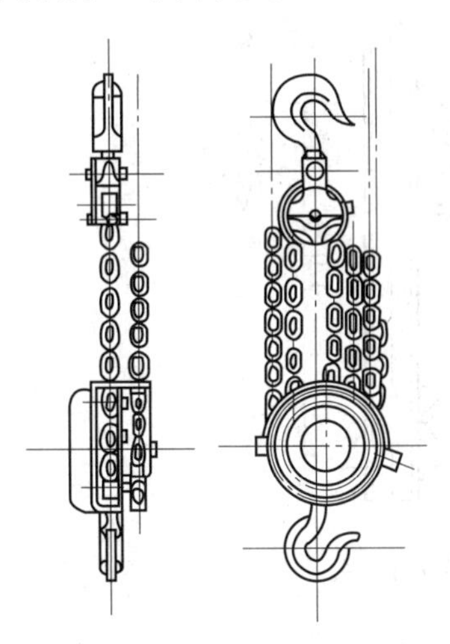

图 8–48　手拉葫芦

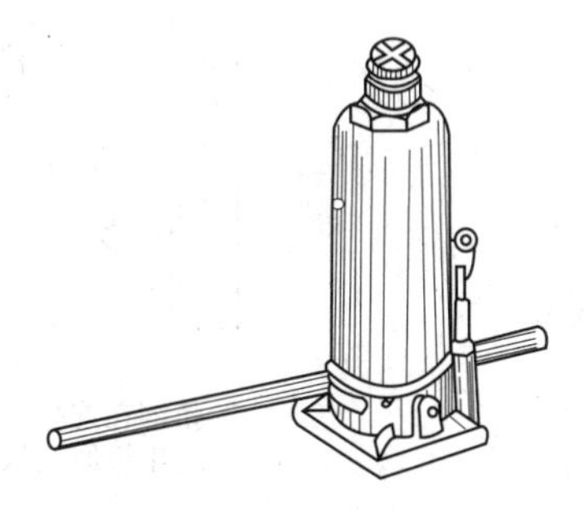

图 8–49　液压式千斤顶

装配中选择千斤顶，要注意其起升高度、起升力、工作性能特点（如能否全位置使用），并与装配要求相适应，尤其要注意不能超载使用。千斤顶使用时，应与重物作用面垂直，不能歪斜，以免滑脱；在松软的地面使用时，应在千斤顶下面垫好垫木，以免受力后下陷或歪斜倾倒。为防止意外，当顶起重物时，重物下面也要随时塞入临时支撑物（木墩或小块钢板）。

4. 零部件预检和防锈

产品装配前，对于从上道工序转来或仓库中领取的零部件及装配中所使用的辅助材料，都要进行核对和检查，以便于装配工作的顺利进行。零部件预检的主要内容有。

（1）按图样和工艺文件检查零部件的形状、尺寸和材质。

（2）查对零部件的数量。

（3）核对焊条等辅助材料的规格、型号与工艺要求是否相符。

装配前还要对零部件连接处的表面进行去毛刺、除锈等清理工作，并在清理后按技术要求进行防锈处理。对于零部件在装配后难于施行清理、防锈处理的部位，也应在装配前采取措施。

5. 安全措施

大部分装配工作属于多工种联合作业，涉及不安全的因素很多。因此，安全措施尤为重要，必须在装配前的准备工作中予以充分考虑。例如，氧气瓶和乙炔瓶要放在离人行道和火源较远处，消防用具要放在取用方便处，所有的吊具要进行严格检查，接电处要有预防触电的措施，高空作业的安全带要经过严格检查等。

技能训练

装配简单桁架

一、装配工件图（见图 8–50）

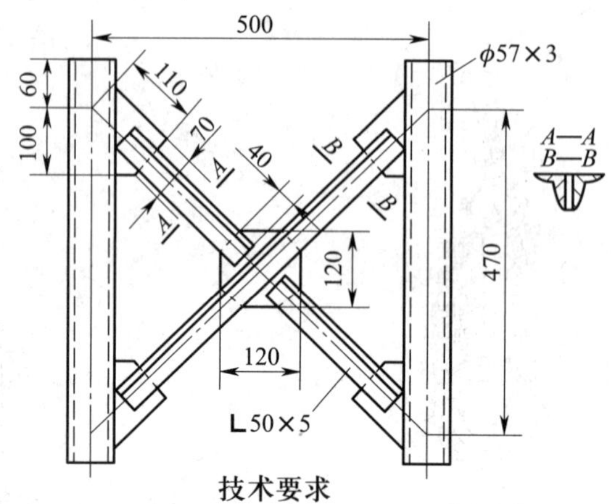

图 8–50 装配工件图

二、装配步骤与方法

1. 准备工作

（1）识读工件图样，进行简单的工艺分析。本工件为简单桁架结构，装配工艺简单，无特殊要求，可采用地样装配为主、仿形装配为辅的方法进行装配。

（2）工具与量具的准备，可参照角钢框的装配进行。

（3）制作所需的定位挡铁和垫板。

（4）检查各零件的规格、尺寸、数量是否与图样要求相符。

2. 在装配平台上画出装配地样（见图 8–51a），并按样图上的位置设置定位挡铁与垫板（见图 8–51b）。

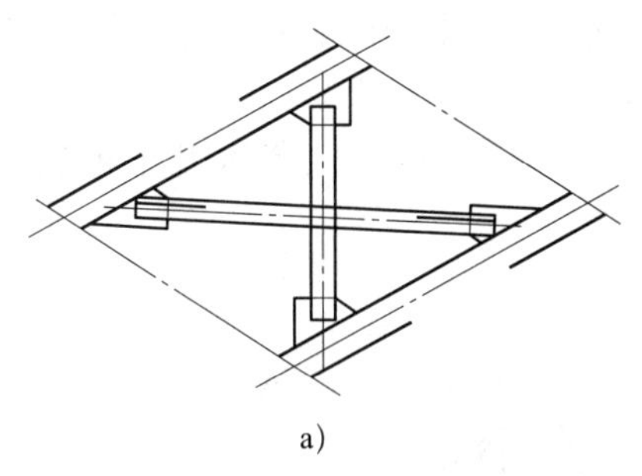

a)

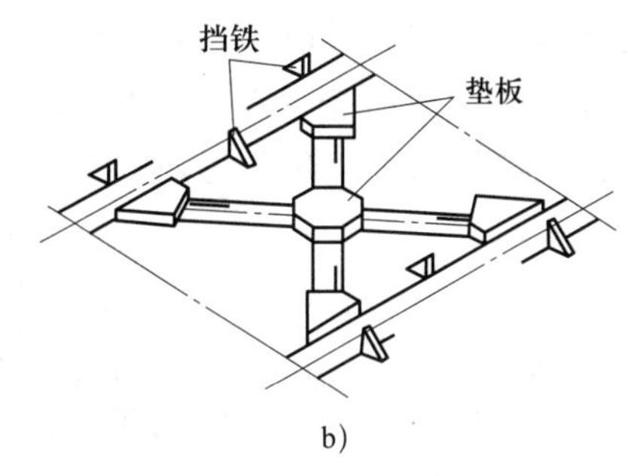

b)

图 8–51　简单桁架的装配地样

3 按装配地样将桁架的钢管、连接板及正面角钢摆放定位（见图 8–52），并靠零件自重实现夹紧。

4. 施行定位焊时，应手持工具压住需焊的零件，以防定位焊操作中零件移动造成错位。

5. 按图样要求检查各零件间的连接关系、定位尺寸是否正确，并进行校正。

6. 桁架正面装配完毕并检查合格后，将桁架翻转 180°，用仿形法装配背面的角钢（见图 8–53）。

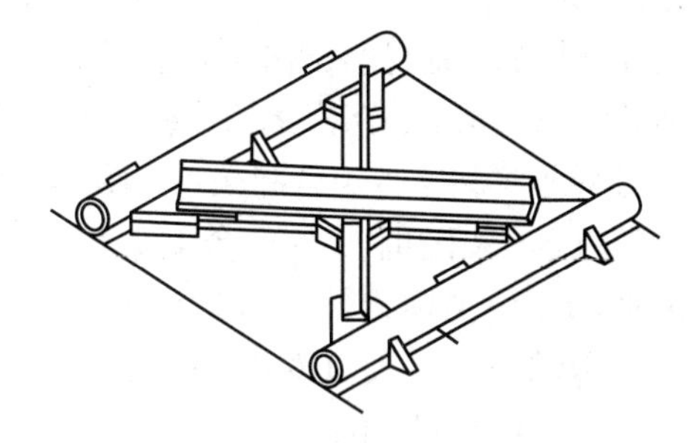

图 8–52　桁架主体正面零件的装配

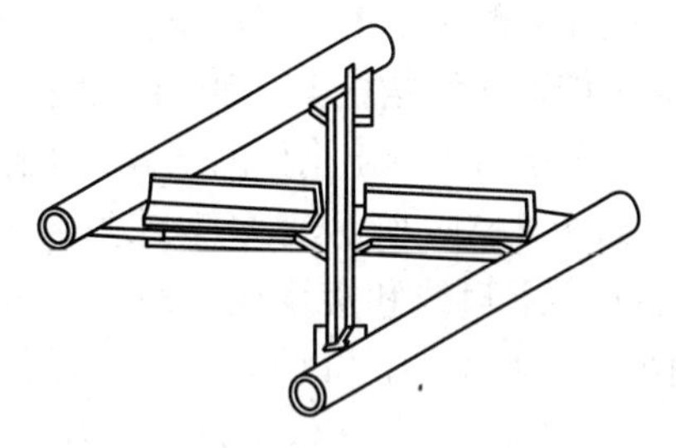

图 8–53　用仿形法装配背面的角钢

7. 背面零件定位焊及检查、矫正。

8. 对装配好的桁架进行全面质量检验。检验的要点如下。

（1）两钢管平行度的准确性。

（2）轴线尺寸 500 mm 和高度尺寸 470 mm 的准确性。

（3）角钢在连接板上的搭接长度是否符合要求。

三、注意事项

装配前应除净连接件上的气割熔渣及剪切毛刺，以免影响定位精度。

子课题 2　屋架的装配

根据零件的具体情况，灵活运用六点定位规则来确定适宜的定位方法，以完成工件上各零件的定位，是装配工作的一项主要内容。装配时常用的定位方法有划线定位、样板定位、定位元件定位三种。本子课题主要介绍划线定位和样板定位两种方法。

一、划线定位

划线定位是利用在零件表面、装配平台、胎架上划出的工件的中心线、接合线、轮廓线等作为定位线，来确定零件间的相互位置。

如图 8–54 所示为划线定位举例。如图 8–54a 所示是以划在工件底板上的中心线和接合线作为定位线，来确定槽钢、立板和三角形加强板的位置；如图 8–54b 所示是利用大圆筒盖板上的中心线和小圆筒上的等分线（也常称其为中心线）来确定两者的相对位置。

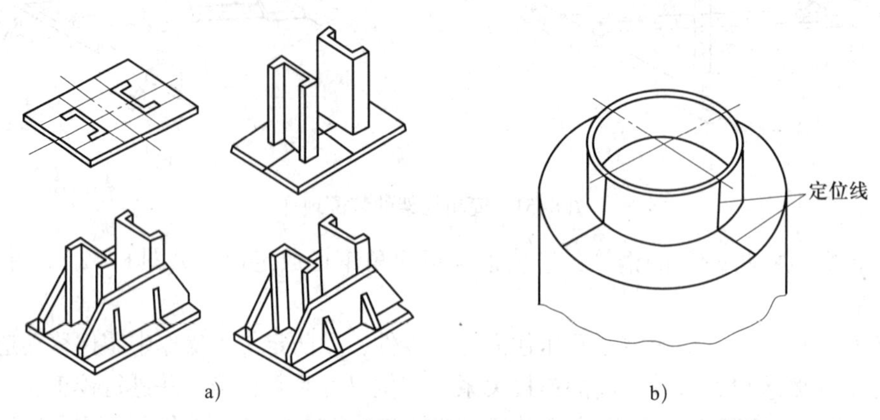

图 8–54　划线定位举例

地样装配法是划线定位的一种典型应用形式。它是将构件的装配样图按 1∶1 的实际尺寸直接绘在装配平台上，然后根据零件间接合线的位置进行装配。地样装配法主要适用于桁架或框架（如建筑结构框架、船舶肋骨框架等）装配。如图 8–55 所示是钢桁架的地样装配。装配时，先在平台上划出桁架的地样（见图 8–55a），然后依照地样将零件组合起来（见图 8–55b）。

如图 8–56a 所示为多瓣球形封头，可采用地样装配。装配时，在平台上划出封头俯视图上、下口线和接缝线，在下口线的外圆周焊上辅助定位挡铁，然后将封头瓣片底边紧靠挡铁，并对准下口线，用直尺或吊线锤检验上口边缘的位置，使其对准平台上的上口线（见图 8–56b），这样依次将各瓣片定位，并加临时支撑，再定位焊组装。

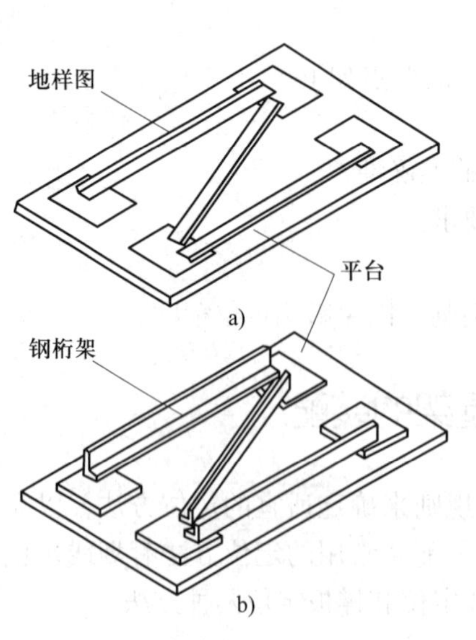

图 8–55　钢桁架的地样装配

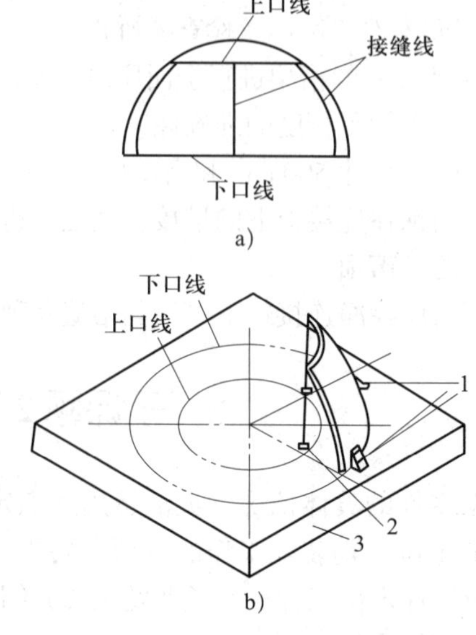

图 8–56　多瓣球形封头的地样装配
1—挡铁　2—吊线锤　3—平台

二、样板定位

样板定位是指根据工件形状制作相应的样板作为空间定位线，来确定零件间的相对位置。装配时对零件的各种角度位置，通常采用样板定位，如图 8–57 所示，根据斜 T 形结构立板的倾斜度预先制作样板，装配时在立板和平板接合位置确定后，即以样板来确定立板的倾斜度，使其得到完全定位。

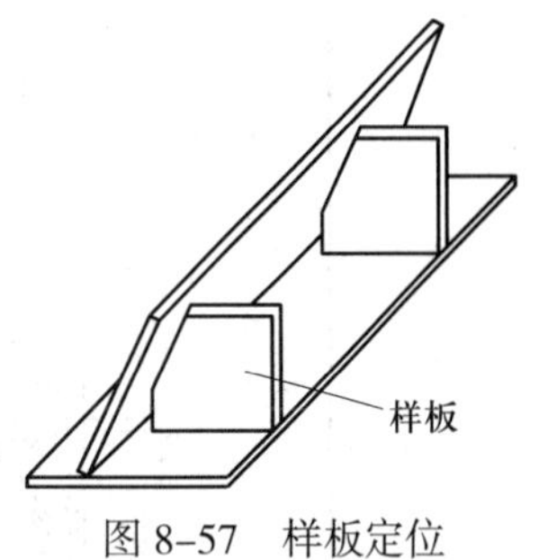

图 8–57　样板定位

断面形状对称的结构（如屋架、梁、柱等结构），可采用样板定位的特殊形式——仿形复制法进行装配定位。如图 8–58a 所示为简单钢桁架部件装配应用仿形复制法的示例。在平台上先装配角钢和连接板（见图 8–58b），连接板和角钢间用定位焊固定后成为单面结构，以此作为仿形样板进行装配定位，即可复制出相同的单面结构（见图 8–58c）。当一批构件单面结构装配完后，再分别在每个单面结构上装配另一角钢（见图 8–58d），从而完成整个部件的装配。

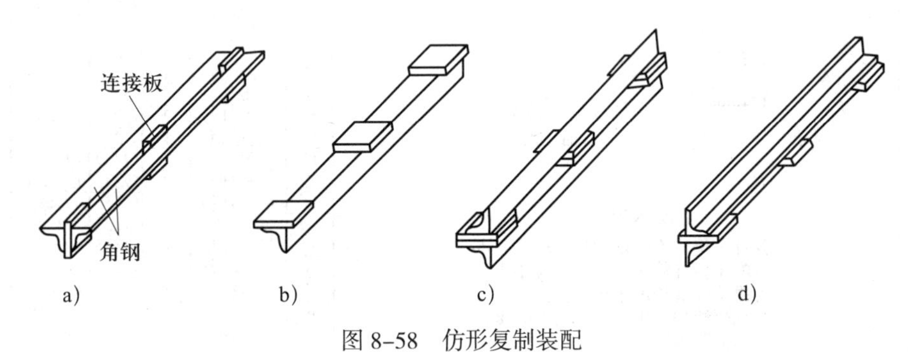

图 8–58　仿形复制装配

技能训练

装 配 屋 架

一、操作准备

1. 工具、量具、夹具的准备

（1）准备好平台、大锤、锤子、划线工具等。

（2）准备好钢卷尺、钢直尺、直角尺等量具。

（3）制作所需的定位挡铁。

2. 装配场地的准备

装配工作场地应平整、清洁。零件堆放要整齐，便于取用。

二、操作步骤

1. 各零件的核对与验收

装配工件图如图 8–59 所示。

根据装配工件图，对杆件、板件的规格、尺寸、平直度及表面质量进行必要的检验和矫正，并核对零件数量。

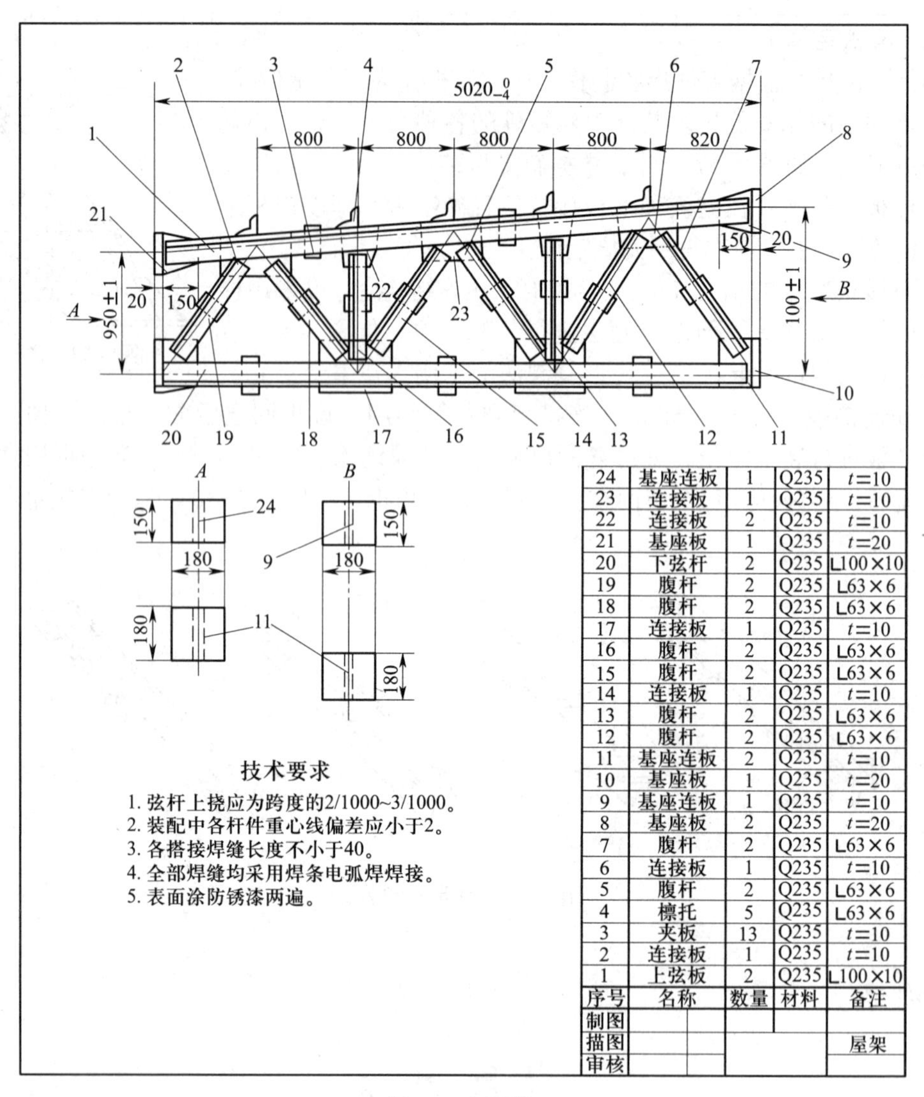

序号	名称	数量	材料	备注
24	基座连板	1	Q235	t=10
23	连接板	1	Q235	t=10
22	连接板	2	Q235	t=10
21	基座板	1	Q235	t=20
20	下弦杆	2	Q235	∟100×10
19	腹杆	2	Q235	∟63×6
18	腹杆	2	Q235	∟63×6
17	连接板	1	Q235	t=10
16	腹杆	2	Q235	∟63×6
15	腹杆	2	Q235	∟63×6
14	连接板	1	Q235	t=10
13	腹杆	2	Q235	∟63×6
12	腹杆	2	Q235	∟63×6
11	基座连板	2	Q235	t=10
10	基座板	1	Q235	t=20
9	基座连板	1	Q235	t=10
8	基座板	2	Q235	t=20
7	腹杆	2	Q235	∟63×6
6	连接板	1	Q235	t=10
5	腹杆	2	Q235	∟63×6
4	檩托	5	Q235	∟63×6
3	夹板	13	Q235	t=10
2	连接板	1	Q235	t=10
1	上弦板	2	Q235	∟100×10

图 8–59　屋架

2. 装配方法的确定

识读工件图样，进行简单的工艺分析。本工件是典型的承重桁架结构，杆件数量多，尺寸大，装配技术要求高。根据上述条件，确定采用地样装配和仿形复制装配相结合的方法。

3. 利用地样装配屋架的半面结构

（1）在装配平台上划出屋架装配样图（见图 8–60）

划样图时，一定要保证各部尺寸准确，而且在连接节点处，弦杆和腹杆的轴线要交于一点。样图划好后，可沿样图外轮廓线焊上若干个定位挡铁，用以辅助样图作为装配定位。

（2）按样图位置放好连接板、夹板，再放置上、下弦杆及腹杆，测量校正后用定位焊固定（见图 8–61）。

4. 检查、修整

装好半扇屋架后，按图样要求检查装配质量，不合格处需进行修整，难以修正时应断开焊缝重新装配。

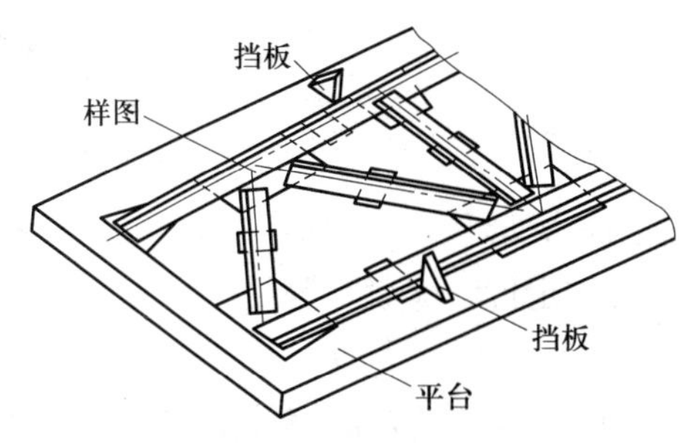

图 8-60　屋架装配样图

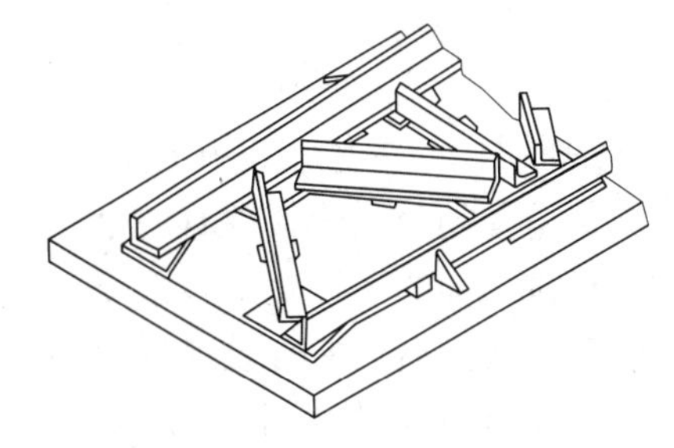

图 8-61　半扇屋架的地样装配

5. 利用仿形复制法装配屋架的另外半面结构

将检验合格的半扇屋架翻转 180°，用仿形装配法对称地装配屋架另一面的各杆件，组成完整的屋架（见图 8-62）。

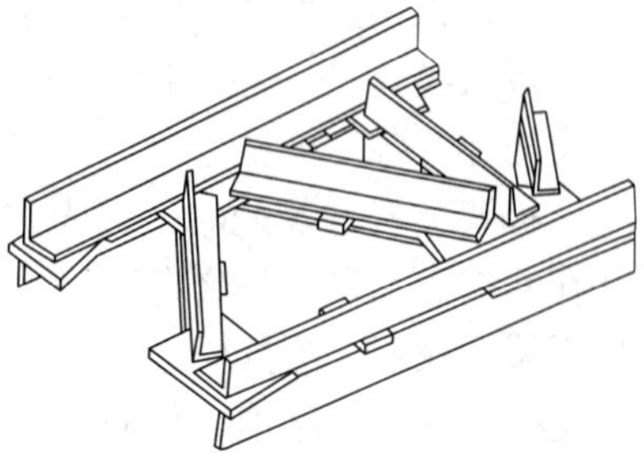

图 8-62　用仿形法装配完整屋架

6. 装配端部基座及檩托

装配屋架的端部基座板和上弦杆的檩托。

7. 质量检查

屋架装配质量检验的主要项目如下。

（1）屋架跨度尺寸。

（2）端部高度尺寸。

（3）檩托、角钢间距尺寸。

（4）上、下弦杆弯曲挠度。

三、注意事项

1. 装配中应保证弦杆、腹杆的重心线相对于图样上轴线的偏移不大于 2 mm。

2. 屋架基座板与屋立柱有连接关系，装配中应保证其正确位置和尺寸精度。

课题三　板架结构装配

子课题 1　悬架的装配

一、零件与部件

金属结构产品是一个独立而完整的总体，由数量不等的零件和部件构成。零件是组成产品的基本件，由若干零件组成的一个可独立装配的、相对完整的结构称为部件。

二、划分部件

对于大型、复杂的金属结构产品，通常是将总体分成若干个部件，将各部件装配或焊接后再进行总装。这样，可以减少总装时间，使许多不利的焊接位置变为有利，扩大了自动焊、半自动焊的应用，减少了高空作业，改善了施工条件，提高了装配效率，保证了装配质量。同时，也有利于实现装配工作机械化。

划分部件时应考虑以下几点。

1. 尽量使划分出的部件有一个比较规则、完整的轮廓形状。

2. 部件之间的连接处不宜太复杂，以便于总装时的定位、夹紧和测量。

3. 部件装配后，能有效地保证装配质量。

大型金属构件设计图样中，已表明了部件划分的形式。只有在设计未规定的情况下，冷作工才可以根据产品特点和施工条件，考虑部件划分问题。

三、板架类构件的装配工艺

板架类构件一般是由板材组成的，所以组装板架类构件的过程，实质上就是将组成板架类构件的各种板材组合在一起的过程。

板架类构件装配时，首先选取某一较大面积的板块或比较重要的平面作为装配基准面，并在此板面上划出与之有连接关系的其他各板块的装配定位线，然后按照所划的定位线组装各板块，找正、测量后进行定位焊，接着再继续组装其他一些板块，最后组装封闭板形成板架类构件的完整结构，从而完成板架类构件的全部装配过程。

技能训练

装配悬架

一、操作准备

1. 识读工件图样，进行工艺分析

悬架的装配工件图如图 8–63 所示。本工件为板式悬架，由外板 1、垫圈 2、内板 3、槽钢 4、半槽钢 5、支撑板 6 和肋板 7 组成。由于本工件整体刚度不大，焊接过程中将产生较大的变形，若采取整体一次总装，焊接变形将难以矫正，而且一次总装将使支撑板 6 和肋板 7 的焊缝受空间位置限制而无法焊接，因此应采取部件分装后再进行总装的装配方法。

部件划分：支撑板 6、肋板 7、垫圈 2 与外板 1 组成部件 A；内板 3 与垫圈 2 组成部件 B；槽钢 4 与半槽钢 5 组成部件 C。

2. 工具与量具的准备

（1）准备好平台、大锤、锤子、划线工具等。

（2）准备好钢卷尺、钢直尺、直角尺等量具。

3. 零件预检

检查各零件的规格、尺寸、数量是否与图样要求相符。

二、操作步骤

1. 装配部件 A

在外板 1 上划出支撑板 6、肋板 7 和垫圈 2 的位置线（见图 8–64a），然后按线装焊并矫正，成为部件 A（见图 8–64b）。

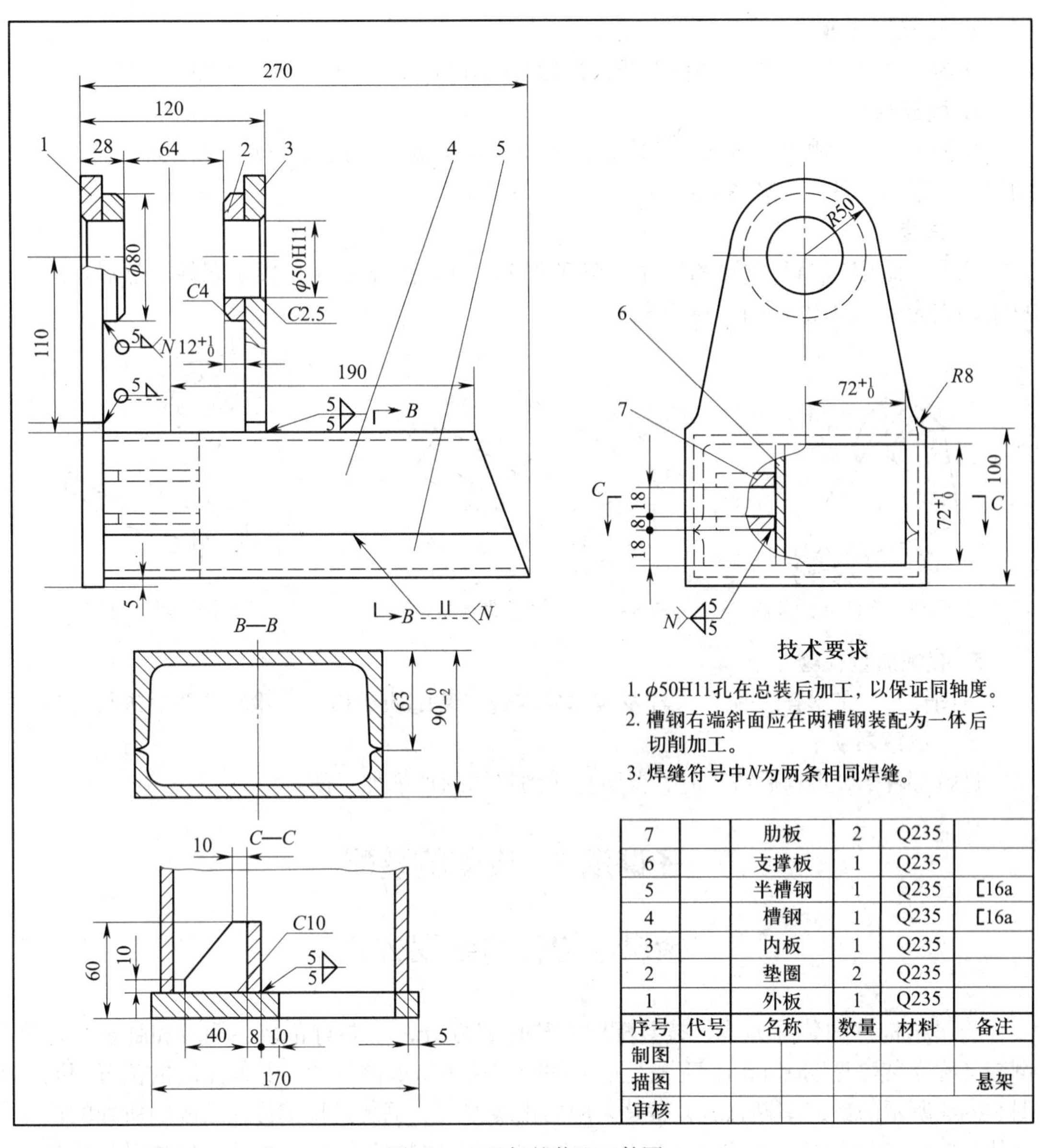

序号	代号	名称	数量	材料	备注
7		肋板	2	Q235	
6		支撑板	1	Q235	
5		半槽钢	1	Q235	[16a
4		槽钢	1	Q235	[16a
3		内板	1	Q235	
2		垫圈	2	Q235	
1		外板	1	Q235	

制图					
描图					悬架
审核					

图 8-63　悬架的装配工件图

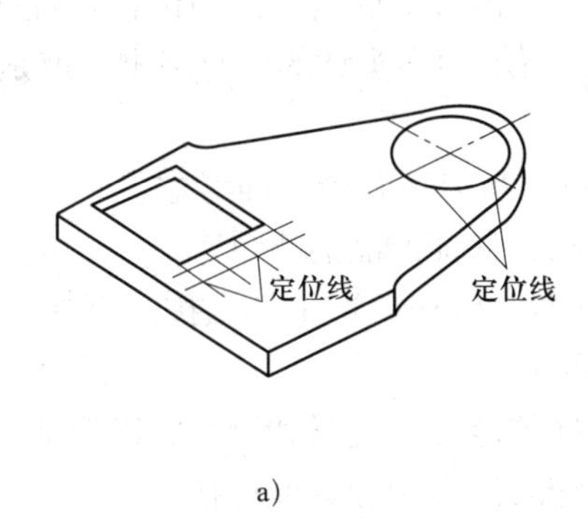

a)　　b)

图 8-64　部件 A 的装配

2. 装配部件 B

在内板 3 上划出垫圈 2 的位置线，然后装焊并矫正，成为部件 B（见图 8–65）。

3. 装配部件 C

将槽钢 4、半槽钢 5 按图样要求拼成一体，经焊接、矫正后，刨削两端面达到图样要求的尺寸，成为部件 C（见图 8–66）。

4. 总装

按图样给定的相互位置和尺寸，在部件 A 和部件 C 上划出装配位置线，然后按线进行总装，成为整体悬架（见图 8–67）。

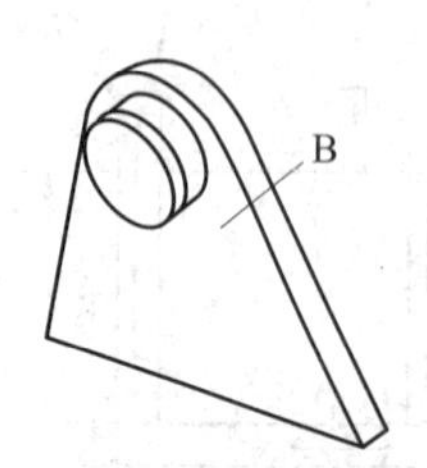

图 8–65　部件 B 的装配

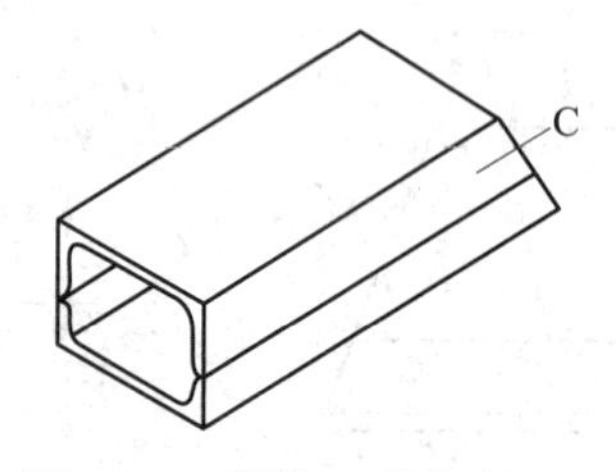

图 8–66　部件 C 的装配

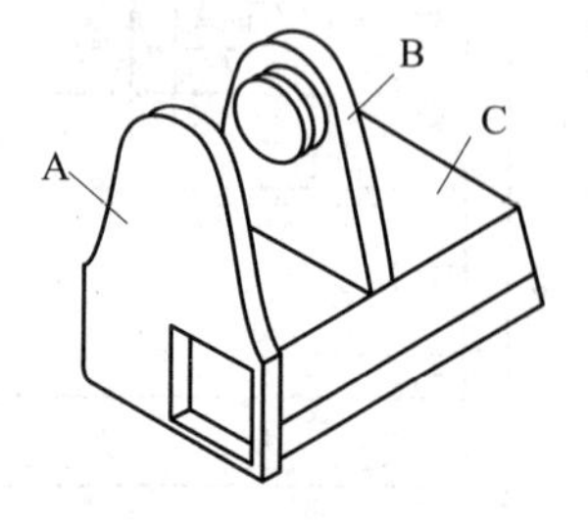

图 8–67　悬架总装

5. 装配质量检验

按图样给定的装配关系、尺寸及技术要求进行装配质量检验，检验合格后进行焊接。

三、注意事项

进行部件 A、B 焊后矫正时，要防止碰到垫圈的切削加工面。

子课题 2　支架的装配

金属结构件的装配方式

金属结构件的装配方式，按装配时结构位置划分，主要有正装、倒装和卧装，正装和倒装又称立装（见图 8–68）。正装是指工件在装配中所处的位置与其使用时的位置相同，如图 8–68a 所示的铁道车辆总装，就是采用的正装方式。倒装是指工件在装配中所处的位置与其使用时的位置相反，如图 8–68b 所示的翻斗车车体装配，就是采用将车体倒置过来，以车体敞口平面与工作台接触的倒装方式。卧装是指将工件按其使用位置垂直旋转 90°，使其侧面与工作台相接触而进行装配，如图 8–68c 所示的多头钻的床身装配，就是采用了卧装的方式。

一个工件采用何种方式进行装配，一般可以从以下几个方面考虑。

1. 所选的装配方式应有利于达到装配要求，保证产品的质量。

2. 所选的装配方式应使工件在装配中较容易地获得稳定的支撑。例如，顶部大、底部小的工件一般采用倒装，细高的工件一般采用卧装。

3. 所选的装配方式应有利于工件上各零件的定位、夹紧和测量，以保证装配质量。

4. 所选的装配方式应有利于装配中及装配后的焊接和其他连接。

5. 所选的装配方式应与装配场地的大小、起重机械的能力等工作条件相适应。

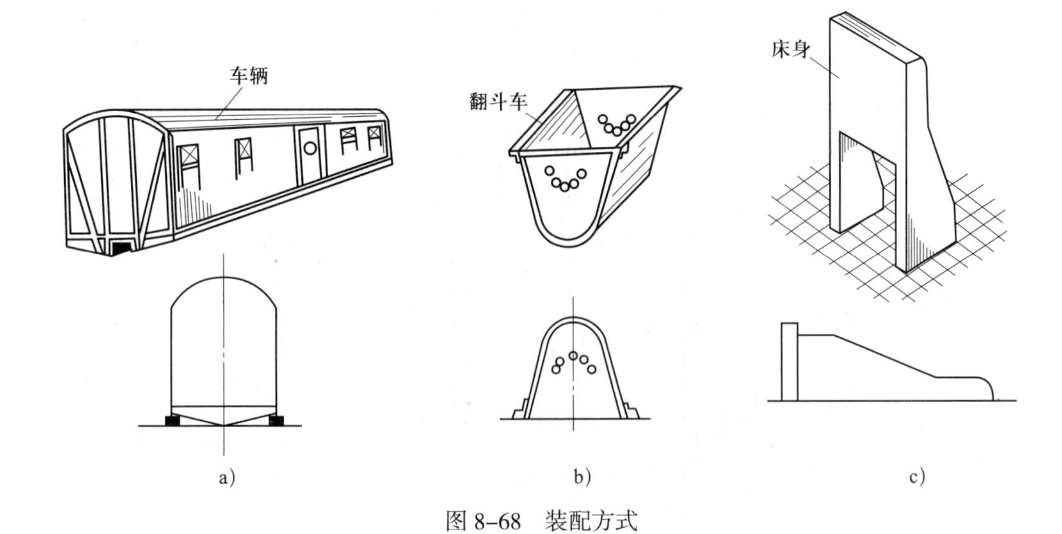

图 8-68　装配方式
a）正装　b）倒装　c）卧装

选定了工件的装配方式以后，即可根据工件的结构特点、数量和装配技术要求等因素，确定工件在装配中的支撑形式。

技能训练

装 配 支 架

一、操作准备

1. 识读工件图样，进行工艺分析

支架的装配工件图如图 8-69 所示。

从装配图中可知，支架属于典型的板架类构件，材质为 Q235 钢，各零件采用焊接连接方式。

受工件结构形状所限，本工件应采用划线定位装配法。

2. 工具、量具、夹具和吊具的准备

（1）准备好钢卷尺、直角尺、钢直尺及划线工具。

（2）准备好大锤、锤子等工具。

二、操作步骤

1. 装配方式的确定

该支架的装配方式确定为倒装与正装两种。

2. 支撑形式的确定

显然，该支架应采用装配平台支撑。

3. 零件定位方法的确定

根据支架的结构特点，它的定位方法应采用划线定位法。

4. 各零件的组装

（1）将件 9 平放在平台上，并划出件 5 的位置线，如图 8-70 所示。

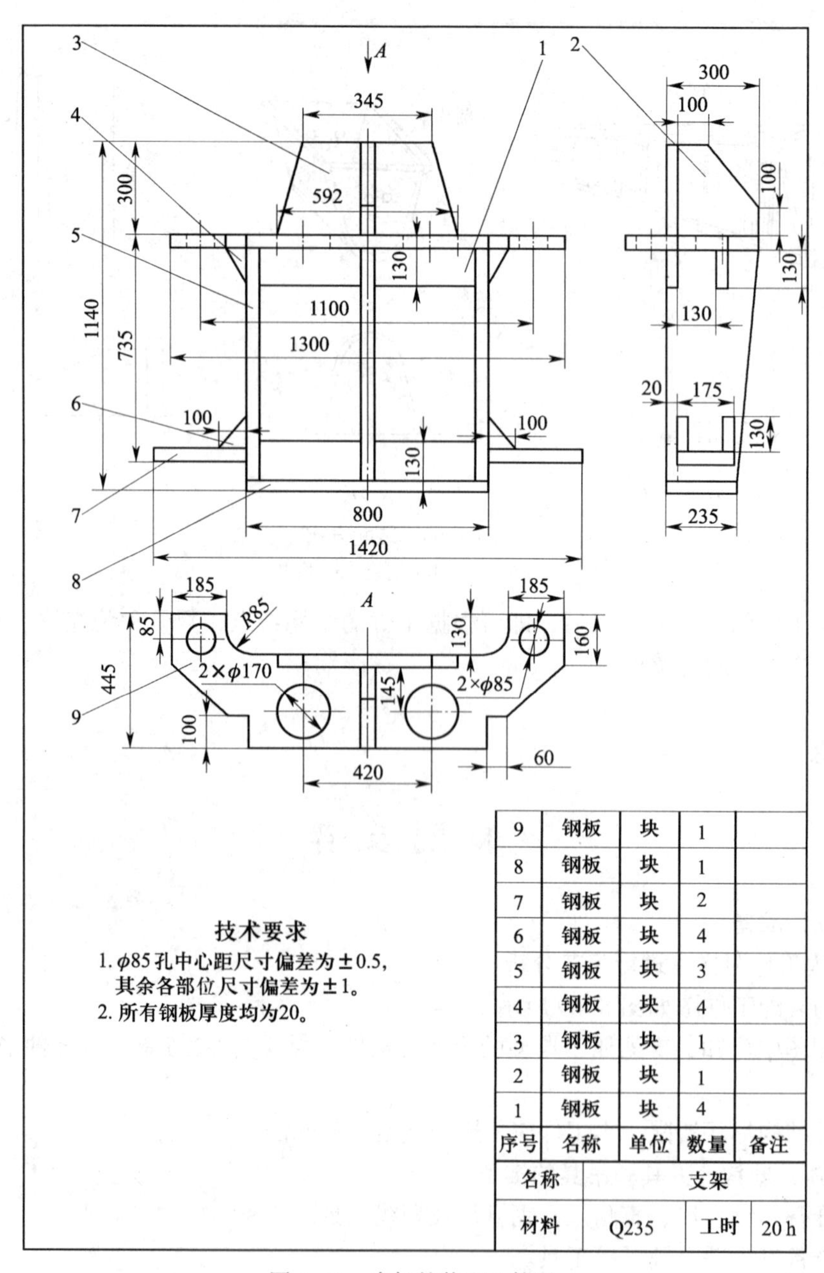

序号	名称	单位	数量	备注
9	钢板	块	1	
8	钢板	块	1	
7	钢板	块	2	
6	钢板	块	4	
5	钢板	块	3	
4	钢板	块	4	
3	钢板	块	1	
2	钢板	块	1	
1	钢板	块	4	

名称	支架		
材料	Q235	工时	20 h

图 8-69　支架的装配工件图

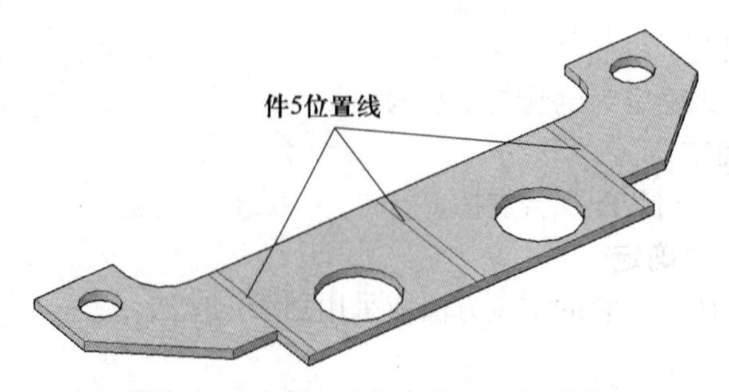

图 8-70　在件 9 上划出件 5 的位置线

（2）组装件 5，用直角尺检查件 5 与件 9 间的垂直度（见图 8–71），并经过校正，再定位焊固定。

（3）组装件 1 与件 8，如图 8–72 所示。

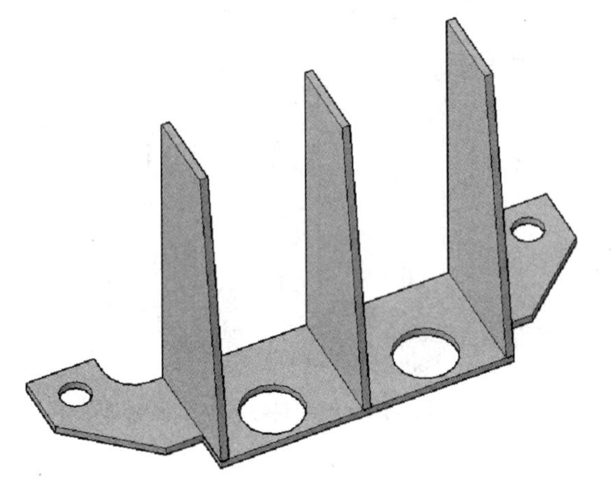

图 8–71　组装件 5

图 8–72　组装件 1 与件 8

（4）将工件翻身，在件 9 上划出件 2、件 3 的位置线（见图 8–73）。

（5）组装件 2 与件 3，如图 8–74 所示。

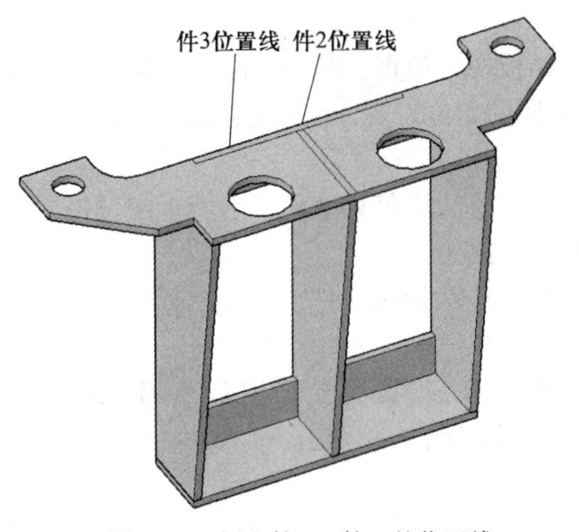

图 8–73　划出件 2、件 3 的位置线

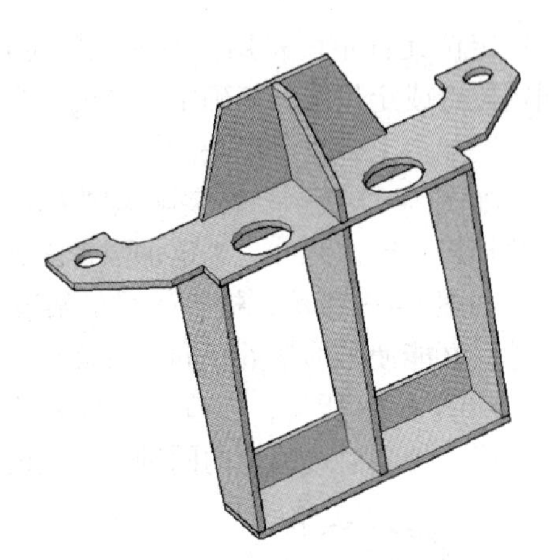

图 8–74　组装件 2 与件 3

（6）在件 5 上划出件 7 的位置线，如图 8–75 所示。

（7）组装件 7、件 6 及件 4，从而完成支架的装配，如图 8–76 所示。

5. 整体装配质量检查

按照图样要求对装配好的支架进行全面质量检验。

（1）检查支架的各项尺寸是否合格。

（2）检查支架各零件间的垂直度、平行度是否合格。

（3）检查支架有无变形（如弯曲、扭曲等）现象产生，如有变形必须进行矫正。

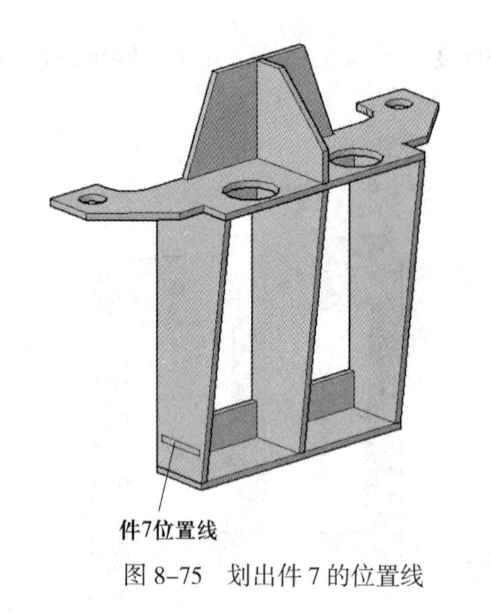

图 8-75　划出件 7 的位置线

图 8-76　组装件 7、件 6 及件 4

子课题 3　工字梁的装配

装配时常用的定位方法——定位元件定位

定位元件定位是用一些特定的定位元件（如板块、角钢、圆钢、曲边模板等）构成空间定位点或定位线，来确定零件的位置。根据不同的定位需要，这些定位元件可以固定在工件或装配台上，也可以是活动的。

如图 8-77 所示，在装配大圆筒外部钢带圈时，在大圆筒外表面焊上若干定位挡板，以这些挡板为定位元件，确定加强带圈在大圆筒上的高度位置。

如图 8-78 所示，推土机弓形架装配时，以销轴作为定位元件，既能控制弓形架的开口尺寸，又能使弓形架处于同一平面位置。

如图 8-79 所示，三节圆筒对接时，将工字钢置于三节圆筒之下，以工字钢两翼边棱为定位线，控制对接圆筒的同轴度，同时保持两圆筒在装配中的稳定。

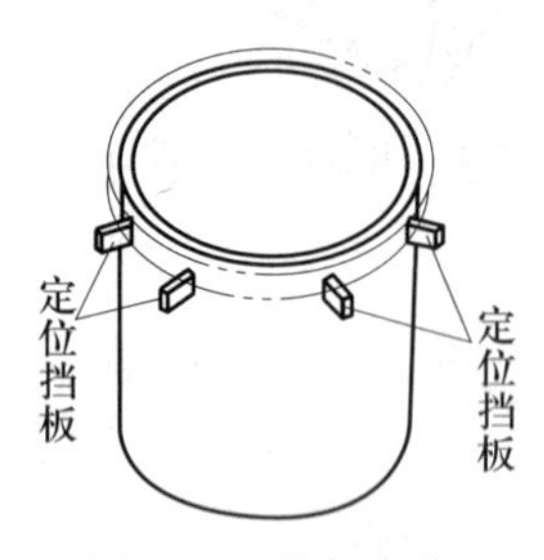

图 8-77　挡板定位

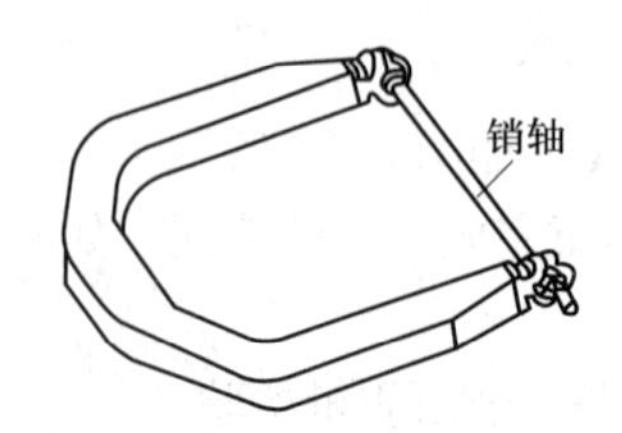

图 8-78　销轴定位

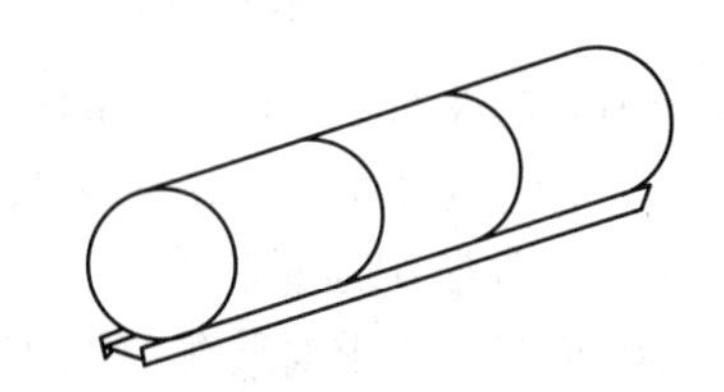

图 8-79　圆筒对接时用工字钢定位

以上介绍了三种装配时常用的定位方法，而这三种定位方法，在装配定位时可以单独使用，也可以同时使用，以方便定位操作和保证定位准确。

还应指出，装配时一个零件的定位、夹紧和测量，往往是交替进行并互相影响的。因此，熟练掌握测量技术和灵活确定夹紧方法是准确而迅速地进行零件定位的重要保证。

技能训练

装配工字梁

一、操作准备

1. 识读工件图样，进行工艺分析

工字梁的装配工件图如图 8–80 所示。

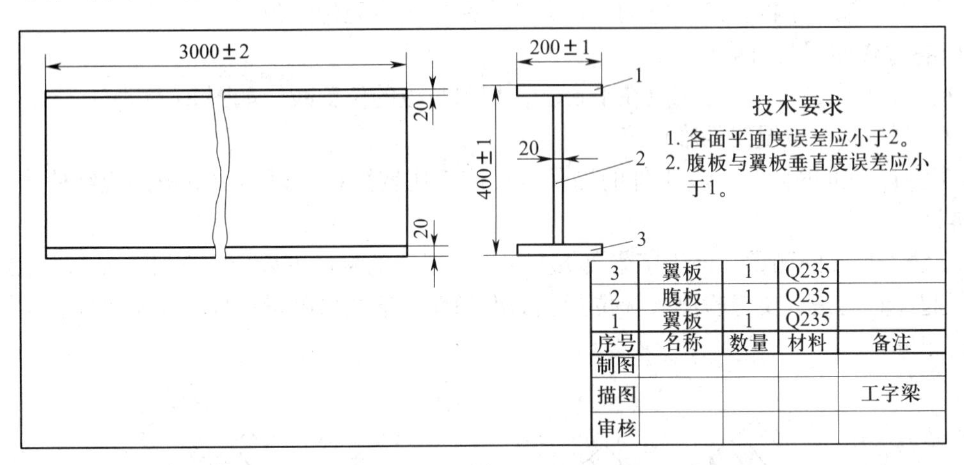

图 8–80　工字梁的装配工件图

从装配图中可知，该产品为焊接工字梁，属于较大的板架类构件，材质为 Q235 钢，各零件采用焊接连接方式，每道焊缝都很长，极易产生焊接变形，装配中应特别注意防止变形。

因工件数量少，不宜采用专用胎夹具装配法进行装配，而应采用挡铁定位装配法。工件装配焊接时，须用刚性固定法来防止产生过大的焊接变形，如图 8–81 所示。

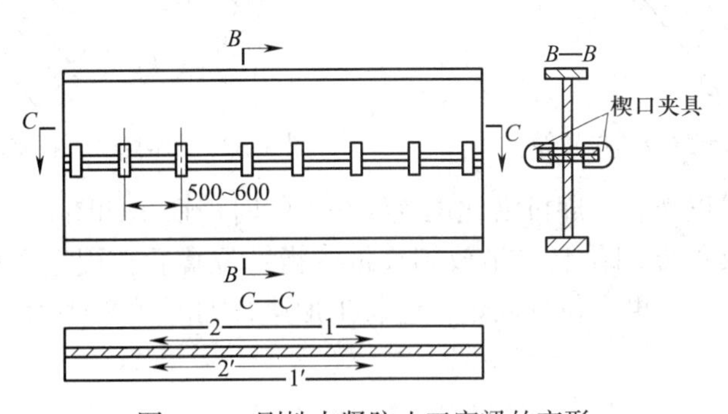

图 8–81　刚性夹紧防止工字梁的变形

此外，零件间接触面长，也是工字梁的结构特点。零件接触面质量的好坏，对工字梁的装配质量有较大影响。为保证装配质量，在装配前应严格检查工字梁腹板的边缘质量，并对不合格处进行修整。

2. 工具、量具、夹具和吊具的准备

（1）准备好卷尺、直角尺、钢直尺及划线工具。

（2）准备好挡铁、吊具等。

（3）准备好大锤、锤子等工具。

二、操作步骤

1. 装配方式的确定

该工字梁的装配方式确定为正装。

2. 支撑形式的确定

显然，该工字梁应采用装配平台支撑。

3. 零件定位方法的确定

根据工字梁的结构特点，它的定位方法应采用定位元件定位法。

4. 各零件的组装与测量

（1）将翼板（两块）分别放在平台上，划出腹板的位置线，如图 8–82 所示。

（2）测量腹板位置线的准确度

1）测量基准的确定。本工件的测量基准确定比较简单，以两块翼板的边缘棱线作为测量基准即可。

2）线性尺寸的测量。该工字梁翼板上腹板位置线的测量可采用钢直尺，如图 8–83 所示。需要引起注意的是，要想检测腹板位置线的准确性，不能只测量一处，而至少应在不同位置有两处测量点。

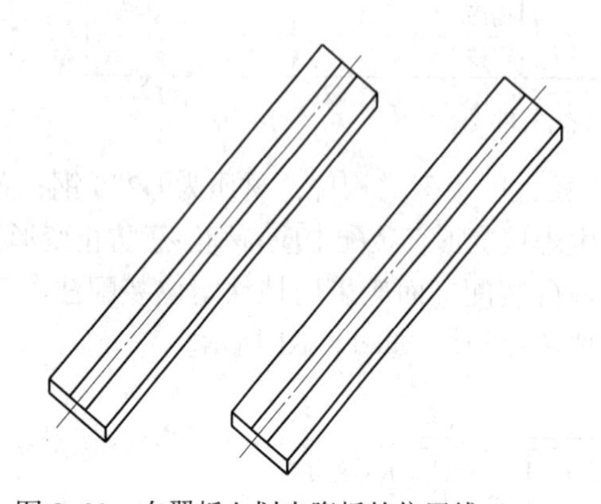
图 8–82　在翼板上划出腹板的位置线

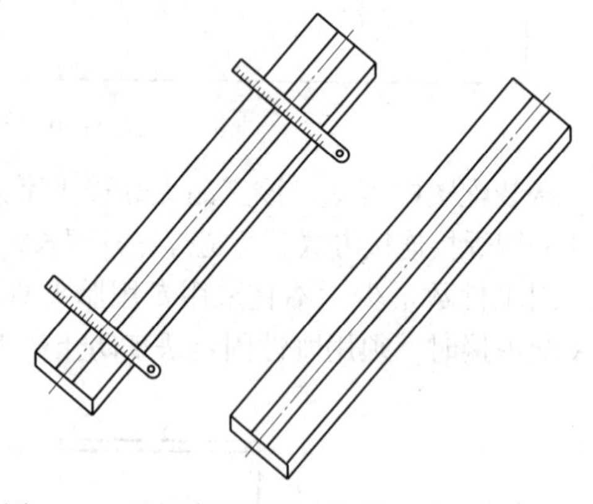
图 8–83　用钢直尺测量腹板位置线的准确性

（3）腹板位置线正确后，即可沿此位置线焊上临时挡铁，如图 8–84 所示。

（4）在腹板上装好专门吊具，吊放到翼板的指定位置后，用直角尺检查腹板与翼板间的垂直度，并经过校正，再定位焊固定，组装 T 形梁，如图 8–85 所示。

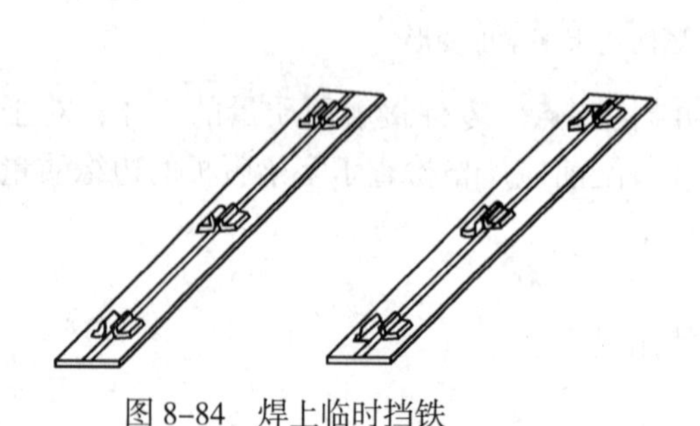
图 8–84　焊上临时挡铁

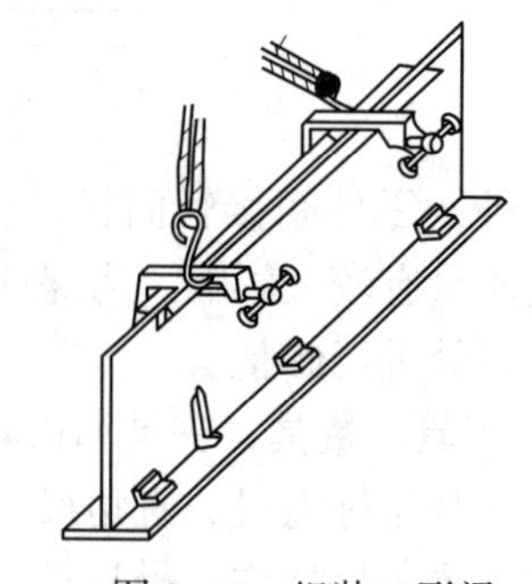
图 8–85　组装 T 形梁

（5）拆去腹板上的吊具，并将已装成T形梁的工件翻身，与另一翼板装配成工字梁（见图8–86）。同样，要校正好腹板与翼板的垂直度，才能定位焊固定，完成工字梁的装配。

5. 整体装配质量检查

按照图样要求对装配好的工字梁进行全面质量检验。

（1）检查工字梁的各项尺寸是否合格。

（2）检查工字梁的腹板与翼板的垂直度是否合格。

（3）检查工字梁上下翼板间的平行度。

（4）检查工字梁有无变形（如弯曲、扭曲等）现象产生，如有变形必须进行矫正。

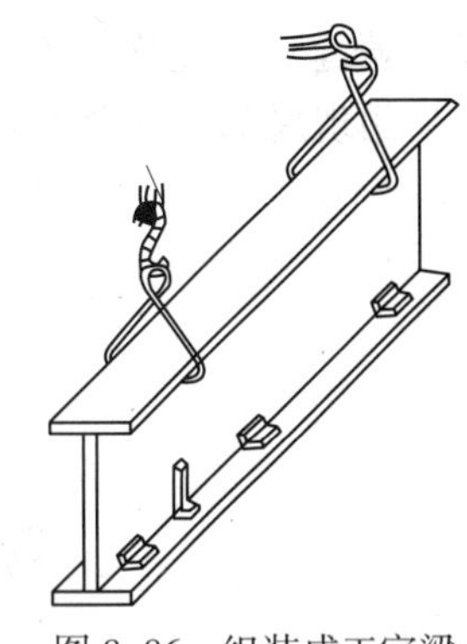

图8–86 组装成工字梁

三、注意事项

1. 吊装零件时，吊具一定要装牢固，以保证装配工作安全进行。

2. 零件吊装就位后，应使吊钩及钢丝绳处于垂直位置，以免因钢丝绳和吊钩的摆动而影响装配定位。

课题四 容器结构装配

子课题1 两圆筒正交组合件的装配

零件的夹紧

在金属结构件的装配中，零件的夹紧主要是通过各种装配夹具实现的。为获得较好的夹紧效果和装配质量，进行零件夹紧时，必须对所用夹具的类型、数量、作用位置及夹紧方式等做出正确、合理的选择。以在圆筒外壁装配钢带圈（见图8–77）为例，假定圆筒与带圈均由中等厚度钢板制成，带圈分两段装配，因带圈变形而使带圈与圆筒间有较大缝隙，这时，对它的夹紧方法可做出如下分析。

1. 夹具类型

根据夹紧部位，选择弓形螺旋夹具、杠杆夹具、夹板楔条夹具均可。由假定条件（板厚、缝隙）可知，此类夹具需要较大的夹紧力，而且工作位置高，夹具质量应轻一些；同时使用数量多，要求夹具有自锁功能。根据上述条件，对可选用的三种夹具进行综合比较，显然选用夹板楔条夹具较好。

2. 夹具数量和作用位置

夹具的数量应根据所装配的带圈长度，本着既能使带圈与圆筒外壁处处贴合，又能使夹具数量尽可能少的原则来确定。夹具的作用位置，则要根据带圈与圆筒间的缝隙情况来考虑：若缝隙变化均匀（见图 8–87a），夹具作用位置可均匀分布；若缝隙变化不均匀，夹紧后易出现局部不贴合（见图 8–87b），则应在局部存在间隙处增设夹具。

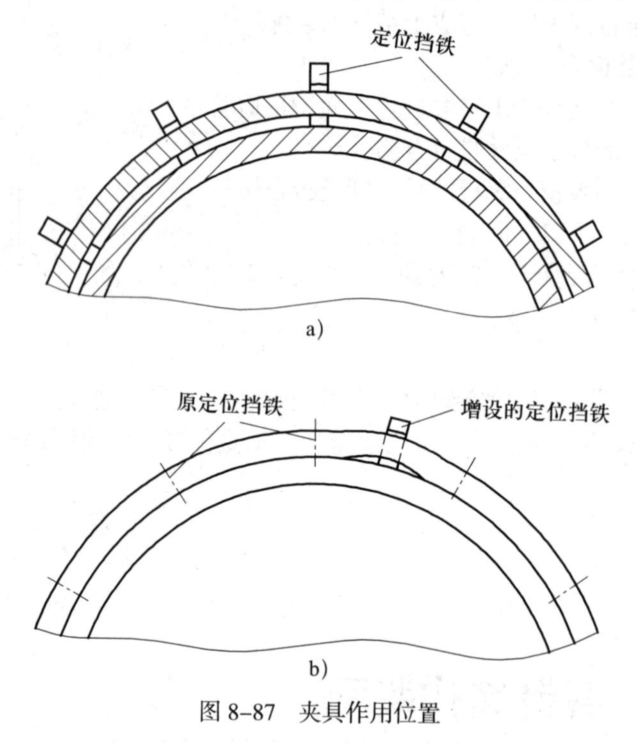

图 8–87　夹具作用位置

3. 夹紧的方式

装配第一段钢带圈，夹紧时可采取以带圈中间为起始点，向两侧进行的方式；也可以从带圈的一端夹起，逐步向另一端推移。但不能从带圈两端向中间夹紧，以免将各处缝隙都推挤到带圈中间位置而无法消除。装配第二段时，因要使两段带圈对接，故只能采取从对接端向另一端夹紧的方式。

此外，若夹紧后出现局部不贴合现象而要增加夹具时，应将增加夹具处两侧已夹紧的夹具在带圈可活动的一侧松开，使带圈有活动的余地，再行夹紧。

技能训练

装配两圆筒正交组合件

一、操作准备

1. 识读工件图样，进行工艺分析

如图 8–88 所示，本工件为两圆筒正交，属容器结构，装配工艺较复杂。因工件为单件加工，故选择自由装配。装配中应重点保证大圆筒端面与小圆筒轴线间的距离，以及两圆筒间的垂直度。

2. 准备装配夹具

装配夹具如图 8–89 所示。

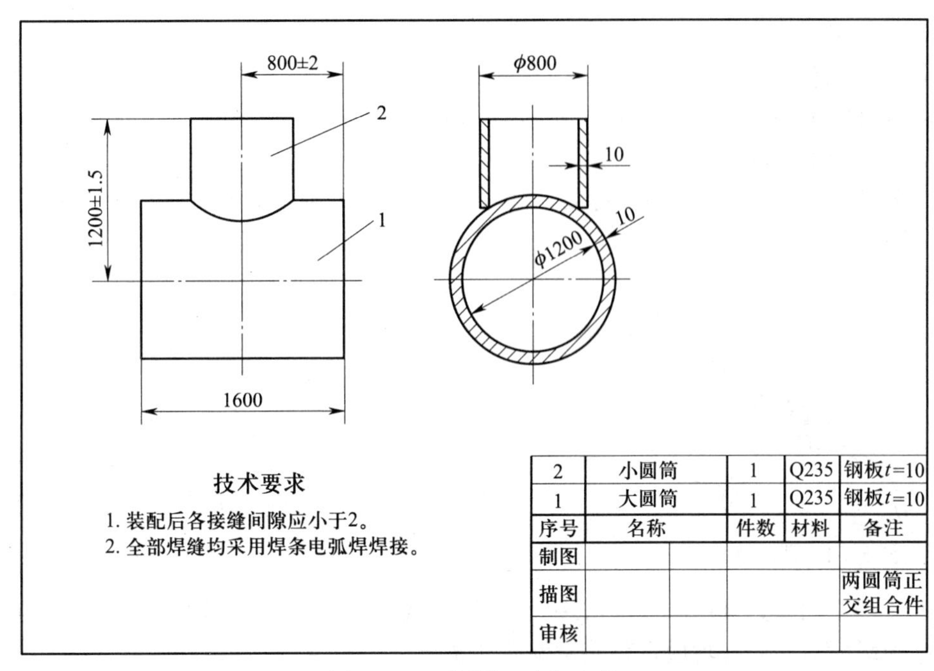

图 8-88　两圆筒正交组合件

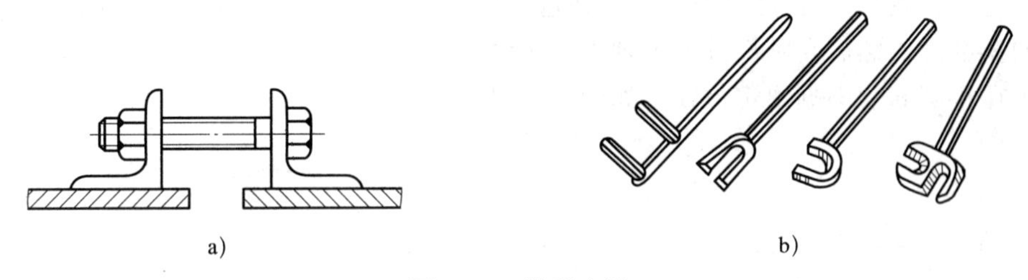

图 8-89　装配夹具

a）螺旋夹具　b）杠杆夹具

二、操作步骤

1. 圆筒纵缝的对接

滚制成的圆筒，常会存在板边搭头、间隙过大、两板边高低不平等缺陷（见图 8-90），圆筒纵缝对接时，应分别采取措施加以解决。

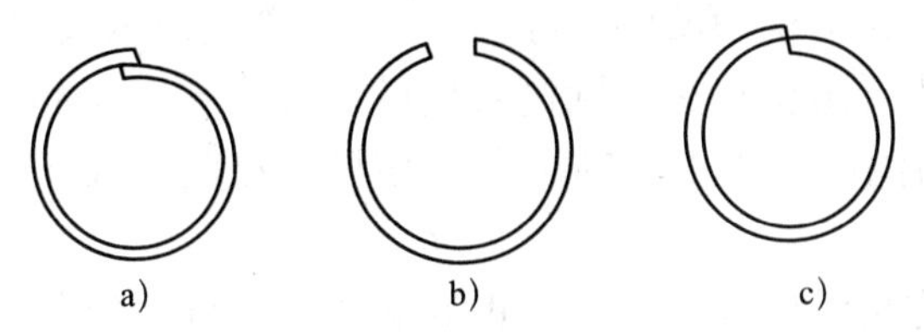

图 8-90　滚制圆筒常见的缺陷

a）板边搭头　b）间隙过大　c）两板边高低不平

（1）放开板边搭头

先以卡形样板测量圆筒各处曲率，找出曲率大于样板曲率处，用大锤击打其外壁，使圆筒曲率变小，直至与样板曲率相符。当圆筒各处曲率均达到标准时，板边搭头会自然放开。

（2）消除间隙

在筒体纵缝两边对应处，分别焊上钻有通孔的角钢，穿入螺栓，拧上螺母，逐渐旋紧螺母，即可将两板间隙缩小，直至达到要求，如图 8–91 所示。

（3）调平两板边高度

将杠杆夹具插在圆筒端部板缝处，压动杠杆，便可调平圆筒纵缝两板边的高度，如图 8–92 所示。

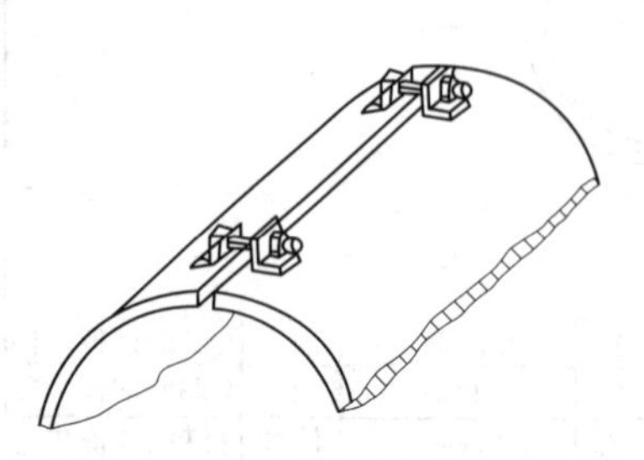

图 8–91　消除接缝间隙

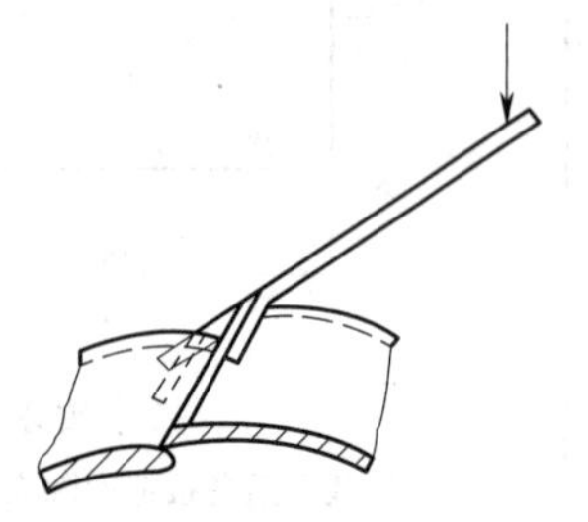

图 8–92　调平两板边高度

经上述装夹调整，确认圆筒缝对接处已平顺接合，便可施行定位焊。

两圆筒纵缝对接后，均应进行质量检验和矫正。

2. 两圆筒组合装配

（1）将大圆筒卧置于装配平台上，并选一规格合适的槽钢作为支撑，使大圆筒保持稳定（见图 8–93），然后在圆筒外壁上划出定位线。

（2）在小圆筒表面划出定位线，如图 8–94 所示。

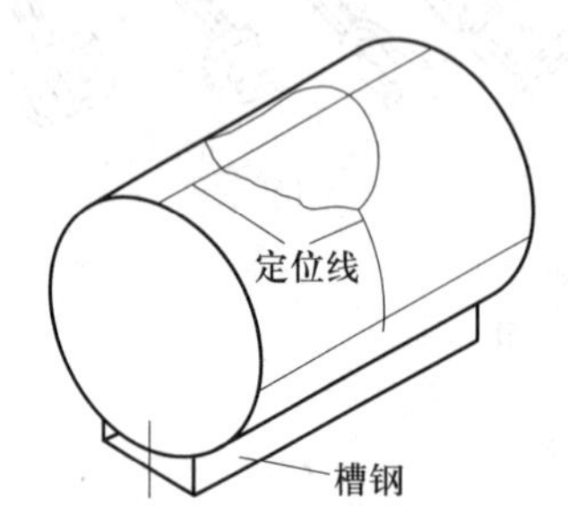

图 8–93　大圆筒的支撑形式

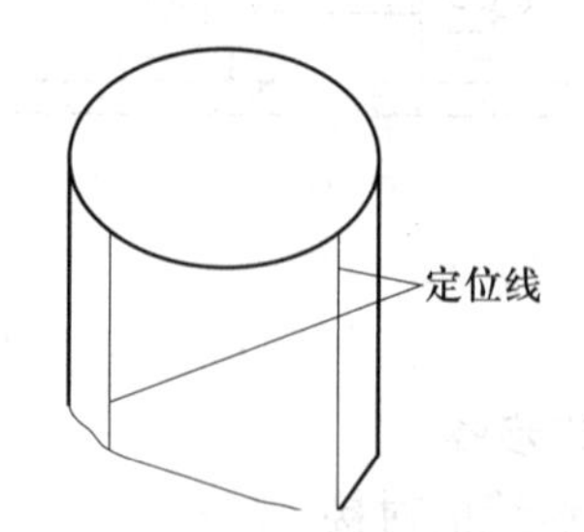

图 8–94　在小圆筒表面划出定位线

（3）将小圆筒放在大圆筒上，并按定位线找出位置。用两圆筒表面的定位线校正小圆筒轴线距大圆筒端面的尺寸（属间接测量）；小圆筒端面至大圆筒轴线的尺寸，可通过测量大圆筒上端定位线上定位点至小圆筒端面的尺寸来校正（亦属间接测量）；两圆筒间的垂直度，则可用直角尺直接测量校正（见图 8–95）。

（4）两圆筒之间的相对位置、尺寸校正好后，便可施行定位焊。施焊时，应使焊接点对称分布，以免因焊接变形而影响工件准确定位。

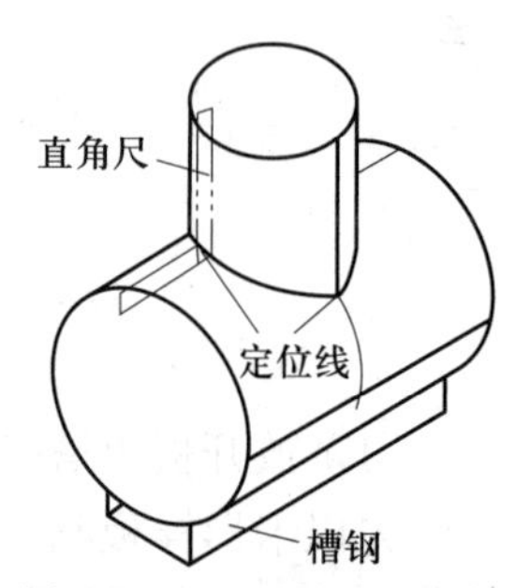

图 8–95　两圆筒组合装配

3. 装配质量检验

（1）检查工件的位置、尺寸精度是否符合图样要求。

（2）检查各接缝间隙是否符合要求。

三、注意事项

1. 大圆筒卧置时，应观察其圆度是否发生变化，若圆筒因自重而发生变形，则应在圆筒内加临时支撑以防止变形，以免影响装配精度。

2. 两圆筒组合装配时，若局部接缝间隙大，不可强行装夹来缩小间隙，以免引起筒体变形或产生很大的装配应力。

子课题 2　炉门冷却壁的装配

容器类构件的装配工艺

容器类构件是由板材经成形加工、组装并焊接而成，能够承受内外压力的封闭结构。容器的种类有很多，但就容器的基本组成而言，大多数是由各种壳体（圆柱、圆锥或球体）、各种封头（椭圆形、球形或圆锥形）以及各种管接头、法兰和支座等基本零部件组成的。

容器类构件的装配主要是指各零部件的装配。装配时，首先进行容器筒节与筒节之间的环缝装配，其装配方法可根据容器的规格大小采取立装或卧装的方法，接着再进行两端封头的装配，然后再确定容器人孔、接管、法兰的位置并进行装配，最后组装容器的支座，以完成容器类构件的全部装配过程。

技能训练

装配炉门冷却壁

一、操作准备

1. 识读工件图样，进行简单的工艺分析

如图 8–96 所示，本工件为简单的容器结构，装配工艺简单，无特殊要求，可采用划线定位直接进行装配。

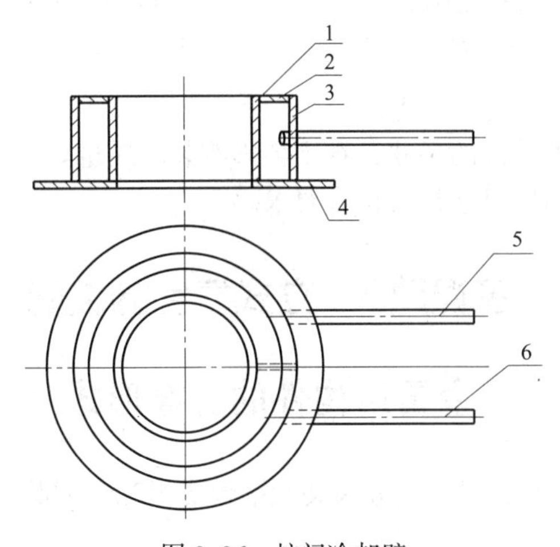

图 8–96　炉门冷却壁

1—内套　2—上法兰　3—外套　4—下法兰　5—进水管　6—出水管

2. 装配用具的准备

（1）准备装配工具和量具。

（2）制作进水管、出水管所需的定位样板。

3. 零件检验

检查各零件的规格、尺寸、数量是否与图样要求相符。

二、操作步骤

1. 将下法兰平放在装配平台上，内套以下法兰的内孔为定位基准，将内套与下法兰进行定位焊固定（见图 8–97）。定位焊点的数量不能少于四点。

2. 上法兰以内套的上端为定位基准，将上法兰与内套定位焊固定（见图 8–98）。

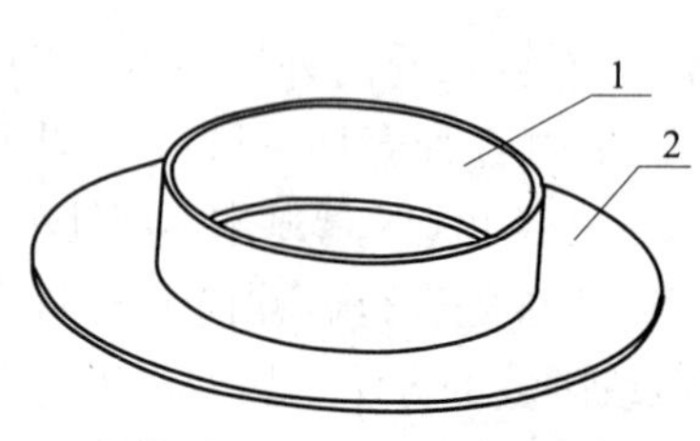

图 8–97　内套与下法兰连接

1—内套　2—下法兰

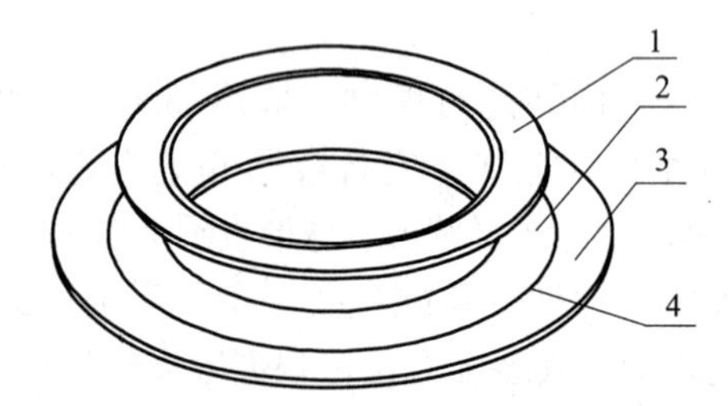

图 8–98　上法兰与内套连接

1—上法兰　2—外套　3—下法兰　4—外套定位线

3. 外套以上法兰的外圆和下法兰的定位线为基准，将外套进行定位焊固定（见图 8–99）。

4. 利用定位样板将进水管、出水管与外套连接，进行定位焊固定（见图 8–100）。

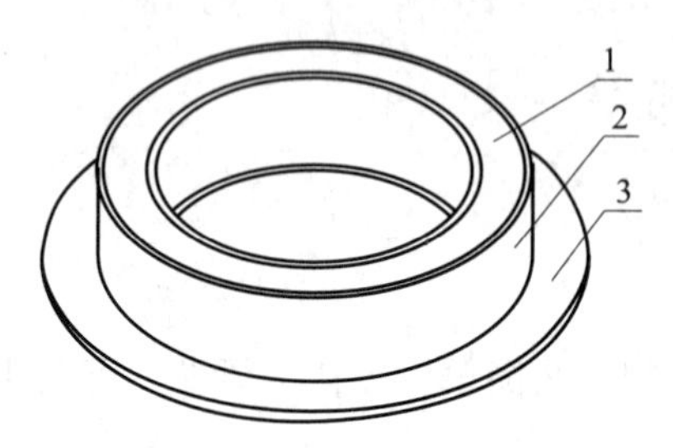

图 8–99　外套与上、下法兰的连接

1—上法兰　1—外套　2—下法兰

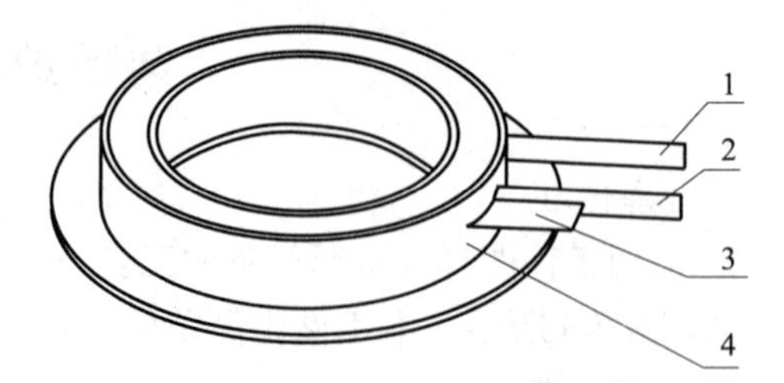

图 8–100　进水管、出水管与外套连接

1—进水管　2—出水管　3—定位样板　4—下法兰

三、注意事项

1. 装配前，要保证各零件的尺寸，否则会影响装配质量。

2. 装配后要检查各部位尺寸是否符合要求。

子课题 3　立式气包的装配

金属结构件的支撑形式

金属结构件在装配中的支撑形式分为装配平台支撑和装配胎架支撑。

1. 装配平台

装配平台一般水平放置，而且它的工作表面要求达到一定的平直度。冷作工常用的装配平台有以下几种。

（1）铸铁平台

铸铁平台由一块或多块经过表面加工的铸铁制成，它坚固耐用，工作表面精度较高。为了便于夹紧工件和进行某些作业，铸铁平台上有许多通孔或沟槽，可用于零件加工和结构的装配。

（2）钢结构平台

钢结构平台由厚钢板和型钢组合而成，有时也将厚钢板直接铺在平整的地面上构成简易的钢结构平台。它的工作表面一般不经切削加工，所以平直度比铸铁平台差，常用于拼接钢板或装配精度要求不高的工件。

（3）导轨平台

导轨平台由一些导轨安装在混凝土基础上制成，每条导轨的上表面都经过切削加工，并有紧固工件用的螺栓沟槽。这种平台主要用于装配大型工件。

（4）水泥平台

水泥平台用钢筋混凝土制成。平台上预埋一些拉环、柱桩和交叉设置的扁钢，作为装配中固定工件用。这种平台多用于大型工件的装配。

（5）电磁平台

电磁平台的主体用钢板和型钢制成，在平台内安置许多电磁铁，通电后可将工件吸附在平台上。电磁平台多用于板材的拼接，因为电磁铁对钢板的吸附作用能有效地减小焊接变形。

2. 装配胎架

若工件机构不适于以装配平台作支撑（如船舶、飞机结构件和各种容器等）时，就需制造装配胎架来支撑工件并进行装配。

装配胎架按其功能分为通用胎架和专用胎架。如图 8–101a 所示为装配圆筒形工件的通用胎架，由两根辊筒平行地装在固定支架上构成，辊筒间保持一定距离。在装配不同直径的圆筒形工件时，均可用它对工件进行支撑定位。

如图 8–101b 所示为装配油罐罐顶的专用胎架。模板构成胎架支撑工作面，通过放样得出实际形状，然后加工而成。这样的专用胎架只适用于一种形状、尺寸的工件。对于较为复杂的结构（如船舶分段），其装配胎架结构也较复杂，胎架的制作往往要消耗较多的工时和材料。

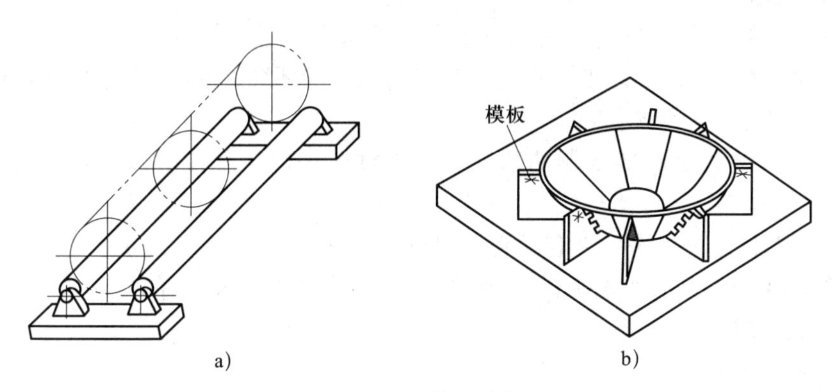

图 8–101　装配胎架

由于计算机在金属结构制造中的应用不断深入，目前已出现通用活络支柱式胎架，可以根据数学放样提供的数据调节支柱的高度。纵横排列的大量支柱可形成平面或任何形状的曲面，作为结构装配的支撑面。

装配胎架应符合下列要求。

（1）胎架工作面的形状应与工件被支撑部位的形状相适应。

（2）胎架结构应便于在装配时对工件实施定位、夹紧等操作。

（3）胎架上应划出中心线、位置线、水平线和检验线等，以便于装配时对工件进行校正和检验。

（4）胎架必须安置在坚固的基础之上，并具有足够的强度和刚度，以避免在装配过程中基础下沉或胎架变形。

技能训练

装 配 气 包

一、操作准备

1. 工具、量具、夹具的准备

准备相应的装配夹具，其中应有数量较多的楔条夹具。

2. 装焊滚轮架的准备

由于气包结构不适合以装配平台作为支撑，就需要制造装配胎架来支撑工件，进行装配。

对于本工件的装配胎架，采用了装焊滚轮架。另外，也可以规格较大的槽钢或工字钢代替滚轮架。

3. 各零件的核对与验收

根据装配图，对筒体、封头、钢管、法兰、板件的规格、尺寸、平直度及表面质量进行必要的检验和矫正，并核对零件数量。

二、操作步骤

1. 识读工件图样，进行工艺分析

气包图样如图 8-102 所示。

本工件为压缩空气储气包，由筒体和封头等零件组合装焊而成。气包属于压力容器，装配、焊接的技术要求较高。严格控制筒体与封头对接环缝的间隙及确保筒体与封头的同轴度，是主要的装配工艺要求。

为了便于焊接和对焊接变形的矫正，本工件应采取先部件装焊、再整体总装的装配方法。

本工件的部件划分：法兰 2 和钢管 3 组成部件 A（2 件）；立板 6、斜立板 7、地脚板 8 组成部件 B（3 件）；封头（上）1、筒体 4、封头（下）5 组成部件 C（1 件）。

2. 部件的装配

（1）装配部件 A

按图样要求装配法兰 2、钢管 3，使两者保持垂直，然后以定位焊固定，进行焊接。

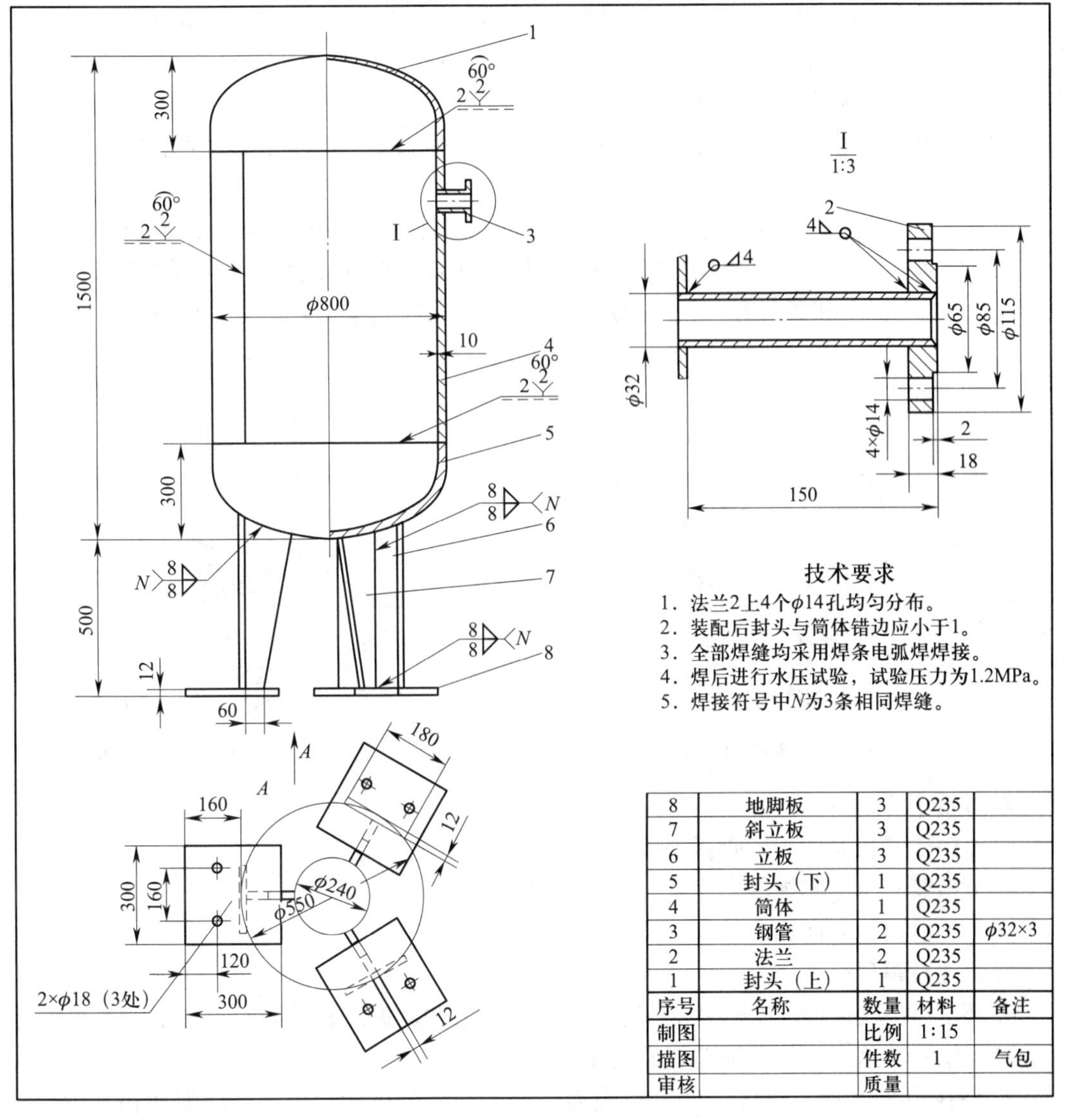

8	地脚板	3	Q235	
7	斜立板	3	Q235	
6	立板	3	Q235	
5	封头（下）	1	Q235	
4	筒体	1	Q235	
3	钢管	2	Q235	ϕ32×3
2	法兰	2	Q235	
1	封头（上）	1	Q235	
序号	名称	数量	材料	备注
制图		比例	1:15	
描图		件数	1	气包
审核		质量		

图 8-102　气包图样

（2）装配部件 B

先在斜立板 7 上划出立板 6 的位置线，将两者按线装配定位，校正好垂直度，施定位焊固定（见图 8-103a、b）。然后在地脚板 8 上划出立板 6、斜立板 7 的位置线，再按线定位，校正好立板 6 与地脚板 8 的垂直度，定位焊固定，成为部件 B（见图 8-103c）。

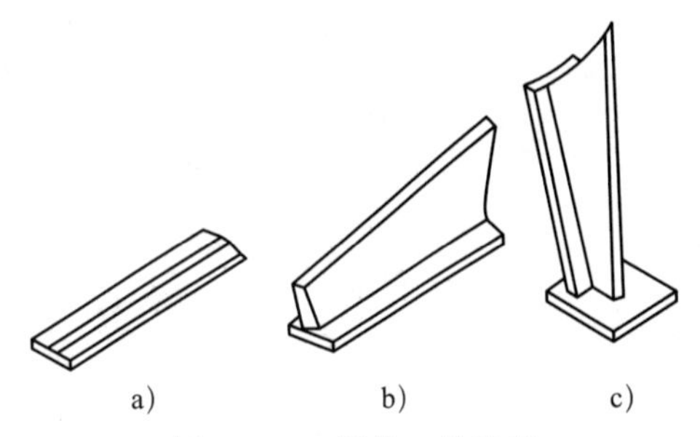

图 8-103　部件 B 的装配

（3）装配部件 C

1）将筒体 4 卧放在滚轮架上，装配封头 1、5 和筒体 4。由于封头刚度大，不易产生变形，因此装配中应以封头为基准进行环缝对接，达到两者错边小于 1 mm 的技术要求。局部错边过大处，要用楔条夹具予以调整。部件 C 的装配如图 8-104 所示。

2）测量部件C的同轴度。测量同轴度的方法有很多，本工件同轴度的测量可采用在筒体外侧拉钢丝（或大平尺）的方法进行，通过观察筒外壁与钢丝（或大平尺）的距离或贴合程度，来检验几节圆筒的同轴度。

（4）按图样要求将部件A装配在部件C上，然后在滚轮架上完成环缝焊接。

3. 总装配

在装配平台上按图样给定的位置、尺寸固定部件B，再吊起部件C（含部件A）置于部件B上。然后以封头5曲面轮廓为基准修整部件B上部的接合线，并调整筒体与基准面（平台面）的垂直度和接管方向，校正后定位焊接，完成气包总装（见图8-105）。

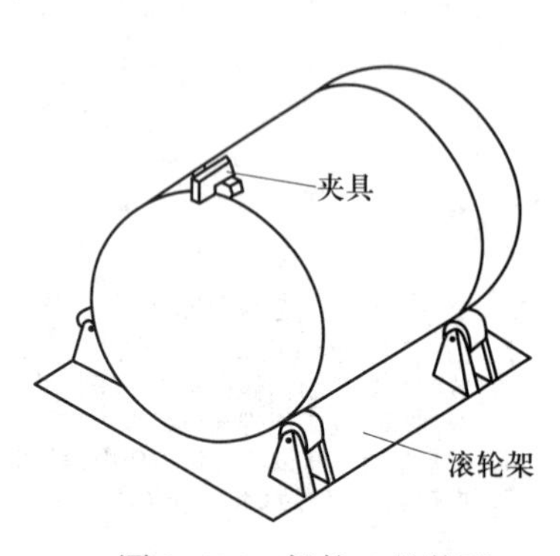

图8-104　部件C的装配

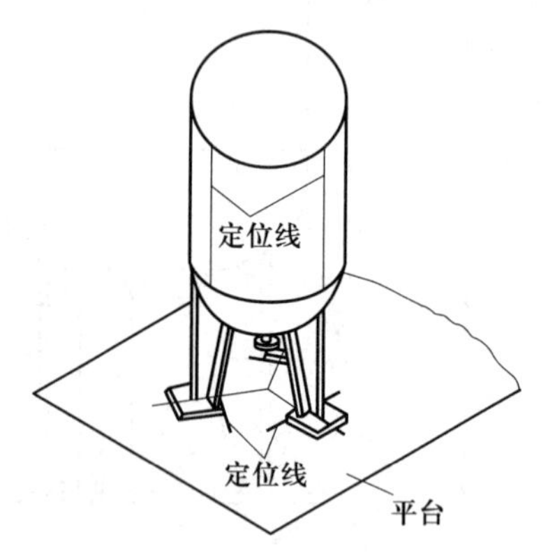

图8-105　气包总装

4. 质量检查

（1）检验气包筒体与地脚板平面的垂直度。

（2）检验三个地脚板的平面度、位置、尺寸。

（3）检验接管方向和尺寸。

三、注意事项

1. 部件装配法可以简化装配工艺，改善施工条件，提高装配效率，但必须保证每个部件的装配质量，这样才能保证总装的质量。

2. 装配部件C时，筒体与两个封头连接处的环缝很可能会出现有缝隙或错边现象，这时应善于利用夹具或自制夹具来解决问题。

第九单元

复合作业（二）

课题一　离心式通风机机壳制作

一、离心式通风机机壳工件图（见图 9–1）

二、离心式通风机机壳制造工艺分析

1. 壳体的展开与制造

壳体如图 9–2 所示。已知基圆直径 D，各圆弧半径 R_1、R_2、R_3、R_4、R_5，尺寸 a、b、c、h、f，蜗板宽度 B、板厚 t。

（1）侧板作图步骤

1）作正方形，边长为 a，得 O_1、O_2、O_3、O_4 各点。

2）分别以点 O_1、O_2、O_3、O_4 为圆心，R_2、R_3、R_4、R_5 为半径画弧。

3）画出 h、b、i 各线段。

4）画出半径为 R_1 的小圆弧段，使之与半径为 R_2 的圆弧连接。

（2）蜗板展开

蜗板宽度 B 为已知，因此蜗板展开主要是求蜗板的展开长度。蜗板长度是由直线段 i、各曲线段 S 再加上 h 直线段部分组成的，即蜗板的展开尺寸为 $[i+S+(h-a/2)]\times B$ 的矩形尺寸。

1）i 线段的求法

①可直接从放样线中量出。

②用计算法：

$$i=f-R_1$$

2）S 曲线的求法

①可由放样板厚中心线量出 S。

②用计算法：

$$S_1=\frac{\pi}{2}(R_1+t/2)$$

$$S_2=\frac{\pi(R_2-t/2)}{180°}\beta$$

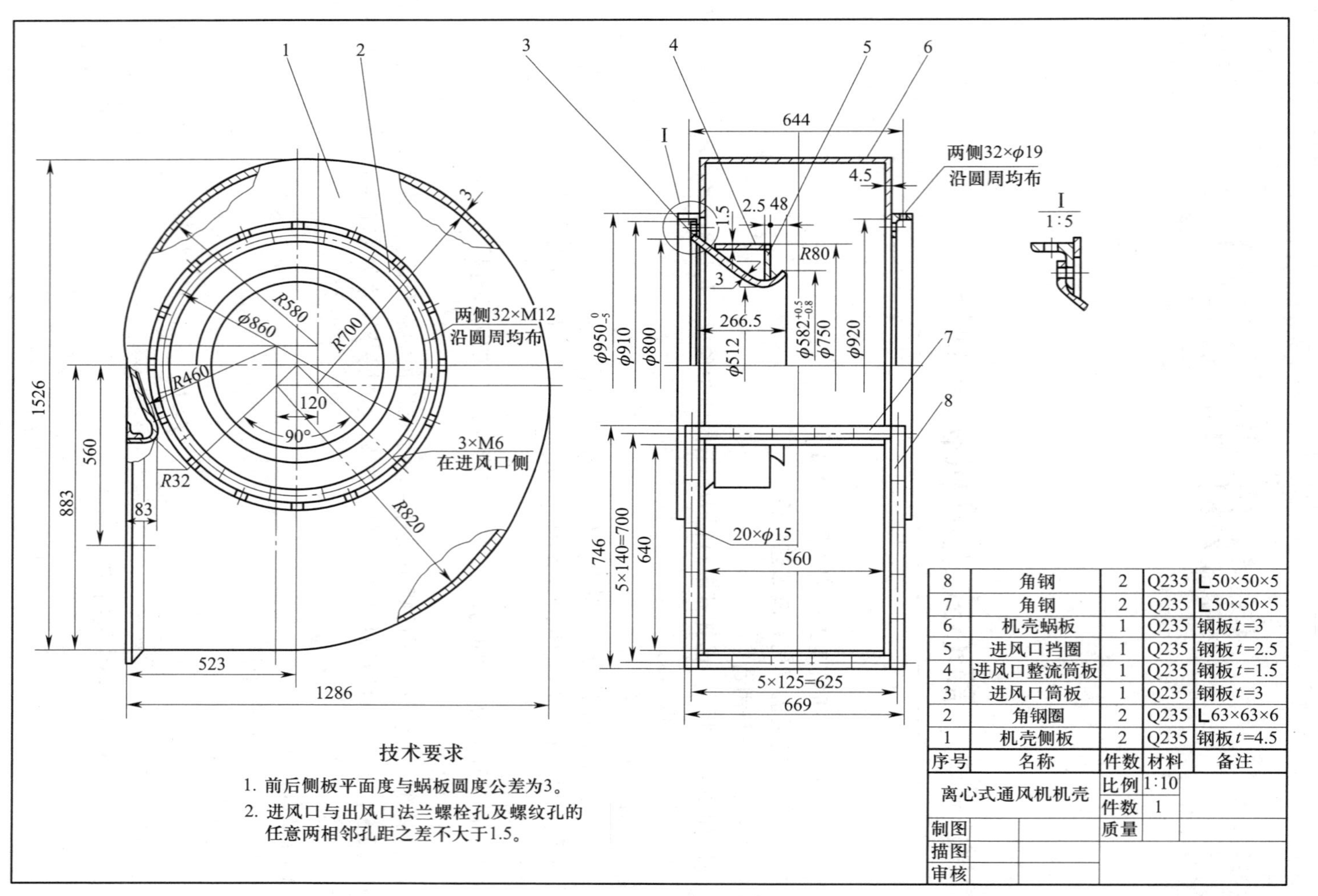

序号	名称	件数	材料	备注
8	角钢	2	Q235	L50×50×5
7	角钢	2	Q235	L50×50×5
6	机壳蜗板	1	Q235	钢板 t=3
5	进风口挡圈	1	Q235	钢板 t=2.5
4	进风口整流筒板	1	Q235	钢板 t=1.5
3	进风口筒板	1	Q235	钢板 t=3
2	角钢圈	2	Q235	L63×63×6
1	机壳侧板	2	Q235	钢板 t=4.5

离心式通风机机壳		比例	1:10
		件数	1
制图		质量	
描图			
审核			

图 9-1　离心式通风机机壳工件图

式中　$\beta=\arcsin\dfrac{c+a/2-b-R_1}{R_2}$。

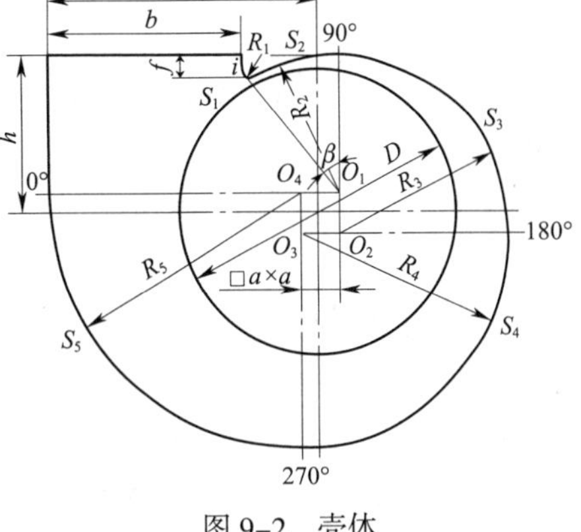

图 9–2　壳体

$$S_3=\frac{\pi}{2}(R_3-t/2)$$

$$S_4=\frac{\pi}{2}(R_4-t/2)$$

$$S_5=\frac{\pi}{2}(R_5-t/2)$$

则：

$$S=S_1+S_2+S_3+S_4+S_5$$

（3）下料

在钢板上划好蜗板和侧板下料尺寸线，并注意板料的合理使用，然后进行剪切或气割。

（4）加工、组装和焊接

1）侧板下料后要校平，清理边缘毛刺。蜗板要滚弯，滚弯时可用样板检查圆弧曲率是否符合要求。

2）准备好零件后即可进行组装。组装时蜗板的曲率应以侧板的形状为准，装好后依次定位焊固定。

3）用手工焊接，焊缝大小要符合要求，保证焊缝接口处的密封性。

2. 进风口制造工艺

进风口结构如图 9–3 所示。

（1）工艺分析

由图 9–3 可以看出，进风口筒板是由锥形筒翻边而成。为便于制造，应将此件分为 A、B、C 三件（以图 9–3 中双点画线为界）。其中 A 件为一法兰圈，可由钢板切割而成；B 件为一圆锥筒，可以滚制而成；C 件为一弧形外弯板筒，整体制作较困难，可分两片压制，然后拼接而成。整流筒板为一圆筒，其筒壁长度尺寸由放样确定。挡圈为一圆环，其外径为已知，内径也可通过放样确定。此外，由于进风口筒板 C 两端直径都明显大于挡圈的内径，为便于装配，可将挡圈分段下料，待总装时再拼接。

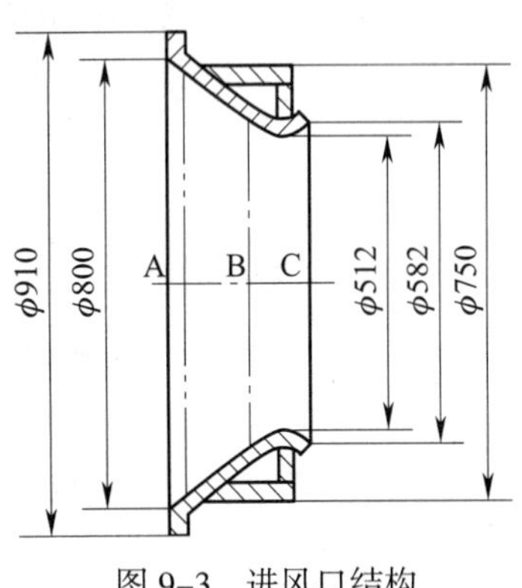

图 9–3　进风口结构

（2）进风口制造的工艺过程

1）放样展开。先根据图样放出整个进风口结构的实样，然后依据实样所确定的各零件的投影、尺寸及接合位置，进一步展开各零件，并制作号料及加工成形样板。

2）号料、切割下料。用各零件样板在原材料上号料，并按号料线准确地切割下料。

3）加工成形。分别采用滚弯、压形、切割等成形方法，完成各零件的加工。

4）拼接、修整。拼接进风口筒板、整流筒板的对接缝，将进风口各零件修整、矫正，使其符合图样尺寸及公差要求。

5）进风口结构的装配过程

①把法兰圈 A 平放在装配平台上，将进风口筒板 B、C 装入法兰圈，保持进风口筒板与法兰圈的同轴度，并定位焊固定。

②在进风口筒板外壁划出拼装挡圈的位置线，然后按所划位置线拼装挡圈，并且定位焊固定。

③将整流筒板装在挡圈外侧，并且定位焊固定。

3. 其他工艺

进口角钢圈在弯形并经矫圆后，应先进行钻孔与攻螺纹，经检验合格后，再与壳体装配。从加工工艺考虑，进口角钢圈必须在壳体装配前与侧板先行装焊。

出口角钢框应先拼焊成形并经矫正后再划线钻孔。

三、工艺分析卡片（见表 9–1）

表 9–1　　工艺分析卡片

姓名		学号		班级		填写日期	年　月　日
工件概况							
数量	1	材质	Q235	质量		外形尺寸	1 526 mm × 1 286 mm
工时定额		实际工时		材料定额		实际消耗材料	

1. 确定工序，画出工序流程图

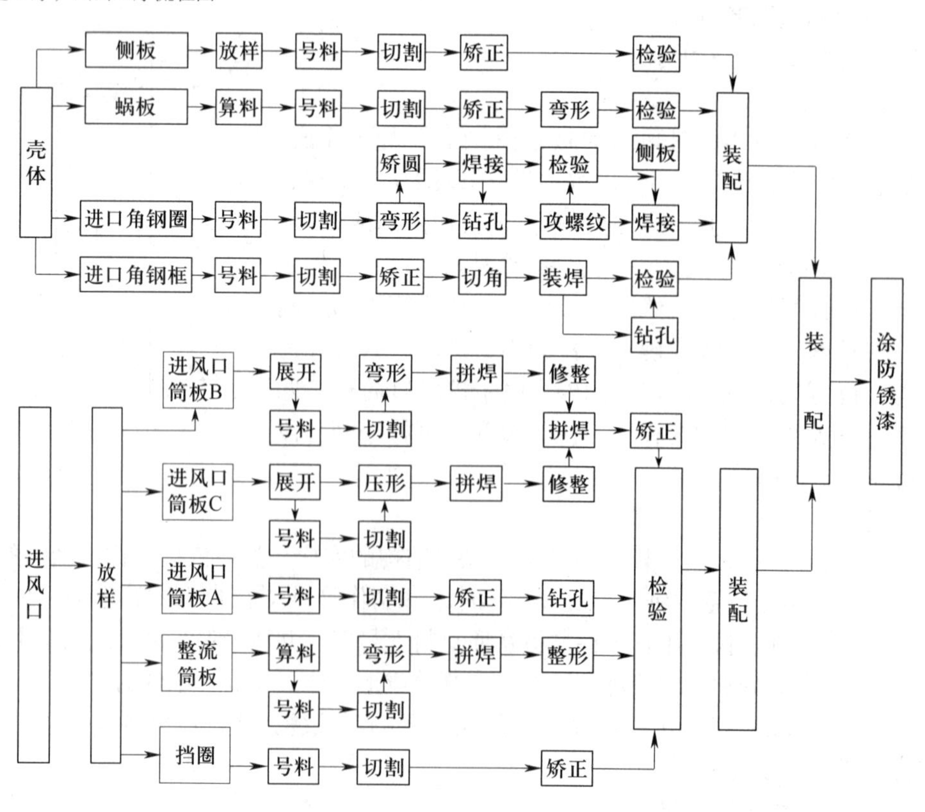

续表

2. 主要工序加工工艺分析

零件代号及名称	材料牌号	工步程序图	工序号	工序名称及内容	设备名称	工艺装备名称
进风口筒板 C	Q235	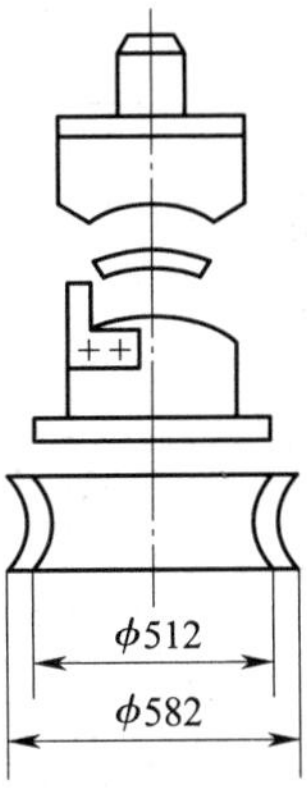 $\phi 512$ $\phi 582$	1	号料：按样板号料，为便于操作，可按 1/2 下料		号料样板
			2	切割：按号料线准确地切割，切割线要平齐	氧乙炔气割炬	
			3	压形：将模具放入压力机内，紧固，并分段冷压小口圆弧端 $R80$ mm 处	压力机	进风口压形模
			4	整形：整形 $\phi 582$ mm、$\phi 512$ mm 圆弧，不允许有明显锤痕	平台	圆弧样板
			5	拼装：将两块料拼成整圆形，接缝不允许有错口现象存在		
			6	焊接：见焊接工艺	BX1-330	
			7	整形：表面无明显锤痕	平台	圆弧样板
备注						

课题二　车体构件制作

一、车体构件图样（见图 9-4）

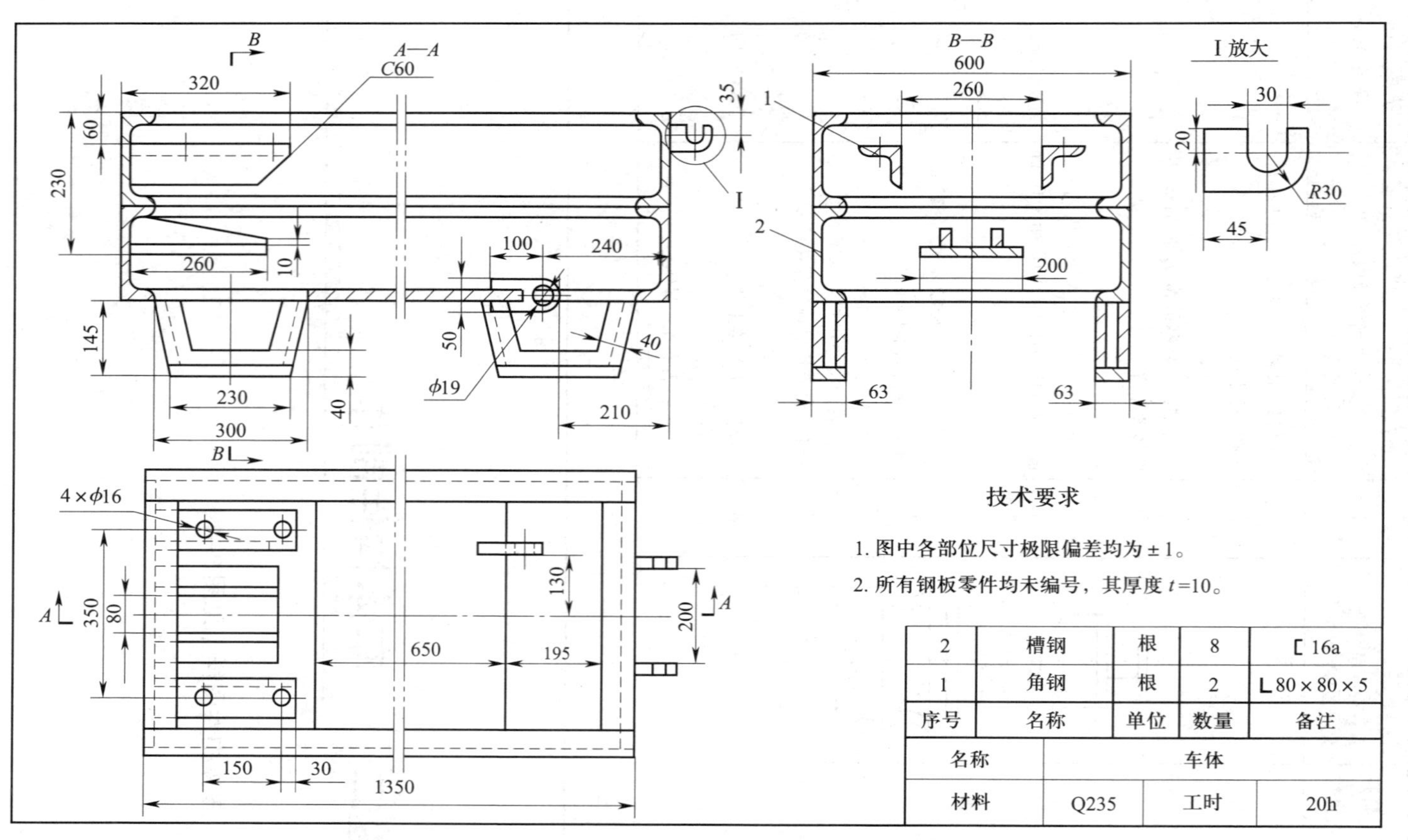

技术要求

1. 图中各部位尺寸极限偏差均为±1。

2. 所有钢板零件均未编号，其厚度 t=10。

2	槽钢	根	8	[16a
1	角钢	根	2	L 80×80×5
序号	名称	单位	数量	备注
名称	车体			
材料	Q235	工时	20h	

图 9–4　车体构件图样

二、工艺分析卡片（见表 9–2）

表 9–2　　工艺分析卡片

姓名		学号		班级		填写日期	
工作概况							
数量		材质		质量		外形尺寸	
工时定额		实际工时		材料定额		实际消耗材料	

1. 确定工序，画出工序流程图

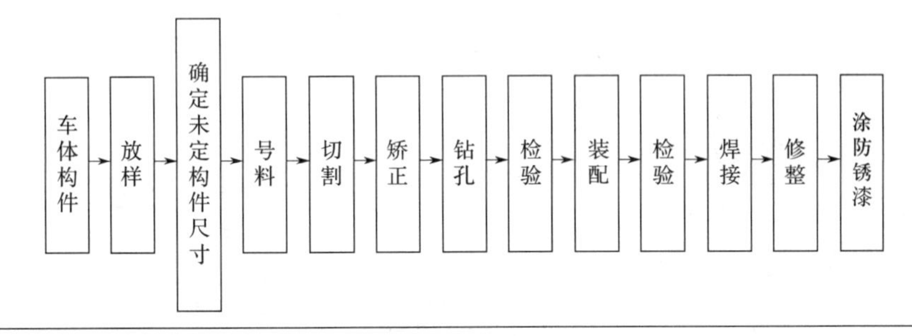

2. 主要工序加工工艺分析

工序名称	材料牌号	工步号	工步名称及内容	设备名称
装配	Q235	1	检验：按图样要求检查各零件之间的位置关系、数量及尺寸，如果有误及时纠正	
		2	组装槽钢框（件 2）：采用地样装配法，并施以定位焊	BX1–330 型电焊机
		3	划线：在槽钢上划出各零件的位置线	
		4	装配：按槽钢上的位置线，将各零件进行装配。装配中，要保证各零件的位置关系	BX1–330 型电焊机
		5	检验：对组装好的车体结构进行全面检查，合格后方可焊接	

备注	

课题三　煤气管道支架制作

一、煤气管道支架工件图（见图 9–5）

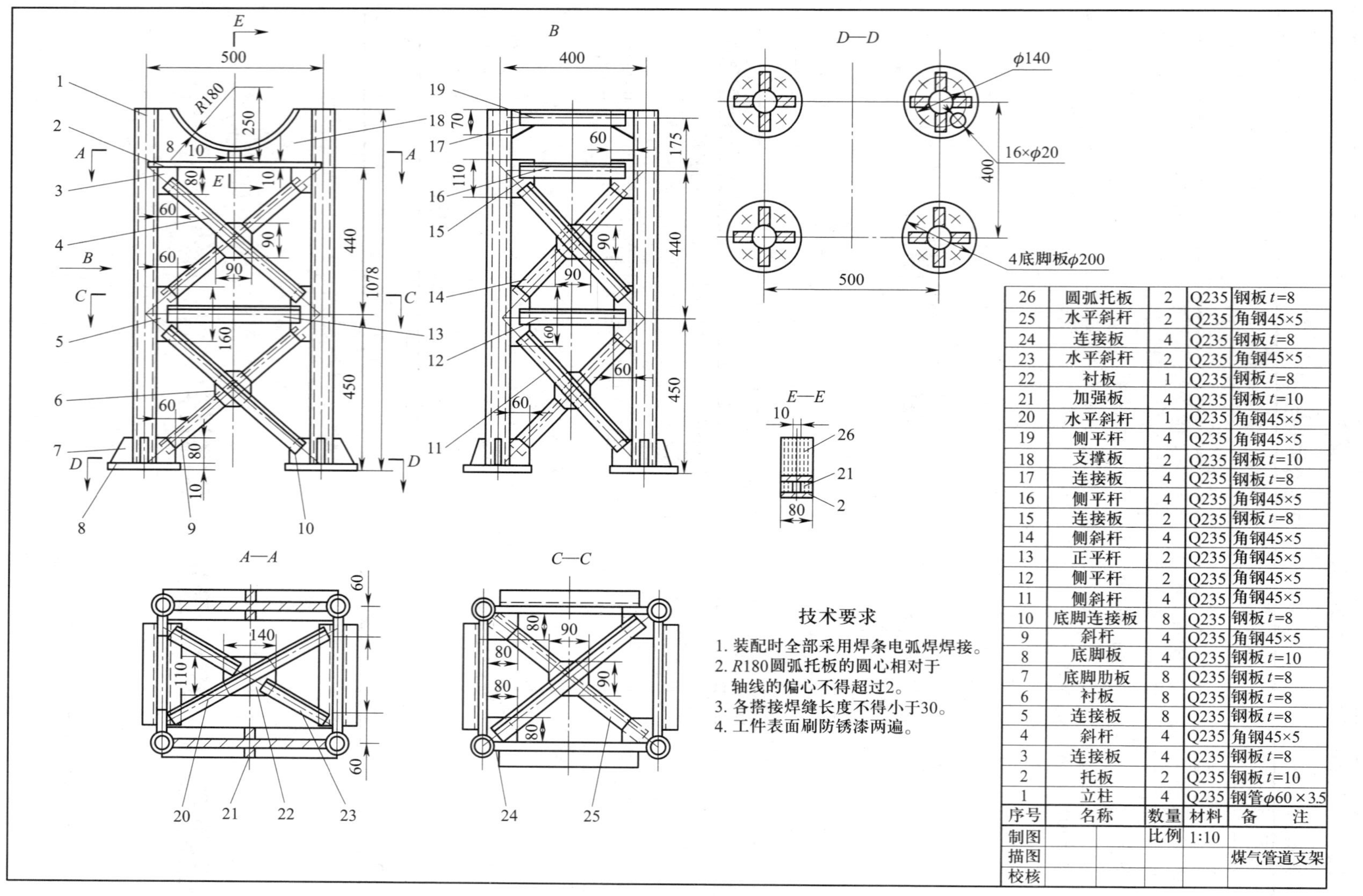

序号	名称	数量	材料	备注
26	圆弧托板	2	Q235	钢板 t=8
25	水平斜杆	2	Q235	角钢45×5
24	连接板	4	Q235	钢板 t=8
23	水平斜杆	2	Q235	角钢45×5
22	衬板	1	Q235	钢板 t=8
21	加强板	4	Q235	钢板 t=10
20	水平斜杆	1	Q235	角钢45×5
19	侧平杆	4	Q235	角钢45×5
18	支撑板	2	Q235	钢板 t=10
17	连接板	4	Q235	钢板 t=8
16	侧平杆	4	Q235	角钢45×5
15	连接板	2	Q235	钢板 t=8
14	侧斜杆	4	Q235	角钢45×5
13	正平杆	2	Q235	角钢45×5
12	侧平杆	2	Q235	角钢45×5
11	侧斜杆	4	Q235	角钢45×5
10	底脚连接板	8	Q235	钢板 t=8
9	斜杆	4	Q235	角钢45×5
8	底脚板	4	Q235	钢板 t=10
7	底脚肋板	8	Q235	钢板 t=8
6	衬板	8	Q235	钢板 t=8
5	连接板	8	Q235	钢板 t=8
4	斜杆	4	Q235	角钢45×5
3	连接板	4	Q235	钢板 t=8
2	托板	2	Q235	钢板 t=10
1	立柱	4	Q235	钢管φ60×3.5

制图		比例	1:10	
描图				煤气管道支架
校核				

图 9-5　煤气管道支架工件图

二、工艺分析卡片（见表 9-3）

表 9-3 工艺分析卡片

姓名		学号		班级		填写日期	年 月 日
工件概况							
数量	1	材质	Q235	质量		外形尺寸	1 078 mm × 560 mm
工时定额		实际工时		材料定额		实际消耗材料	

1. 确定工序，画出工序流程图

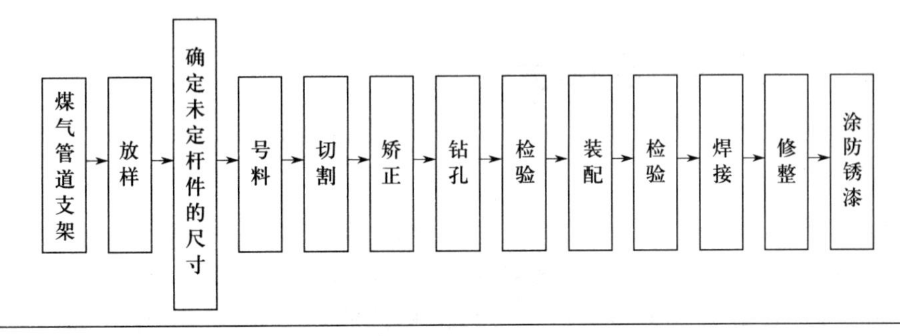

2. 主要工序加工工艺分析

工序名称	材料牌号	工步号	工步名称及内容	设备名称
装配	Q235	1	组装带弧板面（2 件）：采用地样装配法，并施以定位焊	BX1-330
		2	检验：按图样要求检查各零件间的连接关系、定位尺寸是否正确，如有误应及时纠正	
		3	在平台上划出四个底脚板的位置线，并将其固定	平台
		4	将已组装好的带弧板面（2 件）放在底脚板的正确位置上，并施以定位焊，此时应特别注意两弧板轴线的同轴度问题	
		5	组装两个侧平面及其他连接杆件：按图样组装侧平面及其他连接杆件，并施以定位焊	BX1-330
		6	检验：对组装好的支架进行全面检测，合格后再焊接	

备注	

第十单元

连　接

课题一　铆接与胀接

连接是将几个零件或部件，按照一定的结构形式和相对位置固定成为一体的一种工艺过程。金属结构件的连接方法通常有铆钉连接、螺纹连接、焊接连接和胀接连接四种，其中焊接应用较为广泛。选择连接方法，应考虑构件的强度要求、工作环境、材质和施工条件等因素。若选择恰当，不仅能降低成本，提高生产率，而且可以延长结构的使用寿命。

子课题 1　铆　接

利用铆钉把两个或两个以上的零件或构件连接成为一个整体称为铆钉连接，简称铆接（见图 10–1）。

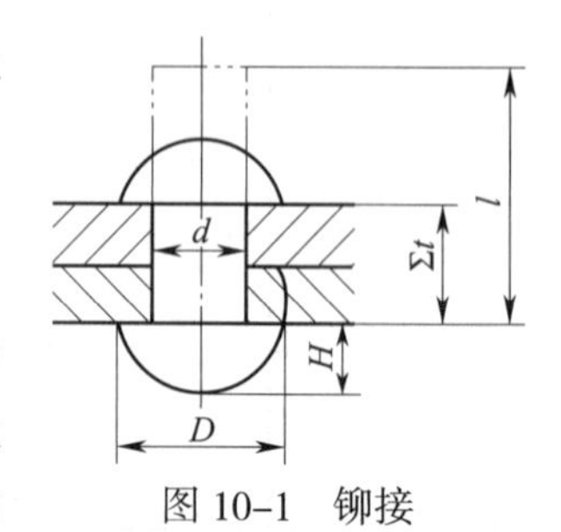

图 10–1　铆接

铆接是冷作工专业中的一个组成部分，金属结构应用铆接已有较长的历史。近年来，由于焊接和高强度螺栓摩擦连接的发展，铆接的应用已逐渐减少。但由于铆接不受金属种类和焊接性能的影响，而且铆接后构件的内应力和变形都比焊接小，因此对于承受严重冲击或振动载荷构件的连接，某些异种金属和轻金属（如铝合金）的连接，仍经常采用铆接。

一、铆接的种类与形式

1. 铆接的种类

根据构件工作性能和应用范围的不同，铆接可分为以下几种。

（1）强固铆接

强固铆接只要求铆钉和构件有足够的强度以承受较大的载荷，而对接缝处的严密性无特殊要求。房架梁、桥梁、车辆和塔架等桁架类构件上的铆接结构，均属于这类铆接。

（2）密固铆接

密固铆接，既要求具备足够的强度，承受一定的作用力，同时还要求接缝处有良好的严密性，保证在一定压力作用下，液体或气体均不致渗漏。这类铆接常用于高压容器构件，如锅炉、压缩空气罐、压力管路等。

（3）紧密铆接

这种铆接不能承受较大的作用力，但对接缝处的严密性要求较高，以防止漏水、漏油或漏气，一般多用于薄壁容器构件的铆接，如水箱、气箱和油罐等。

2. 铆接的形式

根据被连接件的相互位置不同，铆接有搭接、对接和角接三种形式。

（1）搭接

搭接是将一块钢板（或型钢）搭在另一块钢板上进行铆接，如图 10–2 所示。

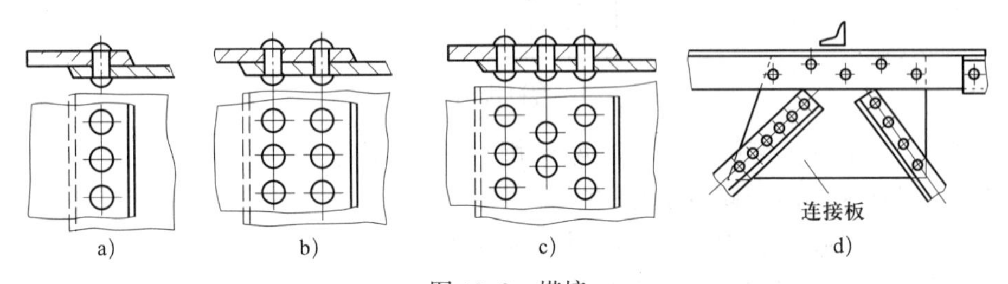

图 10–2　搭接

a）单排　b）双排　c）多排　d）材料与型钢搭接

（2）对接

对接是将两块钢板（或型钢）的接头置于同一平面，用盖板作为连接件，把接头铆接在一起。盖板有单盖板和双盖板两种形式（见图 10–3），每种又根据接头一侧铆钉的排数有单排、双排和多排之分，铆钉的排列形式有平行和交错两种。

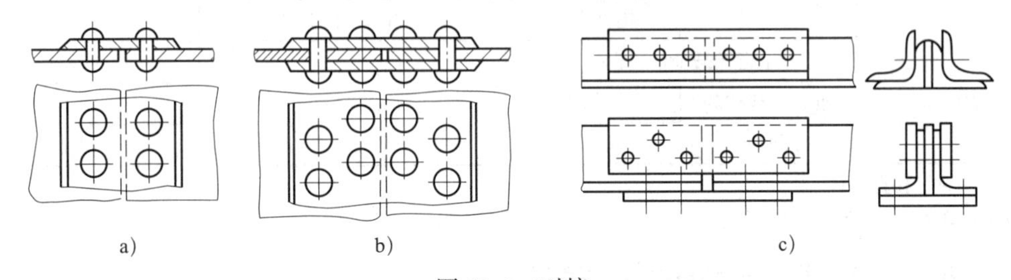

图 10–3　对接

a）单排单盖板　b）双排双盖板　c）型钢的对接

（3）角接

角接是两板件相互垂直或成一定角度的连接，在接合处用角钢作为连接件，有单面和双面两种形式（见图 10–4）。

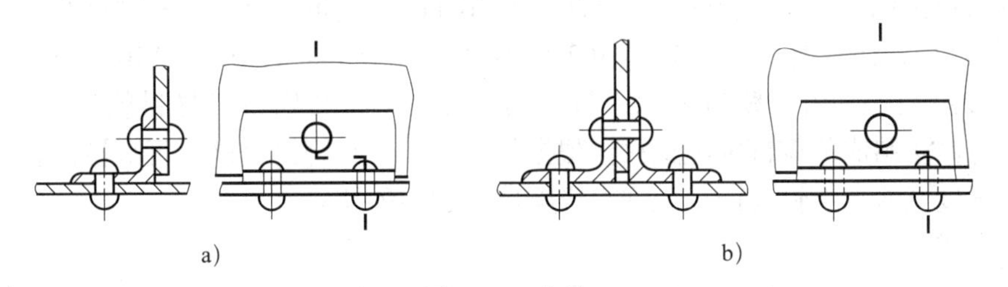

图 10–4　角接

a）单面角接　b）双面角接

二、铆钉排列的基本参数

铆钉排列的主要参数是指铆钉距、排距和边距（见图 10-5）。

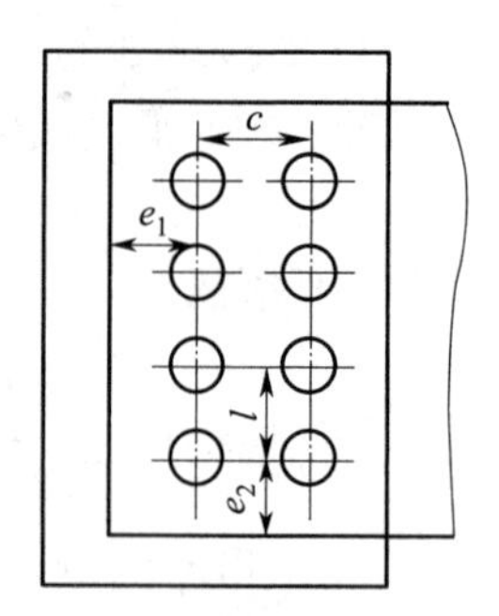

图 10-5　铆钉排列的基本参数

铆钉距 l：是指一排铆钉中，相邻两个铆钉中心的距离。

排距 c：是指相邻两排铆钉中心的距离。

边距 e：是指外排铆钉中心至工件板边的距离。

钢板上铆钉排列参数可按表 10-1 来确定。

表 10-1　　**钢板上铆钉排列参数**　　mm

名称	位置和方向		最大允许距离（取两者的小值）	最小允许距离
铆钉距 l 或排距 c	外排		$8d_0$ 或 $12t$	$3d_0$
	中间排	构件受压	$12d_0$ 或 $18t$	
		构件受拉	$16d_0$ 或 $24t$	
边距 e	平行于载荷的方向 e_1		$4d_0$ 或 $8t$	$2d_0$
	垂直于载荷的方向 e_2	切割边		$1.5d_0$
		轧制边		$1.2d_0$

注：d——铆钉孔直径；

t——较薄板件的厚度。

三、铆钉及其直径、长度与孔径的确定

1. 铆钉

铆钉由钉头和圆柱钉杆组成。铆钉头多用锻模镦制而成。铆钉分实心和空心两类，实心铆钉按钉头形状有半圆头、沉头、半沉头、平锥头、平头等多种形式；空心铆钉质量轻，铆接方便，但钉头强度低，适用于受力较小的结构。

铆钉材质按国家标准《铆钉技术条件》（GB 116—1986）规定，钢铆钉有 Q215、Q235、ML2、ML3、10、15，铜铆钉有 T3、H62，铝铆钉有 1050A、2A01、2A10、5A10。

在铆接过程中，由于铆钉需承受较大的塑性变形，要求铆钉材料须具有良好的塑性。为此，用冷镦法制成的铆钉须经退火。根据使用要求，对铆钉应进行可锻性试验及拉伸、剪切等力学强度试验。铆钉表面不允许有影响使用的各种缺陷。

2. 铆钉直径

铆钉直径是根据结构强度要求，由板厚确定的。一般情况下，构件板厚 t 与铆钉直径 d 的关系：单排与双排搭接，取 $d \approx 2t$；单排单盖板与双排双盖板连接，取 $d \approx (1.5 \sim 1.75)\,t$。

铆钉直径的数值也可按表 10–2 确定。

表 10–2　　铆钉直径与板厚的一般关系　　mm

板料厚度 t	铆钉直径 d	板料厚度 t	铆钉直径 d	板料厚度 t	铆钉直径 d
5 ~ 6	10 ~ 12	9.5 ~ 12.5	20 ~ 22	19 ~ 24	27 ~ 30
7 ~ 9	14 ~ 25	13 ~ 18	24 ~ 27	>25	30 ~ 36

计算铆钉直径时的板厚须按以下原则确定。

（1）厚度相差不大的板料搭接，取较厚板料的厚度。

（2）厚度相差较大的板料铆接，取较薄板料的厚度。

（3）钢板与型材铆接，取两者的平均厚度。

被连接件的总厚度，不应超过铆钉直径的 5 倍。

3. 铆钉杆长度

铆接质量与选定铆钉杆长度有直接关系。若铆钉杆过长，铆钉的镦头就过大，且铆钉杆也容易弯曲；若铆钉杆过短，则镦粗量不足，铆钉头成形不完整，将会严重影响铆接的强度和紧密性。铆钉长度应根据被连接件的总厚度、钉孔与铆钉杆直径间隙及铆接工艺方法等因素确定。采用标准孔径的铆钉杆长度，可按下列公式计算：

半圆头铆钉

$$L=(1.65 \sim 1.75)d+1.1\sum t \qquad (10\text{–}1)$$

沉头铆钉

$$L=0.8d+1.1\sum t \qquad (10\text{–}2)$$

半沉头铆钉

$$L=1.1d+1.1\sum t \qquad (10\text{–}3)$$

式中　L——铆钉杆长度，mm；

d——铆钉杆直径，mm；

$\sum t$——被连接件总厚度，mm。

以上各式计算的铆钉长度都是近似值。大量铆接时，铆钉杆实际长度还需经试铆后确定。

4. 铆钉孔径的确定

铆钉孔径应根据冷、热铆不同方式确定。

冷铆时，铆钉杆不易镦粗，为保证连接强度，铆钉孔直径应与铆钉杆直径接近。

热铆时，由于铆钉受热膨胀变粗，但塑性较好，为了便于穿钉，铆钉孔直径与铆钉杆直径的差值应略大一些。标准铆钉孔直径见表 10–3。对于多层板料密固铆接，钻孔直径应按标准孔径减小 1 ~ 2 mm；对于筒形构件必须在弯曲前钻孔，孔径应比标准孔径减小 1 ~ 2 mm，以便在装配时再行铰孔。

表 10–3　　铆钉孔径（GB 152.1—1988）　　mm

铆钉杆直径 d		3.5	4	5	6	8	10	12	14	16	18	20	22	24	27	30	36
铆钉孔径 d_0	精装配	3.6	4.1	5.2	6.2	8.2	10.3	12.4	14.5	16.5							
	粗装配						11	13	15	17	19	21.5	23.5	25.5	28.5	32	38

四、铆接工具与设备

1. 铆钉枪

铆钉枪是铆接的主要工具。铆钉枪又叫风枪（见图 10–6），主要由手把 2、枪体 4、开关 3 及管接头 1 等组成。枪体前端孔内可安装铆钉窝头 5 或冲头 7，用以进行铆接或冲钉作业。使用时通常将窝头用细铁丝拴在手把上，以防止提枪时因窝头脱离枪体致使活塞滑出。铆钉枪在使用前，须在进气风管接头处注入少量机油，使枪内部件工作时保持良好的润滑，随后再把压缩空气软管内的污物吹净，接到铆钉枪的管接头上。风管进气量通过调压活门进行控制，压缩空气的压力一般为 0.4 ~ 0.6 MPa。铆钉枪具有体积小、操作方便、可以进行各种位置的铆接等优点，但操作时噪声很大。

2. 铆接机

铆接机与铆钉枪不同，它是利用液压或气压使铆钉杆塑性变形，制成铆钉头的一种专用设备。它本身具有铆钉和顶钉两种机构。由于铆接机产生的压力大而均匀，因此铆接质量和铆接强度都比较高，而且工作时无噪声。

铆接机有固定式和移动式两种。固定式铆接机生产效率高，但因设备费用较高，故仅适用于专业生产中。移动式铆接机工作灵活，应用广泛，这种铆接机有液压、气动和电动三种。

液压柳接机（见图 10–7）是利用液压原理进行铆接的，它由机架 1、活塞 5、窝头 3、顶钉窝头 2 和缓冲弹簧 9 等组成。当压力油经管接头 8 进入油缸时，推动活塞向下运动，活塞下端装有窝头 3，铆钉在上、下窝头之间受压变形，形成铆钉头。当活塞向下移动时弹簧 7 受压变形，铆接结束后依靠弹簧的弹力使活塞复位。密封垫 6 的作用是防止活塞漏油。整个铆接机可由吊车移动，为防止铆接时振动，利用吊环处的弹簧起缓冲作用。

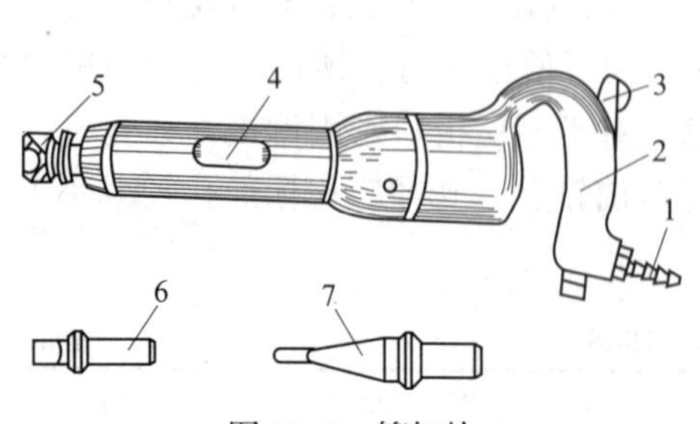

图 10–6　铆钉枪

1—管接头　2—手把　3—开关　4—枪体
5—窝头　6—铆平头　7—冲头

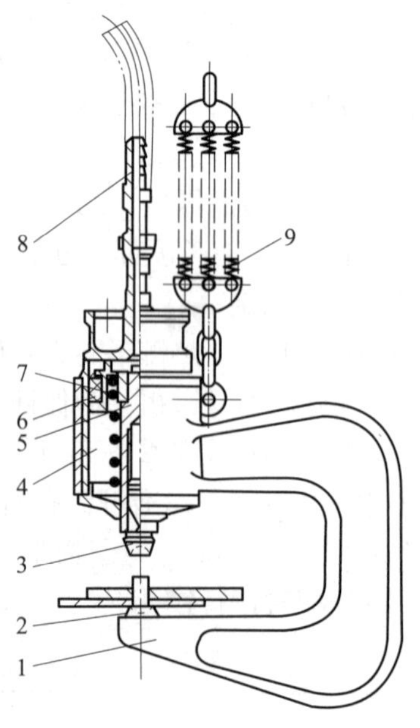

图 10–7　液压铆接机

1—机架　2—顶钉窝头　3—窝头　4—油缸　5—活塞
6—密封垫　7—弹簧　8—管接头　9—缓冲弹簧

五、铆接工艺

铆接按温度分冷铆和热铆两种。

1. 冷铆

铆钉在常温状态下的铆接称为冷铆，冷铆要求铆钉有良好的塑性。铆接机冷铆时，铆钉直径最大不得超过 25 mm。铆钉枪冷铆时，铆钉直径一般限制在 12 mm 以下。

2. 热铆

铆钉加热后的铆接称为热铆。铆钉受热后铆钉杆强度降低，塑性增加，铆头成形容易，铆接所需外力与冷铆相比明显减小，所以直径较大的铆钉和大批量铆接时，通常采用热铆。热铆时，铆钉杆一端除形成封闭的钉头外，同时被镦粗充实铆钉孔。冷却时，铆钉长度收缩，对被铆件产生足够的压力，使板缝贴合得更严密，从而获得足够的连接强度。

热铆的基本操作过程如下。

（1）铆接件的紧固与铆钉孔的修整。铆接件装配时，须将板件上的铆钉孔对齐，用相应规格的螺栓拧紧。螺栓分布要均匀，数量不得少于铆钉孔数量的 1/4。螺栓拧紧后板缝接合面要严密。

在构件装配中，由于加工误差，会出现部分错位孔，因此铆接前须用矫正冲或铰刀修整铆钉孔，使之同心，以确保穿钉顺利。对在预加工中留有余量的铆钉孔，也需用铰刀进行扩孔修整。为使构件之间不发生移位，需修整的铆钉孔应一次铰完。铰孔顺序是先铰未拧螺栓的铆钉孔，铰完后拧入螺栓，然后再将原螺栓卸掉并铰孔。

（2）铆钉加热。用铆钉枪铆接时，铆钉需加热到 1 000 ~ 1 100 ℃。加热时，当铆钉烧至橙黄色时（900 ~ 1 100 ℃），改为缓火焖烧，使铆钉内外及全部长度受热均匀，烧好的铆钉即可取出铆接（不能使用过热或加热不足的铆钉）。

（3）接钉与穿钉。铆钉烧好后，即可开始铆接。扔钉要准，接钉要稳，接钉后将铆钉穿入铆钉孔。穿钉动作要迅速、准确，力求铆钉在高温下铆接。

（4）顶钉。顶钉的好坏直接影响铆接质量。顶把上的窝头形状、规格都应与预制铆钉头相符。“窝”宜浅些，顶钉要用力，使形成的钉头与板面贴靠紧密。

（5）铆接。热铆过程如图 10–8 所示。开始时采用间断送风，待铆钉杆镦粗后再加大风量，将外露铆钉杆锻打成铆钉头形状（见图 10–8b）。铆钉头成形后，再将铆钉枪略微倾斜地绕铆钉头旋转一周打击（见图 10–8c），迫使铆钉头周边与构件表面密贴，但不允许过分倾斜以免窝头伤及构件表面。

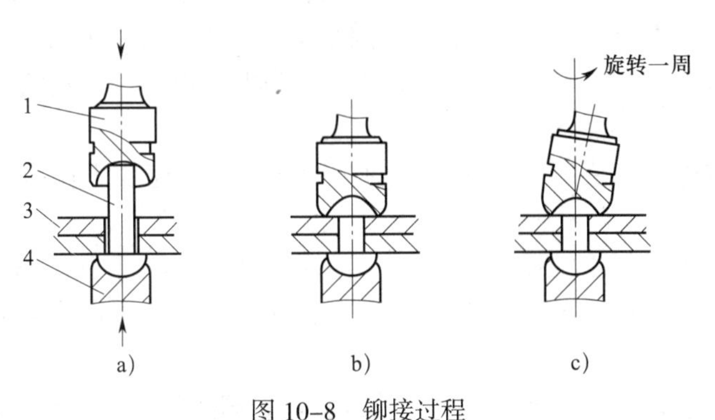

图 10–8　铆接过程

1—窝头　2—铆钉　3—工件　4—顶把

为了保证铆接质量，压缩空气的压力不应低于 0.5 MPa。

铆钉的终铆温度应在 450 ~ 600 ℃。终铆温度过高，会降低铆钉杆的初应力，使铆接件不能充分压紧；终铆温度过低，铆钉会发生蓝脆现象。因此，热铆过程应尽可能在短时间内迅速完成。对接缝紧密性要求较高的结构，在铆接后尚需进行敛缝。

铆接结束后，应逐个检查铆钉是否合格或松动，发现松动且不能修复的，应铲掉重铆。

技能训练

铆钉枪保养及使用

一、操作准备

1. 准备铆钉枪。

2. 准备清洗槽、清洗剂、润滑油、木墩等。

二、操作步骤

1. 铆钉枪的保养

（1）铆钉枪使用前须在进气风管接头处注入少量润滑油，使枪内部件在工作中保持良好的润滑。风管与铆钉枪连接前，必须将管内污物吹净。

（2）连续工作的铆钉枪，每隔 2 ~ 3 h 应向枪内注入一次润滑油；每 7 天拆卸清洗一次，并及时更换已磨损的零件。

（3）铆钉枪工作风压应控制在 0.5 ~ 0.6 MPa，不宜过高或过低。工作压力过高会影响铆钉枪的使用寿命，过低则会降低其工作能力。

（4）铆钉枪若长时间不用，可浸在煤油槽中存放，或者涂上防锈油装入木箱中保存。再次使用前，要彻底拆卸清洗。

2. 铆钉枪空枪操作

为熟练掌握铆钉枪的操作技术，通常应先进行一段时间的空枪操作练习。

空枪操作时，选一较大木墩平稳放置在平地上，将铆钉枪直立在木墩上，右手握住手把，左手扶持枪体，两手用力把握住铆钉枪。然后用右手拇指控制开关，调节进入枪体的压缩空气流量，进行模拟铆钉练习。施加于铆钉枪打击力度的大小，随进入枪体压缩空气流量的变化而变化。所以，熟练地控制开关，稳定地把握枪体，以求能自如地控制铆钉枪的打击力和调节枪位，对掌握铆接技术至关重要，要反复、认真练习。此外，还要交替练习断续进风（又称“点发”）和连续送风（又称“连发”），为铆接作业打下基础。

3. 注意事项

（1）铆钉枪的拆洗、装配均应在清洁的场所进行，不应在工作地点或多尘环境下拆装铆钉枪。

（2）空枪操作时，要用力压住铆钉枪，以免窝头及枪体内活塞飞出发生事故。

（3）注意窝头的发热情况，过热时应浸入水中冷却。冷却后的窝头装入枪体前，应在尾部涂上少许润滑油。

（4）检查风管与铆钉枪的连接情况，发现接头松动应及时紧固，防止风管脱落伤人。一旦发生风管脱落，应迅速关闭风源开关。

扔钉与接钉

一、操作准备

准备烧钉钳、接钉桶、穿钉钳。

二、操作步骤

1. 扔钉技术

扔铆钉，要用烧钉钳夹持铆钉进行抛扔。扔钉前，操作者左手在上、右手在下，以双手握持烧钉钳夹住铆钉（见图 10–9a）。然后左脚在前、右脚在后，两腿自然开立，并使身体略向右转。

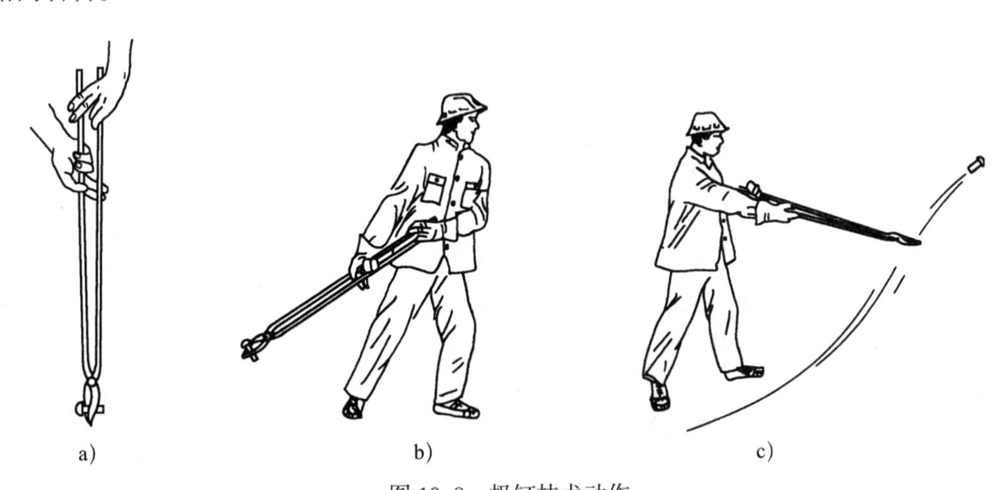

图 10–9　扔钉技术动作

a）烧钉钳握法　b）扔钉时的后摆动作　c）抛扔铆钉

扔钉时，先将烧钉钳向身体的右后方摆动（见图 10–9b），摆动幅度根据扔钉距离而定。距离近，摆动幅度可小一些；距离远，摆动幅度则要增大。烧钉钳后摆到需要的幅度后，双手用力将烧钉钳快速向前摆动，当其摆动到身体前方时，双手及时分开烧钉钳，将铆钉抛扔出去（见图 10–9c），钉飞出时与地面的夹角为 30° ~ 45°。为节省抛扔力，扔钉时钳口张开的角度不要过大。

2. 接钉技术

接钉时，操作者一手持接钉桶（见图 10–10a），一手拿穿钉钳（见图 10–10b），面向扔钉者站立。当铆钉扔过来时，应将接钉桶迎向飞来的铆钉。在铆钉落入桶内的瞬间，则将接钉桶顺应铆钉运动的惯性做后撤动作，使铆钉在桶内得到缓冲，避免被弹出。

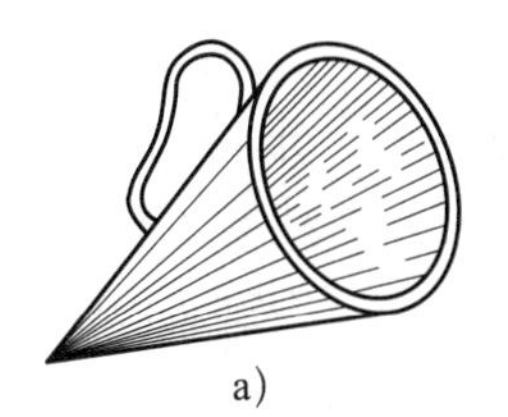

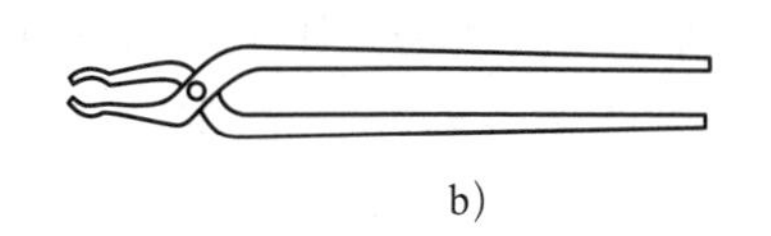

图 10–10　接钉工具

a）接钉桶　b）穿钉钳

铆接作业时，扔钉与接钉两操作者之间要靠一些约定办法互相联系。例如，当接钉者向扔钉者索要铆钉时，可将穿针钳在接钉筒上敲击两三下，以示需要铆钉。

3. 注意事项

（1）穿戴好劳动保护用品。

（2）扔、接钉训练中，扔钉者要在得到接钉者发出索要铆钉的信号后方可扔钉。

（3）接钉者不应面向阳光站立，以免阳光刺眼而不利于观察飞落的铆钉。

（4）接钉者脚下必须平整，周围不得有任何障碍物。

铆接小型构件

一、操作准备

1. 铆接工件图（见图 10–11）。

2. 按图样要求将工件装配好，用少量相应规格的螺栓作临时连接。螺栓分布要均匀，数量不得少于铆钉数的 1/4。螺栓紧固后，板缝接合面要严密。

工件装配后，可能出现部分钉孔板孔位相错，必须用矫正冲或铰刀修整铆钉孔，使板孔同心，以便顺利穿钉。另外，在预加工中留有余量的铆钉孔，还要进行扩孔。

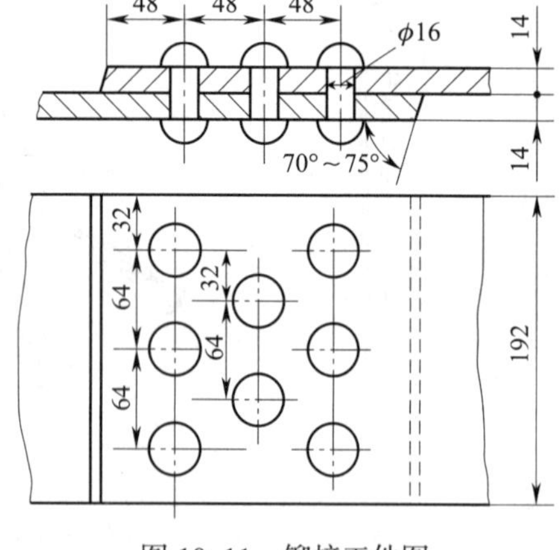

图 10–11　铆接工件图

3. 工件中所采用的半圆头铆钉杆长度可按式（10–1）计算：

$L=(1.65\sim1.75)d+1.1\sum t=(1.65\sim1.75)\times 16\text{ mm}+1.1\times28\text{ mm}=27.2\text{ mm}+30.8\text{ mm}=58\text{ mm}$

由上式计算出的铆钉杆长度只是近似值，当铆钉数量较多时，还应通过试铆最后确定铆钉杆长度。

铆钉杆长度确定后，便可根据工件需要的数量裁出铆钉。

4. 准备好烧钉、接钉、顶钉和铆钉的工具。

5. 布置好铆接作业场地。

二、操作步骤

1. 作业组织

常规铆接为 4 人一组，其中 1 人负责烧钉与扔钉，1 人负责接钉与穿钉，1 人顶钉，1 人铆钉，共同协作完成铆接过程。

2. 铆钉加热

用铆钉枪热铆时，铆钉需加热至 1 000 ℃左右。加热铆钉一般使用小焦炭炉，焦炭炉安放的位置不可远离铆接现场，便于及时输送加热后的铆钉。加热时，铆钉在炉内要摆放有序，钉头朝外且稍高些，钉与钉之间应有间隔。然后提高炉温，快速加热，待铆钉加热呈橙黄色时（900 ~ 1 000 ℃），应减少向炉内进风，改为缓火焖烧，使铆钉温度内外均匀。

接到索要铆钉的信号后，将加热好的铆钉迅速从炉中取出，扔送给接钉者，并及时向炉内空位补充待加热的铆钉，使铆接能连续进行。

3. 接钉与穿钉

接钉与穿钉由一人完成，要根据作业进度适时索要铆钉，待接到烧好的铆钉后，用穿钉钳夹持铆钉迅速穿入钉孔。若铆钉上有氧化皮，则应先将铆钉在钉桶上敲掉氧化皮，再穿入钉孔。

4. 顶钉

顶钉是在铆钉穿入钉孔后，用顶把顶住钉头的操作。常用的手顶把如图 10–12 所示。顶把上的窝头形状、规格均应与预制的铆钉头相符。为了更有利于铆接时钉头与工件表面贴靠紧密，顶把上的凹窝宜浅一些。

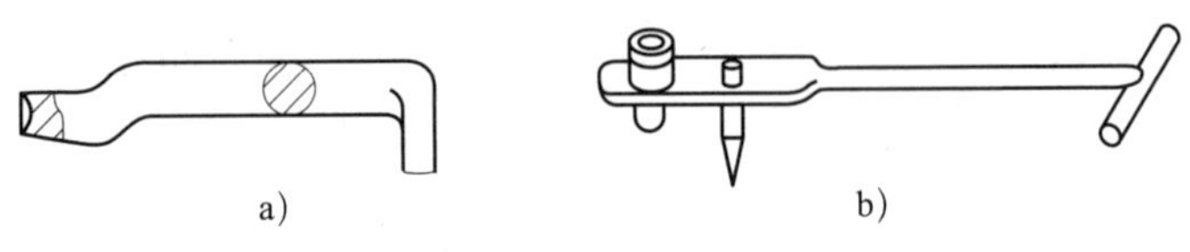

图 10–12　手顶把

a）抱顶把　b）压顶把

顶钉时，动作要正确而迅速。顶钉初始要用力，顶把窝头轴线应与铆钉轴线重合，待铆钉杆镦粗胀紧铆钉孔后，可适当减小顶钉力，同时根据铆钉成形中的实际情况，调节顶把角度，使铆接更加紧密。

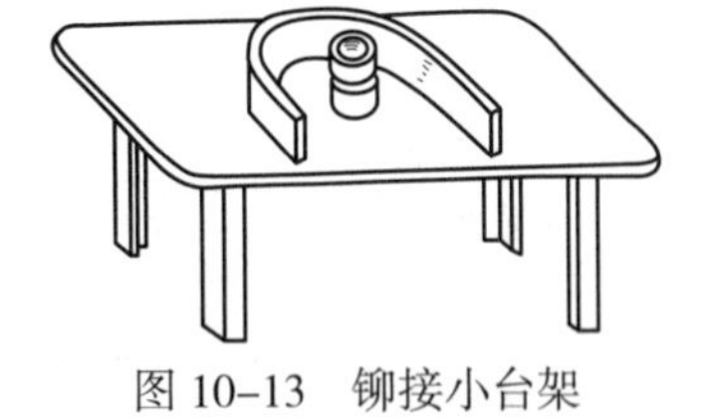

图 10–13　铆接小台架

对较小的铆接工件，也可将窝头固定在台架上，代替手顶把顶钉。铆接小台架如图 10–13 所示。

5. 铆接

先用顶把将穿入铆钉孔的铆钉头部顶住，然后用铆钉枪前端的窝头罩在铆钉上端进行打击。开始时风量要小一些，并采取断续送风法镦粗铆钉杆。待铆钉杆镦粗后，加大送风量，先将铆钉杆头打成蘑菇形，然后逐渐打成完整的钉头形状。如果出现钉杆弯曲或钉头偏斜时，可将铆钉枪对应倾斜适当角度进行矫正，待铆钉杆正位后再将铆钉枪扶正。铆钉成形后，铆钉枪还要略微倾斜地绕铆钉头旋转一周打击，迫使铆钉头周边与工件表面接合紧密，但应注意铆钉枪倾斜不得过大，以免窝头磕伤工件表面。

在铆接的过程中，由于操作者的技术水平和工作条件等因素，经常会出现一些铆接质量缺陷，这样会直接影响结构的强度。因此，必须很好地了解和掌握在铆接时易出现的质量问题以及预防措施，这对保证铆接结构强度有着重要的意义。

铆接中常见的缺陷及产生原因、预防措施和消除方法见表 10–4。

表 10–4　　铆接中常见的缺陷及产生原因、预防措施和消除方法

序号	缺陷名称	图示	产生原因	预防措施	消除方法
1	铆钉头偏移或铆钉杆歪斜		1. 铆接时铆钉枪与板面不垂直 2. 风压过大，使铆钉杆弯曲 3. 铆钉孔歪斜	1. 铆钉枪与铆钉杆应在同一轴线上 2. 开始铆接时，风门应由小逐渐增大 3. 钻孔或铰孔时刀具应与板面垂直	偏心≥0.1d 更换铆钉

续表

序号	缺陷名称	图示	产生原因	预防措施	消除方法
2	铆钉头四周未与板件表面接合		1. 孔径过小或铆钉杆有毛刺 2. 压缩空气压力不足 3. 顶钉力不够或未顶严	1. 铆接前先检查孔径 2. 穿钉前先消除铆钉杆毛刺和氧化皮 3. 压缩空气压力不足时应停止铆接	更换铆钉
3	铆钉头局部未与板件表面接合		1. 窝头偏斜 2. 铆钉杆长度不够	1. 铆钉枪应保持垂直 2. 正确确定铆钉杆长度	更换铆钉
4	板件接合面间有缝隙		1. 装配时螺栓未紧固或过早地拆卸螺栓 2. 孔径过小 3. 板件间相互贴合不严	1. 铆接前检查板件是否贴合，并检查孔径大小 2. 拧紧螺母，待铆接后再拆除螺栓	更换铆钉
5	铆钉形成凸头及磕伤板料		1. 铆钉枪位置偏斜 2. 铆钉杆长度不足 3. 窝头直径过大	1. 铆接时铆钉枪与板件垂直 2. 准确计算铆钉杆长度 3. 更换窝头	更换铆钉
6	铆钉杆在铆钉孔内弯曲		铆钉杆与铆钉孔的间隙过大	1. 选用适当直径的铆钉 2. 开始铆接时，风门应小	更换铆钉
7	铆钉头有裂纹		1. 铆钉材料塑性差 2. 加热温度不适当	1. 检查铆钉材质，验证铆钉的塑性 2. 控制好加热温度	更换铆钉
8	铆钉头周围有过大的帽缘	a b	1. 铆钉杆太长 2. 窝头直径太小 3. 铆接时间过长	1. 正确选择铆钉杆长度 2. 更换窝头 3. 减少打击次数	$a \geqslant 3$ mm $b \geqslant 1.5$ mm 拆除更换
9	铆钉头过小，高度不够		1. 铆钉杆较短或孔径过大 2. 窝头直径过大	1. 加长铆钉杆 2. 更换窝头	更换铆钉
10	铆钉头上有伤痕		窝头击在铆钉头上	铆接时紧握铆钉枪，防止跳动过高	更换铆钉

6. 铆接质量检验

（1）目测检查表面质量。铆钉的表面缺陷主要有铆钉成形差、裂纹、工件表面磕伤等。

（2）用小锤轻轻敲击铆钉头，凭声音判断铆钉是否松动。

（3）用量具（尺、样板等）检查铆钉位置是否符合图样给定的尺寸。

子课题 2　胀　　接

管子和管板的连接，一般都采用胀接方法。对使用温度、压力和密封要求较高的容器，有时采用胀焊方法。

一、胀接原理

胀接是利用管子和管板在外力作用下产生变形，而达到紧固和密封目的的一种连接方法。可以采用不同的方法，如机械、爆炸和液压等方法，来扩胀管子的直径，使管子产生塑性变形，利用管板孔壁的回弹对管子施加径向压力，使管子与管板的连接接头具有足够的胀接强度，保证接头受载时管子不会被从管孔中拉出来。胀接接头同时还具有良好的密封强度，在工作压力下保证设备内的介质不会从接头处泄漏出来。

二、胀接的结构形式

胀接的结构形式一般有光孔胀接、翻边胀接、开槽胀接和胀接加端面焊等。

1. 光孔胀接

光孔胀接的管子和管板的连接形式如图 10–14 所示。光孔胀接一般用于工作压力小于 0.6 MPa、温度低于 300 ℃、胀接长度小于 20 mm 的场合。

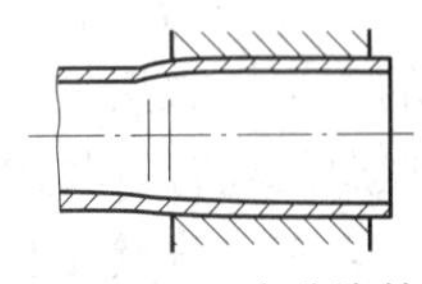

图 10–14　光孔胀接

2. 翻边胀接

翻边胀接即管子胀紧后，将管端扳边成喇叭形或翻打成半圆形，以提高接头的连接强度，如图 10–15 所示。

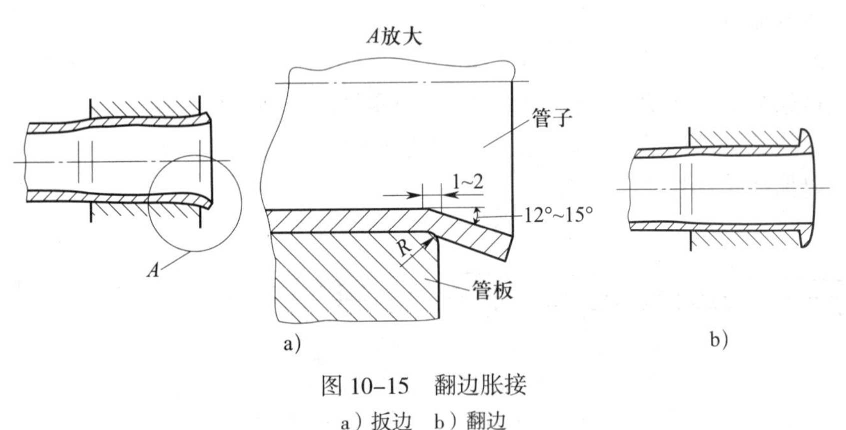

图 10–15　翻边胀接

a）扳边　b）翻边

（1）扳边

扳边是将胀接后的管端扳成喇叭口，以提高接头的胀接强度，增加胀接接头的拉脱力和密封性（见图 10–15a）。扳边胀接的拉脱力和密封性能比一般胀接有明显提高，管端扳边的角度越大，胀接处的强度也越高，其连接强度一般比光孔胀接提高 50%。扳边胀接的角度一般为 12° ~ 15°。扳边时管端要扳到喇叭根部，并伸入管孔 1 ~ 2 mm，否则就起不到提高连接强度的作用。

（2）翻边

翻边是将已扳边的管端翻打成半圆形，如图 10–15b 所示。管端翻边时需要使用专用的压脚工具，如图 10–16 所示。这种形式多用于火管锅炉烟管，主要为了减小烟气流动阻力及增加强度。

3. 开槽胀接

开槽胀接是在管板孔内开环形槽，使管子在胀接后外壁能嵌到槽中（见图 10–17），以提高拉脱力。开槽胀接一般用于胀接操作温度低于 300 ℃、工作压力小于 3.9 MPa 的设备。

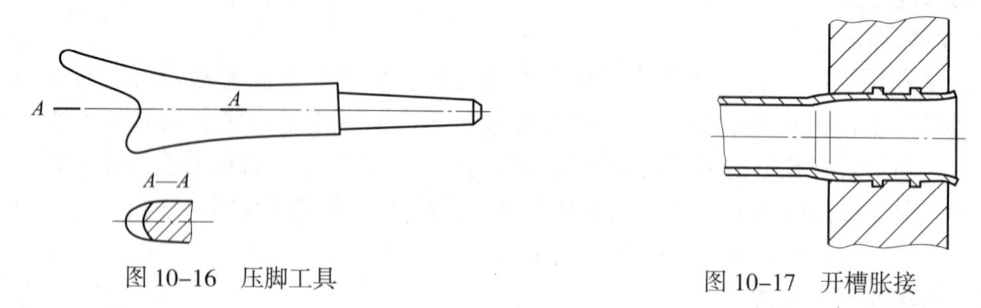

图 10–16　压脚工具　　　　图 10–17　开槽胀接

4. 胀接加端面焊

接头密封性要求高的场合，仅靠胀接是不能满足要求的，必须采取胀接后再加端面焊的方法。胀接加端面焊有先胀后焊和先焊后胀两种方法，先胀后焊一般用于压力较高、管板较厚的场合，先焊后胀一般用于压力较低、管板较薄的场合。

三、胀接工具

1. 胀管器

胀管器的种类较多，其结构有前进式、后退式和螺旋式等，最常用的是前进式和后退式两种。

（1）前进式胀管器

前进式胀管器有两种类型，一种只能胀管（见图 10–18a）；另一种既能胀管又能扳边，称为前进式扳边胀管器（见图 10–18b）。胀管器零件的几何形状正确与否，以及加工精度的高低，直接影响到胀接的质量，因此必须掌握胀管器的主要零件结构和特点，便于选用合适的胀管器，以保证胀接接头的质量。

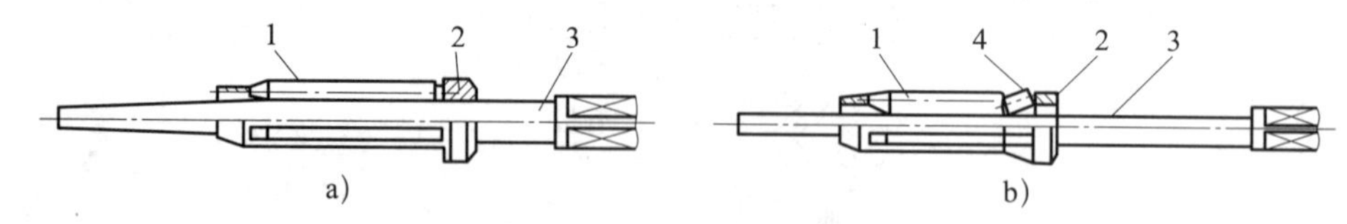

图 10–18　前进式胀管器

1—胀子　2—胀壳　3—胀杆　4—扳边滚子

使用前进式胀管器时，将胀管器伸入管内（见图 10–19），然后推进胀杆，使胀杆、胀子、管子内壁都互相贴紧，并连接动力装置带动胀杆顺时针方向旋转，则胀子反方向转动，在管子内壁进行碾压，使管壁金属延伸，管径增大，直到胀紧为止。前进式胀管器工作时，胀杆处于受压状态，所以过载时易于折断。

（2）后退式胀管器

在管板厚度大、管子直径小的情况下，一般采用后退式胀管器。后退式胀管器工作时将胀杆的受压状态改变为受拉状态，所以，一般不会产生胀杆折断、胀接质量不稳定、胀接长度难以控制等缺陷。后退式胀管器有分开式和整体式两种，如图 10–20 所示。

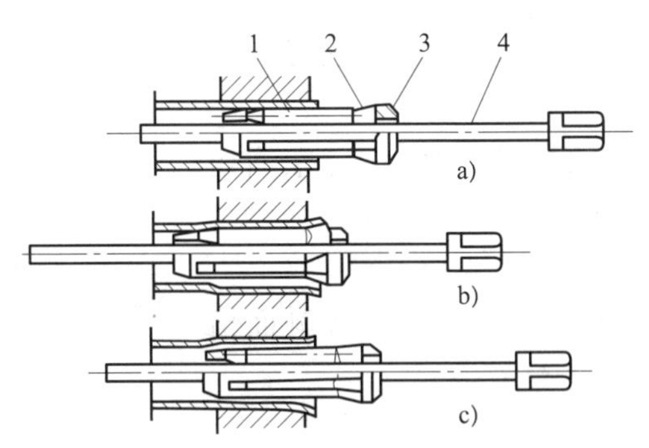

图 10-19　前进式胀管器工作原理

a）始胀　b）胀接终了　c）退出

1—胀子　2—扳边滚子　3—胀壳　4—胀杆

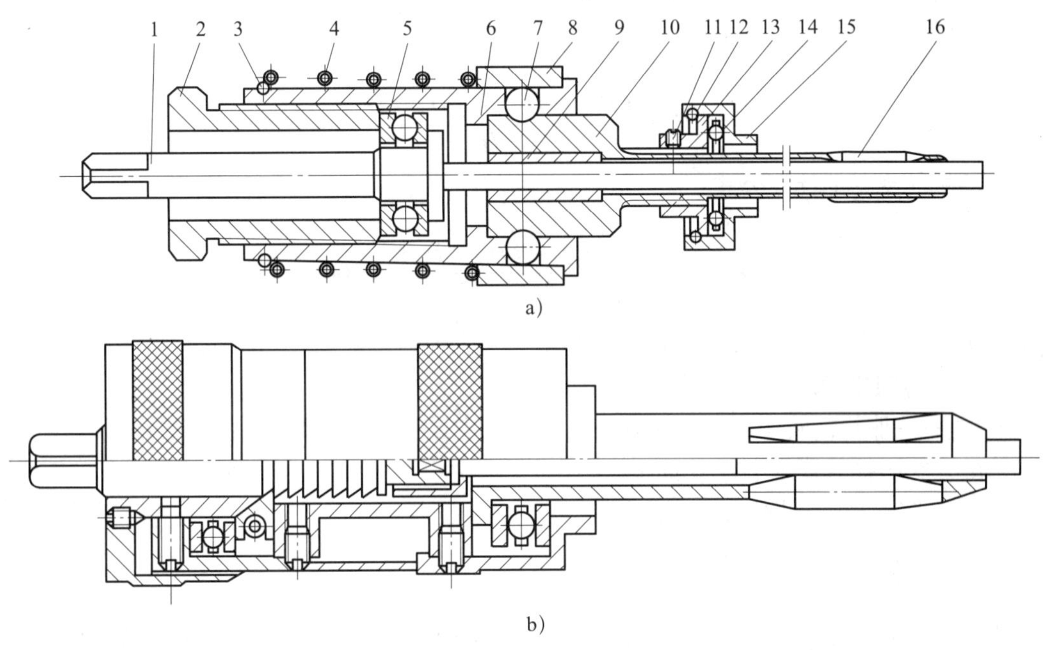

图 10-20　后退式胀管器

a）分开式　b）整体式

1—胀杆　2—定位螺母　3—止推弹簧圈　4—弹簧　5、14—轴承　6—接套管　7—钢球　8—外壳　9—定位圈　10—胀壳　11—螺钉　12—弹簧圈　13—定位盖　15—轴承外壳　16—胀子

如图 10-20a 所示，分开式后退胀管器胀接时分两次进行。先将外壳 8 向左推动，使钢球 7 打开，则接套管 6 和胀壳 10 分开，将胀子部分送到胀接长度末端，然后按顺时针方向转动胀杆 1，使该部分管子胀紧，达到应有的胀紧程度。再转动定位螺母 2，将轴承 5 推向胀杆，胀管器逐步由内向外退出，同时将管子全长胀紧，并始终保持原来的胀紧程度。

整体式后退胀管器如图 10-20b 所示，其胀接原理与分开式后退胀管器基本相同。

2. 胀接动力装置

胀接动力装置一般有风动和电动两种。

使用最多的胀接动力装置是手提式风动胀管机，如图 10-21 所示。胀接时，将胀管器的胀杆装在胀管机的主轴上，压缩空气经启动把（正转或反转）进入叶片式转子发动机，使之产生高速旋转，经过二级齿轮减速装置，带动主轴上的胀管器进行胀管工作。

电动式胀管机利用电动机提供动力，其上装有控制胀管器转矩的控制仪，以保证胀紧力一致。

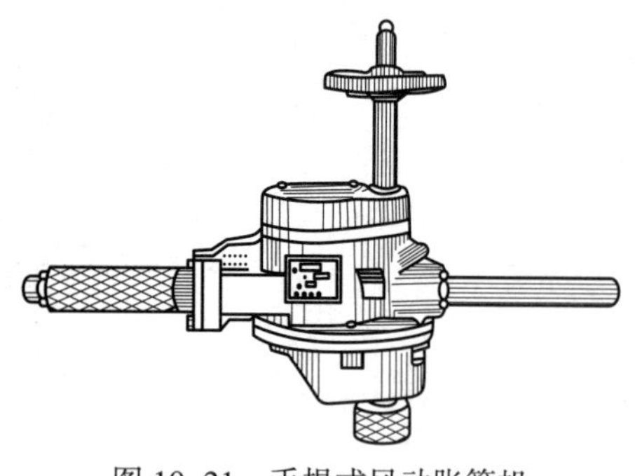

图 10–21　手提式风动胀管机

四、胀接质量分析

胀接质量与管子、管板之间的间隙、接触面情况、材质等因素有关。

1. 胀紧程度

胀接时管子的胀紧程度必须控制在一定范围内，不足或过量都不能保证质量。适宜的胀紧程度与管子的材质、直径及厚度的大小有关。适宜的胀紧程度以管子小径增大率和减薄率来衡量。

小径增大率 H 的计算公式：

$$H = \frac{(D'_n - D_n) - (D_0 - D_w)}{D_0} \tag{10-4}$$

管壁减薄率 ε 的计算公式：

$$\varepsilon = \frac{(D'_n - D_n) - (D_0 - D_w)}{2t} \times 100\% \tag{10-5}$$

式中　H——管子小径增大率，%；

ε——管壁减薄率，%；

D'_n——胀接前管子小径，mm；

D_n——胀接后管子小径，mm；

t——胀接前管子壁厚，mm；

D_0——管板孔小径，mm；

D_w——胀接前管子大径，mm。

为了得到良好的胀接接头，在胀接时，管子的扩胀量必须控制在一定的范围内。当扩胀量不足时，不能保证接头的胀接强度和密封性；若扩胀过量，则会使管孔四周过分地胀大而失去弹性，不能保持对管子有足够的径向压力，使密封性和胀接强度均相应降低，所以欠胀和过胀都不能保证质量要求。一般情况下，小径增大率 H 为 1% ~ 3%，管壁减薄率 ε 为 4% ~ 8%。如图 10–22 所示为有缺陷的接头。

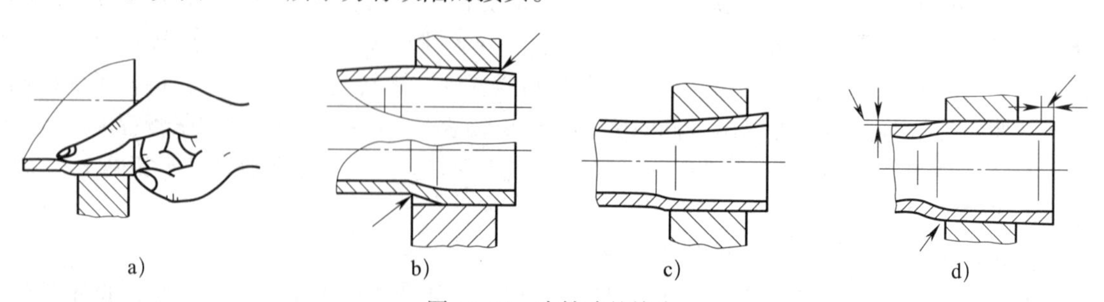

图 10–22　有缺陷的接头

a）接头未胀牢　b）接头有间隙　c）接头胀偏　d）接头过胀，管端伸出过长

2. 管子与管板孔之间的间隙

如管子与管板孔之间的间隙过大，会降低胀紧程度，影响连接强度；如间隙过小，会给装配带来困难。所以，管子和管板孔都必须进行尺寸测量，以选配合适的间隙。

管子端部经退火处理，须打磨露出金属光泽后方可使用。管子与管板孔之间的最大允许间隙与管径、压力有关，见表 10–5。

表 10–5　　管子与管板孔之间的最大允许间隙

工作压力 /MPa	管子大径 /mm							
	32	38	51	60	76	83	102	108
	最大间隙 /mm							
低于 0.3	1.2	1.4	1.5	1.5	2	2.2	2.6	3
高于 0.3	1	1	1.2	1.2	1.5	1.8	2	2

3. 管端伸出长度

管端伸出管板的长度太短，会影响胀接后的板边质量；管端伸出太长，会增加介质的流体阻力，容易引起腐蚀。合理的管端伸出长度见表 10–6。

表 10–6　　管端伸出长度　　mm

管子外径	38	51	60	76	83	102
管端伸出量	管端伸出长度					
正常	9	11	11	12	12	15
最小	6	7	7	8	9	9
最大	12	15	15	15	18	18

4. 管壁和管孔壁的表面粗糙度

管壁和管孔壁表面粗糙度合适与否，直接影响到胀接强度和密封性能。若表面太粗糙，会使密封性能减弱；太光洁，则会降低连接强度。一般管孔表面进行精钻或铰孔加工，管子胀接端外表面进行粗抛光或用中粗砂布打磨。

技能训练

常压管件的胀接

一、操作准备

1. 准备胀接工件图（见图 10–23）

2. 准备工作

（1）工具的准备

准备胀管器、定尺样板、胀管支架、锤子等。

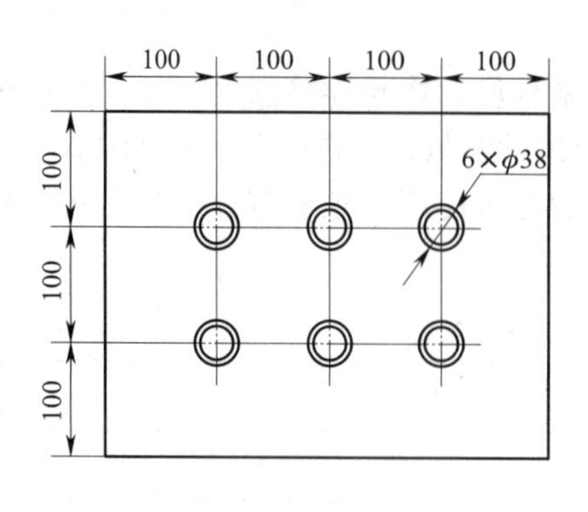

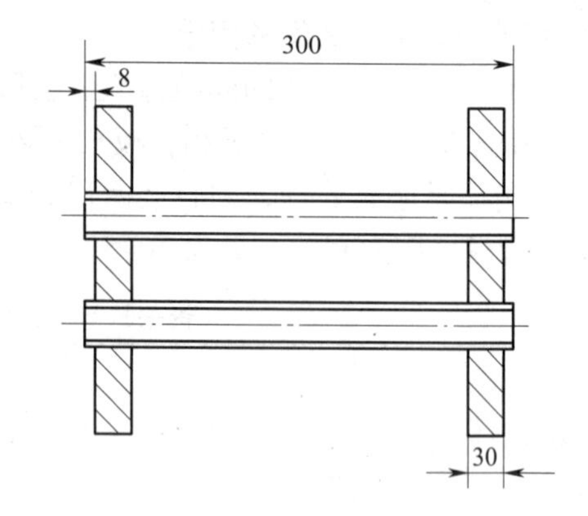

技术要求

1. 保证胀接的牢固性，不得有松动现象。
2. 不得出现过胀现象，不得将管子胀裂。

图 10–23 胀接工件图

1）胀管器。胀管器的种类有很多，有螺旋式、前进式、后退式，还有自动胀管器和自动停止式胀管器等。根据胀管器主要零件的结构和特点，选择前进式胀管器。

2）定尺样板。根据被胀接件管及板的尺寸，制作管端露出板面距离的尺寸长度定尺样板，管子露出板面的距离为 8 mm，样板如图 10–24 所示。

3）胀管支架。为了在胀接时使工件得到稳定的固定，应制作胀管支架（见图 10–25）。将两个管子托架焊在钢板上，两个托架应处于水平位置。托架的高度按照操作者的身高而定，应使胀接操作方便。一般托架的高度取 1 000 ～ 1 200 mm。

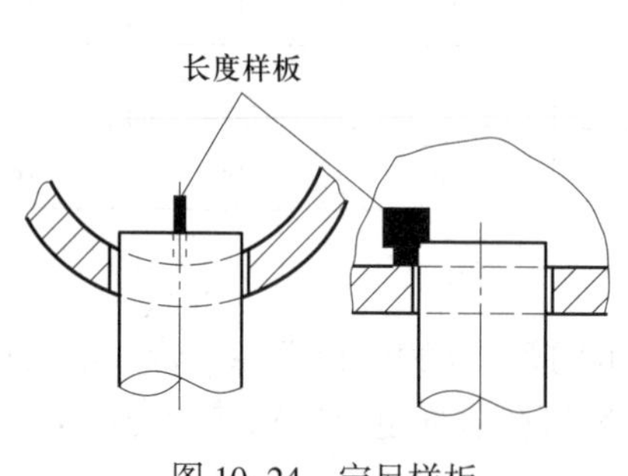

图 10–24 定尺样板

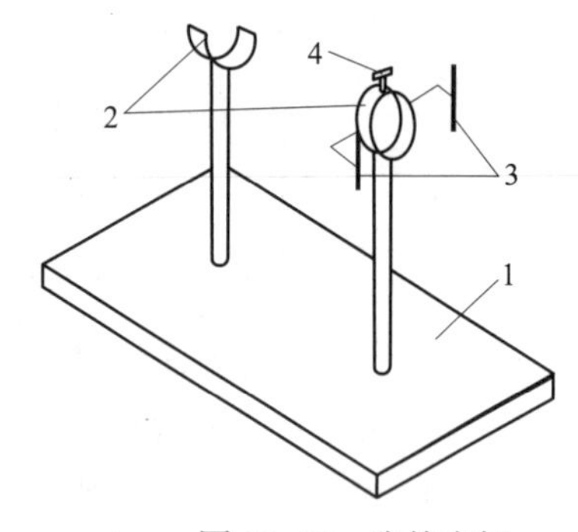

图 10–25 胀管支架

1—底座 2—托架 3—挡板 4—固定螺钉

（2）材料的准备

1）钢板。胀接的结构形式有光孔胀接和开槽胀接两种。根据实际情况，这里采用光孔胀接。先按工件图（见图 10–23）的尺寸下料，然后按图中尺寸钻孔，孔的直径应小于管子外径 1 ～ 2 mm。由于钻孔的精度较低，不能满足胀接的要求，因此孔应钻得小一些，然后再用铰刀进行铰孔，以提高孔内壁的精度。

2）钢管。按图 10–23 中给定的钢管尺寸下料。在胀接过程中，要求管子产生较大的塑性变形，而使管孔壁仅产生弹性变形，同时管端在扳边或翻边时不产生裂纹，因此要求管子端部硬度必须低于管孔壁的硬度。当胀接管子的硬度高于管板的硬度，或管子硬度大于 300 HBW 时，应进行低温退火处理，以降低其硬度，提高塑性。退火温度，对碳钢管取

600 ~ 650 ℃，合金钢管取 650 ~ 700 ℃。

管子的退火长度，一般取管板厚度加 100 mm。退火时，将管子的另一端堵住，以防止因空气对流而影响加热。在加热过程中，还应该经常转动管子，使整个圆周受热均匀，避免局部过热。保温时间为 10 ~ 15 min，将取出后的管子埋在温热的干沙、石棉或硅藻土等保温材料中进行缓冷，待冷却到 50 ~ 60 ℃后取出空冷。

注意退火温度不能超过其上限，以免降低管子金属的抗拉强度，影响胀接接头的强度。另外，加热用的燃料不能采用含硫量较高的烟煤，以免硫使管子金属产生脆性。

3）检查和清理管孔及管端。管子与管孔壁之间不能有杂物存在，否则胀接后不但影响胀接强度，而且也很难保证接头的严密性。因此，在胀接前必须对管端及管孔加以清理。

清理管孔上的尘土、水分、油污及锈蚀等。清除时可先用纱头或废布将尘土、水分及油污擦净，然后再用砂布沿管子圆周方向打磨，直至全部呈现金属光泽为止，同时不允许有锈斑和纵向贯穿的刻痕，以及两端延伸到壁外的环向螺旋形刻痕存在，另外管孔边缘的锐边和毛刺也应刮除。管子经修磨后，尺寸应在允许偏差范围内。

对清理的管子和管孔进行尺寸测量，将个别尺寸偏大或偏小的进行编号、分类，以便于选配（如直径偏大的管子选配直径偏大的管孔）。经选配后，便能得到比较合理的间隙，因而保证了胀接质量。

二、操作步骤

1. 管子初胀

在胀接过程中，有时不能做到一次全部胀好，所以一般要分两次进行，即先初胀后复胀。管子初胀时，将清理好的管子深入管孔内，将管固定在管子托架 2 上，将管板靠在挡板 3 上，使之与底板 1 垂直。由于托架 2 与底板 1 平行，因此，这时管与板垂直。然后用定尺样板检查管露出板的尺寸是否符合要求。当尺寸符合要求后，紧固托架的紧定螺钉 4 使管子固定。将胀管器涂好黄油或二号机油，放入管内进行胀管，当管子不再在管孔内晃动后，用小锤击打，若不出现重响时，证明管与孔壁贴紧无间隙，然后再适当胀大 0.2 ~ 0.3 mm，这样就达到了初胀的要求。

2. 复胀和扳边

管子经初胀后，各处尺寸基本固定，然后进行复胀。初胀结束后，仍需防止接合面再次被氧化，故初胀与复胀的间隔时间也应尽可能地缩短。

复胀是将已经初胀的管接头再次进行胀紧，达到规定的胀接率。若管端还需扳边时，可采用前进式扳边胀管器进行，这样使胀紧和扳边工作同时完成，将管端扩成需要的喇叭形。

3. 胀紧程度的控制

胀紧程度应控制在一定范围内，扩胀量不足或过胀都会影响接头的强度及密封性。在实际工作中，可凭手臂感觉的力量，或者听胀管器发出的声响及观察管子变形程度，确定是否达到要求。另外，若观察到板孔的周围出现氧化层裂纹剥落现象，这时说明胀紧程度已达到要求（凭经验才能准确判断）。所以操作时一定多注意观察，积累经验。

4. 胀接顺序

胀接顺序如图 10–26 所示。

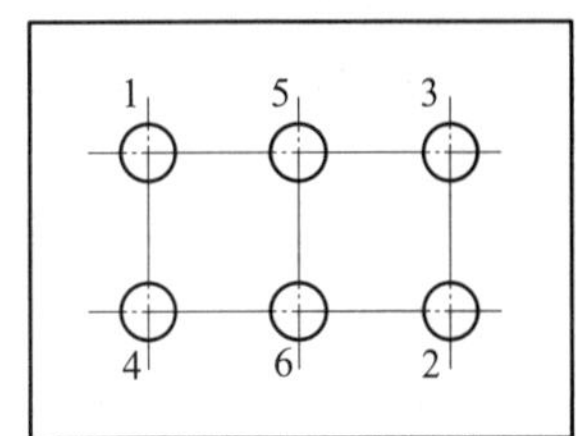

图 10–26　胀接顺序

三、胀接的质量检查

1. 检查胀紧程度是否符合要求。
2. 检查管子与管板孔之间是否存在间隙。
3. 检查管端伸出长度是否符合要求。

课题二　焊接

焊接就是通过加热或加压，或两者并用，用或不用填充材料，使焊件达到原子结合的一种加工工艺方法。

按照焊接过程中金属所处的状态不同，可以把焊接方法分为熔焊、压焊和钎焊三类。焊接应用广泛，既可用于金属，又可用于非金属。

一、焊条电弧焊

焊条电弧焊是利用电弧热使焊条和工件接缝金属熔化，冷却后形成牢固的焊缝。它是熔焊中最基本的一种焊接方法。

焊条电弧焊使用的设备简单，操作方便、灵活，适应各种条件下的焊接，是目前焊接生产中使用最广泛的焊接方法。

1. 电弧焊接的基本原理

（1）焊条电弧焊的过程

焊条电弧焊是用焊条和焊件作为两个电极，焊接时由电弧焊机提供焊接电源，利用电弧热使工件与焊条同时熔化。焊件上的熔化金属在电弧吹力下形成一凹坑，称为熔池。焊条熔滴借助电弧吹力和重力作用过渡到熔池中（见图 10–27）。药皮熔化后，在电弧吹力的搅拌下，与液态金属发生快速强烈的冶金反应，反应后形成的熔渣和气体不断地从熔化金属中排出。浮起的熔渣覆盖在焊缝表面，逐渐冷凝成渣壳。排出的气体减少了焊缝金属生成气孔的可能性。同时围绕在电弧周围的气体和熔渣共同防止了空气的侵入，使熔化金属缓慢冷却。熔渣还对焊缝的成形起着重要的作用。随着电弧向前移动，焊件和焊条金属不断熔化形成新熔池，原先的熔池则不断地冷却凝固，形成连续焊缝。

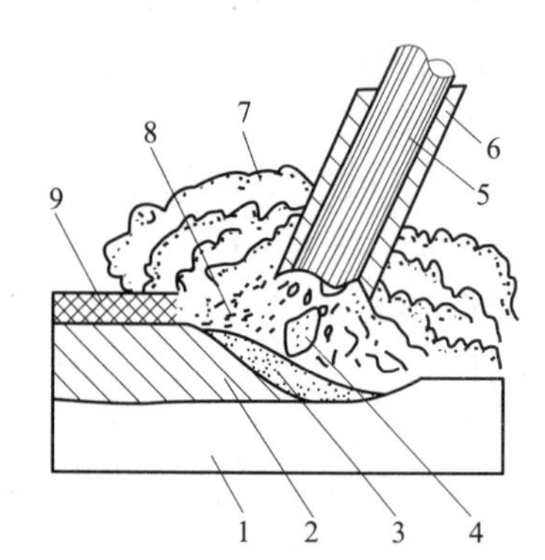

图 10–27　焊条电弧焊的焊接过程

1—工件　2—焊缝　3—熔池　4—金属熔滴　5—焊芯　6—药皮　7—气体　8—液态熔渣　9—固态渣壳

焊接过程实质上是一个冶金过程。它的特点是：熔池温度很高，加上电弧的搅拌作用，使冶金反应进行得非常强烈，反应速度快；由于熔池的体积小，存在的时间短，所以温度变化快；参加反应的元素多。

（2）焊接电弧

在两个电极（焊条和工件）间的气体介质中产生强烈而持久的放电现象称为电弧。电弧产生时，能释放出强烈的弧光和集中的热量，电弧焊就是利用此热量熔化焊件金属和焊条进行焊接的。引燃电弧时，应将焊条与焊件接触后立即分开，并保持一定距离，这时在焊条端部与焊件之间就产生了电弧（见图 10–28）。

（3）焊接电弧的构造及温度

焊接电弧由阴极区、阳极区和弧柱三部分组成（见图 10–29）。

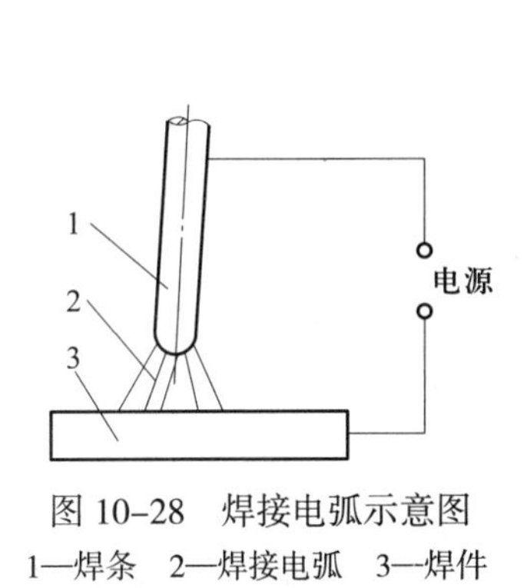

图 10–28　焊接电弧示意图

1—焊条　2—焊接电弧　3—焊件

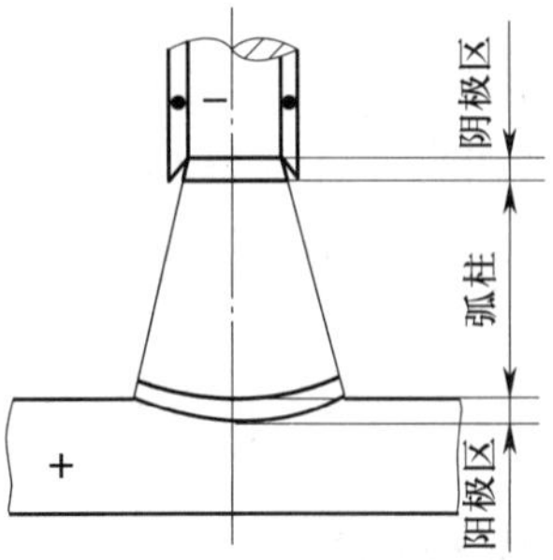

图 10–29　焊接电弧的构造

直流正接时，阴极区位于焊条末端，阳极区位于焊件表面，弧柱介于阴极区和阳极区之间，四周被气体和弧焰包围（弧柱的形状一般呈锥形）。

在电弧中各部分的温度因电极和工件材料不同而有所不同。焊接钢材时，阳极区温度约为 2 600 ℃，阴极区温度约为 2 400 ℃，电弧中心区温度可高达 6 000 ～ 8 000 ℃。

（4）焊接电弧极性的选择

使用直流电焊机焊接时，焊件接正极而焊条接负极叫作正接法；反之，叫作反接法。正接法焊件获得的热量高，适用于厚板件焊接；反接法焊件获得的热量稍低，适用于薄板或采用低氢型焊条焊接。

使用交流电焊机焊接时，由于电源的极性是交变的，两极上产生的热量相同，不存在正接和反接问题。

2. 焊条

（1）焊条的组成

焊条由焊芯和药皮组成，分工作部分和尾部。工作部分供焊接用，尾部供焊钳夹持用。

1）焊芯。焊芯起导电作用，熔化后成为填充焊缝金属材料。焊芯的化学成分直接影响焊缝质量，因此选用焊芯材料应符合国家标准《熔化焊用钢丝》（GB/T 14957—1994）的要求。碳素结构钢焊芯牌号有 H08、H08A、H08Mn、H15A、H15Mn 等。

焊条直径（即焊芯直径）有 1.6 mm、2 mm、2.5 mm、3.2 mm、4 mm、5 mm、5.8 mm、6 mm、7 mm、8 mm 等多种规格，长度为 250 ～ 450 mm。其中以直径 3.2 mm、4 mm、5 mm 的焊条应用最普遍。

2）药皮。药皮在焊接过程中有多种作用，如提高电弧燃烧的稳定性；造气、造渣，防止空气侵入熔滴、熔池；使焊缝金属缓慢冷却；保证焊缝金属脱氧和加入合金元素，提高焊缝的力学性能等。

药皮的组成成分十分复杂。根据药皮组成物在焊接过程中所起的主要作用，可分为稳弧剂、造气剂、造渣剂、脱氧剂、合金剂、黏结剂和增塑润滑剂。

按焊条药皮熔化后形成熔渣的化学性质，可将焊条分为酸性焊条和碱性焊条两种。

（2）焊条的选用

焊条的选用主要考虑以下两点。

1）按母材的力学性能和化学成分选用相应的焊条。如碳素结构钢或低合金高强度钢焊接时，可选用强度等级和母材相同的焊条；对于特殊钢（如不锈钢、耐热钢等），要选用主要合金元素与母材相同或接近的焊条。如果母材的含碳量较高，或含硫、磷量较高，焊后易裂时，可选用抗裂性较好的低氢型焊条。

2）按工件的工作条件和使用性能选择合适的焊条。在焊接部位有锈蚀、油污等很难清除的情况下，应选用酸性焊条；如构件受冲击载荷作用，应选用冲击韧度和断后伸长率较高的碱性焊条。

此外，选择焊条时，还应考虑构件大小、焊接设备条件、劳动条件、生产率和成本等因素。

3. 常用弧焊电源

弧焊整流器是一种将交流电变压、整流转换成直流电的弧焊电源。弧焊整流器有硅整流弧焊整流器、晶闸管弧焊整流器和晶体管弧焊整流器等。随着大功率电子元件和集成电路技术的发展，具有耗材少、质量轻、节电、动特性及调节性能好的晶闸管弧焊整流器已逐步代替了弧焊发电机和硅整流弧焊整流器。特别是高效、轻巧、性能好的弧焊逆变器迅速得到推广和使用，被誉为“明天的弧焊电源”。

（1）ZX5–400 型晶闸管弧焊整流器

它是一种电子控制的弧焊电源，采用晶闸管作为整流元件，进行所需的外特性及焊接参数（电流、电压）的调节，如图 10–30 所示，主要技术参数见表 10–7。

图 10–30　ZX5–400 型晶闸管弧焊整流器

表 10–7　晶闸管弧焊整流器的主要技术参数

产品型号	额定输入容量 /kV · A	一次电压 /V	工作电压 /V	额定焊接电流 /A	焊接电流调节范围 /A	负载持续率 /%	质量 /kg	主要用途
ZX5–250	14	380	21 ~ 30	250	25 ~ 250	60	150	适用于焊条电弧焊
ZX5–400	24	380	21 ~ 36	400	40 ~ 400	60	200	
ZX5–630	48	380	44	630	130 ~ 630	60	260	

1）设备构造。ZX5 系列晶闸管弧焊整流器由三相主变压器、晶闸管组、直流电抗器、控制电路、电源控制开关等部件组成。

①三相主变压器。其主要作用是将 380 V 网络电压降为几十伏的交流电压，供给晶闸管组整流。

②晶闸管组。其主要作用是将三相主变压器送来的交流电压进行三相全桥式整流和功率控制。

③直流电抗器。其主要作用是对晶闸管整流输出脉动较大的电压进行滤波，使之趋于平滑，还可以改善动特性和抑制短路电流的峰值。

④控制电路。其通过电子触发电路控制晶闸管组，以便得到所需的直流焊接电压和电流，并采用闭环反馈的方式来控制外特性。

⑤电源控制开关。其主要有焊接电流范围开关、电流控制开关和电弧推力开关。

2）工作原理。ZX5 系列晶闸管弧焊整流器的基本原理框图如图 10–31 所示。

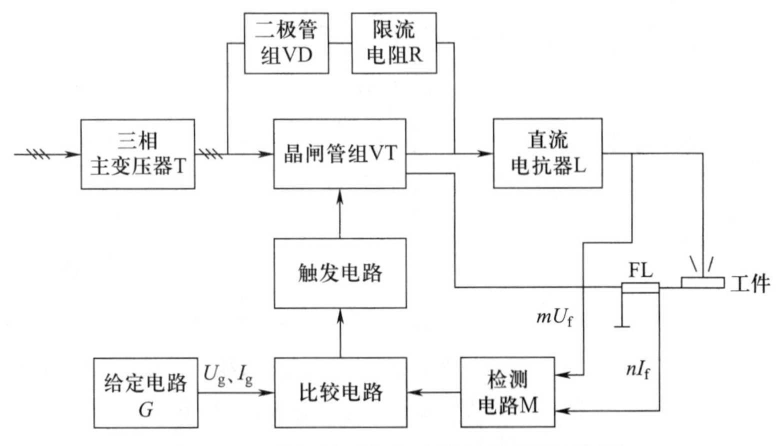

图 10–31　晶闸管弧焊整流器的基本原理框图

启动焊机，网络电源向焊机供电。三相主变压器将三相网络电压降为几十伏的交流电压，通过晶闸管组整流和功率控制，经直流电抗器滤波和调节动特性，输出所需要的直流焊接电压和电流。采用电子触发电路以闭环反馈方式来控制外特性。控制原理是：将电压和电流反馈信号 mU_f、nI_f 与给定电压和电流 U_g、I_g 进行比较，并改变触发脉冲相位角，以控制大功率晶闸管组导通角大小，从而获得平特性（用于 CO_2 气体保护焊细丝等速送丝）、下降外特性（用于焊条电弧焊或变速送丝熔化极气体保护电弧焊）等各种形状的外特性，对焊接电流和电压进行无级调节。

3）工作特点

①电源中的电弧推力装置在施焊时可保证引弧容易，促进熔滴过渡不黏焊条。

②电源中加有连弧操作和灭弧操作选择装置。当选择连弧操作时，可保证电流拉长不易熄弧；当选择灭弧操作时，配以适当的推力电弧可保证焊条一接触焊件就引燃电弧，电弧拉到一定长度就熄弧，并且灭弧的长度可调。

③电源控制板全部采用集成电路元件，出现故障时只需更换备用板，焊机就能正常使用，维修很方便。

（2）逆变整流弧焊电源

逆变整流弧焊电源（ZX7 系列）是一种新型节能弧焊电源，它具有效率高、体积小、电弧稳定性好、操作容易、维修方便、焊接质量高等优点，适用于需要频繁移动焊机的焊接场所。国产 ZX7 系列逆变整流弧焊电源的主要技术参数见表 10–8。

表 10-8　　逆变整流弧焊电源的主要技术参数

产品型号	额定输入容量 /kV · A	一次电压 /V	工作电压 /V	额定焊接电流 /A	焊接电流调节范围 /A	负载持续率 /%	质量 /kg	主要用途
ZX7-250	9.2	380	30	250	50 ~ 250	60	35	适用于焊条电弧焊
ZX7-400	14	380	36	400	50 ~ 400	60	70	

逆变整流弧焊电源主要由三相全波整流器、逆变器、中频变压器、低压整流器、电抗器及电子控制电路等部件组成。

逆变整流弧焊电源的基本原理框图如图 10-32 所示。

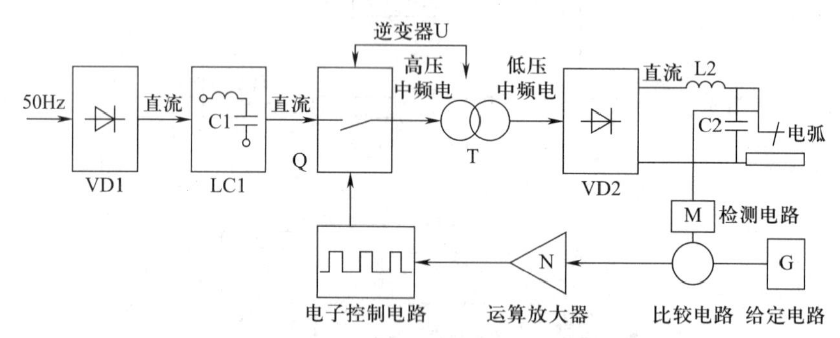

图 10-32　逆变整流弧焊电源的基本原理框图

逆变整流弧焊电源通常采用三相交流电供电，380 V 交流电经三相全波整流后变成高压脉动直流电，经滤波之后通过大功率电子元件构成的逆变器组（晶闸管、晶体管或场效应管）的交替开关作用，变成几百赫兹至几万赫兹的高压中频交流电，再经中频变压器降至适合焊接的几十伏电压，并通过电子控制电路和反馈电路（M、G、N 等组成）以及焊接回路的阻抗，获得弧焊所需的外特性和动特性。如果需要采用直流焊接，还需经输出整流器 VD2 整流和经电抗器 L2、电容器 C2 滤波，把中频交流变换为直流输出。

简而言之，逆变整流弧焊电源的基本原理可以归纳为工频交流→直流→中频交流→降压→交流或直流。

ZX7 系列晶闸管式逆变整流弧焊电源与其他类型直流弧焊电源相比有以下优点。

1）取消了工频变压器，工作在高频下的主变压器的质量还不到传统弧焊电源主变压器质量的 1/20，不仅节约了大量材料，而且减小了焊机的体积。

2）逆变弧焊电源外特性具有外拖的陡降恒流曲线，如图 10-33 所示。正常焊接时，若电弧突然缩短，电弧电压降至某一数值时，曲线外拖，输出电流增大，加速熔滴过渡，不发生焊条与焊件黏结现象，仍保持电弧稳定燃烧。

3）装有数字显示的电流调节系统和很强的电网波动补偿系统，焊接电流精度高。

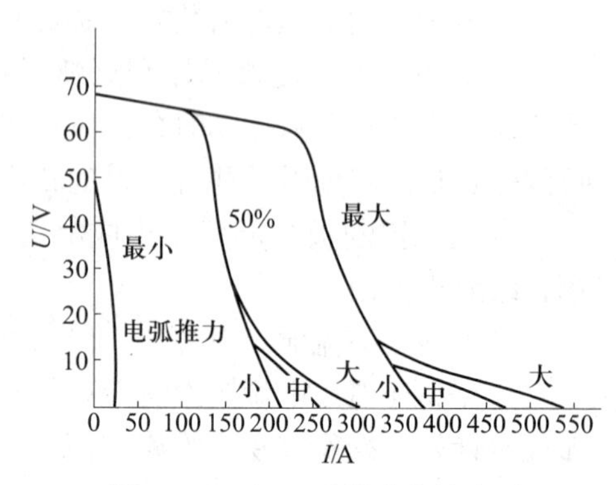

图 10-33　ZX7 系列逆变整流弧焊电源外特性曲线

4）电源内的电子控制元件采用集成电路，维修方便。

5）配有控制盒，可以远距离调节焊接电流。

4. 焊接接头及坡口形式

在焊条电弧焊中，按照焊件的结构形状、厚度及对强度、质量要求的不同，其接头和坡口形式也有所不同。构件的接头形式可分为对接、搭接、角接和T形接头四种（见图10–34）。

焊件厚度较大时，为使焊缝熔透，常在板边开有一定形状的坡口，坡口的形状与尺寸可根据国家标准《气焊、焊条电弧焊、气体保护焊和高能束焊的推荐坡口》（GB/T 985.1—2008）选用。

焊缝按空间位置分为平焊缝、立焊缝、横焊缝和仰焊缝四种形式（见图10–35）。进行焊条电弧焊时，平焊操作技术较易掌握，且容易获得优质焊缝，焊接效率高。如果构件有可能改变位置并有吊装设备配合时，应尽量使焊缝处于平焊位置。

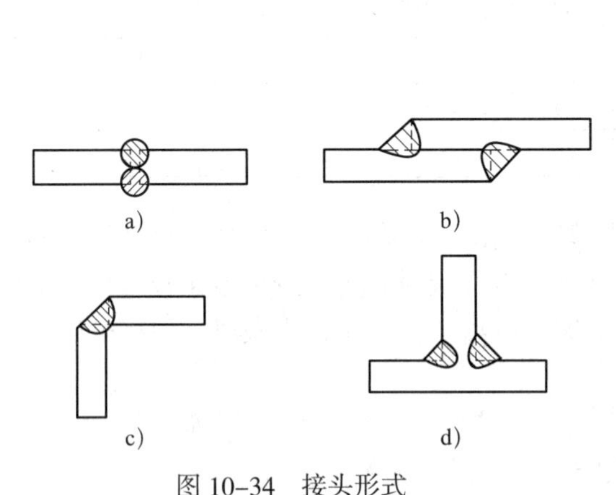

图10–34　接头形式

a）对接接头　b）搭接接头　c）角接接头　d）T形接头

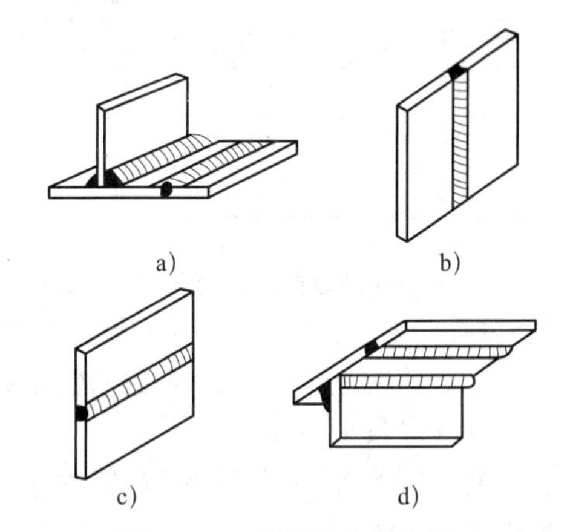

图10–35　焊缝的空间位置

a）平焊缝　b）立焊缝　c）横焊缝　d）仰焊缝

5. 焊接参数的选择

焊条电弧焊的焊接参数主要包括焊条直径、焊接电流、电弧电压、焊接速度。正确地选择焊接参数，将有利于提高焊接质量和生产率。

（1）焊条直径的选择

焊条直径的选择主要取决于工件厚度、接头形式、焊缝位置和焊接层次等因素。焊件的厚度越大，则焊缝需要的填充金属也越多，因此应选用较大直径的焊条。工件厚度与焊条直径的关系见表10–9。

表10–9　工件厚度与焊条直径的关系　mm

工件厚度	焊条直径	工件厚度	焊条直径	工件厚度	焊条直径
≤ 1.5	1.6	3	2.5 ~ 3.2	8 ~ 12	4 ~ 5
2	1.6 ~ 2.0	4 ~ 7	3.2 ~ 4	≥ 13	5 ~ 5.8

一般情况下，为了提高劳动生产率，在允许范围内，应尽可能地选用较大直径的焊条。在厚板多层焊接时，底层焊缝的焊条直径一般不超过4 mm，以免产生未焊透等缺陷，以后几层可适当选用较大直径的焊条。

在立焊、横焊、仰焊时，为防止熔池过大，避免熔化金属下淌，选用的焊条直径一般不超过 4 mm。

（2）焊接电流的选择

焊接电流主要取决于焊条类型、直径和焊缝位置。焊接电流大，焊条熔化快，生产率高。但焊接电流过大时，飞溅严重，工件易烧穿，甚至使后半根焊条药皮烧红而大块脱落，使焊缝产生气孔、咬边、未焊透等缺陷。焊接电流过小时，工件熔化面积小，焊条熔化金属在工件上流动性差，熔渣与熔液很难分清，使焊缝窄而高、成形差，并易产生气孔和夹渣等缺陷。

对于一定直径的焊条，有一个合理的与之对应的电流使用范围。表 10–10 所列为酸性焊条平焊时焊接电流的选择范围。

表 10–10　　　　酸性焊条平焊时焊接电流的选择范围

焊条直径 /mm	焊接电流 /A	焊条直径 /mm	焊接电流 /A	焊条直径 /mm	焊接电流 /A
1.6	25 ～ 40	3.2	90 ～ 130	5.8	260 ～ 300
2.0	40 ～ 70	4	160 ～ 210		
2.5	50 ～ 80	5	200 ～ 270		

焊接电流和焊缝位置的关系是：焊接平焊缝时，由于运条和控制熔池中的熔化金属比较容易，因此可选用较大的电流进行焊接；在其他位置焊接时，为了避免熔化金属从熔池中流出，要使熔池小一些，焊接电流相应要比平焊时小一些。使用碱性焊条时，焊接电流一般要比酸性焊条小一些。

在实际操作中，可通过观察焊接电弧、焊条熔化速度和焊缝成形好坏等情况，判断焊接电流是否选择得当。当电流合适时，电弧稳定，噪声低，飞溅少，熔渣与熔液容易分离，焊缝成形均匀美观。

二、焊接应力与变形的控制

1. 应力与变形

（1）应力

当物体受到外力作用时，在其内部会出现一种抵抗力，这种力叫作内力。物体内单位面积所承受的内力称为应力。内力的大小可用应力来表示。没有外力作用时，物体内所存在的应力叫作内应力。物体在加热膨胀或冷却收缩过程中受到阻碍，就会在其内部出现应力，这种情况在焊接结构中经常产生。因焊接而产生的应力称为焊接应力。焊接应力包括温度应力（热应力）和残余应力。温度应力是由焊接时局部加热不均匀，使各部分膨胀不一致引起的应力。残余应力是指温度恢复到初始状态时残存在结构内部的应力。

（2）变形

物体受到作用力时，会发生形状、尺寸的变化，这种现象称为变形。若除去外力，物体能恢复到原来的形状和尺寸，这种变形称为弹性变形；反之就称为塑性变形。

（3）应力与变形的关系

焊接应力与变形是焊接结构中一个矛盾的两个方面。如果在焊接过程中焊件能自由收缩，则焊后焊件的变形较大，而残余应力较小；如果在焊接过程中，焊件由于受到结构的限制或自身刚度大不能自由收缩，则焊后焊件变形较小，但内部却存在着较大的残余应力。

2. 焊接应力与变形产生的原因

焊缝在钢板中部的对接焊件，平焊时的焊接应力与变形如图 10–36 所示。焊接时，沿焊缝方向温度最高，而与焊缝平行的钢板两侧边缘温度最低（见图 10–37），焊件上的温度分布极不均匀。根据金属材料热胀冷缩和伸长量与温度成正比的特性，焊件将产生大小不等的纵向膨胀，其中以焊缝区最大。假设各部分金属均能自由膨胀伸长，而不受周围金属的阻碍和牵制，其伸长应像图 10–36a 中虚线部分所示那样。但焊件是一个整体，这种伸长不可能自由地实现，焊件端面只能较均衡地伸长，于是焊缝区金属因受到两边金属的阻碍产生压应力，远离焊缝区的金属则受到拉应力的作用。由于焊缝区的温度较高，当压应力超过屈服强度时，该部分金属就产生了热塑性变形（变形量等于图中虚线围绕的空白部分）。此时焊件中的压应力与拉应力达到平衡，焊件比原尺寸伸长了 Δl。

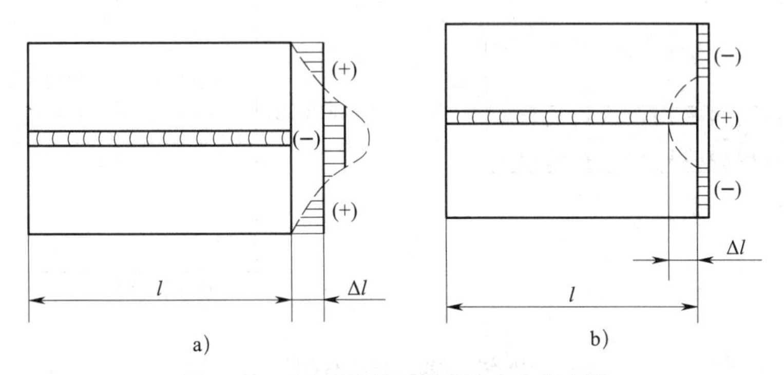

图 10–36　对接平焊时的焊接应力与变形

a）加热过程　b）冷却过程

(+)—拉应力　(–)—压应力

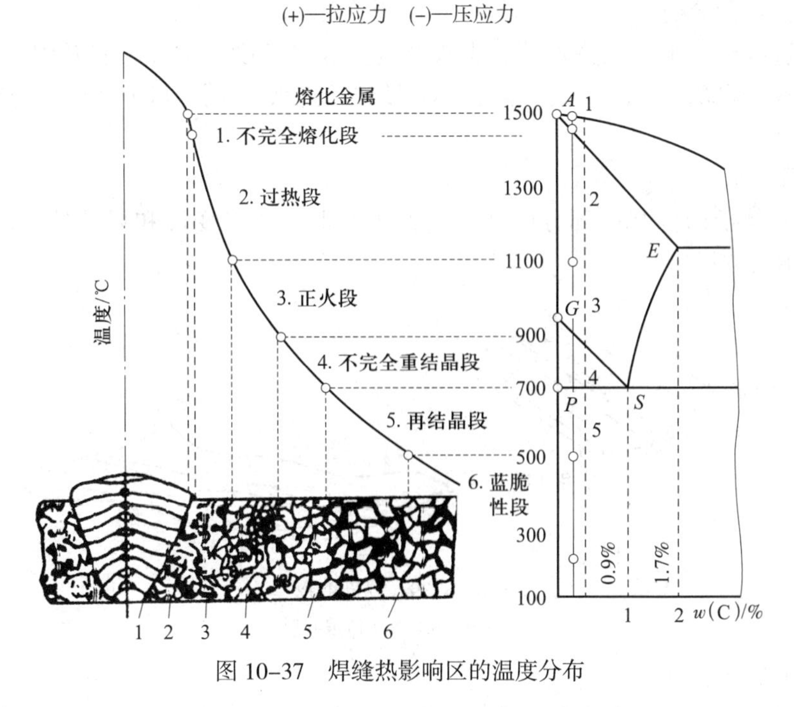

图 10–37　焊缝热影响区的温度分布

焊件冷却收缩时，由于焊缝区在加热时产生过热塑性变形的缘故，因此最终的长度要比原来的短些，缩短的长度从理论上来说，应等于热塑性变形的长度（图 10–36b 中虚线部分）。但由于中间部分金属的收缩受到两侧的牵制，实际收缩只能达到图中实线位置，这样焊件长度比原尺寸缩短 Δl，于是两侧出现压应力。焊件中间由于没有完全收缩，则出现拉应力。这些残存在焊件内部的应力就是焊接残余应力，也就是本课题所指的焊接应力。收缩量 Δl 则称为焊接变形。以上分析说明，焊接过程中对焊件进行局部不均匀加热是产生焊接应力与变形的根本原因。

焊缝金属和焊缝附近的金属，除沿焊缝方向受热膨胀或冷却收缩外，沿垂直于焊缝的方向也同样受焊接温度的影响，引起膨胀和收缩，导致产生横向热塑性变形和焊接应力，使焊件横向收缩（见图 10–38）。

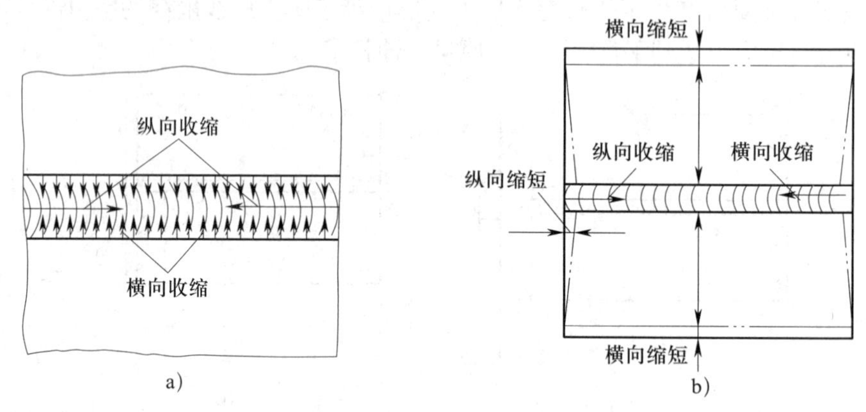

图 10–38　焊缝的纵横收缩与变形

a）纵横收缩　b）焊件的变形

3. 焊接变形的分类

在焊接过程中，由于接头形式、钢板厚度、焊缝长度、工件形状及焊缝位置等不同，会出现各种不同形式的变形。根据焊接变形对结构的影响不同，可分为局部变形和整体变形两类。

（1）局部变形

局部变形是指构件某一部分的变形，如角变形、波浪变形和局部的凹凸不平等，如图 10–39 所示。

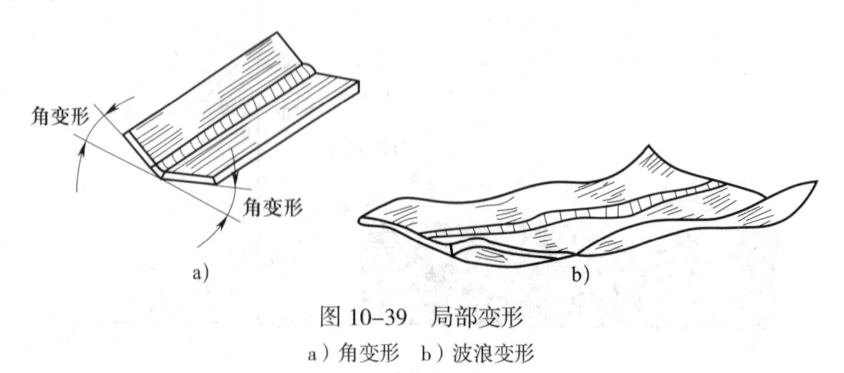

图 10–39　局部变形

a）角变形　b）波浪变形

（2）整体变形

整体变形是指整个结构的形状或尺寸发生变化，这种变化是由于焊缝在各方向上收缩所引起的，如收缩变形、弯曲变形和扭曲变形等，如图 10–40 所示。

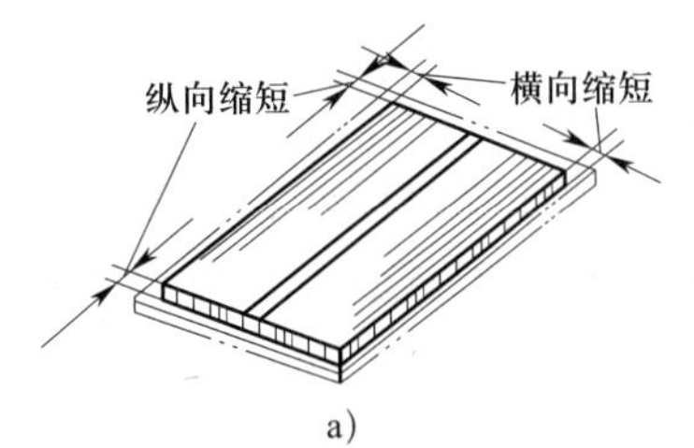

a）

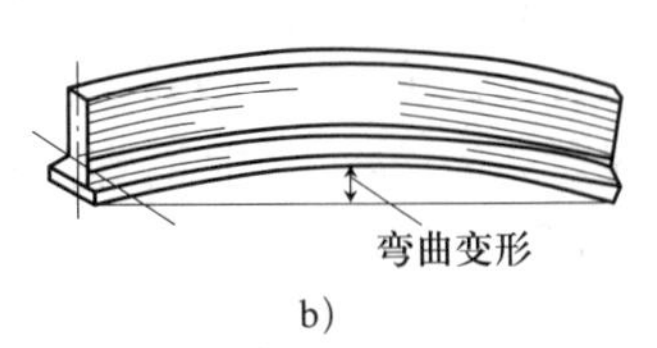

b）

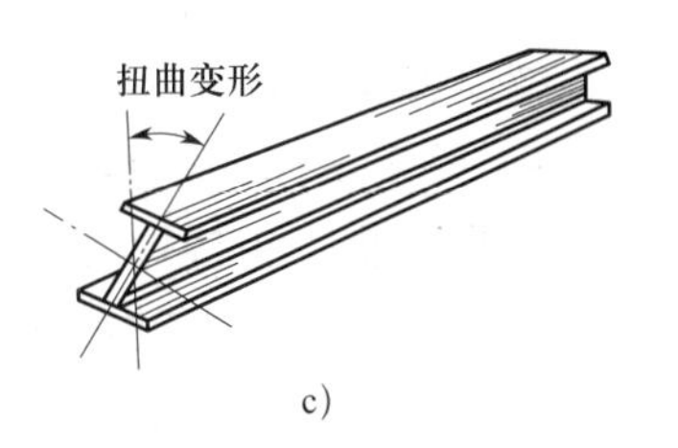

c）

图 10–40　整体变形

a）收缩变形　b）弯曲变形　c）扭曲变形

4. 控制焊接变形的措施

减小和防止焊接变形，除设计人员需在焊件结构设计时加以考虑外，在装配、焊接过程中，还必须采取以下措施来控制焊接变形。

（1）选择合理的装配和焊接顺序

装配后的焊接结构，其整体刚度远远大于装配前的零件或部件的刚度，这对减小变形是有利的。所以对于截面和焊缝对称的简单构件，最好采用先装配成整体，再按焊接顺序对称地施焊。但是，对于结构较复杂的焊接件，就不一定合理。其原因是复杂结构控制变形困难，焊后出现变形，因刚度大而不易矫正。所以一般都是将复杂的结构划分为若干个简单部件进行装配焊接，这样变形容易控制与矫正，最后将焊接好并经矫正的部件总装焊接。

在同一焊接结构上，通常存在许多条焊缝，先焊哪条焊缝，后焊哪条焊缝，才能使结构变形最小，就应该考虑焊接顺序。焊缝布置对称的结构，如果采用的焊接参数相同，先焊的焊缝由于受到的强制约束较小，因此引起的变形较大。由于各条焊缝引起的变形量一般不能互相抵消，因此焊件最后的变形往往和先焊的焊缝引起的变形相一致。

1）采用对称焊接。一般对称布置的焊缝，最好由成对的焊工对称地进行焊接，这样可使各焊缝所引起的变形相互抵消。如图 10–41 所示，圆筒体对称焊时，应由两名焊工按图中顺序号对称地进行焊接。

在焊接平面上的焊缝时，应该使焊缝的纵向及横向收缩比较自由，而不受较大的约束，焊接应从中间向四周对称进行（见图 10–42），只有这样才能使焊缝由中间向外依次收缩，从而减小焊件的内应力和局部变形。结构周边的收缩变形则可以通过加放余量予以补偿。

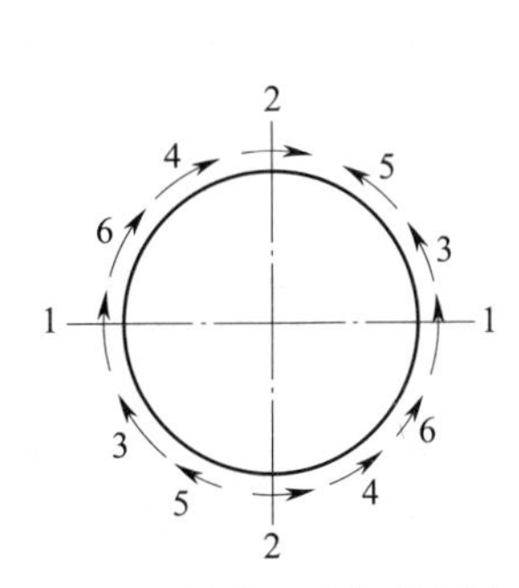

图 10–41　圆筒体对称焊接顺序

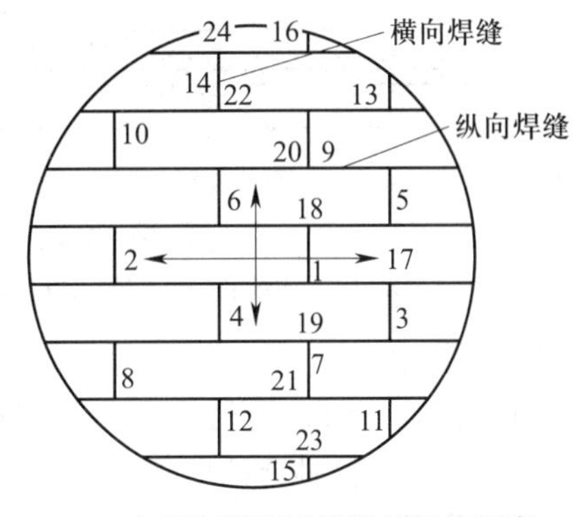

图 10–42　大型容器底板拼接的焊接顺序

2）构件焊缝分布不对称时的焊接。构件焊缝分布不对称时，一般应先焊焊缝少的一侧，后焊焊缝多的一侧，这样可以使先焊焊缝所引起的变形部分得到抵消。

3）采用不同的焊接顺序。当焊缝长度超过 1 m 时，可采用逐步退焊法、分中逐步退焊法、跳焊法、交替焊法和分中对称焊法等。一般退焊法和跳焊法每段焊缝长度以 100 ~ 350 mm 为宜。以上焊法如图 10–43 所示。

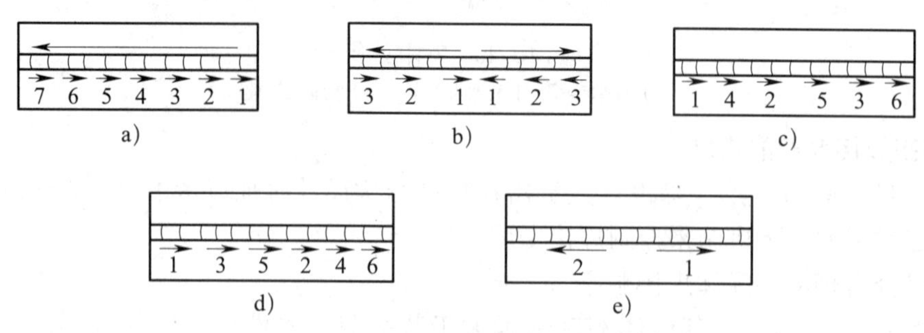

图 10–43　采用不同焊接顺序的对接焊

a）逐步退焊法　b）分中逐步退焊法　c）跳焊法　d）交替焊法　e）分中对称焊法

工字梁虽截面形状和焊缝布置对称，但如果焊接顺序不合理，也会产生各种变形。按照合理安排焊接顺序的原则，正确的施焊方法是把总装好的工字梁垫平（见图 10–44a），对称焊接。在焊接时，要注意两边对称焊缝的焊接方向要一致，且不要错开，否则会减弱对称焊接抵消变形的作用。如果是一名焊工操作，可先焊 1、2 焊缝，翻转工件后焊 3、4 和 5、6 焊缝，最后再翻转工件焊 7、8 焊缝。如果四条焊缝都不需要焊两层，则在焊 1、2 焊缝时不焊满全长，留 30% ~ 50%，待焊完 3、4 焊缝后再焊余下的部分。在焊每一条焊缝时，都应从中间向两端分段焊，每段长度为 500 ~ 1 000 mm（见图 10–44b）。若两名焊工同时操作，则应在互相对称的位置上，采用相同的焊接参数进行焊接（见图 10–44c）。

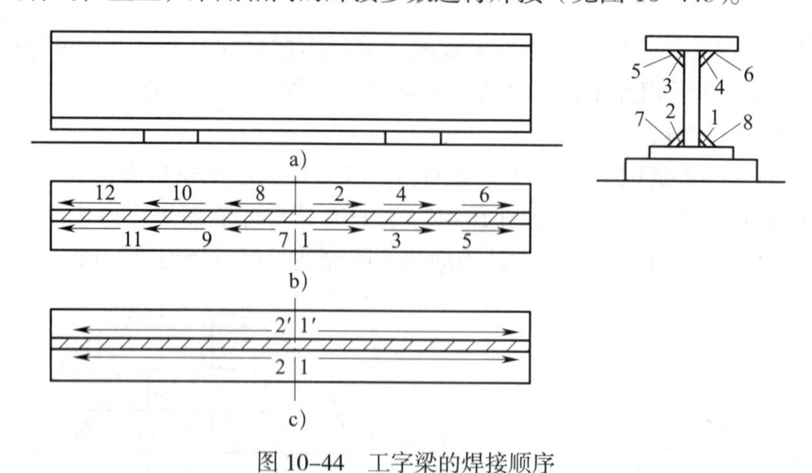

图 10–44　工字梁的焊接顺序

a）工字梁焊前垫平　b）单人焊接的焊接顺序　c）双人焊接的焊接顺序

（2）反变形法

在焊前进行装配时，先将焊件向与焊接变形相反的方向进行人为变形，以达到与焊接变形相抵消的目的，这种方法叫作反变形法。实践表明，这种方法是切实可行的，用此方法时，要预测好反变形量的大小。

如图 10-45a 所示，未采用反变形法时，V 形坡口单面对接焊的角变形情况。若采用图 10-45b 所示的反变形法时，焊接变形可以得到有效的控制。

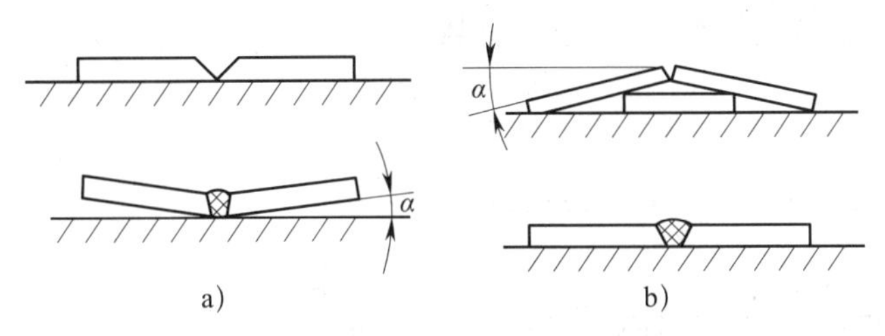

图 10-45　钢板对接焊时的反变形法

a）未采用反变形　b）采用反变形

工字梁焊接后，由于角焊缝的横向收缩，会引起如图 10-46a 所示的角变形。为了防止角变形，在加工时将翼板反向压成一定角度，然后再组装（见图 10-46b）焊接，则能收到良好的效果。反向压弯的角度应加以控制，不可太小或太大。

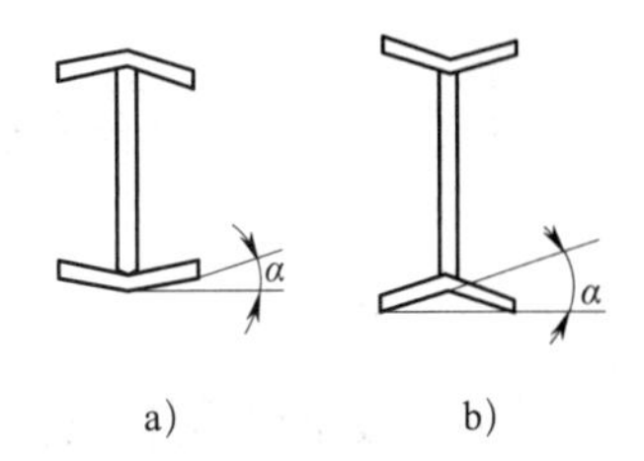

图 10-46　焊接工字梁的反变形法

a）焊后角变形　b）采用反变形

（3）刚性固定法

焊件变形量的大小，还取决于结构的刚度。结构的刚度越大，焊后引起的变形量相对越小。而结构的刚度主要取决于结构形状和尺寸大小。从结构抵抗拉伸或压缩的能力来看，刚度大小与结构截面积大小有关，截面积越大刚度也越大，抵抗变形的能力也就越强。所以厚钢板比薄钢板焊接产生的变形量要小。

结构抵抗弯曲和扭曲变形的能力，主要取决于结构截面的几何形状和尺寸的大小。短而粗的焊件不易引起弯曲变形，封闭截面构件的抗扭曲变形能力较强。

刚性固定法是对自身刚度不足的构件，采用强制措施或借助于刚度大的夹具，起到限制和减小焊后变形的作用。用此方法，需在焊件完全冷却后才可撤除固定夹具。常用的方法有以下几种。

1）利用重物加压或定位焊定位。这种方法适用于薄板焊接，如图 10-47 所示。在板的四周用定位焊与平台或胎架焊牢，并用重物压在焊缝的两侧，待焊缝完全冷却后再搬掉压块，铲除定位焊点，这样焊件的变形就可以减小。

2）利用夹具固定。如图 10-48a 所示的工字梁，焊前用螺栓将翼板牢牢地紧固在平台上，利用平台的刚性来减小焊后的角变形和弯曲变形。若因条件所限不能采用上述方法时，也可采用如图 10-48b 所示的方法，将两个工字架组合在一起，用楔口夹具将两翼板楔紧，以增大工字梁的刚度，达到减小焊后变形的目的。这种方法也常用在基座、框架等构件的装配焊接上。

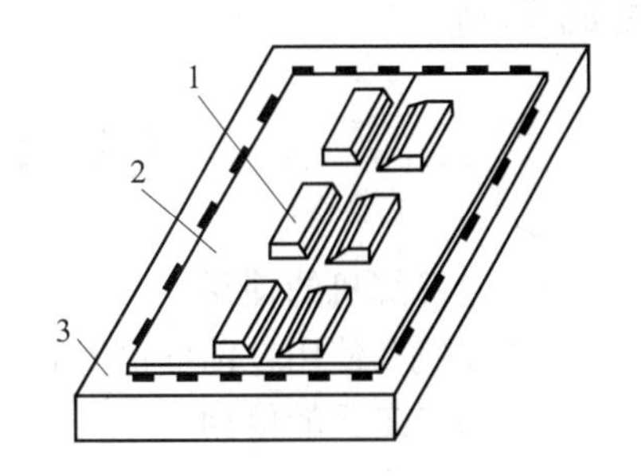

图 10-47　薄板拼接时用刚性固定法防止波浪变形

1—压铁　2—焊件　3—平台

3）用加“马”或临时支撑的固定方法。在钢板对接焊时，也可采用加“马”固定的方法（见图 10-49）来控制变形。这种方法简单可靠，在生产中应用较广。

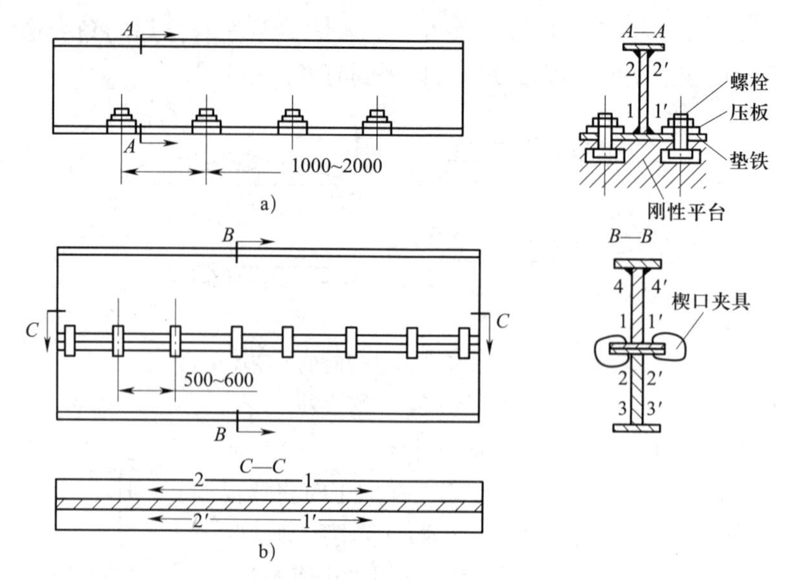

图 10–48　工字梁在刚性夹紧下进行焊接

对于一般小型焊件，也可采用临时支撑的刚性固定法，如图 10–50 所示。

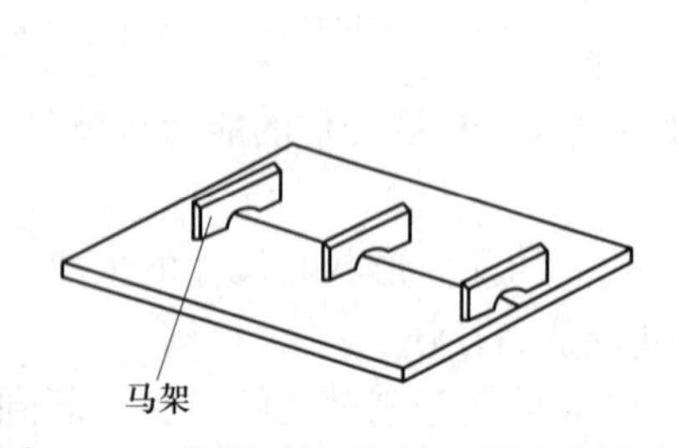

图 10–49　钢板对接焊时加“马”固定

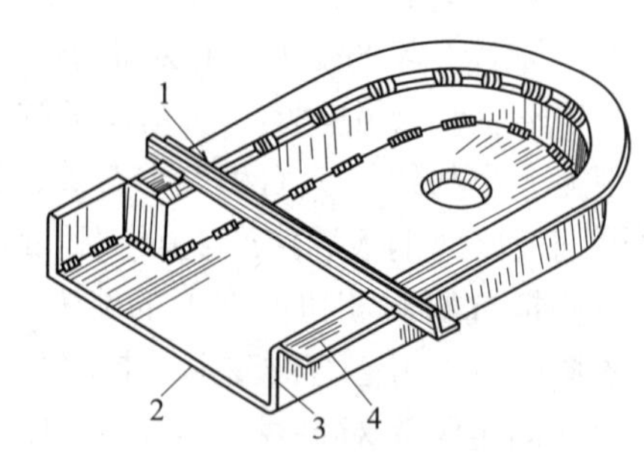

图 10–50　防护罩焊接时用临时支撑的刚性固定法

1—临时支撑　2—底平板　3—立板　4—圆周法兰

应当指出，采用刚性固定法的结构，焊接变形虽得到了有效的控制，但由于结构受到较大的约束，而导致内部产生较大的应力。因此刚性固定法只适用于焊接性较好的焊件。对于焊接性较差的中碳钢及合金钢，不宜采用刚性固定法焊接，以免产生裂纹。

技能训练

焊条电弧焊设备及工具的使用

一、电弧焊机的使用

电弧焊机及使用在前面已有详细介绍，这里不再重复阐述。

二、焊接工具的使用

焊条电弧焊常用的工具有电焊钳、焊接电缆、防护面罩和清理工具等。

1. 电焊钳

电焊钳又称焊把（见图 10–51），用于夹持焊条和传导电流。电焊钳应满足质量轻、导电性好的要求，而且要更换焊条方便。自制电焊钳的导电部分用铜质材料，手柄用耐热的绝缘材料。

2. 焊接电缆

焊接电缆用来传导焊接电流。从电焊机的两极引出的两根电缆，一根连接电焊钳，另一根连接焊接平台或工件。焊接电缆一般采用导电性能较好的多股纯铜软线，外表有良好的绝缘层，以避免发生短路或触电事故。电缆长度应根据使用需要来确定，一般不宜太长。在使用中应注意保护，以免被锐利的钢板边缘等割伤。

3. 面罩

面罩用于遮挡飞溅金属和电弧中的有害光线，保护焊接操作者头部和眼睛，同时又是观察焊接过程的重要工具。常用的面罩有手握式和头盔式两种（见图 10–52）。

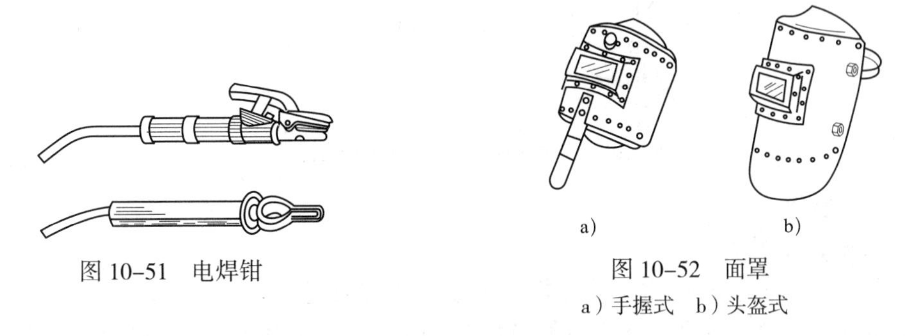

图 10–51　电焊钳

图 10–52　面罩

a）手握式　b）头盔式

4. 清理工具

清理工具有钢丝刷和清渣锤等。钢丝刷用来刷除焊件表面的锈蚀和污物。清渣锤用来敲除焊渣和检查焊缝，锤头的两端可根据需要制成棱锥形和扁铲形（见图 10–53）。

5. 附属设施

焊接附属设施主要有遮光板和焊接平台。当焊接地点在室内，并且是多台电焊机同时工作时，为了避免相互干扰和弧光灼伤眼睛，可用遮光板将各焊接位置隔开。遮光板通常采用 1 ~ 1.5 mm 的薄钢板焊接在圆钢（或小角钢）弯制的框架上（见图 10–54），长 1 400 ~ 1 600 mm，高 1 000 ~ 1 200 mm，两侧面均涂以深色油漆以减少光的反射。

焊接平台（见图 10–55）是为方便焊接操作而设立的，可用厚钢板焊接或铸制而成。焊接平台长约 600 mm，宽约 400 mm，高 250 ~ 300 mm。在焊接平台任意一条腿的下端钻一通孔，用以连接焊接电缆。焊接时，可依焊接要求将焊件在平台上摆成各种位置。

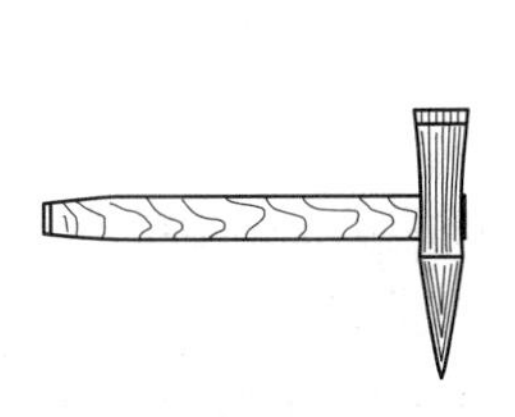

图 10–53　清渣锤

图 10–54　遮光板

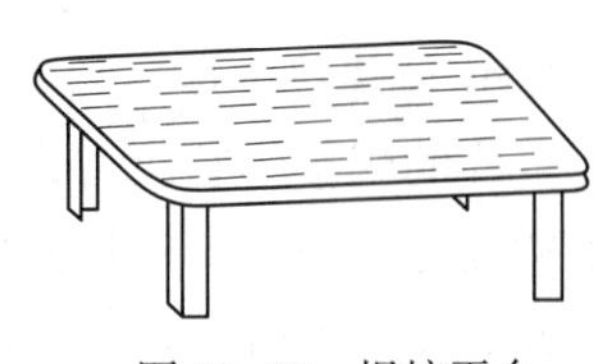

图 10–55　焊接平台

三、操作准备

穿戴好劳动保护用品。

如图 10–56 所示，在工作场所合理安排电焊机及附属设施的位置，安装焊接电缆，选择并安装面罩上的护目玻璃，把清渣锤、钢丝刷和焊条放在焊接平台附近。

图 10–56　电焊机及附属设施布置示意图

四、操作步骤

1. 焊条安装和更换

使用有夹紧装置的电焊钳，只需扳开夹紧装置即可进行焊条的安装与更换。使用简易自制的弹性电焊钳时，左手持待装焊条将右手中电焊钳上的焊条头向外打松动，再用待装焊条露铁芯的端头插入电焊钳圆槽内，将夹紧的电焊钳撬开，让已活动的焊条头掉下来，随后将新焊条装好。安装好的焊条应与电焊钳保持 80° ~ 120°（见图 10–57a）。

电焊钳的握法有两种，即正握法（见图 10–57b）和反握法（见图 10–57c），正握法用于平焊、横角焊，反握法用于立焊。

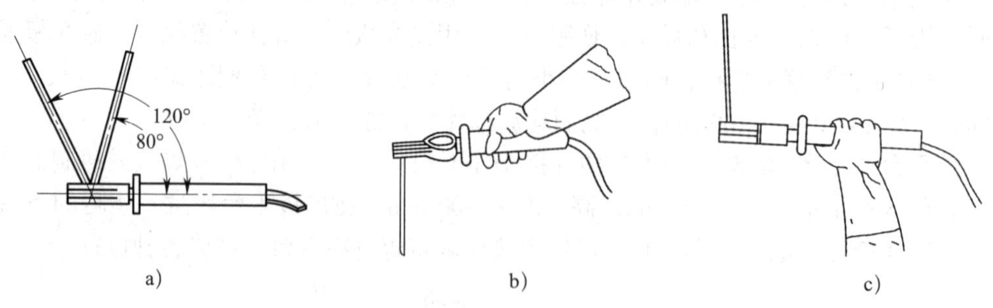

图 10–57　焊条安装及电焊钳握法

a）焊条与电焊钳的夹角　b）正握法　c）反握法

2. 模拟焊接姿势

正确的焊接姿势，可以提高控制焊条移动时的平稳性和连续焊接能力。焊接时操作者的下蹲姿势如图 10–58 所示。模拟操作时，一般由左手持面罩（卸去护目玻璃），右手采用正握法握电焊钳，焊条末端沿一直线由左向右匀速移动（见图 10–58a）。移动中，焊条末端与模拟焊件应始终保持 4 ~ 5 mm 的距离。立焊时的焊接姿势和电焊钳握法如图 10–58b 所示。

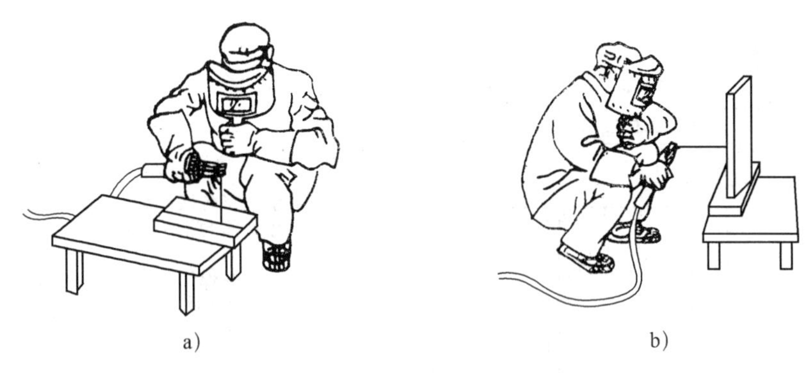

a) b)

图 10–58 焊接操作基本姿势

a）平焊操作姿势 b）立焊操作姿势

3. 调节焊接电流

调节焊接电流时，应注意调节手柄的旋转方向。对于无电流指示刻度表的电焊机，应根据调节手柄的旋转圈数粗略地确定焊接电流值。

4. 收拢焊接电缆

操作结束后，应将焊接电缆顺应其弯曲趋势很规则地盘成一卷，挂在电焊机旁。

五、安全与注意事项

1. 电焊机额定电压应与供电网络电压一致。

2. 电焊机应接地，以保证安全。

3. 换接电焊机电源线时，应切断电源；焊接结束后要立即关掉电源。

4. 焊接电缆与电焊机连接必须牢固。

5. 保持电焊机的清洁，定期用干燥的压缩空气吹净电焊机内的灰尘；露天安放的电焊机一定要设防护罩，以防灰尘和雨水侵入。

6. 搬动电焊机时，要避免剧烈震动，防止损坏电焊机。

定位焊操作

定位焊是在装配工作中用来临时固定各零部件之间相对位置，使已经装配好的焊接结构保持正确的几何形状和尺寸。由于定位焊缝呈一定间隔分布在正式焊缝的位置上，因此，正确地施行定位焊，不仅能使结构达到装配所需要的强度和刚度，还对保证正式焊缝的质量起着重要的作用。

一、操作准备

1. 准备定位焊工件图（见图 10–59）

2. 定位焊焊接参数的选择

定位焊因施焊位置不同，而采取平焊、角焊或立焊等方法，故前面介绍的各种焊接方法的焊接参数仍可参照。应该强调指出，定位焊所用的焊条、焊件温度等工艺条件，应该与正式施焊时的要求相同；焊接电流应比正式焊接电流大 10% ~ 15%，以防止产生未焊透、焊脚过高等缺陷。

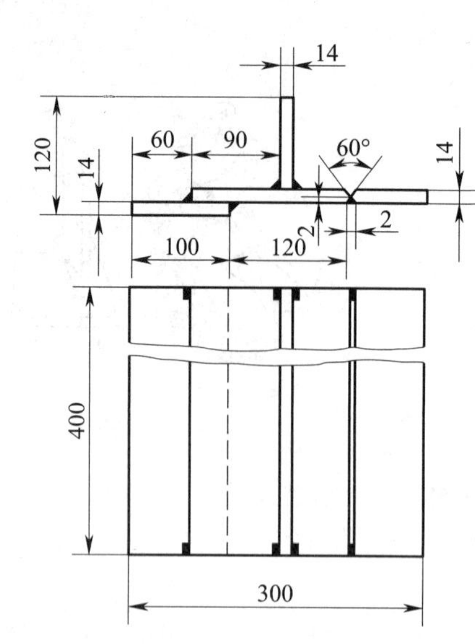

技术要求

1. 定位焊前应将各板件矫平后去毛刺，装配后板件间的相对位置要符合图样要求。
2. 定位焊时，在焊件焊缝的两端定位焊接10~20的焊缝，并保证焊牢。
3. 对V形坡口焊缝应考虑到反变形量。

图 10–59　定位焊工件图

二、操作步骤

1. 对接接头的定位焊

将平整好的板件放在平台上，每两块一组拼好，接缝应留有 1 ~ 2 mm 的焊缝间隙。然后在接缝两端以定位焊固定。为防止两端因施焊次序不同而引起接缝间隙不一致，应该使后焊一端的接缝间隙适当加大一些，以抵消焊接收缩的作用；或者在后焊端接缝间隙内放入一厚度与间隙尺寸相等的窄薄铁片，以阻止定位焊时两板靠拢，待定位焊结束后再将其取出。

2. T 形接头定位焊

组装 T 形接头时，应保证接头两板的垂直度。施焊时，先用定位焊固定接头一侧，待两板角度校正后，再定位焊接另一侧。定位焊后，应将定位焊缝处的焊渣清理干净，以免影响正式焊缝的焊接质量。

三、安全与注意事项

1. 定位焊缝的宽度应比正式焊缝窄。板厚为 4 ~ 12 mm 的焊件，对接接头的焊缝余高应≤ 2 mm，T 形接头的焊脚高应为 3 ~ 6 mm。定位焊缝长度为 10 ~ 30 mm，间隔为 50 ~ 300 mm。在特殊情况下，定位焊缝的长度和间隔可适当调整。

2. 在焊缝交叉处和焊缝转折处不允许定位焊，应离开 50 mm 左右。

3. 对不开坡口的接头，引弧后应当将电弧拉长，对焊件焊接点进行预热，以取得较大的熔深。

4. 若定位焊开裂而需重新焊接时，必须将开裂的焊缝金属全部铲掉方可重新焊接。

平 焊 操 作

一、不开坡口的对接平焊

1. 操作准备

（1）准备不开坡口的对接平焊工件图（见图 10–60）

（2）不开坡口的对接平焊工艺规范选择

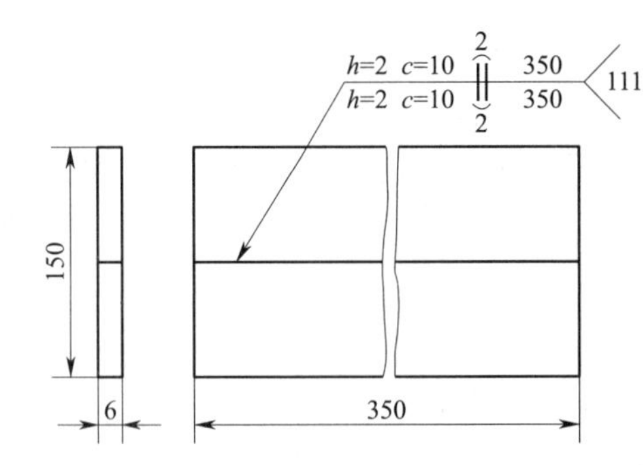

技术要求

1. 焊件组装后两板的焊缝间隙为2.0，两板面应平直。
2. 焊件采用双面焊，焊缝宽为10。
3. 焊缝高度应控制在1~2。
4. 焊缝应成形美观、平直，无咬边、夹渣、气孔等缺陷。
5. 每条焊缝接头不得少于一处，接头处的熔深与外观应和焊缝保持一致。
6. 焊缝起头应饱满，收尾无明显弧坑。

图 10–60　不开坡口的对接平焊工件图

1）选择焊条直径。焊条电弧焊常用的焊条直径有 3.2 mm、4.0 mm 和 5.0 mm 三种。焊条直径大小要根据焊件厚度来确定，厚度大的焊件，应选用较大直径的焊条；反之，薄焊件则应选用较小直径的焊条。如图 10–60 所示焊件由于板件较薄，并采用双面单层焊，因此正面焊缝应选择 ϕ4.0 mm 的焊条，焊接反面的封底焊缝则应选用 ϕ3.2 mm 的焊条施焊。

2）焊接电流的选择。焊接电流的大小主要由焊条直径、焊件厚度和焊接位置等因素决定。若焊接电流大则焊接速度快，但焊接电流过大时飞溅严重，焊缝容易产生气孔、咬边和焊条药皮脱落等缺陷，严重时可以将焊件烧穿。若焊接电流过小，则焊缝金属熔化不好，铁液流动性差，使焊缝成形差。对于一定直径的焊条，有一个合理的焊接电流选择范围。平焊时，直径为 3.2 mm 的焊条，焊接电流应选择 90 ~ 130 A；焊条直径为 4.0 mm 时，焊接电流则可选择 160 ~ 210 A。

焊接操作中，经常采用试验的方法来确定焊接电流的大小。当焊接电流选择得当时，电弧稳定，飞溅少，熔渣与铁液容易分离，焊缝成形均匀美观。

2. 操作步骤

平焊的操作步骤与方法，主要包括准备焊件、引弧、运条、接头、收尾和焊缝清理等几个环节。

（1）定位焊固定焊件

焊件应按照工件图要求的材质、尺寸剪裁好。若板件出现弯曲变形等缺陷则需进行矫正，最后按要求的焊缝间隙进行定位焊，并在工件的规定部位打上钢印。

（2）引弧

引弧即引燃电弧。其操作方法有碰击法和划擦法两种，如图 10–61 所示。

碰击法引弧是将焊条末端对准焊缝部位垂直碰击，形成瞬时短路，然后将焊条上提保持一定距离，引燃电弧（见图 10–61a）。

划擦法引弧是将焊条末端在焊件上轻轻擦过一段距离，引燃电弧，然后将焊条提起并保持一定距离（3 ~ 5 mm），如图 10–61b 所示。划擦法引弧比较容易掌握，但容易擦伤焊件表面。因此，在使用划擦法引弧时，应尽量把引弧段放在未焊的焊口上，以便减少或不擦伤焊件。

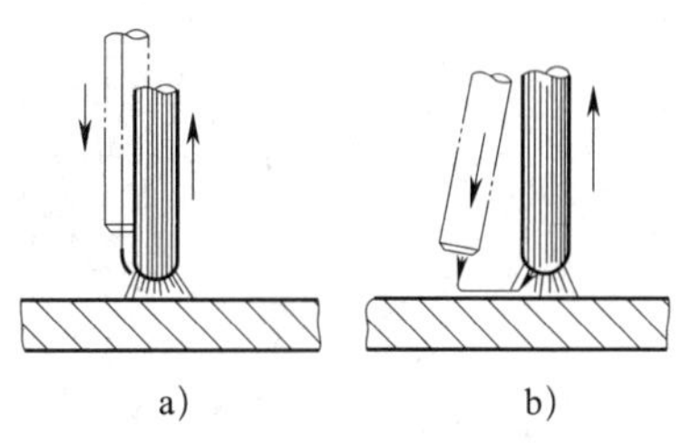

图 10–61　引弧方法

a）碰击法　b）划擦法

在引弧过程中，若发生焊条黏在焊件上的现象时，应迅速左右摆动焊条，使之与焊件脱离。如摆动仍不能脱离，应迅速切断电源，以免短路过久而损坏电焊机。

引弧时焊件处于常温，电弧的穿透力受阻，熔化金属的冶金反应受到影响，出现焊缝高而熔深浅的现象，而且容易产生气孔，因此，引弧位置通常选在焊缝起点后面约 10 mm 处（见图 10–62）。引燃电弧后拉长电弧，迅速移至焊接起点进行预热，预热后将电弧恢复到正常长度，待弧坑填满时再移动焊条正常焊接。经过引弧点时，引弧点处的金属再次熔化，这样就消除了引弧时造成的焊接缺陷。

（3）运条

电弧引燃后进入正常的焊接过程，此时，焊条末端要做三个方向的动作，才能使焊接过程连续并形成理想的焊缝。这三个方向的动作是沿焊条中心线向熔池送进，沿焊接方向移动和横向摆动，如图 10–63 所示。

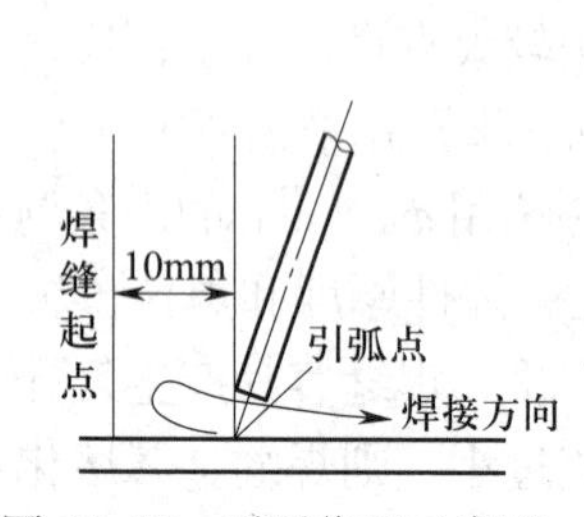

图 10–62　引弧位置示意图

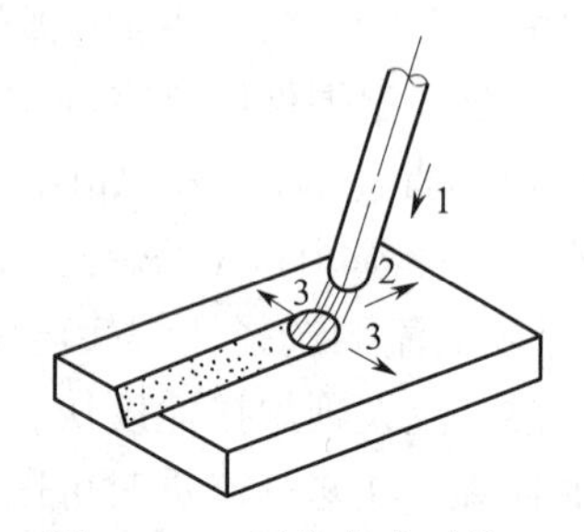

图 10–63　运条基本动作

1—焊条送进　2—沿焊接方向移动　3—横向摆动

随着焊条不断地被熔化而变短，为保持一定弧长，必须将焊条沿轴向向熔池送进，送进速度应与焊条的熔化速度相等。

焊条沿焊接方向移动使熔化金属形成焊缝。移动速度（即焊接速度）的快慢要根据焊缝形式与位置、工件厚度、焊条直径和焊接电流等因素决定。移动速度太快，熔池深度不够，容易造成未焊透或未熔合缺陷；反之，移动速度太慢，会使焊缝过高，焊件因过热而增大变形或被烧穿。

焊条横向摆动可以增加焊缝宽度。由于焊条摆动时电弧反复搅拌熔池，加速熔化金属的冶金反应，促进熔池中熔渣和气体的浮出，有利于改善焊缝质量。

以上三个动作必须协调。根据接头形式、焊缝间隙、焊缝位置、焊条直径、焊接电流和焊件厚度等情况，有不同的运条方法，如图 10–64 所示为常用的几种运条方法。

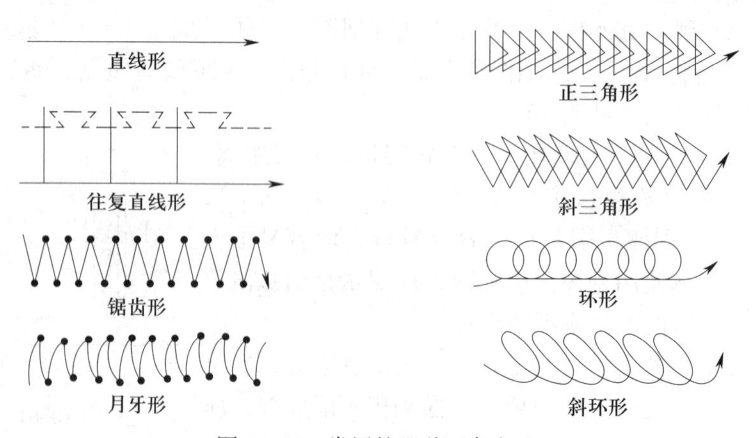

图 10–64　常用的几种运条方法

如图 10–60 所示，工件正反两面焊缝均宜采用直线运条方法，施焊时，焊条与焊件间的角度应保持图 10–65 所示状态。焊接正面焊缝时，可采用短弧焊接，使熔池达到板厚的 2/3，焊缝宽度控制在 10 ~ 12 mm，加强高应小于 1.5 mm。焊接反面封底焊缝时，可不铲除焊根，将正面焊缝背面的熔渣清除干净，然后用 3.2 mm 焊条焊接，运条速度要略快些。

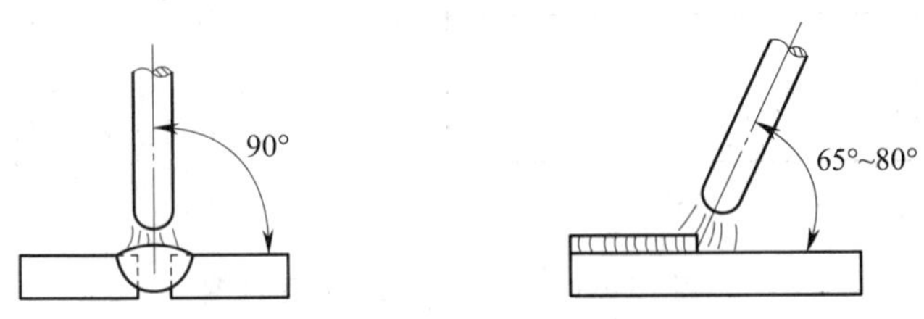

图 10–65　平焊时焊条的角度

（4）焊缝的接头与收尾

焊条电弧焊由于焊条长度有限，一条焊缝往往由若干段短焊缝连接而成，两段短焊缝的连接处称为焊缝接头。

如图 10–66 所示，焊接接头与焊接顺序有关，采用图 10–66a 所示首尾相接法时，由于焊缝 1 的结尾处留有一个弧坑，接头时应在弧坑前引弧，稍拉长电弧引入原弧坑，待填满弧坑后即可开始焊缝 2 的焊接（见图 10–67）。

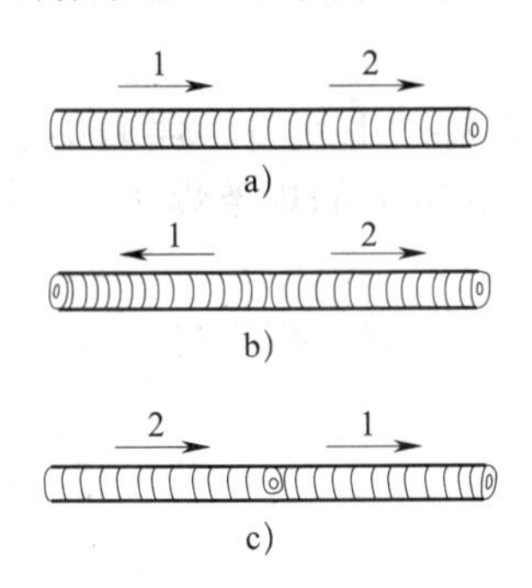

图 10–66　焊缝的接头方法

a）首尾相接法　b）分中焊法　c）逐步退焊法

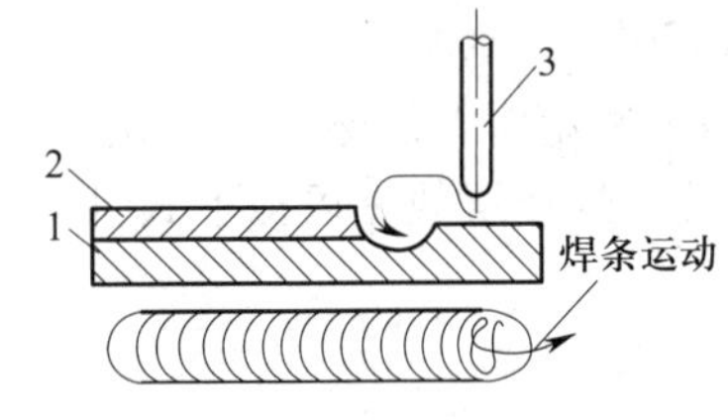

图 10–67　首尾相接的接头方法

1—工件　2—焊缝　3—焊条

焊缝焊完时，如果立即熄弧，就会在焊缝末尾形成低于焊件表面的弧坑，过深的弧坑很容易产生应力集中而形成裂纹，影响焊缝的质量。为了填满弧坑，焊缝收尾时，焊条停止前移，做圆周运动（划小圈），待填满弧坑时再拉断电弧。焊缝收尾，也可以用回焊收尾法或反复断弧收尾法，即在较短的时间内反复点燃和熄灭电弧，直至填满弧坑为止。

（5）焊缝的清理

焊接结束后，焊缝上面覆盖着一层焊渣，清除焊渣时，应该待焊缝温度降低后，再用清渣锤轻轻将其敲掉。对焊件上的飞溅金属则可用扁铲铲除。

二、开坡口的对接平焊

1. 操作准备

（1）准备开坡口对接平焊工件图（见图 10–68）

（2）开坡口对接平焊焊接参数选择

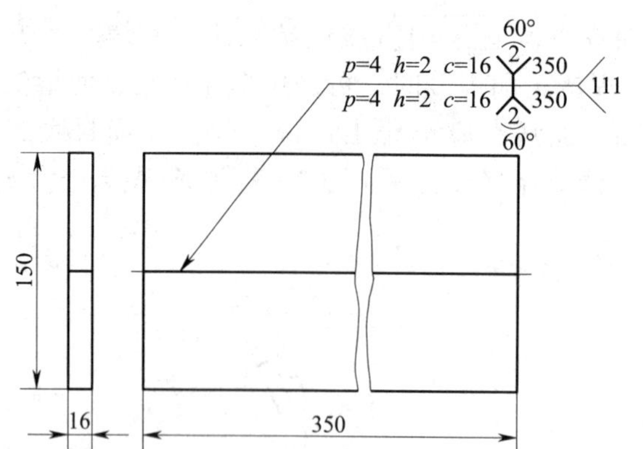

图 10–68　开坡口对接平焊工件图

1）选择接头坡口形式。对于较厚板件的接头，坡口应使电弧深入焊缝根部，保证根部焊透和便于清除熔渣，获得足够的强度和形成良好的焊缝。所选坡口形式应满足保证焊缝焊透，坡口形状加工容易，生产效率高、节省焊接材料，焊后焊件变形尽可能小等条件。因此，本工件采用 X 形坡口比较有利。

2）选择焊条直径。X 形坡口截面呈放射状，外层焊缝的填充金属量比里层焊缝要大许多。选择焊条时，外层焊缝的焊条直径要比里层焊缝的焊条直径大些。一般里层焊缝可选用直径 4.0 mm 的焊条，外层焊缝选用直径 5.0 mm 的焊条；也可两层均选用直径 4.0 mm 的焊条焊接。

3）焊条电流的选择。用直径 4.0 mm 的焊条焊接时，焊接电流可选择 160 ~ 210 A，外层焊缝的焊接电流要比里层略大些。当外层焊缝用直径 5.0 mm 的焊条焊接时，焊接电流应选择 220 ~ 280 A。

4）确定焊接层数。焊缝的焊接层数与工件板厚、坡口形式、焊脚尺寸、焊条直径等因素有关。焊接层数 n 可按下式计算：

$$n = \frac{t}{d} \tag{10-6}$$

式中　t——工件厚度，mm；

d——焊条直径，mm。

2. 操作步骤

（1）定位焊固定焊件

开坡口焊件的准备工作除按正常焊件备好料外，还需对板料加工坡口。加工坡口可在刨边机或刨床上完成，也可以用风铲和气割等方法。对焊接质量要求不高的焊件，还可以用碳弧气刨加工坡口。经加工合格的板件，方可按图样尺寸要求进行定位焊，装配成对接平焊接头。

（2）工件的施焊方法

开坡口对接平焊工件的焊接方法与不开坡口对接平焊工件大体相同，均包括引弧、运条、接头、收尾等几个步骤。所以，前面叙述的各种操作方法对开坡口工件仍然适用。不同之处是，开坡口工件比不开坡口工件的焊接层数增加。因此，第二层焊缝焊接时需采用月牙形或锯齿形运条方法。两面第一层焊缝焊完，并将熔渣清理干净后，方可焊接第二层焊缝。

三、安全与注意事项

1. 焊接操作前，必须穿戴好劳动保护用品，以防触电、弧光灼伤和烫伤。

2. 启动电焊机时，电焊钳不得与焊件接触，以免发生短路。调节焊接电流和改变极性接法时，应在空载条件下进行。

3. 应按照电焊机的额定焊接电流和暂载率来使用电焊机，以防止电焊机损坏。

4. 定期对焊接设备、焊接电缆、焊接用具进行检查，发现故障或损坏应及时修理或更换，以免发生事故。

5. 在敲打焊渣时，要防止固态焊渣烫伤和击伤眼睛。

6. 要注意电焊机的通风。高温天气作业时，要注意电焊机的工作温度，避免大电流长时间焊接，以防烧坏电焊机。

横角焊操作

一、操作准备

1. 准备横角焊工件图（见图 10–69）

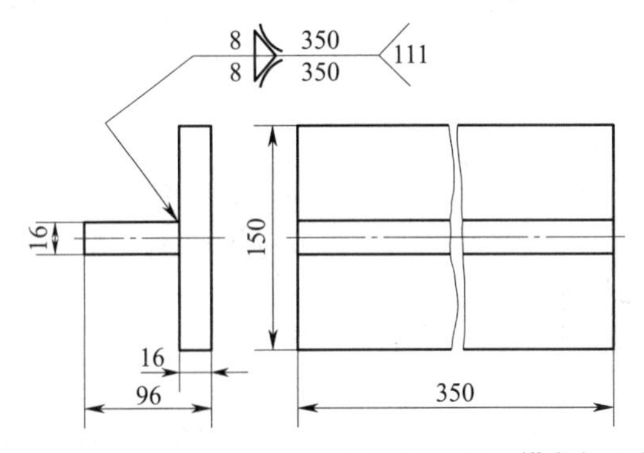

技术要求

1. 工件焊接后，两板件应保持垂直，且上下对称布置。
2. 焊缝焊脚尺寸符合图样要求。焊缝波纹均匀、美观，无咬边、未焊透、夹渣、焊瘤等缺陷。
3. 焊接后，应将焊缝上的焊渣及飞溅金属清除干净。

图 10–69　横角焊工件图

2. 横角焊焊接参数的选择

（1）焊条直径的选择

可参照对接平焊缝选用焊条直径的要求，选用直径为 5.0 mm 的焊条。

（2）焊接电流的选择

T 形接头横角焊由于散热较快，选用的焊接电流较相同条件下的平焊电流略大些。因此，采用直径为 5.0 mm 的焊条，焊接电流为 220 ～ 280 A。

（3）确定焊接层数

根据工件图中要求的焊脚尺寸，采用单层焊缝焊接即可。

二、操作步骤

T 形接头或搭接接头焊缝的焊接称为角焊，焊缝呈水平位置的角焊称为横角焊。进行横角焊时，若焊件两板厚度相等，则焊条与两板均成 45° 夹角，并应向焊接方向倾斜成 70° ～ 80° 的角度（见图 10–70a）；若两板厚度不相等，则应调整焊条角度，使焊接电弧偏向厚板的一边，以使两边焊脚尺寸趋于相同（见图 10–70b）。

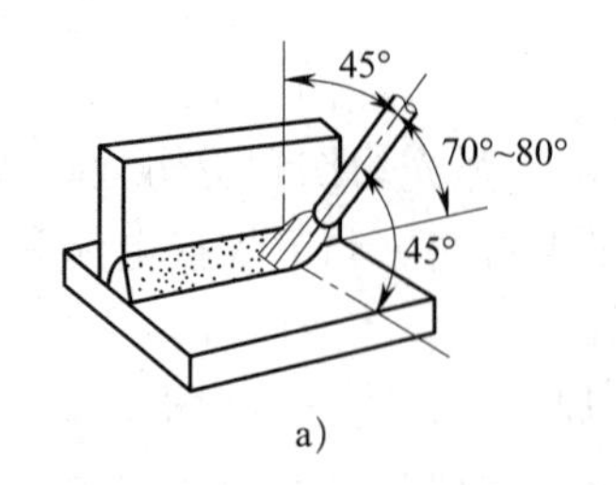

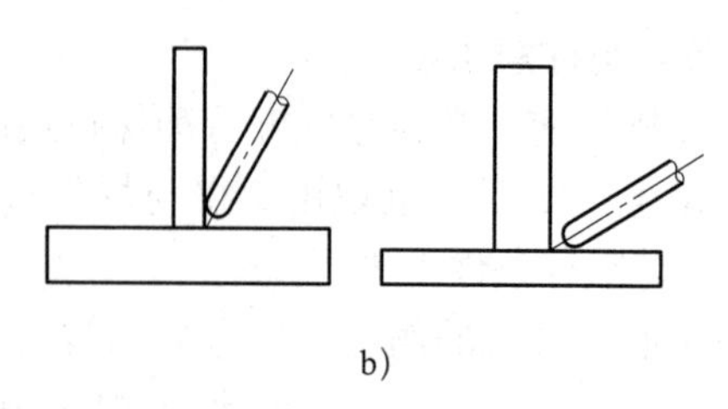

图 10–70　横角焊焊条角度

a）相等板厚的焊条角度　b）不相等板厚的焊条角度

对于焊脚尺寸较小的横角焊，采用直线形运条方法即可。焊接时，将电弧引燃后，使焊条端头靠在焊缝处，保持焊条角度。当焊条熔化时，逐渐沿着焊接方向移动形成焊缝，完成焊接。这种焊接方法不但操作简便，而且能获得较大的熔深，焊缝外表也较美观。

对于焊脚尺寸大于 8 mm 时，需采用多层焊或多层多道焊，如图 10–71 所示（图中数字表示焊道的焊接序号）。

三、安全与注意事项

1. 横角焊容易产生咬边、夹渣、焊脚不均匀等缺陷（见图 10–72）。为防止焊接缺陷的产生，操作时除正确选择焊接参数外，还应注意及时调整焊条角度，通过运条控制焊缝金属和熔渣超前，使电弧对两板加热均匀。

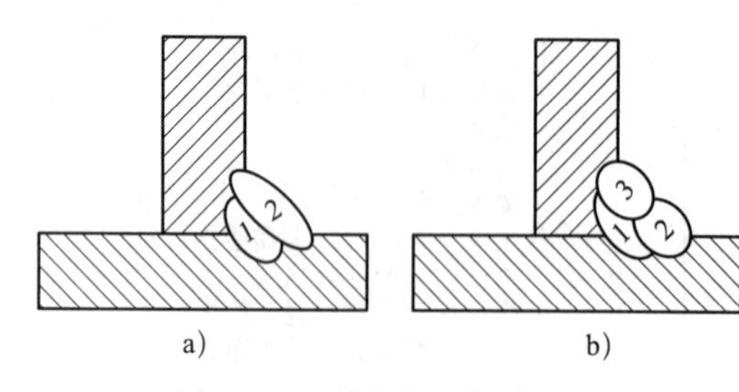

图 10–71　横角焊的焊接顺序

a）多层焊　b）多层多道焊

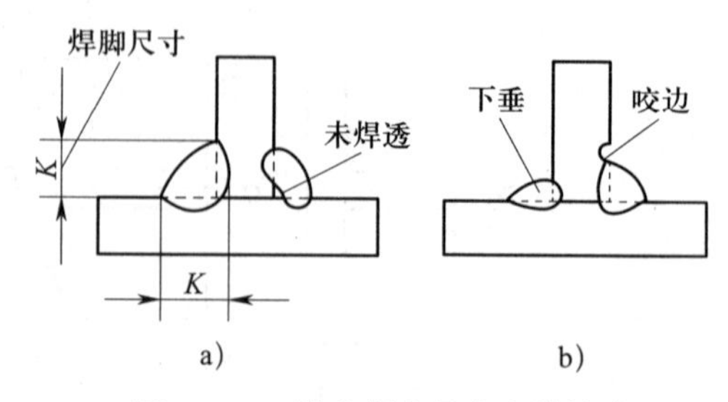

图 10–72　横角焊容易产生的缺陷

2. T 形接头的横角焊缝，往往由于收尾弧坑未填满而产生裂纹，因此在收尾时一定要填满弧坑。

3. 为提高横角焊的操作技能，尽可能不采用“船”形施焊法。

立 焊 操 作

一、操作准备

1. 准备立焊工件图（见图 10–73）

2. 立焊焊接参数的选择

（1）选择焊条直径

由于立焊缝的熔池位于垂直面上，若焊条直径大，相应熔池和熔化金属的体积也大，这将给操作增加难度，容易造成熔化金属下淌形成焊瘤。因此，立焊选用的焊条直径比平焊和角焊都要小一些。一般立焊选用 3.2 mm 或 4.0 mm 直径的焊条即可。

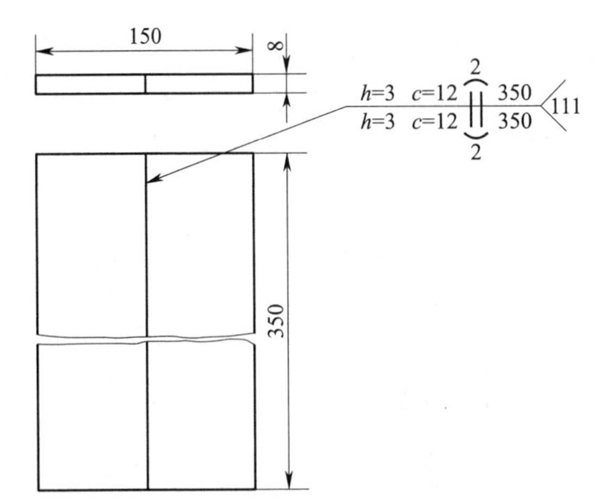

技术要求

1. 焊件采用双面立焊，焊件组装后板件应平直，两板间隙为2。
2. 焊缝应符合要求的尺寸，接头处应无明显脱节现象。
3. 焊缝应成形美观、平直，无咬边、焊瘤、夹渣等缺陷。
4. 焊后应将熔渣和飞溅金属清除干净，并在焊件一角打印编号。

图 10–73　立焊工件图

（2）选择焊接电流

焊接电流大小，取决于焊条直径和焊缝位置。立焊的焊接电流应该比平焊、角焊的焊接电流小 10% ~ 15%。立焊时焊接电流选择范围见表 10–11。

表 10–11　　立焊时焊接电流选择范围

焊条直径 /mm	电流 /A	板厚 /mm
3.2	90 ~ 120	5 ~ 6
	90 ~ 120	7 ~ 10
	90 ~ 120	11 ~ 18
4.0		5 ~ 6
	120 ~ 160	7 ~ 10
	120 ~ 160	11 ~ 18

二、操作步骤

立焊一般采用由下往上的焊接方法。操作时，采用反握法持电焊钳，焊条与被焊两板件的角度相等（见图 10–74a），与水平面成 15° ~ 30°（见图 10–74b），这样利用电弧偏上的吹力托住熔化的金属，同时采用短弧焊接，使熔滴顺利地过渡到熔池中去，而熔渣则下流覆盖在焊缝外表面。

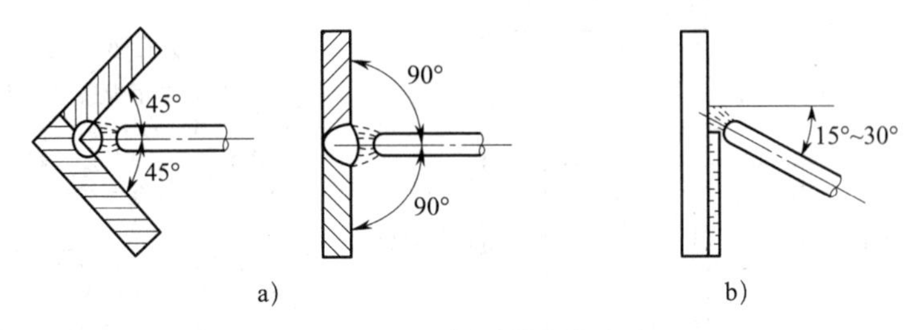

图 10–74　立焊时的焊条角度

a）焊条与被焊板间的角度　b）焊条与水平面的角度

不开坡口的对接立焊常用于薄板件的焊接。焊接时，可采用跳弧法、灭弧法以及幅度较小的锯齿形或月牙形运条方法。

跳弧法是当熔滴脱离焊条末端过渡到熔池后，立即将电弧向焊接方向提起，使熔化金属有凝固的机会，迅速形成阶台。随后将提起的电弧拉回熔池，当熔滴过渡到熔池后，再提起电弧。如此不断重复熔化—冷却—凝固的过程，由下至上堆积成一条焊缝。对接立焊的运条方法如图 10–75 所示。

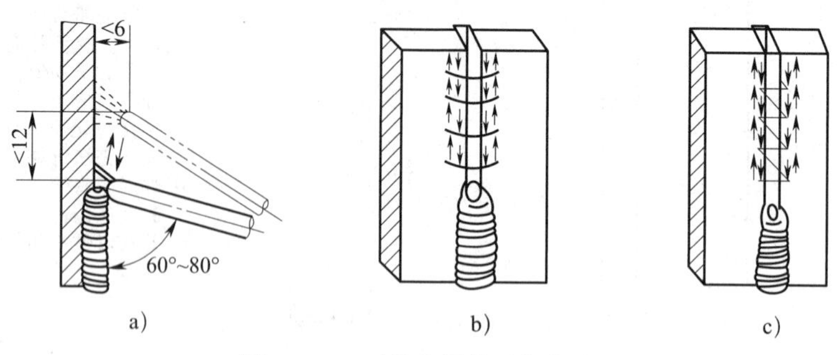

图 10–75　对接立焊的运条方法

a）直线形跳弧法　b）月牙形跳弧法　c）锯齿形跳弧法

跳弧法运条的特点是在焊接较薄板件和接头间隙较大的立焊缝时，能避免产生烧穿、焊瘤等缺陷。为保证焊接质量，不使空气侵入熔化金属，要求电弧移开熔池的距离尽可能短些。

三、安全与注意事项

1. 立焊的运条速度要均匀，摆动幅度应一致。运条时，必须靠手腕动作来控制焊条的运动，避免用摆动手臂来实现运条。

2. 立焊时接头比较困难，容易产生焊瘤、夹渣等缺陷。因此，接头时更换焊条要迅速，采用热接法。收尾则采用灭弧法。

3. 焊接时，应将工件垂直固定在焊接平台上，防止其倾倒。

焊接复合作业

一、焊接复合作业工件图（见图 10–76）

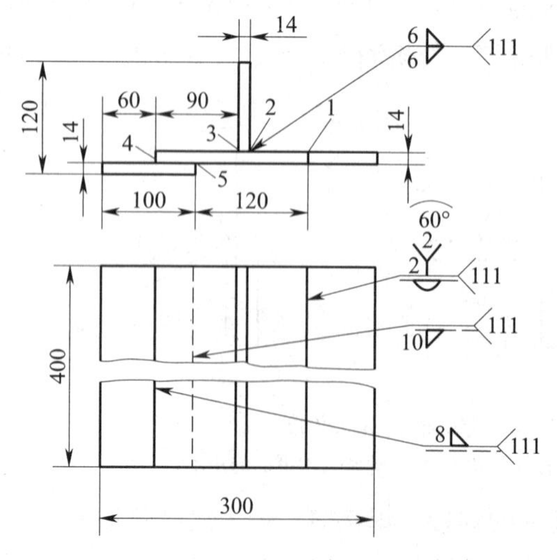

技术要求

1. 各焊缝均采用焊条电弧焊焊接。焊缝1为平焊，焊缝2、5采用立焊，焊缝3、4为横角焊。每条焊缝至少要有一处接头。
2. 焊缝应平直、成形好。焊缝的尺寸应符合要求。
3. 焊缝无偏移、咬边、焊瘤、夹渣等缺陷。
4. 清除全部熔渣和飞溅金属。

图 10–76　复合作业工件

二、工艺分析卡片（见表 10–12）

表 10–12 工艺分析卡片

姓名		学号		班级		填写日期	
工作概况							
数量		材质		质量		外形尺寸	
工时定额		实际工时		材料定额		实际消耗材料	
1. 确定工序，画出工序流程图（附零件草图）							
2. 主要工序加工工艺分析							
备注							

课题三 螺纹连接

子课题 1 普通螺栓连接

螺纹连接是利用螺纹零件构成的可拆卸的固定连接。常用的螺纹连接有螺栓连接、双头螺柱连接和螺钉连接三种形式。螺纹连接具有结构简单、紧固可靠、装拆迅速方便、经济等优点，所以应用极为广泛。螺纹紧固件的种类、规格繁多，但它们的形式、结构、尺寸都已经标准化，可以从相应的标准中查出。

一、螺栓连接

螺栓连接由连接件螺栓、螺母和垫圈组成，主要用于被连接件不太厚、能形成通孔部位的连接。

螺栓连接有两种，一种是承受轴向拉伸载荷作用的连接（见图 10–77a），这种受拉螺栓的杆身与孔壁之间允许有一定的间隙；另一种是承受横向作用力的受剪螺栓连接（见图 10–77b），这种螺栓连接的孔需经铰制，孔与无螺纹杆身部分采用基孔制的过渡配合或过盈配合，因此能准确地固定被连接件的相对位置，并能承受横向载荷作用时所引起的剪切和挤压。

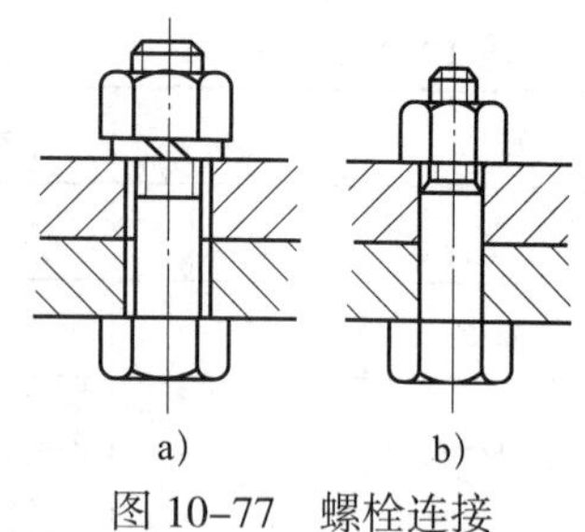

图 10–77 螺栓连接
a）受拉螺栓连接 b）受剪螺栓连接

1. 螺栓连接的装配方法

螺栓装配时，应根据被连接件的厚度和孔径来确定螺栓、螺母和垫圈的规格及数量。一般螺杆长度应等于被连接件、螺母和垫圈三者厚度之和加（1 ~ 2）P（P 为螺距）余量即可。

连接时，将螺栓穿过被连接件上的通孔，套上垫圈后用螺母旋紧。紧固时，为防止螺栓随螺母一起转动，应分别用扳手卡住螺栓头部和螺母，向反方向扳动，直至达到要求的紧固程度。

紧固时，必须对拧紧力矩加以控制。拧紧力矩太大，会出现螺栓拉长、断裂和被连接件变形等现象；拧紧力矩太小，则不能保证被连接件在工作时的要求和可靠性。

2. 成组螺栓的紧固顺序

拧紧成组的螺栓时，必须按照一定的顺序进行，并做到分次逐步拧紧（一般分三次拧紧），否则会使部件或螺栓产生松紧不一致，螺栓受力不均匀，导致个别受力大的螺栓被拉断。在拧紧长方形布置的组件螺栓时，必须从中间开始，逐渐向两侧对称地进行（图 10–78a 中的数字表示拧紧的顺序）；拧紧方形或圆形布置的成组螺栓时，必须与中心对称地进行（见图 10–78b、c）。

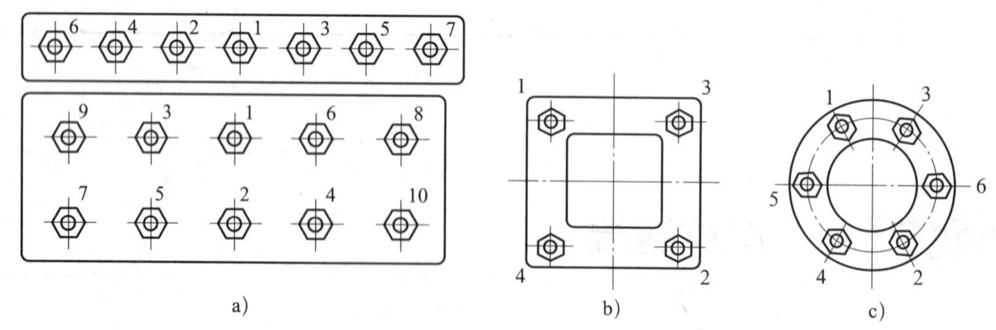

图 10–78 拧紧成组螺栓的方法
a）长方形布置 b）方形布置 c）圆形布置

二、螺柱连接

双头螺柱连接主要用于连接件较厚、不宜用螺栓连接的场合。连接时，把双头螺柱的旋入端拧入不透的螺纹孔中，另一端穿过被连接件的通孔后套上垫圈，然后拧紧螺母（见图 10–79）。拆卸时，只要拧开螺母，就可使被连接件分离开。

1. 双头螺柱的装配方法

由于双头螺柱没有头部，无法直接将其旋入端紧固，常采用双螺母对顶或螺钉与双头螺柱对顶的方法（见图 10–80）。

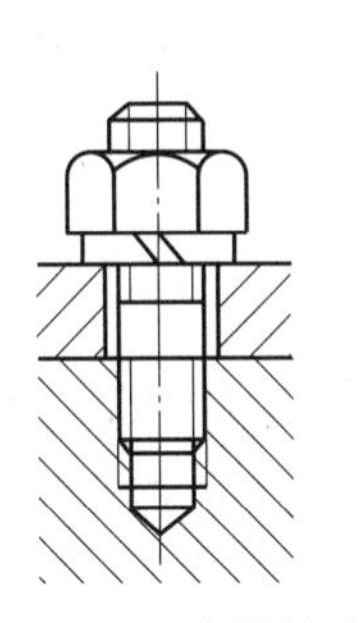

图 10–79　双头螺柱连接

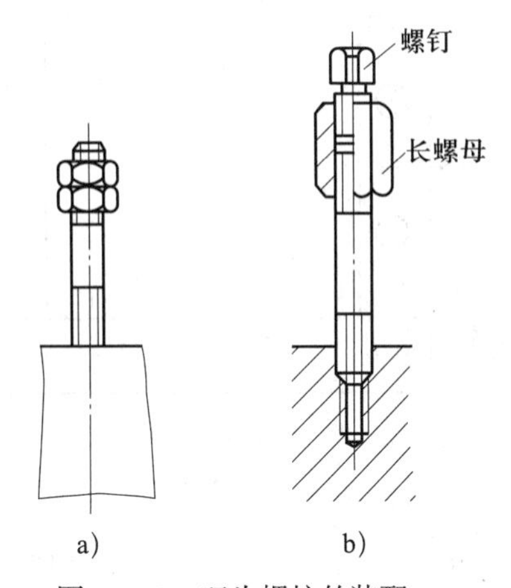

图 10–80　双头螺柱的装配

a）双螺母对顶　b）螺钉与双头螺柱对顶

（1）用双螺母对顶

先将两个螺母相互锁紧在双头螺栓上，然后用扳手扳动一个螺母，把双头螺柱拧入螺纹孔中紧固（见图 10–80a）。

（2）用螺钉与双头螺柱对顶

用螺钉来阻止长螺母和双头螺柱之间的相对运动，然后扳动长螺母，双头螺柱即可拧入螺纹孔中（见图 10–80b）。松开螺母时，应先使螺钉回松。

2. 装配双头螺柱的注意事项

（1）将螺柱和螺纹孔的接触面清理干净，然后用手轻轻地把螺母拧到螺纹的终止处。遇到拧不进的情况时，不能用扳手强行拧紧，以免损坏螺纹。

（2）双头螺柱与螺纹孔的配合应有足够的紧固性，保证装拆螺母时双头螺柱不能有任何松动现象。因此，螺柱的旋入端应采用过渡配合，使配合后螺纹中径有一定的过盈量。

（3）双头螺柱的轴线必须与被连接件的表面垂直。

技能训练

方法兰的螺栓连接

一、操作准备

1. 连接件的准备

按图 10–81 所示螺纹连接件的尺寸要求准备好两个方法兰，并按工件图样要求的尺寸钻好孔。

2. 工具的准备

准备活动扳手（200 mm × 24 mm）两个。

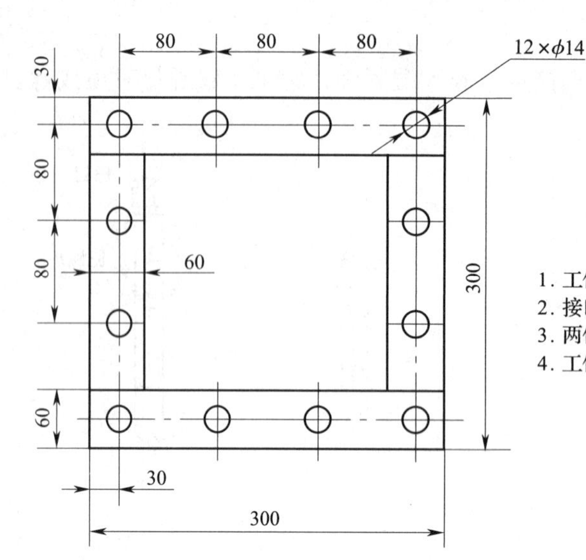

技术要求

1. 工件必须矫正，周边平整。
2. 接口焊缝必须保证平整，不得有凸起。
3. 两件配钻。
4. 工件的板厚为6。

图 10-81　螺纹连接件

3. 螺纹紧固件的准备

准备 M12×35 螺栓 12 个，M12 螺母、弹簧垫圈各 12 个。

二、操作步骤

1. 穿入螺栓并预紧

将螺栓穿入连接件的孔中，加上弹簧垫圈，用手拧上螺母。这时不能用扳手将螺母拧紧，否则会造成各螺母的松紧程度不一致。

2. 确定紧固顺序

由于该构件是一组螺栓，因此应按一定顺序来紧固。紧固的顺序如图 10-82 所示。

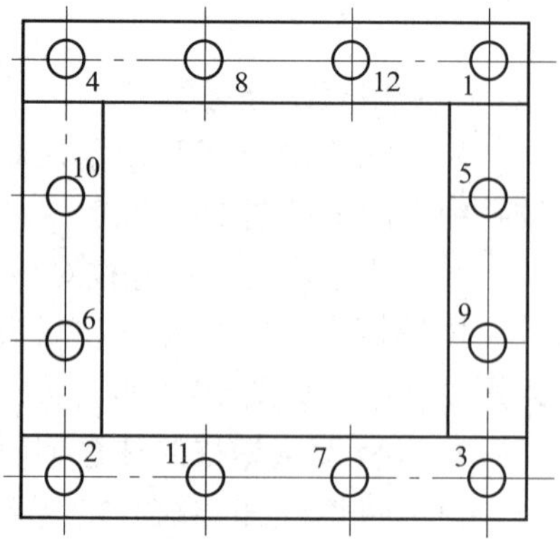

图 10-82　紧固顺序

3. 依次紧固各螺栓

确定紧固顺序后，用扳手紧固时不能一次完成。第一次稍加用力即可；然后按原顺序再紧固一次，这次紧固让螺母基本到位；最后还要按原顺序将螺母紧固到可靠为止。

三、注意事项

1. 方法兰拼接时，焊道应磨平，以免在紧固时工件之间存在间隙。

2. 螺栓光杆部分的长度应小于连接件的总厚度，以免紧固时出现不牢固现象。

3. 使用活扳手时，开口的尺寸应与螺母的尺寸相适应，不能过大，否则易将螺母的六角拧圆。

4. 拧紧力矩应根据螺栓直径的大小确定。力矩过大易造成螺栓折断或脱扣现象，力矩过小会出现紧固不可靠。

子课题 2　高强度螺栓连接

一、螺纹连接防松措施

一般的螺纹连接都具有自锁性能，在受静载荷和工作温度变化不大时不会自行松脱。

但在受冲击、振动或变载荷作用下及工作温度变化很大时，这种连接有可能自松。为了保证螺纹连接安全、可靠，避免松脱发生事故，必须采取有效的防松措施。

常用的防松措施有增大摩擦力防松和机械防松两类。

1. 增大摩擦力防松

这种措施主要有利用弹簧垫圈和双螺母两种方法（见图 10–83）。这两种方法都能使拧紧的螺纹之间产生不因外载荷而变化的轴向压力，因此始终有摩擦阻力防止连接松脱。但这种方法不十分可靠，所以多用于冲击和振动较小的场合。

2. 机械防松

（1）开口销防松

将开口销穿过拧紧螺母上的槽和螺栓上的孔后，将尾端扳开，使螺母与螺栓不能相对转动（见图 10–84a），达到防松目的。这种防松措施常用于有振动的高速机械。

（2）止退垫圈防松

将止退垫圈内翅嵌入外螺纹零件端部的轴向槽内，拧紧圆螺母，再将垫圈的一外翅弯入螺母的一槽内，螺母即被锁住（见图 10–84b）。这种方法常用于轴类螺纹连接的防松。

（3）止动垫圈防松

螺母拧紧后，将止动垫圈上单耳或双耳折弯，分别与零件和螺母的边缘贴紧，防止螺母回松（见图 10–84c）。这种方法仅用于连接位置有容纳弯耳的地方。

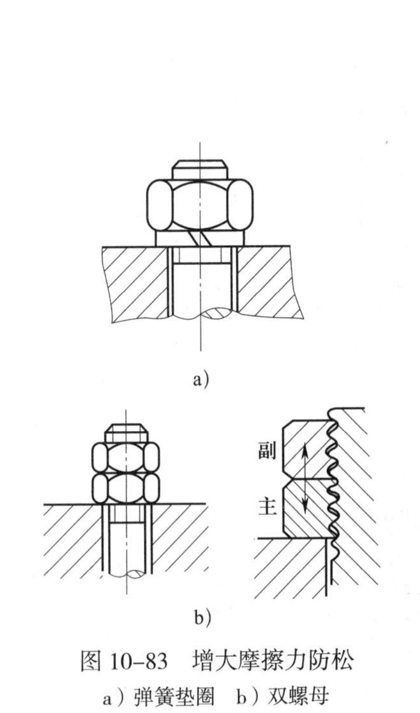

图 10–83　增大摩擦力防松

a）弹簧垫圈　b）双螺母

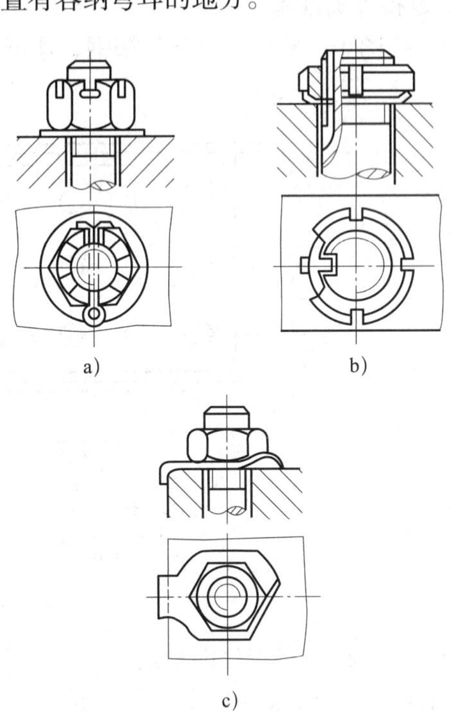

图 10–84　机械防松

a）开口销防松　b）止退垫圈防松　c）止动垫圈防松

二、螺纹连接力矩控制方法

螺纹连接时，若拧紧力矩过小，达不到紧固的要求；若拧紧力矩过大，则易造成螺栓拉长、拉断和使螺栓、螺母的螺纹损坏。对于一般的连接，可凭经验在拧紧螺母时控制；对于重要的螺纹连接，在紧固时要对拧紧力矩加以控制。普通螺栓的最大拧紧力矩参照表 10–13 选择。

表 10–13　　普通螺栓的最大拧紧力矩

螺栓公称直径 / mm	最大拧紧力矩 / N·m	螺栓公称直径 / mm	最大拧紧力矩 / N·m	螺栓公称直径 / mm	最大拧紧力矩 / N·m
6	4	12	32	24	280
8	9.5	16	80	30	550
10	18	20	160	36	970

技能训练

型钢梁的螺栓连接

一、操作准备

1. 连接件的准备

（1）按图 10–85 所示准备好槽钢、连接板、螺栓、螺母、弹簧垫圈等。

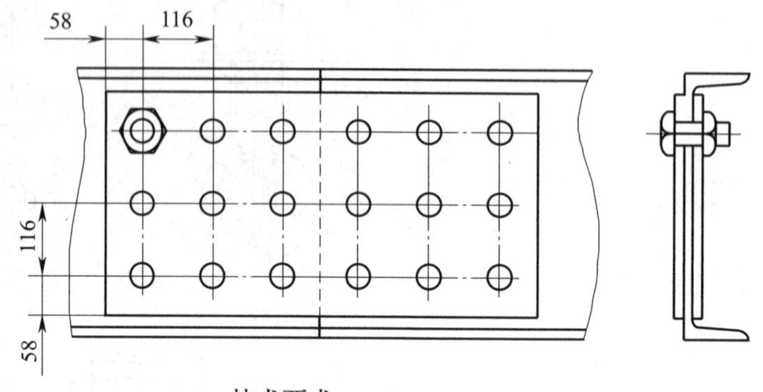

技术要求

1. 槽钢尺寸为40a。
2. 连接用螺栓为M18。
3. 连接板尺寸为348×684×10。
4. 连接要紧固。

图 10–85　螺栓连接工件图

（2）按螺栓连接工件图给定的尺寸钻孔。钻孔时应配钻。将连接板与槽钢定位焊固定后，三者同时钻孔，这样可以避免连接时孔错位造成穿螺栓困难。

2. 工具的准备

准备扳手及扭力扳手。

二、操作步骤

1. 穿入螺栓并预紧

将螺栓穿入孔内，加弹簧垫圈后拧上螺母，用扳手稍加用力将螺母预紧。

2. 按顺序紧固螺栓并注意控制连接力矩

螺母预紧后，按图 10–86 所示的顺序进行紧固。紧固时，要分次逐步拧紧（一般分 3 ~ 4 次），否则会使部件或螺栓松紧不一致，螺栓受力不均匀，导致个别受力大的螺栓被拉断。

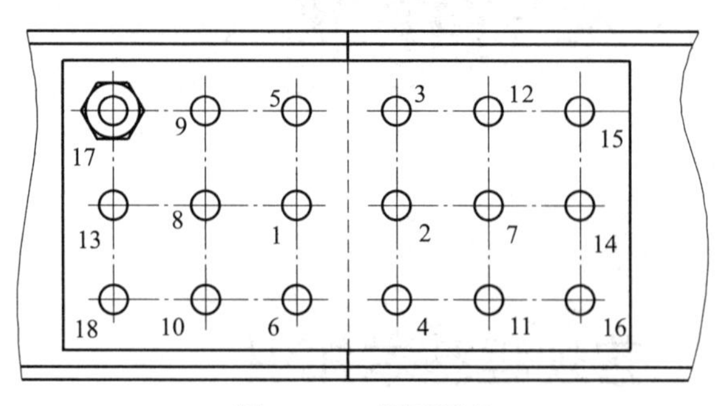

图 10–86 紧固顺序

三、注意事项

1. 螺栓光杆部分不能过长，以免紧固时出现不牢固现象。

2. 使用活动扳手时，开口的尺寸应与螺栓的尺寸相适应，不能过大，否则易将螺栓六角头拧圆。

3. 拧紧力矩应当根据螺栓直径大小确定，过大易造成螺栓折断或脱扣现象，过小会出现紧固不可靠。

第十一单元

复合作业（三）

课题一 工艺规程基本知识

一、工艺规程及其作用

产品的生产过程包括一系列工作，如产品设计，生产组织准备和技术准备，原材料运输和保存，毛坯制造、零件机械加工和热处理，产品装配、调试及油漆和包装等。

生产过程中直接改变原材料（毛坯）的形状、尺寸和材料性能，使它变成产品或半成品的过程，称为工艺过程。

当工艺过程的有关内容确定后，用表格形式写出来，作为加工依据的文件，称为工艺规程。

工艺规程具有如下作用：是指导生产的主要技术文件；是生产组织和管理的基础依据；是设计新厂或扩建、改建旧厂的基础技术依据；是交流先进经验的桥梁。

当然，随着科学技术的发展，工厂生产能力和工人技术水平的提高，工艺规程也要不断加以改进和完善。

二、编制工艺规程的原则、内容及步骤

1. 编制工艺规程的原则

编制工艺规程应遵循以下原则。

（1）技术上的先进性。在编制工艺规程时，要了解国内外本行业工艺技术发展的状况，充分吸收国内外的先进生产经验，通过必要的工艺试验，尽可能采用先进的工艺和工艺设备。

（2）经济上的合理性。编制工艺规程时，在一定的生产条件下，要对多种工艺方法进行比较、核对，在保证产品质量的前提下，选择经济上最合理的工艺方案。

（3）技术上的可行性。编制工艺规程时，应从本厂的实际出发，使选用的工艺方法和措施与本厂生产能力相适应。同时注意充分发掘工厂的潜力，创造条件以满足产品制造工艺的要求。

（4）良好的劳动条件。所编制的工艺规程，必须保证操作者具有良好而安全的劳动条件。因此，应尽量采用机械化、自动化操作，以减轻工人的体力劳动、确保工人的身体健康。

2. 工艺规程的主要内容

（1）工艺过程卡

工艺过程卡是将产品工艺路线的全部内容按照一定格式写成的文件，它的主要内容有：备料及成形加工过程，装配焊接顺序及要求，各种加工的加工部位，工艺余量及精度要求，装配定位基准、夹紧方案，定位焊及焊接方法，各种加工所用设备和工艺装备，检查和验收标准，材料消耗定额和工时定额等。

（2）加工工序卡

加工工序卡除填写工艺过程卡的有关内容外，尚须填写操作方法、步骤及工艺参数等。

（3）绘制简图

为了便于阅读工艺规程，在工艺过程卡和加工工序卡中，应绘制必要的简图，图形应能表示出本工序加工过程的内容，本工序的工序尺寸、公差及有关技术要求等，图形中的符号应符合国家标准。

3. 编制工艺规程的步骤

编制工艺规程，一般要经过如下步骤。

（1）技术准备

技术准备包括如下内容。

1）正确掌握产品所执行的标准。

2）对经过工艺性审查的图样，再进行一次工艺分析。

3）熟悉产品验收的质量标准。

4）掌握工厂的生产条件

5）掌握产品生产纲领及生产类型。

（2）产品的工艺过程分析

在技术准备的基础上，根据图样，研究产品结构及备料、成形加工、装配及焊接工艺的特点，对关键零部件或工序应进行深入的分析研究。考虑生产条件、类型，通过调查研究，从保证产品技术条件出发，在尽可能采用先进技术的条件下，可提出几个可行的工艺方案，然后经过全面的分析、比较或试验，最后选出一个最佳的工艺方案。

（3）拟定工艺路线

工艺路线的拟定是编制工艺过程的总体布局，是对工程技术尤其是对工艺技术的具体运用，也是工厂提高产品质量和提高经济效益的重要步骤。拟定工艺路线要完成以下内容：

1）加工方法的选择。

2）加工工序的安排。

3）确定各工序所使用的设备。

在拟定工艺路线时，要提出两个以上的方案，通过分析、比较，选出最佳方案。拟定工艺路线需要绘制出产品制造过程的工艺流程图，通常采取框图形式并附以工艺路线说明，也可以用表格的形式来表示。

（4）编写工艺规程

在拟定了工艺路线并经过审核、批准后，就可以着手编写工艺规程。这一步骤的工作是把工艺路线中每一工序的内容，按照一定的规则填写在工艺卡片上。

编写工艺规程时，文字要简明扼要，术语要统一，符号和计量单位应符合有关标准，对于一些难以用文字说明的内容，应绘制必要的简图。

在编写完工艺规程后，工艺人员还应提出工艺装备设计任务书，编写工艺管理性文件，如材料消耗定额，外购件、外协件、自制件明细表，以及专用工艺设备明细表等。

课题二　搅拌机槽体制作

一、搅拌机槽体工件图（见图 11–1）

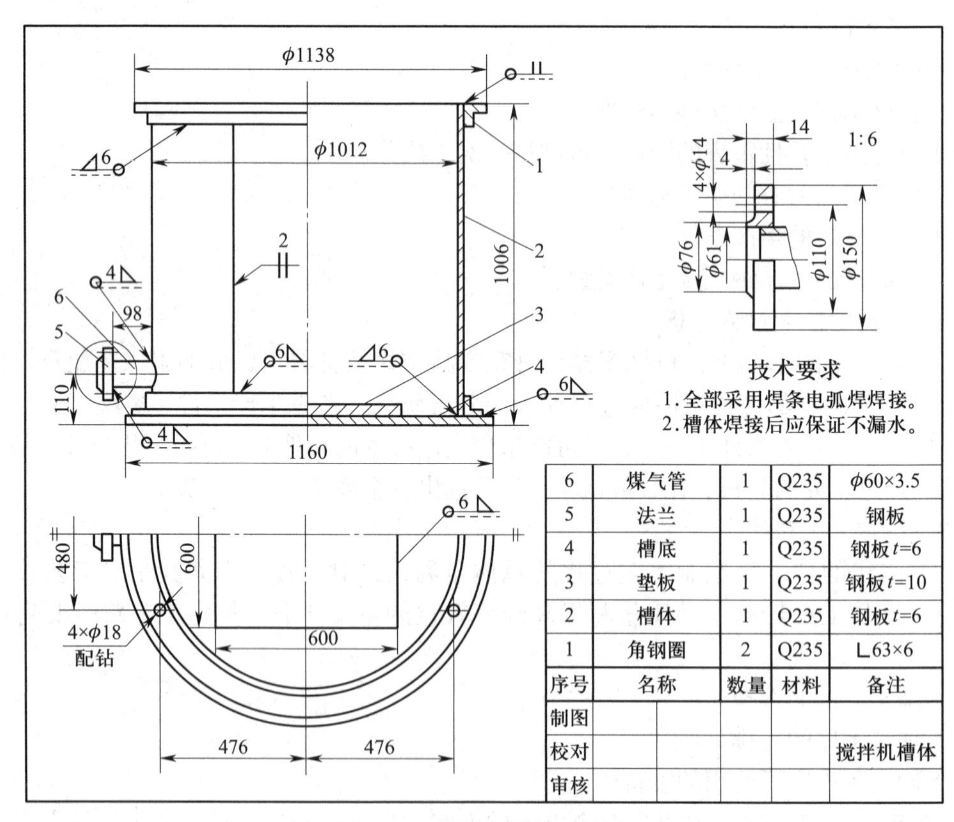

6	煤气管	1	Q235	φ60×3.5
5	法兰	1	Q235	钢板
4	槽底	1	Q235	钢板 t=6
3	垫板	1	Q235	钢板 t=10
2	槽体	1	Q235	钢板 t=6
1	角钢圈	2	Q235	∟63×6
序号	名称	数量	材料	备注
制图				
校对				搅拌机槽体
审核				

图 11–1　搅拌机槽体工件图

二、工艺分析卡片（见表 11–1）

表 11–1　　工艺分析卡片

姓名		学号		班级		填写日期	
工作概况							
数量		材质		质量		外形尺寸	
工时定额		实际工时		材料定额		实际消耗材料	

1. 确定工序，画出工序流程图（附零件草图）

2. 主要工序加工工艺分析

备注	

课题三　筒型旋风除尘器筒体制作

一、筒型旋风除尘器筒体工件图（见图 2–154）

二、工艺分析卡片（见表 11–2）

表 11–2　　**工艺分析卡片**

姓名		学号		班级		填写日期	
工作概况							
数量		材质		质量		外形尺寸	
工时定额		实际工时		材料定额		实际消耗材料	
1. 确定工序，画出工序流程图（附零件草图）							
2. 主要工序加工工艺分析							
备注							

课题四　型钢组合小梁制作

一、型钢组合小梁工件图（见图 11–2）

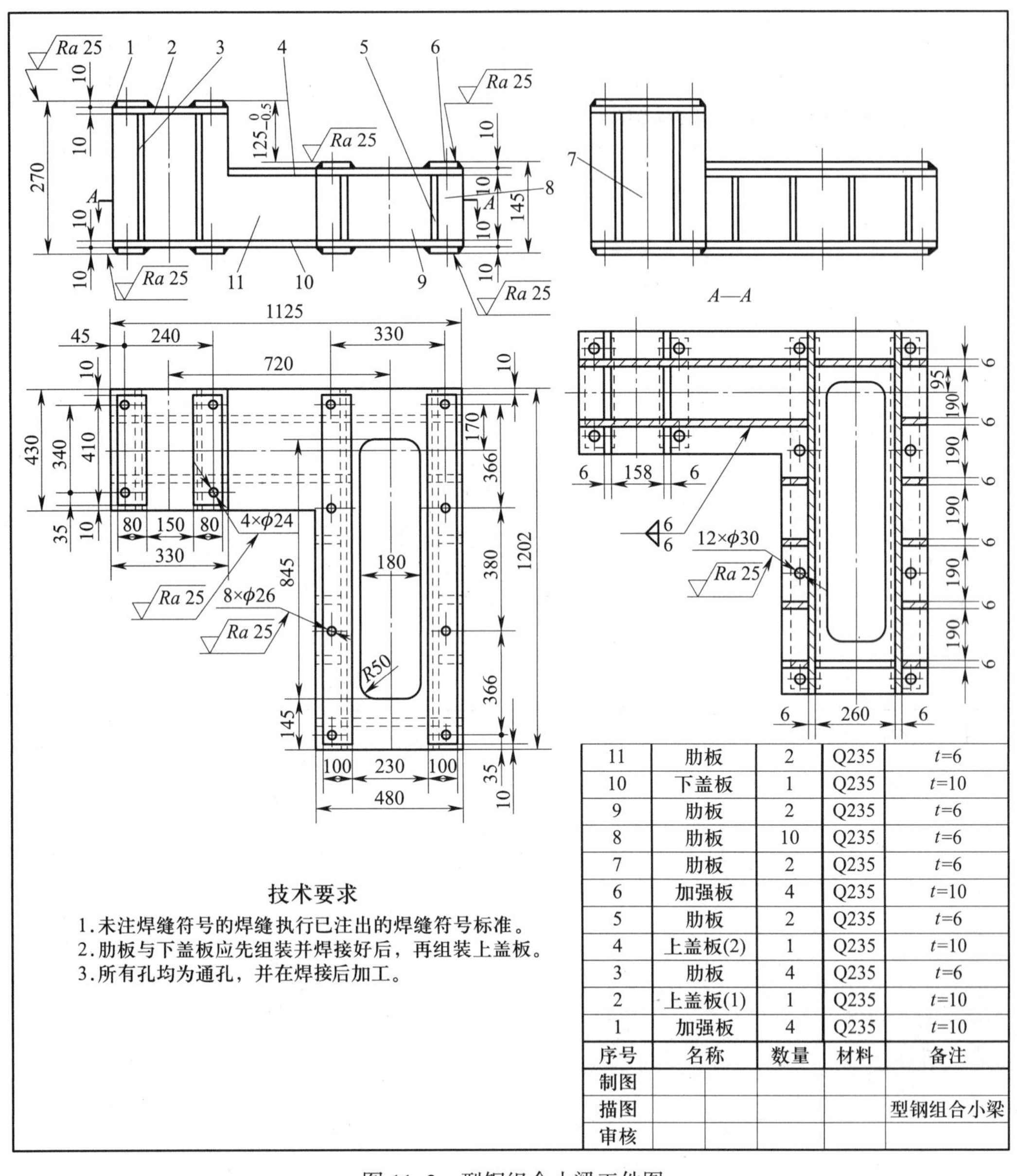

序号	名称	数量	材料	备注
11	肋板	2	Q235	t=6
10	下盖板	1	Q235	t=10
9	肋板	2	Q235	t=6
8	肋板	10	Q235	t=6
7	肋板	2	Q235	t=6
6	加强板	4	Q235	t=10
5	肋板	2	Q235	t=6
4	上盖板(2)	1	Q235	t=10
3	肋板	4	Q235	t=6
2	上盖板(1)	1	Q235	t=10
1	加强板	4	Q235	t=10
制图				
描图				型钢组合小梁
审核				

图 11–2　型钢组合小梁工件图

二、工艺分析卡片（见表 11-3）

表 11-3　　工艺分析卡片

姓名		学号		班级		填写日期	
工作概况							
数量		材质		质量		外形尺寸	
工时定额		实际工时		材料定额		实际消耗材料	
1. 确定工序，画出工序流程图（附零件草图）							
2. 主要工序加工工艺分析							
备注							

课题五　储液罐体制作

一、储液罐体工件图（见图 2–168）

二、工艺分析卡片（见表 11–4）

表 11–4　　工艺分析卡片

姓名		学号		班级		填写日期	
工作概况							
数量		材质		质量		外形尺寸	
工时定额		实际工时		材料定额		实际消耗材料	
1. 确定工序，画出工序流程图（附零件草图）							
2. 主要工序加工工艺分析							
备注							

附　　录

附表 1　　　　**热轧钢板最小长**

钢板公称厚度	钢板										
	600	650	700	710	750	800	850	900	950	1 000	1 100
0.50、0.55、0.60	1 200	1 400	1 420	1 420	1 500	1 500	1 700	1 800	1 900	2 000	—
0.65、0.70、0.75	2 000	2 000	1 420	1 420	1 500	1 500	1 700	1 800	1 900	2 000	—
0.80、0.90	2 000	2 000	1 420	1 420	1 500	1 500	1 700	1 800	1 900	2 000	—
1.0	2 000	2 000	1 420	1 420	1 500	1 600	1 700	1 800	1 900	2 000	—
1.2、1.3、1.4	2 000	2 000	2 000	2 000	2 000	2 000	2 000	2 000	2 000	2 000	2 000
1.5、1.6、1.8	2 000	2 000	2 000	2 000 6 000	2 000 6 000	2 000 6 000	2 000 6 000	2 000 6 000	2 000 6 000	2 000 6 000	2 000 6 000
2.0、2.2	2 000	2 000	2 000 6 000	2 000 6 000	2 000 6 000	2 000 6 000	2 000 6 000	2 000 6 000	2 000 6 000	2 000 6 000	2 000 6 000
2.5、2.8	2 000	2 000	2 000 6 000	2 000 6 000	2 000 6 000	2 000 6 000	2 000 6 000	2 000 6 000	2 000 6 000	2 000 6 000	2 000 6 000
3.0、3.2、3.5、3.8、3.9	2 000	2 000	2 000 6 000	2 000 6 000	2 000 6 000	2 000 6 000	2 000 6 000	2 000 6 000	2 000 6 000	2 000 6 000	2 000 6 000
4.0、4.5、5	—	—	2 000 6 000	2 000 6 000	2 000 6 000	2 000 6 000	2 000 6 000	2 000 6 000	2 000 6 000	2 000 6 000	2 000 6 000
6、7	—	—	2 000 6 000	2 000 6 000	2 000 6 000	2 000 6 000	2 000 6 000	2 000 6 000	2 000 6 000	2 000 6 000	2 000 6 000
8、9、10	—	—	2 000 6 000	2 000 6 000	2 000 6 000	2 000 6 000	2 000 6 000	2 000 6 000	2 000 6 000	2 000 6 000	2 000 6 000
11、12	—	—	—	—	—	—	—	—	—	2 000 6 000	2 000 6 000
13、14、15、16、17、18、19、20、21、22、25	—	—	—	—	—	—	—	—	—	2 500 6 500	2 500 6 500
26、28、30、32、34、36、38、40	—	—	—	—	—	—	—	—	—	—	—
42、45、48、50、52、55、60、65、70、75、80、85、90、95、100、105、110、120、125、130、140、150、160、165、170、180、185、190、195、200	—	—	—	—	—	—	—	—	—	—	—

度和最大长度 mm

宽度												
1 250	1 400	1 420	1 500	1 600	1 700	1 800	1 900	2 000	2 100	2 200	2 300	2 400
—	—	—	—	—	—	—	—	—	—	—	—	—
—	—	—	—	—	—	—	—	—	—	—	—	—
—	—	—	—	—	—	—	—	—	—	—	—	—
—	—	—	—	—	—	—	—	—	—	—	—	—
2 500 3 000	—	—	—	—	—	—	—	—	—	—	—	—
2 000 6 000	2 000 6 000	2 000 6 000	2 000 6 000	—	—	—	—	—	—	—	—	—
2 000 6 000	2 000 6 000	2 000 6 000	2 000 6 000	2 000 6 000	2 000 6 000	—	—	—	—	—	—	—
2 000 6 000	2 000 6 000	2 000 6 000	2 000 6 000	2 000 6 000	2 000 6 000	2 000 6 000	—	—	—	—	—	—
2 000 6 000	2 000 6 000	2 000 6 000	2 000 6 000	2 000 6 000	2 000 6 000	2 000 6 000	—	—	—	—	—	—
2 000 6 000	2 000 6 000	2 000 6 000	2 000 6 000	2 000 6 000	2 000 6 000	2 000 6 000	—	—	—	—	—	—
2 000 6 000	2 000 6 000	2 000 6 000	2 000 6 000	2 000 6 000	2 000 6 000	2 000 6 000	2 000 6 000	2 000 6 000	—	—	—	—
2 000 6 000	2 000 6 000	2 000 6 000	2 000 12 000	3 000 12 000	3 000 12 000	3 000 12 000	3 000 12 000	3 000 12 000	3 000 12 000	3 000 12 000	3 000 12 000	4 000 12 000
2 000 6 000	2 000 6 000	2 000 6 000	2 000 12 000	3 000 12 000	3 000 12 000	3 000 12 000	3 000 12 000	3 000 10 000	3 000 10 000	3 000 10 000	3 000 9 000	4 000 9 000
2 500 12 000	2 500 12 000	2 500 12 000	3 000 12 000	3 000 11 000	3 500 11 000	4 000 10 000	4 000 10 000	4 000 10 000	4 500 10 000	4 500 9 000	4 500 9 000	4 000 9 000
2 500 12 000	2 500 12 000	2 500 12 000	3 000 12 000	3 000 12 000	3 500 12 000	3 500 12 000	4 000 12 000	4 000 12 000	4 000 12 000	4 500 12 000	4 500 12 000	4 000 11 000
2 500 9 000	2 500 9 000	3 000 9 000	3 000 9 000	3 000 9 000	3 500 9 000	3 500 9 000	3 500 9 000	3 500 9 000	3 500 9 000	3 500 9 000	3 500 9 000	3 500 9 000

热轧不等边角钢规格

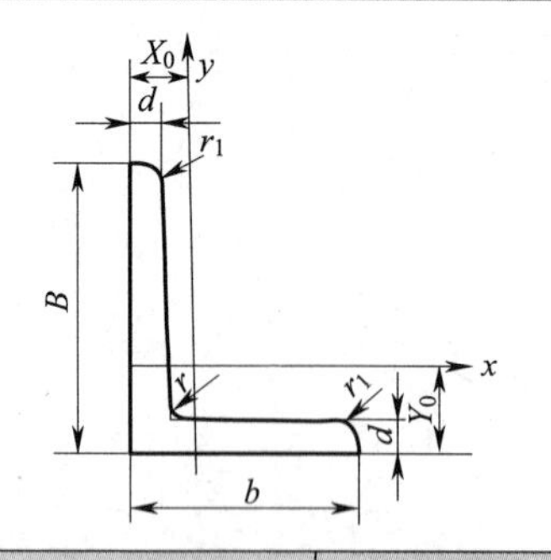

B—— 长边宽度；

d ——边厚；

b ——短边宽度；

r ——内圆弧半径；

r_1 ——边端内圆弧半径$\left(r_1=\dfrac{d}{3}\right)$；

X_0 ——长边至重心距离；

Y_0 ——短边至重心距离。

角钢号数	尺寸 /mm				截面积 /cm^2	外表面积 /$m^2 \cdot m^{-1}$	理论质量 /$kg \cdot m^{-1}$	Y_0 /cm	X_0 /cm
	B	b	d	r					
2.5/1.6	25	16	3	3.5	1.162	0.080	0.912	0.86	0.42
			4		1.499	0. 079	1.176	0.90	0.46
3.2/2	32	20	3		1.492	0.102	1.171	1.08	0.49
			4		1.939	0.101	1.522	1.12	0.53
4/2.5	40	25	3	4	1.890	0.127	1.484	1.32	0.59
			4		2.467	0.127	1.936	1.37	0.63
4.5/2.8	45	28	3	5	2.149	0.143	1.687	1.47	0.64
			4		2.806	0.143	2.203	1.51	0.68
5/3.2	50	32	3	5.5	2.431	0.161	1.908	1.60	0.73
			4		3.177	0.161	2.494	1.65	0.77
5.6/3.6	56	36	3	6	2.743	0.181	2.153	1.78	0.80
			4		3.590	0.180	2.818	1.82	0.85
			5		4.415	0.180	3.466	1.87	0.88
6.3/4	63	40	4	7	4.058	0.202	3.185	2.04	0.92
			5		4. 993	0.202	3. 920	2. 08	0. 95
			6		5. 908	0.201	4. 638	2. 12	0. 99
			7		6. 802	0.201	5. 339	2. 15	1. 03
7/4.5	70	45	4	7.5	4.547	0.226	3.570	2.24	1.02
			5		5.609	0.225	4.403	2.28	1.06
			6		6.647	0.225	5.218	2.32	1.09
			7		7.657	0.225	6.011	2.36	1.13
7.5/5	75	50	5	8	6.125	0.245	4.808	2.40	1.17
			6		7.260	0.245	5.699	2.44	1.21
			8		9.467	0.244	7.431	2.52	1.29
			10		11.590	0.244	9.098	2.60	1.36
8/5	80	50	5		6.375	0.255	5.005	2.60	1.14
			6		7.560	0.255	5.935	2.65	1.18
			7		8.724	0.255	6.848	2.96	1.21
			8		9.867	0.254	7.745	2.73	1.25

续表

角钢号数	尺寸 /mm				截面积 /cm^2	外表面积 /$m^2 \cdot m^{-1}$	理论质量 /$kg \cdot m^{-1}$	Y_0 /cm	X_0 /cm
	B	*b*	*d*	*r*					
9/5.6	90	56	5	9	7.212	0.287	5.661	2.91	1.25
			6		8.557	0.286	6.717	2.95	1.29
			7		9.880	0.286	7.756	3.00	1.33
			8		11.183	0.286	8.779	3.04	1.36
10/6.3	100	63	6	10	9.617	0.320	7.550	3.24	1.43
			7		11.111	0.320	8.722	3.28	1.47
			8		12.584	0.319	9.878	3.32	1.50
			10		15.467	0.319	12.142	3.40	1.58
10/8	100	80	6		10.637	0.354	8.350	2.95	1.97
			7		12.301	0.354	9.656	3.00	2.01
			8		13.944	0.353	10.946	3.04	2.05
			10		17.167	0.353	13.476	3.12	2.13
11/7	110	70	6		10.637	0.354	8.350	3.53	1.57
			7		12.301	0.354	9.656	3.57	1.61
			8		13.944	0.353	10.946	3.62	1.65
			10		17.167	0.353	13.476	3.70	1.72
12.5/8	125	80	7	11	14.096	0.403	11.066	4.01	1.80
			8		15.989	0.403	12.551	4.06	1.84
			10		19.712	0.402	15.474	4.14	1.92
			12		23.351	0.402	18.330	4.22	2.00
14/9	140	90	8	12	18.038	0.453	14.160	4.50	2.04
			10		22.261	0.452	17.475	4.58	2.12
			12		26.400	0.451	20.724	4.66	2.19
			14		30.456	0.451	23.908	4.74	2.27
16/10	160	100	10	13	25.315	0.512	19.872	5.24	2.28
			12		30.054	0.511	23.592	5.32	2.36
			14		34.709	0.510	27.247	5.40	2.43
			16		39.281	0.510	30.835	5.48	2.51
18/11	180	110	10	14	28.373	0.571	22.273	5.89	2.44
			12		33.712	0.571	26.464	5.98	2.52
			14		38.967	0.570	30.589	6.06	2.59
			16		44.139	0.569	34.649	6.14	2.67
20/12.5	200	125	12		37.912	0.641	29.761	6.54	2.83
			14		43.867	0.640	34.436	6.62	2.91
			16		49.739	0.639	39.045	6.70	2.99
			18		55.526	0.639	43.588	6.78	3.06

附表 3 热轧等边角钢规格

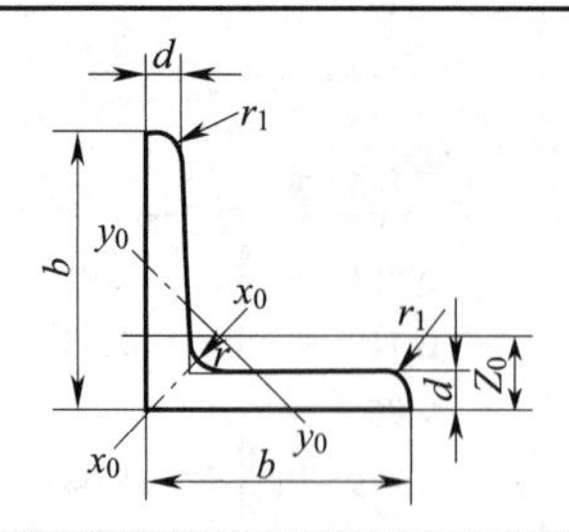

b——边宽；

r——内圆弧半径；

d——边厚；

r_1——边端内圆弧半径$\left(r_1=\frac{d}{3}\right)$；

Z_0——板边至重心距离。

<table>
<tr><th rowspan="2">角钢号数</th><th colspan="3">尺寸 /mm</th><th rowspan="2">截面积 /cm²</th><th rowspan="2">理论质量 /kg · m⁻¹</th><th rowspan="2">外表面积 /m² · m⁻¹</th><th rowspan="2">Z_0/cm</th></tr>
<tr><th>b</th><th>d</th><th>r</th></tr>
<tr><td rowspan="2">2</td><td rowspan="2">20</td><td>3</td><td rowspan="4">3.5</td><td>1.132</td><td>0.889</td><td>0.078</td><td>0.60</td></tr>
<tr><td>4</td><td>1.459</td><td>1.145</td><td>0.077</td><td>0.64</td></tr>
<tr><td rowspan="2">2.5</td><td rowspan="2">25</td><td>3</td><td>1.432</td><td>1.124</td><td>0.098</td><td>0.73</td></tr>
<tr><td>4</td><td>1.859</td><td>1.459</td><td>0.097</td><td>0.76</td></tr>
<tr><td rowspan="2">3</td><td rowspan="2">30</td><td>3</td><td rowspan="5">4.5</td><td>1.749</td><td>1.373</td><td>0.117</td><td>0.85</td></tr>
<tr><td>4</td><td>2.276</td><td>1.786</td><td>0.117</td><td>0.89</td></tr>
<tr><td rowspan="3">3.6</td><td rowspan="3">36</td><td>3</td><td>2.109</td><td>1.656</td><td>0.141</td><td>1.00</td></tr>
<tr><td>4</td><td>2.756</td><td>2.163</td><td>0.141</td><td>1.04</td></tr>
<tr><td>5</td><td>3.382</td><td>2.654</td><td>0.141</td><td>1.07</td></tr>
<tr><td rowspan="3">4</td><td rowspan="3">40</td><td>3</td><td rowspan="7">5</td><td>2.359</td><td>1.852</td><td>0.157</td><td>1.09</td></tr>
<tr><td>4</td><td>3.086</td><td>2.422</td><td>0.157</td><td>1.13</td></tr>
<tr><td>5</td><td>3.791</td><td>2.976</td><td>0.156</td><td>1.17</td></tr>
<tr><td rowspan="4">4.5</td><td rowspan="4">45</td><td>3</td><td>2.659</td><td>2.088</td><td>0.177</td><td>1.22</td></tr>
<tr><td>4</td><td>3.486</td><td>2.736</td><td>0.177</td><td>1.26</td></tr>
<tr><td>5</td><td>4.292</td><td>3.369</td><td>0.176</td><td>1.30</td></tr>
<tr><td>6</td><td>5.076</td><td>3.985</td><td>0.176</td><td>1.33</td></tr>
<tr><td rowspan="4">5</td><td rowspan="4">50</td><td>3</td><td rowspan="4">5.5</td><td>2.971</td><td>2.332</td><td>0.197</td><td>1.34</td></tr>
<tr><td>4</td><td>3.897</td><td>3.059</td><td>0.197</td><td>1.38</td></tr>
<tr><td>5</td><td>4.803</td><td>3.770</td><td>0.196</td><td>1.42</td></tr>
<tr><td>6</td><td>5.688</td><td>4.465</td><td>0.196</td><td>1.46</td></tr>
<tr><td rowspan="4">5.6</td><td rowspan="4">56</td><td>3</td><td rowspan="4">6</td><td>3.343</td><td>2.264</td><td>0.221</td><td>1.48</td></tr>
<tr><td>4</td><td>4.390</td><td>3.446</td><td>0.220</td><td>1.53</td></tr>
<tr><td>5</td><td>5.415</td><td>4.251</td><td>0.220</td><td>1.57</td></tr>
<tr><td>6</td><td>8.367</td><td>6.568</td><td>0.219</td><td>1.68</td></tr>
<tr><td rowspan="5">6.3</td><td rowspan="5">63</td><td>4</td><td rowspan="5">7</td><td>4.978</td><td>3.907</td><td>0.248</td><td>1.70</td></tr>
<tr><td>5</td><td>6.143</td><td>4.822</td><td>0.248</td><td>1.74</td></tr>
<tr><td>6</td><td>7.288</td><td>5.721</td><td>0.247</td><td>1.78</td></tr>
<tr><td>8</td><td>9.515</td><td>7.469</td><td>0.247</td><td>1.85</td></tr>
<tr><td>10</td><td>11.657</td><td>9.151</td><td>0.246</td><td>1.92</td></tr>
</table>

续表

角钢号数	尺寸 /mm			截面积 /cm^2	理论质量 /$kg \cdot m^{-1}$	外表面积 /$m^2 \cdot m^{-1}$	Z_0/cm
	b	d	r				
7	70	4	8	5.570	4.372	0.275	1.86
		5		6.875	5.397	0.275	1.91
		6		8.160	6.406	0.275	1.95
		7		9.424	7.398	0.275	1.99
		8		10.667	8.373	0.274	2.03
7.5	75	5	9	7.367	5.818	0.295	2.04
		6		8.797	6.905	0.294	2.06
		7		10.160	7.976	0.294	2.11
		8		11.503	9.030	0.294	2.15
		10		14.126	11.089	0.293	2.22
8	80	5		7.912	6.211	0.315	2.15
		6		9.397	7.376	0.314	2.19
		7		10.860	8.525	0.314	2.23
		8		12.303	9.658	0.314	2.27
		10		15.126	11.874	0.313	2.35

附表 4　　　　热轧工字钢规格

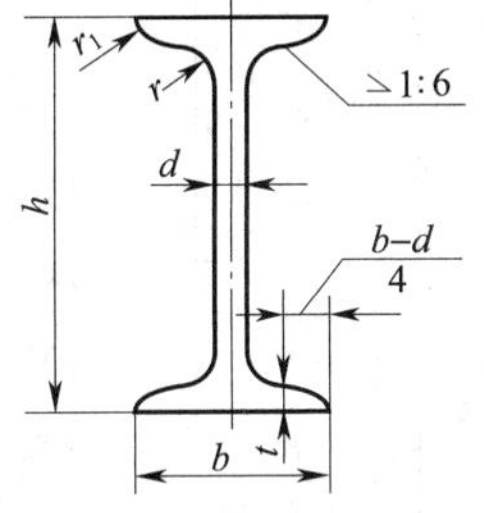

h——高度；
b——腿宽；
d——腰厚；
t——平均腿厚；
r——内圆弧半径；
r_1——腿端圆弧半径。

型号	尺寸 /mm						截面积 /cm^2	理论质量 /$kg \cdot m^{-1}$
	h	b	d	t	r	r_1		
10	100	68	4.5	7.6	6.5	3.3	14.3	11.2
12	120	74	5.0	8.4	7.0	3.5	17.8	14.0
12.6	126	74	5.0	8.4	7.0	3.5	18.1	14.2
14	140	80	5.5	9.1	7.5	3.8	21.5	16.9
16	160	88	6.0	9.9	8.0	4.0	26.1	20.5
18	180	94	6.5	10.7	8.5	4.3	30.6	24.1
20a	200	100	7.0	11.4	9.0	4.5	35.5	27.9
20b	200	102	9.0	11.4	9.0	4.5	39.5	31.1
22a	220	110	7.5	12.3	9.5	4.8	42.0	33.0
22b	220	112	9.5	12.3	9.5	4.8	46.4	36.4

续表

型号	尺寸 /mm						截面积 /cm^2	理论质量 /kg·m^{-1}
	h	b	d	t	r	r_1		
24a	240	116	8.0	13.0	10.0	5.0	47.7	37.4
24b	240	118	10.0	13.0	10.0	5.0	52.6	41.2
25a	250	116	8.0	13.0	10.0	5.0	48.5	38.1
25b	250	118	10.0	13.0	10.0	5.0	53.5	42.0
27a	270	122	8.5	13.7	10.5	5.3	54.6	42.8
27b	270	124	10.5	13.7	10.5	5.3	60.0	47.1
28a	280	122	8.5	13.7	10.5	5.3	55.45	43.4
28b	280	124	10.5	13.7	10.5	5.3	61.05	47.9
30a	300	126	9.0	14.4	11.0	5.5	61.2	48.0
30b	300	128	11.0	14.4	11.0	5.5	67.2	52.7
30c	300	130	13.0	14.4	11.0	5.5	73.4	57.4
32a	320	130	9.5	15	11.5	5.8	67.05	52.7
32b	320	132	11.5	15	11.5	5.8	73.45	57.7
32c	320	134	13.5	15	11.5	5.8	79.95	62.8
36a	360	136	10.0	15.8	12.0	6.0	76.3	59.9
36b	360	138	12.0	15.8	12.0	6.0	83.5	65.6
36c	360	140	14.0	15.8	12.0	6.0	90.7	71.2
40a	400	142	10.5	16.5	12.5	6.3	86.1	67.6
40b	400	144	12.5	16.5	12.5	6.3	94.1	73.8
40c	400	146	14.5	16.5	12.5	6.3	102	80.1
45a	450	150	11.5	18.0	13.5	6.8	102	80.4
45b	450	152	13.5	18.0	13.5	6.8	111	87.4
45c	450	154	15.5	18.0	13.5	6.8	120	94.5
50a	500	158	12.0	20.0	14.0	7.0	119	93.6
50b	500	160	14.0	20.0	14.0	7.0	129	101
50c	500	162	16.0	20.0	14.0	7.0	139	109
55a	550	166	12.5	21.0	14.5	7.3	134	105
55b	550	168	14.5	21.0	14.5	7.3	145	114
55c	550	170	16.5	21.0	14.5	7.3	156	123
56a	560	166	12.5	21.0	14.5	7.3	135.25	106.2
56b	560	168	14.5	21.0	14.5	7.3	146.45	115.0
56c	560	170	16.5	21.0	14.5	7.3	157.85	123.9
63a	630	176	13.0	22.0	15.0	7.5	154.9	121.6
63b	630	178	15.0	22.0	15.0	7.5	167.5	131.5
63c	630	180	17.0	22.0	15.0	7.5	180.1	141.0

附表 5 **热轧槽钢规格**

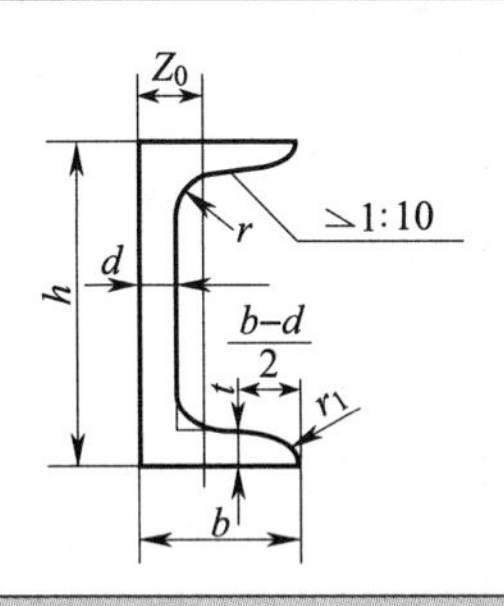

h——高度；
b——腿宽；
d——腰厚；
t——平均腿厚；
r——内圆弧半径；
r_1——腿端圆弧半径；
Z_0——板边至重心距离。

型号	尺寸 /mm						截面积 /cm²	理论质量 /kg · m⁻¹	Z_0 /cm
	h	b	d	t	r	r_1			
5	50	37	4.5	7.0	7.0	3.50	6.93	5.44	1.35
6.3	63	40	4.8	7.5	7.5	3.75	8.44	6.63	1.36
8	80	43	5.0	8.0	8.0	4.0	10.24	8.04	1.43
10	100	48	5.3	8.5	8.5	4.25	12.74	10.00	1.52
12.6	126	53	5.5	9.0	9.0	4.5	15.69	12.37	1.59
14a	140	58	6.0	9.5	9.5	4.75	18.51	14.53	1.71
14b	140	60	8.0	9.5	9.5	4.75	21.31	16.73	1.67
16a	160	63	6.5	10.0	10.0	5.0	21.95	17.23	1.80
16	160	65	8.5	10.0	10.0	5.0	25.15	19.74	1.75
18a	180	68	7.0	10.5	10.5	5.25	25.69	20.17	1.88
18	180	70	9.0	10.5	10.5	5.25	29.29	22.99	1.84
20a	200	73	7.0	11.0	11.0	5.5	28.83	22.63	2.01
20	200	75	9.0	11.0	11.0	5.5	32.83	25.77	1.95
22a	220	77	7.0	11.5	11.5	5.75	31.84	24.99	2.10
22	220	79	9.0	11.5	11.5	5.75	36.24	28.45	2.03
24a	240	78	7.0	12.0	12.0	6.0	34.21	26.55	2.10
24b	240	80	9.0	12.0	12.0	6.0	39.00	30.62	2.03
24c	240	82	11.0	12.0	12.0	6.0	43.81	34.39	2.00
25a	250	78	7.0	12.0	12.0	6.0	34.91	27.47	2.07
25b	250	80	9.0	12.0	12.0	6.0	39.91	31.39	1.98
25c	250	82	11.0	12.0	12.0	6.0	44.91	35.32	1.92
28a	280	82	7.5	12.5	12.5	6.25	40.02	31.42	2.10
28b	280	84	9.5	12.5	12.5	6.25	45.62	35.81	2.02

续表

型号	尺寸 /mm						截面积 /cm^2	理论质量 /$kg \cdot m^{-1}$	Z_0 /cm
	h	b	d	t	r	r_1			
28c	280	86	11.5	12.5	12.5	6.25	51.22	40.21	1.95
32a	320	88	8	14	14	7	48.70	38.22	2.24
32b	320	90	10	14	14	7	55.10	43.25	2.16
32c	320	92	12	14	14	7	61.50	48.28	2.09
36a	360	96	9	16	16	8	60.89	47.80	2.44
36b	360	98	11	16	16	8	68.09	53.45	2.37
36c	360	100	13	16	16	8	75.29	59.10	2.34
40a	400	100	10.5	18	18	9	75.05	58.91	2.49
40b	400	102	12.5	18	18	9	83.05	65.19	2.44
40c	400	104	14.5	18	18	9	91.05	71.47	2.42

附表 6　　型材最小弯形半径　　mm

名称	简图	状态	计算公式
等边角钢外弯形	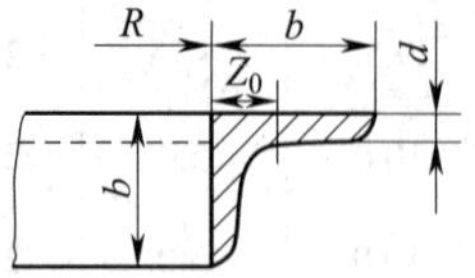	热	$R_{最小}=\frac{b-Z_0}{0.14}-Z_0\approx 7b-8Z_0$
		冷	$R_{最小}=\frac{b-Z_0}{0.04}-Z_0\approx 25b-26Z_0$
等边角钢内弯形	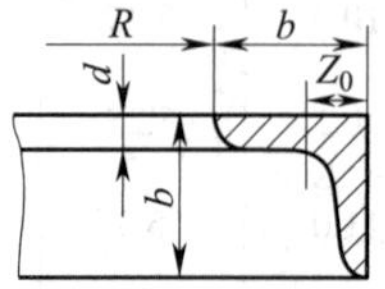	热	$R_{最小}=\frac{b-Z_0}{0.14}-b+Z_0\approx 6(b-Z_0)$
		冷	$R_{最小}=\frac{b-Z_0}{0.04}-b+Z_0=24(b-Z_0)$
不等边角钢小边外弯形	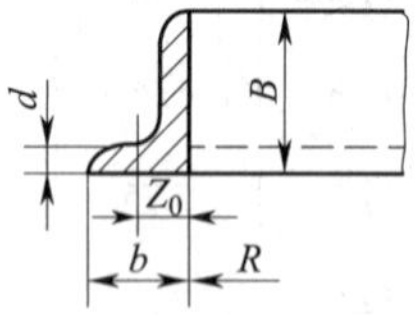	热	$R_{最小}=\frac{b-Z_0}{0.14}-Z_0\approx 7b-8Z_0$
		冷	$R_{最小}=\frac{b-Z_0}{0.04}-Z_0=25b-26Z_0$
不等边角钢大边外弯形	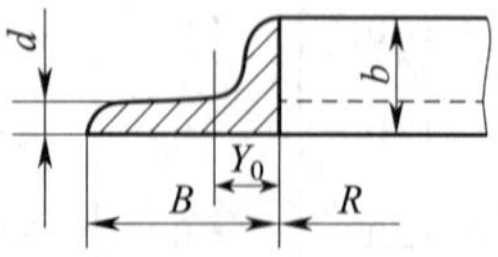	热	$R_{最小}=\frac{B-Y_0}{0.14}-Y_0\approx 7B-8Y_0$
		冷	$R_{最小}=\frac{B-Y_0}{0.04}-Y_0=25B-26Y_0$
不等边角钢小边内弯形	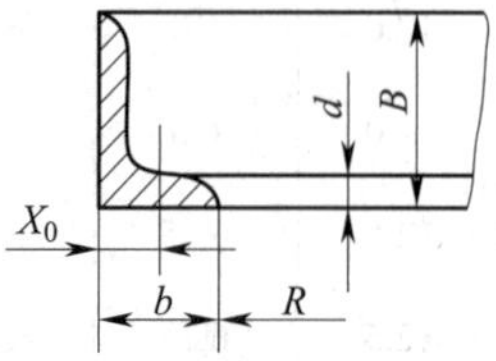	热	$R_{最小}=\frac{b-X_0}{0.14}-b+X_0\approx 6(b-X_0)$
		冷	$R_{最小}=\frac{b-X_0}{0.04}-b+X_0=24(b-X_0)$

续表

名称	简图	状态	计算公式
不等边角钢大边内弯形	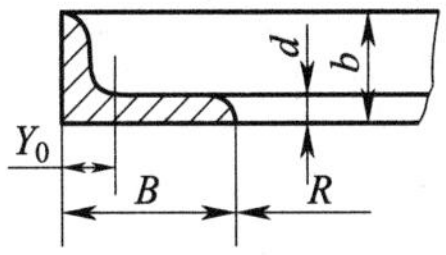	热	$R_{最小}=\frac{B-Y_0}{0.14}-B+Y_0\approx 6(B-Y_0)$
		冷	$R_{最小}=\frac{B-Y_0}{0.04}-B+Y_0=24(B-Y_0)$
工字钢以 y_0— y_0 轴弯形	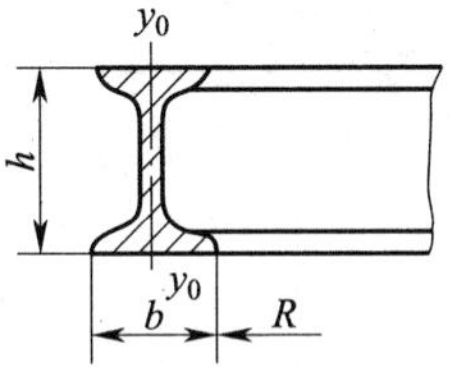	热	$R_{最小}=\frac{b}{2\times 0.04}-\frac{b}{2}\approx 3b$
		冷	$R_{最小}=\frac{b}{2\times 0.04}-\frac{b}{2}=12b$
工字钢以 x_0— x_0 轴弯形	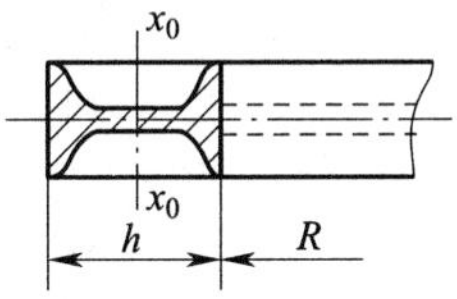	热	$R_{最小}=\frac{h}{2\times 0.04}-\frac{h}{2}\approx 3h$
		冷	$R_{最小}=\frac{h}{2\times 0.04}-\frac{h}{2}=12h$
槽钢以 x_0— x_0 轴弯形	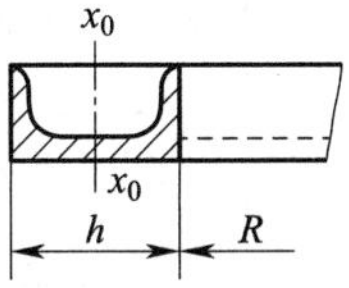	热	$R_{最小}=\frac{h}{2\times 0.14}-\frac{h}{2}\approx 3h$
		冷	$R_{最小}=\frac{h}{2\times 0.04}-\frac{h}{2}=12h$
槽钢以 y_0— y_0 轴外弯形	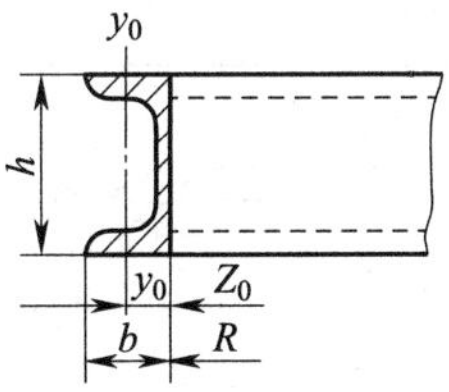	热	$R_{最小}=\frac{b-Z_0}{0.14}-Z_0\approx 7b-8Z_0$
		冷	$R_{最小}=\frac{b-Z_0}{0.04}-Z_0=25b-26Z_0$
槽钢以 y_0— y_0 轴内弯形	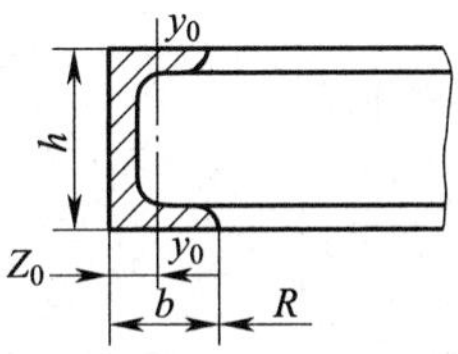	热	$R_{最小}=\frac{b-Z_0}{0.14}-b+Z_0\approx 6(b-Z_0)$
		冷	$R_{最小}=\frac{b-Z_0}{0.04}-b+Z_0=24(b-Z_0)$
圆钢弯形	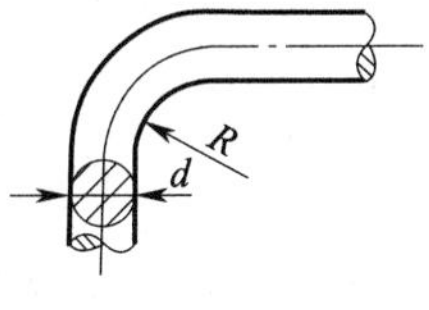	热	$R_{最小}=d$
		冷	$R_{最小}=2.5d$
扁钢弯形	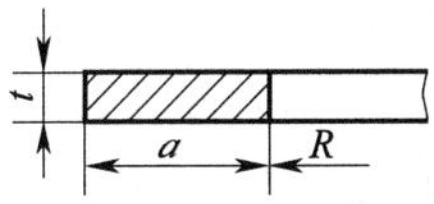	热	$R_{最小}=3a$
		冷	$R_{最小}=12a$

附表 7 板材最小弯形半径 mm

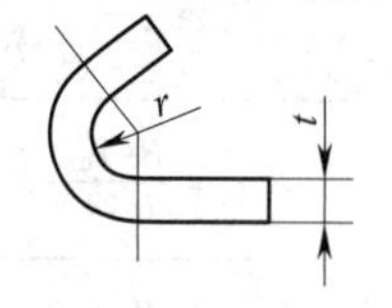

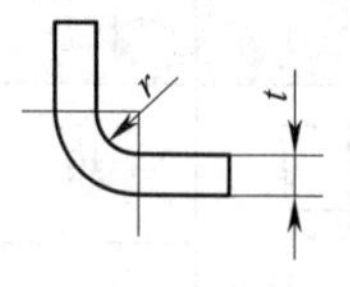

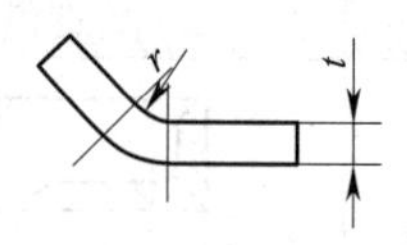

材料	回火或正火		淬火	
	弯形半径 r			
	垂直于轧制纹路	平行于轧制纹路	垂直于轧制纹路	平行于轧制纹路
工业纯铝	0	0.2t	0.2t	0.5t
铝			0.3t	0.8t
黄铜			0.4t	0.8t
铜			1.0t	2.0t
10、Q215	0	0.4t	0.4t	0.8t
15、20、Q235	0.1t	0.5t	0.5t	1.0t
25、30、Q255	0.2t	0.6t	0.6t	1.2t
35、40、Q275	0.3t	0.8t	0.8t	1.5t
45、50	0.5t	1.0t	1.0t	1.7t
55、60	0.7t	1.3t	1.3t	2.0t
硬铝	1.0t	1.5t	1.5t	2.5t
超硬铝	2.0t	3.0t	3.0t	4.0t

附表 8 管材最小弯形半径 mm

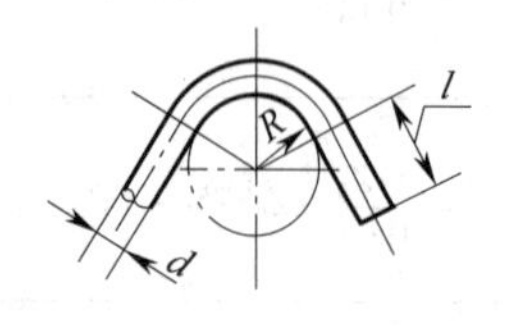

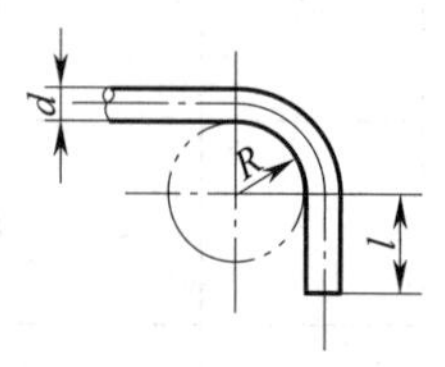

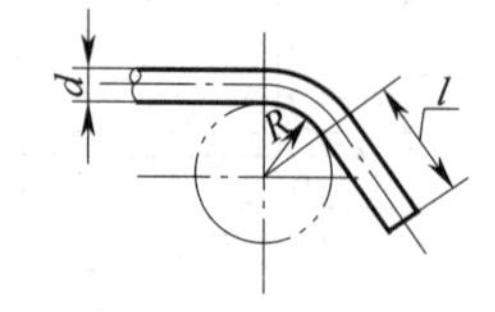

d—管子外径
R—最小弯形半径

硬聚氯乙烯管			铝管			纯铜管与黄铜管				焊接钢管				
d	壁厚	R	d	壁厚	R	d	壁厚	R	$l_{最小}$	d	壁厚	R		$l_{最小}$
												热	冷	
12.5	2.25	30	6	1	10	5	1	10		13.5		40	80	40
15	2.25	45	8	1	15	6	1	10	18	17		50	100	45
25	2	60	10	1	15	7	1	15		21.25	2.75	65	130	50
25	3	80	12	1	20	8	1	15	25	26.75	2.75	80	160	55
32	3	110	14	1	20	10	1	15	30	33.5	3.25	100	200	70
40	3.5	150	16	1.5	30	12	1	20	35	42.25	3.25	130	250	85
51	4	180	20	1.5	30	14	1	20		48	3.5	150	290	100

续表

硬聚氯乙烯管			铝管			纯铜管与黄铜管				焊接钢管				
d	壁厚	R	d	壁厚	R	d	壁厚	R	$l_{最小}$	d	壁厚	R		$l_{最小}$
												热	冷	
65	4.5	240	25	1.5	50	15	1	30	45	60	3.5	180	360	120
76	5	330	30	1.5	60	16	1.5	30	75.5	3.75	225	450	150	
90	6	400	40	1.5	80	18	1.5	30	50	88.5	4	265	530	170
114	7	500	50	2	100	20	1.5	30		114	4	340	680	230
140	8	600	60	2	125	24	1.5	40	55	125		400		
166	8	800				25	1.5	40		150		500		
						28	1.5	50						
						35	1.5	60						
						45	1.5	80						
						55	2	100						

无缝钢管			不锈钢管			不锈无缝钢管		
d	壁厚	R	d	壁厚	R	d	壁厚	R
6	1	15	14	2	18	6	1	25
8	1	15	18	2	28	8	1	15
10	1.5	20	22	2	50	10	1.5	20
12	1.5	25	25	2	50	12	1.5	25
14	1.5	30	32	2.5	60	14	1.5	30
14	3	18	38	2.5	70	16	1.5	30
16	1.5	30	45	2.5	90	18	1.5	40
18	1.5	40	57	2.5	110	20	1.5	20
18	3	28	76	3.5	225	22	1.5	60
20	1.5	40	89	4	250	25	3	60
22	3	50	102			32	3	80
25	3	50	108	4	360	38	3	80
32	3	60	133	4	400	41	3	100
32	3.5	60	139	4	450	57	4	180
38	3	80				76	4	220
38	3.5	70				89	4	270
44.5	3	100				133	4	420

续表

无缝钢管			不锈钢管			不锈无缝钢管		
d	壁厚	*R*	*d*	壁厚	*R*	*d*	壁厚	*R*
45	3.5	90				159	4	600
57	3.5	110				194	10	800
57	4	150				219	12	900
76	4	180						
89	4	220						
102								
108	4	270						
133	4	340						
159	4.5	450						
159	6	420						
194	6	500						
219	6	500						
245	6	600						
373	8	700						
325	8	800						
371	10	900						
426	10	1 000						